제2판

구조동역학

박연수 저

Dynamics of Structures

도서출판 구미서관

머리말

구조동역학(構造動力學, structural dynamics)은 토목, 건축공학 분야에서 지진하중, 풍하중, 차량하중 등의 동하중(動荷重, dynamic load)에 관한 정확한 이해와 이들 하중에 의한 구조물의 동적응답(動的應答, dynamic response)을 평가하는 중요한 과목 중의 하나이다. 이 책은 구조동역학을 처음 접하는 학생들에게 구조동역학의 원리와 진동(振動, vibration)개념을 명확히 이해시키는데 많은 노력을 기울였다. 또한, 이 교재는 구조동역학에 대한 철저한 개념정리와 진동문제 등을 체계적으로 분석·기술하였고 실제 내진설계(耐震設計, seismic design) 및 내진성능평가(耐震性能評價, seismic performance evaluation)에 적용할 수 있도록 서술되었기 때문에, 학생은 물론 실무에 종사하는 엔지니어에게 적절한 지침서가 되리라고 생각된다.

이 책은 대학의 학부 3·4학년 레벨과 대학원의 교재로 사용할 수 있다. 이 책은 먼저 동하중의 형태와 구조동역학적 문제의 특징(1장)의 설명으로부터 시작하여, 이론부분으로 단자유도계의 동적해석(2장), 다자유도계의 동적해석(3장), 지진 응답해석(4장의 4.1, 4.2절)을 기술하였고, 응용부분으로 내진설계(4.3절) 및 내진성능평가(4.4절, 부록)로 구성되었다.

이 책은 정적해석에 익숙한 학생이나 구조공학자에게 동하중으로부터 발생되는 동역학적 문제를 간단하고 정확하게 처리할 수 있는 방법을 안내해 줌으로서 동하중에 대한 구조물의 설계 및 성능평가 시 매우 유용한 자료가 될 것이며, 특히 이 책에서 중점적으로 설명한 지진에 대한 구조물의 응답해석과 설계 그리고 성능평가는 학생과 엔지니어에게 많은 도움을 줄 것으로 판단된다.

제2판에서는 학생들에게 구조동역학의 공학적 기본개념과 깊이있는 이해에 다소나마 도움이 되었으면 하여 모든 연습문제의 해답(자세한 연습문제 풀이집은 강의하시는 교수님들에게만 배포함)을 부록에 수록하였다.

이 책을 집필하면서 많은 노력을 기울이긴 했지만 보완이 필요하리라고 생각된다. 이 책의 내용 중 미비한 부분에 대해서는 지속적으로 수정·보완을 하여 간결하면서 최고의 구조동역학 교재가 될 수 있도록 한다는 원칙을 약속드린다.

끝으로, 출판에 많은 지원을 아끼지 않으신 구미서관 임해진 회장님과 편집부 관계자 여러분의 노고에 깊이 감사드린다.

2022년 7월

저자 박연수

구 조 동 역 학

차 례

제 3 장 다자유도계의 동적해석 123

구조동역학

제 1 장

개 론

1.1 구조동역학을 공부하는 이유

1.2 동하중의 형태와 구조동역학적 문제의 특징

1.3 집중질량에 의한 이상화와 자유도

제1장 개 론

1.1 구조동역학을 공부하는 이유

어떤 주어진 형태의 구조물이 임의의 **동하중**(dynamic loading, **동적하중**)을 받을 때 그 구조물에 발생되는 **응력**과 **변형**을 구하는 것이 필요하다. 즉, **정하중**(static loading, **정적하중**)에 대한 일반적인 구조해석법을 동하중에 대한 구조해석까지 확장시키는 것이 **구조동역학**(structural dynamics)을 공부하는 주요한 이유이다. 이 책에서는 정하중 조건을 단순히 동하중의 특별한 형태로 간주하고 있다. 선형구조물의 해석 시는 작용하중을 정적 및 동적 분리하여 각각의 **하중**에 대한 **응답**을 평가하고, 두 응답성분을 합하여 전체 **구조해석**결과를 얻는 것이 편리하다. 이렇게 하였을 때, **정적해석**과 **동적해석**(dynamic analysis)은 근본적으로 다르다.

이것을 표시하기 위해서, 동적항목을 시간에 따라 단순히 변화하는 것으로 정의 할 수 있다. 다시 말하면, 동하중은 크기, 방향, 또는 위치가 시간에 따라 변하는 하중이다. 따라서 동하중에 대한 구조물의 응답(response) 즉, 응력과 변위가 시간에 따라 변한다.

동하중에 대한 구조물의 응답을 평가하기 위한 방법을 크게 분류하면 결정론적(deterministic) 해석법과 비결정론적(nondeterministic) 해석법이 있다. 비록 하중이 심하게 진동(振動, vibration)하거나 또는 불규칙하더라도 하중의 시계열(time history)을 완전히 알 수 있다면, 하중을 규정된(prescribed) 동하중으로서 처리하고 이 하중에 대한 **구조물의 응답해석**은 **결정론적 해석**으로 구해진다. 한편, 하중의 시계열 변화를 완벽하게 처리하기가 어려워 통계학적으로 정의할 수밖에 없다면 이 하중을 랜덤(random) 동하중이라 말하고, 이러한 랜덤 동하중에 대한 응답해석을 **비결정론적해석**이라 한다. 일반적으로, 임의의 동하중에 대한 결정론적 구조응답해석은 규정된 **하중이력**(loading history)에 대응하는 변위-시간이력을 산출하고, 계산된 변위를 사용하여 **부재력**, 응력, **변형률** 등을 구한다. 이 책은 주로 결정론적 동적해석법에 역점을 두고 기술하였다.

1.2 동하중의 형태와 구조동역학적 문제의 특징

정하중은 **고정하중**과 **상재하중**처럼 그 특성이 시간에 따라 변하지 않는 하중이며, 동하중이란 그림 1.2.1에 보여준 것처럼 **시간이력하중**이다. 즉, 동하중은 시간에 따라 연속적으로 반복되는 특성을 가진 **주기하중**[periodic loading, 그림 1.2.1 (a), (b)]과 시간에 따라 반복되지 않는 특성을 가진 **비주기하중**[nonperiodic loading, 그림 1.2.1 (c), (d)]으로 구분할 수 있다. 그림 1.2.1(b)와 같은 어떤 임의의 형태의 주기하중도 푸리에(Fourier)해석에 의해서 일련의 단순조화성분[1.1 (a)]의 합으로 나타낼 수 있다. 따라서 원칙적으로 모든 주기하중에 대한 응답해석은 똑같은 절차를 통하여 실시한다. 한편, 비주기하중은 일반적으로 폭발 또는 **보행하중**과 같은 단기 **충격하중**[그림 1.2.1 (c)]과 **지진하중**과 같은 장기 지속하중의 형태로 구분된다. 단기 충격하중의 해석을 위해 특별히 단순화한 형태가 사용될 수 있으나, 그림 1.2.1 (d)의 고베대지진 등에 의해 발생되는 장기 지속하중은 완벽한 일반적인 동적해석 절차에 의해서 수행될 수 있다.

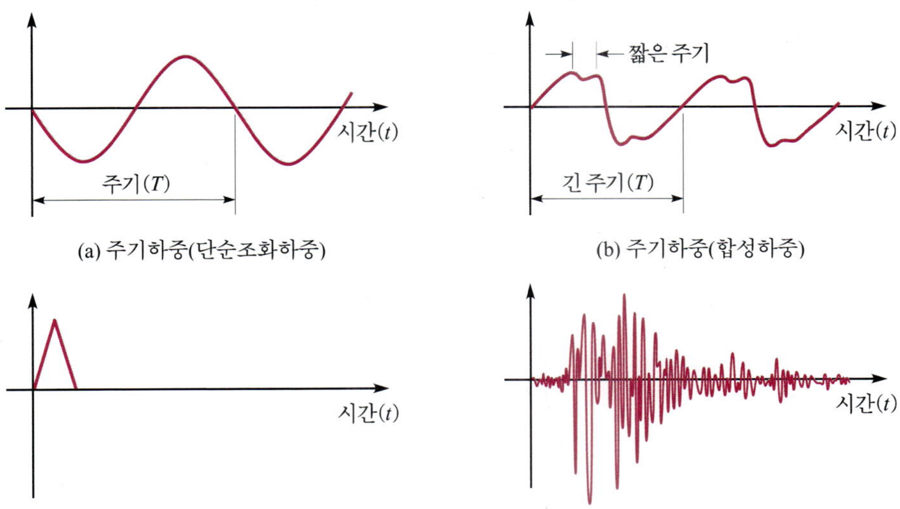

그림 1.2.1 동하중의 형태

정역학적 문제와 **동역학적 문제** 사이에서 가장 근본적인 차이는 하중이력 대응하는 **변위-시간이력**의 산출뿐만이 아니라 구조물의 **가속도**에 저항하는 **관성력**(inertia force)의 고려 여부이다. 여기서, **관성**이란 평형상태에 있는 물체가 자신의 운동상태를 유지하려고 하는 성질을 말한다. 예를 들면, 관성력은 버스가 출발할 때와 멈출 때 버스의 운동방향과 반대방향으로 우리가 직접 느낄 수 있는 관성에 의해 관찰되는 가상의 힘이다. 이러한 관성력은 **뉴턴의 제2법칙**(Newton's second law)인 힘과 가속도의 법칙(law of acceleration) $F = ma$에 의해서 구할 수 있다. 즉, 물체에 작용하는 관성력은 질량 m과 가속도 a의 곱이며, 물체의 **질량**이 클수록 크다. 이와 같이 구조물의 가속도에 저항하는 관성력이 구조동역학 문제의 가장 중요한 특징이다. 따라서 **동역학적 해석**은 **정역학적 해석**보다 확실히 더 복잡하고 시간이 많이 걸린다. 한편, 운동이 매우 느려서 관성력이 무시할 수 있을 정도로 작다면, 요구되는 어떤 시간에 대한 해석은 하중과 응답이 비록 시간에 따라 변하더라도 정역학적 해석절차에 의해서 처리할 수 있다.

1.3 집중질량에 의한 이상화와 자유도

그림 1.3.1 (a)와 같이 동적 **횡하중** $f(t)$를 받고 있는 기둥에서 질량이 일련의 분리된 절점(joint, node)에만 집중되어 있다고 이상화[그림 1.3.1 (b)에서 **집중질량**(concentrated mass) m_1, m_2]하면, 관성력 $f_{I1}(t)$와 $f_{I2}(t)$는 단순히 이러한 절점들에만 발생되기 때문에 해석문제가 매우 단순화 된다. 이렇게 이상화(idealization)하는 경우에 변위와 가속도는 단지 이러한 분리된 절점에서만 규정된다.

구조물에 대한 모든 중요한 관성력의 효과를 나타내기 위하여 반드시 고려하여야 하는 변위성분의 수(number)를 그 구조물의 **동적자유도**(dynamic degree of freedom)의 수라고 정의한다. 예를 들면, 그림 1.3.1의 구조계(structural system)에서 2개의 집중질량이 단순히 수평방향으로만 **병진운동**(translation)하도록 구속되어 있다면, 총 2개의 병진변위를 반드시 고려해야 하므로 이것을 2자유도계라고 한다. 반면에, 이러한 질량들이 **회전관성**(rotational inertia)도 가지고 있다면 이러한 회전변위가 각 절점에서 고려되어야 하므로, 구조계는 총 4개의 자유도를 갖는다. 만약 이 기둥구조물이 3차원 공간에서 변형된다면, 각 질량은 6개의 **자유도**를 가지게 되므로 이 구조물은 총 12개의 자유도를 갖게 될 것이다. 한편, 회전관성을 무시하면 3차원 공간에서 그림 1.3.1 (b)의 구조계는 총 6개의 병진변위 자유도를 가질 것이다.

이러한 고찰을 기초로 하여 볼 때, 만약 그림 1.3.1 (a)의 구조물이 연속적으로 **분포된 질량**(distributed mass)을 갖고 있다고 가정하면 이 구조계는 무한개의 자유도를 가질 것이다. 이러한 무한개의 질량이 분포되어 있는 구조계의 자유도에 대응하는 접근방법은 **일반변위**(generalized displacement)의 형태로 표시할 수 있는데, 이것은 2.1.3절의 분포된 휨변형에 의한 일반화된 **단자유도계**의 시스템에서 설명되었다.

구조물의 변위를 1개의 자유도 즉, 단좌표의 진폭으로 표현될 수 있는 시스템을 단자유도계(SDOF system : single-degree-of-freedom system)라고 한다. 많은 실제 구조물의 거동은 자유도가 1개인 단좌표에 의해서 표현할 수 있고 또는 경우에 따라서 전체응답을 일련의 단자유도계 응답의 합으로 나타낼 수 있으므로, 제2장에서 다루는 단자유도의 해석기술은 대부분의 구조동역학 해석에 대한 토대가 된다. 2개 이상의 자유도에 의해 표현될 수 있는 시스템을 다자유도계(MDOF system : multi-degree-of-freedom system)라고 하며, 제3장에서는 다자유도계의 진동특성치 평가 그리고 **진동모드**의 응답을 더하여 전체 응답을 구하는 **모드중첩법** 등이 유도되었다. 제4장에서는 단자유도계와 다자유도계의 지진 응답해석과 **내진설계**에 대한 구조동역학 이론의 적용을 다루었다. 이러한 구조동역학의 기본 방법은 토목건축구조물에 작용하는 **풍하중**의 해석 또는 동하중을 받는 어떤 구조물에도 똑같이 적용할 수 있다.

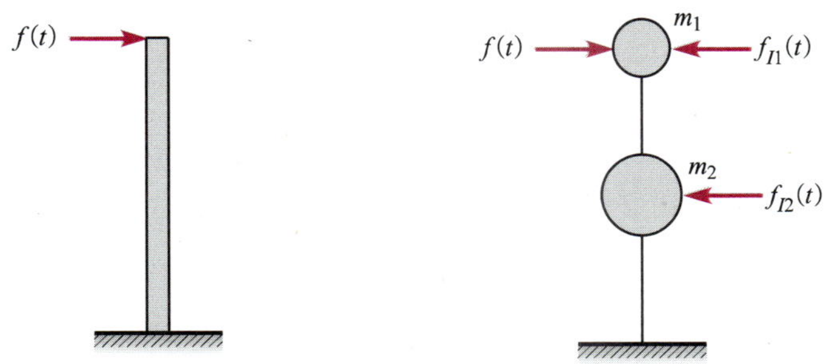

(a) 실제 구조물 (b) 이상화한 구조물

그림 1.3.1 기둥의 집중질량에 의한 이상화(idealization)

제 2 장 단자유도계의 동적해석

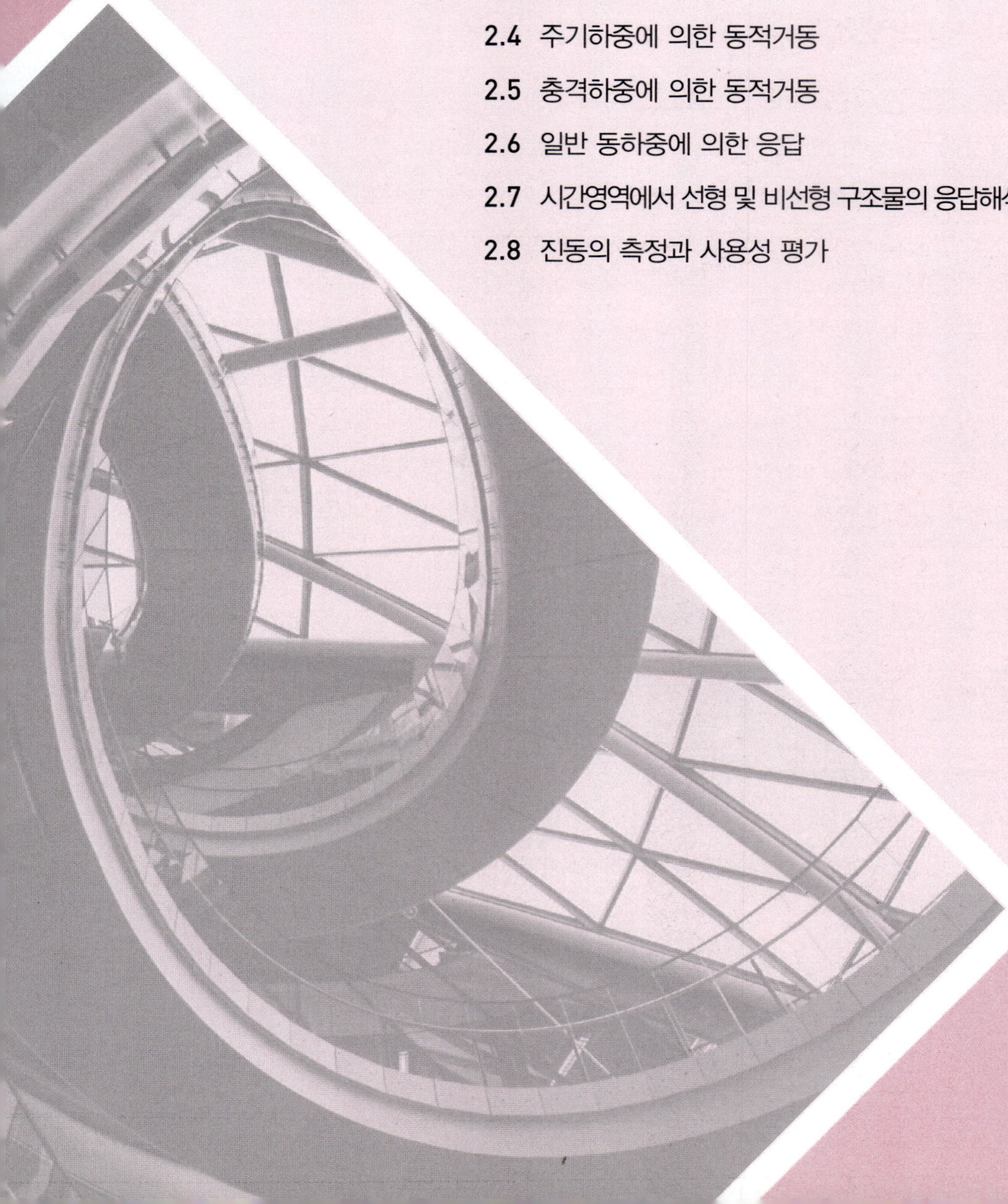

제2장 단자유도계의 동적해석

2.1 운동방정식의 유도

2.1.1 이상화한 단자유도계

동하중하에서 어떤 선형탄성(linearly elastic)구조계의 필수적인 힘의 특성치는 구조계의 질량에 의한 관성력, **탄성력**[elastic/spring force, **연성**(flexibility) 또는 **강성**(stiffness)에 의한 것], **감쇠력**(damping force, **에너지-손실 구조**에 의한 것), 그리고 외력 등을 포함한다. 그림 2.1.1은 이와 같은 **구조동역학계**(structural dynamic system)를 묘사하고 있다.

이 시스템에서 **강체블럭**(rigid block)은 전체 질량 m 을 나타내고 있다. 이 경우의 블록은 **롤러**(roller)가 부착되어 있으므로, 단순히 **병진운동**만 할 수 있다. 따라서 하나의 변위 즉, 단좌표 $u(t)$로서 그것의 변위를 완벽하게 나타낼 수 있으므로, 이 구조계는 **단자유도계**이다. 변위에 대한 탄성 저항은 **스프링강성**(spring stiffness) k 에 의한 탄성력으로 규정되고, 에너지-손실 구조는 **감쇠기**(damper)의 c 에 의해 나타내어지는 감쇠력으로 묘사된다. 그림 2.1.1의 시스템에서 동적응답을 일으키게 하는 외력은 시간에 따라 변화하는 **하중** $f(t)$로 나타내어진다.

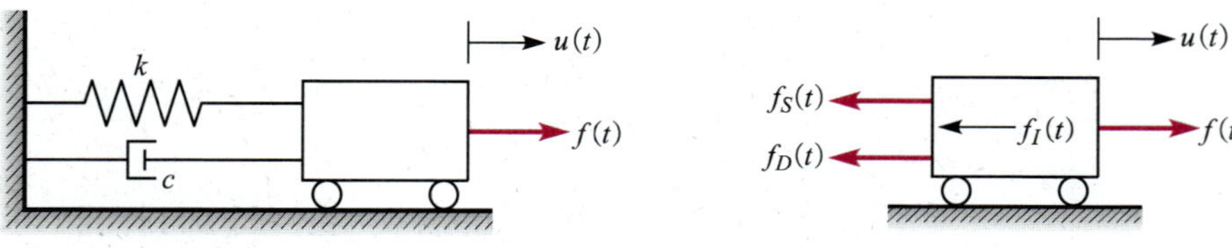

그림 2.1.1 동하중하에서 이상화한 단자유도계

2.1.2 운동방정식의 유도방법

(1) 모든 힘의 직접평형화

그림 2.1.1 (a)와 같이 간단한 단자유도계에 대한 **운동방정식**(equation of motion)은 질량 m에 작용하는 모든 힘의 평형(equilibrium)상태를 직접적으로 표현하여 쉽게 구할 수 있다. 그림 2.1.1 (b)에 보여준 것처럼, 모든 힘들은 변위 자유도의 방향으로 작용하는 외력 $f(t)$와 운동에 의해서 초래되는 3가지의 힘 즉, **관성력** $f_I(t)$, **감쇠력** $f_D(t)$, **탄성력** $f_S(t)$를 포함한다. 따라서 이런 모든 힘들의 **직접평형화**($+\leftarrow \sum F_x = 0$)에 의해서 운동방정식을 다음과 같이 나타낼 수 있다.

$$f_I(t) + f_D(t) + f_S(t) = f(t) \tag{2.1.1}$$

위 식의 좌변에 표시된 힘들은 변위 $u(t)$의 함수 또는 **도함수**(derivative)이다. 이 힘들은 변위에 저항하여 발생하는 힘이므로 작용하는 외력에 반대방향으로 작용한다.

먼저 탄성력 $f_S(t)$를 고찰하면, 이 힘은 다음 식과 같이 명백히 스프링강성 k와 그 변위 $u(t)$의 곱으로 나타낼 수 있다.

$$f_S(t) = ku(t) \tag{2.1.2}$$

다음으로 관성력 $f_I(t)$를 고찰하면, **질량**은 그것의 **가속도**에 비례하고 운동방향과 방향이 반대인 관성력을 산출한다는 **달랑베르의 원리**(d'Alembert's principle)로부터 구할 수 있다. 즉, 어떤 **동적시스템**에서 운동방정식은 질량 m에 작용하는 **운동량의 변화량**이 그것에 작용하는 힘과 같다는 **뉴턴의 운동 제2법칙**에 의해 나타낼 수 있다. 이 관계를 **미분방정식**(differential equation)에 의해 수학적으로 표현하면 다음 식과 같다.

$$f_I(t) = m\frac{d^2u(t)}{dt^2} = m\ddot{u}(t) \tag{2.1.3}$$

위 식에서 도트(dot)는 시간에 관한 미분을 나타낸다.

마지막으로 구조계가 **점성감쇠**(viscous damping)만을 갖는 구조라고 가정할 수 있다면, 감쇠력은 **감쇠계수** c와 **속도** $\dot{u}(t)$을 곱으로 나타낼 수 있다. 즉,

$$f_D(t) = c\frac{du(t)}{dt} = c\dot{u}(t) \tag{2.1.4}$$

식 (2.1.2)~(2.1.4)를 식 (2.1.1)에 대입하면, 다음과 같은 운동방정식이 구해진다.

$$m\ddot{u}(t)+c\dot{u}(t)+ku(t)=f(t) \tag{2.1.5}$$

(2) 가상변위의 원리(principle of virtual displacement)

만약 구조계가 복잡하고 많은 질량 절점 또는 유한 크기의 물체를 포함하고 있다면, 이 구조계에 작용하는 모든 힘의 직접평형화는 어려울 것이다. 이 경우에는 가상변위의 원리를 사용하여 운동방정식을 유도할 수 있다. 만약 일련의 힘의 작용 하에 평형상태를 이루고 있는 시스템에 경계조건을 만족하는 **가상변위** $\delta u(t)$를 가하면, 그 힘에 의하여 하여진 전체 일은 0이 될 것이다. 즉,

$$\delta W_E+\delta W_I=0 \tag{2.1.6}$$

그림 2.1.1 (b)의 경우, $\delta W_E=f(t)\delta u(t)-f_I(t)\delta u(t)$ 및 $\delta W_I\equiv -f_D(t)\delta u(t)-f_S(t)\delta u(t)$이다. 이것을 식 (2.1.6)에 대입하면 다음과 같은 식이 얻어진다.

$$\{-f_I(t)-f_D(t)-f_S(t)+f(t)\}\delta u(t)=0 \tag{2.1.7}$$

위 식에서 음의 부호는 힘이 가상변위의 반대방향으로 작용하기 때문이다. 식 (2.1.2)~(2.1.4)를 식 (2.1.7)에 대입하고 정리하면 다음과 같이 된다.

$$\{-m\ddot{u}(t)-c\dot{u}(t)-ku(t)+f(t)\}\delta u(t)=0 \tag{2.1.8}$$

여기서 $\delta u(t)$는 0이 아니기 때문에, 위 식으로부터 쉽게 식 (2.1.5)를 유도할 수 있다.

(3) 해밀턴의 원리(Hamilton's principle)

해밀턴의 원리는 어떤 주어진 시간 t_1부터 t_2 시간까지 고려된 **운동에너지**(T, kinetic energy)와 **퍼텐셜에너지**(V, potential energy, **위치에너지**)의 **변화량**에 **비보존력에 의한 일**(W_{NC})의 변화량의 합은 0이 된다는 것이다. 이 원리에는 관성력과 탄성력이 명백히 포함되어 있지 않기 때문에 달랑베르의 원리나 가상변위의 원리와는 다르다. 즉, 외력(벡터, vector)을 명시적으로 사용하지 않고 **에너지**와 **일의 변분**(스칼라, scalar)만을 사용하므로, 스칼라 에너지만을 다룬다는 장점이 있다. 해밀턴의 원리는 다음과 같이 **변분**(variation)개념을 사용하므로 변분의 원리라고도 한다.

$$\int_{t_1}^{t_2} \delta(T-V)dt + \int_{t_1}^{t_2} \delta W_{NC}\, dt = 0 \tag{2.1.9}$$

여기서, δ는 지시된 시간간격 동안에 취해진 변분이다. 그림 2.1.1 (a)의 경우, $T=\frac{1}{2}m\{\dot{u}(t)\}^2$, $V=\frac{1}{2}k\{u(t)\}^2$, $\delta W_{NC}=f\delta u(t)-c\dot{u}(t)\delta u(t)$이다. 이들을 식 (2.1.9)에 대입하고, **부분적분** $\int_{t_1}^{t_2} m\dot{u}(t)\delta\dot{u}(t)dt = [m\dot{u}(t)\delta u(t)]_{t_1}^{t_2} - \int_{t_1}^{t_2} m\ddot{u}(t)\delta u(t)dt$ 및 해밀턴의 원리에서는 변분 $\delta u(t)$가 적분의 한계 t_1과 t_2에서 없어진다는 조건인 $\delta u(t_2)=\delta u(t_1)=0$을 사용하여 정리하면 다음과 같이 된다.

$$\int_{t_1}^{t_2} [-m\ddot{u}(t)-c\dot{u}(t)-ku(t)+f(t)]\,\delta u(t)dt = 0 \tag{2.1.10}$$

여기서 $\delta u(t)$는 임의의 상수이기 때문에, 위 식이 일반적으로 만족하기 위해서는 대괄호안의 표현이 0이어야 하므로, 식 (2.1.5)의 운동방정식이 유도된다.

이상에서 모든 힘의 직접평형화, 가상변위의 원리, 해밀턴의 원리의 절차가 완전히 똑같은 운동방정식을 유도하였다. 따라서 주어진 구조물에 대하여 어떤 방법을 적용하여 운동방정식을 구할 것인가는 주로 편리성과 개인적인 취향 그리고 고려하는 **동적시스템**의 상태에 달려있다.

(4) 중력의 영향

중력(gravity)의 영향을 고려해 보기 위해서 그림 2.1.2 (a)의 단자유도 구조시스템을 고려해 보자. 이 경우, 강체블럭의 질량 m에 작용하는 모든 힘들의 시스템은 그림 2.1.2 (b)와 같다. 따라서 이런 모든 힘들의 직접평형화($+\uparrow \sum F_y = 0$)에 의해서 운동방정식을 다음과 같이 나타낼 수 있다.

$$f_I(t)+f_D(t)+f_S(t)=f(t)+W \tag{2.1.11}$$

여기서, W는 강체블럭의 무게이다. 위 식에 식 (2.1.2)~(2.1.4)를 대입하면, 다음과 같은 운동방정식이 구해진다.

$$m\ddot{u}(t)+c\dot{u}(t)+ku(t)=f(t)+W \tag{2.1.12}$$

그림 2.1.2 (b)의 전체변위 $u(t)$를 그림 2.1.2 (c)에 보여준 것처럼 무게 W에 의한 **정적변위** u_{st}와 **정적위치**(static position)로부터 언급되어지는 **동적변위** $\bar{u}(t)$로 표시하면

$$u(t) = \bar{u}(t) + u_{st} \tag{2.1.13}$$

여기서 u_{st}는 시간에 따라 변하지 않기 때문에 미분을 하면 0이 되므로, $\dot{u}(t) = \dot{\bar{u}}(t)$ 및 $\ddot{u}(t) = \ddot{\bar{u}}(t)$가 된다. 위의 $u(t)$, $\dot{u}(t)$, $\ddot{u}(t)$, 그리고 $W = ku_{st}$를 식 (2.1.12)에 대입하고 정리하면 다음과 같은 식이 얻어진다.

$$m\ddot{\bar{u}}(t) + c\dot{\bar{u}}(t) + k\bar{u}(t) = f(t) \tag{2.1.14}$$

위 식으로부터 **동적시스템**의 경우 **정적평형상태**의 위치 즉, 정적위치에 대하여 표현된 운동방정식은 중력의 영향을 받지 않음을 알 수 있다. 따라서 앞으로 기술되는 모든 변위는 정적위치로부터 언급되어지고, 구해진 변위는 **동적응답**(dynamic response)이다. 따라서 **전체 변형**과 **응력** 등은 동적해석의 결과에 적절한 **정적해석**의 결과를 더하여 구해야 한다.

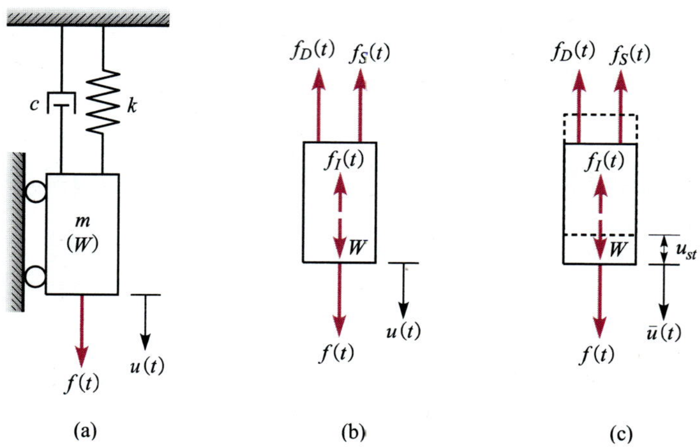

그림 2.1.2 단자유도계의 평형상태에서 중력의 영향

(5) 지진하중의 영향

시간에 따라 변화하는 동하중에는 **지진**(earthquake)에 의한 구조물 기초의 운동 또는 건물의 진동에 의하여 그것의 내부에 설치되어 있는 장비의 지지부분의 운동도 포함한다. 이러한 **지지점**(support) **운동의 영향**은 그림 2.1.3의 수평방향의 **지반가속도** $\ddot{u}_g(t)$를 받고 있는 단자유도계의 평형상태에서 지진하중에 의한 **진동**(震動)의 영향평가를 통하여 운동방정식을 유도할 수 있다.

무게가 없는 기둥으로 지지되고 감쇠 c를 가진 그림 2.1.3 (a)의 지진하중을 받는 구조물은 그림 2.1.3 (b)와 같이 기본 운동 및 힘의 성분으로 단순화하여 모델링할 수 있다. 여기서 **고정 기준축**에 대한 구조물의 기초에서 변위 $u_g(t)$는 지진에 의한 **수평지반변위의 운동**을 나타낸다. 이 구조물의 프레임(frame)에서 모든 질량은 강체인 **수평거더**(horizontal girder)에 포함되어 있고 거더 변위에 대한 저항은 무게가 없고 강성계수가 $k/2$인 2개의 수직기둥과 감쇠기 c에 의해서 수행된다고 가정하면, 이 구조물의 질량은 기둥의 휨(flexure)에 연관된 단자유도계의 변위 $u(t)$를 갖는다.

따라서, 그림 2.1.3 (c)에 나타낸 것처럼 이 시스템의 평형상태에서의 힘은 다음과 같다.

$$f_I(t)+f_D(t)+f_S(t)=0 \tag{2.1.15}$$

여기서 탄성력과 감쇠력은 각각 식 (2.1.2)와 식 (2.1.4)와 같으나, 관성력은 다음과 같이 된다.

$$f_I(t)=m\ddot{u}^t(t) \tag{2.1.16}$$

여기서 $u^t(t)$는 기준축으로 부터 질량의 **전체변위**를 나타낸다. 이것은 구조물의 변위 $u(t)$와 지반진동변위 $u_g(t)$의 합으로서 표시할 수 있다. 즉,

$$u^t(t)=u(t)+u_g(t) \tag{2.1.17}$$

위 식을 2번 미분하여 식 (2.1.16)에 대입하면, 식 (2.1.16)은 다음과 같이 된다.

$$f_I(t)=m\ddot{u}(t)+m\ddot{u}_g(t) \tag{2.1.18}$$

식 (2.1.15)에 식 (2.1.18)의 관성력, 식 (2.1.4)의 감쇠력, 그리고 식 (2.1.2)의 탄성력을 대입하면 다음과 같이 된다.

$$m\ddot{u}(t)+m\ddot{u}_g(t)+c\dot{u}(t)+ku(t)=0 \tag{2.1.19}$$

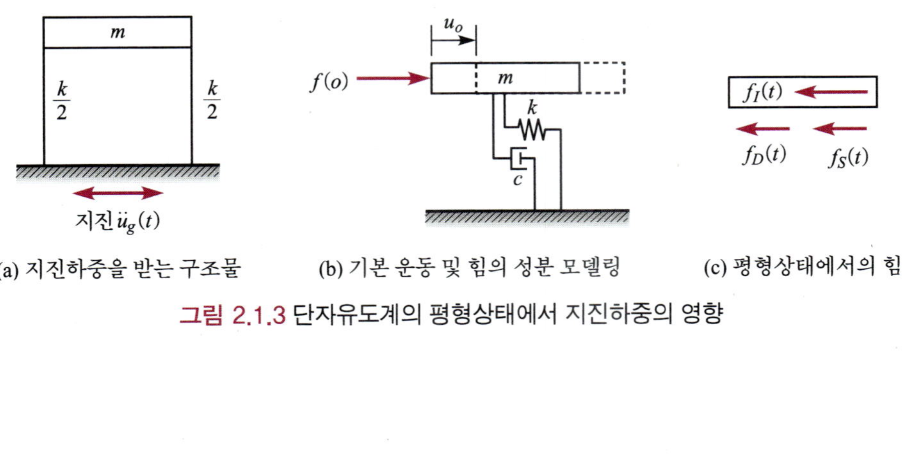

(a) 지진하중을 받는 구조물 (b) 기본 운동 및 힘의 성분 모델링 (c) 평형상태에서의 힘

그림 2.1.3 단자유도계의 평형상태에서 지진하중의 영향

여기서 지진에 의한 **지반가속도** $\ddot{u}_g(t)$는 구조물에 대한 규정된 **동적입력하중**을 나타내기 때문에 지지점을 **가진**(excitation)하는 지진하중하에서 운동방정식은 다음과 같이 쓸 수 있다.

$$m\ddot{u}(t) + + c\dot{u}(t) + ku(t) = -m\ddot{u}_g(t) \tag{2.1.20}$$

위 식에서 구조물의 **동적거동**은 질량과 지반가속도의 곱 즉, $-m\ddot{u}_g(t)$의 외력이 작용했을 때의 **응답**과 같다. 위 식에서 음의 부호는 지반진동에 의해 구조물에 가해지는 유효하중이 지반가속도와 반대방향으로 작용하고 있음을 보여주고 있다. 그러나 기본입력은 어떤 임의의 방향으로 작용한다고 가정되기 때문에, 이것은 실제로 중요하지 않다.

TIP **관성력**은 버스가 출발할 때와 멈출 때 버스의 운동방향과 반대방향으로 우리가 직접 느낄 수 있는 관성에 의해 관찰되는 가상의 힘이다. 이러한 버스운동과 같은 관점에서 볼 때, 지반을 통하여 간접적으로 전달되는 지진하중(earthquake load)의 방향도 지반의 운동의 방향과는 반대로 작용한다. 물론 건물의 진동에 의하여 그것의 내부에 설치되어 있는 장비의 지지부분의 운동도 지진하중과 동일한 개념이다.
그러나, 구조물에 직접적으로 작용하는 **풍하중**(wind load)을 포함한 다른 하중은 구조물에 **직접하중**으로 작용하기 때문에 하중의 방향이 구조물의 운동의 방향과 같은 방향으로 작용한다.

2.1.3 분포된 휨변형에 의한 일반화된 단자유도계

구조물이 연속적으로 **분포된 질량**(distributed mass)을 갖고 있다고 가정하면 이 구조계는 무한개의 자유도를 가질 것이다. 이러한 무한개의 질량이 분포되어 있는 구조계의 자유도에 대응하는 접근방법은 구조물을 적절히 분포된 휨변형(flexural deformation)에 의한 **일반변위**(generalized displacement)의 형태로 전개할 수 있다고 가정되면 간단한 단자유도 해석을 수행하여 처리될 수 있다.

무한개의 자유도를 가진 구조계를 단자유도 거동으로 근사화시킨 방법의 일례로서, 그림 2.1.4의 **캔틸레버**(cantilever) **구조물**에 대한 운동방정식을 유도하여 보자. 이 구조물은 **휨강성** $EI(x)$와 단위길이 당의 질량 $m(x)$를 갖고 있으며, 지진에 의한 지반진동 $u_g(t)$를 받고 있다. 이 구조계의 운동을 단자유도계로 **근사화** 시키기 위해서, 구조물이 단지 하나의 모양으로 변형된다고 가정하는 것이 필요하다. 즉, **형상함수**(shape function)는 $\phi(x)$로 그리고 운동의 진폭은 **일반좌표**(generalized coordinate)로 나타낼 수 있다. 따라서

$$u(x,t) = \phi(x)Q(t) \tag{2.1.21}$$

위 식에서 대부분의 일반좌표는 그림 2.1.4의 **선단변위** $Q(t)$와 같은 어떤 편리한 기준위치에서의 변위로서 선택된다. 이때 형상함수는 기준변위에 대한 **국부좌표**(local coor dinate)의 무차원 비율이다. 즉,

$$\phi(x) = \frac{u(x,t)}{Q(t)} \tag{2.1.22}$$

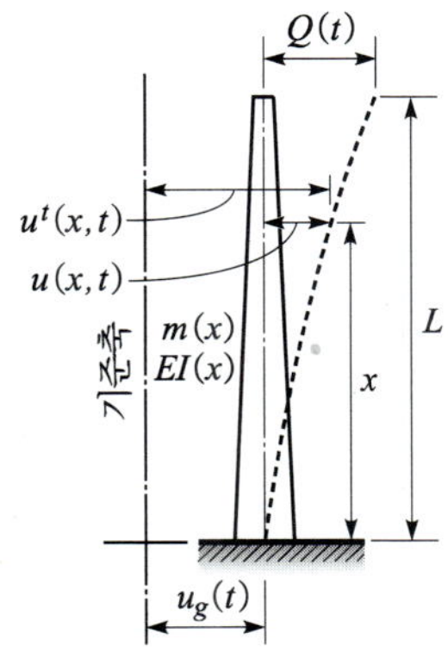

그림 2.1.4 분포된 휨변형에 의해 단자유도계로 이상화한 일반 캔틸레버

해밀턴의 원리를 사용하여, 그림 2.1.4와 같은 일반화된 단자유도계에 대한 운동방정식을 유도하여 보자. 지진에 의한 지반진동 $u_g(t)$를 받고 있는 캔틸레버의 **운동에너지** T는 다음과 같이 된다.

$$T = \frac{1}{2}\int_0^L m(x)\{\dot{u}^t(t)\}^2 dx \tag{2.1.23}$$

여기서, $u^t(x,t) = u(x,t) + u_g(t)$, $\dot{u}^t(x,t) = \dot{u}(x,t) + \dot{u}_g(t)$이다. 그리고 휨변형에 의한 **퍼텐셜에너지(위치에너지)** V는 다음과 같이 된다.

$$V = \frac{1}{2}\int_0^L EI(x)\{u''(t)\}^2 dx \tag{2.1.24}$$

위 식에서 $u''(x,t) = \dfrac{d^2u(x,t)}{dx^2}$이다.

그림 2.1.4의 캔틸레버구조물에서 직접적으로 작용하는 동하중 및 감쇠가 없다고 가정하면, 고려될 **비보존력에 의한 일**의 변분 δW_{NC}는 0이 되므로 식 (2.1.9)의 해밀턴의 원리는 다음과 같이 된다.

$$\int_{t_1}^{t_2} \delta(T - V)dt = 0 \tag{2.1.25}$$

위 식에 식 (2.1.23)과 식 (2.1.24)를 대입한 후, 변분을 취하면 다음과 같이 된다.

$$\begin{aligned} &\int_{t_1}^{t_2} [\int_0^L m(x)\dot{u}^t(x,t)\delta\dot{u}^t(x,t)dx \\ &+ \int_0^L EI(x)u''(x,t)\delta u''(x,t)dx]dt = 0 \end{aligned} \tag{2.1.26}$$

위 식에 $\dot{u}^t(x,t) = \dot{u}(x,t) + \dot{u}_g(t)$, $\dot{u}(x,t) = \phi(x)\dot{Q}(t)$, $\delta\dot{u}^t(x,t) = \delta\dot{u}(x,t)$, $\delta\dot{u}(x,t) = \phi(x)\delta\dot{Q}(t)$, $u'(x,t) = \phi'(x)Q(t)$, $u''(x,t) = \phi''(x)Q(t)$, $\delta u'(x,t) = \phi'(x)\delta Q(t)$, $\delta u''(x,t) = \phi''(x)\delta Q(t)$의 관계를 대입하여 정리하면,

$$\begin{aligned} &\int_{t_1}^{t_2} [\dot{Q}(t)\delta\dot{Q}(t)\int_0^L m(x)\phi^2(x)dx \\ &+ \delta\dot{Q}(t)\dot{u}_g(t)\int_0^L m(x)\phi(x)dx \\ &+ Q(t)\delta Q(t)\int_0^L EI(x)\{u''(x,t)\}^2 dx]dt = 0 \end{aligned} \tag{2.1.27}$$

처음 2개의 항에 대하여 부분적분한 후 정리하면 다음과 같이 된다.

$$\int_{t_1}^{t_2} [m^* \ddot{Q}(t) + k^* Q(t) - f^*(t)]\delta Q(t)dt = 0 \tag{2.1.28}$$

여기서, $m^* = \int_0^L m(x)\phi^2(x)dx$: **일반질량**(generalized mass)

$k^* = \int_0^L EI(x)\{\phi''(x,t)\}^2 dx$: **일반강성**(generalized stiffness)

$f^*(t) = -\ddot{u}_g(t)\int_0^L m(x)\phi(x)dx$: **일반하중**(generalized load)

식 (2.1.28)에서 변분 δZ는 임의의 상수이기 때문에 대괄호안의 항이 0이 되어야 한다. 따라서 그림 2.1.4와 같은 **일반좌표계**의 경우, 다음 식과 같은 단자유도계의 운동방정식이 유도된다.

$$m^* \ddot{Q}(t) + k^* Q(t) = f^*(t) \tag{2.1.29}$$

따라서, 어떤 단자유도계에 대한 운동방정식은 그 구조물이 아무리 복잡하여도 다음과 같은 형태로 축소시킬 수 있다.

$$m^* \ddot{Q}(t) + c^* \dot{Q}(t) + k^* Q(t) = f^*(t) \tag{2.1.30}$$

여기서, $Q(t)$는 구조물의 운동에 대한 하나의 일반좌표이다. 그리고 일반감쇠(generalized damping)도 해밀톤의 원리 등을 적용하여 구하면 $c^* = \int_0^L c(x)\phi^2(x)dx$와 같이 된다.

2.2 자유진동

2.2.1 운동방정식

그림 2.1.1에 보여준 감쇠를 가진 단자유도 **스프링-질량계**의 운동방정식은 다음과 같다.

$$m\ddot{u}(t) + c\dot{u}(t) + ku(t) = f(t) \tag{2.2.1}$$

여기서 우변의 하중이 $f(t) = 0$인 **제차방정식**(homogeneous equation)을 고려해 보자. 즉,

$$m\ddot{u}(t) + c\dot{u}(t) + ku(t) = 0 \tag{2.2.2}$$

위 식처럼 **작용하중**이 0일 때 생기는 운동을 자유진동(free vibration)이라 한다. 이러한 자유진동에 대한 해(응답)는 다음과 같은 형태가 된다. 즉, 식 (2.2.2)의 해를 $u(t) = Be^{Dt}$라고 가정하고 미분한 후[$\dot{u}(t) = BDe^{Dt}$, $\ddot{u}(t) = BD^2e^{Dt}$], 위의 자유진동 미분방정식에 대입하면 다음과 같다.

$$\{mD^2 + cD + k\}Be^{Dt} = 0 \tag{2.2.3}$$

위 식의 양변을 Be^{Dt}로 나누면, 다음과 같은 **특성방정식**(characteristic equation)이 된다.

$$mD^2 + cD + k = 0 \tag{2.2.4}$$

위의 2차방정식의 해는 다음과 같이 된다.

$$D = \frac{-c \pm \sqrt{c^2 - 4mk}}{2m} \tag{2.2.5}$$

따라서 **미분연산자** D값은 감쇠 c값에 달려 있기 때문에 **자유진동 응답**의 타입은 시스템의 감쇠에 의존하며, 미분방정식의 **일반해**는 다음 표 2.2.1과 같이 정리할 수 있다.

표 2.2.1

경우	특성방정식의 해	기저(basis)	일반해
경우 I $(c^2 - 4mk = 0)$	이중근 $D = -\frac{c}{2m}$	e^{Dt} te^{Dt}	$u(t) = (B_1 + B_2 t)e^{Dt}$
경우 II $(c^2 - 4mk < 0)$	컬레 복소근 $D = p \pm iq$	$e^{pt}\sin qt$ $e^{pt}\cos qt$	$u(t) = e^{pt}(A_1 \sin qt + A_2 \cos qt)$
경우 III $(c^2 - 4mk > 0)$	서로 다른 실근 D_1, D_2	$e^{D_1 t}$ $e^{D_2 t}$	$u(t) = B_1 e^{D_1 t} + B_2 e^{D_2 t}$

2.2.2 비감쇠 자유진동의 응답

비감쇠(undamped) 자유진동은 감쇠 $c = 0$이고 외력 $f(t) = 0$인 상태에서 구조계가 진동하는 것을 말한다. 이것을 이상화하여 나타내면 그림 2.2.1과 같다.

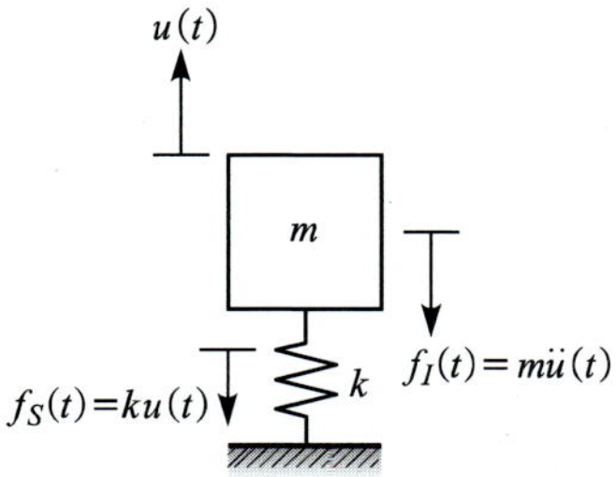

그림 2.2.1 비감쇠 자유진동하에서 이상화한 단자유도계

그림 2.2.1과 같은 비감쇠 자유진동을 하는 구조계에 대하여 응답을 미분방정식으로 나타내면 다음과 같다. 평형방정식 $+\uparrow \sum F=0$를 적용하면, $-f_I(t)-f_S(t)=0$이므로

$$m\ddot{u}(t)+ku(t)=0 \tag{2.2.6}$$

미분연산자(differential operator)를 사용하면 $(mD^2+k)u(t)=0$이 되어

$$D=\pm\sqrt{-\frac{k}{m}}=\pm i\sqrt{\frac{k}{m}}=\pm i\omega \tag{2.2.7}$$

표 2.2.1에서 경우 II의 **켤레 복소근**을 가지므로 일반해는 다음과 같이 된다(또는 $e^{\pm i\omega t}=\cos\omega t\pm i\sin\omega t$의 관계를 이용하여 더 편리한 **복소수** 형태로 나타내도 됨).

$$u(t)=B_1e^{i\omega t}+B_2e^{-i\omega t}=A_1\sin\omega t+A_2\cos\omega t \tag{2.2.8}$$

여기서, $\omega=\sqrt{\dfrac{k}{m}}$ (rad/sec)는 구조계의 **원고유진동수**(circular natural frequency) 또는 **각속도**(angular velocity)이다. 보통, 고유진동수(고유주파수, natural frequency)로서 언급되는 **순환진동수**(cyclic frequancy) f는 $f=\dfrac{\omega}{2\pi}$로 주어지고, 단위는 Hz[= 1/sec= cps(cycle per second)]이다. **주기운동**을 하는 구조계의 응답이 등시간 간격 T로 반복될 때, 이 시간 T를 **주기**(period)라고 하며 진동수의 역수이다. 즉, $T=\dfrac{1}{f}=\dfrac{2\pi}{\omega}$(sec)이다. 따라서 진동수란 1초 동안에 완전한 주기가 반복되는 회수로 정의된다.

식 (2.2.8)에서 운동의 **진폭**을 나타내는 상수 A_1과 A_2는 구조계의 초기조건(initial condition)에 의해 결정된다. 만약 시간 $t=0$에서 변위 $u(0)=u_0$ 및 속도 $\dot{u}(0)=\dot{u}_0$을 갖고 구조계가 자유진동을 시작한다면, 식 (2.2.8)에서 $u(0)=A_2=u_0$이 되고 $\dot{u}(0)=A_1\omega=\dot{u}_0$으로부터 $A_1=\dfrac{\dot{u}_0}{\omega}$가 된다. 따라서 식 (2.2.8)은 다음과 같이 된다.

$$u(t)=u_0\cos\omega t+\frac{\dot{u}_0}{\omega}\sin\omega t \tag{2.2.9}$$

위 식을 **코사인**(cosine) **삼각함수**의 합성공식 또는 **복소평면**(complex plane)에 **아르강 그림**(Argand diagram)을 사용하여 나타내면 다음과 같은 식이 된다.

$$u(t)=\rho\cos(\omega t-\psi) \tag{2.2.10}$$

여기서, $\rho = \sqrt{u_0^2 + (\frac{\dot{u}_0}{\omega})^2}$: **진폭**(amplitude of oscillation)

$\psi = \tan^{-1}(\frac{\dot{u}_0}{\omega u_0})$: **위상각**(phase angle, phase lag)

위 식의 해 즉, 비감쇠 자유진동의 응답은 그림 2.2.2와 같은 **단순조화운동**(simple harmonic motion)을 나타낸다.

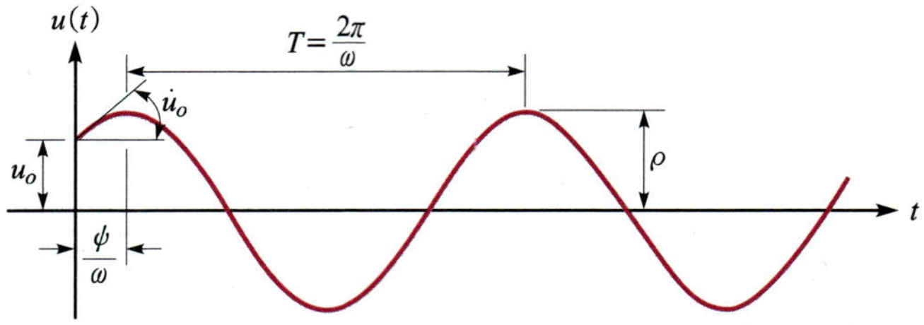

그림 2.2.2 비감쇠 자유진동의 응답

그림 2.2.3에서 위상각 ψ는 동적응답에서 코사인항(cosine term)을 뒤따르는 **합성운동**의 지연에 의한 **각거리**(angular distance)를 나타낸다.

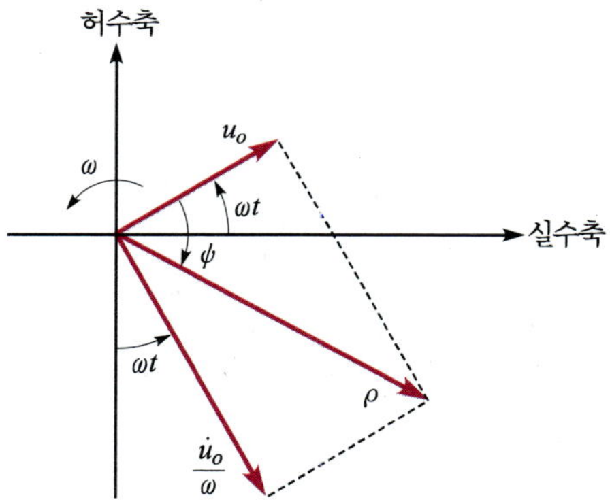

그림 2.2.3 자유진동에서 회전벡터의 표시

만약 **단순조화운동**을 하는 식 (2.2.10)에서 위상각 $\psi = 0^\circ$ 인 경우 질량의 **동적변위** $u(t)$를 시간에 대하여 미분하면, 단순조화운동의 **속도** $\dot{u}(t)$와 **가속도** $\ddot{u}(t)$를 다음과 같이 구할 수 있다. 즉,

$$u(t) = \rho\cos\omega t \tag{2.2.11}$$

$$\dot{u}(t) = \rho\omega\cos\left(\omega t + \frac{\pi}{2}\right) \tag{2.2.12}$$

$$\ddot{u}(t) = \rho\omega^2\cos(\omega t + \pi) = -\rho\omega^2\cos\omega t \tag{2.2.13}$$

위 식들로부터 단순조화운동의 **변위**(displacement), 속도(velocity), 가속도(acceleration)는 같은 **진동수** ω를 가지고 있으나, 진폭과 위상각이 서로 차이가 있음을 알 수 있다. 이러한 위상각의 차이를 **위상차**(phase difference)라 한다. 따라서 단순조화운동의 경우, 그림 2.2.4[횡축은 **실수축**(real axis)이고, 종축은 **허수축**(imaginary axis)임]와 같이 변위와 속도의 위상차는 $\frac{\pi}{2}(=90^\circ)$이고, 가속도의 크기는 변위의 크기에 비례하며 방향이 서로 반대임을 알 수 있다.

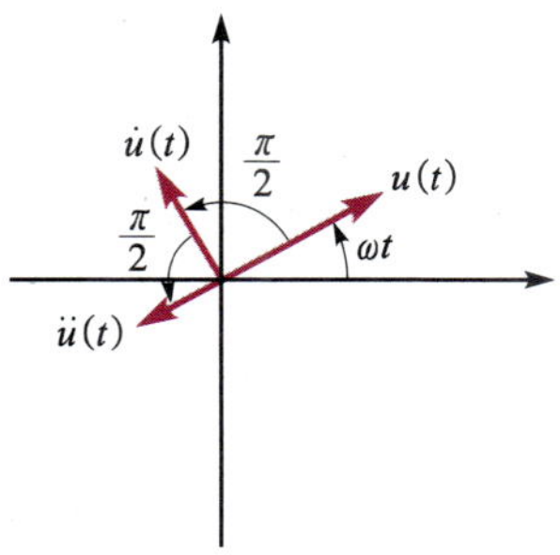

그림 2.2.4 변위 $u(t)$, 속도 $\dot{u}(t)$, 가속도 $\ddot{u}(t)$의 관계

2.2.3 감쇠 자유진동의 응답

감쇠(damped) 자유진동은 감쇠 $c \neq 0$이고 외력 $f(t) = 0$인 상태에서 구조계가 진동하는 것을 말한다[식 (2.2.2) 참조]. 감쇠 자유진동의 경우, 감쇠 값의 크기에 따라 **저감쇠**(underdamped), **임계감쇠**(critical damping, c_c), **과감쇠**(overdamped)로 구분할 수 있다. 여기서 임계감쇠는 저감쇠와 과감쇠의 경계가 되는 감쇠 값이다. 임계감쇠, 저감쇠, 과감쇠에 해당하는 구조물의 자유진동 응답은 각각 다음과 같다.

(1) 임계감쇠의 경우

식 (2.2.5)에서 근(root)속의 값이 0 즉, $c^2 - 4mk = 0$이라면 임계감쇠 c_c는 다음과 같다.

$$c = \sqrt{4mk} = 2\sqrt{mk} = 2m\omega = c_c \tag{2.2.14}$$

이때 식 (2.2.5)의 D값은 다음과 같이 된다.

$$D = -\frac{c}{2m} = -\omega \tag{2.2.15}$$

따라서 표 2.2.1에서 경우 I의 **이중근**을 가지므로 일반해는 다음과 같이 된다.

$$u(t) = B_1 e^{-\omega t} + B_2 t e^{-\omega t} \tag{2.2.16}$$

만약 **초기조건**이 $u(0) = u_0$이고 $\dot{u}(0) = \dot{u}_0$이라고 가정하면, 식 (2.2.16)에서 $u(0) = B_1 = u_0$이 되고 $\dot{u}(0) = -B_1\omega + B_2 = \dot{u}_0$으로부터 $B_2 = B_1\omega + \dot{u}_0 = u_0\omega + \dot{u}_0$이 된다. 따라서 식 (2.2.16)은 다음과 같이 된다.

$$u(t) = [u_0(1+\omega t) + \dot{u}_0 t]e^{-\omega t} \tag{2.2.17}$$

위 식을 그림으로 나타내면, 그림 2.2.5와 같이 된다. 따라서 임계감쇠 시스템의 자유진동 응답은 0변위(zero deflection) 축(횡축)에 대하여 진동하지 않고 지수적으로 소멸(exponential decay)하여 0에 접근한다. 그러므로 임계감쇠의 정의는 자유진동의 응답(response)에서 진동(oscillation)이 발생하지 않게 하는 최소의 감쇠량(smallest amount of damping)을 의미한다.

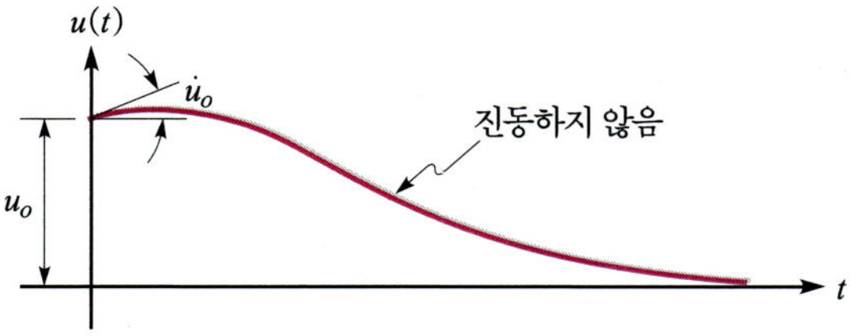

그림 2.2.5 임계감쇠 자유진동의 응답

(2) 저감쇠의 경우

만약 감쇠 c가 0보다는 크고 임계감쇠치 c_c보다 작다면($0 < c < c_c$), 식 (2.2.5)에서 $c^2 < 4mk$가 되어서 식 (2.2.5)에서 근(root)속의 값이 음수가 된다. 따라서 미분연산자 D

값이 다음과 같이 된다.

$$D = \frac{-c \pm \sqrt{4mk - c^2}\, i}{2m} = \frac{-\xi c_c \pm \sqrt{1-\xi^2}\, c_c i}{2m}$$
$$= -\xi\omega \pm i\sqrt{1-\xi^2}\,\omega = -\xi\omega \pm i\omega_d \tag{2.2.18}$$

여기서, $c = \xi c_c \quad (0 < \xi < 1)$

$\xi = \dfrac{c}{c_c}$: **감쇠비**(damping ratio)

$\omega_d = \sqrt{1-\xi^2}\,\omega$: **감쇠 고유진동수**(감쇠진동수, damped natural frequency)

$\omega_d < \omega \quad (0 < \xi < 1)$

식 (2.2.18)은 표 2.2.1에서 경우 II의 컬레 복소근을 가지므로 일반해는 다음과 같이 된다.

$$u(t) = e^{-\xi\omega t}(A_1 \sin\omega_d t + A_2 \cos\omega_d t) \tag{2.2.19}$$

여기서 **초기조건**이 $u(0) = u_0$과 $\dot{u}(0) = \dot{u}_0$이라면, 위 식에서 $u(0) = A_2 = u_0$이 되고 $\dot{u}(0) = -\xi\omega A_2 + A_1\omega_d = \dot{u}_0$로부터 $A_1 = \dfrac{\dot{u}_0 + u_0\xi\omega}{\omega_d}$가 된다. 따라서 식 (2.2.19)는 다음과 같이 된다.

$$u(t) = e^{-\xi\omega t}\left(u_0 \cos\omega_d t + \frac{\dot{u}_0 + u_0\xi\omega}{\omega_d}\sin\omega_d t\right)$$
$$= \rho e^{-\xi\omega t}\cos(\omega_d t - \psi) \tag{2.2.20}$$

여기서, $\rho = \sqrt{u_0^2 + \left(\dfrac{\dot{u}_0 + u_0\xi\omega}{\omega_d}\right)^2}$: **진폭**

$\psi = \tan^{-1}\left(\dfrac{\dot{u}_0 + u_0\xi\omega}{\omega_d u_0}\right)$: **위상각**

그림을 간편하게 그리기 위하여 $\dfrac{\dot{u}_0 + u_0\xi\omega}{\omega_d} = 0$으로 놓으면 즉, 정지된 변위 u_0의 위치에서 질량이 놓여 진다면 식 (2.2.20)은 다음과 같이 간단한 형태가 된다.

$$u(t) = e^{-\xi\omega t}(u_0 \cos\omega_d t) \tag{2.2.21}$$

위 식의 저감쇠시스템은 그림 2.2.6과 같이 응답인 벡터의 길이가 지수적으로 감소하는 진동을 한다.

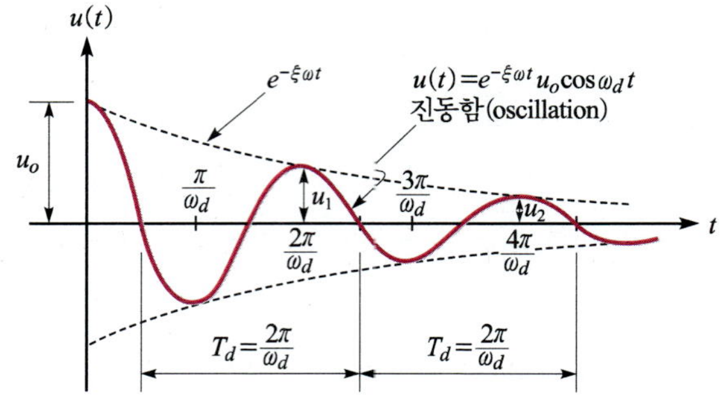

그림 2.2.6 저감쇠 자유진동의 응답

구조물의 감쇠비 ξ는 대부분 저감쇠이며 **에너지 소산효과**가 작으므로, 구조물의 비감쇠 고유진동수 ω와 감쇠 고유진동수 ω_d는 거의 비슷하다. 즉, $\omega_d = \sqrt{1-\xi^2}\,\omega \approx \omega$이므로, 근사적으로 구조물의 고유진동수는 구조물의 감쇠에 대한 효과를 무시하고 추정을 할 수 있다. 구조물의 감쇠비는 재료 및 구조물의 형태 그리고 응력수준 등에 따라 다르며, 일반적으로 추천되는 **감쇠비**는 표 2.2.2와 같다.

표 2.2.2 추천 감쇠비

재료 및 구조물의 형태	응력수준 등	감쇠비 ξ
강(steel)구조물	일반	0.01 ~ 0.05 (보통 3%)
콘크리트(concrete)구조물	일반	0.07 ~ 0.1
지반(soil)구조물	일반	0.1 ~ 0.2
이음부 미끄러짐이 없으며, 균열이 없는 강재, 철근콘크리트, 프리스트레스트 콘크리트, 목재	비례한계 미만인 항복점의 1/4 미만의 낮은 응력수준일 경우	0.005 ~ 0.01
용접으로 접합된 강재, 프리스레스트 콘크리트, 약간의 균열만을 있는 양질의 철근콘크리트	항복점의 1/2 미만인 사용 응력수준일 경우	0.02 ~ 0.03
상당한 균열을 갖고 있는 철근콘크리트	항복점의 1/2 미만인 사용 응력수준일 경우	0.03 ~ 0.05
리벳 그리고/또는 볼트로 접합된 강재, 볼트 또는 못으로 접합된 목조구조물	항복점의 1/2 미만인 사용 응력수준일 경우	0.05 ~ 0.07
용접으로 접합된 강재 프리스트레스가 남아 있는 프리스트레스트 콘크리트	항복점 근방일 경우	0.05 ~ 0.07
프리스트레스가 남아 있지 않는 프리스트레스트 콘크리트	항복점 근방일 경우	0.07 ~ 0.1

재료 및 구조물의 형태	응력수준 등	감쇠비 ξ
철근콘크리트	항복점 근방일 경우	0.07 ~ 0.1
리벳 그리고/또는 볼트로 접합된 강재, 볼트로 접합된 목조구조물	항복점 근방일 경우	0.1 ~ 0.15
못으로 접합된 목조구조물	항복점 근방일 경우	0.15 ~ 0.2
용접으로 접합된 강재	항복점 한계 변형률 보다 큰 영구 변형률을 갖는 항복점 이상일 경우	0.07 ~ 0.1
철근콘크리트구조물, 프리스트레스트 콘크리트	항복점 한계 변형률 보다 큰 영구 변형률을 갖는 항복점 이상일 경우	0.1 ~ 0.15
리벳 그리고/또는 볼트로 접합된 강재 및 목재	항복점 한계 변형률 보다 큰 영구 변형률을 갖는 항복점 이상일 경우	0.1 ~ 0.15
원자력발전소 구조물(철근콘크리트구조)	안전정지지진(Safe Shutdown Earthquake)	0.07
	운전정지지진(Operating Basis Earthquake)	0.04
원자력발전소 구조물(보강된 조적 구조)	안전정지지진(SSE)	0.07
	운전정지지진(OBE)	0.04
원자력발전소 구조물 (프리스트레스트 콘크리트구조)	안전정지지진(SSE)	0.05
	운전정지지진(OBE)	0.03
원자력발전소 구조물(용접된 강구조 또는 마찰형 볼트로 접합된 강구조)	안전정지지진(SSE)	0.04
	운전정지지진(OBE)	0.03
원자력발전소 구조물 (지압형 볼트로 접합된 강구조)	안전정지지진(SSE)	0.07
	운전정지지진(OBE)	0.05

위의 표처럼 구조계의 정확한 실제 감쇠특성을 규정짓는 것은 매우 복잡하고 어렵다. 그러나 실제 구조계의 감쇠는 자유진동 조건하의 감쇠비율과 비슷한 등가 **점성감쇠비**(equivalent viscous damping ratio) ξ에 의해 보통 표시한다. 그림 2.2.6에 보여준 자유진동 응답에 대하여 점성감쇠비 ξ를 유도하여 보자. 즉, 그림 2.2.6에 보여준 어떤 2개의 연속적인 양의 최대치(positive peak) 즉, 진폭 u_n과 u_{n+1}을 고려해 볼 경우, 식 (2.2.21)로부터 이러한 2개의 연속치의 비율은 다음과 같이 된다.

$$\frac{u_n}{u_{n+1}} = \frac{e^{-\xi\omega\frac{n2\pi}{\omega_d}}}{e^{-\xi\omega\frac{(n+1)2\pi}{\omega_d}}} = e^{\xi\omega\frac{2\pi}{\omega_d}} \tag{2.2.22}$$

위 식의 양변에 **자연대수**(ln)을 취하면, **대수감쇠**(logarithmic decrement) δ가 다음과 같이 주어진다.

$$\delta = \ln \frac{u_n}{u_{n+1}} = \xi \omega \frac{2\pi}{\omega_d} \tag{2.2.23}$$

만약 감쇠비 ξ가 작다면($\xi < 0.2$), $\omega_d = \sqrt{1-\xi^2}\,\omega \approx \omega$로 식 (2.2.23)은 $\delta = \xi 2\pi$가 된다. 따라서 감쇠비는 자유진동하의 대수감쇠 $\delta = \ln \frac{u_n}{u_{n+1}}$ 으로부터 다음과 같이 구할 수 있다.

$$\xi = \frac{\delta}{2\pi} \tag{2.2.24}$$

그리고 n사이클(cycle) 후의 진폭 u_n과 $n+m$사이클 후의 진폭 u_{n+m}을 고려해 볼 경우, 식 (2.2.21)로부터 이러한 2개의 연속치의 비율은 다음과 같이 된다.

$$\frac{u_n}{u_{n+m}} = \frac{e^{-\xi\omega\frac{n2\pi}{\omega_d}}}{e^{-\xi\omega\frac{(n+m)2\pi}{\omega_d}}} = e^{\xi\omega m\frac{2\pi}{\omega_d}} \tag{2.2.25}$$

위 식의 양변에 자연대수(ln)을 취하면, 대수감쇠 δ_m가 다음과 같이 주어진다.

$$\delta_m = \ln \frac{u_n}{u_{n+m}} = (\xi\omega\frac{2\pi}{\omega_d})m \approx m\xi 2\pi \tag{2.2.26}$$

따라서 감쇠비는 다음과 같이 구할 수 있다.

$$\xi = \frac{\delta_m}{m2\pi} \tag{2.2.27}$$

대부분 실제 구조물에서 감쇠비가 0.2보다 작으므로, 감쇠로 인한 진동수의 변화를 무시한 식 (2.2.27)의 근사식은 충분히 정확한 결과를 준다(ξ에서 오차는 2퍼센트 미만임). 이러한 자유진동 방법에 의한 감쇠 평가의 주된 장점은 필요한 측정 장비와 그 사용을 최소화 시킬 수 있다는 것이다. 즉, 어떤 편리한 방법에 의하여 진동을 발생시키고, 간단하게 그 상대변위를 측정하기만 하면 된다.

(3) 과감쇠의 경우

임계감쇠($\xi = 1$)보다 더 큰 과감쇠는 정상조건에서 보통 생기지 않는다. 즉, $c > c_c$인 경우로서 $\xi > 1$이다. 그러므로 식 (2.2.5)에서 근(root)속의 값이 양수가 된다. 따라서 미분연산자 D값이 다음과 같이 된다.

$$D = \frac{-c \pm \sqrt{c^2 - 4mk}}{2m} = \frac{-\xi c_c \pm \sqrt{\xi^2 - 1}\, c_c}{2m}$$
$$= -\xi\omega \pm \sqrt{\xi^2 - 1}\,\omega = -\xi\omega \pm \omega_d \tag{2.2.28}$$

식 (2.2.28)은 표 2.2.1에서 경우 III의 서로 다른 실근을 가지므로 일반해는 다음과 같이 된다.

$$u(t) = e^{-\xi\omega t}(B_1 e^{\sqrt{\xi^2-1}\,\omega t} + B_2 e^{-\sqrt{\xi^2-1}\,\omega t})$$
$$= e^{-\xi\omega t}(A_1 \sinh \omega_d t + A_2 \cosh \omega_d t) \tag{2.2.29}$$

위 식에서 상수 B_1과 B_2(또는 A_1과 A_2)는 초기조건으로부터 결정된다. 식 (2.2.29)의 형태로부터 알 수 있듯이, 과감쇠 구조계는 그림 2.2.7과 같이 진동하지 않는다. 즉, 이 운동 그림 2.2.5의 임계감쇠 구조계의 응답과 비슷하다. 엉덩이관절(hip joint)의 감쇠비가 $\xi = 1.3 \sim 1.5$로서 대표적인 과감쇠의 예를 보여주고 있다. 참고로, 인체의 허리와 무릎관절(knee joint)의 감쇠비는 $\xi = 0.5 \sim 1.0$이다.

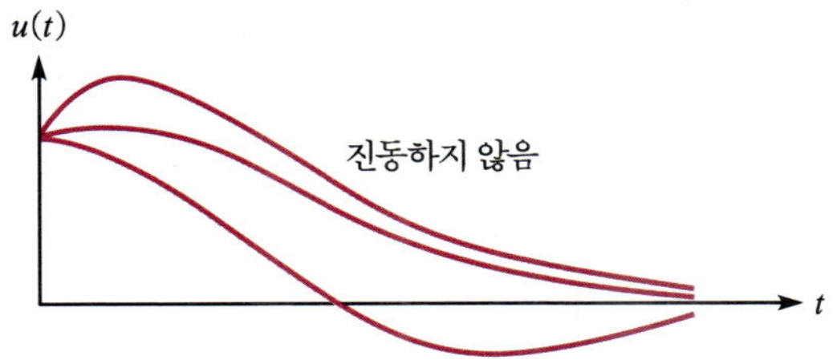

그림 2.2.7 과감쇠 자유진동의 응답

(4) 음의 감쇠를 갖는 시스템

만약 $c < 0$인 **음의 감쇠를 갖는 시스템**(system with negative damping)의 경우 일반해를 구하면 다음과 같이 된다.

$$u(t) = e^{|\frac{c}{2m}|t}(A_1 e^{\sqrt{(\frac{c}{2m})^2 - \omega^2}\, t} + B_1 e^{-\sqrt{(\frac{c}{2m})^2 - \omega^2}\, t}) \tag{2.2.30}$$

위 식은 시간 t가 증가함에 따라 **구조응답** $u(t)$가 무한대로 커지므로 **구조시스템**이 불안정해진다. 이때의 감쇠량은 단면형상의 함수로서 단면형상이 적절하지 못할 경우 음의 감쇠를 갖는 시스템이 되어 **공기동역학적 불안정**(aerodynamic instability)상태에 도달한다. 이러한 음의 감쇠를 갖는 시스템이 된 후, 풍속 19m/sec에서 발산진동이 발생하여 구조물이 파괴된 대표적인 사례가 **타코마교**(Tacoma Narrows Bridge, 최대지간장 853m)의 붕괴이다(그림 2.2.8 참조).

그림 2.2.8 강박스 보강형의 현수교로 설계된 타코마교가 개통 후 4개월만인 1940년 11월 7일 풍속 19m/sec에서 비틀림플러터(torsional flutter)로 인해 붕괴되는 장면, 1950년에 강박스 보강형을 트러스 보강형으로 바꾸어 재 건설함

예제 2.2.1

무게가 없는 기둥으로 지지되고 강체거더로서 이상화된 감쇠 c를 가진 그림 예제 2.2.1 (a)의 구조물은 그림 (b)와 같이 기본 운동 및 힘의 성분으로 단순화하여 모델링할 수 있다. 이 구조물의 **동역학적 특성치(동특성치)**를 평가하기 위해서, 강체거더에 유압잭(hydraulic jack)으로 $f(0)=100\,\text{kN}$을 횡방향으로 가한 후 놓아준 자유진동 실험을 실시하였다. 잭킹(jacking)작업 동안 거더의 초기변형 $u_0=10\,\text{mm}$였다. 이 초기변형이 놓아준 직후 되돌아온 진동의 최대변위 $u_1=7.3\,\text{mm}$였고 주기 $T=2$초였다. 이 구조물의 동특성치인 강성(k), 질량(m), 고유진동수(f, ω), 감쇠비(ξ), 감쇠 고유진동수(ω_d), 감쇠(c), 그리고 10사이클 후의 진폭 u_{10}을 구하시오.

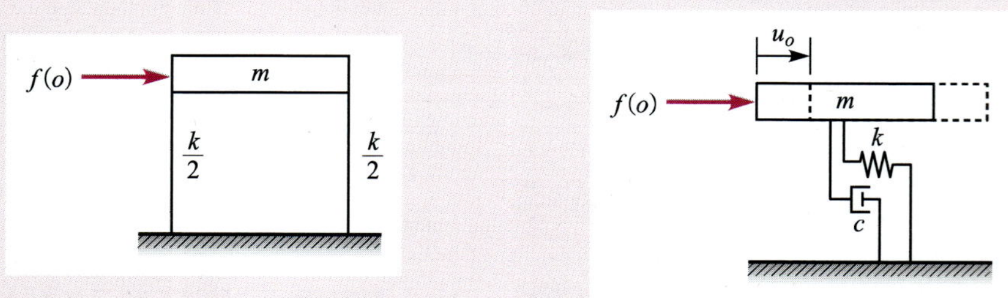

(a) 구조물　　　(b) 힘의 성분 모델링

그림 예제 2.2.1 구조물의 자유진동 실험

풀이

1) 강성 $k\left(=\frac{k}{2}+\frac{k}{2}\right)$

$$k=\frac{f(0)}{u_0}=\frac{100}{10}=10\,\text{kN/mm}=10{,}000\,\text{kN/m}$$

2) 무게 W와 질량 m

$$T=\frac{2\pi}{\omega}=2\pi\sqrt{\frac{m}{k}}=2\pi\sqrt{\frac{W}{kg}}=2\pi\sqrt{\frac{W}{(10{,}000)(9.8)}}=2\,\text{sec}$$

따라서

$$W=(10{,}000)(9.8)\left(\frac{2}{2\pi}\right)^2=9{,}929.48\,\text{kN}$$

$$m=\frac{W}{g}=\frac{9{,}929.48}{9.8}=1{,}013.21\,\text{kN}\cdot\text{sec}^2/\text{m}(=1{,}013.21\times10^3\text{kg})$$

3) 고유진동수(f, ω)

$$f=\frac{1}{T}=\frac{1}{2}=0.5\,(1/\text{sec, cps})=0.5\,\text{Hz},\ \ \omega=2\pi f=(2)(3.14)(0.5)=3.14\,\text{rad/sec}$$

4) 감쇠비(ξ), 감쇠 고유진동수(ω_d), 감쇠(c)

대수감쇠 $\delta=\ln\frac{u_n}{u_{n+1}}=\ln\frac{u_0}{u_1}=\ln\frac{10}{7.3}=0.315$

따라서

$$\xi\approx\frac{\delta}{2\pi}=\frac{0.315}{2(3.14)}=0.05=5\%$$

$$\omega_d=\sqrt{1-\xi^2}\,\omega=\sqrt{1-0.05^2}\,(3.14)=3.136\,\text{rad/sec}\approx\omega=3.14\,\text{rad/sec}$$

$$c=\xi c_c=\xi\sqrt{4mk}=(0.05)\sqrt{4(1{,}013.21)(10{,}000)}=318.31\,\text{kN}\cdot\text{sec/m}$$

5) 10사이클 후의 진폭 u_{10}

식 (2.2.26)으로부터, 10사이클 후의 대수감쇠 δ_{10}은 다음과 같이 된다.

$$\delta_{10}=\ln\frac{u_0}{u_{10}}=(\xi\omega\frac{2\pi}{\omega_d})\,10\approx(10)(0.05)(2\pi)$$

따라서 위 식에서 u_{10}을 구하면 다음과 같다.

$$u_{10}=\frac{u_0}{e^{m\xi 2\pi}}=\frac{10}{e^{(10)(0.05)(2\pi)}}=0.43\,\text{mm}$$

예제 2.2.2

다음 그림에서 균질하고 가는 **강체봉**(rigid bar)의 질량은 $m = 8\text{kg}$이고 또한, 그림의 E에 **집중질량** 5kg이 부착되어 있다. 스프링상수는 $k = 3000\text{N/m}$이고, 평형위치에서 봉 BC는 수평을 유지하고 있다. 봉을 시계방향으로 5° 변형시킨 후에 놓았다. 이 구조물의 원고유진동수 ω와 최대각속도 $\alpha_{\max}$를 구하시오.

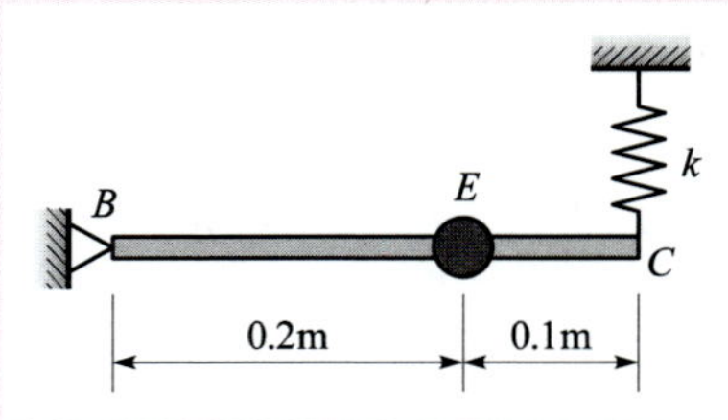

(a)

그림 예제 2.2.2

풀이

그림 (b)는 평형상태에서 시계방향으로 θ만큼 변형된 상태의 자유물체도이다. 여기서, T_0는 평형위치에서 스프링의 인장력이고, u_c는 오른쪽 끝단의 변위이다.

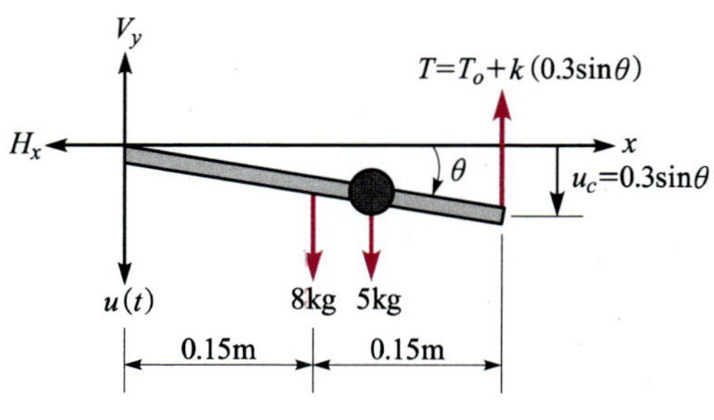

(b)

$\theta = 0°$ 일 때 봉은 평형위치에 있으며, 이때의 B점에 관한 평형방정식은 다음과 같다.

$+\curvearrowright \sum M_B = 0$;

$0.3(m) \cdot T_0 = 0.15(m) \cdot 8(\text{kg}) \cdot 9.8(\text{m/sec}^2) + 0.2(\text{m}) \cdot 5(\text{kg}) \cdot 9.8(\text{m/sec}^2)$

$\therefore T_0 = 72\text{N}$

θ만큼 변형된 위치에서 B점에 관한 관성력에 의한 모멘트(회전모멘트)는 다음과 같다.

$M_B = I_B \ddot{\theta}$

여기서, 강체봉 BC의 B점에 대한 (질량)관성모멘트는

$I_B = I_G + m(\frac{l}{2})^2 = \frac{ml^2}{12} + m(\frac{l}{2})^2 = \frac{ml^2}{3} = \frac{8 \cdot 0.3^2}{3}$

이고, B점에 대한 집중질량 E의 (질량)관성모멘트는

$I_B = 5 \cdot 0.2^2$

이다. 그리고 I_G는 봉 BC의 무게중심에 대한 봉 BC의 (질량)관성모멘트이다.

따라서, B점에 관한 평형방정식은 다음과 같다.

$+\curvearrowright \sum M_B = 0$;

$8 \cdot 9.8 \cdot 0.15\cos\theta + 5 \cdot 9.8 \cdot 0.2\cos\theta - (T_0 + k \cdot 0.3\sin\theta) \cdot 0.3\cos\theta = (\frac{8 \cdot 0.3^2}{3} + 5 \cdot 0.2^2)\ddot{\theta}$

각 θ가 작으면 $\cos\theta \approx 1$, $\sin\theta \approx \theta$이므로, 위 식은 다음과 같이 된다.

$8 \cdot 9.8 \cdot 0.15 + 5 \cdot 9.8 \cdot 0.2 - (T_0 + 3000 \cdot 0.3\theta) \cdot 0.3 = (\frac{8 \cdot 0.3^2}{3} + 5 \cdot 0.2^2)\ddot{\theta}$

위 식을 정리하면, 위 식은 다음과 같이 된다.

$-270\theta = 0.44\ddot{\theta} \rightarrow \ddot{\theta} + 614\theta = 0$

따라서, 구조물의 원고유진동수

$\omega = \sqrt{614} = 25\text{rad/sec}$

위 운동의 미분방정식의 해를 단순조화진동으로 가정하면 다음과 같다.

$\theta = A\cos(\omega t - \psi)$

그리고 $t=0$일 때, $\theta = 5^\circ = \frac{5\pi}{180}$rad이고 $\dot{\theta} = 0$이므로, 다음과 같이 진폭 A와 위상각 ψ가 구해진다.

$A\cos(-\psi) = \frac{5\pi}{180}$, $\dot{\theta} = -A\omega\sin(-\psi) = 0 \rightarrow \psi = 0$, $A = \frac{5\pi}{180} = 0.09\text{rad}$

그러므로, 운동의 미분방정식의 해는 다음과 같이 된다.

$\theta = A\cos\omega t = 0.09\cos 25t$

$\dot{\theta} = -A\omega\sin\omega t = -0.09 \cdot 25 \cdot \sin 25t = -2.25\sin 25t$

따라서, 구조물의 최대각속도 $\alpha_{max} = \dot{\theta}_{max} = 2.25\text{rad/sec}$

|2.2 자유진동| 연습문제

2.2.1 1층 빌딩을 무게가 없는 기둥으로 지지되고 강체거더로서 이상화한 그림 예제 2.2.1 (a)의 구조물은 무게가 1,000kN이고, 시간 $t=0$에서 변위 40mm로부터 그것을 놓아 자유진동을 시작하였다. 되돌아온 진동의 최대변위가 시간 $t=0.7$sec에서 25mm이였다면, 다음 사항을 결정하시오.

1) 횡 스프링강성 k
2) 감쇠비 ξ
3) 감쇠 c

2.2.2 그림 2.1.1 (a)의 구조물의 질량과 강성을 각각 $m=400{,}000$kg, $k=7{,}000$kN/m라고 하자. 이 시스템이 초기조건 $u_0=u(0)=20$mm 및 $\dot{u}_0=\dot{u}(0)=150$mm/sec를 가지고 자유진동을 시작한다면, 다음 가정하에서 시간 $t=1.2$sec에서의 변위와 속도를 구하시오.

1) 감쇠 $c=0$
2) 감쇠 $c=500$kN • sec/m

2.2.3 그림 2.1.1 (a)의 구조물에서 질량과 강성이 각각 $m=800{,}000$kg, $k=3{,}000$kN/m이고, 감쇠는 없다고 하자. 이 시스템의 초기조건은 $u_0=u(0)=40$mm이고, $t=1$sec에서 변위가 또한 40mm이다. 다음 물음에 답하시오.

1) $t=2$sec에서 변위를 구하시오.
2) 자유진동의 진폭 ρ를 구하시오.

2.2.4 물체가 중력장에서 연직방향으로 스프링에 부착되어 매달려 있다. 이 시스템에서 물체의 무게 mg에 의한 정적변위가 $u_{st}=10$mm일 때에 고유진동수를 구하시오.

2.2.5 물체가 중력장에서 연직방향으로 스프링에 부착되어 매달려 있고, 이 시스템의 고유진동수는 4Hz이다. 이 시스템이 초기변위 $u_0=2$mm, 초기속도 $\dot{u}_0=12$mm/sec로 단순조화운동을 시작하였을 때, 변위진폭 ρ, 속도진폭 $\dot{\rho}$, 가속도진폭 $\ddot{\rho}$, 초기위상각 ψ를 구하시오.

2.2.6 다음 그림과 같이, 질량 m의 물체와 질량을 무시할 수 있는 강체봉에 스프링이 연결된 구조계가 있다. 봉이 지점 O를 중심으로 회전이 가능할 때, 이 구조계의 운동방정식과 고유진동수 f를 구하시오. 단, 봉의 각변위 θ의 크기는 미소하다.

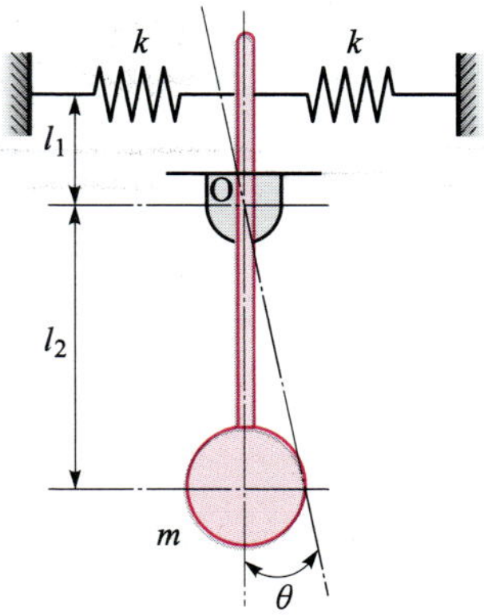

그림 연습문제 2.2.6

2.2.7 다음 그림과 같이, 질량 m의 물체와 질량을 무시할 수 있는 강체봉에 스프링이 연결된 구조계가 있다. 봉이 지점 O를 중심으로 회전이 가능할 때, 이 구조계의 고유진동수 f를 구하시오. 단, 봉이 수평한 위치에 있을 때를 정적평형상태의 위치로 한다.

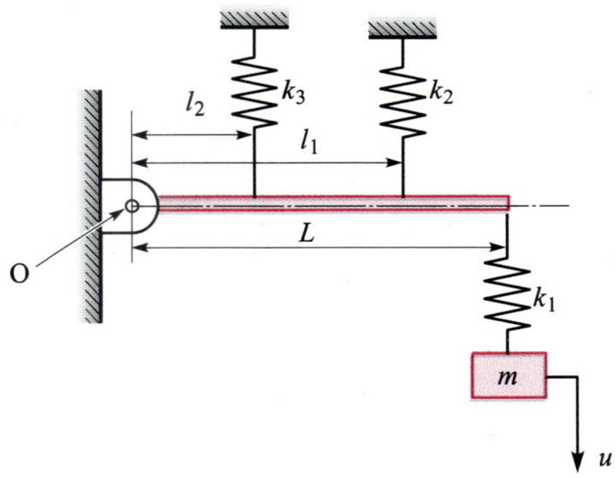

그림 연습문제 2.2.7

2.2.8 다음 그림과 같이, 길이 l, 질량 m_1의 균질한 봉의 한 쪽 끝에 반지름 r_0, 질량 m의 물체가 붙여져 있다. 봉이 지점 O를 중심으로 회전이 가능할 때, 이 구조계의 고유주기 T를 구하시오.

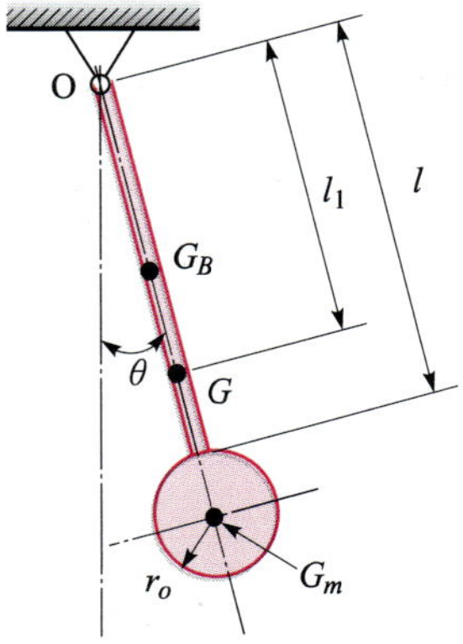

그림 연습문제 2.2.8

2.2.9 다음 그림과 같이, 관성모멘트가 I인 강체봉의 양쪽에 스프링과 감쇠기가 결합된 회전 구조계가 있다. 여기서, 점 O에 관한 각변위 θ는 미소량이고, 봉이 수평한 위치에 있을 때를 정적평형상태의 위치라고 한다. 다음 물음에 답하시오.

1) 이 구조계의 원고유진동수 ω를 구하시오.
2) 감쇠비 ξ를 구하시오.
3) 감쇠 고유진동수 ω_d를 구하시오.

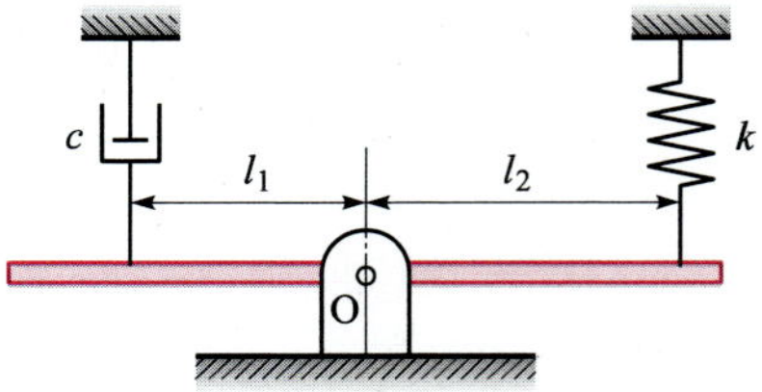

그림 연습문제 2.2.9

2.2.10 다음 그림과 같이, 질량 m의 물체와 질량을 무시할 수 있는 강체봉에 스프링 및 감쇠기가 결합된 회전 구조계가 있다. 여기서, 지점 O에 관한 각변위 θ는 미소량이다. 다음 물음에 답하시오.

1) 이 구조계의 원고유진동수 ω를 구하시오.
2) 감쇠비 ξ를 구하시오.
3) 감쇠 고유진동수 ω_d를 구하시오.

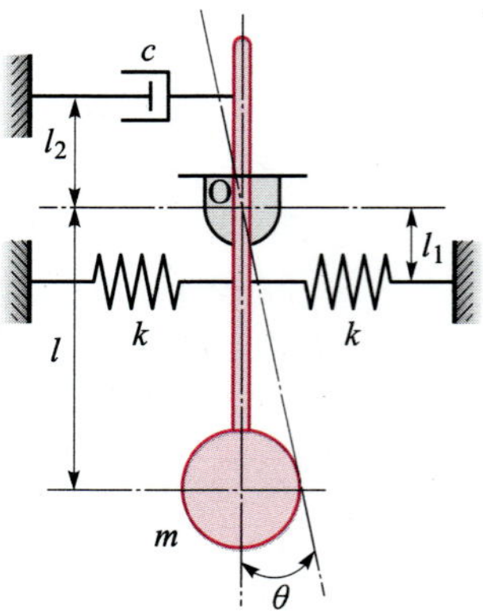

그림 연습문제 2.2.10

2.2.11 다음 그림과 같이, 관성모멘트가 I_1, I_2인 2개의 원판이 비틀림강성(비틀림 스프링상수) k_θ의 축의 양쪽 끝에 결합되어 있다. 이 구조계의 운동방정식과 고유진동수 f를 구하시오.

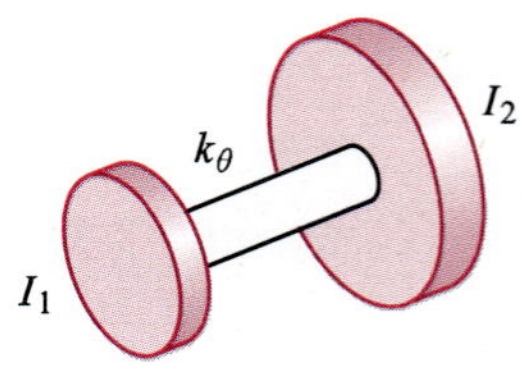

그림 연습문제 2.2.11

2.2.12 다음 그림과 같이 도르래를 사용한 시스템의 고유진동수 f를 구하시오. 단, 도르래의 질량은 무시한다.

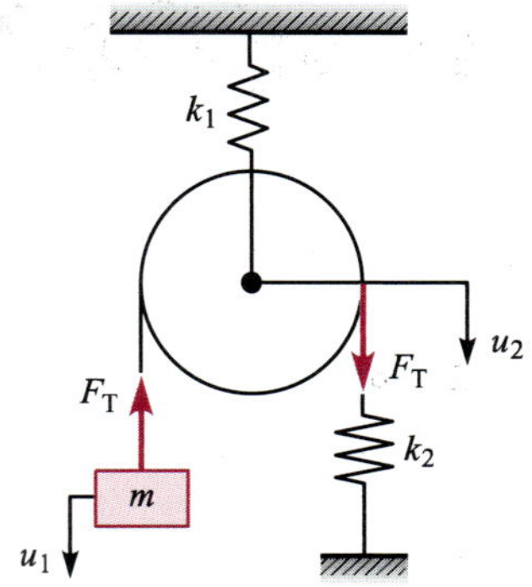

그림 연습문제 2.2.12

2.2.13 다음 그림에서 속도의 반대방향으로 속도($\dot{u}$)의 크기에 비례하는 감쇠력(damping force, 공기저항력 등) F_D을 받고 운동을 할 때, 감쇠력은 $F_D = c\dot{u}$로 표시될 수 있다. 여기서, c는 감쇠상수(damping constant, 감쇠계수)로서 양수이다. 따라서 이 경우, 그림 연습문제 2.2.13의 물체에 작용하는 관성력($F_I = m\ddot{u}$), 탄성력($F_S = ku$), 감쇠력($F_D = c\dot{u}$)의 합은 0(즉, 동적평형상태를 이루고 있음을 의미함)이 되므로 다음과 같은 관계식이 얻어진다.

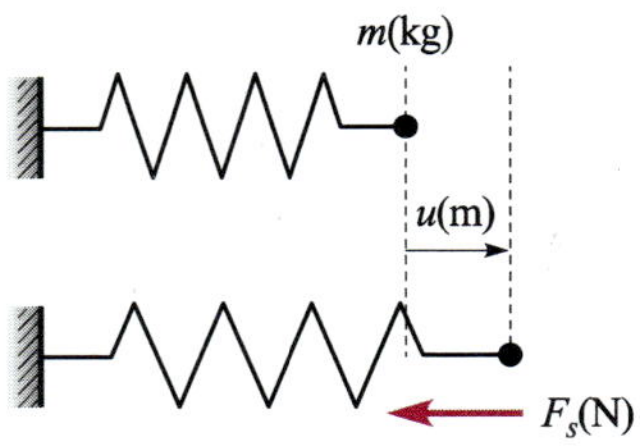

그림 연습문제 2.2.13

$$+\rightarrow \sum F = -F_I - F_D - F_S = 0\ ;\ m\ddot{u} + c\dot{u} + ku = 0$$

위 식은 양수인 감쇠계수 c를 포함한 상수계수 제차 2계 선형상미분방정식(감쇠 시스템의 상미분방정식)이다. 위 식에서 $m = 1, k = 100$일 때, 다음의 상미분방정식의 일반해를 구하고, 각각의 경우에 물체의 위치 u가 시간 t에 따라 어떤 형태로 운동하는가를 그림으로 나타내시오.

1) $c = 12$: $\ddot{u} + 12\dot{u} + 100u = 0$(저항이 비교적 작은 경우)

2) $c = 20$: $\ddot{u} + 20\dot{u} + 100u = 0$

3) $c = 29$: $\ddot{u} + 29\dot{u} + 100u = 0$(저항이 비교적 큰 경우)

2.3 조화진동

2.3.1 비감쇠계의 응답

(1) 보조해

조화하중(harmonic load)이란 시간에 따른 하중 진폭의 변화가 **사인파**(sine wave)형태를 가지고 주기적으로 반복되는 하중을 말한다. 그림 2.1.1의 구조계가 하중 진폭 f_0과 **가진진동수**(exciting frequency) ω_e인 조화하중 $f(t)$를 받는다고 가정하자. 이 경우, 일반적인 운동의 미분방정식(differential equation)은 다음과 같이 된다.

$$m\ddot{u}(t)+c\dot{u}(t)+ku(t)=f_0\sin w_e t \tag{2.3.1}$$

먼저, 조화하중에 대한 비감쇠계의 응답을 조사해 보자. 즉, $c=0$일 때 위 식은 다음과 같다.

$$m\ddot{u}(t)+ku(t)=f_0\sin w_e t \tag{2.3.2}$$

위 식의 **보조해**(complementary solution) $u_c(t)$는 $f_0\sin w_e t=0$인 경우이므로, 식 (2.2.8)의 비감쇠 자유진동 응답과 같은 형태이다. 즉,

$$u_c(t) = A_1\sin\omega t + A_2\cos\omega t \tag{2.3.3}$$

(2) 특수해

조화하중에 대한 비감쇠계의 **일반해**(general solution) $u(t)$는 보조해 $u_c(t)$뿐만이 아니라 **특수해**(particular solution) $u_p(t)$, 즉 동하중에 의해 발생되는 특수한 거동을 포함한다. 조화하중에 대한 응답은 **조화거동**으로 가정할 수 있기 때문에, 특수해는 다음과 같이 나타낼 수 있다.

$$u_p(t) = B\sin\omega_e t \tag{2.3.4}$$

위 식을 2번 미분하면 다음과 같이 된다.

$$\ddot{u}_p(t) = -Bw_e^2\sin\omega_e t \tag{2.3.5}$$

식 (2.3.4)와 식 (2.3.5)를 식 (2.3.2)에 대입하면 다음과 같이 된다.

$$-mBw_e^2\sin\omega_e t + kB\sin\omega_e t = f_0\sin w_e t \tag{2.3.6}$$

위 식의 양변을 $\sin\omega_e t$와 k로 나누고 $\omega = \sqrt{\dfrac{k}{m}}$ 의 관계를 사용하여 식 (2.3.6)을 정리하면 다음과 같은 식이 유도된다.

$$B\left(1 - \frac{\omega_e^2}{\omega^2}\right) = \frac{f_0}{k} \tag{2.3.7}$$

그러므로 특수해의 진폭 B는 다음과 같이 된다.

$$B = \frac{f_0}{k}\frac{1}{1-\beta^2} \tag{2.3.8}$$

여기서 β는 **진동수비**(frequency ratio)로서 고유진동수 ω에 대한 **작용하중 진동수**(applied load frequency) ω_e의 비율 즉, $\beta = \dfrac{\omega_e}{\omega}$를 나타낸다.

따라서 특수해 $u_p(t)$는 다음과 같이 된다.

$$u_p(t) = \frac{f_0}{k}\frac{1}{1-\beta^2}\sin\omega_e t \tag{2.3.9}$$

위 식의 거동을 그림으로 나타내면 그림 2.3.1 (a)와 같다. 그림 2.3.1 (a)는 조화하중에 대한 비감쇠계의 **정상상태**(steady-state) **응답** 성분을 나타낸다.

(3) 일반해

조화하중에 대한 비감쇠계의 일반해 $u(t)$는 보조해 $u_c(t)$와 특수해 $u_p(t)$의 합으로 다음과 같이 주어진다. 즉,

$$\begin{aligned} u(t) &= u_c(t) + u_p(t) \\ &= A_1\sin\omega t + A_2\cos\omega t + \frac{f_0}{k}\frac{1}{1-\beta^2}\sin\omega_e t \end{aligned} \tag{2.3.10}$$

위 식에서 운동의 진폭을 나타내는 상수 A_1과 A_2는 구조계의 초기조건에 의해 결정된다. 만약 시간 $t=0$에서 정지상태 즉, $u(0)=\dot{u}(0)=0$을 갖고 구조계가 진동을 시작한다면, 식 (2.3.10)에서 $u(0)=A_2=0$이 되고 $\dot{u}(0)=0$으로부터 $A_1=-\frac{f_0}{k}\frac{\beta}{1-\beta^2}$가 된다. 그러므로 비감쇠 자유진동 응답인 식 (2.3.3)의 **천이해**(transient solution, 초기 동적응답에만 영향을 미치고 감쇠에 의해 사라지는 거동) $u_c(t)$는 다음과 같이 된다.

$$u_c(t)=-\frac{f_0}{k}\frac{\beta}{1-\beta^2}\sin\omega t \tag{2.3.11}$$

위 식의 거동을 그림으로 나타내면 그림 2.3.1 (b)와 같다. 그림 2.3.1 (b)의 조화하중에 대한 비감쇠계의 **천이응답**(transient response)은 비감쇠계로 가정하였으므로, 이 항은 사라지지 않고 무한히 계속된다.

따라서 식 (2.3.10)은 다음과 같이 된다.

$$\begin{aligned} u(t) &= u_c(t)+u_p(t) \\ &= \frac{f_0}{k}\frac{1}{1-\beta^2}(\sin\omega_e t-\beta\sin\omega t) \end{aligned} \tag{2.3.12}$$

여기서, $\frac{f_0}{k}(=u_{st})$: **정적변위** 즉, 정적으로 작용하는 하중 f_0에 의해 산출된 변위

$\frac{f_0}{k}\frac{1}{1-\beta^2}$: **증폭계수**(amplification factor, magnification factor)

즉, 작용하는 조화하중에 의한 동적증폭 효과를 나타냄

$\sin\omega_e t$: 작용하중의 가진진동수에서 응답성분으로, 정상상태 응답에 직접적으로 연관됨

$\beta\sin\omega t$: 고유진동수에서 응답성분으로, 초기조건에 의해 초래된 자유진동 효과

식 (2.3.12)의 조화하중에 대한 비감쇠계의 일반해는 보조해[그림 2.3.1 (a)]와 특수해[그림 2.3.1 (b)]의 합이므로 그림 2.3.1 (c)와 같은 형태가 된다.

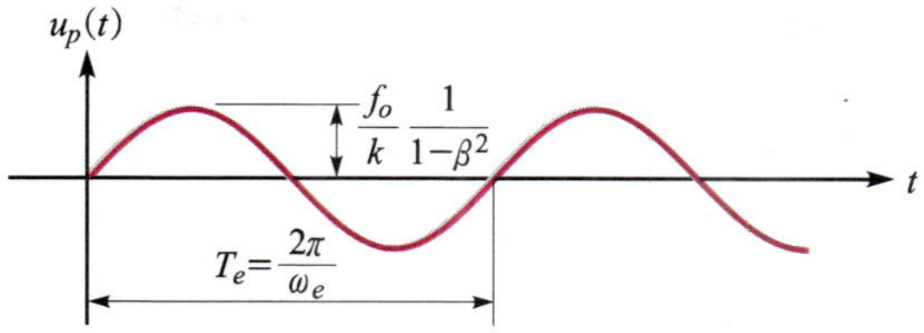

(a) 정상상태의 응답 $u_p(t)$

+

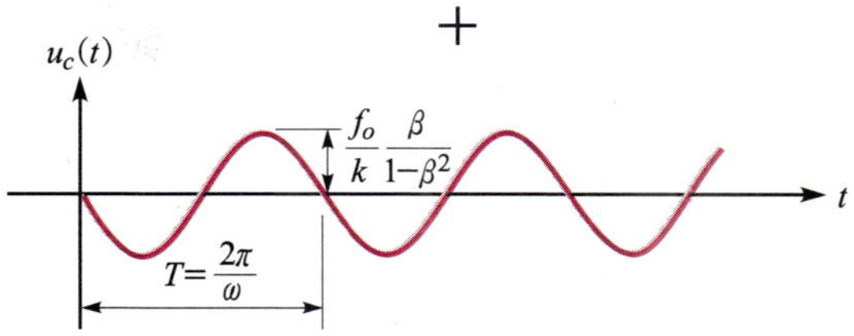

(b) 천이응답 $u_c(t)$

||

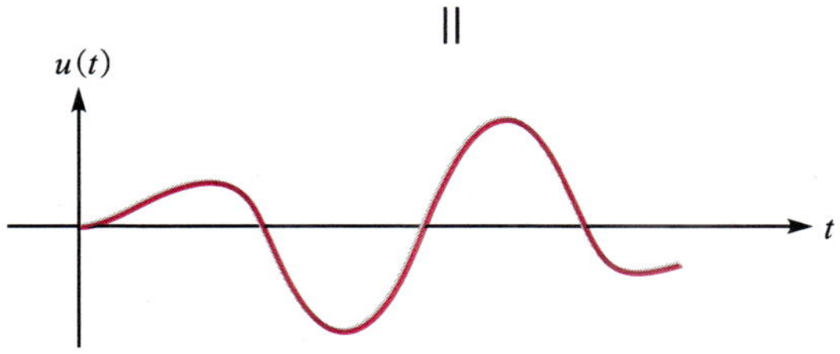

(c) 전체응답 $u(t)=u_c(t)+u_p(t)$

그림 2.3.1 초기 정지상태로부터 시작하는 조화하중의 응답

(4) 동적응답비

동적응답비(dynamic response ratio) $DR(t)$는 똑같은 하중을 정적으로 작용시켜 생기는 변위에 대한 **동적응답**의 비율에 의해 다음과 같이 나타낼 수 있다. 즉,

$$DR(t)=\frac{u(t)}{u_{st}}=\frac{u(t)}{f_0/k} \tag{2.3.13}$$

따라서 식 (2.3.12)로부터, 초기 정지상태로부터 시작하는 비감쇠계의 조화하중으로 인한 동적응답비는 다음과 같이 된다.

$$\begin{aligned} DR(t)&=\frac{u(t)}{f_0/k} \\ &=\frac{1}{1-\beta^2}(\sin\omega_e t-\beta\sin\omega t) \end{aligned} \tag{2.3.14}$$

2.3.2 감쇠계의 응답

감쇠를 포함한 운동방정식인 식 (2.3.1)의 양변을 질량 m으로 양변을 나누면 다음과 같다.

$$\ddot{u}(t)+\frac{c}{m}\dot{u}(t)+\frac{k}{m}u(t)=\frac{f_0}{m}\sin w_e t \tag{2.3.15}$$

여기서, $\dfrac{k}{m}=\omega^2$이고, $\dfrac{c}{m}=\dfrac{\xi c_c}{m}=\dfrac{\xi\sqrt{4mk}}{m}=2\xi\omega$이므로, 위 식은 다음과 같이 된다.

$$\ddot{u}(t)+2\xi\omega\dot{u}(t)+\omega^2u(t)=\frac{f_0}{m}\sin w_e t \tag{2.3.16}$$

실제 구조물의 경우 일반적으로 임계감쇠보다 작은 감쇠를 가지므로, 위 식의 보조해는 식 (2.2.19)에 의해 주어진 저감쇠 자유진동 응답이다. 즉,

$$u_c(t)=e^{-\xi\omega t}(A_1\sin\omega_d t+A_2\cos\omega_d t) \tag{2.3.17}$$

그리고 조화하중에 대한 이 구조계의 특수해는 다음과 같은 형태를 갖는다.

$$u_p(t)=B_1\sin\omega_e t+B_2\cos\omega_e t \tag{2.3.18}$$

위 식에서 감쇠계의 응답은 일반적으로 하중이 갖는 위상(phase)을 갖지 않기 때문에 두 번째의 코사인(cosine)항이 필요하다. 식 (2.3.18)을 미분하면 다음과 같은 식이 된다.

$$\dot{u}_p(t)=B_1\omega_e\cos\omega_e t-B_2\omega_e\sin\omega_e t \tag{2.3.19a}$$

$$\ddot{u}_p(t)=-B_1\omega_e^2\sin\omega_e t-B_2\omega_e^2\cos\omega_e t \tag{2.3.19b}$$

식 (2.2.18)과 식 (2.3.19)를 식 (2.3.16)에 대입하고 $\cos\omega_e t$의 배수(multiple)로부터 $\sin\omega_e t$의 배수를 분리시키면 다음과 같이 된다.

$$\left\{-B_1\omega_e^2-B_2(2\xi\omega)\omega_e+B_1\omega^2\right\}\sin\omega_e t=\frac{f_0}{m}\sin\omega_e t \tag{2.3.20a}$$

$$\left\{-B_2\omega_e^2-B_1(2\xi\omega)\omega_e+B_2\omega^2\right\}\cos\omega_e t=0 \tag{2.3.20b}$$

위 식에서 두 관계는 사인(sine)과 코사인(cosine)항이 서로 다른 시간에 사라져야 하기 때문에 각각 개별적으로 만족되어야 한다. 식 (2.3.20)의 양변을 ω^2으로 나누고 정리하면 삼각

함수의 표현은 삭제되어 다음과 같이 표시된다. 즉,

$$B_1(1-\beta^2)-B_2(2\xi\beta)=\frac{f_0}{k} \tag{2.3.21a}$$

$$B_2(1-\beta^2)-B_1(2\xi\beta)=0 \tag{2.3.21b}$$

위 식을 풀면, **응답진폭계수**에 대하여 다음과 같은 표현이 유도된다.

$$B_1=\frac{f_0}{k}\frac{1-\beta^2}{(1-\beta^2)^2+(2\xi\beta)^2} \tag{2.3.22a}$$

$$B_2=\frac{f_0}{k}\frac{-2\xi\beta}{(1-\beta^2)^2+(2\xi\beta)^2} \tag{2.3.22b}$$

위 식의 B_1과 B_2값을 식 (2.3.18)의 특수해에 대입하고 보조해[식 (2.3.17)]와 결합시키면, 다음과 같은 일반해 $u(t)$가 유도된다.

$$\begin{aligned} u(t) &= u_c(t)+u_p(t) \\ &= e^{-\xi\omega t}(A_1\sin\omega_d t+A_2\cos\omega_d t) \\ &+\frac{f_0}{k}\frac{1}{(1-\beta^2)^2+(2\xi\beta)^2}[(1-\beta^2)\sin\omega_e t-2\xi\beta\cos\omega_e t] \end{aligned} \tag{2.3.23}$$

위 식에서 첫 번째 항은 천이해를 나타내고, 상수 A_1과 A_2는 주어진 어떤 초기조건을 사용하여 구할 수 있다. 그러나 이 항은 일반적으로 빨리 감쇠되므로 중요하지 않다. 식 (2.3.23)의 두 번째 항은 작용하중과 위상은 다르나 작용하중의 진동수에서의 정상상태 응답이다. 이 정상상태의 변위거동은 그림 2.3.2에 보여진 **아르강 그림**에서 두 개의 **벡터**를 그려보면 쉽게 해석될 수 있다. 즉, 두 벡터의 합성 ρ는 다음과 같이 정상상태 응답의 진폭을 나타낸다.

$$\rho=\frac{f_0}{k}\frac{1}{\sqrt{(1-\beta^2)^2+(2\xi\beta)^2}} \tag{2.3.24}$$

그리고 작용하중에 의한 응답의 지연은 위상각 ψ에 의해서 다음과 같이 주어진다.

$$\psi=\tan^{-1}\left(\frac{2\xi\beta}{1-\beta^2}\right) \tag{2.3.25}$$

여기서 위상각(작용하중벡터와 변위응답벡터 사이의 각)은 $0 < \psi < 180°$ 범위에 있다. 따라서 정상상태 응답은 다음과 같이 쓸 수 있다.

$$u(t) = \rho \sin(\omega_e t - \psi) \tag{2.3.26}$$

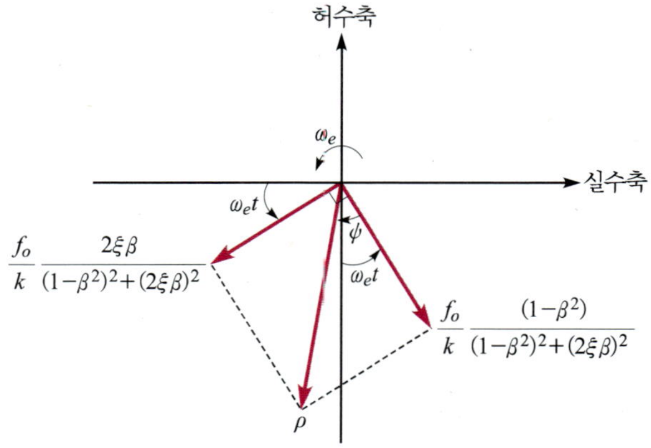

그림 2.3.2 조화하중에 대한 정상상태의 변위응답

힘 f_0에 의해 생기는 정적변위에 대한 합성운동의 응답진폭비는 **동적증폭계수**[dynamic amplification factor(DAF), dynamic magnification factor(DMF)] 즉, 조화하중에 대한 동적응답의 크기는 정상상태에 도달한 동적응답의 최대진폭(ρ)을 정적응답(f_0/k)에 대한 비율 DAF로 다음과 같이 나타낸다.

$$DAF = \frac{\rho}{f_0/k} = \frac{1}{\sqrt{(1-\beta^2)^2 + (2\xi\beta)^2}} \tag{2.3.27}$$

식 (2.3.27)로부터 동적증폭계수 DAF는 진동수비 β와 감쇠비 ξ에 따라 변함을 알 수 있고, 이들의 관계는 그림 2.3.3과 같다.

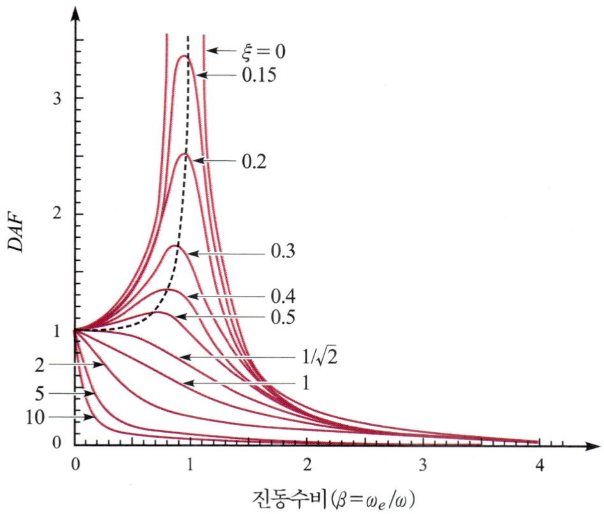

그림 2.3.3 감쇠비와 진동수비에 따른 동적증폭계수(DAF)의 변화

또한 위상각 ψ는 식 (2.3.25)에 의해 **감쇠비**와 **진동수비**에 따라 변하고, 이들의 관계는 그림 2.3.4와 같이 된다.

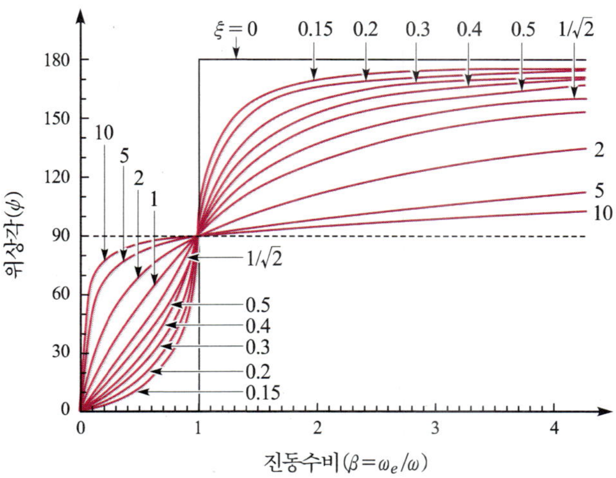

그림 2.3.4 감쇠비와 진동수비에 따른 위상각의 변화

예제 2.3.1

다음 그림과 같이 강체거더(분포중량 $\overline{W}=10\mathrm{kN/m}$)가 무게가 없는 기둥(고정지점 및 힌지지점을 갖는 기둥)으로 지지되어 있는 골조(frame)구조물에서 거더상에 수평력 $f(t)=4\sin(5t)\mathrm{kN}$을 일으키는 회전기계가 설치되어 있다. 이 회전기계에 의하여 발생되는 정상상태의 최대진폭, 고유주기, 그리고 수학적 모델과 기둥상에 작용하는 최대 동역학 응력(최대 동적 휨응력)을 구하시오. 단, 구조물의 감쇠비는 5%이고 거더는 회전에 대하여 강결 상태이다.

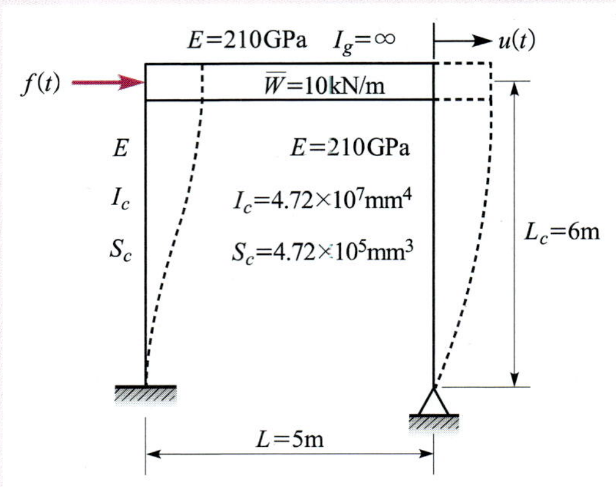

(a)

그림 예제 2.3.1

풀이

1) 구조물의 등가강성(equivalent spring) k

좌측 기둥의 등가강성 $k_{c,l}=\dfrac{12EI_c}{L_c^3}=\dfrac{12(210\times10^6)(4.72\times10^{-5})}{(6)^3}=550.67\mathrm{kN/m}$

우측 기둥의 등가강성 $k_{c,r}=\dfrac{3EI_c}{L_c^3}=\dfrac{3(210\times10^6)(4.72\times10^{-5})}{(6)^3}=137.67\mathrm{kN/m}$

좌·우측 기둥의 등가강성이 병렬로 연결되어 있으므로, 구조물의 등가강성 k는 다음과 같이 된다.

$k=k_{c,l}+k_{c,r}=550.67+137.67=681.34\mathrm{kN/m}$

2) 구조물의 질량 m

$m=\dfrac{\overline{W}L}{g}=\dfrac{10(5)}{9.8}=5.1\mathrm{kN}\cdot\sec^2/\mathrm{m}(=5.1\times10^3\mathrm{kg})$

3) 고유주기 T

$$\omega=\sqrt{\frac{k}{m}}=\sqrt{\frac{681.34}{5.1}}=11.56\text{rad/sec}$$

$$T=\frac{2\pi}{\omega}=\frac{2\pi}{11.56}=0.54\text{sec}$$

4) 정상상태의 최대진폭 ρ

진동수비 $\beta=\frac{\omega_e}{\omega}=\frac{5}{11.56}=0.43$

식 (2.3.27) 즉, $DAF=\frac{\rho}{f_0/k}=\frac{1}{\sqrt{(1-\beta^2)^2+(2\xi\beta)^2}}$ 로부터, 정상상태의 최대진폭 ρ는 다음과 같이 된다.

$$DAF=\frac{1}{\sqrt{(1-\beta^2)^2+(2\xi\beta)^2}}=\frac{1}{\sqrt{(1-0.43^2)^2+(2\times 0.05\times 0.43)^2}}=1.75$$

$$\rho=DAF(f_0/k)=1.75\left(\frac{4}{681.34}\right)=0.0103\text{m}=10.3\text{mm}$$

5) 수학적 모델

식 (2.3.16)으로부터,

$$\ddot{u}(t)+2\xi\omega\dot{u}(t)+\omega^2u(t)=\frac{f_0}{m}\sin w_e t$$

$$\ddot{u}(t)+2(0.05)(11.56)\dot{u}(t)+(11.56)^2u(t)=\frac{4}{5.1}\sin 5t$$

따라서 수학적 모델은 다음과 같이 된다.

$$\ddot{u}(t)+1.16\dot{u}(t)+133.63u(t)=0.78\sin 5t$$

6) 기둥상에 작용하는 최대 동역학 응력(최대 동적 휨응력) $\sigma_{\max}$

정상상태의 죄대진폭 ρ만을 고려하여 휨응력을 산정한다. 최대 휨모멘트는 고정지점을 가진 왼쪽 기둥에서 발생하므로 즉, 그림 (b)에서

$$M=\left(\frac{6EI_c}{L_c^2}\right)\rho\text{kN}\cdot\text{m}$$

$$=\frac{6(210\times 10^6)(4.72\times 10^{-5})}{6^2}\times 0.0103=17.02$$

$$=17.02$$

따라서

$$\sigma_{\max}=\frac{M}{S_c}=\frac{17.02\times 10^6}{4.72\times 10^5}=36.06\text{MPa}$$

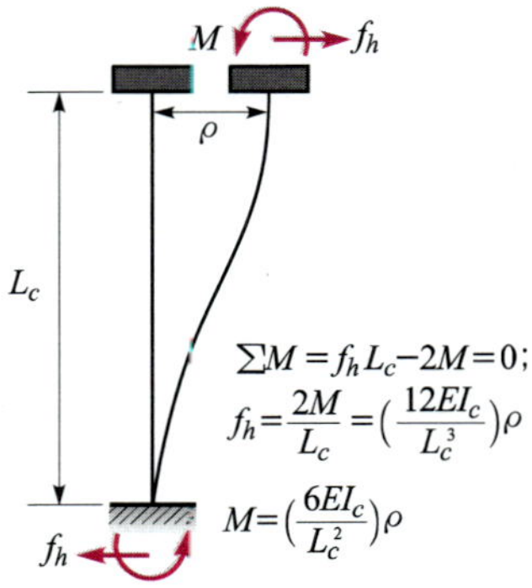

(b)

TIP 아래 그림과 같은 캔틸레버보(보의 자중은 무시함)에서 연직방향의 등가강성을 유도하고, 연직방향의 비감쇠 자유진동에 대한 구조물의 운동방정식과 고유주기를 구하면 다음과 같다.

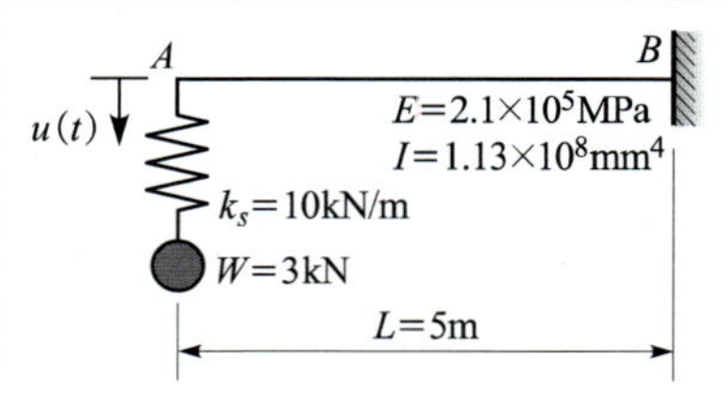

아래 그림의 캔틸레버보에 대하여 공액보법 등을 사용하여 자유단 A점의 처짐 δ_A를 구하면, $\delta_A = \dfrac{FL^3}{3EI}$이 된다. 그러므로 캔틸레버보에 대한 연직방향의 등가강성 k_b는 다음과 같다.

$$k_b = \frac{F}{\delta_A} = \frac{3EI}{L^3} = \frac{3(2.1\times 10^5 \times 10^3)(1.13\times 10^8 \times 10^{-12})}{5^3} = 569.52\text{kN/m}$$

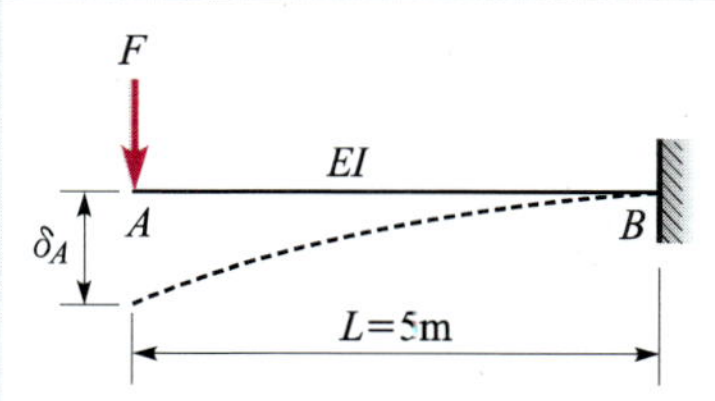

따라서 캔틸레버보의 자유단 A점에 스프링 k_s와 무게 $W(m=\frac{W}{g}=\frac{3\times10^3}{9.8}=306.12$ kg가 부착된 주어진 구조물은 아래 그림과 같이 이상화하여 나타낼 수 있다. 아래 모델링 그림에서 스프링 k_b와 k_s는 직렬로 연결되어 있으므로 구조물에 대한 전체 등가 강성 k_t와는 $\frac{1}{k_t}=\frac{1}{k_b}+\frac{1}{k_s}$의 관계가 성립된다. 이 관계식으로부터 구조물의 전체 등가 강성 k_t구하면 다음과 같이 된다.

$$k_t=\frac{k_b k_s}{k_b+k_s}=\frac{569.52\times10}{569.52+10}=9.83\,\text{kN/m}$$

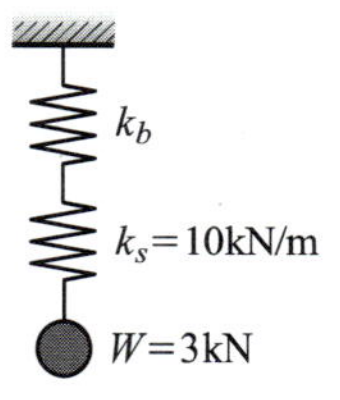

따라서 연직방향의 비감쇠 자유진동에 대한 구조물의 운동방정식은 $m\ddot{u}(t)+k_t u(t)=0$ 이 된다. 그리고 고유진동수 f는 $f=\frac{\omega}{2\pi}=\frac{1}{2\pi}\sqrt{\frac{k_t}{m}}=\frac{1}{2\pi}\sqrt{\frac{9.83\times10^3}{306.12}}=0.91\,\text{Hz}$가 되고, 고유주기 T는 $T=\frac{1}{f}=\frac{1}{0.91}=1.1\,\text{sec}$가 된다.

2.3.3 공진응답과 감쇠의 평가

(1) 공진응답

그림 2.3.3으로부터, 감소비가 작은 구조물의 최대 정상상태 응답은 진동수비 β가 1인 근처에서 발생한다. 진동수비 $\beta=\frac{\omega_e}{\omega}=1$ 즉, 작용하중의 가진진동수와 구조물의 고유진동수가 같게 되는 조건($\omega_e=\omega$)을 **공진**(resonance)이라 부른다. 식 (2.3.12)으로부터, 공진상태에서 비감쇠계의 정상상태 응답은 명백히 무한대가 된다. 식 (2.3.27)로부터, 공진($\beta=1$)인 경우의 동적증폭계수 DAF는 다음과 같이 감쇠비의 역수에 비례한다.

$$DAF_{\beta=1} = \frac{1}{2\xi} \tag{2.3.28}$$

그러나 위 식의 값이 동적증폭계수 DAF의 최댓값에 근접해 있지만, 이것이 어떤 감쇠계의 최대응답을 나타내는 것은 아니다. 최대응답에 대한 진동수비는 식 (2.3.27)를 β에 관하여 미분하고, 그것을 0으로 놓고 구한다. 즉, 감쇠비 $\xi < \dfrac{1}{\sqrt{2}}$을 가진 실제 구조물의 경우, **최대 진동수비** β_{peak}는 다음과 같이 된다.

$$\beta_{peak} = \sqrt{1-2\xi^2} \tag{2.3.29}$$

그리고 이에 대응하는 최대 동적증폭계수는 다음과 같이 구해진다.

$$DAF_{\max} = \frac{1}{2\xi\sqrt{1-\xi^2}} \tag{2.3.30}$$

일반적으로 이상적인 감쇠계의 경우, 식 (2.3.30)과 식 (2.3.28) 사이의 차이는 무시할 수 있다. 조화하중에 대한 구조물의 공진응답상태를 더 완전하게 이해하기 위해서는 정상상태 응답뿐만이 아니라 일시적인 천이응답을 포함하는 식 (2.3.23)의 일반해의 응답식을 고려하는 것이 필요하다. 공진상태($\beta=1$)에서 이 식은 다음과 같이 된다.

$$\begin{aligned} u(t) &= e^{-\xi\omega t}(A_1 \sin\omega_d t + A_2 \cos\omega_d t) \\ &\quad - \frac{f_0}{k}\frac{1}{2\xi}\cos\omega t \end{aligned} \tag{2.3.31}$$

만약 시간 $t=0$에서 정지상태 즉, $u(0)=\dot{u}(0)=0$을 갖고 구조계가 진동을 시작한다면, 식 (2.3.31)에서 $A_2 = \dfrac{f_0}{k}\dfrac{1}{2\xi}$이 되고 $A_1 = \dfrac{f_0}{k}\dfrac{\omega}{2\omega_d} = \dfrac{f_0}{k}\dfrac{1}{2\sqrt{1-\xi^2}}$이 된다. 따라서 식 (2.3.31)의 응답은 다음과 같이 된다.

$$u(t) = \frac{f_0}{k}\frac{1}{2\xi}\left[e^{-\xi\omega t}\left(\frac{\xi}{\sqrt{1-\xi^2}}\sin\omega_d t + \cos\omega_d t\right) - \cos\omega t\right] \tag{2.3.32}$$

위 식의 사인항(sine term)은 보통 구조물의 감쇠량에서 응답진폭에 작은 영향을 미치고, 특히 감쇠진동수가 비감쇠진동수와 거의 같은 경우에는 거의 영향을 주지 않는다. 이 경우, 응답은 근사적으로 다음과 같이 된다.

$$u(t) = \frac{f_0}{k}\frac{1}{2\xi}(e^{-\xi\omega t} - 1)\cos\omega t \tag{2.3.33}$$

비감쇠의 경우, 식 (2.3.32)는 결정될 수 없지만 로피탈(L' Hospital)법칙을 적용하면 비감쇠계의 응답은 다음과 같이 얻어진다.

$$u(t) = \frac{f_0}{k}\frac{1}{2}(\sin\omega t - \omega t\cos\omega t) \tag{2.3.34}$$

식 (2.3.33)과 식 (2.3.34)를 그림으로 나타내면, 그림 2.3.5와 같이 점진적으로 증가하는 응답을 보여준다. 그림 2.3.5의 응답은 **공진가진**(resonant excitation)의 경우에서 감쇠가 있는 경우와 감쇠가 없는 경우를 각각 보여주고 있다. 비감쇠계의 응답은 각 사이클에 대하여 계속적으로 증가한다. 한편, 감쇠계의 **공진응답**은 감쇠의 영향으로 인하여 비감쇠계보다 작은 응답을 보여 주고 있다. 이러한 감쇠계의 공진응답이 최대진폭에 도달하기 위해 요구되는 사이클 수는 감쇠의 크기에 달려있다.

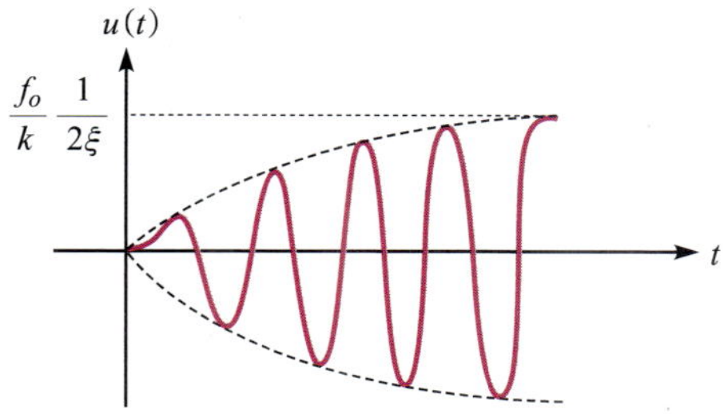

(a) 감쇠계

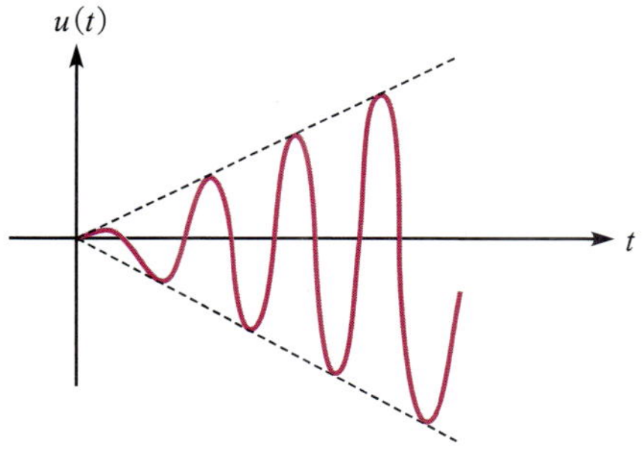

(b) 비감쇠계

그림 2.3.5 초기 정지상태로부터 공진가진 $\beta = 1$에 대한 응답

또한, 공진 시 위상각의 변화는 위에서 기술한 응답진폭의 동적증폭 못지않게 중요하다. 그림 2.3.4의 감쇠비와 진동수비에 따른 위상각의 변화에서 감쇠가 없는 경우, 진동수비 β가 1보다 작은 때는 위상각 ψ는 0° 이지만 **진동수비**가 1넘는 순간에 위상각은 갑자기 180° 로 바뀐다. 이러한 현상은 작용하중의 가진진동수를 점차 증가시킬 경우에 공진이 발생하기 전까지는 작용하중의 방향과 구조물의 응답방향과 동일하지만 공진이 발생한 직후부터는 작용하중의 방향과 응답방향이 갑자기 반대가 됨을 의미한다. 그리고 감쇠비가 클수록 위상각 ψ는 서서히 0° 에서 180° 로 변화한다.

이러한 공진 시 위상차의 변화현상을 이용하여 지진 시 구조물의 응답을 제어하기도 한다. 예를 들면, 건물의 옥상에 건물과 고유주기가 같은 추를 매달아 놓았다고 하자. 지진 시 건물과 고유주기가 같은 추 자체는 건물의 진동으로 인하여 공진현상이 일어나 매우 많이 흔들리지만 건물과 추의 진동의 위상각이 180° 가 되므로, 추가 흔들리는 방향이 건물이 흔들리는 방향과 반대방향이 되어 건물의 흔들림을 억제하는 방향으로 작용한다. 이와 같은 진동제어의 원리가 적용된 사례가 수동제어(passive control)장치인 **동조질량감쇠기**(tuned mass damper, TMD)와 **동조액체감쇠기**(tuned liquid damper, TLD)이다.

(2) 감쇠의 평가

구조물의 동적 **응답해석**을 하기 위해서는 먼저 구조계의 물리적 특성 즉, 질량, 강성, 그리고 감쇠의 크기를 알아야 한다. 대부분의 경우, 구조물의 질량과 강성은 예제 2.3.1에서처럼 단순한 물리학상의 고려 또는 2.1.3절과 같은 일반화한 표현 등을 사용하여 쉽게 평가할 수 있다. 그러나 실제 구조물에서 기본 에너지 손실구조를 완벽하게 이해한다는 것은 매우 어렵다. 따라서 일반화된 감쇠 표현에 의하여 감쇠의 크기를 평가하는 것은 보통 매우 힘든 일이다. 이러한 이유 때문에 대부분의 구조계에서 감쇠는 실험적 방법에 의하여 직접적으로 평가한다. 여기서는 실험적인 측정으로부터 감쇠를 평가하는 원리에 대하여 간략하게 알아본다.

• 자유진동 감소에 의한 감쇠비 평가

가장 간단하고 자주 사용하는 실험적인 감쇠의 평가방법은 이미 2.2.3절에서 기술한 자유진동 감소의 측정에 의한 것이다. 구조계가 어떤 수단에 의하여 자유진동이 시작되었을 때,

감쇠비 ξ는 m사이클(cycle)의 간격으로 측정된 두 변위진폭의 비율 즉, n사이클 후의 진폭 u_n과 $n+m$사이클 후의 진폭 u_{n+m}의 대수감쇠율 $\delta_m = \ln\dfrac{u_n}{u_{n+m}}$으로부터 결정될 수 있다. 만약 감쇠비 ξ가 작다면($\xi < 0.2$), $\omega_d = \sqrt{1-\xi^2}\,\omega \approx \omega$가 된다. 따라서 식 (2.2.27) $\xi = \dfrac{\delta_m}{m2\pi}$에 의하여 감쇠비를 구할 수 있다.

예제 2.3.2

구조물에 대하여 자유진동 실험을 실시하여 다음 그림과 같은 시간에 따른 변위진폭 감소곡선을 얻었다. $t_1 = \dfrac{2\pi}{\omega_d}$에서 변위진폭 u_1이 $t_{1.5} = \dfrac{3\pi}{\omega_d}$에서 $u_{1.5} = \dfrac{1}{3}u_1$이 되었을 때, 구조물의 강성과 감쇠상수를 구하시오. 단, 구조물의 감쇠 고유주기 T_d는 1.5초이고 질량은 1,000kg이다.

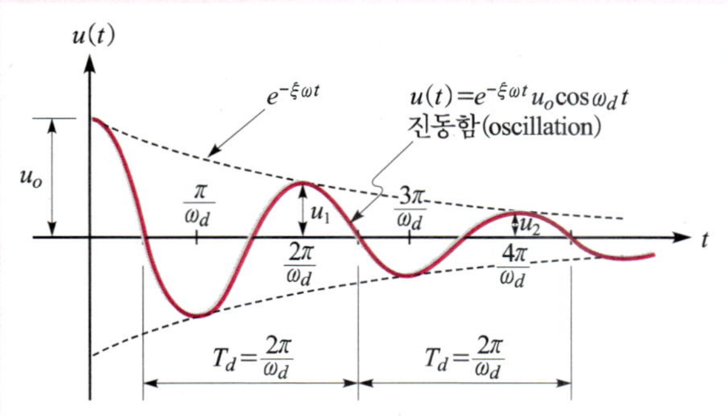

그림 예제 2.3.2

풀이

1) 구조물의 감쇠비 ξ

$$\delta_{0.5} = \ln\frac{u_1}{u_{1.5}} = \ln\frac{e^{-\xi\omega\frac{2\pi}{\omega_d}}}{e^{-\xi\omega\frac{3\pi}{\omega_d}}} = -\xi\omega\frac{2\pi}{\omega_d} + \xi\omega\frac{3\pi}{\omega_d} = \frac{\xi\omega\pi}{\omega_d} \approx \xi\pi \text{ 로부터}$$

$$\xi = \frac{\ln 3}{\pi} = 0.35 > 0.2 \quad \text{N.G.}$$

[또는, $\xi = \dfrac{\delta_m}{m\,2\pi}$에서 $m = 0.5$이고 $\delta_{0.5} = \ln\dfrac{u_n}{u_{n+m}} = \ln\dfrac{u_1}{u_{1+0.5}} = \ln\dfrac{u_1}{u_{1.5}} = \ln 3$

$$\therefore \xi = \frac{\delta_m}{m\,2\pi} = \frac{\delta_{0.5}}{(0.5)(2\pi)} = \frac{\delta_{0.5}}{\pi} = \frac{\ln 3}{\pi} = 0.35 > 0.2 \quad \text{N.G.}]$$

따라서 식 (2.2.26)으로부터, $\xi = \dfrac{\omega_d}{\pi\omega}\delta_{0.5} = \dfrac{\sqrt{1-\xi^2}\,\omega}{\pi\omega}\delta_{0.5} = \dfrac{\sqrt{1-\xi^2}}{\pi}\delta_{0.5}$가 된다.

이 식으로부터 ξ를 구하면,

$$\xi = \sqrt{\frac{\delta_{0.5}^2}{\pi^2 + \delta_{0.5}^2}} = \sqrt{\frac{(\ln 3)^2}{\pi^2 + (\ln 3)^2}} = 0.33 \quad \text{O.K.}$$

2) 구조물의 강성 k

$$T_d = \frac{2\pi}{\omega_d} = \frac{2\pi}{\sqrt{1-\xi^2}\,\omega} = \frac{2\pi}{\sqrt{1-\xi^2}}\sqrt{\frac{m}{k}} \rightarrow 1.5 = \frac{2\pi}{\sqrt{1-0.33^2}}\sqrt{\frac{1{,}000}{k}}$$

$\therefore k = 19{,}690\,\text{N/m} = 19.69\,\text{kN/m}$

3) 구조물의 감쇠상수 c

$$c = \xi c_c = \xi\sqrt{4mk} = 0.33\sqrt{4(1{,}000)(19{,}690)} = 2{,}929\,\text{N}\cdot\text{sec/m}$$
$$= 2.929\ \text{kN}\cdot\text{sec/m}$$

• 공진진폭에 의한 감쇠비 평가

감쇠를 평가하는 또 다른 하나의 원리는 정상상태 조화응답거동의 계측에 근거를 둔 방법으로, 규정된 진동수와 진폭으로 구조물을 가진하는 **조화가진하중**(applying harmonic excitation)이 필요하다. 이와 같은 실험 장비를 사용하여 적당한 감쇠를 갖은 구조물에 대한 **진동수비-응답진폭 곡선**을 공진진동수가 존재하는 일련의 진동수 부근에서 조화하중 $f_0\sin\omega_e t$를 작용시켜 구할 수 있고, **작용진동수비**의 함수로서 초래되는 변위진폭을 그림 2.3.6과 같이 나타낼 수 있다.

어떤 주어진 진동수비에 대한 동적증폭계수 DAF는 정적응답에 대한 주어진 진동수비에서의 응답진폭의 비율이다. 식 (2.3.28)을 살펴보면, 감쇠비 ξ는 공진상태에서의 동적증폭계수 DAF에 매우 연관되어 있다는 것을 알 수 있다. 식 (2.3.27)에서 정적응답과 공진응답의 진폭을 각각 $\rho_0(=f_0/k)$와 $\rho_{\beta=1}$(즉, $\beta=1$일 때의 ρ값)로서 나타낼 때, 감쇠비는 $\xi = \dfrac{\rho_0}{2\rho_{\beta=1}}$이 된다. 그러나 실질적으로는 정확한 공진진동수를 작용시키는 것이 어렵고, 그리고 그림 2.3.6과 같이 약간 낮은 진동수비에서 발생하는 **최대응답진폭** $\rho_{\max}$를 결정하는 것이 훨씬 더 편리하다. 이러한 경우 $\omega_d = \sqrt{1-\xi^2}\,\omega$에서 $\sqrt{1-\xi^2} = \dfrac{w_d}{\omega} \approx 1$이므로, 식 (2.3.30)으로부터 감쇠비 ξ는 다음 식과 같이 평가될 수 있다.

$$\xi = \frac{\rho_0}{2\rho_{\max}} \tag{2.3.35}$$

이러한 감쇠비 평가방법은 단순한 기계에 의한 조화하중의 가력과 **상대변위진폭**의 측정이 요구된다. 그러나 위 식에서 **정적응답진폭** ρ_0은 많은 하중 시스템의 타입들을 진동수가 0인 상태에서 작동시킬 수가 없기 때문에 측정이 곤란하다.

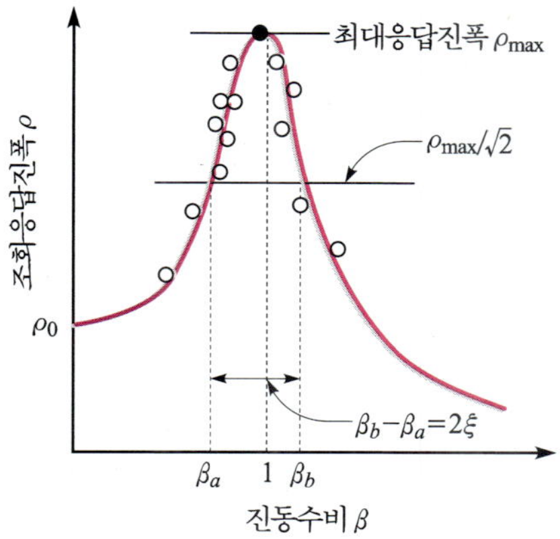

그림 2.3.6 진동수비-응답진폭($\beta-\rho$) 곡선과 파워반감대역폭($\beta_b-\beta_a=2\xi$)

- **파워반감대역폭(half-power bandwidth)에 의한 감쇠비 평가**

식 (2.3.24)의 조화하중에 대한 응답진폭 표현식으로부터, 진동수비-응답진폭의 모양은 구조계의 감쇠크기에 의해 명백히 조절될 수 있다. 그러므로 그림 2.3.6에서 곡선의 파워반감대역폭($\beta_b-\beta_a$) 특성치로부터 즉, 응답진폭이 $\rho_{max}/\sqrt{2}$ 까지 감소되는 진동수비를 사용하여 감쇠비를 결정할 수 있다. 여기서 응답진폭이 $\rho_{max}/\sqrt{2}$ 까지 감소되는 곳의 진동수비는 공진진폭에서 입력의 반(half)이다. 이러한 파워반감(half-power) 진동수비의 값은 식 (2.3.24)의 응답진폭식과 식 (2.3.35)로부터 유도되는 공진진폭의 $1/\sqrt{2}$ 배의 값과 등치시켜서 다음과 같이 결정할 수 있다. 즉, 등치시키면 $\frac{1}{\sqrt{2}}\frac{\rho_0}{2\xi}=\frac{\rho_0}{\sqrt{(1-\beta^2)^2+(2\xi\beta)^2}}$ 이 되고, 이 식의 양변을 제곱하면 $\frac{1}{8\xi^2}=\frac{1}{(1-\beta^2)^2+(2\xi\beta)^2}$ 이 된다. 이 식을 진동수비에 대하여 풀면 $\beta^2=1-2\xi^2\pm 2\xi\sqrt{1+\xi^2}\approx 1-2\xi^2\pm 2\xi$와 $\beta\approx 1-\xi^2\pm\xi$가 된다. 따라서 감쇠비는 이러한 두 개의 파워반감 진동수비의 반(half)이다. 즉,

$$\xi=\frac{1}{2}(\beta_b-\beta_a) \tag{2.3.36}$$

이 방법은 정적변위진폭 ρ_0을 알 필요가 없으나. 응답진폭곡선이 파워반감 범위와 공진진동수비에서 정확히 그려져야 한다. 즉, 먼저 조화가진실험으로부터 진동수비-응답진폭 곡선과 최대응답진폭 ρ_{max}을 구한다. 다음으로, $\rho_{max}/\sqrt{2}$에서 직선을 그어 이 직선이 진동수비-응답진폭 곡선를 자르는 점에서 두 진동수비 β_a와 β_b를 결정한 후, 이 진동수비의 값들을 식 (2.3.36)에 대입하면 감쇠비 ξ가 구해진다.

TIP

- **쿨롱감쇠**(Coulomb damping)

  2개의 표면이 서로 미끄러질 때 생기는 마찰로 인하여 발생하는 **마찰감쇠**(friction damping)를 쿨롱감쇠라 한다. 이 경우, 마찰력은 $F=\mu N$이고 일단 운동이 시작하면 속도에 무관하면서 운동방향과 반대방향으로 작용한다. 여기서, 마찰계수(friction coefficient) μ는 정지마찰계수 μ_s 또는 운동마찰계수 μ_d이고, N은 구조물의 자중 등과 같이 미끄러지는 면에 수직으로 작용하는 수직력(법선력)이다. 쿨롱감쇠는 **점성감쇠**(viscous damping)과는 달리 감쇠 고유진동수 ω_d와 비감쇠 고유진동수 ω가 동일하며 진폭의 감소도 대수감소(logarithmic decrement)가 아닌 선형감소(linear decrement)를 나타낸다.

- **등가감쇠**(equivalent damping)

  점성감쇠를 제외한 다른 종류의 감쇠들은 비선형성을 가지고 있으므로 구조계의 동적 모델링에는 자주 사용되지 않는다. 등가감쇠 또는 등가점성감쇠는 구조계의 에너지 소산(energy dissipation, 각 사이클 당 에너지 손실로서 힘–변위 곡선으로 둘러싸인 면적)의 특징을 서로 비교함으로서 다른 종류의 감쇠를 등가의 점성감쇠로 변환시킨 것을 말한다. 등가의 점성감쇠를 정의하는 일반적인 방법은 한 주기 동안에 소산되는 에너지와 이론적인 등가의 점성감쇠계에서 한 주기 동안에 소산되는 에너지가 서로 동일하다고 가정하는 것이다. 일반적으로, 등가감쇠는 다자유도계에서 모드별 등가의 점성감쇠비를 할당하는데 적용될 수 있다.

- **구조감쇠**(structural damping)

  구조감쇠 또는 **이력감쇠**(hysteretic damping)는 점성감쇠에 의한 소산에너지와 달리 구조물의 고유진동수와는 무관한 함수 즉, 속도와는 무관하므로 속도무관감쇠이다. 조화하중에 의한 진동의 경우, 구조감쇠는 **진동수영역**(frequency domain)에서 해석할 때 편리하지만 **시간영역**(time domain)으로 변환시키기가 어렵다.

2.3.4 진동계측기

물리적 운동을 전기적 신호로 변환하는 장치를 변환기(transducer)라 하며, 그림 2.3.7과 같은 피에조-압전현상(piezo-electro effect)을 이용한 감쇠진동자(damped oscillator)로 구성된 지진계 등이 있다. 그림 2.3.7의 계측 시스템이 어떤 건물에 설치되어있다면 그 응답은 그 건물에 대한 질량의 상대운동 $u(t)$를 나타내고, 이 시스템의 운동방정식은 다음과 같이 주어진다.

$$m\ddot{u}(t)+c\dot{u}(t)+ku(t)=-m\ddot{u}_g(t) \tag{2.3.37}$$

만약 진동계측기가 설치된 기초가 가속도 $\ddot{u}_g(t)=\ddot{u}_{g0}\sin\omega_e t$로 조화적으로 움직인다면, 질량의 유효하중 $-m\ddot{u}_g(t)$는 $-m\ddot{u}_{g0}\sin\omega_e t$가 된다. 그 때 이 계측 시스템의 동적 정상상태 응답은 식 (2.3.24)에 의하여 다음과 같은 진폭을 갖는다. 즉,

$$\rho=\frac{m\ddot{u}_{g0}}{k}DAF \tag{2.3.38}$$

여기서 동적증폭계수 DAF는 식 (2.3.27)에 의해 주어지고, 그림으로 나타내면 그림 2.3.3과 같다. 그림 2.3.3에서 감쇠비 $\xi=\frac{1}{\sqrt{2}}=0.7$의 경우, DAF값은 진동수의 범위 $0<\beta<0.6$에서 거의 일정하다. 따라서 식 (2.3.38)로부터 이 계측기의 응답은 직접적으로 계측기의 고유진동수의 6/10까지 작용하는 가진진동수(exciting frequency)에 대하여 기초-가속도의 크기에 비례한다. 그러므로 이 타입의 계측기가 적당한 감쇠를 가질 경우, 상대적으로 낮은 진동수비에서 효과적으로 사용할 수 있는 가속도계가 된다. 즉, 진동계측기의 적용범위는 가진진동수에 비례하여 계측기의 고유진동수를 증가시킴으로서(예를 들면 스프링의 강성을 증가시킴) 확장시킬 수 있다. 이것이 지진 가속도계의 기본원리이다.

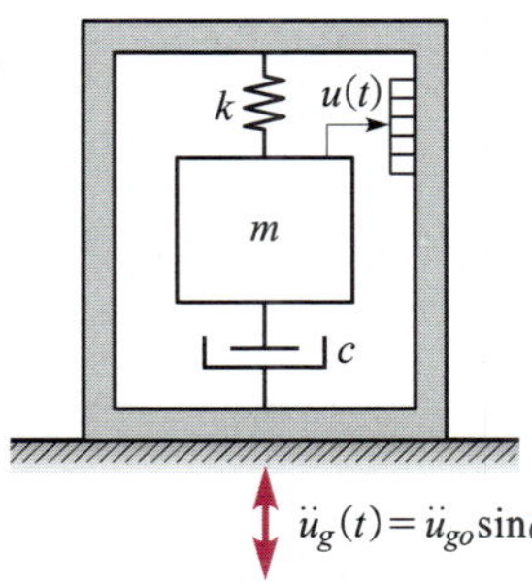

그림 2.3.7 지진계의 전형적인 계측 계략도

이제 조화기초변위 $u_g(t) = u_{g0}\sin\omega_e t$에 의한 이 계측기의 응답을 생각해 보자. 이 경우 대응되는 가속도는 $u_g(t)$를 두 번 미분한 $\ddot{u}_g(t) = -\omega_e^2 u_{g0}\sin\omega_e t$가 되고, 유효하중은 $m\omega_e^2 u_{g0}\sin\omega_e t$가 된다. 식 (2.3.24)에 의하여 다음과 같은 응답진폭을 갖는다. 즉,

$$\rho = \frac{m\omega_e^2 u_{go}}{k} DAF = u_{g0}\beta^2 DAF \tag{2.3.39}$$

그림 2.3.8은 진동수비에 대한 응답진폭함수 $\beta^2 DAF$를 나타낸 것이다. 그림 2.3.8에서 $\beta^2 DAF$는 감쇠비 $\xi = 0.5$ 그리고 진동수비 $\beta > 1$인 경우 일정한 값을 갖는다. 따라서 적당한 감쇠를 갖는 계측기의 응답은 높은 진동수비 기초운동에 대해서는 기초변위의 크기에 비례한다. 즉, 이 계측기는 이와 같은 운동에서 변위계로서 사용할 수 있다. 이러한 목적을 위한 계측기의 적용범위는 고유진동수를 감소시킴에 의해 증가될 수 있다. 즉, 계측기의 스프링 강성을 감소시키거나 질량을 증가시킨다.

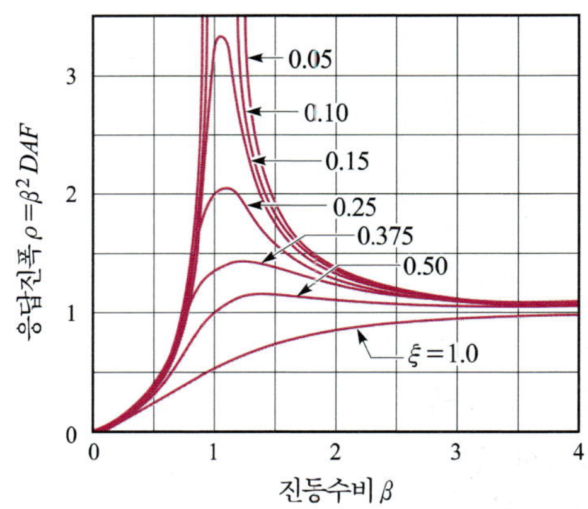

그림 2.3.8 기초에 조화 강제기초변위진동을 받는 지진계의 응답

2.3.5 전달율과 진동격리

진동의 **전달**(transmissibility)과 **격리**(isolation)의 문제는 진동계측기의 기본원리와 매우 유사하다. 진동격리는 그 필요성에 따라 다음 두 가지 부류의 문제로 분류된다. 즉, (a) 회전기계와 같은 장비의 작동으로 인해 그 장비를 지지하고 있는 구조물에 해로운 진동을 발생시키는 **진동력**(oscillating force)**의 제어**, (b) 지진 시 지반의 진동으로 인한 구조물의 **진동제어**(**면진**, base isolation)나 구조물의 진동으로 인해 그 구조물에 지지되어 있는 민감한 계기(sensitive instrument)의 진동제어.

첫 번째 상황은 그림 2.3.9와 같은 경우이다. 즉, 회전기계는 회전부의 불균형 때문에 진동수직력 $f(t)=f_0\sin\omega_e t$를 발생시킨다. 만약 기계가 그림 2.3.9와 같이 단자유도 스프링-감쇠계로 지지되어 있다면, 이것의 정상상태 변위응답은 다음과 같이 된다.

$$u(t)=\frac{f_o}{k}DAF\sin(\omega_e t-\psi) \tag{2.3.40}$$

여기서 동적증폭계수 DAF는 식 (2.3.27)에 의해 정의된다. 따라서 스프링에 의해 가력되는 힘[스프링력 $f_S(t)$]는 다음과 같이 된다.

$$f_S(t)=ku(t)=f_0DAF\sin(\omega_e t-\psi) \tag{2.3.41}$$

동시에, 기초에 대한 운동의 속도는 다음과 같다.

$$\dot{u}(t)=\omega_e\frac{f_0}{k}DAF\cos(\omega_e t-\psi) \tag{2.3.42}$$

위의 속도는 기초에 감쇠력 $f_D(t)$를 다음과 같이 유발시킨다.

$$\begin{aligned}f_D(t)&=c\dot{u}(t)=c\omega_e\frac{f_0}{k}DAF\cos(\omega_e t-\psi)\\&=2\xi\beta f_0DAF\cos(\omega_e t-\psi)\end{aligned} \tag{2.3.43}$$

이 감쇠력은 스프링력과 90° 의 위상차를 유지하고 있기 때문에, 기초에 가해지는 힘 f_{max}는 다음과 같이 구할 수 있다. 즉,

$$f_{max}=\sqrt{f_{S,max}^2+f_{D,max}^2}=f_0DAF\sqrt{1+(2\xi\beta)^2} \tag{2.3.44}$$

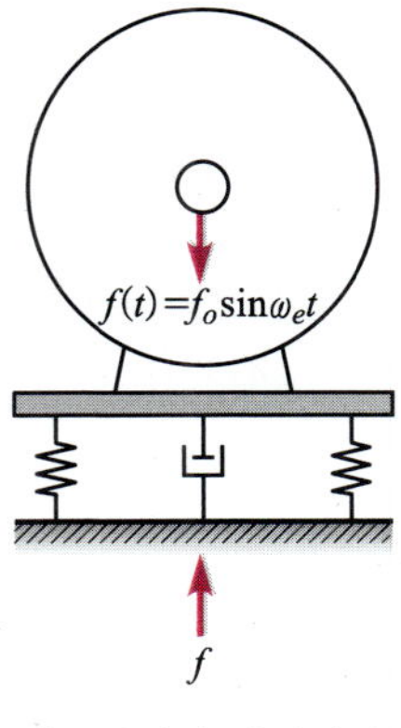

그림 2.3.9 단자유도 진동격리계(편심회전질량에 의한 작용하중)

작용하중의 크기에 대한 기초에 가해지는 식 (2.3.44)의 최대하중 $f_{\max}$의 비율은 지지계의 전달율 τ로서 다음과 같이 나타낸다.

$$\tau = \frac{f_{\max}}{f_0} = DAF\sqrt{1+(2\xi\beta)^2} \tag{2.3.45}$$

그림 2.3.10은 진동수비와 감쇠비의 함수로서 **전달율**을 나타낸 것이다. 이것은 그림 2.3.3과 비슷한 형태를 보이지만, 모든 곡선이 진동수비 $\beta=\sqrt{2}$에서 똑같은 $\tau=1$을 갖는다. 물론 이와 같은 차이는 감쇠력의 영향 때문이다. 이러한 특성 때문에 감쇠가 이 한계 진동수비보다 더 큰 진동수에 대해서는 진동격리 효과를 감소시키는 경향이 있다.

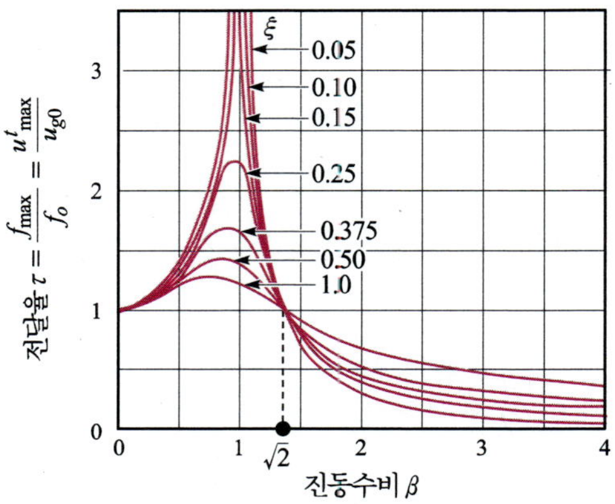

그림 2.3.10 진동수비-전달율(작용하중 또는 변위)

진동격리의 두 번째 타입은 그림 2.3.11과 같은 경우이다. 즉, 격리된 질량 m은 조화수직운동을 하는 기초위에 스프링-감쇠계에 의해서 지지된다. 이 때 기초에 대한 질량의 상대변위 $u(t)$는 식 (2.3.39)에 의하여 다음과 같이 된다.

$$u(t) = u_{g0}\beta^2 DAF\sin(\omega_e t - \psi) \tag{2.3.46}$$

따라서 그림 2.3.11에서 질량의 전체변위 $u^t(t)$는 기초의 수직변위 $u_g(t) = u_{g0}\sin\omega_e t$를 더하여 다음과 같이 된다. 즉,

$$\begin{aligned} u^t(t) &= u(t) + u_g(t) \\ &= u_{g0}[\beta^2 DAF \sin(\omega_e - \psi) + \sin\omega_e t] \\ &= u_{g0}[\beta^2 DAF \cos\psi \sin\omega_e t \\ &\quad - \beta^2 DAF \sin\psi \cos\omega_e t + \sin\omega_e t] \\ &= u_{g0}[(1+\beta^2 DAF\cos\psi)\sin\omega_e t \\ &\quad - \beta^2 DAF \sin\psi \cos\omega_e t] \\ &= u_{g0}\sqrt{(1+\beta^2 DAF\cos\psi)^2 + (\beta^2 DAF\sin\psi)^2} \\ &\quad \bullet\ \sin(\omega_e t - \overline{\psi}) \end{aligned} \tag{2.3.47}$$

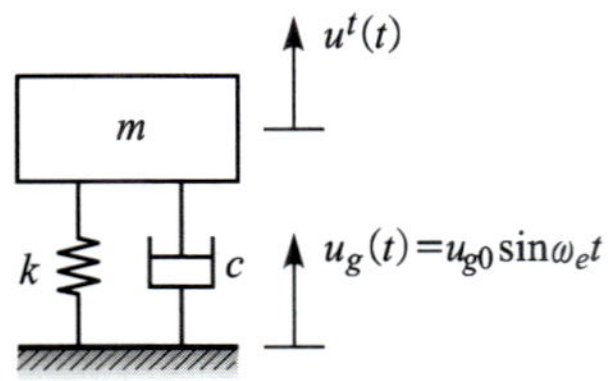

그림 2.3.11 단자유도 진동격리계(지지점 변위)

여기서, $DAF = \dfrac{1}{\sqrt{(1-\beta^2)^2 + (2\xi\beta)^2}}$, $\psi = \tan^{-1}\left(\dfrac{2\xi\beta}{1-\beta^2}\right)$,

$\cos\psi = \dfrac{1-\beta^2}{\sqrt{(1-\beta^2)^2+(2\xi\beta)^2}} = (1-\beta^2)DAF$이므로, 식 (2.3.47)은 다음과 같이 정리된다.

즉, $\sqrt{(1+\beta^2 DAF\cos\psi)^2 + (\beta^2 DAF\sin\psi)^2} = \sqrt{1+2\beta^2 DAF\cos\psi + \beta^4 DAF^2}$

$= \sqrt{1+2\beta^2 DAF^2(1-\beta^2)+\beta^4 DAF^2} = \sqrt{1+2\beta^2 DAF^2 - \beta^4 DAF^2}$

$= \sqrt{\dfrac{(1-\beta^2)^2+(2\xi\beta)^2+2\beta^2-\beta^4}{(1-\beta^2)^2+(2\xi\beta)^2}} = DAF\sqrt{1+(2\xi\beta)^2}$ 이다.

따라서 질량의 전체운동은 다음과 같다.

$$u^t(t) = u_{g0}\, DAF\sqrt{1+(2\xi\beta)^2}\ \sin(\omega_e t - \overline{\psi}) \tag{2.3.48}$$

여기서 전달율이 기초운동의 진폭에 대한 질량운동의 전체진폭의 비율로 정의된다면, 전달율 τ에 대한 표현식은 식 (2.3.45)와 같은 형태임을 알 수 있다. 즉, 수학적으로 표현하면 다음과 같이 된다.

$$\tau = \frac{u^t_{\max}}{u_{g0}} = DAF\sqrt{1+(2\xi\beta)^2} \tag{2.3.49}$$

따라서 그림 2.3.10은 위에서 설명한 두 번째 타입의 기본적인 단자유도계 진동격리상황에 진동격리효과를 규정하는데 사용할 수 있다.

실제로 진동격리 시스템을 설계하는 경우, 전달율 τ보다도 격리효과 $1-\tau$로 구조계의 거동을 나타내는 것이 편리하다. 또한, 그림 2.3.10에서 알 수 있는 것처럼 진동격리계는 단지 진동수비 $\beta > \sqrt{2}$에서 효과적이고 이 범위에서 감쇠는 바람직하지 않기 때문에, 감쇠가 매우 작은 격리지지를 가져야 한다. 즉, $\beta > \sqrt{2}$인 경우에는 $\tau \leq 1$이 되고, ξ가 작을수록 τ가 작아진다. 그리고 감쇠가 없는 경우에 대한 전달율 τ 또는 **격리효과**(isolation effectiveness) $1-\tau$의 다음과 같은 표현식이 사용될 수 있다. 즉,

$$\tau = \frac{1}{\beta^2 - 1} \tag{2.3.50a}$$

$$1-\tau = \frac{\beta^2 - 2}{\beta^2 - 1} \tag{2.3.50b}$$

예제 2.3.3

다음 그림과 같이 회전기계가 직사각형 기초의 각 코너에서 스프링으로 지지되어 있다. 회전기계의 총 무게(W)가 100,000N이고 바닥에 가해지는 수직방향 조화력이 $f_0 \sin\omega_e t$ ($f_0 = 3{,}000\text{N}$, $\omega_e = 30\text{Hz}$)일 때, 바닥에 전달되는 조화력을 500N으로 줄이기 위한 스프링상수 k와 회전기계의 총 무게(W)의해 생기는 정적변위 u_{st}를 구하시오.

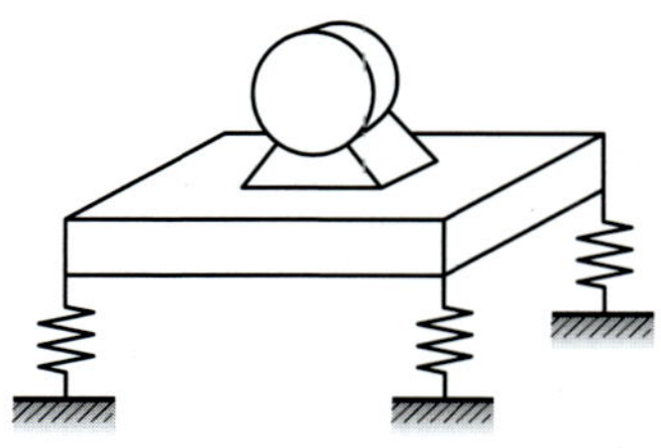

그림 예제 2.3.3

풀이

$\xi=0$

$$\tau=\frac{500}{3{,}000}=0.17$$

$$\tau=\frac{1}{\beta^2-1}=0.17 \rightarrow \beta^2=\frac{1}{0.17}+1=6.88$$

$$\beta^2=\left(\frac{\omega_e}{\omega}\right)^2=\frac{\omega_e^2}{\left(\frac{4k}{W/g}\right)}=6.88$$

$$\therefore k=\frac{\omega_e^2(W)}{4g(6.88)}=\frac{(2\pi\times 30)^2(100{,}000)}{(4)(9.81)(6.88)}=13{,}160{,}876\,\text{N/m}=13.16\,\text{MN/m}$$

따라서 회전기계의 총 무게(W)의해 생기는 정적변위 u_{st}는 다음과 같이 된다.

$$u_{st}=\frac{W}{4k}=\frac{100{,}000}{(4)(13{,}160{,}876)}=1.9\times 10^{-3}\,\text{m}=1.9\,\text{mm}$$

예제 2.3.4

동일한 경간의 연속보로 구성된 콘크리트교량의 경우, 때때로 크리프로 인해 다음 그림과 같은 변형이 발생되어 이 변형 때문에 일정 속도로 주행하는 자동차에 조화운동을 유발시킨다. 자동차(자동차의 무게 $W=15\,\text{kN}$)의 스프링과 감쇠장치는 교량노면으로부터 발생하여 자동차의 탑승자에게 전달되는 수직운동을 줄이는 진동격리 시스템의 역할을 한다. 교량의 종단면도는 지간 30m와 진폭 40mm의 형태를 갖는 정현곡선이다. 자동차가 50km/hr로 주행할 때, 자동차의 정상상태 수직운동을 구하시오. 단, 자동차의 스프링강성은 300N을 가하여 발생한 변형 35mm를 사용하여 구하였고, 감쇠는 임계감쇠의 45%라고 가정하였다.

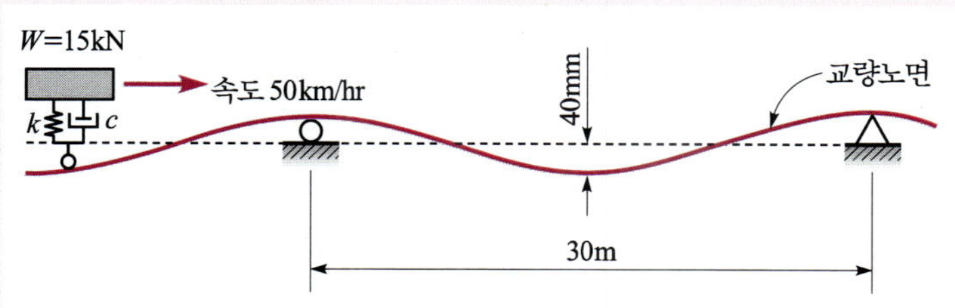

그림 예제 2.3.4

풀이

자동차가 50km/hr=13.89m/sec로 주행할 때, 가진주기 T_e와 자동차의 고유주기 T를 구하면 다음과 같이 된다.

$$T_e = \frac{30}{13.89} = 2.16\,\text{sec}$$

$$T = \frac{2\pi}{\omega} = 2\pi\sqrt{\frac{m}{k}} = 2\pi\sqrt{\frac{(15\times10^3)/9.81}{300/(35\times10^{-3})}} = 2.65\,\text{sec}$$

$$\therefore \beta = \frac{\omega_e}{\omega} = \frac{T}{T_e} = \frac{2.65}{2.16} = 1.23$$

자동차에 대한 전달율은 식 (2.3.49)에 의하여 주어진다. 따라서 $\xi=0.45$이므로 수직운동의 진폭 $u^t_{\max}$는 다음과 같이 된다.

$$u^t_{\max} = u_{g0}DAF\sqrt{1+(2\xi\beta)^2} = u_{g0}\sqrt{\frac{1+(2\xi\beta)^2}{(1-\beta^2)^2+(2\xi\beta)^2}}$$

$$= 40\sqrt{\frac{1+(2\times0.45\times1.23)^2}{(1-1.23^2)^2+(2\times0.45\times1.23)^2}}$$

$$= 48.9\,\text{mm}$$

만약 자동차에서 감쇠가 없다면($\xi=0$), 진폭 $u^t_{\max}$는 다음과 같이 될 것이다.

$$u^t_{\max} = u_{g0}\tau = u_{g0}\frac{1}{\beta^2-1} = 40\frac{1}{1.23^2-1} = 78\,\text{mm}$$

이 경우, 자동차의 감쇠장치가 탑승자에게 전달되는 수직운동을 줄이는데 기여하는 역할의 중요성을 알 수 있다.

|2.3 조화진동| 연습문제

2.3.1 다음 식과 같이 감쇠가 없는 스프링 시스템의 운동에 대한 상미분방정식의 일반해를 구하고, 각각의 경우에 물체의 응답 u가 시간 t에 따라 어떤 형태로 운동하는가를 그림으로 나타내시오.

1) $\ddot{u}+9u=28\cos 4t$

2) $\ddot{u}+9u=24\cos 3t$

2.3.2 다음 그림과 같이, 질량 $m=4\text{kg}$, 스프링강성 $k=20{,}000\text{N/m}$의 구조계가 강제외력인 조화하중 $f_0 \sin\omega_e t$를 받는다고 하자. 여기서, $f_0=40\text{N}$이고, $\omega_e=300\text{rad/sec}$이다. 다음 물음에 답하시오.

1) 정적변위 u_{st}와 구조계의 고유진동수 f를 구하시오.

2) 비감쇠계의 정상상태 응답 성분을 나타내는 특수해(강제진동 해) u_p를 구하시오.

3) 정상상태 응답의 진폭 ρ를 구하시오.

4) 질량과 하중이 변하지 않았을 때, 진폭이 정적변위의 $\frac{1}{20}$ 이하의 값을 갖도록 하기 위한 스프링강성 k의 크기의 조건을 구하시오.

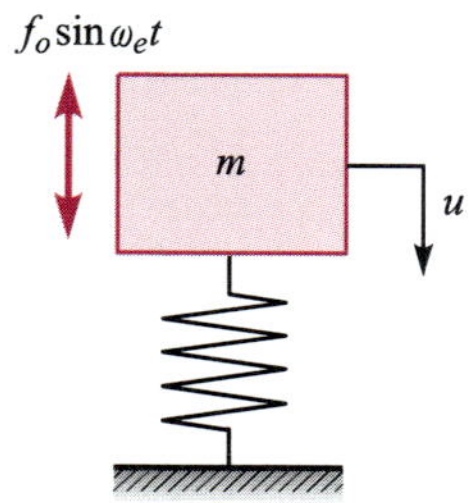

그림 연습문제 2.3.2

2.3.3 질량을 무시할 수 있는 길이 L의 강체봉이 있다. 이 봉의 한쪽 끝은 다음 그림과 같이 회전을 자유롭게 할 수 있고, 다른 쪽 끝에는 집중질량 m이 붙여져 있으며 이 질량은 스프링강성이 k인 2개의 스프링에 의하여 지지되어 있다. 집중질량 m에는 강제외력인 조화하중 $f_0 \cos\omega_e t$가 작용하고 있으며, 봉이 수평한 위치에 있을 때를 정적평형상태의 위치라고 한다. 다음 물음에 답하시오.

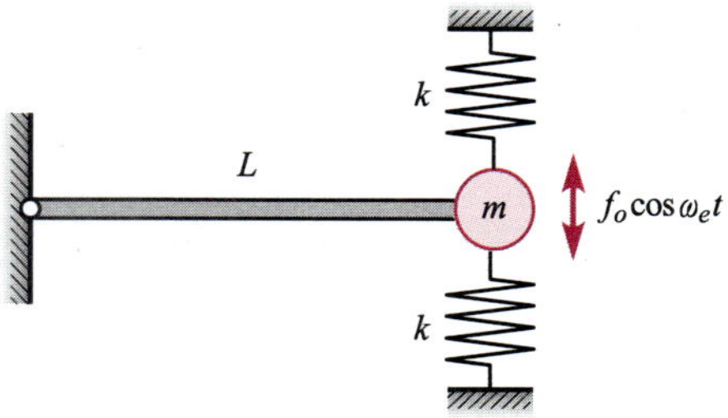

그림 연습문제 2.3.3

1) 미소한 각변위를 θ라 하고, 회전운동에 관한 운동방정식을 구하시오. 또한 집중질량이 부착된 봉의 선단의 연직방향의 변위를 u라 하고, 회전운동에 관한 운동방정식을 u에 관한 운동방정식으로 변환하시오.

2) 봉 선단의 변위 u에 관한 비감쇠계의 정상상태 응답 성분을 나타내는 특수해(강제진동의 해) u_p를 구하시오.

2.3.4 외력 $f_0 \cos \omega_e t$가 작용하는 단자유도 점성감쇠계에서 질량은 $m = 2$kg, 스프링강성은 $k = 800$ N/m, 감쇠계수는 $c = 8$Nsec/m이다. 외력의 진폭이 $f_0 = 20$N일 때, 정상상태에서 변위진폭의 최댓값과 그때의 외력의 가진진동수를 구하시오. 또한, 변위진폭이 정적변위 $u_{st} = \dfrac{f_0}{k}$의 $\dfrac{1}{10}$이하가 되도록 할 때의 외력의 가진진동수의 조건을 구하시오.

2.2.5 그림 3.1 (a)의 기본 시스템의 질량과 강성이 각각 $m = 4$kg과 $k = 400$N/m라고 하자. 만약 이 시스템이 정지상태로부터 운동을 시작하여 공진조화하중($\omega_e = \omega$)을 받고 있다면, 5사이클 ($\omega_e t = 10\pi$)후 동적응답비 $DR(t)$의 값을 다음 조건하에서 결정하시오.

1) $c = 0$[식 (2.3.34)를 사용할 것]
2) $c = 2.4$N • sec/m[식 (2.3.33)을 사용할 것]

2.3.6 그림 예제 2.3.4의 자동차($W = 15$kN)와 교량구조물(진폭 40mm)에서 지간 L이 20m일 때, 다음 사항을 결정하시오. 단, 자동차의 스프링강성은 300N을 가하여 발생한 변형 35mm를 사용하여 구하였고, 감쇠는 한계감쇠의 45%라고 가정하였다.

1) 자동차 스프링 시스템에서 공진이 되기 위해 필요한 자동차의 속도
2) 공진에서 자동차의 정상상태 수직운동의 전체진폭 $u^t_{\max}$
3) 자동차의 속도 60km/hr에서 자동차의 정상상태 수직운동의 전체진폭 $u^t_{\max}$

2.3.7 진동에 민감한 제어기계가 17Hz에서 진폭 0.5mm의 수직운동을 하는 층 슬래브위에 놓여 있다. 만약 이 제어기계의 무게가 3,000N이라면, 이 기계의 수직운동의 진폭을 0.1mm로 감소시키기 위하여 필요한 진동격리계의 강성 k를 구하시오. 단, 진동격리계의 감쇠는 0이다.

2.3.8 기계의 무게는 300kN이고, 이 기계를 완전히 가동시켰을 때 그것이 지점위에 15Hz의 조화하중 4kN을 발휘한다. 이 기계를 스프링 타입의 진동격리계위에 설치한 후, 지점에 작용하는 조화하중이 0.3kN으로 감소하였다. 진동격리계의 스프링강성을 구하시오.

2.3.9 다음 그림과 같은 3개의 스프링(스프링강성 k_1, k_2)에 매달린 질량 m의 운동방정식과 고유진동수 f를 구하시오. 단, 스프링의 질량은 무시한다.

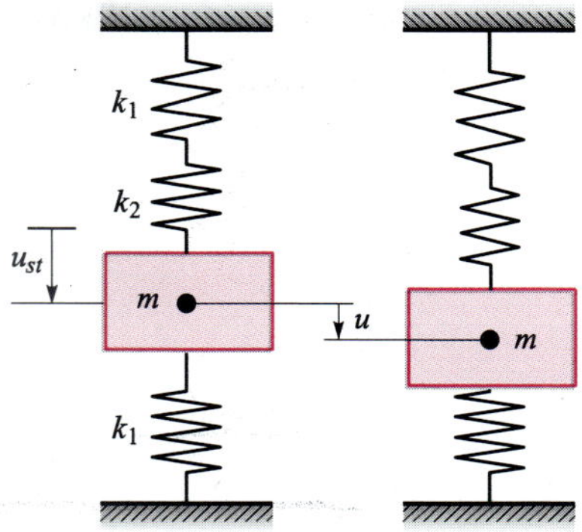

그림 연습문제 2.3.9

2.3.10 다음 그림과 같이, 물체가 스프링강성이 같은 3개의 스프링으로 지지되어 있다. 이 시스템의 운동방정식과 고유진동수 f를 구하시오. 단, 스프링의 질량은 무시한다.

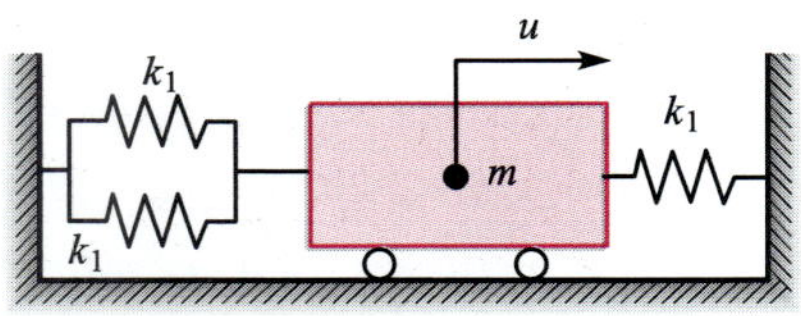

그림 연습문제 2.3.10

2.3.11 다음 그림과 같이, 양단고정보(길이 L, 탄성계수 E, 단면2차모멘트 I)의 중앙에 2개의 스프링을 부착시켜 질량이 m인 물체를 매달았다. 이 시스템의 운동방정식과 고유진동수 f를 구하시오. 단, 보와 스프링의 질량은 무시한다.

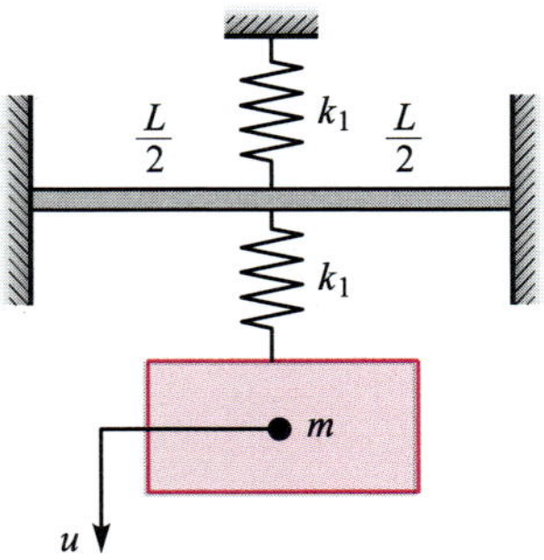

그림 연습문제 2.3.11

2.3.12 다음 그림과 같이, 관성모멘트가 I인 원판이 2개의 비틀림 강성(비틀림 스프링상수) k_{θ_1}, k_{θ_2}의 축에 결합되어 있다. 이 구조계의 운동방정식과 고유진동수 f를 구하시오.

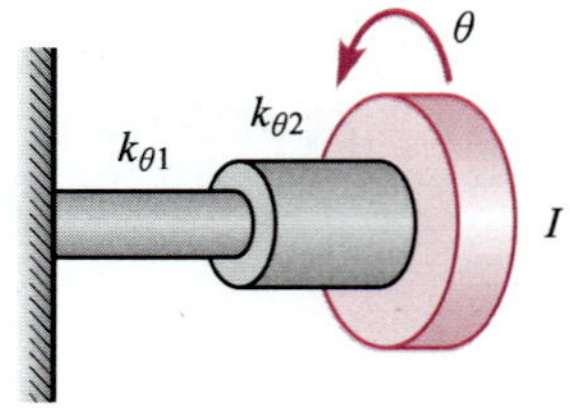

그림 연습문제 2.3.12

2.3.13 다음 상미분방정식과 같이 $c < 0$인 음의 감쇠를 갖는 시스템(system with negative damping)의 경우, 시간 t가 증가함에 따라 구조응답 $u(t)$가 무한대로 커지므로 구조시스템이 불안정해진다. 이때의 감쇠량은 단면형상의 함수로서 단면형상이 적절하지 못할 경우 음의 감쇠를 갖는 시스템이 되어 공기동역학적 불안정(aerodynamic instability)상태에 도달한다. 이러한 음의 감쇠를 갖는 시스템이 된 후, 풍속 19m/sec에서 발산진동이 발생하여 구조물이 파괴된 대표적인 사례가 타코마교(Tacoma Narrows Bridge, 최대지간장 853m)의 붕괴이다(그림 2.2.8 참조).
주어진 초기조건에서 다음 상미분방정식의 해를 구하시오.

$y'' - 2y' + y = 2\sin x,\ y(0) = 0,\ y'(0) = 2$

2.4 주기하중에 의한 동적거동

2.4.1 푸리에 시리즈에 의한 하중의 표현과 응답

2.3절에서 전개한 조화하중에 대한 단자유도계의 응답 표현식이 어떤 **주기하중**에 대한 단자유도계 응답을 평가하는데 어떻게 사용될 수 있는가를 본 절에서 알아보자. 주기하중을 처리하기 위해서는 하중을 **푸리에 시리즈**(Fourier series)로 나타내는 것이 필요하다. 즉, 이때 하중시리즈의 각 항에 대한 응답은 단순히 하나의 조화하중에 대한 응답으로서, 중첩의 원리를 적용하여 전체응답은 분리된 각 하중항에 대한 응답을 합하여 구한다.

그림 2.4.1에 보여준 하중의 주기가 T_e인 임의의 주기하중을 고려해 보자. 각각의 주기함수는 푸리에 시리즈에 의하여 다음과 같이 나타낼 수 있다.

$$f(t) = A_0 + \sum_{n=1}^{\infty} A_n \cos\frac{2\pi n}{T_e}t + \sum_{n=1}^{\infty} B_n \sin\frac{2\pi n}{T_e}t \tag{2.4.1}$$

여기서, 푸리에 시리즈의 계수 $A_0 = \frac{1}{T_e}\int_0^{T_e} f(t)dt$, $A_n = \frac{2}{T_e}\int_0^{T_e} f(t)\cos\frac{2\pi n}{T_e}dt$, 그리고 $B_n = \frac{2}{T_e}\int_0^{T_e} f(t)\sin\frac{2\pi n}{T_e}dt$이다.

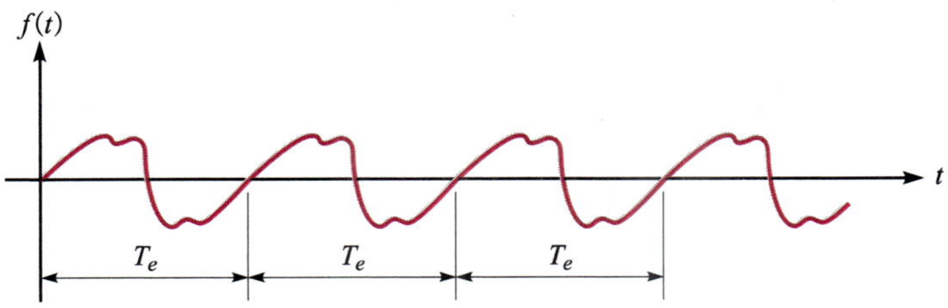

그림 2.4.1 임의의 주기하중

식 (2.4.1)의 푸리에 시리즈 형태로 임의의 주기하중이 표시되었을 때, 하중은 상수하중(평균하중의 값 A_0)과 가진진동수($\omega_{e,n}$) 그리고 진폭(A_n, B_n)의 조화하중 시리즈의 합으로 구성된다. 그러므로 조화하중 시리즈의 각 사인항에 의한 비감쇠 단자유도계의 정상상태 응답은 식 (2.3.12)의 표현에서 **천이응답**을 소거하면 다음과 같이 된다.

$$u_n(t) = \frac{B_n}{k}\frac{1}{1-\beta_n^2}(\sin n\omega_e t) \tag{2.4.2}$$

여기서, $\beta_n = \frac{\omega_{e,n}}{\omega} = \frac{nT}{T_e} = \frac{n\omega_e}{\omega}$ 이다.

이와 비슷하게, 하중 시리즈의 각 코사인항에 의한 비감쇠 단자유도계의 정상상태 응답도 천이응답을 소거하면 다음과 같이 된다.

$$u_n(t) = \frac{A_n}{k}\frac{1}{1-\beta_n^2}(\cos n\omega_e t) \tag{2.4.3}$$

마지막으로, 상수하중 성분에 대한 정상상태 응답은 단순히 정적변위를 의미하므로 다음과 같이 된다.

$$u(0) = u_0 = \frac{A_0}{k} \tag{2.4.4}$$

따라서 비감쇠 단자유도 구조물의 전체 주기하중에 대한 응답은 하중 시리즈에 대한 각 응답의 합으로서 다음과 같이 표시된다.

$$\begin{aligned} u(t) \\ = \frac{1}{k}\left\{A_0 + \sum_{n=1}^{\infty}\frac{1}{1-\beta_n^2}(A_n\cos n\omega_e t + B_n\sin n\omega_e t)\right\} \end{aligned} \tag{2.4.5}$$

주기하중에 대한 감쇠 단자유도 구조물의 응답평가는 위에서 사용한 비감쇠 응답 표현식을 단순히 식 (2.3.23)의 감쇠 조화응답 표현식으로 바꾸면 된다. 이 경우, 정상상태의 전체 응답은 다음과 같이 된다.

$$u(t) = \frac{1}{k}\left[\begin{aligned} & A_0 + \sum_{n=1}^{\infty}\frac{1}{\left(1-\beta_n^2\right)^2 + \left(2\xi\beta_n\right)^2} \\ & \times\left\{\begin{aligned} & \left(A_n 2\xi\beta_n + B_n\left(1-\beta_n^2\right)\right)\sin n\omega_e t \\ & + \left(A_n\left(1-\beta_n^2\right) - B_n 2\xi\beta_n\right)\cos n\omega_e t \end{aligned}\right\} \end{aligned}\right] \tag{2.4.6}$$

2.4.2 응답의 지수적 표현과 복소진동수응답함수

식 (2.4.1)의 푸리에 시리즈 표현은 오일러(Euler)공식의 삼각함수 즉, $\sin\omega_e t = -\frac{1}{2}i\left(e^{i\omega_e t} - e^{-i\omega_e t}\right)$와 $\cos\omega_e t = \frac{1}{2}\left(e^{i\omega_e t} + e^{-i\omega_e t}\right)$를 대입하고 정리하면 다음과 같은 지수형태(exponential form)가 된다. 즉,

$$f(t) = \sum_{n=-\infty}^{\infty} F_n e^{in\omega_e t} \tag{2.4.7}$$

여기서 푸리에 시리즈의 계수 F_n은 다음과 같다.

$$F_n = \frac{1}{T_e}\int_0^{T_e} f(t) e^{-in\omega_e t} dt \tag{2.4.8}$$

식 (2.4.7)에서 n의 각 양의 값 즉, $n=+j$에 대응하는 음의 값 $n=-j$이 있다는 것을 주의하라. 두 개의 항 $e^{ij\omega_e t}$와 $e^{-ij\omega_e t}$는 그림 2.4.2에 보여준 것처럼 각속도 $j\omega_e$를 갖고 반시계방향과 시계방향으로 각각 회전한 단위벡터로서 생각할 수 있다. 각 벡터쌍(vector pairs)의 허수부분은 서로 상쇄된다. 식 (2.4.8)에서 F_{+j}는 F_{-j}의 공액복소수이므로, 이 식에서 모든 허수부는 상쇄되어 $f(t)$는 실하중함수(real loading function)가 된다. 참고로, 임의의 하중에 주기하중 기법을 적용하는 것은 명백히 비주기함수를 나타내기 위한 푸리에 시리즈(Fourier series) 개념이 필요하다. 이러한 전개에서도 식 (2.4.7)과 식 (2.4.8)과 같은 간결한 지수형태의 푸리에 시리즈 표현을 사용하는 것이 편리하다.

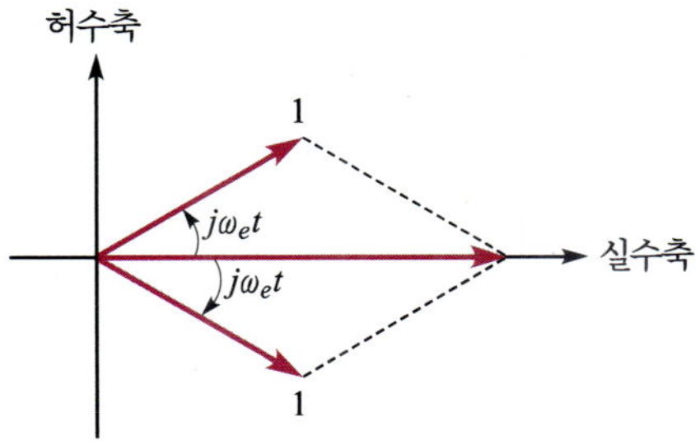

그림 2.4.2 단위 지수하중의 벡터표시

식 (2.4.7)과 식 (2.4.8)에 의한 임의의 주기하중을 지수형태의 푸리에 시리즈로 표현한 이 조화하중에 대한 동적거동을 규정하는 응답식을 구해보자. 이 경우, 정상상태 응답만을 고려하기 위하여 주기하중은 천이응답이 소멸되기에 충분한 연속된 재하시간을 갖는다고 가정한

다. **단위 복소하중함수** $e^{i\overline{\omega_e}t}$를 식 (2.3.1)의 운동방정식에 대입하면 다음과 같은 식이 된다.

$$m\ddot{u}(t)+c\dot{u}(t)+ku(t)=e^{i\overline{\omega_e}t} \quad (2.4.9)$$

위 식은 다음과 같은 형태의 정상상태 해를 가진다.

$$u(t)=H(\overline{\omega_e})e^{i\overline{\omega_e}t} \quad (2.4.10)$$

위 식과 이것을 미분한 것을 식 (2.4.9)에 대입하면, 다음과 같은 **진동수영역**(frequency domain)에서 **복소진동수응답함수**[complex frequency response function, 또는 **컴플라이언스**(compliance)] $H(\overline{\omega_e})$가 유도된다. 즉,

$$H(\overline{\omega_e})=\frac{1}{-(\overline{\omega_e})^2m+i\overline{\omega_e}c+k} \quad (2.4.11)$$

위 식에 진동수비 β와 감쇠비 ξ의 표현을 도입하면 다음과 같이 된다.

$$H(\overline{\omega_e})=\frac{1}{k(-\beta^2+i2\xi\beta+1)} \quad (2.4.12)$$

결론적으로, 하중진동수 $\omega_{e,n}=n\omega_e$에 대한 복소진동수응답함수는 다음과 같이 유도된다.

$$H(n\omega_e)=\frac{1}{k(-n^2\beta_1^2+i2n\xi\beta_1+1)} \quad (2.4.13)$$

여기서, $\beta_1=\dfrac{\omega_e}{\omega}$이다. 식 (2.4.11)의 형태로부터 $H(n\omega_e)$는 $H(-n\omega_e)$의 **공액복소수**라는 것을 알 수 있다. 따라서 푸리에 시리즈의 각 항으로 표현된 하중함수에 대한 단자유도계의 정상상태 응답을 구할 수 있다. 중첩의 원리를 사용하여, 어떤 주기하중에 대한 구조물의 전체 정상상태 응답을 다음과 같이 쓸 수 있다.

$$u(t)=\sum_{n=-\infty}^{\infty}H(n\omega_e)F_n e^{in\omega_e t} \quad (2.4.14)$$

식 (2.4.14)와 같은 지수형태의 응답 표현식이 식 (2.4.6)의 등가 삼각함수 시리즈의 표현식에 비하여 더 간단하다는 장점이 있다.

|2.4 주기하중에 의한 동적거동| 연습문제

2.4.1 다음 그림과 같이 주기가 T인 함수 $f(t)=\begin{cases} k & (NT \le t < NT+t_\omega) \\ 0 & (NT+t_\omega \le t \le (N+1)T) \end{cases}$ 를 푸리에(Fourier) 시리즈에 의하여 나타내시오. 단, k는 진폭이고, N은 정수이다.

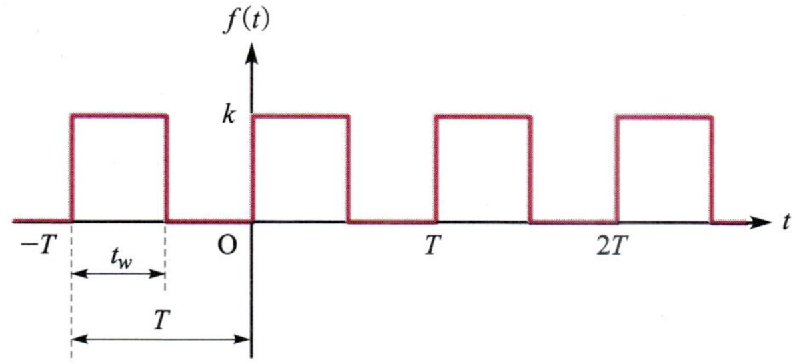

그림 연습문제 2.4.1

2.4.2 다음 그림과 같은 주기가 T인 함수

$$f(x)=\begin{cases} 0 & (-\frac{T}{2} < x \le 0) \\ \sin\frac{2\pi}{T}x & (0 < x \le \frac{T}{2}) \end{cases}$$ 를

푸리에(Fourier)급수전개 하시오.

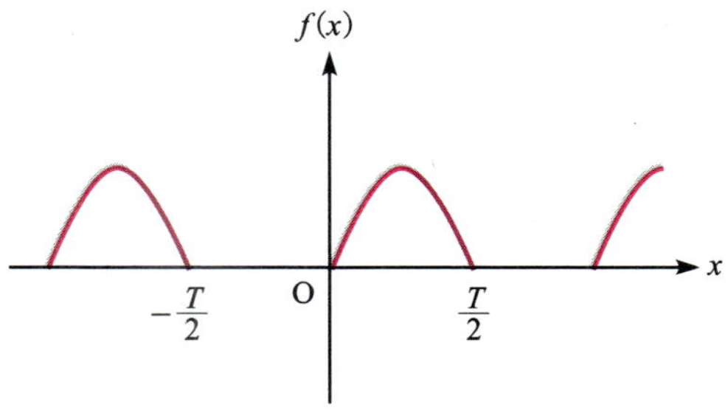

그림 연습문제 2.4.2

2.4.3 다음 그림과 같은 함수 $f(t)$의 푸리에(Fourier)급수를 구하시오.

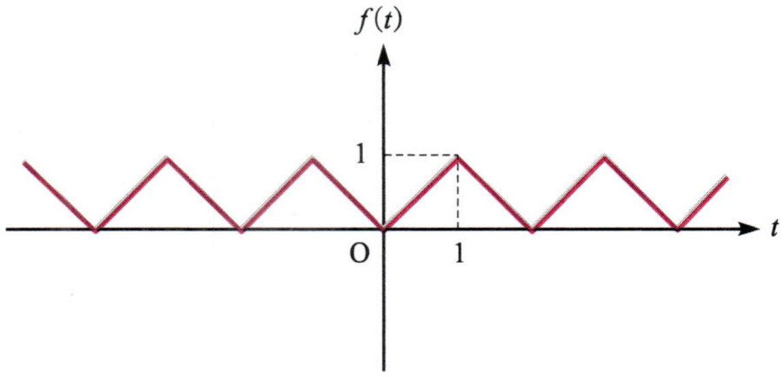

그림 연습문제 2.4.3

2.4.4 주기가 $T=2\pi$ 인 함수 $f(x)=e^{i\omega x}$ $(-\pi \le x < \pi)$ 를 복소 푸리에(Fourier)급수전개 하시오.

2.4.5 다음 그림과 같은 주기가 2π인 함수 $f(t)=\begin{cases} 0 & (-\pi < t \le 0) \\ \sin t & (0 < t \le \pi) \end{cases}$ 를 복소 푸리에(Fourier)급수 전개 하시오.

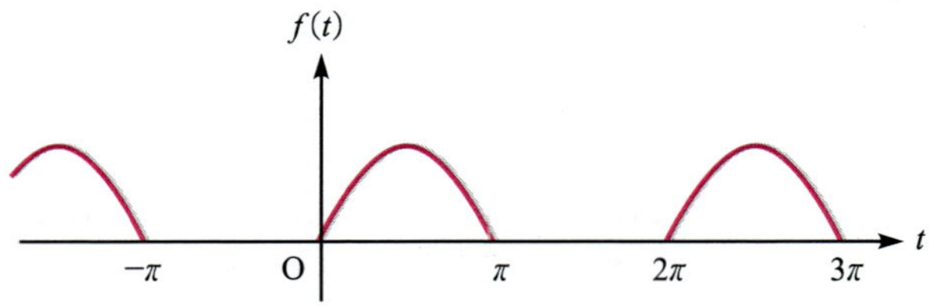

그림 연습문제 2.4.5

2.4.6 그림 2.1.1 (a)의 구조물에 연습문제 2.4.5의 주기하중이 작용할 때, 다음 물음에 답하시오. 단, 구조물의 진동주기는 $T=\dfrac{3\pi}{2}$ 이다.

1) 구조물의 감쇠비가 $\xi=0$일 때, 정상상태의 전체응답 $u(t)$를 구하시오.
2) 구조물의 감쇠비가 $\xi=0.1$일 때, 정상상태의 전체응답 $u(t)$를 구하시오.

2.4.7 다음 그림의 주기함수는 사인시리즈(sine series) $f(t)=\sum_{n=1}^{\infty} B_n \sin\omega_{e,n} t$에 의해 표현될 수 있다. 여기서, $B_n=-\dfrac{2f_0}{n\pi}(-1)^n$이다. 한 주기 동안, 이 하중에 대한 그림 2.1.1 (a) 구조물의 정상상태 응답 $u(t)$를 그림으로 나타내시오. 단, $\xi=0$이고 $\beta_1=\dfrac{\omega_{e,1}}{\omega}=\dfrac{3}{4}$이며, 응답시리즈의 처음 4개항만을 구하고 $\omega_{e,1}t=30^\circ$ 에 의해 주어진 시간증분에서 평가하시오.

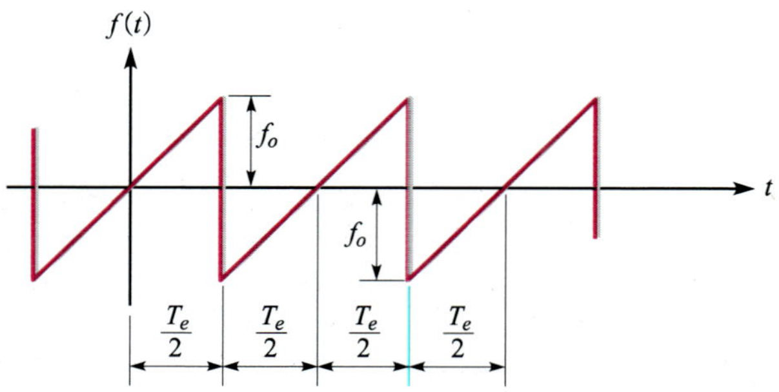

그림 연습문제 2.4.7

2.5 충격하중에 의한 동적거동

2.5.1 단위충격응답함수

충격하중(impact load) 또는 쇼크하중(shock load)은 그 크기는 있으나 시간적 지속성이 없는 매우 짧은 시간에 작용되는 하중이다. 단위충격하중은 수학적으로 **디렉델타함수**(Dirac delta function) $\delta(t)$를 사용하여 쉽게 표현할 수 있다. 디렉델타함수는 **단위충격함수**(unit impulse function) 또는 델타함수라 부르기도 하며, 다음과 같이 정의한다. 즉,

$$t \neq \tau \text{인 경우, } \delta(t-\tau)=0 \tag{2.5.1a}$$

$$\int_{-\infty}^{\infty} \delta(t-\tau)dt = 1 \tag{2.5.1b}$$

$$\int_{-\infty}^{\infty} \delta(t-\tau)f(t)dt = f(\tau) \tag{2.5.1c}$$

위의 식 (2.5.1b)는 디렉델타함수의 전체구간에 대한 정적분 값이 1이라는 의미이므로, 물리적으로는 그림 2.5.1과 같은 형태의 함수가 있을 때 삼각형의 면적이 1이라는 의미이다. 또한, 디렉델타함수는 한점에서만 함수을 가지므로 그 점에서는 무한대의 값을 가진다. 즉, 그림 2.5.1에서 $\epsilon \to 0$인 경우에 힘의 크기는 무한대가 된다.

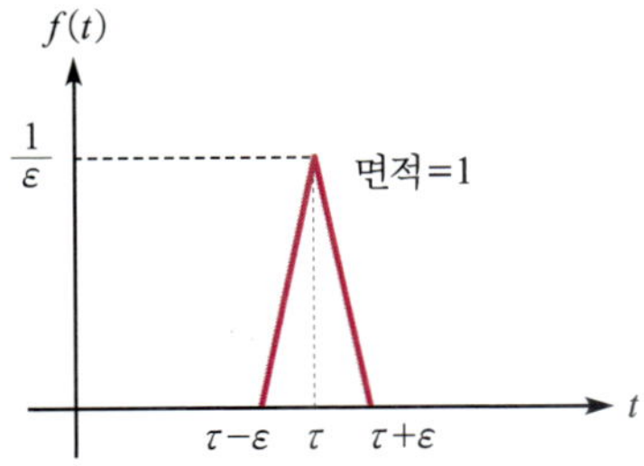

그림 2.5.1 디렉델타함수의 표현 예

시간 τ에서 단위충격하중이 작용될 때, 시점 t에서의 운동방정식은 다음과 같이 된다.

$$m\ddot{u}(t)+c\dot{u}(t)+ku(t)=\delta(t-\tau) \tag{2.5.2}$$

위 식의 해를 변위의 단위충격응답함수(unit impulse response function)라 하고 $h(t-\tau)$로 나타낸다. 즉, 식 (2.5.2)의 해(유도는 예제 2.5.1 참조 요망)는 다음과 같이 된다.

$$h(t-\tau)=\begin{cases}\dfrac{1}{m\omega_d}e^{-\xi\omega(t-\tau)}\sin\omega_d(t-\tau) & t\geq\tau\\ 0 & t<\tau\end{cases} \tag{2.5.3}$$

위 식을 그림으로 나타내면 그림 2.5.2와 같다.

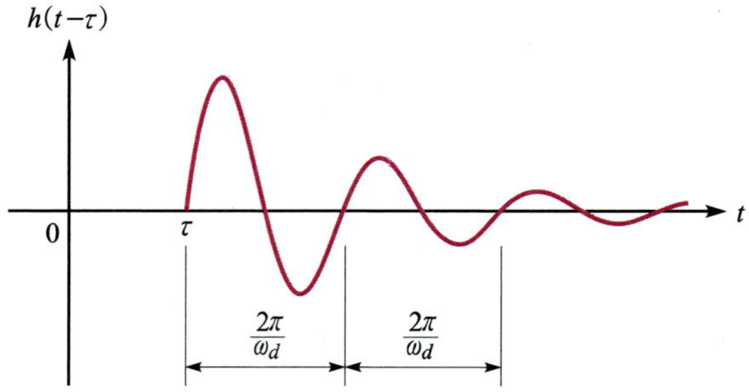

그림 2.5.2 단위충격응답함수 $h(t-\tau)$

만약 크기가 f_0인 충격하중이 시간 τ에 작용되었다고 할 때, 이 충격하중은 $f_0\delta(t-\tau)$가 되며 이에 의한 구조물의 응답은 $f_0h(t-\tau)$가 된다. 따라서 단위충격하중 $\delta(t-\tau)$와 단위충격응답함수 $h(t-\tau)$ 사이의 이런 이러한 성질을 사용하면, 충격하중뿐만 아니라 임의의 형태의 일반적인 하중 예를 들면, 지진하중, 파랑하중 등에 대한 구조물의 동적응답을 유용하게 구할 수 있다.

예제 2.5.1

라플라스 변환(Laplace transform)기법을 사용하여 단자유도 구조물에 시점 τ에서 단위충격하중 $\delta(t-\tau)$을 작용하였을 때 응답 $u(t)$를 구하시오

풀이

1) 단자유도 구조물의 운동방정식

$$m\ddot{u}(t)+c\dot{u}(t)+ku(t)=\delta(t-\tau)$$

2) 라플라스 변환 $U(s)$

운동방정식의 양변에 라플라스 변환기법을 적용하면 다음과 같이 된다.

$$\mathcal{L}\left[m\ddot{u}(t)+c\dot{u}(t)+k(t)\right]=m\{s^2U(s)-su(0)-\dot{u}(0)\}+c\{sU(s)-u(0)\}+kU(s)$$
$$=\{ms^2+cs+k\}U(s)-msu(0)-m\dot{u}(0)-cu(0)$$

$$\mathcal{L}\left[\delta(t-\tau)\right]=\int_0^\infty \delta(t-\tau)e^{-st}dt=e^{-s\tau}$$

따라서 운동방정식은 다음과 같이 된다.

$$\{ms^2+cs+k\}U(s)-msu(0)-m\dot{u}(0)-cu(0)=e^{-s\tau}$$

정지상태인 초기조건 $u(0)=\dot{u}(0)=0$을 적용하면, s영역에서의 응답은 다음과 같이 된다.

$$U(s)=\frac{e^{-s\tau}}{ms^2+cs+k}$$

3) 라플라스 변환공식

$$e^{-as}F(s)\Leftrightarrow\begin{cases}F(t-a) & t\geq a\\ 0 & t<a\end{cases}$$

$$\frac{1}{(s-b)^2+a^2}\Leftrightarrow\frac{1}{a}e^{bt}\sin at$$

4) 라플라스 역변환 $u(t)=\mathcal{L}^{-1}[U(s)]$

3)의 공식을 사용하면 t영역(time domain, 시간영역)에서의 응답 $u(t)$를 다음과 같이 구할 수 있다. 즉,

$$u(t)=\mathcal{L}^{-1}[U(s)]=\begin{cases}\dfrac{1}{m\omega_d}e^{-\xi\omega(t-\tau)}\sin\omega_d(t-\tau) & t\geq\tau\\ 0 & t<\tau\end{cases}$$

TIP • **라플라스 변환**

라플라스 변환이나 푸리에 변환(Fourier transform)은 선형 미분방정식의 해를 구하는 강력한 도구 중의 하나이며, 라플라스 변환의 정의는 $\mathcal{L}[f(t)]=\int_0^\infty e^{-st}f(t)dt$이다. 여기서, t는 실수이고, s는 복소수이다. 이 식을 참조하면, 라플라스 변환은 t영역으로부터 s영역으로 변환시킨 것이고, 구간은 $0\sim\infty$임을 알 수 있다. 기본적인 라플라스 변환공식을 정리하면 다음 표와 같다.

$f(t)=\mathcal{L}^{-1}[F(s)] \Leftrightarrow F(s)=\mathcal{L}[f(t)]$		$f(t)=\mathcal{L}^{-1}[F(s)] \Leftrightarrow F(s)=\mathcal{L}[f(t)]$		$f(t)=\mathcal{L}^{-1}[F(s)] \Leftrightarrow F(s)=\mathcal{L}[f(t)]$	
$\delta(t)$	$\Leftrightarrow 1$	$\cos at$	$\Leftrightarrow \dfrac{s}{s^2+a^2}$	$\alpha f(t)+\beta g(t)$	$\Leftrightarrow \alpha F(s)+\beta G(s)$
1	$\Leftrightarrow \dfrac{1}{s}$	$\sin at$	$\Leftrightarrow \dfrac{a}{s^2+a^2}$	$e^{at}f(t)$	$\Leftrightarrow F(s-a)$
t	$\Leftrightarrow \dfrac{1}{s^2}$	$\cosh at$	$\Leftrightarrow \dfrac{s}{s^2-a^2}$	$f(t-a)$	$\Leftrightarrow e^{-as}F(s)$
t^n	$\Leftrightarrow \dfrac{n!}{s^{n+1}}$	$\sinh at$	$\Leftrightarrow \dfrac{a}{s^2-a^2}$	$f(at)$	$\Leftrightarrow \dfrac{1}{a}F\left(\dfrac{s}{a}\right)$
t^a	$\Leftrightarrow \dfrac{\Gamma(a+1)}{s^{a+1}}$			$\dfrac{f(t)}{t}$	$\Leftrightarrow \displaystyle\int_0^\infty F(\tau)d\tau$
e^{at}	$\Leftrightarrow \dfrac{1}{s-a}$			$\dot{f}(t)$	$\Leftrightarrow sF(s)-f(0)$
$t^n e^{at}$	$\Leftrightarrow \dfrac{n!}{(s-a)^{n+1}}$			$\ddot{f}(t)$	$\Leftrightarrow s^2F(s)-sf(0)-\dot{f}(0)$
				$(f*g)(t)=\displaystyle\int_0^t f(\tau)g(t-\tau)d\tau$	$\Leftrightarrow F(s)G(s)$

2.5.2 계단하중과 직사각형 충격하중

(1) 계단하중

계단하중(step force)은 그림 2.5.3과 같이 0초에서 일정한 크기의 하중 f_0에 도달하는 하중으로, 동적평형 운동방정식은 다음과 같이 된다.

$$m\ddot{u}(t)+c\dot{u}(t)+ku(t)=f_0 \tag{2.5.4}$$

위 식의 동적응답은 2.5.1절의 단위충격응답함수를 사용하는 뒤아멜적분방법(Duhamel's convolution integral method, 이 방법은 2.6절에서 설명함) 또는 미분방정식 해법을 이용하여 구할 수 있다. 2.3절과 같은 미분방정식 해법을 이용할 경우, 일반해는 다음과 같이 된다.

$$\begin{aligned} u(t) &= u_c(t)+u_p(t) \\ &= e^{-\xi\omega t}(A_1\sin\omega_d t+A_2\cos\omega_d t)+\frac{f_0}{k} \end{aligned} \tag{2.5.5}$$

위 식에서 운동의 진폭을 나타내는 상수 A_1과 A_2는 구조계의 초기조건에 의해 결정된다. 만약 시간 $t=0$에서 정지상태 즉, $u(0)=\dot{u}(0)=0$을 갖고 구조계가 진동을 시작한다면, 동적응답은 다음과 같이 된다.

$$u(t)=\frac{f_0}{k}\left\{1-e^{-\xi\omega t}\left(\cos\omega_d t+\frac{\xi}{\sqrt{1-\xi^2}}\sin\omega_d t\right)\right\} \tag{2.5.6}$$

위 식으로부터, $\xi>0$인 경우에 천이해 $u_c(t)$는 0에 접근하여 소멸되므로 동적응답은 정적응답인 $\frac{f_0}{k}(=u_{st})$에 접근한다.

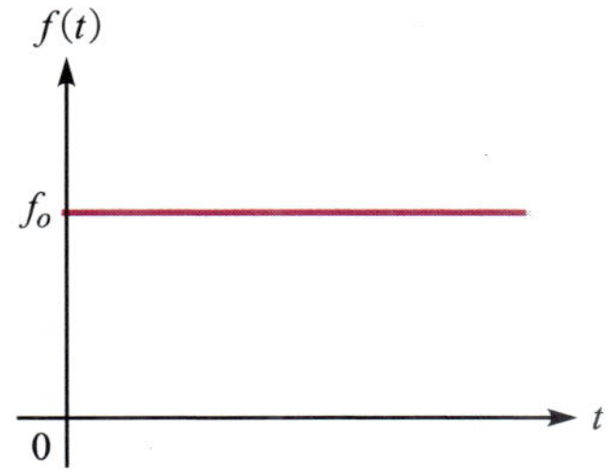

그림 2.5.3 계단하중

(2) 직사각형 충격하중

충격하중에 대한 구조물에 대한 구조물의 최대응답을 조절하는데 있어서 감쇠는 조화하중 그리고 주기하중에 대한 경우처럼 큰 역할을 하지 못한다. 왜냐하면 충격하중에 대한 최대응답은 감쇠력이 구조물로부터 많은 에너지를 흡수하기 전인 아주 짧은 시간에 도달되기 때문이다. 이러한 이유로 이 절에서는 직사각형 충격하중에 대한 비감쇠 동적거동만을 고려한다.

직사각형 충격하중에 의한 동적응답은 그림 2.5.4에서처럼 두 단계로 분리시킬 수 있다. 즉, 하중이 작용하는 단계와 자유진동 단계이다.

- **단계** I ($0\le t\le t_1$인 경우) : 이 단계 동안에 구조물은 정지상태로부터 갑자기 f_0하중을 받아 일정하게 유지되는 계단하중을 받는다. 이 단계에서의 동적응답은 계단하중에 대한 동적응답인 식 (2.5.6)에서 $\xi=0$인 경우 해당된다. 즉, 식 (2.5.6)에 $\xi=0$을 대입하면, 그림 2.5.4에서 $0\le t\le t_1$인 경우에 대한 동적응답이 다음과 같이 구해진다.

$$u(t)=\frac{f_0}{k}(1-\cos\omega t) \tag{2.5.7}$$

• **단계** II ($\bar{t}=t-t_1 \geq 0$인 경우) : 이 단계 동안에 발생되는 자유진동 응답은 단계 I의 끝에서 존재하는 변위 $u(t_1)$과 속도 $\dot{u}(t_1)$에 달려있고, 이것을 식 (2.2.9)를 사용하여 식으로 나타내면 다음과 같다.

$$u(\bar{t})=u(t_1)\cos\omega\bar{t}+\frac{\dot{u}(t_1)}{\omega}\sin\omega\bar{t} \tag{2.5.8}$$

여기서 새로운 시간함수 $\bar{t}=t-t_1$은 편리를 위해 도입한 것이다.

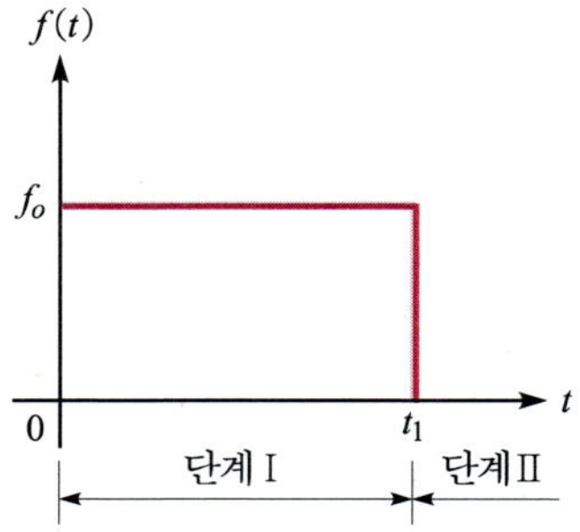

그림 2.5.4 직사각형 충격하중

충격하중으로부터 유발되는 동적응답의 크기는 구조물의 진동주기에 대한 충격하중의 지속시간(duration)의 비율 $\frac{t_1}{T}$에 의존한다. 일반적으로, 구조공학자는 응답의 완전한 이력(history)보다는 충격하주에 의한 최대응답에 더 관심이 있다. 최대응답이 발생할 때의 시간은 식 (2.5.7)을 시간에 대하여 미분하고 그 결과를 0으로 놓으면 구해질 수 있다. 이 결과로부터, 위에서 설명한 직사각형 충격의 경우에 $t_1 \geq \frac{T}{2}$라면, 최대응답은 항상 단계 I에서 발생한다. 즉, 식 (2.5.7)로부터, $\xi=0$인 경우의 최대 동적응답은 $u_{\max}=\frac{2f_0}{k}=2u_{st}$이다. 따라서 그림 2.5.4에서 $t_1 \geq \frac{T}{2}$이고 $\xi=0$인 경우, 직사각형 충격하중의 동적증폭계수 DAF는 다음과 같이 된다.

$$DAF=\frac{u_{\max}}{u_{st}}=\frac{2u_{st}}{u_{st}}=2 \quad \frac{t_1}{T}\geq\frac{1}{2} \tag{2.5.9}$$

그러나 하중 지속시간이 짧은 경우($t_1 < \frac{T}{2}$), 최대응답 $u_{\max}$는 단계 II의 자유진동 동안에 발생하고 응답진폭은 식 (2.2.10)의 진폭 ρ에 의해 다음과 같이 된다.

$$u_{\max} = \rho = \sqrt{[u(t_1)]^2 + \left[\frac{\dot{u}(t_1)}{\omega}\right]^2} \tag{2.5.10}$$

단계 I의 끝($t = t_1$)에서 식 (2.5.7)과 그것의 첫 번째 도함수를 평가하면 다음과 같다.

$$u(t_1) = \frac{f_0}{k}(1 - \cos\omega t_1) = \frac{f_0}{k}\left(1 - \cos\frac{2\pi}{T}t_1\right) \tag{2.5.11a}$$

$$\dot{u}(t_1) = \frac{f_0}{k}(\sin\omega t_1) = \frac{f_0}{k}\left(\sin\frac{2\pi}{T}t_1\right) \tag{2.5.11a}$$

위 식을 식 (2.5.10)에 대입하면 최대응답은 다음과 같다.

$$\begin{aligned} u_{\max} &= \sqrt{\left[\frac{f_0}{k}\left(1 - \cos\frac{2\pi}{T}t_1\right)\right]^2 + \left[\frac{f_0}{k}\left(\sin\frac{2\pi}{T}t_1\right)\right]^2} \\ &= \frac{f_0}{k}\sqrt{\left(1 - 2\cos\frac{2\pi}{T}t_1 + \cos^2\frac{2\pi}{T}t_1\right) + \sin^2\frac{2\pi}{T}t_1} \\ &= \frac{f_0}{k}\sqrt{2\left(1 - \cos\frac{2\pi}{T}t_1\right)} \\ &= u_{st}\sqrt{2\left(1 - \cos\frac{2\pi}{T}t_1\right)} \end{aligned} \tag{2.5.12}$$

위 식으로부터, 하중 지속시간이 짧은 경우($t_1 < \frac{T}{2}$)에 직사각형 충격하중의 동적증폭계수 DAF는 다음과 같이 된다.

$$\begin{aligned} DAF &= \frac{u_{\max}}{u_{st}} = \sqrt{2\left(1 - \cos\frac{2\pi}{T}t_1\right)} \\ &= 2\sin\left(\pi\frac{t_1}{T}\right) \quad \frac{t_1}{T} < \frac{1}{2} \end{aligned} \tag{2.5.13}$$

따라서 직사각형 충격하중 지속시간이 짧은 경우($t_1 < \frac{T}{2}$)에는 단자유도계의 고유주기 T와 직사각형 충격하중의 지속시간 t_1의 비 즉, 충격길이비 $\frac{t_1}{T}$의 사인함수로서 동적증폭계수 DAF가 변함을 알 수 있다.

2.5.3 사인파와 삼각형 충격하중

(1) 사인파 충격하중

충격하중에 대한 응답해석의 두 번째의 경우는 그림 2.5.5에 보여준 반사인파(half-sine-wave) 충격하중에 관한 것이다. 이것도 역시 2.5.2절의 직사각형 충격하중의 경우와 비슷한 비감쇠 동적거동만을 고려한($\xi = 0$) 미분방정식 해법으로, 응답을 반사인파 충격하중 단계와 차후에 일어나는 자유진동 단계로 나누어 생각하면 다음과 같이 된다. 즉,

- **단계** I ($0 \le t \le t_1$인 경우) : 이 단계 동안에 구조물은 정지상태로부터 시작되는 조화하중 $f_0 \sin\omega_e t$를 받는다. 정상상태뿐만이 아니라 천이해를 포함한 비감쇠 동적응답은 식 (2.3.12)에 의하여 다음과 같이 주어진다.

$$\begin{aligned} u(t) &= u_c(t) + u_p(t) \\ &= \frac{f_0}{k}\frac{1}{1-\beta^2}(\sin\omega_e t - \beta\sin\omega t) \end{aligned} \tag{2.5.14}$$

- **단계** II ($\bar{t} = t - t_1 \ge 0$인 경우) : 이 단계 동안에 발생되는 자유진동 응답은 단계 I의 끝에서 존재하는 변위 $u(t_1)$과 속도 $\dot{u}(t_1)$에 달려있고, 이것은 식 (2.5.8)과 같은 식으로 다음과 같다.

$$u(\bar{t}) = u(t_1)\cos\omega\bar{t} + \frac{\dot{u}(t_1)}{\omega}\sin\omega\bar{t} \tag{2.5.15}$$

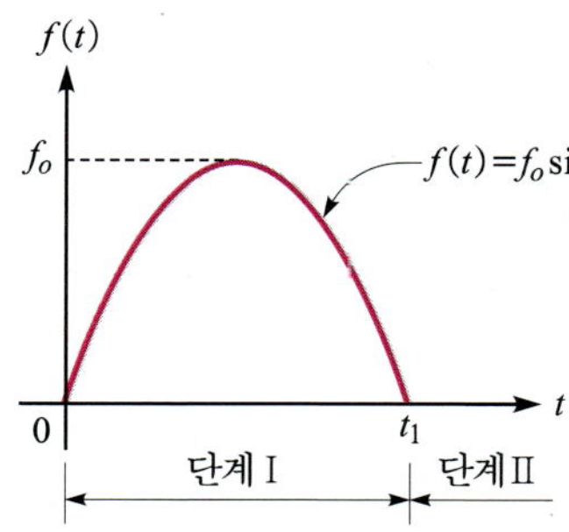

그림 2.5.5 반사인파 충격하중

충격하중으로부터 유발되는 동적응답의 크기는 충격길이비 $\frac{t_1}{T}$에 의존한다. $\frac{t_1}{T}=\frac{3}{4}$에 대한 반사인파 충격하중의 동적응답비 $DR(t)$는 똑 같은 하중을 정적으로 작용시켜 생기는 변위에 대한 동적응답의 비율 즉, $DR(t)=\frac{u(t)}{u_{st}}=\frac{u(t)}{f_0/k}$이다. 따라서 초기 정지상태로부터 시작하는 비감쇠계의 반사인파 충격하중으로 인한 동적응답비는 다음과 같이 된다.

$$\begin{aligned} DR(t) &= \frac{u(t)}{f_0/k} \\ &= \frac{1}{1-\beta^2}(\sin\omega_e t - \beta\sin\omega t) \end{aligned} \tag{2.5.16}$$

그림 2.5.6은 반사인파 충격하중을 강성으로 나눈 값(점선)인 $\frac{f(t)}{k}$와 식 (2.5.16)에 의한 동적응답비(실선) $DR(t)$의 크기를 비교하여 도시(圖示)하였다.

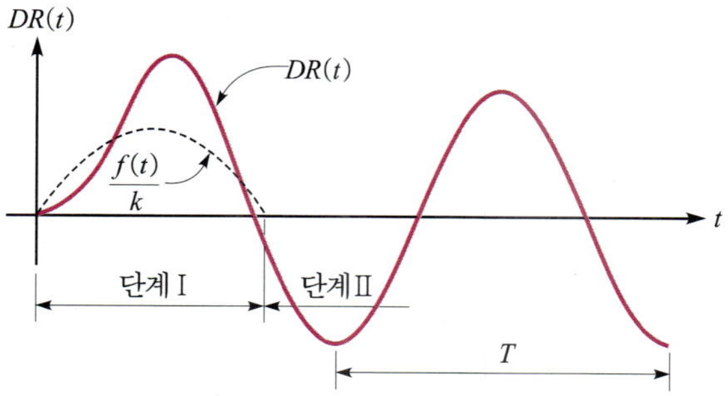

그림 2.5.6 $\frac{t_1}{T}=\frac{3}{4}$에 대한 반사인파 충격하중의 동적응답비

최대응답이 발생할 때의 시간은 식 (2.5.14)를 시간에 대하여 미분하고 그 결과를 0으로 놓으면 구해질 수 있다. 즉, $\frac{du(t)}{dt}=\frac{f_0}{k}\frac{1}{1-\beta^2}(\omega_e\cos\omega_e t-\beta\omega\cos\omega t)=0$이다. 이것으로부터 $(\omega_e\cos\omega_e t-\beta\omega\cos\omega t)=0$이고 $\beta=\frac{\omega_e}{\omega}$이므로, $\cos\omega_e t=\cos\omega t$가 된다.

$$\omega_e t = 2\pi n \pm \omega t \quad n = \dots, -2, -1, 0, 1, 2, \dots \tag{2.5.17}$$

만약 반사인파 충격하중이 작용하는 동안에 최대응답이 발생한다면, 식 (2.5.17)은 물론 $\omega_e t \le \pi$의 범위에서만 타당하다.

하중진동수 ω_e가 자유진동수 ω에 접근하면($\omega_e \to \omega$), 최대응답이 발생하는 시간은 $n=1$ 시키고 식 (2.5.17)에서 음의 부호를 사용하면 다음과 같이 유도된다.

$$\omega_e t = \frac{2\pi}{1 + \dfrac{\omega}{\omega_e}} \tag{2.5.18}$$

이때 최대응답진폭은 식 (2.5.18)을 식 (2.5.14)에 대입하면 구할 수 있다. 이것은 단지 $\omega_e t \le 1$ 즉, $\beta < 1$인 경우에만 타당하다.

참고로, 지속시간이 상당히 긴 반사인파 충격하중에 대한 최대응답해석의 한 사례로서 $\dfrac{t_1}{T} = \dfrac{3}{4}$($\beta = \dfrac{2}{3}$에 해당함)의 경우에 대하여 고려해 보자. 여기서, 최대응답은 하중이 작용하는 동안에 발생한다. 이러한 경우는 식 (2.5.18)에 의하여 $\omega_e t = \dfrac{2\pi}{1+\dfrac{3}{2}} = \dfrac{4}{5}\pi$가 된다. 이 값을 식 (2.5.14)에 대입하고 정리하면, 동적증폭계수가 다음과 같이 구해진다.

$$DAF = \frac{1}{1-(\frac{2}{3})^2}\left(\sin\frac{4}{5}\pi - \frac{2}{3}\sin\frac{6}{5}\pi\right) = 1.8 \tag{2.5.19}$$

한편 $\beta > 1$인 경우, 최대응답이 자유진동 단계(그림 2.5.5의 단계 II) 동안에 발생한다. 이 단계에 대한 초기변위와 속도는 식 (2.5.14)에 $\omega_e t = \pi$를 대입시키면 다음과 같이 구해진다.

$$u(t_1) = \frac{f_0}{k}\frac{1}{1-\beta^2}\left(0 - \beta\sin\frac{\pi}{\beta}\right) \tag{2.5.20a}$$

$$\dot{u}(t_1) = \frac{f_0}{k}\frac{1}{1-\beta^2}\left(-1 - \cos\frac{\pi}{\beta}\right) \tag{2.5.20b}$$

이때의 자유진동 운동의 진폭은 식 (2.5.20)과 식 (2.5.10)을 이용해서 다음과 같이 구할 수 있다.

$$\begin{aligned} \rho = u_{\max} &= \sqrt{[u(t_1)]^2 + \left[\frac{\dot{u}(t_1)}{\omega}\right]^2} \\ &= \frac{f_0}{k}\frac{\beta}{1-\beta^2}\sqrt{2 + 2\cos\frac{\pi}{\beta}} \end{aligned} \tag{2.5.21}$$

따라서 $\beta > 1(\omega_e > \omega$에 해당함)이고 $t > t_1$인 경우, 반사인파 충격하중에 대한 단자유도계의 동적증폭계수가 다음과 같이 구해진다.

$$DAF = \frac{u_{\max}}{f_0/k} = \frac{2\beta}{1-\beta^2}\cos\frac{\pi}{2\beta} \tag{2.5.22}$$

(2) 삼각형 충격하중

충격하중에 대한 응답해석의 마지막 경우는 그림 2.5.7에 보여준 감소하는 충격하중에 관한 것이다. 이것도 역시 2.5.2절의 직사각형 충격하중의 경우와 비슷한 비감쇠 동적거동만을 고려한($\xi = 0$) 미분방정식 해법으로, 응답을 삼각형 충격하중 단계와 차후에 일어나는 자유진동 단계로 나누어 생각하면 다음과 같이 된다.

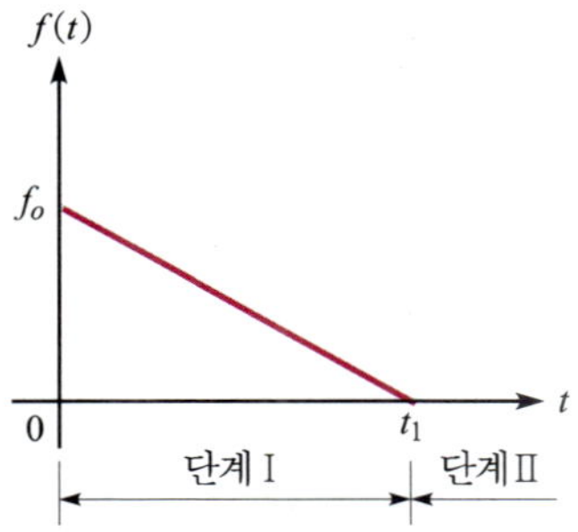

그림 2.5.7 삼각형 충격하중

- **단계 I** ($0 \le t \le t_1$인 경우) : 이 단계 동안의 작용하중은 $f_0\left(1-\frac{t}{t_1}\right)$이고, 이 하중에 대한 특수해 $u_p(t)$는 $\xi = 0$이므로 다음과 같이 쉽게 구할 수 있다. 즉,

$$u_p(t) = \frac{f_0}{k}\left(1-\frac{t}{t_1}\right) \tag{2.5.23}$$

만약 정지상태의 초기조건을 갖는다면, 천이해 $u_c(t)$를 포함한 일반해 $u(t)$는 다음과 같이 평가될 수 있다.

$$\begin{aligned} u(t) &= u_c(t) + u_p(t) \\ &= \frac{f_0}{k}\left(\frac{\sin\omega t}{\omega t_1} - \cos\omega t - \frac{t}{t_1} + 1\right) \end{aligned} \tag{2.5.24}$$

- **단계** II ($\bar{t} = t - t_1 \geq 0$인 경우) : 단계 I의 끝($t = t_1$)에서 식 (2.5.24)와 그것의 도함수를 평가하면 다음과 같다.

$$u(t_1) = \frac{f_0}{k}\left(\frac{\sin\omega t_1}{\omega t_1} - \cos\omega t_1\right) \tag{2.5.25a}$$

$$\dot{u}(t_1) = \frac{f_0 \omega}{k}\left(\frac{\cos\omega t_1}{\omega t_1} + \sin\omega t_1 - \frac{1}{\omega t_1}\right) \tag{2.5.25b}$$

위 식을 식 (2.5.8)에 대입하면 단계 II에서의 자유진동 응답이 얻어진다.

이 응답함수의 최댓값도 앞의 경우처럼 미분하여 속도가 0인 시간에 대하여 평가하여 구할 수 있다. 지속시간이 아주 짧은($\frac{t_1}{T} < 0.4$) 하중의 경우에 최대응답은 자유진동 동안에 발생된다. 그러나 하중지속시간이 상당히 긴 경우에는 삼각형 충격하중이 재하되는 단계(단계 I) 동안에 발생한다. 여러 가지 하중지속시간(충격길이비 $\frac{t_1}{T}$)에 대하여 계산된 삼각형 충격하중의 동적충격계수 $DAF[= \frac{u_{\max}}{(f_0/k)}]$의 값은 표 2.5.1에 나타나 있다.

표 2.5.1 삼각형 충격하중에 대한 동적증폭계수

충격길이비 $\frac{t_1}{T}$	동적증폭계수 DAF
0.5	1.2
1.0	1.6
1.5	1.7
2.0	1.8

2.5.4 충격하중의 응답스펙트럼

위에서 유도한 표현을 살펴보면, 충격하중에 대한 비감쇠 단자유도계 구조물의 최대응답은 단순히 구조물의 고유주기 T에 대한 충격하중의 지속시간 t_1의 비율 즉, 충격길이비 $\frac{t_1}{T}$의 함수이다. 따라서 여러 가지 형태의 충격하중에 대하여 $\frac{t_1}{T}$의 함수로서 동적충격계수 DAF를 도시하면 편리하다. 예를 들면, 표 2.5.1의 데이터는 그림 2.5.8의 삼각형 충격하중에 대

한 단자유도 구조물의 동적충격계수 DAF를 한 곡선으로 나타낸 것이다. 이 그림에서 다른 형태의 직사각형 및 사인파 충격하중에 대해서도 같은 방법으로 도시한 것이다. 이러한 곡선을 충격하중의 응답스펙트럼[response spectrum, 또는 변위 응답스펙트럼(displacement response spectrum]이라고 부른다. 일반적으로, 이와 같은 그림은 단순 구조물에 작용하는 충격하중으로부터 기대되는 최대효과를 공학적으로 요구되는 정밀도까지 예측하는데 사용될 수 있다.

또한 이러한 응답스펙트럼은 구조물의 기초에 가력되는 지진과 같은 가속도 충격(acceleration impulse)에 대한 구조물의 응답을 구하는데 사용할 수 있다. 만약 기초에 작용하는 가속도를 $\ddot{u}_g(t)$라 하면, 유효 충격하중은 $-m\ddot{u}_g(t)$이다[식 (2.1.20) 참조 요망]. 최대 지반 가속도가 $\ddot{u}_{g0}$라면, 최대 유효 충격하중은 $-m\ddot{u}_{g0}$이다. 따라서 동적충격계수 DAF는 다음과 같이 된다.

$$DAF = \left| \frac{u_{\max}}{f_0/k} \right| = \left| \frac{u_{\max}}{m\ddot{u}_{g0}/k} \right| \tag{2.1.26}$$

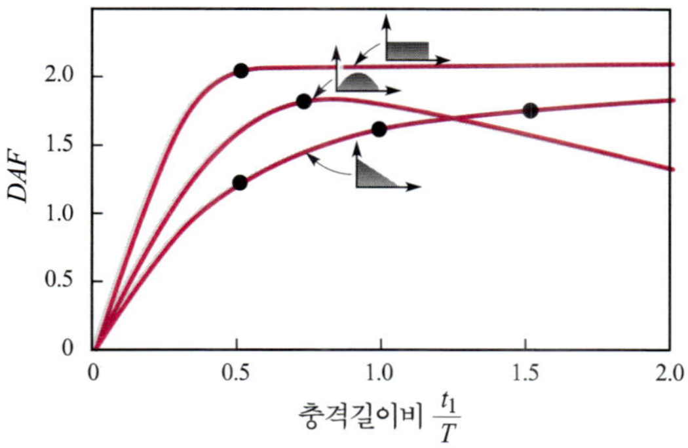

그림 2.5.8 세 가지 타입의 충격하중에 대한 변위 응답스펙트럼

따라서 그림 2.5.8의 응답스펙트럼을 사용하여 충격하중에 대한 최대 응답변위 뿐만이 아니라 충격 기초가속도에 대한 질량 m의 최대응답을 예측할 수 있다. 이러한 목적을 위해 사용되었을 때, 이 그림을 일반적으로 **충격스펙트럼**(shock spectrum)이라 칭한다,

예제 2.5.2

다음 그림과 같이 직사각형 충격하중인 폭발하중(blast load)을 받는 수조구조물이 있다. 충격응답스펙트럼법을 사용하여 수조를 지지하는 골조의 밑면에 작용하는 최대밑면전단력 $V_{b,\max}$와 최대밑면휨모멘트 $M_{b,\max}$를 구하시오. 단, 수조구조물의 횡방향 강성은 $k = 140{,}000$ kN/m이다.

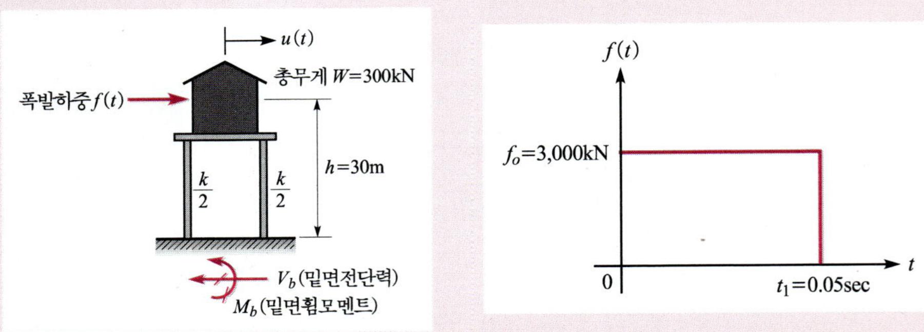

(a) 수조구조물 (b) 폭발하중 $f(t)$

그림 예제 2.5.2 폭발하중을 받는 단자유도 수조구조물(water tank)

풀이

1) 수조구조물의 고유주기 T

$$T = \frac{2\pi}{\omega} = 2\pi\sqrt{\frac{W}{kg}} = 2\pi\sqrt{\frac{300}{140{,}000(9.81)}} = 0.09\,\text{sec}$$

2) 충격길이비 $\frac{t_1}{T}$

$$\frac{t_1}{T} = \frac{0.05}{0.09} = 0.6$$

3) 최대변위 $u_{\max}$

그림 2.5.8의 응답스펙트럼에서 직사각형 충격하중의 충격길이비 $\frac{t_1}{T} = 0.6$에 해당하는 동적증폭계수는 $DAF = 2.0$이다. 따라서 최대변위 $u_{\max}$는 다음과 같이 구할 수 있다.

$$u_{\max} = DAF \cdot u_{st} = DAF\frac{f_0}{k} = 2.0\frac{3{,}000}{140{,}000} = 0.0429\,\text{m} = 42.9\,\text{mm}$$

4) 최대밑면전단력 $V_{b,\max}$

$$V_{b,\max} = ku_{\max} = 140{,}000(0.0429) = 6{,}006\,\text{kN}$$

5) 최대밑면휨모멘트 $M_{b,\max}$

$$M_{b,\max} = V_{b,\max}\,h = 6{,}006(30) = 180{,}180\,\text{kN} \cdot \text{m}$$

|2.5 충격하중에 의한 동적거동| 연습문제

2.5.1 질량이 m이고 강성이 k인 비감쇠 단자유도계의 자유진동 응답을 라플라스 변환(Laplace transform) 기법을 사용하여 구하시오. 단, 초기조건은 $t=0$에서 변위 $u(0)=u_0$ 및 속도 $\dot{u}(0)=\dot{u}_0$이다.

2.5.2 외력 $f_0 \cos w_e t$가 작용하는 질량이 m이고 강성이 k인 1자유도 비감쇠 진동계의 응답을 라플라스 변환(Laplace transform)기법을 사용하여 구하시오. 단, 초기조건은 $t=0$에서 변위 $u(0)=0$ 및 속도 $\dot{u}(0)=0$이다.

2.5.3 다음 그림과 같이, 전달함수의 개념을 사용하여 동적응답해석이 가능하다. 전달함수는 라플라스 변환(Laplace transform)의 s영역에서 $G(s)=\dfrac{U(s)}{F(s)}$로 정의 된다. 여기서, $F(s)$는 입력(외력)의 라플라스 변환이고, $U(s)$는 출력(응답)의 라플라스 변환이다. 전달함수 $G(s)$를 알면, 임의의 입력 $F(s)$와 곱하여 $U(s)$를 구할 수 있다. 그리고 $U(s)$를 라플라스 역변환하면, 진동계의 응답 $u(t)$가 얻어진다.

임의의 외력 $f(t)$가 작용하는 질량이 m이고 강성이 k인 단자유도 비감쇠 진동계의 전달함수 $G(s)$를 구하시오. 또한, 이 비감쇠 단자유도계서 $F(s)=1$(델타함수) 경우의 응답 $U(s)$를 구하고, 이것을 라플라스 역변환하여 응답 $u(t)$를 구하시오. 단, 초기조건은 $t=0$에서 변위 $u(0)=0$ 및 속도 $\dot{u}(0)=0$이다.

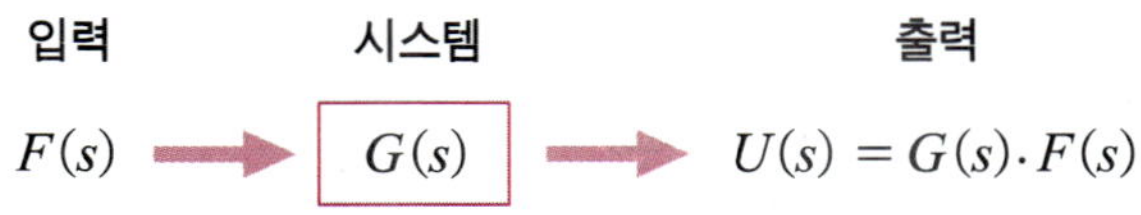

그림 연습문제 2.5.3 진동계에서 입력, 전달함수, 출력의 관계

2.5.4 질량 $m = 270\text{kg}$, 강성 $k = 170\text{kN/m}$의 특성치를 갖는 그림 2.1.1 (a)의 기본 동적 시스템을 고려해 보자. 이 시스템은 하중진폭 $f_0 = 2{,}200\text{N}$ 그리고 제한시간 $t_1 = 0.15\text{sec}$의 반사인파 충격을 그림 2.5.5와 같이 받고 있다고 가정한다. 다음 물음에 답하시오. 단, 시간 $t = 0$에서 정지상태 즉, $u(0) = \dot{u}(0) = 0$을 갖고 시스템이 진동을 시작한다.

1) 최대응답이 발생하는 시간을 구하시오.
2) 주어진 충격하중에 의해 발생되는 최대 탄성력를 구하고, 그림 2.5.8에 의해 구해지는 결과와 비교하시오.

2.5.5 0(zero)으로부터 최댓값 f_0까지 선형적으로 증가하는 삼각형 충격하중이 $f(t) = \begin{cases} f_0 \dfrac{t}{t_1} & (0 < t < t_1) \\ 0 & \left(\bar{t} = t - t_1 \geq 0\right) \end{cases}$ 으로서 표시된다. 다음 물음에 답하시오.

1) 이 하중에 대한 단자유도 구조물의 응답을 유도하시오. 단, 운동은 정지상태로부터 시작한다.
2) 만약 $\dfrac{t_1}{T} = \dfrac{3}{2}$이라면, 이 삼각형 충격하중으로부터 유발되는 최대 동적응답비 $DR_{\max} = \dfrac{u_{\max}}{f_0/k}$를 구하시오. 단, T는 구조물의 고유주기이다.

2.5.6 4분의 1(quarter) 코사인파 충격하중이 $f(t) = \begin{cases} f_0 \cos\omega_e t & \left(0 < t < t_1 = \dfrac{\pi}{2\omega_e}\right) \\ 0 & \left(\bar{t} = t - t_1 \geq 0\right) \end{cases}$ 으로서 표시된다. 다음 물음에 답하시오.

1) 이 하중에 대한 단자유도 구조물의 응답을 유도하시오. 단, 운동은 정지상태로부터 시작한다.
2) 만약 $\omega_e = \omega$라면, 이 코사인파 충격하중으로부터 유발되는 최대 동적응답비 $DR_{\max} = \dfrac{u_{\max}}{f_0/k}$를 구하시오. 단, $\omega = \sqrt{\dfrac{k}{m}}$ 이다.

2.5.7 질량 $m = 700\text{kg}$, 강성 $k = 3{,}500\text{kN/m}$의 특성치를 갖는 그림 2.1.1 (a)의 기본 동적 시스템을 고려해 보자. 이 시스템은 하중진폭 $f_0 = 2{,}600\text{N}$ 그리고 제한시간 $t_1 = 0.15T$의 삼각형 충격을 그림 2.5.7과 같이 받고 있다고 가정한다. 그림 2.5.8의 충격응답스펙트럼을 사용하여 최대 스프링력을 구하시오. 단, 시간 $t = 0$에서 정지상태 즉, $u(0) = \dot{u}(0) = 0$을 갖고 시스템이 진동을 시작한다.

2.6 일반 동하중에 의한 응답

2.6.1 뒤아멜적분방법

일반 동하중 $f(t)$가 작용되는 단자유도 구조물의 운동방정식은 다음과 같다.

$$m\ddot{u}(t)+c\dot{u}(t)+ku(t)=f(t) \tag{2.6.1}$$

위 식의 해를 구하는 방법은 여러 가지가 있으나, 여기서는 수학적인 접근 방식인 **뒤아멜적분방법**(Duhamel's convolution integral method)을 설명한다. 그리고 시간영역에서 직접 동적해석을 위한 수치해석적 기법은 다음 2.7절에서 설명한다.

그림 2.6.1에 보여준 임의의 일반 동하중 $f(t)$, 특히 시간 $t=\tau$에서 작용하는 하중강도 $f(\tau)$를 고려하자. 이 경우에 짧은 지속시간 $d\tau$동안 작용시켜, 이 충격에 대한 응답을 2.5.1절의 식 (2.5.3)에서 설명한 **단위충격응답함수**인 $h(t-\tau)$에 의해 평가할 수 있다. 즉, 시간영역에서의 뒤아멜적분방법은 충격응답함수와 구조계의 선형성에 기초한 중첩의 원리(principle of superposition)를 사용한다. 시점 t에서의 구조물의 동적응답 $u(t)$는 이보다 과거인 시간구간에서 작용된 하중에 의하여 발생된 것이다. 따라서 그림 2.6.1에서와 같이 과거시간구간을 미소구간으로 나누어 작용하중을 각 미소구간에서 연속적으로 발생한 충격하중의 조합으로 간주하면, 동적거동 $u(t)$는 과거의 여러 시점에서 연속적으로 충격하중에 의한 응답(충격응답)의 합으로 구할 수 있다. 즉, 과거의 시점 τ의 미소시간구간에서 발생된 충격하중은 $f(\tau)\delta(t-\tau)d\tau$이고, 이에 의한 응답은 $f(\tau)h(t-\tau)d\tau$이다. 그러므로 이 응답을 시간 0에서 τ까지 더하면 다음과 같이 시점 t에서의 동적응답 $u(t)$를 구할 수 있다. 즉,

$$u(t)=\int_0^t f(\tau)h(t-\tau)d\tau=\int_0^t f(t-\tau)h(\tau)d\tau \tag{2.6.2}$$

여기서, 충격응답함수는 $h(t-\tau)=\begin{cases}\dfrac{1}{m\omega_d}e^{-\xi\omega(t-\tau)}\sin\omega_d(t-\tau) & t\geq\tau \\ 0 & t<\tau\end{cases}$ 이다.

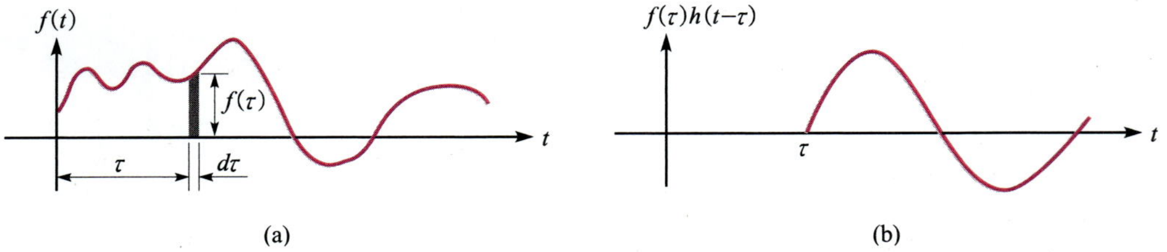

그림 2.6.1 일반 동하중과 뒤아멜적분의 유도

식 (2.6.2)에 **충격응답함수**인 식 (2.5.3)을 대입하여 정리하면 시간영역에서 **동적응답** $u(t)$는 다음과 같이 된다.

$$\begin{aligned} u(t) &= \frac{1}{m\omega_d}\int_0^t f(\tau)e^{-\xi\omega(t-\tau)}\sin\omega_d(t-\tau)d\tau \\ &= \frac{1}{m\omega_d}\int_0^t f(\tau)e^{-\xi\omega(t-\tau)}(\sin\omega_d t\cos\omega_d\tau - \cos\omega_d t\sin\omega_d\tau)d\tau \\ &= \overline{A_1}e^{-\xi\omega t}\sin\omega_d t - \overline{A_2}e^{-\xi\omega t}\cos\omega_d t \end{aligned} \qquad (2.6.3)$$

여기서, $\overline{A_1} = \frac{1}{m\omega_d}\int_0^t f(\tau)e^{\xi\omega\tau}\cos\omega_d\tau d\tau$, $\overline{A_2} = \frac{1}{m\omega_d}\int_0^t f(\tau)e^{\xi\omega\tau}\sin\omega_d\tau d\tau$이다. 따라서 뒤아멜적분에 의한 동적응답을 구하기 위해서는 $\overline{A_1}$과 $\overline{A_2}$를 구해야 하며, 이를 위하여 관련 적분 값들을 근사적으로 구하는 수치적분방법(그림 2.6.2)으로 단순합산, 사다리꼴방법(trapezoidal method, $A_n = \frac{f_{n-1}+f_n}{2}\Delta\tau$), 심슨방법(Simpson's method, $A_n = \frac{f_{n-1}+4f_n+f_{n+1}}{3}\Delta\tau$) 등을 이용할 수 있다.

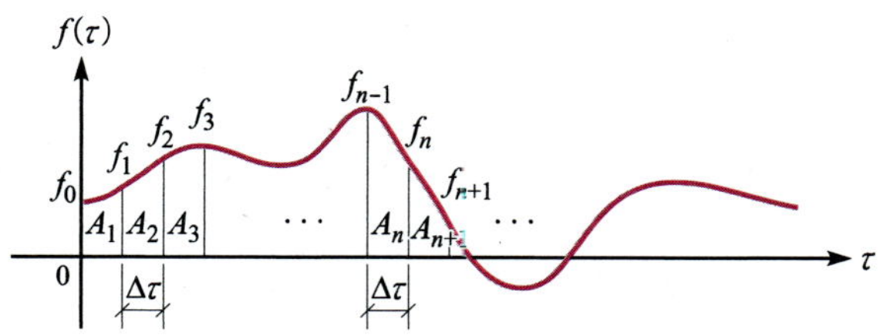

그림 2.6.2 수치적분

예제 2.6.1

질량이 $m=1$이고 고유진동수가 $\omega=1$인 단자유도 구조물에 다음 그림과 같이 시점 π와 시점 $\frac{9\pi}{4}$에서 크기가 각각 $2f_0$과 $4f_0$인 충격하중이 작용할 때, 구조물의 동적변위 $u(t)$를 구하시오. 단, 감쇠비가 $\xi=0.03$이고 $f_0=1$이다.

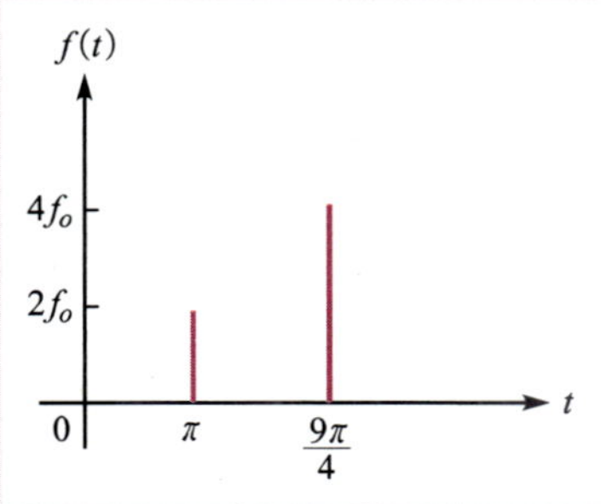

(a)

그림 예제 2.6.1

풀이

1) 감쇠진동수 ω_d

$$\omega_d=\sqrt{1-\xi^2}\,\omega=\sqrt{1-0.03^2}\,(1)\approx 1$$

2) 하중함수 $f(t)$

$$f(t)=2f_0\delta(t-\pi)+4f_0\delta\left(t-\frac{9\pi}{4}\right)$$

3) 시간구간 $0\le t<\pi$구간에서 동적응답 $u(t)$

식 (2.6.2)를 사용하면 $u(t)$가 다음과 같이 구해진다.

$u(t)=0$

4) 시간구간 $\pi\le t<\frac{9\pi}{4}$ 구간에서 동적응답 $u(t)$

식 (2.6.2)를 사용하면 $u(t)$가 다음과 같이 구해진다.

$$
\begin{aligned}
u(t) &= \int_0^t f(\tau)h(t-\tau)d\tau = \int_0^t 2f_0\delta(\tau-\pi)h(t-\tau)d\tau \\
&= 2f_0 h(t-\pi) \\
&= 2e^{-0.03(t-\pi)}\sin(t-\pi)
\end{aligned}
$$

5) 시간구간 $\frac{9\pi}{4} \le t \le \infty$ 구간에서 동적응답 $u(t)$

식 (2.6.2)를 사용하면 $u(t)$가 다음과 같이 구해진다.

$$
\begin{aligned}
u(t) &= \int_0^t f(\tau)h(t-\tau)d\tau \\
&= \int_0^t \left[2f_0\delta(\tau-\pi)h(t-\tau) + 4f_0\delta\left(\tau-\frac{9\pi}{4}\right)h(t-\tau)\right]d\tau \\
&= 2f_0 h(t-\pi) + 4f_0 h\left(t-\frac{9\pi}{4}\right) \\
&= 2e^{-0.03(t-\pi)}\sin(t-\pi) + 4e^{-0.03\left(t-\frac{9\pi}{4}\right)}\sin\left(t-\frac{9\pi}{4}\right)
\end{aligned}
$$

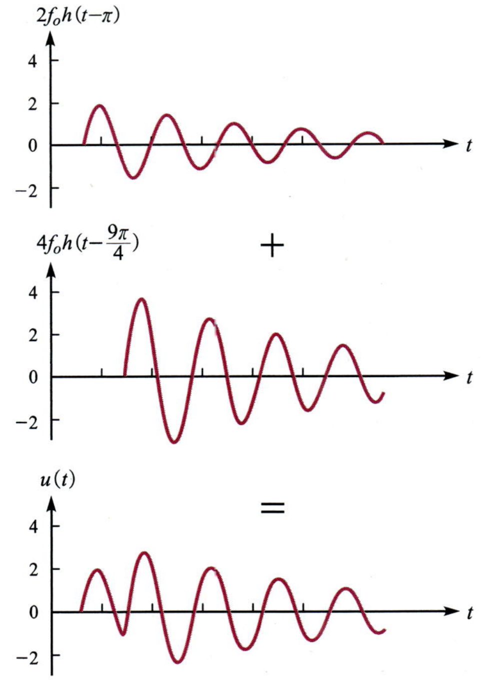

(b) 동적변위 $u(t) = 2f_0 h(t-\pi) + 4f_0 h\left(t-\frac{9\pi}{4}\right)$

2.6.2 진동수영역에서의 응답해석

앞에서 설명한 **시간영역**(time domain)에서의 뒤아멜적분방법은 임의의 입력하중에 대한 단자유도계의 동적응답을 완전하게 평가하는데 사용될 수 있지만, 때때로 진동수영역(주파수영역이라고도 함)에서 해석을 수행하는 것이 더 편리하다. 진동수영역에서 접근방법은 2.4절에서 설명한 주기하중의 해석절차와 개념에 있어서 비슷하다. 진동수영역에서의 응답해석 즉, **진동수영역방법**(frequency domain method)은 시간영역에서의 운동방정식을 진동수영역으로 **푸리에 변환**(Fourier transform)한 후 해를 구한다. 1965년 개발된 FFT(fast Fourier transform, **고속 푸리에 변환**) 알고리즘을 사용하면, 푸리에 변환에 이용되는 적분을 쉽고 빠르게 처리할 수 있어서 DFT(discrete Fourier transform, **이산 푸리에 변환**)가 쉽게 된다.

푸리에 변환 및 역변환을 수식으로 나타내면 다음과 같다.

$$\begin{gathered} U(f)=\mathscr{F}\{u(t)\}=\int_{-\infty}^{\infty} u(t)e^{-i2\pi ft}dt \\ \Updownarrow \\ u(t)=\mathscr{F}^{-1}\{U(f)\}=\frac{1}{2\pi}\int_{-\infty}^{\infty} U(f)e^{i2\pi ft}df \end{gathered} \tag{2.6.4}$$

이산 푸리에 변환(DFT) 및 역변환을 수식으로 나타내면 다음과 같다.

$$\begin{gathered} U(f_k)=\sum_{n=0}^{N-1} u(t_n)e^{-i\frac{2\pi nk}{N}} \\ \Updownarrow \\ u(t_n)=\frac{1}{N}\sum_{k=0}^{N-1} U(f_k)e^{i\frac{2\pi nk}{N}} \end{gathered} \tag{2.6.5}$$

그림 2.6.3은 위 식에 의한 시간영역과 진동수영역의 변환 관계의 사례들을 보여 주고 있다.

시간영역(time domain)에서의 뒤아멜적분방법과 진동수영역방법의 관계를 수식으로 나타내면 다음과 같다.

$$\begin{gathered} u(t)=\int_{0}^{t} f(\tau)h(t-\tau)d\tau \\ \Updownarrow \\ U(\omega_e)=H(\omega_e)F(\omega_e) \end{gathered} \tag{2.6.6}$$

위 식에서, $F(\omega_e)$는 시간영역의 작용하중을 진동수영역으로 푸리에 변환 것이고, $H(\omega_e)$는 충격응답함수 $h(t-\tau)$를 진동수영역으로 변환한 **복소진동수응답함수**[complex frequency response function, 또는 컴플라이언스(compliance), 식 (2.4.11)의 유도 참조]로 수식으로 나타내면 다음이 된다.

$$H(\omega_e) = \frac{1}{-(\omega_e)^2 m + i\omega_e c + k} \tag{2.6.7}$$

일반적으로 **시간영역방법**은 구조물의 비선형성이나 시간 의존성을 고려하기가 쉬우나, 해석시간이 진동수영역방법에 비하여 상대적으로 오래 소요되고 구조물의 진동수 의존성을 고려하기가 어렵다. 한편, 진동수영역방법은 구조물의 시간 의존성을 고려하기가 어렵고, **중첩의 원리**에 근거하고 있으므로 구조물의 **비선형성**을 고려하기가 힘들다.

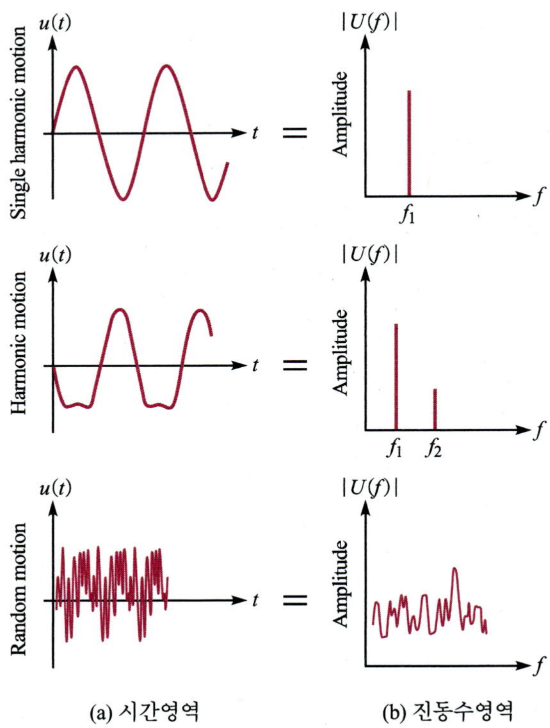

그림 2.6.3 시간영역과 진동수영역의 관계

진동수영역에서의 응답해석인 진동수영역방법의 절차를 요약하면 다음과 같다.

1) 시간영역의 작용하중 $f(t)$를 진동수영역으로 푸리에 변환하여 $F(\omega_e)$를 구한다.
2) 식 (2.6.7)을 사용하여 복소진동수응답함수 $H(\omega_e)$를 구한다.
3) $H(\omega_e)$와 $F(\omega_e)$를 곱하여 진동수영역에서의 해 $U(\omega_e)$를 구한다.
4) 필요 시, 진동수영역에서 구한 해 $U(\omega_e)$를 푸리에 역변환하여 다시 시간영역에서의 해 $u(t)$를 구한다.

TIP **• 레일리(Raylígh)방법에 의한 고유진동수 ω의 유도**

레일리방법의 기본개념은 에너지 보존의 법칙이다. 즉, 자유진동을 하는 구조물의 에너지는 감쇠가 없다면 항상 일정하게 유지된다는 것이다. 비감쇠 스프링 k – 질량 m으로 된 단자유도 구조물의 자유진동을 고려해보면, 변위는 다음 식에 의해 나타낼 수 있다.

$u(t) = u_0 \sin\omega t$

그리고 속도는 위 식을 한번 미분하여 구하면 다음과 같이 된다.

$\dot{u}(t) = u_0 \omega \cos\omega t$

이 단자유도 구조물의 퍼텐셜에너지(위치에너지) V는 스프링의 변형에너지에 의해 완벽하게 표현된다. 즉,

$$V = \frac{1}{2}k[u(t)]^2 = \frac{1}{2}k(u_0)^2\sin^2\omega t$$

질량의 운동에너지 T는 다음과 같다.

$$T = \frac{1}{2}m[\dot{u}(t)]^2 = \frac{1}{2}m(u_0)^2\omega^2\cos^2\omega t$$

시간 $t = \frac{\pi}{2\omega}$를 고려하면, 운동에너지 $T=0$이 되고 퍼텐셜에너지(위치에너지)는 최댓값에 도달함이 틀림없다. 즉, $V_{\max} = \frac{1}{2}k(u_0]^2$이다.

비슷한 방법으로, $t = \frac{\pi}{\omega}$에서 퍼텐셜에너지(위치에너지)는 $V=0$이 되고 운동에너지는 최대가 된다. 즉,

$$T_{\max} = \frac{1}{2}m(u_0)^2\omega^2$$

만약 진동시스템에서 전체에너지가 일정하게 유지된다면, 위의 최대운동에너지는 반드시 최대퍼텐셜에너지(위치에너지)와 같다. 즉, $T_{\max} = V_{\max}$이다.

따라서, $\frac{1}{2}m(u_0)^2\omega^2 = \frac{1}{2}k(u_0)^2$이다.

이것으로부터 $\omega^2 = \frac{k}{m}$가 되고, 최종적으로 고유진동수 $\omega = \sqrt{\frac{k}{m}}$가 유도된다.

|2.6 일반 동하중에 의한 응답| 연습문제

2.6.1 조화하중 $f_0 \cos w_e t$가 작용하는 질량이 m이고 강성이 k인 비감쇠 단자유도계의 응답을 뒤아멜 적분방법을 사용하여 구하시오.

2.6.2 그림 2.5.3의 계단하중이 작용하는 질량이 m이고 강성이 k인 비감쇠 단자유도계의 응답을 뒤아멜적분방법을 사용하여 구하시오.

2.6.3 그림 2.5.4의 직사각형 하중이 작용하는 질량이 m이고 강성이 k인 비감쇠 단자유도계의 응답을 뒤아멜적분방법을 사용하여 구하시오.

2.6.4 다음 그림과 같이, 골조구조물이 폭발하중 $f(t)$를 받는다. 심슨방법(Simpson's method)을 사용하여 뒤아멜적분방법에 의해 변위이력을 계산하면 다음과 같이 된다. 수치적분방법으로 심슨방법(Simpson's method)을 사용하여, 시간증분 $\Delta t = 0.12\text{sec}$를 갖는 뒤아멜적분방법의 수치적 평가에 의해 시간 $0 < t < 0.72\text{sec}$에서 변위이력을 계산하시오.

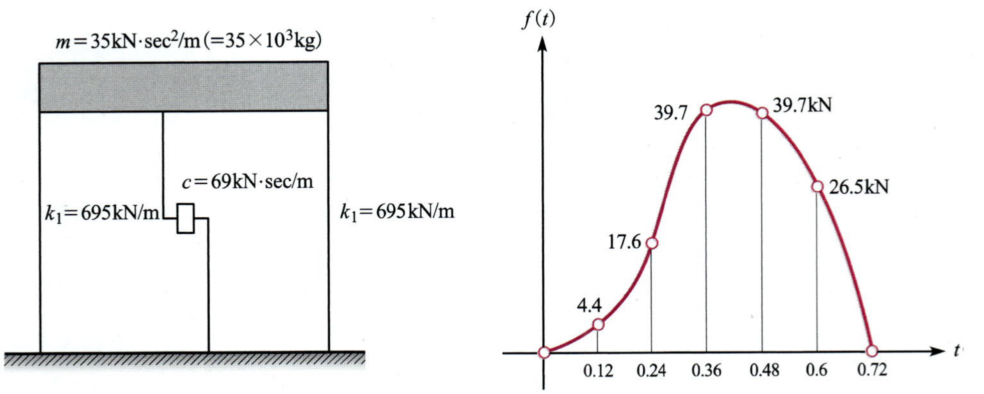

(a) 골조구조물 (b) 폭발하중

그림 연습문제 2.6.4

2.7 시간영역에서 선형 및 비선형 구조물의 응답해석

2.7.1 시간영역에서 선형 및 비선형 동적응답 해석절차

2.6절에서 설명한 뒤아멜적분방법 또는 진동수영역에서의 응답해석은 임의의 동하중에 대한 선형 구조물을 해석하는데 일반적으로 매우 편리한 기법이다. 그러나 이들 방법의 유도시 중첩원리가 사용되었기 때문에 단순히 **선형구조물** 즉, 응답해석 동안 특성치가 변하지 않는 구조물에는 적용될 수 있다. 한편, 구조동역학 문제에는 선형으로 가정할 수 없는 중요한 부류가 많이 있다. 예를 들면, 강한 지진운동에 대한 교량(bridge)이나 빌딩(building)구조물의 응답은 심각한 비선형 손상을 야기할 수 있다. 따라서 선형뿐만이 아니라 비선형계에 적용할 수 있는 적절한 해석방법이 필요하다.

선형을 포함한 **비선형 해석**을 위한 가장 효과적인 방법은 아마 **단계적**(step-by-step) **적분절차**이다. 이 방법은 응답을 일련의 작은 시간증분 Δt(일반적으로 수치계산을 편리하게 수행하기 위해서 같은 길이를 취함)에 대하여 평가한다. 즉, 동적 평형상태의 조건이 각 시간간격의 처음과 끝에서 설정되고, 시간증분 동안의 구조물의 운동은 근사적으로 가정된 응답구조(일반적으로 시간간격 동안 전개되는 불(不)평형상태는 무시함)에 근거하여 평가한다. 구조계의 비선형 상태는 각 시간증분의 시점에서 현재 변형된 상태에 적절한 새로운 특성치의 계산에 의해 설명된다. 시간영역에서 선형 및 비선형계의 완전한 응답은 다음 단계의 초기조건으로서 전(前) 단계의 끝에서 계산된 속도와 변위를 사용하면 얻어질 수 있다. 따라서 이러한 방법은 비선형 거동을 일련의 연속적으로 변하는 선형계로 근사화시켜서 어떤 원하는 시간에 대하여 단계적으로 처리하는 것이다.

2.7.2 시간영역에서 평형상태의 증분식

여기서 고려되는 구조물은 그림 2.7.1(a)의 단자유도계이다. 이 구조물의 특성치 m, c, k, 그리고 $f(t)$는 그림에 표시된 단순히 국부화한 방법 대신에 2.1.3절에서 설명한 일반화시킨 것으로 표시해도 된다. 그림 2.7.1(b)는 구조물의 질량에 작용하는 힘을 나타내고 있으며, 그림 2.7.1(c)와 (d)는 각각 감쇠력과 스프링력의 일반적인 비선형 특성을 보여주고 있다. 한편, 임의의 작용하중은 그림 2.7.1(e)에 나타나 있다.

그림 2.7.1(b)에서 시간 t의 어떤 순간에서 질량 m에 작용하는 힘의 평형상태는 다음과 같이 된다.

$$f_I(t) + f_D(t) + f_S(t) = f(t) \tag{2.7.1}$$

짧은 시간 Δt가 경과한 후, 평형방정식은 다음과 같이 될 것이다.

$$f_I(t+\Delta t) + f_D(t+\Delta t) + f_S(t+\Delta t) = f(t+\Delta t) \tag{2.7.2}$$

식 (2.7.2)로부터 식 (2.7.1)을 빼면, 시간 t에 대한 운동방정식의 증분형태(incremental form)가 다음과 같이 구해진다.

$$\Delta f_I(t) + \Delta f_D(t) + \Delta f_S(t) = \Delta f(t) \tag{2.7.3}$$

위 식에서 **증분력**(incremental force)은 다음과 같이 나타낼 수 있다.

$$\begin{aligned} \Delta f_I(t) &= f_I(t+\Delta t) - f_I(t) = m\,\Delta\ddot{u}(t) \\ \Delta f_D(t) &= f_D(t+\Delta t) - f_D(t) = c(t)\,\Delta\dot{u}(t) \\ \Delta f_S(t) &= f_S(t+\Delta t) - f_S(t) = k(t)\,\Delta u(t) \\ \Delta f(t) &= f(t+\Delta t) - f(t) \end{aligned} \tag{2.7.4}$$

여기서 질량은 변하지 않고, $c(t)$와 $k(t)$항은 그림 2.7.1(c)와 (d)에서 지시된 것처럼 각각 그 시간동안 존재하는 속도와 변위에 상응하는 감쇠와 강성특성을 나타낸다. 실제로 지시된 **할선기울기**(secant slope)는 시간증분 끝에서 속도와 변위가 이들의 특성에 달려있기 때문에 단지 반복계산(iteration)에 의하여 평가될 수 있다. 이와 같은 이유 때문에 할선기울기 대신에 시간간격의 초기에 규정하는 **접선기울기**(tangent slope)를 다음과 같이 자주 사용한다. 즉,

$$c(t) \approx \left(\frac{df_D(t)}{d\dot{u}(t)}\right)_t \tag{2.7.5a}$$

$$k(t) \approx \left(\frac{df_S(t)}{du(t)}\right)_t \tag{2.7.5b}$$

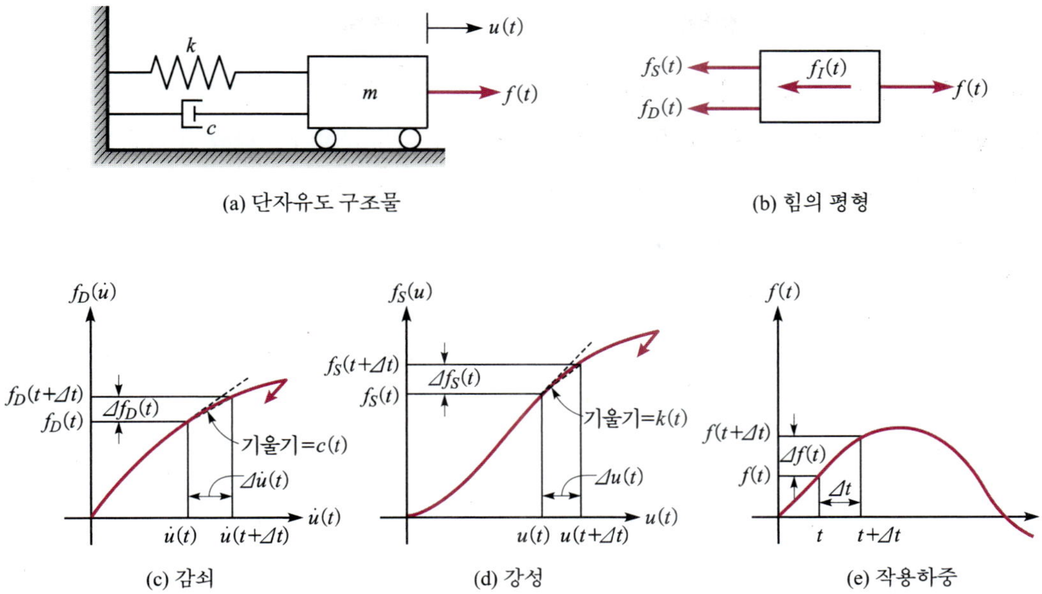

그림 2.7.1 시간영역에서 평형상태의 증분관계

식 (2.7.4)의 힘의 표현식을 식 (2.7.3)에 대입하면, 시간 t에 대한 다음과 같은 증분 평형 방정식이 유도된다.

$$m\,\Delta\ddot{u}(t)+c(t)\,\Delta\dot{u}(t)+k(t)\,\Delta u(t)=\Delta f(t) \tag{2.7.6}$$

위 식은 재료의 비선형 특성을 고려하여 해석하는데 사용되므로, 스프링력 $f_S(t)$가 비선형 탄성재료에서처럼 단지 탄성변위에 의존한다는 가정이 필요하지 않다. 마찬가지로 **비선형 히스테릭 재료**(nonlinear hysteretic material) 특성도 그 힘은 현재의 변위와 변형의 과거이력에 의존한다는 것으로부터 규정되어진다. 즉, **강성 특성치**(stiffness property)는 변형의 현재 뿐만이 아니라 과거의 상태에 의하여 완전히 규정되어 진다. 여기서 질량은 임의의 상수로 가정하였으나, 이것도 또한 시간에 따라 변하는 양으로 표시할 수 있다.

시간영역에서 구조물의 동적응답을 구하기 위해서는 **증분 평형방정식**인 식 (2.7.6)을 수치적분을 하여야 한다. 다음에 기술되는 **시간구간별 선형화 방법**, 윌슨방법, 그리고 뉴마크방법은 개념상으로 간단하고, 증분 평형방정식을 비교적 적은 수치적분 계산노력으로 좋은 결과를 얻을 수 있는 기법들이다.

2.7.3 시간구간별 선형화 방법

이 방법은 시간구간을 여러 개의 미소시간구간으로 분할한 후, 각 구간에서의 하중이 선형으로 변한다고 가정하여 해를 구하는 방법으로 빌딩과 같은 건축구조물의 동적해석 전산 소프트웨어 프로그램(software program)인 TABS(three dimensional analysis of building structures)에서 사용하고 있다. 이 방법에서는 그림 2.7.2와 같이 미소구간 $t_{i-1} \le t \le t_i$에서 하중을 선형으로 하여 운동방정식을 나타낸다. 즉,

$$\ddot{u}(t)+2\xi\omega\dot{u}(t)+\omega^2u(t)=\frac{f(t)}{m}=A+B(t-t_{i-1}) \tag{2.7.7}$$

식 (2.7.7)의 해를 시점 $t=t_{i-1}$에서의 구조응답 $u(t_{i-1})$과 $\dot{u}(t_{i-1})$을 초기조건으로 가지고, $t_{i-1} \le t \le t_i$의 구간동안 식 (2.7.7)의 우변에 나타낸 선형하중을 받는 구조물의 응답을 구하면, 시점 $t=t_i$에서의 구조응답 $u(t_i)$와 $\dot{u}(t_i)$는 다음과 같이 된다.

$$u(t_i)=e^{-\xi\omega\Delta t_i}\left[\begin{array}{l}\left\{u(t_{i-1})-\dfrac{A}{\omega^2}+\dfrac{2\xi}{\omega^3}B\right\}\cos\omega_d\Delta t_i \\ +\dfrac{1}{\omega_d}\left\{\begin{array}{l}\dot{u}(t_{i-1})+ \\ \xi\omega u(t_{i-1})-\dfrac{\xi}{\omega}A \\ +\dfrac{(2\xi^2-1)}{\omega^2}B\end{array}\right\}\sin\omega_d\Delta t\end{array}\right] +\frac{A}{\omega^2}-\frac{2\xi}{\omega^3}B+\frac{\Delta t_i}{\omega^2}B \tag{2.7.8}$$

$$\dot{u}(t_i)=e^{-\xi\omega\Delta t_i}\left[\begin{array}{l}\left\{\dot{u}(t_{i-1})-\dfrac{1}{\omega^2}B\right\}\cos\omega_d\Delta t_i \\ +\dfrac{1}{\omega_d}\left\{\begin{array}{l}A-\omega^2u(t_{i-1})- \\ \xi\omega\left(\dot{u}(t_{i-1})+\dfrac{B}{\omega^2}\right)\end{array}\right\}\sin\omega_d\Delta t\end{array}\right] +\frac{B}{\omega^2} \tag{2.7.9}$$

여기서 Δt_i는 그림 2.7.2에 보여준 미소증분시간이다.

식 (2.7.8)과 식 (2.7.9)에서 구한 시점 $t=t_i$에서의 구조응답 $u(t_i)$와 $\dot{u}(t_i)$를 초기조건으로 하여 식 (2.7.7)을 재차 사용하면, 다음시점 $t=t_{i+1}$에서의 구조응답을 구할 수 있고, 이러한 과정을 반복하면 전(全) 시간영역에서 구조응답을 구할 수 있다.

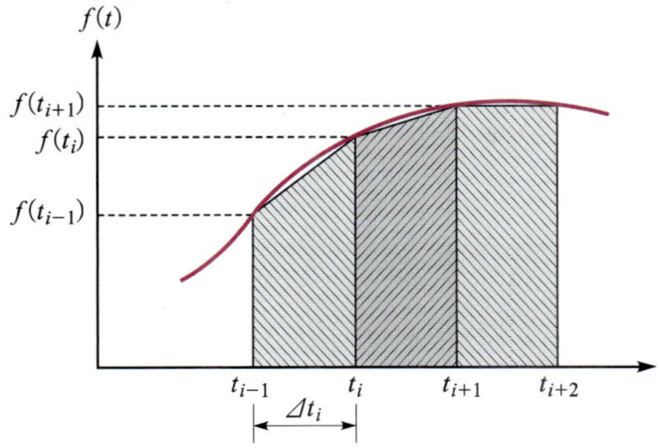

그림 2.7.2 시간구간별 하중의 선형화

2.7.4 윌슨방법

윌슨에 의하여 제시된 이 방법은 윌슨 θ방법(Wilson θ method)이라고도 한다. 이 방법은 구조응답의 가속도가 관심의 미소구간에서 선형적으로 변화한다는 선형 가속도법(linear acceleration method)에 기초한 방법이며, 널리 알려진 범용유한요소 구조해석용 전산 소프트웨어인 SAP(structural analysis program) 등에서 사용되고 있다. 윌슨방법은 시점 t에서의 구조응답이 주어졌을 때, 이를 바탕으로 시점 $t+\Delta t$의 구조응답을 구하기 위해서 시간구간 $(t,\ t+\theta\Delta t)$에서 가속도 응답 $\ddot{u}(t)$가 그림 2.7.3처럼 선형적으로 변한다는 가정에서 출발한다. 여기서 $\theta > 1$이다.

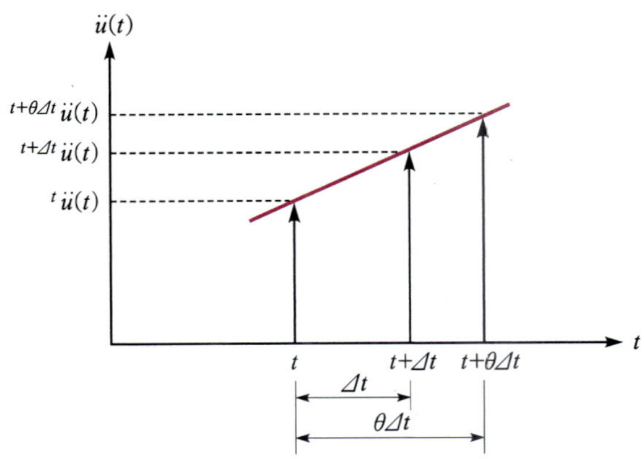

그림 2.7.3 윌슨방법에서 가속도 응답의 선형 가정

따라서 시점 $t+\tau$에서의 가속도 응답 ${}^{t+\tau}\ddot{u}(t)$는 다음과 같이 나타낼 수 있다.

$$
\begin{aligned}
&{}^{t+\tau}\ddot{u}(t) \\
&\quad = {}^{t}\ddot{u}(t) + \frac{\tau}{\theta\Delta t}\left\{{}^{t+\theta\Delta t}\ddot{u}(t) - {}^{t}\ddot{u}(t)\right\} \quad 0 \le \tau \le \theta\Delta t
\end{aligned}
\tag{2.7.10}
$$

위 식을 τ에 대하여 적분하면, 다음과 같이 시점 $t+\tau$에서 속도와 변위가 구해진다.

$$
{}^{t+\tau}\dot{u}(t) = {}^{t}\dot{u}(t) + {}^{t}\ddot{u}(t)\tau + \frac{\tau^2}{2\theta\Delta t}\left\{{}^{t+\theta\Delta t}\ddot{u}(t) - {}^{t}\ddot{u}(t)\right\}
\tag{2.7.11}
$$

$$
\begin{aligned}
{}^{t+\tau}u(t) &= {}^{t}u(t) + {}^{t}\dot{u}(t)\tau + \frac{\tau^2}{2}\,{}^{t}\ddot{u}(t) \\
&\qquad + \frac{\tau^3}{6\theta\Delta t}\left\{{}^{t+\theta\Delta t}\ddot{u}(t) - {}^{t}\ddot{u}(t)\right\}
\end{aligned}
\tag{2.7.12}
$$

식 (2.7.11)과 식 (2.7.12)를 사용하여 시간 $t+\theta\Delta t$에서의 속도와 변위를 구하면 다음과 같이 된다. 즉,

$$
{}^{t+\theta\Delta t}\dot{u}(t) = {}^{t}\dot{u}(t) + \frac{\theta\Delta t}{2}\left\{{}^{t+\theta\Delta t}\ddot{u}(t) + {}^{t}\ddot{u}(t)\right\}
\tag{2.7.13}
$$

$$
\begin{aligned}
&{}^{t+\theta\Delta t}u(t) \\
&\quad = {}^{t}u(t) + \theta\Delta t\,{}^{t}\dot{u}(t)\tau + \frac{(\theta\Delta t)^2}{6}\left\{{}^{t+\theta\Delta t}\ddot{u}(t) + 2\,{}^{t}\ddot{u}(t)\right\}
\end{aligned}
\tag{2.7.14}
$$

식 (2.7.13)과 식 (2.7.14)를 다시 ${}^{t+\theta\Delta t}u(t)$를 포함하는 가속도 ${}^{t+\theta\Delta t}\ddot{u}(t)$와 속도 ${}^{t+\theta\Delta t}\dot{u}(t)$로 나타내면 다음과 같이 된다.

$$
\begin{aligned}
&{}^{t+\theta\Delta t}\ddot{u}(t) \\
&\quad = \frac{6}{(\theta\Delta t)^2}\left\{{}^{t+\theta\Delta t}u(t) - {}^{t}u(t)\right\} - \frac{6}{\theta\Delta t}\,{}^{t}\dot{u}(t) - 2\,{}^{t}\ddot{u}(t)
\end{aligned}
\tag{2.7.15}
$$

$$
\begin{aligned}
&{}^{t+\theta\Delta t}\dot{u}(t) \\
&\quad = \frac{3}{\theta\Delta t}\left\{{}^{t+\theta\Delta t}u(t) - {}^{t}u(t)\right\} - 2\,{}^{t}\dot{u}(t) - \frac{\theta\Delta t}{2}\,{}^{t}\ddot{u}(t)
\end{aligned}
\tag{2.7.16}
$$

시간 $t+\theta\Delta t$에서 구한 가속도와 속도를 시간 $t+\theta\Delta t$에서의 평형방정식에 대입하면 다음과 같이 된다. 여기서 하중은 **선형보간**(linear interpolation)을 이용하여 구한다. 즉,

$$m\,{}^{t+\theta\Delta t}\ddot{u}(t)+c\,{}^{t+\theta\Delta t}\dot{u}(t)+k\,{}^{t+\theta\Delta t}u(t)={}^{t+\theta\Delta t}f(t) \tag{2.7.17}$$

$${}^{t+\theta\Delta t}f(t)={}^{t}f(t)+\theta\left\{{}^{t+\theta\Delta t}f(t)-{}^{t}f(t)\right\} \tag{2.7.18}$$

따라서 평형방정식인 식 (2.7.17)에 식 (2.7.15)과 식 (2.7.16)의 가속도와 속도를 대입하면, 시간 $t+\theta\Delta t$에서의 변위 ${}^{t+\theta\Delta t}u(t)$가 다음과 같이 된다.

$$\begin{aligned}&\left\{\frac{6}{(\theta\Delta t)^2}m+\frac{3}{\theta\Delta t}c+k\right\}{}^{t+\theta\Delta t}u(t)\\&\quad={}^{t+\theta\Delta t}f(t)\\&\qquad+m\left\{\frac{6}{(\theta\Delta t)^2}{}^{t}u(t)+\frac{6}{\theta\Delta t}{}^{t}\dot{u}(t)+2\,{}^{t}\ddot{u}(t)\right\}\\&\qquad+c\left\{\frac{3}{\theta\Delta t}{}^{t}u(t)+2\,{}^{t}\dot{u}(t)+\frac{\theta\Delta t}{2}{}^{t}\ddot{u}(t)\right\}\end{aligned} \tag{2.7.19}$$

위 식에서 구한 ${}^{t+\theta\Delta t}u(t)$를 다시 식 (2.7.15)과 식 (2.7.16)에 대입하면, 시간 $t+\theta\Delta t$에서의 가속도 ${}^{t+\theta\Delta t}\ddot{u}(t)$와 속도 ${}^{t+\theta\Delta t}\dot{u}(t)$구할 수 있다. 마지막으로, 가속도 ${}^{t+\theta\Delta t}\ddot{u}(t)$를 이용하여 가속도 ${}^{t+\Delta t}\ddot{u}(t)$를 구하면 다음과 같이 된다.

$${}^{t+\Delta t}\ddot{u}(t)={}^{t}\ddot{u}(t)+\frac{{}^{t+\theta\Delta t}\ddot{u}(t)-{}^{t}\ddot{u}(t)}{\theta} \tag{2.7.20}$$

위 식을 이용하여 구한 속도 ${}^{t+\Delta t}\dot{u}(t)$와 변위 ${}^{t+\Delta t}u(t)$는 다음과 같이 된다.

$${}^{t+\Delta t}\dot{u}(t)={}^{t}\dot{u}(t)+\frac{{}^{t+\Delta t}\ddot{u}(t)+{}^{t}\ddot{u}(t)}{2}\Delta t \tag{2.7.21}$$

$${}^{t+\Delta t}u(t)={}^{t}u(t)+{}^{t}\dot{u}(t)+\frac{{}^{t+\Delta t}\ddot{u}(t)+2\,{}^{t}\ddot{u}(t)}{6}(\Delta t)^2 \tag{2.7.22}$$

위의 과정을 따라 계산할 때 $\theta\geq 1.37$이어야 Δt의 크기에 관계없이 수치적으로 안정한 (unconditionally stable) 결과를 얻을 수 있다. 참고로, θ의 최적값은 1.42082로 알려져 있으나, 통상 $\theta=1.4$를 근사적으로 이용한다. 표 2.7.1은 위의 윌슨방법의 계산절차를 요약하여 보여주고 있다.

표 2.7.1 윌슨방법의 계산절차 요약

예비계산
1. 질량 m, 감쇠 c, 강성 k를 구한다.
2. 초기조건 ${}^0u$, ${}^0\dot{u}$, ${}^0\ddot{u}$를 할당한다. 여기서, $m\,{}^0\ddot{u}+c\,{}^0\dot{u}+k\,{}^0u=f(0) \rightarrow {}^0\ddot{u}=m^{-1}\{f(0)-c\,{}^0\dot{u}-k\,{}^0u\}$
3. 미소시간증분 Δt와 θ를 결정한다. 여기서, $\theta \geq 1.37$이고 통상 $\theta=1.4$를 근사적으로 사용한다.
4. 적분상수를 계산한다. $a_0=\frac{6}{(\theta\Delta t)^2}$, $a_1=\frac{3}{\theta\Delta t}$, $a_2=2a_1$, $a_3=\frac{\theta\Delta t}{2}$, $a_4=\frac{a_0}{\theta}$, $a_5=-\frac{a_2}{\theta}$, $a_6=1-\frac{3}{\theta}$, $a_7=\frac{\Delta t}{2}$, $a_8=\frac{(\Delta t)^2}{2}$
5. 유효강성 $\bar{k}$를 계산하다. 즉, $\bar{k}=k+a_0m+a_1c$
매 시간마다 계산
1. 시간 $t+\theta\Delta t$에서 유효하중 ${}^{t+\theta\Delta t}\bar{f}(t)$를 계산한다. ${}^{t+\theta\Delta t}\bar{f}(t)={}^tf(t)+\theta\{{}^{t+\theta\Delta t}f(t)-{}^tf(t)\}+m\{a_0\,{}^tu(t)+a_2\,{}^t\dot{u}(t)+2\,{}^t\ddot{u}(t)\}+c\{a_0\,{}^tu(t)+2\,{}^t\dot{u}(t)+a_3\,{}^t\ddot{u}(t)\}$
2. 시간 $t+\theta\Delta t$에서 변위 ${}^{t+\theta\Delta t}u(t)$를 구한다. $\bar{k}\,{}^{t+\theta\Delta t}u(t)={}^{t+\theta\Delta t}\bar{f}(t)$
3. 시간 $t+\Delta t$에서 가속도, 속도, 변위를 구한다. 즉, ${}^{t+\Delta t}\ddot{u}(t)=a_4\{{}^{t+\theta\Delta t}u(t)-{}^tu(t)\}+a_5\,{}^t\dot{u}(t)+a_6\,{}^t\ddot{u}(t)$ ${}^{t+\Delta t}\dot{u}(t)={}^t\dot{u}(t)+a_7\{{}^{t+\Delta t}\ddot{u}(t)+{}^t\ddot{u}(t)\}$ ${}^{t+\Delta t}u(t)={}^tu(t)+a_8\{{}^{t+\Delta t}\ddot{u}(t)+2\,{}^t\ddot{u}(t)\}$

2.7.5 뉴마크방법

1959년에 뉴마크가 제안한 이 방법은 뉴마크 β방법(Newmark β method)이라고도 하며, 윌슨방법과 비슷하다. 이 방법은 다음과 같은 가정을 사용한다.

$$ {}^{t+\Delta t}\dot{u}(t)={}^t\dot{u}(t)+[\{1-\alpha\}\,{}^t\ddot{u}(t)+\alpha\,{}^{t+\Delta t}\ddot{u}(t)]\Delta t \qquad (2.7.23) $$

$$ {}^{t+\Delta t}u(t) = {}^tu(t)+{}^t\dot{u}(t)\Delta t+\left[\left\{\frac{1}{2}-\beta\right\}{}^t\ddot{u}(t)+\beta\,{}^{t+\Delta t}\ddot{u}(t)\right](\Delta t)^2 \qquad (2.7.24) $$

여기서 α와 β는 해의 정확도와 수치적 안정성을 보장하는 범위에서 사용자가 정하는 계수들이다. $\alpha=\dfrac{1}{2}$과 $\beta=\dfrac{1}{6}$을 사용하면, $\theta=1$을 사용한 윌슨방법과 동일하다. 참고로, 뉴마크는 수치적으로 안정성이 보장되는 $\alpha=\dfrac{1}{2}$과 $\beta=\dfrac{1}{4}$의 사용을 제안하였다.

시간 $t+\theta\Delta t$에서 뉴마크방법의 평형방정식은 다음과 같다.

$$m\,{}^{t+\Delta t}\ddot{u}(t)+c\,{}^{t+\Delta t}\dot{u}(t)+k\,{}^{t+\Delta t}u(t)={}^{t+\Delta t}f(t) \tag{2.7.25}$$

앞서 가정한 식 (2.7.23)과 식 (2.7.24)의 ${}^{t+\Delta t}\dot{u}(t)$와 ${}^{t+\Delta t}u(t)$를 사용하여, ${}^{t+\Delta t}\ddot{u}(t)$와 ${}^{t+\Delta t}\dot{u}(t)$를 ${}^{t+\Delta t}u(t)$만의 항으로 나타낸 후에 식 (2.7.25)의 평형방정식에 대입하면 변위 ${}^{t+\Delta t}u(t)$가 구해진다. 여기서 구한 ${}^{t+\Delta t}u(t)$로부터 다시 가속도 ${}^{t+\Delta t}\ddot{u}(t)$와 속도 ${}^{t+\Delta t}\dot{u}(t)$를 구한다.

위의 뉴마크방법을 요약하면 표 2.7.2와 같다.

표 2.7.2 뉴마크방법의 계산절차 요약

예비계산
1. 질량 m, 감쇠 c, 강성 k를 구한다.
2. 초기조건 ${}^0u$, ${}^0\dot{u}$, ${}^0\ddot{u}$를 할당한다.
3. 미소시간증분 Δt, α, 그리고 β를 결정한다. 여기서 $\alpha\ge 0.5$이고, $\beta\ge 0.25(0.5+\alpha)^2$이다.
4. 적분상수를 계산한다. $a_0=\dfrac{1}{\beta(\Delta t)^2}$, $a_1=\dfrac{\alpha}{\beta\Delta t}$, $a_2=\dfrac{1}{\beta\Delta t}$, $a_3=\dfrac{1}{2\beta}-1$, $a_4=\dfrac{\alpha}{\beta}-1$, $a_5=\dfrac{\Delta t}{2}\left(\dfrac{\alpha}{\beta}-2\right)$, $a_6=\Delta t(1-\alpha)$, $a_7=\alpha\Delta t$
5. 유효강성 $\bar{k}$를 계산하다. 즉, $\bar{k}=k+a_0m+a_1c$
매 시간마다 계산
1. 시간 $t+\Delta t$에서 유효하중 ${}^{t+\Delta t}\bar{f}(t)$를 계산한다. ${}^{t+\Delta t}\bar{f}(t)={}^{t+\Delta t}f(t)\ +m\left\{a_0\,{}^tu(t)+a_2\,{}^t\dot{u}(t)+a_2\,{}^t\ddot{u}(t)\right\}+c\left\{a_1\,{}^tu(t)+a_4\,{}^t\dot{u}(t)+a_5\,{}^t\ddot{u}(t)\right\}$
2. 시간 $t+\Delta t$에서 변위 ${}^{t+\Delta t}u(t)$를 구한다. $\bar{k}\,{}^{t+\Delta t}u(t)={}^{t+\Delta t}\bar{f}(t)$
3. 시간 $t+\Delta t$에서 가속도, 속도를 구한다. 즉, ${}^{t+\Delta t}\ddot{u}(t)=a_0\left\{{}^{t+\Delta t}u(t)-{}^tu(t)\right\}-a_2\,{}^t\dot{u}(t)-a_3\,{}^t\ddot{u}(t)$ ${}^{t+\Delta t}\dot{u}(t)={}^t\dot{u}(t)+a_6\,{}^t\ddot{u}(t)+a_7\,{}^{t+\Delta t}\ddot{u}(t)$

|2.7 시간영역에서 선형 및 비선형 구조물의 응답해석| 연습문제

2.7.1 단계적 적분(선형가속도법)에 의해 연습문제 2.6.4의 선형 탄성 응답을 구하시오.

2.7.2 다음 그림에 보여준 것과 같은 기둥에 대한 탄소성 힘-변위 관계와 항복력은 35kN이라 가정하고, 단계적 직접적분(선형가속도법)에 의해 연습문제 2.6.4의 비선형 응답을 구하시오.

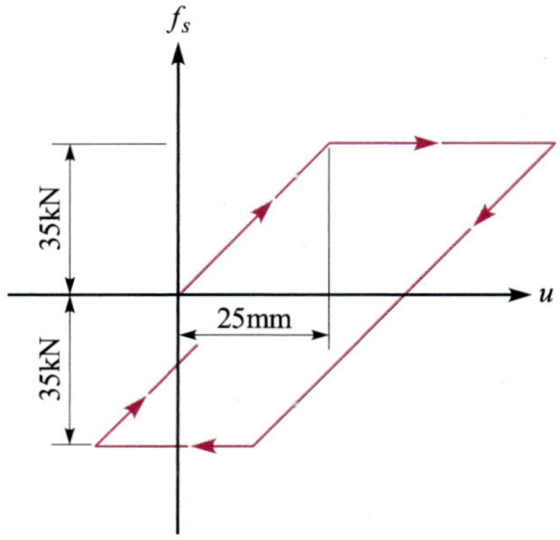

그림 연습문제 2.7.2

2.7.3 다음 그림 연습문제 2.7.3에 보여준 것과 같이 기둥에 대한 비선형 탄성력-변위 관계를 $f_S =$ $= 1{,}382\left[\frac{2}{3}u - \frac{1}{3}\left(\frac{2}{3}u\right)^3\right]$이라 가정하고, 단계적 적분(선형가속도법)에 의해 연습문제 2.6.4의 비선형 응답을 구하시오. 단, 탄성력-변위 관계식에서 f_S의 단위는 kN이고, u의 단위는 m이다.

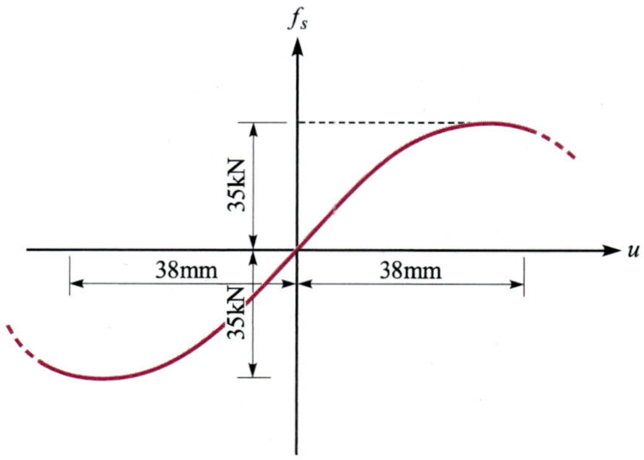

그림 연습문제 2.7.2

2.8 진동의 측정과 사용성 평가

2.8.1 진동크기의 정량화와 측정단위

진동의 심한 정도를 나타내는 특성인 진동진폭의 크기는 여러 가지 방법으로 정량화될 수 있다. 그림 2.8.1에서와 같이 사인파의 진동진폭을 나타내는 방법으로는 **최댓값**(peak value, 피크값, u_p), **피크-피크값**(peak-peak value, u_{p-p}), **평균값**(average value, u_{avg}), **RMS값**(root mean square value, u_{RMS}) 등이 있다.

최댓값 u_p는 짧은 시간의 충격 등의 크기를 나타내기에 특히 유용하다. 그러나 그림 2.8.1에서처럼 이 값은 단지 최댓값만을 표시할 뿐이며, 시간에 대한 변화량을 나타내지는 않는다.

피크-피크값 u_{p-p}는 진동파형의 양의 최댓값과 음의 최댓값 사이의 값이므로 파형의 최대 변화를 나타내기에 편리하다. 예를 들면, 이것은 진동부품의 최대응력 혹은 최대공차 측면에서 진동변위가 중요시될 때 사용된다.

한편, 평균값 u_{avg}는 관심 있는 시간 T동안 동적응답 $u(t)$의 시간에 관한 적분으로 정의되며 식으로 나타내면 다음과 같이 된다.

$$u_{avg} = \frac{1}{T}\int_0^T u(t)dt \tag{2.8.1}$$

따라서 진폭이 u_p인 사인파의 1개 주기에 관한 평균값은 0이고, 반주기에 관한 평균값은 $0.637u_p$이다. 참고로, 정류된 평균값은 파형(waveform)의 시간에 대한 변화량을 표시하지만 어떤 유용한 물리적 양과는 직접 관련이 없기 때문에 실제적으로는 사용범위가 국한되어 있다.

RMS값 u_{RMS}은 관심 있는 시간 T동안 파형 $u(t)$의 제곱 평균에 제곱근을 씌운 값으로 식으로 나타내면 다음과 같이 된다.

$$u_{\mathrm{RMS}} = \sqrt{\frac{1}{T}\int_0^T [u(t)]^2 dt} \tag{2.8.2}$$

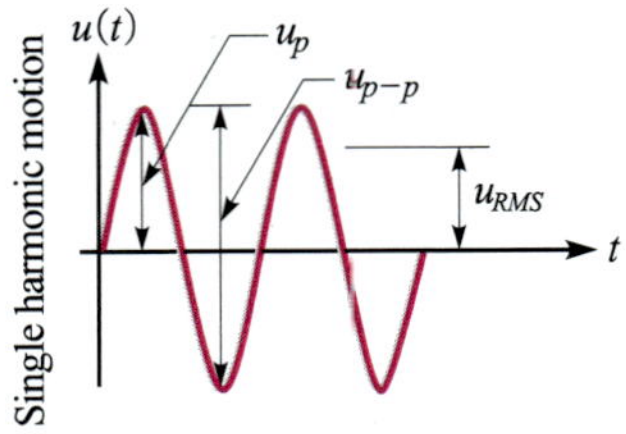

그림 2.8.1 진동크기의 표현 : 최댓값(u_p), 피크-피크값(u_{p-p}), RMS값(u_{RMS})

식 (2.8.2)에 의한 RMS값은 시간에 대한 변화량을 고려하고, 진동의 파괴적 능력을 나타내는 에너지량과 직접 관련된 진폭을 나타내므로 진동크기를 표현에 가장 적절하다.

참고로, $u(t)$가 사인파일 경우에 RMS값과 최댓값은 다음과 같은 관계식이 성립한다. 즉,

$$\begin{aligned} u_{RMS} &= \sqrt{\frac{1}{T}\int_0^T [u(t)]^2 dt} \\ &= \sqrt{\frac{1}{T}\int_0^T [u_p(\sin\omega t)]^2 dt} \\ &= \sqrt{\frac{u_p^2}{T}\int_0^T \left(\frac{1-\cos 2\omega t}{2}\right) dt} \\ &= u_p\sqrt{\frac{1}{T}\left[\frac{t-2\omega \sin 2\omega t}{2}\right]_0^T} = \frac{u_P}{\sqrt{2}} \end{aligned} \tag{2.8.3}$$

진동매개변수인 **가속도, 속도, 변위**는 표 2.8.1에 나타난 것과 같이 **ISO표준**에 의하여 세계적으로 SI단위로 측정된다. 중력단위 $g(=9.81\,\text{m/sec}^2)$는 **ISO 단위계**에서는 나타나 있지 않지만 지진에 의한 지반가속도(예를 들면, $0.2g = 0.2 \times 9.81 = 1.962\,\text{m/sec}^2 \approx 2\,\text{m/sec}^2$ 등)를 포함한 가속도 크기를 나타내는데 넓게 사용되고 있다.

표 2.8.1 가속도, 속도, 변위의 ISO표준 단위

Units to ISO 1000	
변위(displacement, d)	m, mm, μm
속도(velocity, v)	m/sec, mm/sec
가속도(acceleration, a)	m/sec^2

가속도 신호를 속도와 변위로 변환시킬 수 있는 전자 수치적분기의 사용으로 인해 진동을 검출함에 있어서 하나의 변수로만 측정하지는 않는다. 최근의 진동 계측기는 대부분 변수들 즉, 가속도, 속도, 변위를 모두 측정하도록 장치되어 있다.

하나의 넓은 진동수(주파수) 대역을 측정할 때에 그 신호가 여러 개의 주파수 성분을 가진다면 매개변수의 선택이 중요하다. 변위의 측정은 낮은 진동수 성분에서 가중되고, 반대로 가속도의 측정은 높은 진동수 성분에서 가중된다. 즉, 가속도의 측정은 고진동수(고주파수) 진동성분일수록 가중되기 때문에, 이 가속도 매개변수들은 고진동수 성분에 더 관심이 있을 때에 사용된다.

10 ~ 1,000Hz 범위에 걸쳐 측정된 진동속도의 전체 RMS값이 진동의 심한 정도를 가장 잘 나타내주고 있다는 것이 경험을 통하여 알려져 있다. 고진동수와 저진동수의 진동은 진동 에너지 측면에서 대등하다고 설명할 수 있다. 실제로 많은 기계들과 항타 및 발파에 의한 지반진동들은 상당히 평탄한 속도스펙트럼을 가지고 있다.

측정장비의 동적범위(dynamic range, 측정될 수 있는 가장 작은 값과 가장 큰 값의 차이)를 잘 이용하가 위하여 가장 평탄한 진동수(주파수) 스펙트럼을 주는 **매개변수**(가속도, 속도, 변위)를 선택하는 것이 이롭다. 이러한 이유 때문에 속도 또는 가속도 매개변수를 진동수(주파수)분석 목적으로 보통 선택한다.

2.8.2 대수 눈금과 데시벨

종종 **대수**(logarithm) 눈금으로 진동수(주파수)를 표시한다. 이것은 차트(chart)상에서 저주파 부분은 넓이고 고주파 부분은 줄이는 결과가 초래되는데, 이렇게 하면 차트의 전체에 있어서 같은 비율의 분해도를 가지며 적당한 넓이로 크기를 작게 할 수 있다.

대수눈금은 진동진폭의 표시에도 쓰이고 있는데, 이러한 대수 눈금 상에 크기를 비교하여 표시하는 것이 **데시벨**(decibel, dB) 눈금이다. 데시벨(dB)은 기준레벨(reference level, a_{ref})에 대한 어떤 측정된 레벨(measured level, a)의 비율이므로 무차원이다. **데시벨의 수**(number of decibel) N(dB)를 식으로 나타내면 다음과 같이 된다.

$$N(\mathrm{dB}) = 20\log_{10}\left(\frac{a}{a_{ref}}\right) \tag{2.8.4}$$

따라서 **진동레벨**의 절댓값을 알기 위해서는 **기준레벨** a_{ref}가 언급되어야 한다. 표 2.8.2는 데시벨 수[N(dB)]의 정의와 진동측정에 대하여 표준으로 제시된 ISO의 기준레벨을 보여 주고 있다.

예를 들어 아무런 설명 없이 한 진동레벨이 다른 진동레벨 보다 5dB 크다고 말할 수 있다. 그러나 진동레벨이 100dB라고 라고 하면, 기준레벨에 대한 언급이 있어야 한다. 따라서 속도

데시벨은 100dB($v_{ref}=10^{-9}$m/sec)라고 해야 한다. 그림 2.8.2는 기준레벨 v_{ref}가 10^{-9} m/sec인 경우에 속도데시벨(dB$_v$)과 속도 v(mm/sec)의 환산 관계 사례[표 2.8.2의 속도레벨 데시벨 수의 식에서 N과 v_{ref}에 관하여 v값을 구한 것임]를 보여주고 있다. 그러나 아직도 진동측정에 있어서 표준 dB의 기준레벨이 통용되고 있지는 않다.

표 2.8.2 표준 dB의 기준레벨(ISO R 1683)

매개변수	데시벨 수[N(dB)]의 정의	기준레벨
가속도레벨	$N(\mathrm{dB_a})=20\log_{10}\left(\dfrac{a}{a_{ref}}\right)$	$a_{ref}=10^{-6}$m/sec^2
속도레벨	$N(\mathrm{dB_v})=20\log_{10}\left(\dfrac{v}{v_{ref}}\right)$	$v_{ref}=10^{-9}$m/sec
하중레벨	$N(\mathrm{dB_f})=20\log_{10}\left(\dfrac{f}{f_{ref}}\right)$	$f_{ref}=10^{-6}$N

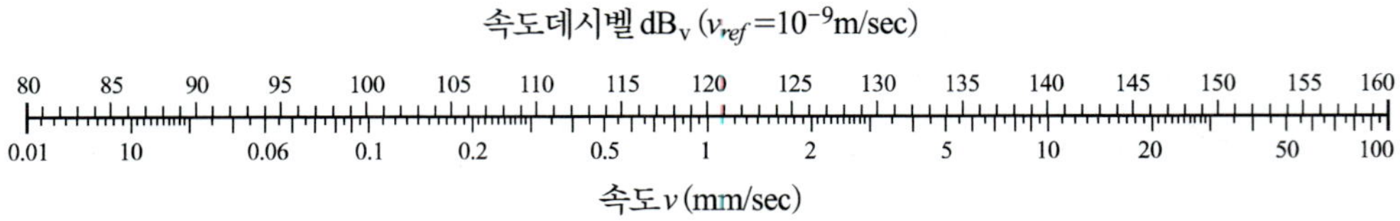

그림 2.8.2 속도데시벨(dB$_v$)과 진동속도 v(mm/sec)의 환산 관계

2.8.3 가속도계와 임피던스

보편적으로 진동측정에 사용되어지는 가속도계는 **압전형**(piezoelectric type)이다. 압전형 가속도계는 어떤 다른 진동측정 변환기보다 모든 영역에서 보다 좋은 특성을 나타낸다. 또 매우 넓은 진동수(주파수) 범위와 그 영역에서의 좋은 선형성을 가지는 동적범위를 가지고 있으며 비교적 튼튼하고 신뢰성이 있어서 장기간 동안 특성이 변하지 않는다. 이외에도 압전형 가속도계는 자가 발전을 하기 때문에 전원이 필요하지 않고 닳아 없어지는 움직이는 부분이 없고, 가속도에 비례하는 출력이 속도와 변위 신호로 나타나도록 적분할 수 있다. 압전형 가속도계의 핵심은 압전재료의 한 조각으로서 보통 독특한 압전효과를 보여주는 인공적을 극성을 띤 강전기적 세라믹이다. 이것이 역학적인 변형 즉, 압축, 인장, 또는 전단을 받으면 적극면(pole face) 사이에 그 힘이 비례하는 전기적 전하를 발생한다. 실제 가속도계의 설계에 있어서 가속도계가 진동을 받으면 질량이 압전소자에 진동가속도에 비례하는 힘($f=ma$)을

가하도록 압전소자가 잘 배열되어져 있다. 그림 2.8.3 (a)에 보여준 압전형 가속도계에서 질량-스프링 시스템의 경우, 공진진동수보다 낮은 진동수에서는 질량의 가속도가 베이스(base)의 가속도와 같다. 따라서 출력 신호의 크기는 가속도계가 부착된 부분의 가속도에 비례한다. 그림 2.8.3 (b)와 (c)는 각각 압축형(compression type, 질량이 압축요소에 압축력을 가하는 타입)과 전단형(shear type, 질량이 압축요소에 전단력을 가하는 타입)의 압전형 가속도계를 보여주고 있다.

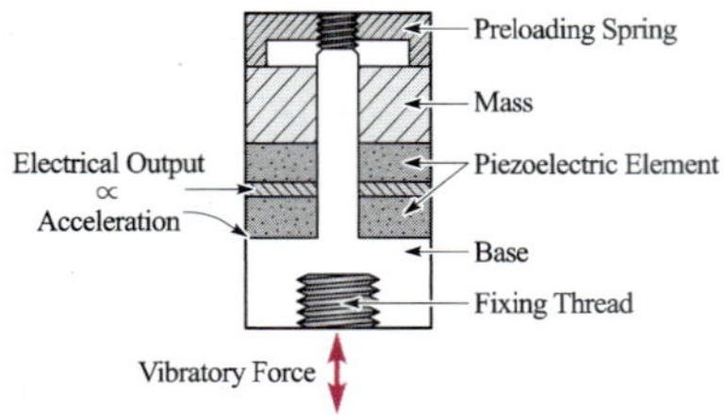

(a) 압전형의 질량-스프링 시스템

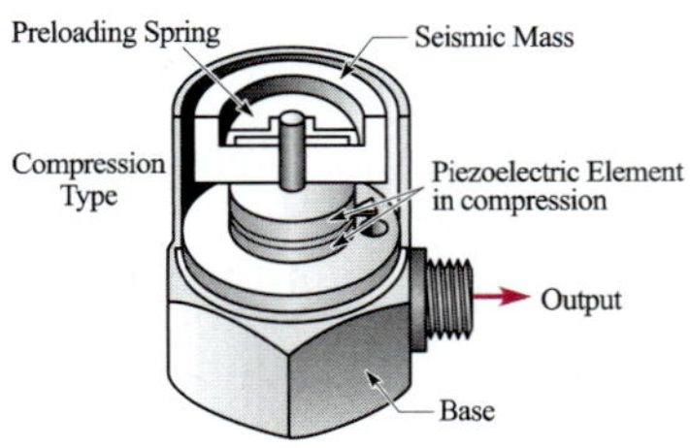

(b) 압축형

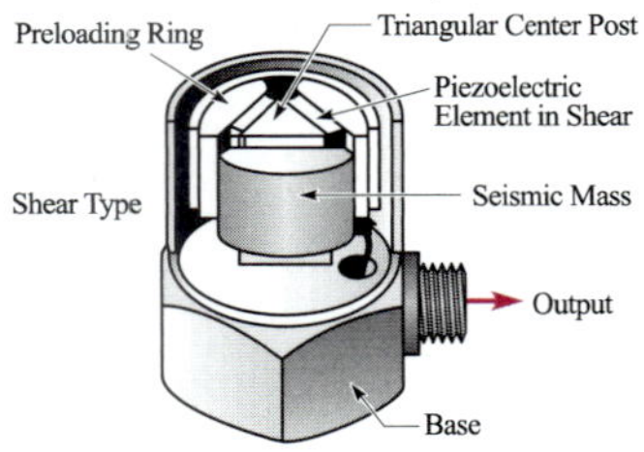

(c) 전단형

그림 2.8.3 전형적인 압전형 가속도계

대부분의 가속도계 제조사들이 다양한 종류의 가속도계를 생산해 냄으로 인해서, 언뜻 보기에는 너무 많아 선택이 쉽지 않을 수 있지만 일반 용도형의 몇 종류가 대부분의 수요를 충족시킨다. 특별 목적용으로는 서로 직교하는 3축의 동시 측정, 고온, 매우 낮은 진동레벨, 높은 진동레벨, 다른 가속도계의 **교정**(calibration), 산업용 기계나 구조물에서 영구적인 감시 등에 적합하도록 되어 있는 것들이 있다.

감도(sensitivity)는 보통 가속도계에서 첫 번째로 고려되어지는 특성이다. 가속도계는 높은 출력을 내는 것이 좋지만, 고감도 가속도계는 무겁기 때문에 선택 시 주의가 필요하다. 보통 상황에서 감도는 내장된 **전치증폭기**(preamplifier)가 낮은 레벨의 신호를 처리하도록 설계되어 있어서, 심각한 문제는 되지 않는다. 부가되는 질량은 측정지점의 진동크기와 진동수를 심각하게 변화시킬 수 있으므로, 측정 시 가속도계의 질량이 중요하게 된다. 일반적으로,

가속도계의 질량은 설치하고자 하는 진동부분의 동적 질량의 $\frac{1}{10}$이 넘어서는 안된다. 극히 높거나 낮은 **가속도레벨**을 측정할 때는 가속도계의 동적범위가 고려되어야 한다. 하한 한계(lower limit)는 가속도계에 의해서 결정되는 것이 아니라, 보통 케이블이나 증폭회로부터의 전기적 잡음에 의하여 결정되어 진다. 하한 한계는 일반용 측정 장비에서 $0.01\,\mathrm{m/sec^2}$ 정도이다. 상한 한계(upper limit)는 가속도계의 구조 강도에 의해 결정된다. 일반 용도의 가속도계는 역학적 충격범위인 $50{,}000 \sim 100{,}000\,\mathrm{m/sec^2}$까지 선형적으로 변한다. 충격 측정을 위해 특별히 설계된 가속도계는 $1{,}000{,}000\,\mathrm{m/sec^2}(\approx 100{,}000g)$까지 선형화할 수 있다.

가속도계를 선택할 때 가속도계의 진동수(주파수) 범위가 관심 영역을 포함할 수 있는가를 확인해야 한다[그림 2.8.4 (a) 참조]. 가속도계가 정확한 출력을 낼 수 있는 저진동수(low frequency) 영역은 두가지 요소에 의해 제한된다. 첫째는 증폭기의 저진동수 차단인데, 이것은 그 한계가 보통 1Hz 이하이므로 문제가 되지 않는다. 두 번째는 가속도계가 민감하게 반응하는 주위의 온도변화에 대한 영향이다. 최근의 전단형 가속도계에서는 이 영향이 작아서 1Hz 이하의 측정도 가능하게 되었다. 상한 한계는 가속도계의 질량-스프링 시스템의 공진진동수에 의해 결정된다. 경험적으로 상한 한계를 가속도계의 공진진동수의 $\frac{1}{3}$로 정한다면, 상한 진동수 한계(high frequency limit)에서 측정된 진동성분은 $+12\%$ 이내의 오차[그림 2.8.4 (a) 참조]를 갖게 되는 것이다. 질량이 작은 가속도계는 공진진동수가 180kHz인 것도 있으나, 크고 높은 출력의 일반 용도형 가속도계의 공진진동수는 $20 \sim 30$kHz인 것이 보편적이다[그림 2.8.4 (b) 참조].

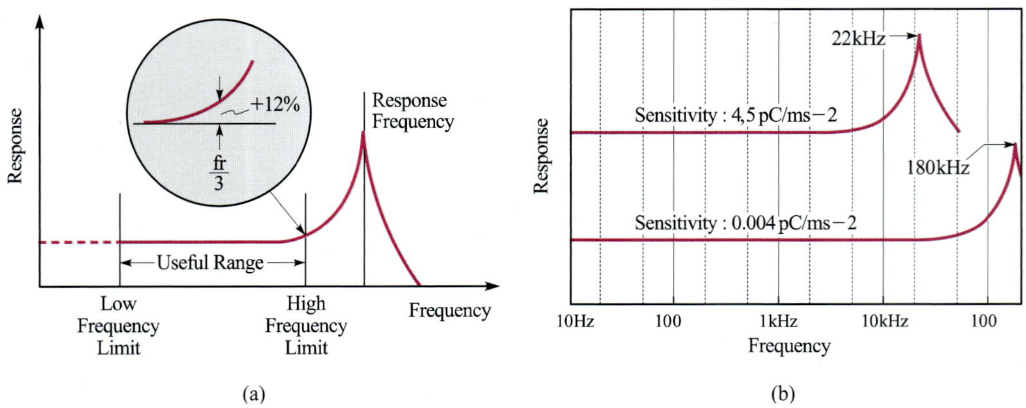

그림 2.8.4 가속도계의 진동수 범위

일반적으로 가속도계는 공진으로 인해 그림 2.8.4와 같이 끝단에서 감도가 증가하므로 고진동수(고주파수)에서는 출력이 측정점의 진동을 대표한다. 진동이 공진진동수영역의 성분을 포함할 때 측정하고자 하는 결과는 완전히 부정확하게 된다. 이러한 문제는 가능한 넓은 진동수 범위를 가진 가속도계를 사용하거나, 보통 **진동계**(vibration meter)와 전치증폭기에 포함되어 있는 **저역통과필터**(low pass filter, 진동수가 낮은 파형만 통과시키는 필터)를 사용하여 가속도계 공진에 기인한 필요치 않는 신호를 단절시킴으로서 해결할 수 있다. 참고로 필터에는 진동수가 높은 파형만 통과시키는 **고역통과필터**(high pass filter), 특정대역 사이의 파형만 통과시키는 **대역통과필터**(band pass filter), 그리고 특정대역 사이의 파형만 차단시키는 **대역소거필터**(band elimination filter) 등이 있다.

가속도계는 원하는 측정방향과 주 감도 측이 일치하도록 부착되어야 한다. 측정점에 가속도계를 고정하는 방법은, 실제 진동측정으로부터 정확한 결과를 얻기 위한 결정적인 요소 중의 하나이다. 적당치 못한 고정은 공진진동수의 감소를 초래하여 가속도계의 유용진동수 한계를 심하게 제한하므로, 평탄하고 광이나는 표면에 접합용 나사못(stud)이나 밀랍(bees-wax) 혹은 영구자석 등을 사용하여 고정면에 가속도계를 단단히 고정시켜야 한다.

가속도계와 가속도계 케이블은 많은 외부적 영향에 대하여 가능한 작은 감도를 갖도록 설계되어 있다. 그러나 진동측정 시는 습도, 온도변화, 핵 방사, 접지루프, 베이스(base) 변형, 케이블의 잡음(마찰 전기 잡음, 전자기 잡음), 음향 소음, 횡진동(주축과 일치하지 않는 방향으로 작용하는 진동), 부식물질, 자장 등의 영향을 검토하여야 한다.

가속도계는 출고 이전에 이미 공장에서 교정되어 쉽게 이해할 수 있도록 교정차트와 함께 공급된다. 가속도계가 공급된 후, 규정된 주위환경 내에서 보존되고 사용된다면 10년 동안에도 그 특성이 2% 미만으로 변화함이 밝혀졌다. 그러나 함부로 취급할 시에는 특성의 변화가 초래되고, 때로는 영구히 회복될 수 없는 손상조차 일으키게 된다. 따라서 주기적으로 가속도계의 감도를 체크하는 것이 바람직하다. 주기적인 교정을 하는데 가장 편리한 방법은 배터리로 작동하는 교정된 진동원을 사용하는 것이다. 이것에는 정확히 $10\,\mathrm{m/sec^2}(\approx 1g)$으로 진동하는 작은 가진기가 내장되어 있다.

힘 변환기(force transducer)는 가속도계와 함께 구조물의 동역학적 측정에 쓰이는데, 구조물의 동역학적 힘과 그로 인해 야기된 진동을 결정한다. 이 두 매개변수는 구조물의 **임피던스**(impedance)를 나타낸다(그림 2.8.5과 3.5.1절 참조, 여기서 임피던스=가진하중/속도응답이고, 진동수응답함수=변위응답/가진하중임). 힘 변환기 역시 압전소자를 사용하는데, 이것이 압축될 때 전달된 힘에 비례하는 전기적인 출력을 발생한다. 힘 신호는 가속도계에서와 똑같은 장비로 측정, 분석된다.

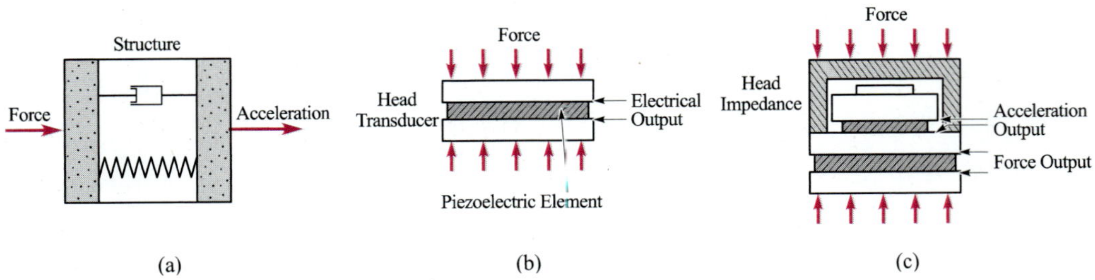

그림 2.8.5 힘과 임피던스

2.8.4 진동계

그림 2.8.6은 전형적인 **진동계**의 구성을 보여주고 있다. 가속도계는 수 GΩ의 입력 임피던스를 가진 **전하증폭기**(charge amplifier) 입력단에 연결되어 있어서 전치증폭기가 따로 필요가 없다. 입력에 전하증폭기가 있으므로 가속도계로부터의 긴 입력 케이블(수백 미터까지)도 감도의 손실없이 사용될 수 있다. 진동계에는 **적분기**(integrator)가 있어 가속도뿐만이 아니라 속도와 변위로도 변경이 가능하다. 고역통과와 저역통과필터는 계기의 진동수영역을 관심 영역으로 제한, 조정할 수 있어서 고주파 및 저주파 잡음의 간섭을 막아준다. 적당한 증폭을 거쳐 직류(DC)신호로 정류되어 미터나 차트 기록기에 표시한다. **검파기**(detector)는 신호의 최댓값, 피크-피크값, 평균값, RMS값 등을 저장할 수 있다. 진동기에 외부의 대역통과 필터를 연결시켜 진동수 분석을 할 수도 있다. 정류되지 않은 진동 신호들을 **오실로스코프**, **레코더**, **레벨기록기** 등에 입력시키는 **출력단**(output socket)이 있다.

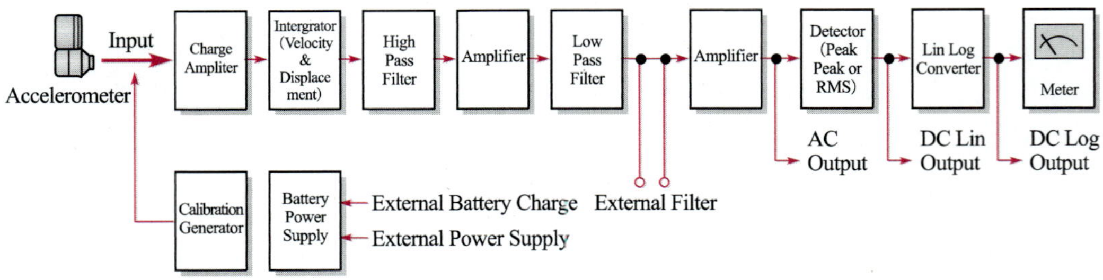

그림 2.8.6 진동계(vibration meter)의 구성

2.8.5 진동수 분석과 필터

광대역 신호를 이루는 각 진동수(주파수) 성분을 알기 위해서는 **진동수 분석**을 실시한다. 진동수 분석의 사례를 **가시광선**이 파란색 유리를 통과하는 경우에 대하여 살펴보자. 우리가 눈으로 볼 수 있는 가시광선은 약 $3.8 \times 10^{14} \sim 7.5 \times 10^{14}$Hz의 진동수 성분을 갖고 있으며, 진동수 스펙트럼으로 나타내면 $3.8 \times 10^{14} \sim 7.5 \times 10^{14}$Hz에서 연속적인 값을 갖는다. 즉, 여려가지 종류의 진동수 성분인 전자기파가 합쳐져 있는 파형이다. 그러나 파란색의 유리를 통과한 후에는 파란색 빛만 남는다. 그 이유는 파란색의 유리가 파란색 이외의 빛(파란색에 해당하는 진동수이외의 파)만을 통과시키는 역할을 하기 때문이다. 이처럼 특정한 진동수 성분만을 통과시키거나 특정한 진동수 성분만을 차단하는 것을 **필터**라고 한다.

진동 신호의 진동수 분석은 다음의 두가지 기본적인 필터가 사용된다. 하나는 필터가 정수의 변하지 않는 대역(즉, 3Hz, 10Hz)으로 구성된 **일정대역폭필터**(constant bandwidth filter)이고, 다른 하나는 진동수 대역이 동조된 중심진동수에 대하여 일정 백분율 가지는(즉, 3%, 10%) **일정백분율대역폭필터**(constant percentage bandwidth filter)이다. 그림 2.8.7은 이들 두가지 필터의 차이를 진동수 함수로서 보여주고 있다. 일정백분율대역폭필터가 일정한 대역으로 표시됨을 알 수 있는데, 이것은 넓은 진동수 대역을 나타내는데 이상적인 대수 진동수 눈금으로 표시되었기 때문이다. 일정대역폭필터는 고진동수에서 분해능이 좋으며, 선형 눈금으로 표시되어 **조화패턴**(harmonic pattern)을 찾는데 유용하다.

통과 대역의 좁은 정도를 나타내는 즉, **협대역**(narrow band)과 **광대역**(wide band) 필터의 선택도에 따라 진동수 분석의 분해능이 결정된다. 대역폭과 분석방법을 선택할 때는 전(全) 진동수영역에 걸쳐 알맞은 분해도를 얻을 수 있고, 가장 짧은 시간에 분석할 수 있도록 하는 것을 선택하면 된다. 이상적인 필터(ideal filter)는 그 대역폭 내에 있는 모든 진동수 성분을 통과시키고 그 이외의 것은 완전히 제거하는 것이다. 실제로 전자 필터는 그림 2.8.8 (a)와 같이 경사진 양끝 부분이 있어서 규정 대역폭 밖의 진동수 성분을 완전히 제거하지 못한다. 널리 쓰이는 필터 대역폭 측정 방법에는 두 가지가 있다. 첫째로, 대부분 사용되는 것은 **백색 잡음원**(white noise source, 여기서 백색이란 모든 진동수 성분을 포함하고 있는 빛을 의미함)으로부터 똑같은 양의 파워를 통과시키는, 측면이 이상적인(ideal) 직선으로 된 필터의 폭으로 대역폭을 정의하는 **유효 잡음 대역폭**(effective noise bandwidth)이다. 두 번째는 그림 2.8.8 (b)와 같이 정상적인 전달 레벨보다 3dB 낮은 곳을 필터의 폭으로 정하는 것이다. 일반적으로 좁은 대역폭필터를 사용하면 진동 스펙트럼에서 각 피크들이 뚜렷하게 나타나 세밀한 분석이 가능하다. 그러나 진동수 분석에 어떤 타입의 필터를 사용할 것인지에 대한 명확한 답은 없다.

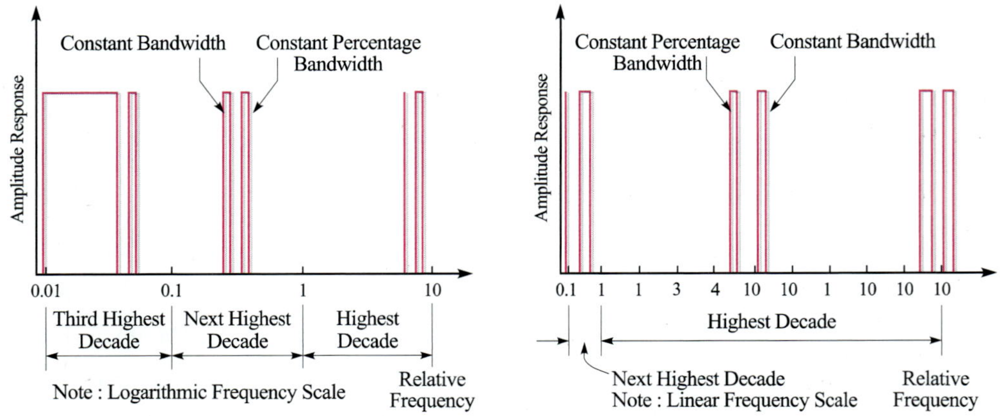

(a) (b)

그림 2.8.7 일정대역폭필터와 일정백분율대역폭필터

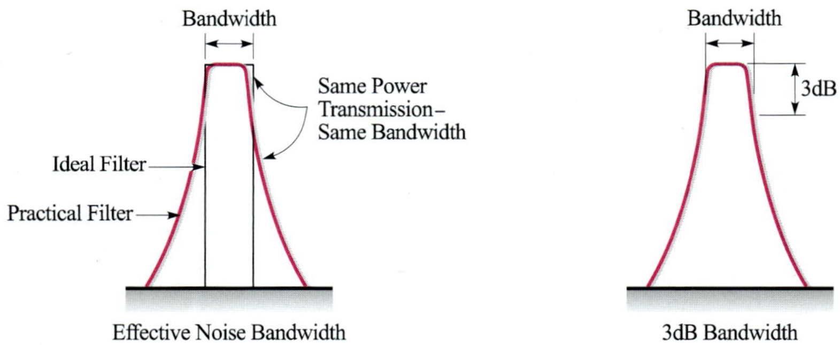

(a) (b)

그림 2.8.8 필터 대역폭의 정의

2.8.6 측정 장비의 구성과 결과기록

휴대용 일반 진동계는 사용이 가장 편리한 측정 장비이며, 소음계를 사용하여 현장에서 진동을 측정할 수 있다. 이 경우 마이크로폰 대신에 적분기 어댑터와 가속도계를 사용하여 가속도, 속도, 변위의 값을 측정할 수 있다. 그러나 이들 측정 기구는 **전하증폭**과는 달리 각 측정 매개변수에 대하여 따로 따로 교정할 필요가 있다. 건전지로 작동하는 필터를 부착하면 **1/1옥타브대역**, **1/3옥타브대역**, **협대역 분석**도 가능하다.

기본적인 측정 시스템은 가속도계, 전치증폭기, **계측용 증폭기**로 구성되고, 경우에 따라서는 외부 필터도 포함된다. 계측용 증폭기와 필터는 종종 한 장비로 조합되어 진동수 분석기

혹은 **스펙트로미터**(spectrometer)라 불린다. 조작의 간편함과 빠른 분석을 위해서 실시간 **진동수 분석기**(real time analyzer)가 쓰이는데, 이 분석기에는 많은 진동수 대역이 동시에 계산되어 연속적으로 화면에 나타난다. 실시간 분석기는 보통 디지털 출력과 원격 조정 기능을 갖추고 있고 컴퓨터에 연결하면 완전 자동 분석 시스템을 구성할 수 있다.

테이프 레코더는 현장에서 데이터를 수집하여 나중에 실험실에서 분석하기 위해 널리 사용된다. 그리고 디지털 레코더는 짧은 신호를 받아들여 어떤 속도비로 재생시키는데 유용하다.

TIP • **옥타브대역(octave band) 분석이란?**

파형을 진동수영역(주파수영역)에서 나타내면 시간영역에서보다 파형의 특성을 쉽게 이해할 수 있다. 파형을 진동수영역에서 정량화된 진폭으로 나타낸 것을 **스펙트럼**(spectrum)이라고 한다. 스펙트럼의 진동수 축으로는 주로 **일정대역**(constant band), 1/1옥타브대역, 1/3옥타브대역 등이 사용된다. 일정대역은 전(全) 진동수 대역에서 일정한 대역폭을 가지고 있으며, 1/1옥타브대역은 진동수 대역에서 최고 진동수가 최저 진동수의 $2^{\frac{1}{1}}$ 배인 진동수 대역을 말하며, 1/3옥타브대역은 진동수 대역에서 최고 진동수가 최저 진동수의 $2^{\frac{1}{3}}$ 배인 진동수 대역을 말한다.

일반적인 표준 i번째 옥타브 대역의 식은 다음과 같다.

$$f_{c,i} = \frac{1{,}000}{\left(2^{\frac{1}{3}}\right)^{30-i}}\,\mathrm{Hz}$$

여기서 **중심 진동수** f_c와 하한 진동수 f_l 그리고 상한 진동수 f_u의 관계는 다음과 같다. 즉,

$$f_l = \frac{f_c}{2^{\frac{1}{2}}},\ f_u = 2^{\frac{1}{2}} f_c \text{(1/1옥타브대역)}$$

$$f_l = \frac{f_c}{2^{\frac{1}{6}}},\ f_u = 2^{\frac{1}{6}} f_c \text{(1/3옥타브대역)}$$

위 식을 사용하여 10Hz에 해당하는 1/3옥타브대역의 f_l과 f_u를 계산하면 다음과 같다. 즉,

$$f_l = \frac{f_c}{2^{\frac{1}{6}}} = \frac{10}{2^{\frac{1}{6}}} = 8.91\,\mathrm{Hz},\ f_u = 2^{\frac{1}{6}} f_c = 2^{\frac{1}{6}} \times 10 = 11.22\,\mathrm{Hz}$$

따라서 10Hz에 해당하는 1/3옥타브대역은 $2.31(=f_u - f_l = 11.22 - 8.91)\mathrm{Hz}$이다.

참고로, **음향학**에서 옥타브 분석에 관심이 있는 이유는 인간의 귀가 느끼는 **가청진동수** 범위인 20 ~ 20,000Hz의 넓은 진동수 범위를 쉽게 나타낼 수 있기 때문이다.

2.8.7 인체진동

사람의 몸에 직접적인 진동이 가해지면 심각한 결과를 초래하게 됨은 익히 아는 일이다. 이러한 인체진동은 크게 4가지 인자 즉, 1) 진동의 강도(intensity), 2) 진동수, 3) 인제에 전달되는 부위와 방향, 4) 진동에 노출되는 **지속시간**(duration) 혹은 **폭로시간**(exposure time)로 감지하는 감각특성이 규정되어 진다. 예를 들면, 차량탑승이나 공장 및 건설현장 등에 의해 유발되는 인체진동은 작업자들의 시계를 희미해 지계하거나 균형의 집중력을 잃게 하는 등의 영향을 미친다. 경우에 따라서는 어떤 진동수들과 진동 레벨은 영구적으로 신체내의 기관에 해를 줄 수 있다. 연구자들은 손잡이가 있는 공구들의 국부진동이 신체에 미치는 영향의 자료를 30여년간에 걸쳐 수집하고 분석한 결과, white finger라는 증후군이 체인톱을 다루는 숲속의 작업자들에게서 잘 일어난다는 것을 밝혀냈다. 즉, 국부진동으로 인해 점차적으로 혈관과 신경조직이 퇴보되어 작업자들은 손으로 다루는 능력과 손에서의 감각을 잃어버린다. 현재 손에 쥐는 공구들을 다룰 때의 최대 허용진동을 규정하는 표준이 만들어지고 있다.

진동과 인체와의 관계에 대하여 처음으로 발표한 국제 권고사항은 ISO 2631-1974인데, 여기서 인체에 가장 민감하다고 밝혀진 진동수인 1 ~ 80 Hz에 걸쳐 1분에서 12시간 사이의 노출시간에 대한 한계곡선을 설정하였다. 권고사항은 그림 2.8.9와 같이 3가지 지지표면에서 진동을 받는 경우를 규정하고 있는데, 이 3가지 지지표면이란 1) 서있는 사람의 발, 2) 앉아있는 사람의 엉덩이, 3) 누워있는 사람의 지지면적을 말한다. 3가지 심한 정도의 기준을 인용하면 그림 2.8.10과 같다. 즉, 1) 승객 운송과 교량 보행자 등에 적용할 수 있는 안락 감퇴영역(reduced comfort boundary), 2) 차량 운전자와 기계 작동자 등에 관련이 있는 피로능률감퇴영역(fatigue boundary), 3) 건강에 위험을 표시하는 노출 제한 영역인 폭로영역(exposure boundary)이 있다.

세로 방향으로 즉, 머리에서 발쪽으로(그림 2.8.9, 2.8.10에서 longitudinal az axis) 인간의 신체는 4 ~ 8 Hz 진동수 범위에서 진동에 가장 민감하다. 그러나 교차하는 방향(그림 2.8.9, 2.8.10에서 transverse ax, ay axis)에서는 신체가 1 ~ 2 Hz 사이의 진동수영역에서 진동에 가장 민감하다. 불쾌감을 야기 시키거나 인체에 해를 주는 진동의 측정에는 배터리 **작동형 진동계**(human-response vibration meter)가 가장 적합하다.

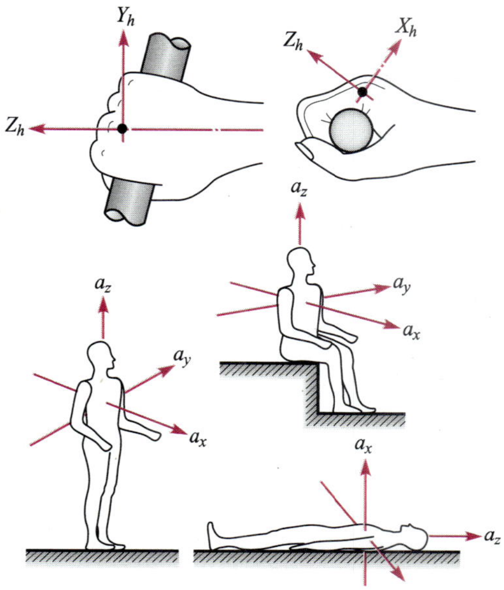

그림 2.8.9 ISO에 규정된 인체진동의 방향

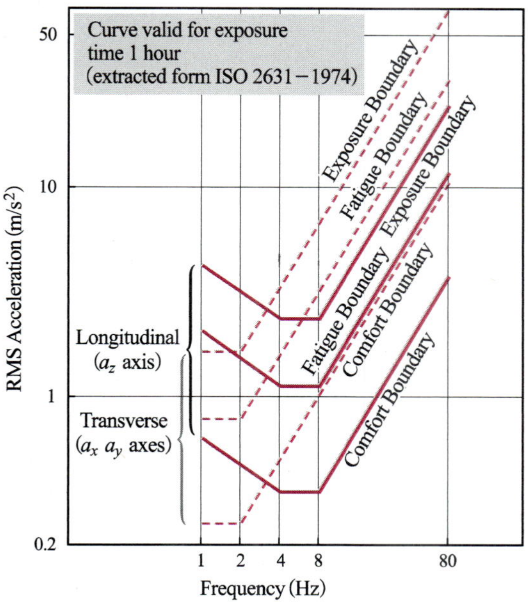

그림 2.8.10 ISO에 규정된 안락 감퇴영역, 피로 능률감퇴영역, 폭로영역

2.8.8 도로교의 진동특성과 진동사용성

(1) 도로교의 진동특성

1) 현행 설계과정의 문제점

- 교량 설계 시 가능한 단면은 감소시키고 지간의 길이를 길게 하려는 경향이 있는데, 이는 교량에서 진동문제를 야기 시키고 동적거동 파악의 중요성을 부각시킨다.
- 실제 설계 시, 동적문제는 충격계수와 최대허용 처짐의 한계에 두고 있다.
- 충격계수는 반복응력의 범위를 제한시키고, 최대허용 처짐의 한계는 과진동으로 인한 피로의 영향과 이용자의 심리적 불안감을 피하기 위한 것이다. 그러나 이것들은 교량의 동적특성의 문제를 합리적으로 고려하지 않고 있다.

2) 교량의 고유진동수

- 폭에 비해 길이가 긴 교량은 폭의 영향은 크지 않으며, 또한 일반적으로 연속교의 경우내측 지점의 단면은 중앙에 비하여 크나 고유진동수 계산 시 단면 변화의 영향은 미비하다.

3) 교량의 동적특성

- 감쇠비는 콘크리트가 크며 감쇠 종료시간은 강교가 길어, 강교가 콘크리트교보다 진동의 피해를 많이 받는 경향이 있다.
- 콘크리트교는 동탄성계수를 사용하고 합성형 강교는 합성단면을 사용하면 실측치에 가까운 진동수를 계산할 수 있다.
- 변위에 의한 충격계수와 변형에 의한 충격계수 값은 다르나, 이를 충분히 고려하지 않고 있다.
- 충격을 방지하기 위해 진입로, 신축이음, 그리고 교량의 노면상태를 개선한다.
- 고유진동수
  노면상태가 양호한 경우 : $2.3 \sim 4.5\,\text{Hz}$
  노면상태가 불량한 경우 : $2 \sim 3, 6.5\,\text{Hz}$ 이상
- 충격계수는 지간 길이 L만의 함수[$i = 15/(40+L) \leq 0.3$]로 표시하면 불합리하다.

(2) 도로교의 진동사용성 조사와 진동제어 방법

1) 현재 상태의 문제점

- 현재 국내설계 기준에 보도교를 포함한 교량의 진동에 대한 정량적인 평가기준이 충분하지 않다.

- 보도교의 경우 공진으로 인한 진폭확대를 피하기 위하여, 교량의 고유진동수가 보행자의 보행주기인 1.5-2.3Hz를 피하도록 권고하고 있다.
- 지간장이 40m 이상인 대부분의 강보도교는 고유진동수의 범위가 2Hz 전후가 되므로 진동사용성의 확보를 위하여 강성을 증가시켜는 것이 필요하다.

2) 진동사용성 조사방법

- 진동사용성은 보도교의 진동에 대하여 보행자가 불쾌감을 느끼는 정도를 수치화하여 이를 허용기준치 이내로 확보하는 것을 말한다.
- 단순히 고유진동수 제한에 의한 설계를 일괄적으로 적용하는 경우보다는 해당기준의 일괄적인 적용이 아닌 주위조건을 고려한 전반적인 사항이 함께 검토하는 것이 바람직하다.

3) 설계절차

- 보도교의 고유진동수의 범위 확인한다.
- 수직진동수는 1.5 ~ 2.3Hz, 수평진동수는 1Hz를 피하여 설계하는 것이 필요하다.
- **보행하중**에 의한 응답가속도 산정 시 다음 사항을 고려한다. 즉,

  i) 사인(sine)하중, 푸리에(Fourier) 급수, 보행자 1 보폭(Step)에 의한 하중으로 근사화한다.

  ii) 보행자의 하중을 연속위치에서 작용하는 것으로 고려하는 것이 필요하다.
- 사용성 검토를 위한 최적의 해당기준의 선정한다.
- 과도한 진동에 따른 진동제어 방안을 마련한다.

4) 감쇠기에 의한 진동제어 방법

- 정의 : 구조물에 부착되어 여러 가지 요인들에 의해서 발생되는 진동 등을 흡수 또는 소산시킴으로써 구조물의 진동을 제어하는 기능을 하는 것이다.
- 종류 : **동조질량감쇠기**(tuned mass damper, TMD, 그림 2.8.11 참조), 금속항복형감쇠기, 마찰형감쇠기, 점탄성형감쇠기(viscoelastic damper), **동조유체감쇠기** 등이 있다.
- 작동원리 : 보도교를 포함한 교량의 고유진동수를 **동조**(tune)한다.

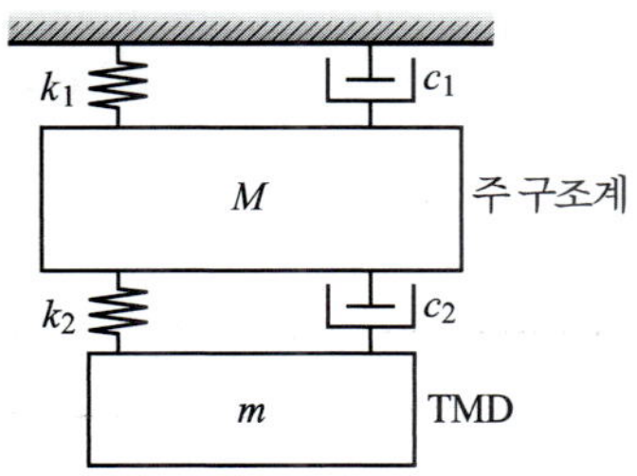

그림 2.8.11 주 구조계(main structural system)와 동조질량 감쇠기(TMD)의 모델링

TIP • **버스 · 기차를 타면 왜 피곤할까?**

20Hz 이하의 초저진동수 소음(초저주파 소음)은 온몸에 압박 · 진동감을 느끼게 하고 심장도 떨게 하기도 한다. 이러한 초저진동수 소음(초저주파 소음)은 사람의 귀로는 들을 수 없지만 몸은 느낀다. 6Hz의 110dB의 초진동수 소음은 95% 정도를 온몸이 느끼고, 그 중에 70% 정도는 가슴과 배가 영향을 받는다. 13Hz의 100dB의 초저진동수 소음은 100%를, 20Hz의 90dB의 소음은 70% 정도를 온몸이 받는다. 국내에서는 기초연구 단계로 한국인에 대한 초저진동수 소음의 통계는 부족하다. 일본의 연구에 따르면, **초저진동수 소음**(초저주파 소음)을 많이 받으면 스트레스를 받을 때 나오는 아드레날린 호르몬 분비가 늘고 깊은 잠을 이루지 못하고 심장 박동과 호흡수가 줄거나 늘어나는 증상을 일으킨다.

KTX객차에서는 착암기가 내는 정도(소음크기100dB 정도)의 초저진동수 소음(초저주파 소음)이, 서울 지하철에서는 노선별로 약간의 차이는 있지만 대형 트럭이 지나가는 소리(90dB 정도)에서부터 착암기 소음(100dB 정도)이 정차할 때를 제외하고 운행하는 내내 나오는 것으로 측정됐다. 이것은 객차 밖보다 안이 더 심했다. 고속버스는 초저진동수 소음이 심해서 대부분의 경우에 KTX와 지하철 이상의 값을 보여 주었다. 서울 지하철 1호선 지하 구간의 경우 6.3Hz에서, 지상 구간은 12.5Hz에서 약 100dB의 초저진동수 소음이 나타났다.

하루에 운전을 10시간 이상 운전하는 장시간 트럭 운전자 30명을 대상으로 설문 조사한 결과, 22명이 웅이나 찡 하는 소리를 들으며, 10명은 매일 피로를 느낀다고 응답했다. 또한, 운전하는 동안 가슴에 압박감을 느끼는 정도를 묻는 질문에 12명만이 전혀 없다고 응답했을 뿐 나머지는 매일 혹은 월 5 ~ 10일 그렇다고 응답했다. 이처럼 인체에 해로운 수준의 소음을 만드는 이러한 초저진동수 소음(초저주파 소음)은 다음 그림에 나타낸 것처럼 고래 등의 특정 동물만이 들을 수 있다.

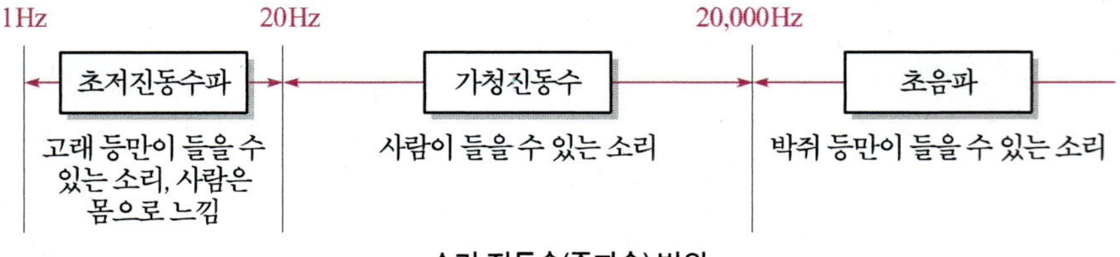

소리 진동수(주파수) 범위

제3장

다자유도계의 동적해석

3.1 운동방정식의 형식화

3.2 구조물의 특성치 행렬 평가

3.3 비감쇠 자유진동 해석

3.4 모드중첩법과 직접적분법

3.5 진동시험과 모드계수 추정

제3장 다자유도계의 동적해석

3.1 운동방정식의 형식화

3.1.1 자유도의 선정

복잡한 구조물 일지라도 동적해석을 위하여 그림 2.1.4에 보인 것과 같이 적절한 변위의 형상을 사용하면 단자유도계로 근사적으로 **모델링**(modelling)할 수 있다. 그러나 실제 구조물은 한 개 이상의 주된 변위형상을 가지고 있으므로 보다 정확한 동적 거동해석을 위해서는 다자유도계로 모델링하여야 한다. 실제 구조물을 다자유도계로 모델링할 경우에는 일반적으로 많은 자유도를 가지게 된다. 그림 3.1.1에 보여준 단순한 2차원 골조구조물(frame structure)도 **구조해석모델**(model)에서 각층과 기둥의 교점에서만 **절점**(node)을 부여하여도 24개의 절점을 가지게 되며, 각 절점이 3개의 자유도(수평, 수직, 각 변위)를 부여할 경우에 72(= 3 × 24)개의 자유도를 가지게 된다. 그러므로 지진하중 등에 대한 동적해석을 위하여, 72개의 미지수를 가지는 연립방정식을 풀어야 한다. 이러한 동적해석에 소요되는 계산시간은 자유도 수에 따라 기하급수적으로 증가함으로, 동적해석을 효율적으로 수행하기 위해서는 자유도의 수를 최소한으로 하여 해석모델을 작성하는 것이 필요하다. 그림 3.1.1의 골조구조물의 경우, 각층에 부여된 4개의 절점에서 수평변위가 거의 같으므로 이들을 하나의 자유도로 축소하는 기법 등이 필요하다.

동적해석과정에서 자유도를 줄이는 효과적인 방법은 구조물의 자유진동 모드벡터를 사용하는 **모드중첩법**(mode superposition method)이다. 이 방법에서는 구조해석모델 작성 시 많은 자유도를 부여하여 구조계의 강성행렬 $[k]$(탄성특성)를 좀 더 정확히 모델링하는 반면에, 동적 거동해석 시에는 동역학적으로 중요한 영향을 미치는 제한된 수의 자유진동 모드벡터만을 포함시켜 해석을 수행함으로서 동적해석의 효율성을 증대시킨다. 이 과정에서 자유도 수는 구조모델의 자유도가 아니고 동적해석에 포함시킨 **자유진동 모드벡터**이다.

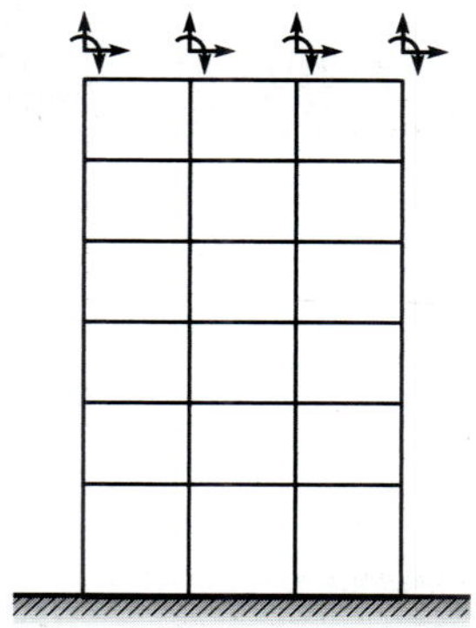

그림 3.1.1 다자유도계 구조물의 예

3.1.2 운동방정식의 유도

(1) 동적 평형조건에 의한 운동방정식

그림 3.1.2에 보여준 보(beam)의 경우, 오직 하나의 변위성분만이 보위의 각 절점에 연관되어 있다. 이러한 구조물의 운동은 보위의 불연속점의 집합인 변위 $u_1(t), u_2(t), \cdots, u_N(t)$에 의해 규정되어진다고 가정할 수 있다. 그림 3.1.2의 구조물에 대한 운동방정식은 각각의 자유도에 연관시켜 유효힘의 평형을 나타냄으로서 형식화될 수 있다. 일반적으로 4가지 형태의 힘이 어떤 점 i에 포함되어 있다. 즉, 외부에서 가해진 하중 $f_i(t)$와 운동의 결과 생기는 힘인 관성력 $f_{Ii}(t)$, 감쇠력 $f_{Di}(t)$, 그리고 탄성력 $f_{Si}(t)$이다. 따라서 몇 개의 자유도 각각에 대한 동적평형은 다음과 같이 표현될 수 있다.

$$f_{I1}(t)+f_{D1}(t)+f_{S1}(t)=f_1(t) \tag{3.1.1a}$$

$$f_{I2}(t)+f_{D2}(t)+f_{S2}(t)=f_2(t) \tag{3.1.1b}$$

$$f_{I3}(t)+f_{D3}(t)+f_{S3}(t)=f_3(t) \quad \cdots\cdots \tag{3.1.1a}$$

위 식을 행렬형태로 표시하면 다음과 같이 된다.

$$\{f_I(t)\}+\{f_D(t)\}+\{f_S(t)\}=\{f(t)\} \tag{3.1.2}$$

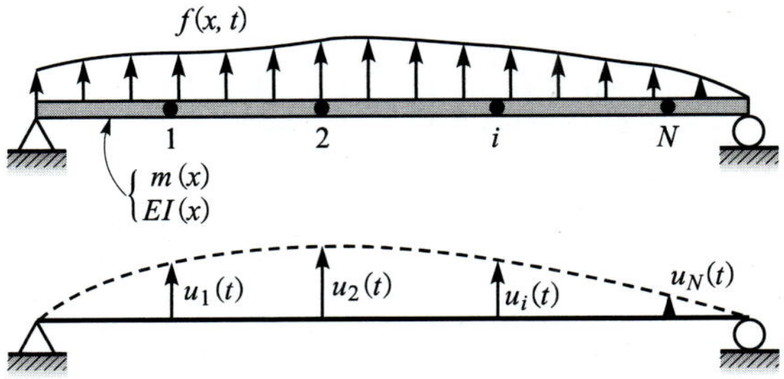

그림 3.1.2 일반적인 보구조물의 분할

위 식에서 $f(t)$는 위치 x와 시간 t의 함수로서, 정확하게 표현하면 $f(x,t)$이지만 편의상 $f(t)$로 표현한 것이다. 위 식은 식 (2.1.1)의 단자유도계 식에 대한 다자유도계의 등가식이다.

각 저항력은 적당한 **영향계수**(influence coefficient)들에 의해서 대부분 편리하게 나타낼 수 있다. 예로서 절점 1에서 전개된 탄성력 성분을 고려해 보자. 이것은 일반적으로 그 구조물의 모든 점에서 전개된 변위성분에 다음과 같이 의존한다.

$$f_{S1}(t) = k_{11}u_1(t) + k_{12}u_2(t) + k_{13}u_3(t) + \bullet\ \bullet\ \bullet + k_{1N}u_N(t) \tag{3.1.3a}$$

비슷한 방법으로, 자유도 $u_2(t)$에 해당하는 탄성력은 다음과 같이 된다.

$$f_{S2}(t) = k_{21}u_1(t) + k_{22}u_2(t) + k_{23}u_3(t) + \bullet\ \bullet\ \bullet + k_{2N}u_N(t) \tag{3.1.3b}$$

그리고 일반적으로 다음과 같이 표현된다.

$$f_{Si}(t) = k_{i1}u_1(t) + k_{i2}u_2(t) + k_{i3}u_3(t) + \bullet\ \bullet\ \bullet + k_{iN}u_N(t) \tag{3.1.3c}$$

위 식들의 경우, 구조응답은 선형적이라 가정되었다. 따라서 중첩의 원리가 적용될 수 있다. 계수 k_{ij}는 **강성영향계수**(stiffness influence coefficient)라고 부르며 다음과 같이 정의된다.

$$k_{ij} = \text{좌표 } j\text{의 단위변위로 인해 좌표 } i\text{에 유발되는 힘} \tag{3.1.4}$$

따라서 행렬형태로 탄성력의 관계를 나타내면 다음과 같이 된다.

$$\begin{Bmatrix} f_{S1}(t) \\ f_{S2}(t) \\ \bullet \\ f_{Si}(t) \\ \bullet \end{Bmatrix} = \begin{bmatrix} k_{11} & k_{12} & k_{13} & \bullet\ \bullet & k_{1i} & \bullet\ \bullet & k_{1N} \\ k_{21} & k_{22} & k_{23} & \bullet\ \bullet & k_{2i} & \bullet\ \bullet & k_{2N} \\ \bullet & \bullet & \bullet & \bullet\ \bullet & \bullet & \bullet\ \bullet & \bullet \\ k_{i1} & k_{i2} & k_{i3} & \bullet\ \bullet & k_{ii} & \bullet\ \bullet & k_{iN} \\ \bullet & \bullet & \bullet & \bullet\ \bullet & \bullet & \bullet\ \bullet & \bullet \end{bmatrix} \begin{Bmatrix} u_1(t) \\ u_2(t) \\ \bullet \\ u_i(t) \\ \bullet \end{Bmatrix} \tag{3.1.5}$$

또는 위 식은 다음과 같은 간단한 행렬형태로도 표시할 수 있다.

$$\{f_S(t)\} = [k]\{u(t)\} \tag{3.1.6}$$

여기서 **강성계수의 행렬** $[k]$는 구조물의 **강성행렬**이라 불리고, $\{u(t)\}$는 구조물의 변형된 형태를 나타내는 변위백터이다.

만약 감쇠가 속도에 비례한다면 즉, 점성감쇠라면, 선정된 자유도에 대응하는 감쇠력은 식 (3.1.5)와 비슷한 방법으로 **감쇠영향계수**(damping influence coefficient)에 의해서 표현될 수 있다. 즉, 감쇠력은 다음과 같이 된다.

$$\begin{Bmatrix} f_{D1}(t) \\ f_{D2}(t) \\ \bullet \\ f_{Di}(t) \\ \bullet \end{Bmatrix} = \begin{bmatrix} c_{11} & c_{12} & c_{13} & \bullet & \bullet & c_{1i} & \bullet & \bullet & c_{1N} \\ c_{21} & c_{22} & c_{23} & \bullet & \bullet & c_{2i} & \bullet & \bullet & c_{2N} \\ \bullet & \bullet & \bullet & \bullet & \bullet & \bullet & \bullet & \bullet & \bullet \\ c_{i1} & c_{i2} & c_{i3} & \bullet & \bullet & c_{ii} & \bullet & \bullet & c_{iN} \\ \bullet & \bullet & \bullet & \bullet & \bullet & \bullet & \bullet & \bullet & \bullet \end{bmatrix} \begin{Bmatrix} \dot{u}_1(t) \\ \dot{u}_2(t) \\ \bullet \\ \dot{u}_i(t) \\ \bullet \end{Bmatrix} \tag{3.1.7}$$

여기서 $\dot{u}_i(t)$는 i 변위좌표의 시간에 대한 변화율 즉, 속도를 나타내고 계수 c_{ij}는 감쇠영향계수라 불린다. 이들 계수의 정확한 정의는 다음과 같다.

$$c_{ij} = \text{좌표 } j\text{의 단위속도로 인해 좌표 } i\text{에 유발되는 힘} \tag{3.1.8}$$

식 (3.1.7)을 다시 쓰면 다음과 같다.

$$\{f_D(t)\} = [c]\{\dot{u}(t)\} \tag{3.1.9}$$

여기서 **감쇠계수의 행렬** $[c]$는 구조물의 **감쇠행렬**이고, $\{\dot{u}(t)\}$는 구조물의 속도백터이다.

또한, 관성력을 질량계수(mass coefficient)라 불리는 영향계수 집합에 의해 나타내어 질 수 있다. 이들은 자유도의 가속도와 유발되는 관성력 사이의 관계를 나타낸다. 관성력을 식 (3.1.5)의 형태로 나타내면 다음과 같다.

$$\begin{Bmatrix} f_{I1}(t) \\ f_{I2}(t) \\ \bullet \\ f_{Ii}(t) \\ \bullet \end{Bmatrix} = \begin{bmatrix} m_{11} & m_{12} & m_{13} & \bullet & \bullet & m_{1i} & \bullet & \bullet & m_{1N} \\ m_{21} & m_{22} & m_{23} & \bullet & \bullet & m_{2i} & \bullet & \bullet & m_{2N} \\ \bullet & \bullet & \bullet & \bullet & \bullet & \bullet & \bullet & \bullet & \bullet \\ m_{i1} & m_{i2} & m_{i3} & \bullet & \bullet & m_{ii} & \bullet & \bullet & m_{iN} \\ \bullet & \bullet & \bullet & \bullet & \bullet & \bullet & \bullet & \bullet & \bullet \end{bmatrix} \begin{Bmatrix} \ddot{u}_1(t) \\ \ddot{u}_2(t) \\ \bullet \\ \ddot{u}_i(t) \\ \bullet \end{Bmatrix} \tag{3.1.10}$$

여기서 $\ddot{u}_i(t)$는 i 변위좌표의 가속도이고 계수 m_{ij}는 **질량영향계수**로서 다음과 같이 정의된다.

$$m_{ij} = \text{좌표 } j\text{의 단위가속도로 인해 좌표 } i\text{에 유발되는 힘} \tag{3.1.11}$$

식 (3.1.10)을 다시 쓰면 다음과 같다.

$$\{f_I(t)\} = [m]\{\ddot{u}(t)\} \tag{3.1.12}$$

여기서 **질량계수의 행렬** $[m]$은 구조물의 **질량행렬**이고, $\{\ddot{u}(t)\}$는 구조물의 가속도백터이다.

식 (3.1.6), 식 (3.1.9), 그리고 식 (3.1.12)를 식 (3.1.2)에 대입하면, 고려되는 모든 자유도에 대한 구조물의 완전한 동적평형식이 다음과 같이 주어진다.

$$[m]\{\ddot{u}(t)\} + [c]\{\dot{u}(t)\} + [k]\{u(t)\} = \{f(t)\} \tag{3.1.13}$$

위 식은 식 (2.1.5)와 동일한 형태의 다자유도계에 대한 운동방정식이다. 즉, 단자유도계의 식의 각 항은 식 (3.1.13)에 의하여 하나의 행렬형태로 주어지고, 자유도 수에 대응하는 차수의 행렬을 갖는다. 식 (3.1.13)은 다자유도계의 동적응답을 규정하는 N개의 운동방정식을 나타낸다. 따라서 이 운동방정식으로부터 동적응답을 구할 수 있다.

예제 3.1.1

다음과 같은 3층 전단건물모델에서 동적힘의 평형조건을 사용하여 운동방정식을 유도하시오.

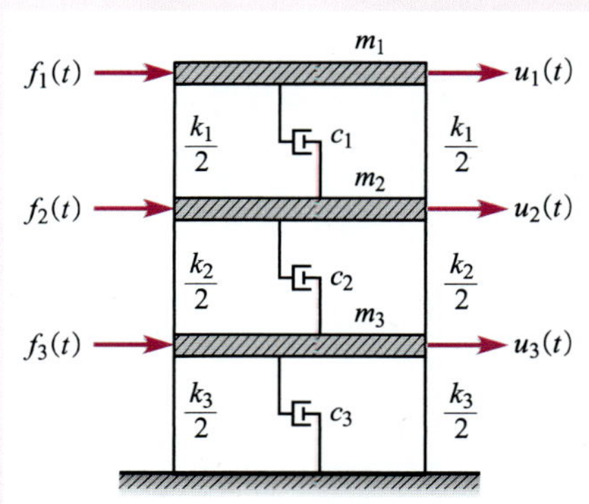

그림 예제 3.1.1

풀이

1) 절점 1에서의 힘의 평형

$$m_1\ddot{u}_1(t)+c_1\left(\dot{u}_1(t)-\dot{u}_2(t)\right)+\left(\frac{k_1}{2}+\frac{k_1}{2}\right)\left(u_1(t)-u_2(t)\right)=f_1(t)$$

$$\therefore\ m\ddot{u}_1(t)+c_1\left(\dot{u}_1(t)-\dot{u}_2(t)\right)+k_1\left(u_1(t)-u_2(t)\right)=f_1(t)$$

2) 절점 2에서의 힘의 평형

$$m_2\ddot{u}_2(t)+c_1\left(\dot{u}_2(t)-\dot{u}_1(t)\right)+c_2\left(\dot{u}_2(t)-\dot{u}_3(t)\right)$$

$$+\left(\frac{k_1}{2}+\frac{k_1}{2}\right)\left(u_2(t)-u_1(t)\right)+\left(\frac{k_2}{2}+\frac{k_2}{2}\right)\left(u_2(t)-u_3(t)\right)=f_2(t)$$

$$\therefore\ m\ddot{u}_2(t)+c_1\left(\dot{u}_2(t)-\dot{u}_1(t)\right)+c_2\left(\dot{u}_2(t)-\dot{u}_3(t)\right)$$

$$+k_1\left(u_2(t)-u_1(t)\right)+k_2\left(u_2(t)-u_3(t)\right)=f_2(t)$$

3) 절점 3에서의 힘의 평형

$$m_3\ddot{u}_3(t)+c_2\left(\dot{u}_3(t)-\dot{u}_2(t)\right)+c_3\dot{u}_3(t)$$

$$+\left(\frac{k_2}{2}+\frac{k_2}{2}\right)\left(u_3(t)-u_2(t)\right)+\left(\frac{k_3}{2}+\frac{k_3}{2}\right)u_3(t)=f_3(t)$$

$$\therefore\ m_3\ddot{u}_3(t)+c_2\left(\dot{u}_3(t)-\dot{u}_2(t)\right)+c_3\dot{u}_3(t)+k_2\left(u_3(t)-u_2(t)\right)+k_3u_3(t)=f_3(t)$$

4) 위의 3개의 식을 행렬형태로 나타내면 다음과 같은 운동방정식이 구해진다.

$$\begin{bmatrix} m_1 & 0 & 0 \\ 0 & m_2 & 0 \\ 0 & 0 & m_3 \end{bmatrix}\begin{Bmatrix} \ddot{u}_1(t) \\ \ddot{u}_2(t) \\ \ddot{u}_3(t) \end{Bmatrix}+\begin{bmatrix} c_1 & -c_1 & 0 \\ -c_1 & c_1+c_2 & -c_2 \\ 0 & -c_2 & c_2+c_3 \end{bmatrix}\begin{Bmatrix} \dot{u}_1(t) \\ \dot{u}_2(t) \\ \dot{u}_3(t) \end{Bmatrix}$$

$$+\begin{bmatrix} k_1 & -k_1 & 0 \\ -k_1 & k_1+k_2 & -k_2 \\ 0 & -k_2 & k_2+k_3 \end{bmatrix}\begin{Bmatrix} u_1(t) \\ u_2(t) \\ u_3(t) \end{Bmatrix}=\begin{Bmatrix} f_1(t) \\ f_2(t) \\ f_3(t) \end{Bmatrix}$$

예제 3.1.2

토질조건이 양호하지 않아 기초에 전달되는 기계의 진폭을 제한하고자 할 때, 다음 그림과 같은 관성블록(inertia block)과 격리스프링(isolation spring)으로 구성된 진동격리장치를 사용하는 경우가 있다. 이러한 기계기초의 진동해석을 위한 운동방정식을 3가지 진동모드(수직, 수평, 록킹)에 대하여 적절하게 모형화하시오. 단, m_1은 기계와 관성블럭의 질량, m_2는 기초의 질량, k_{u1}와 k_{v1}는 격리장치의 스프링상수, I_2는 기초의 질량관성모멘트, 그리고 k_{u2}, k_{v2}, $k_{\theta 2}$, c_{u2}, c_{v2}, $c_{\theta 2}$는 3가지 진동모드에서 흙의 스프링계수 및 감쇠계수이다.

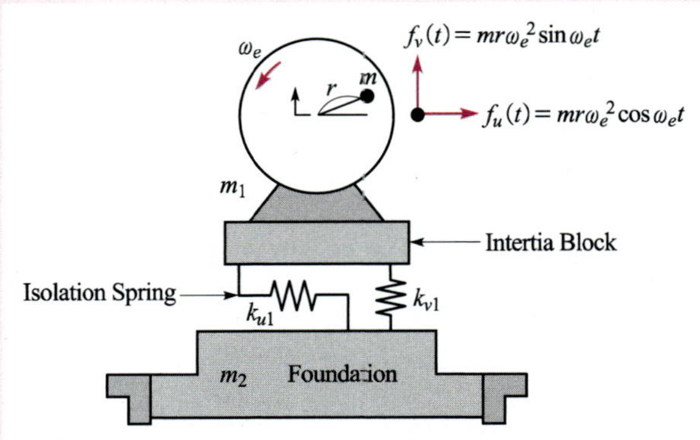

(a)

그림 예제 3.1.2

풀이

그림 (b), (c), (d)와 같이 기계와 관성블록을 하나의 절점, 기초를 또 하나의 절점으로 가정하여 2개의 절점을 가지도록 단순화하여 모델링하였다. 여기서 격리스프링의 감쇠계수는 흙의 감쇠계수에 비해 무시할 만 하므로, 흙의 감쇠계수만을 고려하였다.

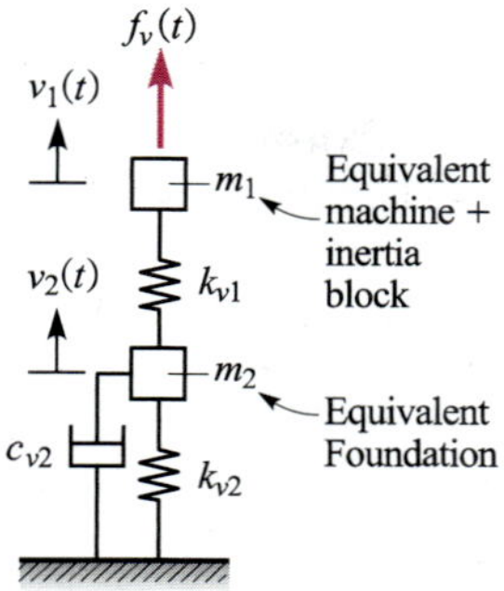

(b)

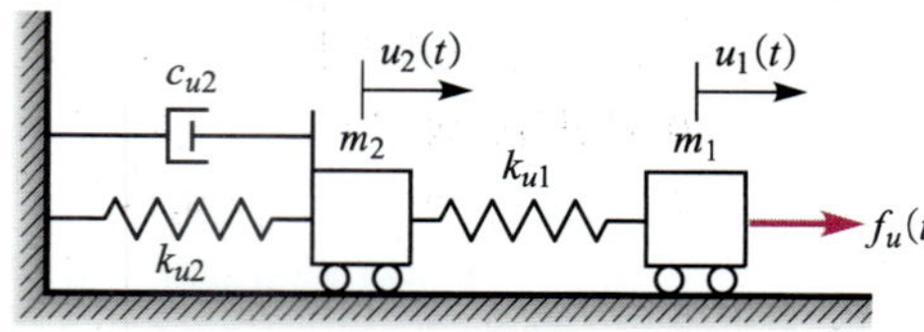

(c)

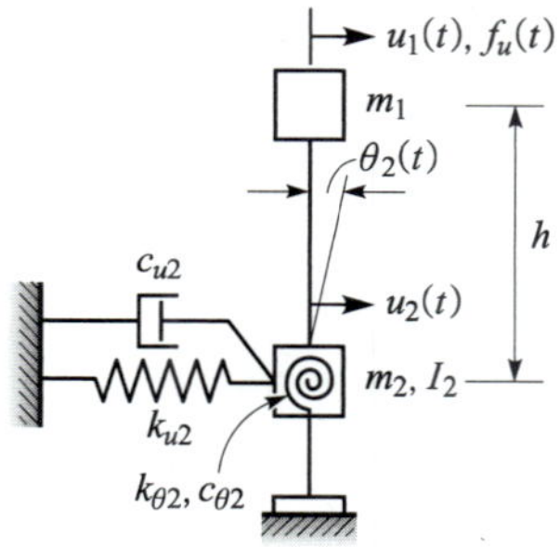

(d)

1) 수직모드

$$m_1\ddot{v}_1(t)+k_{v1}(v_1(t)-v_2(t))=f_v(t)$$

$$m_2\ddot{v}_2(t)+c_{v2}\dot{v}_2(t)+k_{v1}(v_2(t)-v_1(t))+k_{v2}v_2(t)=0$$

2) 수평모드

$$m_1\ddot{u}_1(t)+k_{u1}(u_1(t)-u_2(t))=f_u(t)$$

$$m_2\ddot{u}_2(t)+c_{u2}\dot{u}_2(t)+k_{u1}(u_2(t)-u_1(t))+k_{u2}u_2(t)=0$$

3) 록킹모드

$$m_1\ddot{u}_1(t)+k_{u1}(u_1(t)-u_2(t)-\theta_2 h)=f_u(t)$$

$$m_2\ddot{u}_2(t)+c_{u2}\dot{u}_2(t)-k_{u1}(u_1(t)-u_2(t)-\theta_2 h)+k_{u2}u_2(t)=0$$

$$I_2\ddot{\theta}_2(t)+c_{\theta 2}\dot{\theta}_2(t)+m_1\ddot{u}_1(t)h+k_{\theta 2}\theta_2(t)=f_u(t)h$$

TIP

- **기초 진동해석 방법**

1) 흙-기초계를 1자유도계 등으로 단순화하여 모델링한다.
2) 가진하중의 종류 결정한다.
3) 기계기초의 크기 가정한다.
4) 진동형태에 따른 비감쇠 고유진동수를 산정하여 이에 대한 가진진동수의 비율 (진동수비 β) 계산한다.
5) 정적변위 산정한다.
6) 진동형태에 따른 질량과 감쇠비를 산정한다.
7) 증폭계수를 결정하여 최대변위 산정한다.
8) 최대변위가 허용범위 내에 들지 않으면 재설계하여 만족할 때까지 반복한다.

- **공진을 고려한 설계**

가진진동수가 기초-흙계의 고유진동수와 같게 되는 공진상태에서는 가진하중에 의한 침하량이 과다하게 발생하므로, 이를 설계에 고려한다.

- **기계기초를 지지하는 말뚝기초의 진동**

기계기초를 지지하는 지반이 좋지 않은 경우 말뚝기초를 설치할 수 있으며, 이에 대한 설계는 말뚝-흙계의 고유진동수를 평가함으로서 행한다. 선단변위와 수평강성에 따라 말뚝-흙계의 고유진동수는 큰 영향을 받는다. 말뚝기초의 해석은 컴퓨터 수치해석을 이용하고, 중요 시설물에 대해서는 현장에서 말뚝하중재하시험 등을 수행함으로서 계수를 평가한다.

(2) 축력효과를 고려한 경우의 운동방정식

축력(axial force, 축방향력)은 구조물의 강성에 심각한 영향을 미쳐 좌굴을 유발시킬 수 있다. 부재의 원래 축에 평행하게 작용하는 하중성분은 작용하는 부가하중성분(additional load component) $f_G(t)$를 초래한다. 이 힘을 단자유도계의 동적평형식에 포함시키면, 다음과 같은 식이 된다.

$$f_I(t)+f_D(t)+f_S(t)-f_G(t)=f(t) \tag{3.1.14}$$

여기서 음의 부호는 축력 $f_G(t)$가 변형에 기여함을 나타낸다.

축하중으로부터 유발되는 이들 힘은 구조물의 변위에 좌우되고, 영향계수(기하학적 강성계수, geometric stiffness coefficient)에 의해 다자유도계에서 나타내면 다음과 같이 된다.

$$\begin{Bmatrix} f_{G1}(t) \\ f_{G2}(t) \\ \bullet \\ f_{Gi}(t) \\ \bullet \end{Bmatrix} = \begin{bmatrix} k_{G11} & k_{G12} & k_{G13} & \bullet & \bullet & k_{G1i} & \bullet & \bullet & k_{G1N} \\ k_{G21} & k_{G22} & k_{G23} & \bullet & \bullet & k_{G2i} & \bullet & \bullet & k_{G2N} \\ \bullet & \bullet & \bullet & \bullet & \bullet & \bullet & \bullet & \bullet & \bullet \\ k_{Gi1} & k_{Gi2} & k_{Gi3} & \bullet & \bullet & k_{Gii} & \bullet & \bullet & k_{GiN} \\ \bullet & \bullet & \bullet & \bullet & \bullet & \bullet & \bullet & \bullet & \bullet \end{bmatrix} \begin{Bmatrix} u_1(t) \\ u_2(t) \\ \bullet \\ u_i(t) \\ \bullet \end{Bmatrix} \tag{3.1.15}$$

여기서 **기하학적 강성영향계수** k_{Gij}의 정의는 다음과 같다.

k_{Gij} = 좌표 j의 단위변위로 인해 좌표 i에 유발되는 힘(구조물에서 축력성분으로부터 초래함) (3.1.16)

또는 위 식은 다음과 같은 간단한 행렬형태로도 표시할 수 있다.

$$\{f_G(t)\} = [k_G]\{u(t)\} \tag{3.1.17}$$

여기서 $[k_G]$는 구조물의 **기하학적 강성행렬**이라 불린다.

위의 표현이 도입되었을 때, 구조물의 동적 운동방정식은 다음과 같이 된다.

$$[m]\{\ddot{u}(t)\} + [c]\{\dot{u}(t)\} + [k]\{u(t)\} - [k_G]\{u(t)\} = \{f(t)\} \tag{3.1.18}$$

또는 **탄성강성**(elastic stiffness)과 **기하학적 강성**을 조합하여 하나의 **합성강성**(combined stiffness)으로 나타내면 다음과 같이 된다.

$$[m]\{\ddot{u}(t)\} + [c]\{\dot{u}(t)\} + [\bar{k}]\{u(t)\} = \{f(t)\} \tag{3.1.19}$$

여기서 **합성강성행렬** $[\bar{k}] = [k] - [k_G]$로 탄성 및 기하학적 강성효과를 모두 포함하고 있다. 구조물의 동특성치는 식 (3.1.18)의 4개의 영향계수행렬에 의해서 완벽하게 나타낼 수 있다.

3.1.3 라그랑주방법

라그랑주(Lagrange) 운동방정식의 유도는 변분(variation)의 원리의 적용부터 시작한다. 변분에 의한 다자유도계의 운동방정식을 공식화하는 데에 있어서 **일반좌표**(generalized coordinate)가 널리 사용되고 있다. N개의 자유도를 갖는 구조물에 대한 일반좌표는 구조물 내에서 모든 점의 위치를 완벽하게 특정화할 수 있는 어떤 N개 집합의 독립된 양으로서 정의된다. 즉, 일반좌표가 완벽하게 독립적이기 때문에, 일반좌표는 구조물에 부가된 어떤 기하학적 구속을 통한 방법으로 설명되어서는 안된다. 그림 3.1.3을 사용하여 일반좌표의 개념을 설명하면 다음과 같다.

$$u_1^2 + v_1^2 = L_1^2$$
$$(u_2 - u_1)^2 + (v_2 - v_1)^2 = L_2^2 \qquad (3.1.20)$$

그림 3.1.3에 보여준 전형적인 이중 진자(double pendulum)에서 두 개의 질량 m_1과 m_2의 위치는 물리좌표(physical coordinate, 직교좌표) u_1, v_1, u_2, v_2를 사용해서 규정할 수 있으나, 두 개의 기하학적 조건이 이들 좌표에 부과 되어야 한다. 즉, 이러한 식 (3.1.20)의 구속관계 때문에 u_1, v_1, u_2, v_2는 독립적이지 않으며 따라서 일반좌표로서 생각할 수 없다.

이와 반면에 각 z_1과 z_2는 질량 m_1과 m_2의 위치를 규정하는데 사용되는 좌표로서 특정화 된다고 가정해 보자. 확실히 둘 중의 하나를 일정하게 유지하는 동안에 다른 좌표는 변할 수 있으므로 이것들은 완전히 독립적이다. 따라서 일반좌표의 집합임을 알 수 있다.

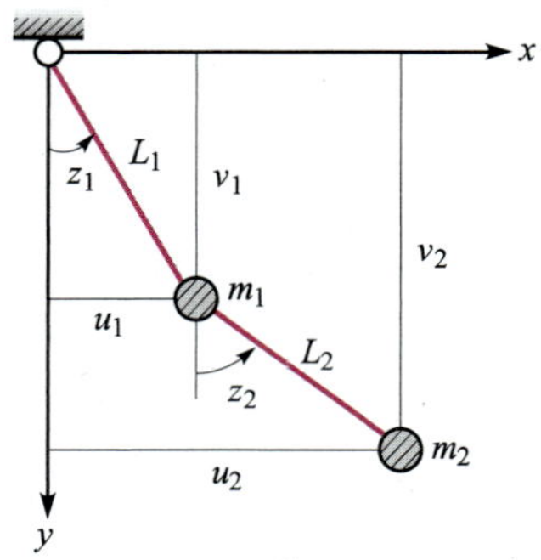

그림 3.1.3 힌지 지지를 갖는 이중 진자

일반적으로 N개의 자유도를 갖는 구조물에 대한 운동방정식은 동역학의 변분원리로부터 직접 유도될 수 있다. 해밀턴의 원리인 식 (2.1.9)로 부터 즉,

$$\int_{t_1}^{t_2} \delta(T - V)dt + \int_{t_1}^{t_2} \delta W_{NC}\, dt = 0 \qquad (3.1.21)$$

이는 총 운동에너지 T, 총 퍼텐셜에너지(위치에너지) V, 그리고 총 가상일 δW_{NC}를 단순히 일반좌표 z_1, z_2, • • •, z_N의 집합으로 나타낸다.

대부분의 구조물의 경우, 운동에너지는 일반좌표와 그것의 첫 번째 도함수로서 나타낼 수 있고, 퍼텐셜에너지(위치에너지)는 일반좌표에 의해서만 나타낼 수 있다. 그리고 비보존력에 의해서 행해진 가상일은 이들 일반좌표의 변분의 선형함수로서 나타낼 수 있다. 위의 문장을 수학적으로 나타내면 다음과 같다.

$$T = T(z_1, z_2, \cdots, z_n, \dot{z}_1, \dot{z}_2, \cdots \dot{z}_N) \tag{3.1.22a}$$

$$V = V(z_1, z_2, \cdots, z_N) \tag{3.1.22b}$$

$$\delta W_{NC} = Z_1 \delta z_1 + Z_2 \delta z_2 + \cdots + Z_N \delta z_N \tag{3.1.22c}$$

여기서 계수 $Z_1, Z_2, \cdots, Z_N$은 각각 일반좌표 $z_1, z_2, \cdots, z_N$에 대응하는 일반하중함수이다.

식 (3.1.22)를 식 (3.1.21)에 대입하고 첫 번째 항의 변분을 취하면 다음식이 유도된다.

$$\begin{aligned}\int_{t_1}^{t_2} \Big(& \frac{\partial T}{\partial z_1}\delta z_1 + \frac{\partial T}{\partial z_2}\delta z_2 + \cdots + \frac{\partial T}{\partial z_N}\delta z_N \\ & + \frac{\partial T}{\partial \dot{z}_1}\delta \dot{z}_1 + \frac{\partial T}{\partial \dot{z}_2}\delta \dot{z}_2 + \cdots + \frac{\partial T}{\partial \dot{z}_N}\delta \dot{z}_N \\ & - \frac{\partial V}{\partial z_1}\delta z_1 - \frac{\partial V}{\partial z_2}\delta z_2 - \cdots - \frac{\partial V}{\partial z_N}\delta z_N \\ & + Z_1 \delta z_1 + Z_2 \delta z_2 + \cdots + Z_N \delta z_N \Big) dt = 0\end{aligned} \tag{3.1.23}$$

식 (3.1.23)의 속도 종속항을 부분적분하면 다음이 유도된다.

$$\int_{t_1}^{t_2} \frac{\partial T}{\partial \dot{z}_i}\delta \dot{z}_i \, dt = \left[\frac{\partial T}{\partial \dot{z}_i}\delta z_i\right]_{t_1}^{t_2} - \int_{t_1}^{t_2} \frac{\partial}{\partial t}\left(\frac{\partial T}{\partial \dot{z}_i}\right)\delta z_i \, dt \tag{3.1.24}$$

식 (3.1.24)의 우변 첫째항은 $\delta z_i(t_1) = \delta z_i(t_2) = 0$이 변분에 부가된 기본조건이기 때문에 각 좌표에 대해서 0이 된다. 식 (3.1.24)를 식 (3.1.23)에 대입하고 재배열하면 다음식이 주어진다.

$$\int_{t_1}^{t_2} \left[\sum_{i=1}^{N} \left\{ -\frac{\partial}{\partial t}\left(\frac{\partial T}{\partial \dot{z}_i}\right) + \frac{\partial T}{\partial z_i} - \frac{\partial V}{\partial z_i} + Z_i \right\} \delta z_i \right] dt = 0 \tag{3.1.25}$$

모든 변분 δz_i $(i = 1, 2, \cdots, N)$는 임의의 수이기 때문에, 식 (3.1.25)에서 단지 괄호 안이 없어질 때만 일반적으로 만족될 수 있다. 즉,

$$\frac{\partial}{\partial t}\left(\frac{\partial T}{\partial \dot{z}_i}\right) - \frac{\partial T}{\partial z_i} + \frac{\partial V}{\partial z_i} = Z_i \tag{3.1.26}$$

식 (3.1.26)이 잘 알려진 라그랑주 운동방정식이며, 이것은 과학과 공학의 여러 분야에서 널리 적용되고 있다. **라그랑주 운동방정식**은 **해밀턴 변분원리**의 적용으로부터 유도되었기 때문에 구속조건을 만족시키는 모든 선형뿐만이 아니라 비선형 시스템에도 적용될 수 있다.

예제 3.1.3

자유진동 조건하에서 그림 3.1.3에 보여준 진자에 대하여 라그랑주방법을 사용하여 운동방정식을 유도하시오.

풀이

1) 일반좌표에 의한 직교좌표의 표현

직교좌표(u, v) 위치는 일반좌표(z_1, z_2)와 그들의 첫 번째 시간 도함수의 집합으로서 다음과 같이 나타낼 수 있다. 즉,

$$u_1 = L_1 \sin z_1 \qquad \dot{u}_1 = L_1 \dot{z}_1 \cos z_1$$

$$v_1 = L_1 \cos z_1 \qquad \dot{v}_1 = -L_1 \dot{z}_1 \sin z_1$$

$$u_2 = L_1 \sin z_1 + L_2 \sin z_2 \qquad \dot{u}_2 = L_1 \dot{z}_1 \cos z_1 + L_2 \dot{z}_2 \cos z_2$$

$$v_2 = L_1 \cos z_1 + L_2 \cos z_2 \qquad \dot{v}_2 = -L_1 \dot{z}_1 \sin z_1 - L_2 \dot{z}_2 \sin z_2$$

2) 운동에너지 T의 유도

위의 속도 표현식을 운동에너지에 대한 식에 대입시키면 다음과 같이 된다.

$$T = \frac{1}{2} m_1 (\dot{u}_1^2 + \dot{v}_1^2) + \frac{1}{2} m_2 (\dot{u}_2^2 + \dot{v}_2^2) \tag{1}$$

따라서

$$T = \frac{1}{2} m_1 L_1^2 \dot{u}_1^2 + \frac{1}{2} m_2 [L_1^2 \dot{z}_1^2 + L_2^2 \dot{z}_2^2 + 2L_1 L_2 \dot{z}_1 \dot{z}_2 \cos(z_2 - z_1)] \tag{2}$$

3) 퍼텐셜에너지(위치에너지) V의 유도

그림 3.1.3의 진자에서 존재하는 유일한 퍼텐셜에너지(위치에너지)는 중력에 의한 것이다. 만약 $z_1 = z_2 = 0$일 때 퍼텐셜에너지(위치에너지)가 0이라고 가정하면, 퍼텐셜에너지(위치에너지) 관계식은 다음과 같이 된다.

$$V = (m_1 + m_2) g L_1 (1 - \cos z_1) + m_2 g L_2 (1 - \cos z_2) \tag{3}$$

여기서 g는 중력가속도이다. 이 시스템에 작용하는 비보존력은 없다. 따라서 일반하중함수 Z_1과 Z_2는 모두 0이 된다.

4) 운동방정식의 유도

식 (2)와 (3)을 각각 $i=1$과 $i=2$에 대한 라그랑주 식 (3.1.26)에 대입시키면, 다음과 같은 두 개의 운동방정식이 주어진다.

$$(m_1+m_2)L_1^2\ddot{z}_1+m_2L_1L_2\ddot{z}_2\cos(z_2-z_1)$$

$$-m_2L_1L_2\dot{z}_2^2\sin(z_2-z_1)+(m_1+m_2)gL_1\sin z_1=0$$

$$m_2L_2^2\ddot{z}_2+m_2L_1L_2\ddot{z}_1\cos(z_2-z_1)$$

$$+m_2L_1L_2\dot{z}_1^2\sin(z_2-z_1)+m_2gL_2\sin z_2=0 \tag{4b}$$

이들 방정식은 진동진폭이 클 경우에는 비선형이 된다. 그러나 식 (4)에서 진동진폭이 작을 경우에 다음과 같은 선형 형태로 운동방정식이 축소될 수 있다.

$$(m_1+m_2)L_1^2\ddot{z}_1+m_2L_1L_2\ddot{z}_2+(m_1+m_2)gL_1z_1=0 \tag{5a}$$

$$m_2L_1L_2\ddot{z}_1+m_2L_2^2\ddot{z}_2+m_2gL_2z_2=0 \tag{5b}$$

예제 3.1.4

다음 그림 예제 3.1.4에 보여준 것처럼 길이 L, 질량 m인 3개의 균질한 강체봉이 절점 1과 2에서 내부힌지로 연결되고 절점 0에서 힌지 그리고 절점 3에서는 롤러에 의해 지지되고 있다. 집중모멘트 저항탄성스프링과 점성회전감쇠기가 절점 1과 2에 가까운 봉에 부착되어있고 각각 k_1, c_1, k_2, c_2의 특성치를 갖는다. 일정한 축력 H가 절점 3에 작용한다. 만약 이 구조물이 횡하중 $f_1(t)$와 절점 0에서 미소 수직 지지점운동 $u_0(t)$에 의해서 가진된다면, 미소 변형이론에 근거한 지배적인 운동방정식을 라그랑주방법을 사용하여 유도하시오.

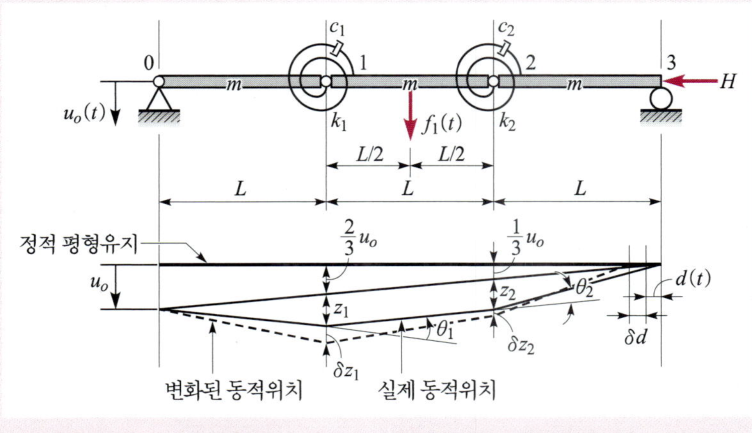

그림 예제 3.1.4 내부 힌지를 회전 스프링과 감쇠기로 모델링한 2자유도의 강체봉

풀이

1) 운동에너지 T의 유도

3개 봉의 운동에너지는 다음과 같이 된다.

$$T=\frac{m}{6}(3\dot{u}_0^2+2\dot{z}_1^2+2\dot{z}_2^2+4\dot{u}_0\dot{z}_1+2\dot{u}_0\dot{z}_2+\dot{z}_1\dot{z}_2) \tag{1}$$

수직절점변위로 인한 끝점 3의 좌측에서의 운동은 다음과 같다.

$$d=\frac{1}{L}(\frac{u_0^2}{6}+z_1^2+z_2^2-z_1z_2) \tag{2}$$

절점 1과 2에서 봉의 상대회전과 그들의 변분은 다음과 같다.

$$\theta_1=\frac{1}{L}(2z_1-z_2) \quad \delta\theta_1=\frac{1}{L}(2\delta z_1-\delta z_2) \tag{3}$$

$$\theta_2=\frac{1}{L}(2z_2-z_1) \quad \delta\theta_2=\frac{1}{L}(2\delta z_2-\delta z_1) \tag{4}$$

2) 퍼텐셜에너지(위치에너지) V의 유도

따라서 스프링과 축력 H의 퍼텐셜에너지(위치에너지)는 다음과 같이 된다.

$$V=[\frac{1}{2L^2}(4k_1+k_2)-\frac{H}{L}]z_1^2+[\frac{1}{2L^2}(k_1+4k_2)-\frac{H}{L}]z_2^2 \tag{5}$$
$$+[\frac{1}{2L^2}(-4k_1-4k_2)+\frac{H}{L}]z_1z_2-\frac{Hu_0^2}{6L}$$

3) 일반힘 Z의 유도

비보존력에 의한 가상일은 다음과 같다.

$$\delta W_{NC}=\frac{1}{2}f_1(t)(\delta z_1+\delta z_2)-c_1\dot{\theta}_1\delta\theta_1-c_2\dot{\theta}_2\delta\theta_2 \tag{6a}$$

또는.

$$\delta W_{NC}=[\frac{f_1(t)}{2}-\frac{2c_1}{L^2}(2\dot{z}_1-\dot{z}_2)+\frac{c_2}{L^2}(2\dot{z}_2-\dot{z}_1)]\delta z_1 \tag{6b}$$
$$+[\frac{f_1(t)}{2}+\frac{c_1}{L^2}(2\dot{z}_1-\dot{z}_2)-\frac{2c_2}{L^2}(2\dot{z}_2-\dot{z}_1)]\delta z_2$$

위 식으로부터 일반힘은 다음과 같이 구해지다.

$$Z_1=\frac{f_1(t)}{2}-\frac{2c_1}{L^2}(2\dot{z}_1-\dot{z}_2)+\frac{c_2}{L^2}(2\dot{z}_2-\dot{z}_1) \tag{7a}$$

$$Z_2=\frac{f_1(t)}{2}+\frac{c_1}{L^2}(2\dot{z}_1-\dot{z}_2)-\frac{2c_2}{L^2}(2\dot{z}_2-\dot{z}_1) \tag{7b}$$

4) 운동방정식의 유도

식 (1), (5), (7)을 라그랑주 식 (3.1.26)에 대입하면 다음과 같은 두 개의 운동방정식이 유도되는데, 이 방정식으로부터 동적응답을 구할 수 있다.

$$\frac{2}{3}m\ddot{z}_1+\frac{m}{6}\ddot{z}_2+(\frac{4c_1}{L^2}+\frac{c_2}{L^2})\dot{z}_1+(-\frac{2c_1}{L^2}-\frac{2c_2}{L^2})\dot{z}_2$$
$$+[\frac{1}{L^2}(4k_1+k_2)-\frac{2H}{L}]z_1+[\frac{2}{L^2}(-k_1-k_2)+\frac{H}{L}]z_2=\frac{f_1(t)}{2}-\frac{m}{3}\ddot{u}_0 \tag{8}$$

$$\frac{m}{6}\ddot{z}_1+\frac{2m}{3}\ddot{z}_2+(-\frac{2c_1}{L^2}-\frac{2c_2}{L^2})\dot{z}_1+(\frac{c_1}{L^2}+\frac{4c_2}{L^2})\dot{z}_2$$
$$+[\frac{2}{L^2}(-k_1-k_2)+\frac{H}{L}]z_1+[\frac{1}{L^2}(k_1+4k_2)-\frac{2H}{L}]z_2=\frac{f_1(t)}{2}-\frac{m}{3}\ddot{u}_0 \tag{9}$$

가속도와 속도를 0으로 놓고 구조물으로부터 가진 $f_1(t)$와 $u_0(t)$의 근원을 제거함으로서 식 (8)과 (9)는 다음의 정적 평형조건으로 감소한다.

$$[\frac{1}{L^2}(4k_1+k_2)-\frac{2H}{L}]z_1+[\frac{2}{L^2}(-k_1-k_2)+\frac{H}{L}]z_2=0 \tag{10a}$$

$$[\frac{2}{L^2}(-k_1-k_2)+\frac{H}{L}]z_1+[\frac{1}{L^2}(k_1+4k_2)-\frac{2H}{L}]z_2=0 \tag{10b}$$

구조물이 축력 H의 작용하에서 좌굴할 때만 식 (10)의 사소하지 않는 해(non-trivial solution)가 존재하고, 이것은 다음과 같이 행렬식(determinant)이 0일 때를 나타낸다. 즉,

$$\begin{vmatrix} \frac{1}{L^2}(4k_1+k_2)-\frac{2H}{L} & \frac{2}{L^2}(-k_1-k_2)+\frac{H}{L} \\ \frac{2}{L^2}(-k_1-k_2)+\frac{H}{L} & \frac{1}{L^2}(k_1+4k_2)-\frac{2H}{L} \end{vmatrix}=0 \tag{11}$$

식 (11)에 의해서 주어진 행렬식을 전개하고 H에 대하여 풀면 다음이 주어진다.

$$H_{cr}=-\frac{3}{2L}(k_1-k_2)\pm\sqrt{\frac{1}{12L^2}(13k_1^2-118k_1k_2+13k_2^2)} \tag{12}$$

식 (12)는 첫 번째와 두 번째 좌굴모드에 대응하는 두 개의 H_{cr}값을 나타내고 있다. 이들 두 개의 임계하중을 개별적으로 식 (11)에 넣은 후 둘 중의 하나에 대입하고 일반좌표 중의 하나를 다른 좌표에 대해서 풀어주면 두 개의 모드형상이 구해진다.

|3..1 운동방정식의 형식화| 연습문제

3.1.1 다음 그림에 보여준 2자유도 스프링-질량계에 조화하중이 작용하는 경우의 운동방정식을 구하시오.

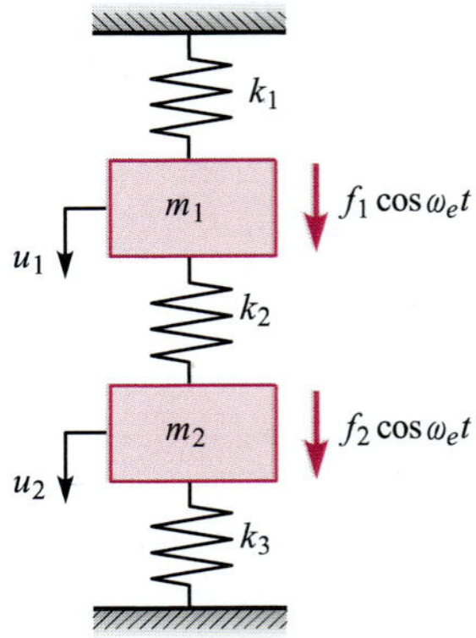

그림 연습문제 3.1.1

3.1.2 다음 그림과 같이 스프링 k에 의하여 매달린 질량 m에, 질량 m_1을 갖는 길이 L의 단진자가 붙여져 있다. 이 시스템의 운동방정식을 구하시오.

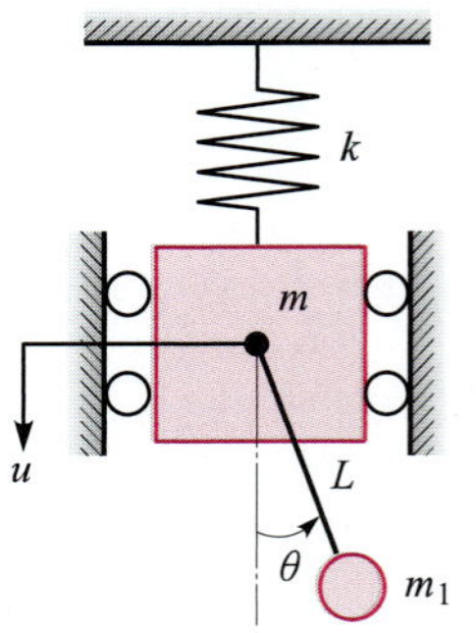

(a) 스프링-질량계와 단진자로 구성된 2자유도계

그림 연습문제 3.1.2

3.1.3 라그랑주방법을 사용하고 큰 변위를 허용하여 다음 그림에 보여준 시스템에 대한 운동방정식을 결정하고, 미소진폭진동에 대해 선형운동방정식을 구하시오.

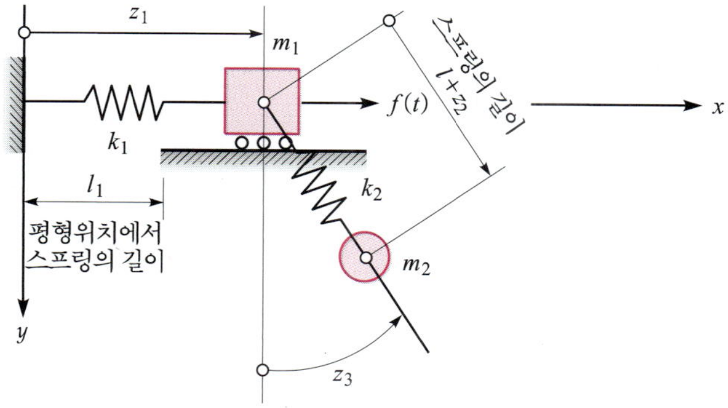

그림 연습문제 3.1.3

3.1.4 전체질량이 m이고 길이가 l인 균질한 강체봉이 중력 때문에 진자처럼 흔들리고 있고, 무게가 없는 스프링에 질량 m_2가 매달려 봉을 따라 미끄러지고 있다. 라그랑주방법을 사용하고 큰 변위를 허용하여 다음 그림에 보여준 시스템에 대한 운동방정식을 결정하고, 미소진폭진동에 대해 선형운동방정식을 구하시오.

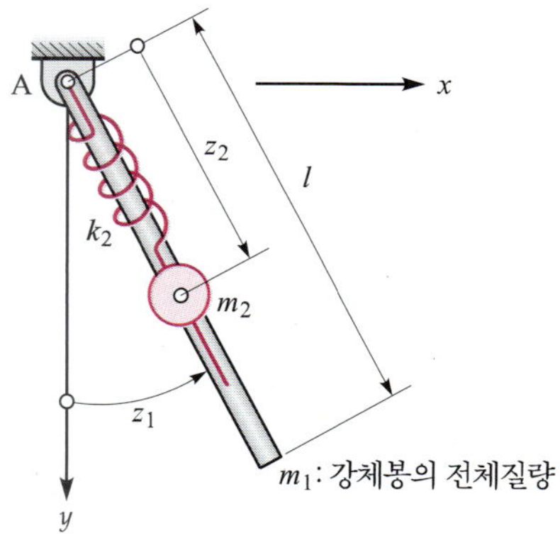

그림 연습문제 3.1.4

3.1.5 라그랑주방법을 사용하여 다음 그림에 보여준 시스템에 대한 미소진폭진동시의 선형운동방정식을 구하시오.

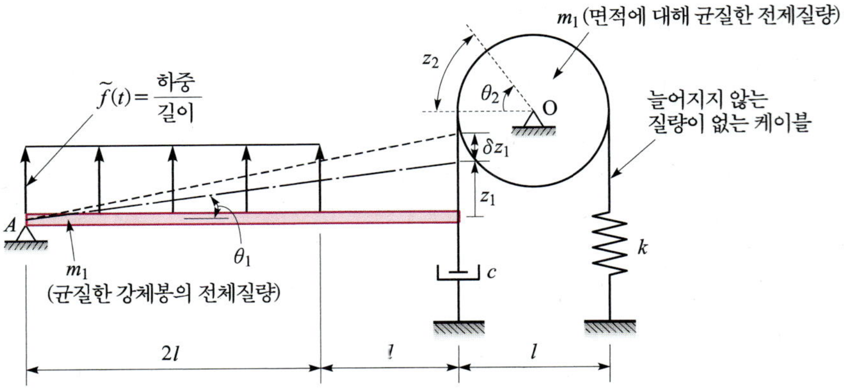

그림 연습문제 3.1.5

3.1.6 라그랑주방법을 사용하여 다음 그림에 보여준 시스템에 대한 미소진폭진동시의 선형운동방정식을 구하시오.

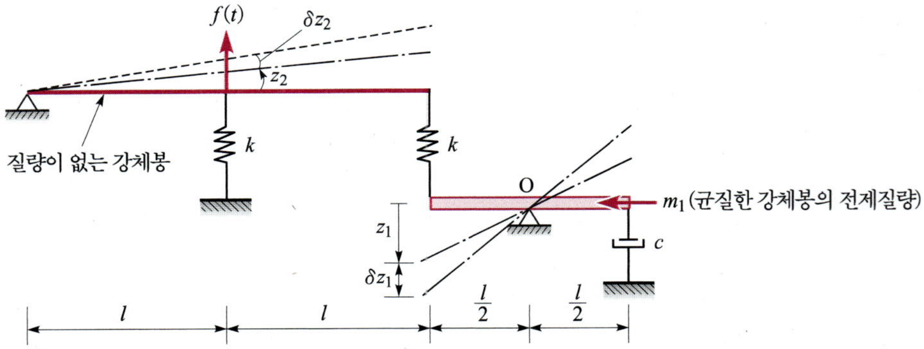

그림 연습문제 3.1.6

3.1.7 그림 연습문제 3.1.7의 기둥은 그것이 변형된 모양을 다음식과 같이 규정하여 단자유도계로서 처리한다.

$$\phi(x)=\frac{u(x,t)}{Q(t)}=\left(\frac{x}{l}\right)^2\left(\frac{3}{2}-\frac{x}{2l}\right)$$

단위길이당 균질한 분포질량을 $\overline{m}$, 균질한 강성을 EI, 그리고 단위길이당 균질한 분포하중을 $\overline{f}(t)$로 나타내었을 때, 식 (2.1.21) ~ (2.1.29)를 사용하여 일반화된 물리적 특성치 m^*와 k^* 그리고 일반하중 $f^*(t)$를 계산하고 운동방정식을 구하시오.

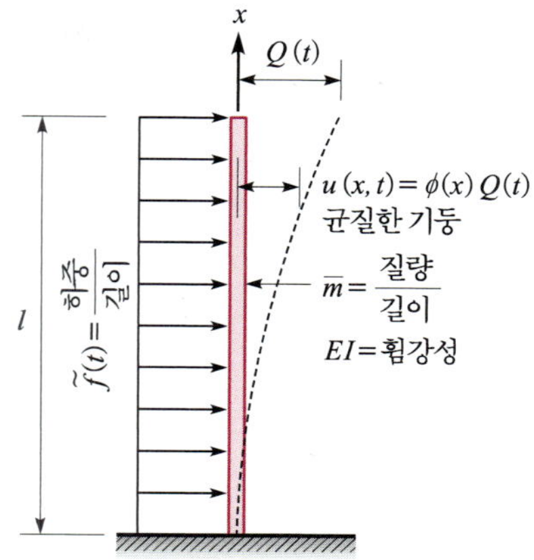

그림 연습문제 3.1.7

3.2 구조물의 특성치 행렬 평가

3.2.1 유연도행렬과 강성행렬

(1) 유연도행렬(flexibility matrix)

탄성 강성행렬[식 (3.1.5) 참조]과 역(inverse) 관계인 유연도행렬에서 유연도영향계수 $\overline{f_{ij}}$ 는 다음과 같이 정의한다.

$$\overline{f_{ij}} = \text{좌표 } j\text{의 단위하중으로 인해 좌표 } i\text{에 유발되는 변형} \tag{3.2.1}$$

그림 3.2.1에 보여준 단순보를 살펴보면, 수직변위 자유도의 집합에 연관된 유연도영향계수의 물리적 중요성을 알 수 있다. 완전한 영향계수의 집합을 규정하기 위해서는 수평과 회전 자유도의 고려가 필요하나, 여기서는 설명의 편리성 때문에 단지 수직운동만을 고려한다. 그림 3.2.1에서 어떤 하중의 조합으로 인한 절점 1에서의 변형은 다음과 같이 나타낼 수 있다.

$$u_1(t) = \overline{f_{11}} f_1(t) + \overline{f_{12}} f_2(t) + \overline{f_{13}} f_3(t) + \cdot\cdot\cdot + \overline{f_{1N}} f_N(t) \tag{3.2.2}$$

비슷한 표현을 모든 변위성분에 대하여 쓸 수 있기 때문에, 변위의 완전한 집합은 다음과 같이 나타낼 수 있다.

$$\begin{Bmatrix} u_1(t) \\ u_2(t) \\ \bullet \\ u_i(t) \\ \bullet \end{Bmatrix} = \begin{bmatrix} \overline{f_{11}} & \overline{f_{12}} & \overline{f_{13}} & \bullet & \bullet & \overline{f_{1i}} & \bullet & \bullet & \overline{f_{1N}} \\ \overline{f_{21}} & \overline{f_{22}} & \overline{f_{23}} & \bullet & \bullet & \overline{f_{2i}} & \bullet & \bullet & \overline{f_{2N}} \\ \bullet & \bullet & \bullet & \bullet & \bullet & \bullet & \bullet & \bullet & \bullet \\ \overline{f_{i1}} & \overline{f_{i2}} & \overline{f_{i3}} & \bullet & \bullet & \overline{f_{ii}} & \bullet & \bullet & \overline{f_{iN}} \\ \bullet & \bullet & \bullet & \bullet & \bullet & \bullet & \bullet & \bullet & \bullet \end{bmatrix} \begin{Bmatrix} f_1(t) \\ f_2(t) \\ \bullet \\ f_i(t) \\ \bullet \end{Bmatrix} \tag{3.2.3}$$

위 식은 다음과 같은 간단한 행렬형태로도 표시할 수 있다.

$$\{u(t)\} = [\overline{f}]\{f(t)\} \tag{3.2.4}$$

여기서 **유연도영향계수의 행렬** $[\overline{f}]$는 구조물의 **유연도행렬**이다.

식 (3.2.4)에서는 변형을 외부에서 작용하는 하중의 벡터에 대하여 표현한 것으로, 변위방향으로 작용하는 하중을 양의 방향으로 간주한다. 여기서 변형은 이것에 저항하는 탄성력 $\{f_S(t)\}$에 대하여 나타낼 수 있으며, 이 경우는 변위와 반대방향을 양의 방향으로 간주한다.

정역학에서는 명백히 $\{f_S(t)\} = \{f(t)\}$이므로, 식 (3.2.4)는 다음과 같이 된다.

$$\{u(t)\} = [\bar{f}]\{f_S(t)\} \tag{3.2.5}$$

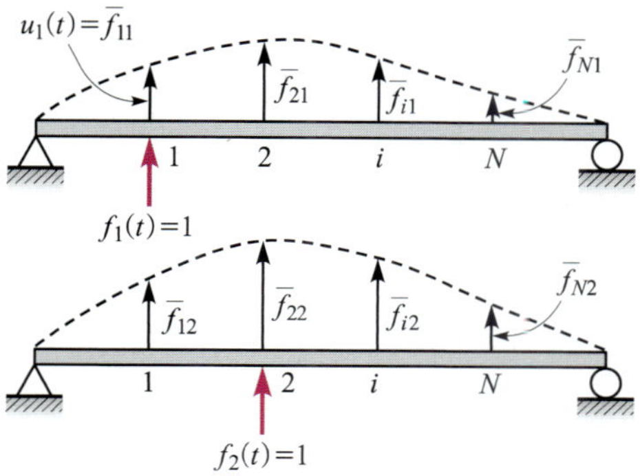

그림 3.2.1 유연도영향계수의 정의

(2) 강성행렬

1) 기본개념

식 (3.1.4)에 정의된 강성영향계수의 물리적 의미는 그림 3.2.2의 자유도로서 파악될 수 있다. 즉, 이들은 하나의 자유도에 단위변위를 허용하고 나머지 절점변위는 허용하지 않을 때 구조물에 발생되는 힘이다. 그림 3.2.2에서 강성행렬은 특정한 변형조건을 유지하기 위해 필요로 하는 가해진 힘과 수치적으로 그 크기가 같다는 것이다. 이것들은 가해진 힘의 방향이 변위와 일치하였을 때 양의 방향이 되며, 그렇지 않으면 음의 방향이 된다.

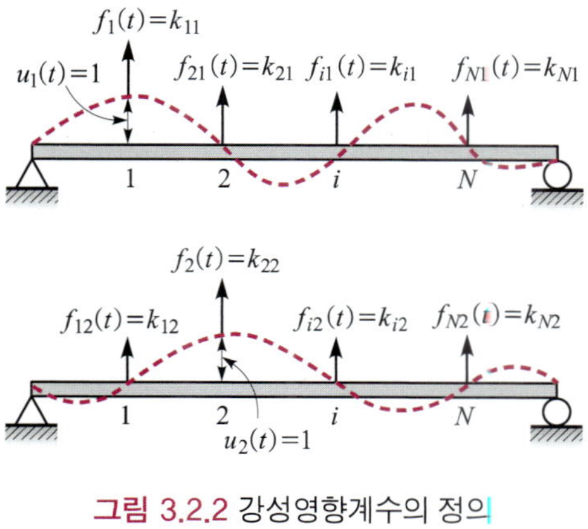

그림 3.2.2 강성영향계수의 정의

구조물 내에 축척된 변형에너지는 유연도행렬이나 강성행렬로 편리하게 표현될 수 있다. 변형에너지 U는 구조물을 구부리는데 행해진 일과 같으므로, 따라서 다음과 같이 된다.

$$U = \frac{1}{2}\sum_{i=1}^{N} f_i(t)u_i(t) = \frac{1}{2}\{f(t)\}^T\{u(t)\} \tag{3.2.6}$$

여기서 $\{f(t)\}^T$는 $\{f(t)\}$의 전치행렬(transposed matrix)이다. 위 식에 식 (3.2.4)를 대입시키면 다음과 같이 된다.

$$U = \frac{1}{2}\{f(t)\}^T[\bar{f}]\{f(t)\} \tag{3.2.7}$$

식 (3.2.4)를 전치(transpose)하고 식 (3.1.6)의 관계를 식 (3.2.7)에 대입하고 정리하면 다음과 같이 된다[$\{f_S(t)\} = \{f(t)\}$임에 주의].

$$U = \frac{1}{2}\{u(t)\}^T[k]\{u(t)\} \tag{3.2.8}$$

어떤 변형을 하는 동안에 안정된 구조물 내에 축척되는 변형에너지[식 (3.2.7), (3.2.8)]는 항상 양(positive)이이어야 한다는 것에 유의할 때 다음의 관계가 명백히 성립한다.

$$\{u(t)\}^T[k]\{u(t)\} > 0 \tag{3.2.9a}$$

$$\{f(t)\}^T[\bar{f}]\{f(t)\} > 0 \tag{3.2.9b}$$

여기서 $\{u(t)\}$ 또는 $\{f(t)\}$가 임의의 영이 아닌 벡터(nonzero vector)라고 할 때 이 조건을 만족하는 행렬을 양의 값을 갖는(positive definite) 행렬이라고 하는데, 이러한 양의 값을 갖는 행렬(결론적으로 유연도행렬과 강성행렬)은 비특이(nonsingular)이며 역행렬이 존재한다.

강성행렬의 역행렬을 취하고, 식 (3.1.6)의 양변의 식 앞에 그것을 곱해주면 다음과 같이 된다.

$$[k]^{-1}\{f_S(t)\} = \{u(t)\} \tag{3.2.10}$$

위 식과 식 (3.2.5)를 비교해 보면, 강성행렬의 역행렬은 다음과 같이 유연도행렬이 된다는 것을 알 수 있다. 즉,

$$[k]^{-1} = [\bar{f}] \tag{3.2.11}$$

한편, **상반변형**(reciprocal deflection)에 대한 **맥스웰**(maxwell)법칙을 적용하면 다음의 관계가 유도된다.

$$[\bar{f}] = [\bar{f}]^T \tag{3.2.12}$$

따라서 유연도행렬은 대칭이므로 $\overline{f_{ij}} = \overline{f_{ji}}$이다. 이와 비슷하게 식 (3.1.6)을 대입시키면, $k_{ij} = k_{ji}$인 다음이 유도된다.

$$[k] = [k]^T \tag{3.2.13}$$

2) 유한요소 강성

원칙적으로 어떤 정해진 절점변위 세트와 관련된 유연도계수나 강성계수는 이들에 대한 정의를 적용함으로서 구할 수 있다. 그렇지만 실제로 **유한요소법**(finite element method)은 종종 탄성특성(강성계수)을 계산하는데 가장 편리한 방법이다. 이러한 유한요소 개념의 접근에 의해, 구조물은 오직 유한수의 절점에서만 서로 연결되어있는 불연속 요소의 시스템으로 분리된다고 가정한다. 즉, 개별적인 유한요소의 특성을 계산하고, 이들을 적당하게 중첩해주면 구조물의 특성을 구할 수 있다. 따라서 어떤 구조물의 강성특성을 정의하는 문제는 기본적으로 요소의 강성을 계산하는 것으로 축소되다.

그림 3.2.3에 보여준 비균질 직선보의 요소를 생각해 보자. 이런 형태의 요소가 하나의 구조물로 조립될 수 있는 두 개의 절점은 그 끝에 위치하여, 만약 횡단면 변위만을 고려한다면, 각 절점에 2개의 자유도 즉, 수직변위와 회전을 갖는다. 따라서 요소의 왼쪽 끝에 그림 3.2.3과 같은 경계조건을 만족하는 단위변위 형태의 곡선이 나타난다.

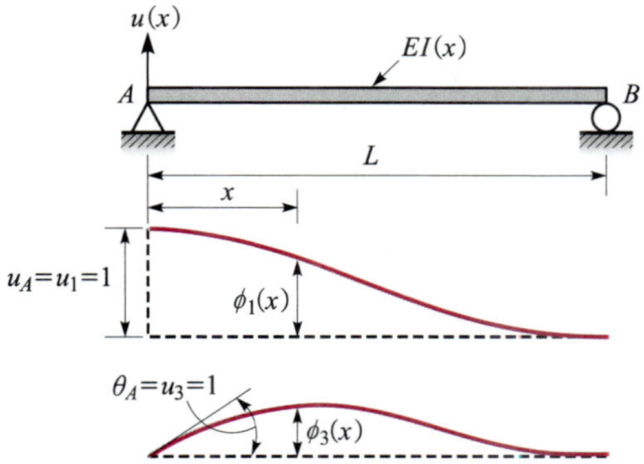

그림 3.2.3 왼쪽끝의 단위 절점변위로 인한 보의 변형

이러한 변위함수들은 절점과 내적 연속(nodal and internal continuity) 필요조건을 만족시키는 어떤 임의의 형태로 될 수 있지만, 이것들은 보통 이러한 절점변위를 받는 균질한 보에서 생긴 모양이라고 가정한다. 이것들은 다음과 같이 표현될 수 있는 3차 **헤르미션**(Herimition) **다항식**이다.

$$\phi_1(x) = 1 - 3\left(\frac{x}{L}\right)^2 + 2\left(\frac{x}{L}\right)^3 \tag{3.2.14a}$$

$$\phi_3(x) = x\left(1 - \frac{x}{L}\right)^2 \tag{3.2.14b}$$

우측 끝에 가해지는 변위에 대한 등가의 **형상함수**(shape function)는 다음과 같다.

$$\phi_2(x) = 3\left(\frac{x}{L}\right)^2 - 2\left(\frac{x}{L}\right)^3 \tag{3.2.14c}$$

$$\phi_4(x) = \frac{x^2}{L}\left(\frac{x}{L} - 1\right) \tag{3.2.14d}$$

위의 4개 **보간함수**(interpolation function)(여기서, 형상함수는 요소 내 임의점에서의 값을 절점에서의 값을 이용하여 보간하는 형식으로 구하므로 보간함수와 동일한 의미를 가짐)로, 요소의 휘어진 모양은 이제 **절점변위**로 다음과 같이 표현될 수 있다.

$$u(x) = \phi_1(x)u_1 + \phi_2(x)u_2 + \phi_3(x)u_3 + \phi_4(x)u_4 \tag{3.2.15}$$

여기서 변호가 붙여진 자유도는 다음과 같이 그림 3.2.3에 보이는 것들에 관련된다.

$$\begin{Bmatrix} u_1 \\ u_2 \\ u_3 \\ u_4 \end{Bmatrix} = \begin{Bmatrix} u_A \\ u_B \\ \theta_A \\ \theta_B \end{Bmatrix} \tag{3.2.16}$$

주목해야 할 것은 수직변위와 회전이 기본적인 절점자유도 u_i로서 표현된 것이다.

정의에 의해서 요소의 강성계수는 단위 절점변위로 인한 절점력을 나타낸다. 어떤 절점변위성분과 관련된 절점력은 2.1.2절에 설명된 가상변위의 원리에 의해 결정될 수 있다. 예를 들면, 그림 3.2.3의 보요소에 대한 강성계수 k_{13} 즉, 절점 A에 가해진 단위회전으로 인하여 끝 절점 A에 생긴 수직력(vertical force)을 생각해 보자.

보이는 바와 같이 단위회전이 가해지는 동안, 그리고 외부힘에 의해 한 일을 내부힘에 의해 행해진 일과 같게 하는 반면에 그림 3.2.4에 보여준 바와 같이 끝 절점 A에 단위회전각과 가상변위를 도입하고 외부힘에 의한 일과 내부힘에 의한 일을 등치시킴(즉, $W_E = W_I$)으로서 이 힘의 성분이 계산될 수 있다. 이 경우, 모든 다른 절점성분의 가상변위가 소멸되기 때문에 외부일은 단지 절점 A에서 수직력 성분에 의해서만 행하여진다. 따라서 다음 식과 같이 된다.

$$W_E = \delta u_A f_A(t) = \delta u_1 k_{13} \tag{3.2.17}$$

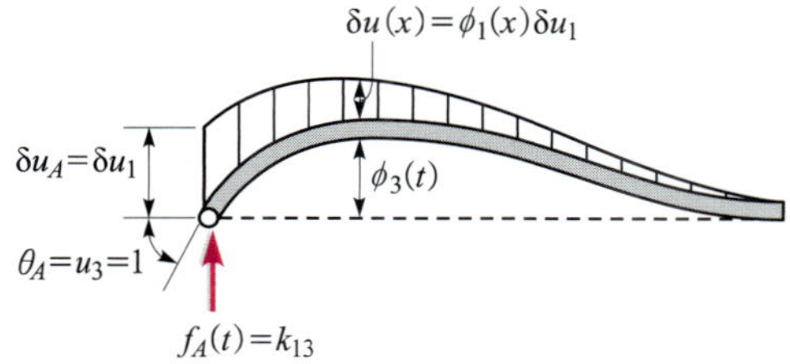

그림 3.2.4 절점 A에 실제 회전 $\theta_A(=u_3)$와 가상변위 $\delta u_A(=\delta u_1)$를 받는 보

내부 **가상일**은(전단뒤틀림의 효과를 무시할 때) $\frac{\partial^2}{\partial x^2}[\delta u(x)] = \phi_1''(x)\delta u_1$인 가상곡률 위에 작용하는 $\theta_A = 1$과 관련된 내부 휨모멘트에 의해 행해진다. 여기서, $\theta_A = 1$로 인한 내부 휨모멘트는 다음과 같이 표현될 수 있다.

$$M(x) = EI(x)\phi_3''(x) \tag{3.2.18}$$

그러므로 내부일은 다음과 같이 주어진다.

$$W_I = \delta u_1 \int_0^L EI(x)\phi_1''(x)\phi_3''(x)dx \tag{3.2.19}$$

일에 관한 식인 식 (3.2.17)과 식 (3.2.19)를 같게 놓으면, 강성계수에 관한 식은 다음과 같이 되다.

$$k_{13} = \int_0^L EI(x)\phi_1''(x)\phi_3''(x)dx \tag{3.2.20}$$

따라서 보에 연관된 어떤 강성계수 k_{ij}도 동등하게 다음처럼 쓰여질 수 있다.

$$k_{ij} = \int_0^L EI(x)\phi_i''(x)\phi_j''(x)dx \tag{3.2.21}$$

이 식의 형태로부터 강성행렬의 대칭성 즉, $k_{ij} = k_{ji}$는 확실해진다.

균질한 보요소의 특별한 경우에 대해서, 식 (3.2.14)의 보간함수(형상함수)가 사용될 때 식 (3.2.21)에 의해 생기는 강성행렬을 포함한 탄성력의 관계를 식으로 나타내면 다음과 같이 된다.

$$\begin{Bmatrix} f_{S1} \\ f_{S2} \\ f_{S3} \\ f_{S4} \end{Bmatrix} = \frac{EI}{L^3}\begin{bmatrix} 12 & -12 & 6L & 6L \\ -12 & 12 & -6L & -6L \\ 6L & -6L & 4L^2 & 2L^2 \\ 6L & -6L & 2L^2 & 4L^2 \end{bmatrix}\begin{Bmatrix} u_1 \\ u_2 \\ u_3 \\ u_4 \end{Bmatrix} \tag{3.2.22}$$

여기서 절점변위 $\{u\}$는 식 (3.2.16)에 의해서 정의되고, $\{f_S\}$는 **절점력**에 해당하는 벡터이다. 강성계수는 식 (3.2.21)에서 사용된 보간함수(형상함수)가 이 경우에 대한 실제 형태이기 때문에 전단뒤틀림이 없는 균질한 보의 경우에 대하여 정확한 값이 된다. 만약 보의 강성이 균질하지 않다면 식 (3.2.21)에서 이러한 형상함수들을 적용하는 것은 실제 강성에 근사치를 제공하는 것이 되며, 완벽한 보의 최종 결과는 만일 이것이 유한요소의 충분한 개수로 분할된다면 아주 좋은 값이 될 것이다.

앞서 논의한 바와 같이 한 구조물에서 모든 유한요소의 강성계수를 계산할 때, 단지 요소 강성 값을 적절하게 더해줌으로서 완벽한 구조물의 강성을 구할 수 있다. 이것을 직접강성법(direct stiffness method)이라 부른다. 실제로, 절점과 관련된 요소에 해당하는 강성계수를 함께 더해서 완벽한 구조물의 어떤 강성계수 k_{ij}를 구할 수 있다. 따라서 만약 요소 m, n, o가 모두 완전한 구조물의 절점에 부착되어 있다면, 이 절점에 대한 구조물의 강성계수는 다음과 같이 될 것이다.

$$k_{ii} = \overline{k_{ii}}^{(m)} + \overline{k_{ii}}^{(n)} + \overline{k_{ii}}^{(o)} \tag{3.2.23}$$

여기서 첨자는 개개의 요소를 말한다. 이러한 방법으로 요소강성을 중첩하기 전에 이것들이 전체 구조물에 적용할 수 있는 일반적인 전체좌표로 표현되어야 한다. 예를 들면, 식 (3.2.22)의 국부좌표 강성이 전체좌표로 변환되었음을 나타내기 위해서 식 (3.2.23)에서 각각의 요소강성 부호의 위에 ‾를 씌웠다.

예제 3.2.1

다음과 같은 2자유도계의 스프링 시스템에서 유연도행렬 $[\bar{f}]$와 강성행렬 $[k]$를 구하시오.

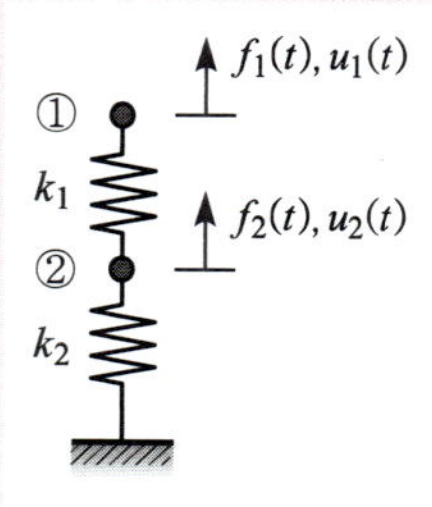

그림 예제 3.2.1

풀이

1) 유연도행렬 $[\bar{f}]$

i) $f_1(t)=1$ 및 $f_2(t)=0$일 때,

절점 ①의 변위 u_1 계산

$$u_1 = u_1(t)+u_2(t)=\frac{f_1(t)}{k_1}+\frac{f_1(t)}{k_2}=\left(\frac{1}{k_1}+\frac{1}{k_2}\right)f_1(t)$$

$$\therefore\ u_1=\frac{1}{k_1}+\frac{1}{k_2}=\overline{f_{11}}$$

절점 ②의 변위 u_2 계산

$$u_2=u_2(t)=\frac{f_1(t)}{k_2}=\frac{1}{k_2}f_1(t)$$

$$\therefore\ u_2=\frac{1}{k_2}=\overline{f_{21}}$$

ii) $f_1(t)=0$ 및 $f_2(t)=1$일 때,

절점 ①의 변위 u_1 계산

$$u_1=u_2(t)=\frac{f_2(t)}{k_2}=\frac{1}{k_2}f_2(t)$$

$$\therefore\ u_1=\frac{1}{k_2}=\overline{f_{12}}$$

절점 ②의 변위 u_2 계산

$$u_2 = u_2(t) = \frac{f_2(t)}{k_2} = \frac{1}{k_2} f_2(t)$$

$$\therefore\ u_2 = \frac{1}{k_2} = \overline{f_{22}}$$

iii) 따라서 유연도행렬은 다음과 같이 된다. 즉,

$$[\overline{f}] = \begin{bmatrix} \overline{f_{11}} & \overline{f_{12}} \\ \overline{f_{21}} & \overline{f_{22}} \end{bmatrix} = \begin{bmatrix} \frac{1}{k_1} + \frac{1}{k_1} & \frac{1}{k_2} \\ \frac{1}{k_2} & \frac{1}{k_2} \end{bmatrix}$$

2) 강성행렬 $[k]$

i) $u_1(t) = 1$ 및 $u_2(t) = 0$일 때,

절점 ①의 힘 f_1 계산

$f_1 = k_1 u_1(t)$

$\therefore\ f_1 = k_1 = k_{11}$

절점 ②의 힘 f_2 계산

$f_2 = -k_1 u_1(t)$

$\therefore\ f_2 = -k_1 = k_{21}$

ii) $u_1(t) = 0$ 및 $u_2(t) = 1$일 때,

절점 ①의 힘 f_1 계산

$f_1 = -k_1 u_2(t)$

$\therefore\ f_1 = -k_1 = k_{12}$

절점 ②의 힘 f_2 계산

$f_2 = k_1 u_2(t) + k_2 u_2(t) = (k_1 + k_2) u_2(t)$

$\therefore\ f_2 = k_1 + k_2 = k_{22}$

iii) 따라서 강성행렬은 다음과 같이 된다. 즉,

$$[k] = \begin{bmatrix} k_{11} & k_{12} \\ k_{21} & k_{22} \end{bmatrix} = \begin{bmatrix} k_1 & -k_1 \\ -k_1 & k_1 + k_1 \end{bmatrix}$$

3.2.2 질량행렬

(1) 집중질량행렬(lumped mass matrix)

구조물의 질량특성을 정의하는 가장 간단한 절차는 전체질량이 **병진변위**(translational displacement)가 정의되는 절점에 집중된다고 가정하는 것이다. 각 절점에 놓인 **절점질량**을 정의하기 위한 일상적인 절차는 구조물의 요소와의 연결점이 이용되는 절점으로 분할된다고 가정하는 것이다. 이 점들에 대한 요소 질량의 분포가 **정역학**으로 결정되기 때문에, 각 요소의 질량은 각각의 절점에 절점질량으로 집중된다고 가정한다. 그러면 완전한 구조물의 어떤 절점에 집중된 전체질량은 그 절점에 부착된 모든 요소로부터 절점 기여의 합계가 된다. 그림 3.2.5의 보구조물에는 각각의 절점에 기여하고 있는 2개의 요소가 있는데, 예를 들면 절점 1에서의 집중질량은 $m_1 = m_{1a} + m_{1b}$이다.

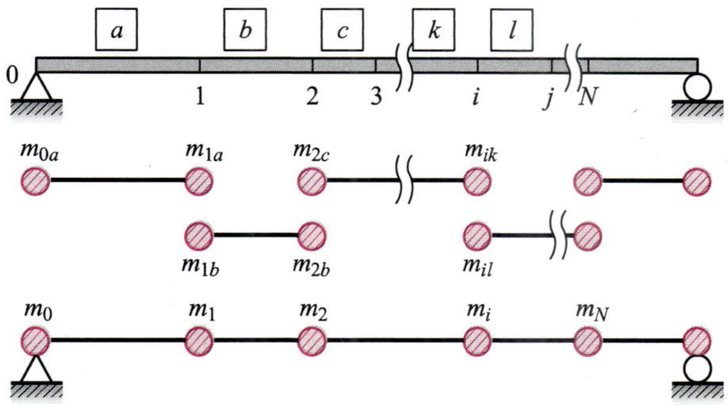

그림 3.2.5 보의 절점에 질량을 집중시킨 예

오직 수직방향의 병진 자유도만이 정의되는 구조물의 경우, 집중질량행렬은 대각선의 형태의 행렬을 갖는다. 즉, 그림 3.2.5의 보구조물에서 집중질량행렬은 다음처럼 쓰여 질 수 있다.

$$\begin{bmatrix} m_1 & 0 & 0 & \bullet\bullet & 0 & \bullet\bullet & 0 \\ 0 & m_2 & 0 & \bullet\bullet & 0 & \bullet\bullet & 0 \\ 0 & 0 & m_3 & \bullet\bullet & 0 & \bullet\bullet & 0 \\ \bullet & \bullet & \bullet & \bullet\bullet & \bullet & \bullet\bullet & \bullet \\ 0 & 0 & 0 & \bullet\bullet & m_i & \bullet\bullet & 0 \\ \bullet & \bullet & \bullet & \bullet\bullet & \bullet & \bullet\bullet & \bullet \\ 0 & 0 & 0 & \bullet\bullet & 0 & \bullet\bullet & m_N \end{bmatrix} \tag{3.2.24}$$

위의 행렬에는 자유도의 같은 수만큼의 항이 있다. 어떤 질량-절점의 가속도는 오직 그 점에서만 관성력을 만들기 때문에, 이 행렬의 대각선 이외의 항은 사라지게 된다. 절점 i에서의 관성력은 확실히 그 점에 집중된 질량과 똑 같다. 따라서 집중질량시스템에서 질량영향계수는 $m_{ii}=m_i$이다.

만약 하나 이상의 병진 자유도가 절점에서 규정된다면 같은 절점질량은 각 자유도와 관련지어진다. 반면에, 회전 자유도에 관련된 질량은 회전관성을 갖지 않는 절점에 질량이 집중된다는 가정 때문에 0이 된다. 물론 **유한회전관성**(finite rotational inertia)을 갖는 강체질량이 회전 자유도와 관련된다면, 그 자유도에 대한 대각선의 질량계수는 질량의 회전 관성력이 된다. 따라서 집중질량행렬은 일반적으로 회전 자유도에 대해 0인 **대각요소**(zero diagonal element)를 포함하는 대각행렬이다.

(2) 일관질량행렬(consistent mass matrix)

유한요소 개념을 사용하면 요소강성계수의 해석과 유사한 절차로 구조물의 각 요소에 대하여 질량영향계수를 계산하는 것이 가능하다. 예를 들면, 그림 3.2.3에 보여준 것과 똑같이 가정될 수 있는 그림 3.2.6의 비균질 보요소를 고려해 보자. 요소의 자유도는 각각 끝에서의 병진과 회전이며, 지간 내에서의 변위는 요소강성을 유도하는데 사용된 보간함수(형상함수) $\phi_i(x)$에 의해서 정의된다고 가정한다.

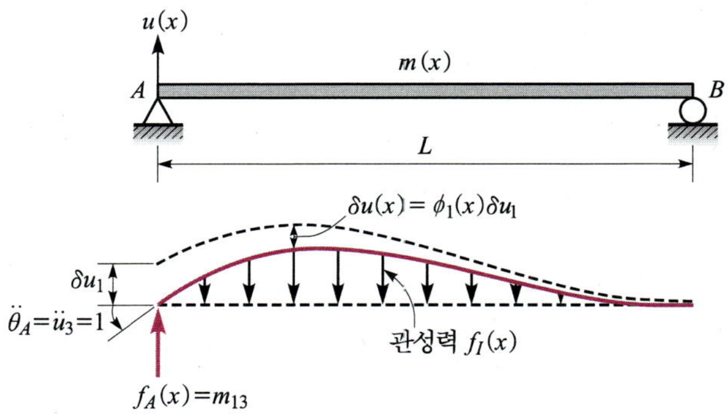

그림 3.2.6 실제 각가속도와 가상 병진변위를 받는 절점

만약 보가 왼쪽끝에서 단위 각가속도를 받는다면 즉, $\ddot{\theta}_A=\ddot{u}_3=1$이라면 가속도는 다음과 같이 그것의 길이에 따라 생길 것이다.

$$\ddot{u}(x)=\phi_3(x)\ddot{u}_3 \tag{3.2.25}$$

위 식은 식 (3.2.15)의 2차 시간도함수를 취함으로서 구할 수 있다. 달랑베르(d'Alembert) 원리에 의해서 이 가속도에 저항하는 관성력은 다음과 같다.

$$f_I(x) = m(x)\ddot{u}(x) = m(x)\,\phi_3(x)\,\ddot{u}_3 \tag{3.2.26}$$

가속도와 관련된 질량영향계수는 그것이 만들어내는 절점 관성력으로서 정의되어지는데, 이 관성력은 가상변위의 원리에 의해서 식 (3.2.26)의 분포 관성력으로부터 계산될 수 있다. 예를 들면, 수직 가상변위를 도입해서 외부 절점력 $f_A(t)$에 의해 행해진 일을 분포 관성력 $f_I(x)$에 의한 일과 같게 놓음으로서 좌측 끝에서의 수직력을 다음과 같이 계산할 수 있다. 즉,

$$f_A(x)\,\delta u_A = \int_0^L f_I(x)\,\delta u(x)dx \tag{3.2.27}$$

내부 가상변위를 보간함수로 표현하고, 식 (3.2.26)을 대입시키면 다음과 같이 된다.

$$m_{13} = \int_0^L m(x)\,\phi_1(x)\,\phi_3(x)dx \tag{3.2.28}$$

그림 3.2.6에서 주의해야 할 것은 질량영향계수는 가속도를 억제하는 관성력을 나타내지만 숫자적으로 가속도를 생기게 하는 외부힘과 같다는 것이다.

식 (3.2.28)로부터 확실한 것은 다음과 같은 등가식에 의해서 임의의 보요소에 대한 어떤 질량계수 m_{ij}도 계산할 수 있다는 것이다.

$$m_{ij} = \int_0^L m(x)\,\phi_i(x)\,\phi_j(x)dx \tag{3.2.29}$$

위 식의 대칭형태는 강성행렬과 마찬가지로 질량행렬이 대칭 즉, $m_{ij} = m_{ji}$이며, 또한 $i = j$인 경우에 식 (2.1.28)의 m^*에 대응하는 항과 등가임을 주목하라. 강성계수를 계산하기 위해 사용되는 것과 같은 보간함수를 사용해서 질량계수를 계산할 때, 그 결과를 일관질량행렬이라 부른다. 식 (3.2.14)의 3차 헤르미션(Herimition) 다항식은 어떤 직선 보요소의 질량계수를 계산하는데 사용된다. 균일하게 분포된 질량을 갖는 보의 경우에 있어서 그 결과는 다음과 같이 된다.

$$\begin{Bmatrix} f_{I1} \\ f_{I2} \\ f_{I3} \\ f_{I4} \end{Bmatrix} = \frac{\overline{m}L}{420} \begin{bmatrix} 156 & 54 & 22L & -13L \\ 54 & 156 & 13L & -22L \\ 22L & 13L & 4L^2 & -3L^2 \\ -13L & -22L & -3L^2 & 4L^2 \end{bmatrix} \begin{Bmatrix} \ddot{u}_1 \\ \ddot{u}_2 \\ \ddot{u}_3 \\ \ddot{u}_4 \end{Bmatrix} \tag{3.2.30}$$

구조물 요소의 질량계수를 계산할 때, 완전한 집합체인 질량행렬은 식 (3.2.23)의 요소강성으로부터 강성행렬을 만들기 위해 설명한 것과 정확하게 똑같은 형태의 중첩절차에 의해서 만들어진다. 보통 일관질량계의 동적해석은 일관질량행렬에서 대각이 아닌(off-diagonal) 항에 많은 0이 아닌 값들을 갖고 있으며 정적응축(static condensation, 행렬로부터 불필요한 자유도를 제거시키는 과정) 시 회전 자유도 등이 제거될 수 없어서 집중질량계보다 훨씬 더 많은 계산을 필요로 한다.

3.2.3 감쇠행렬

유한요소 개념을 사용하면 구조물에 작용하는 여러 가지 감쇠력을 정량적으로 결정할 수 있다. 예를 들면, 어떤 요소에 대한 감쇠계수는 다음과 같은 형태가 될 수 있다[식 (2.1.30)의 c^*와 비교 요망].

$$c_{ij} = \int_0^L c(x)\,\phi_i(x)\,\phi_j(x)dx \tag{3.2.31}$$

여기서 $c(x)$는 분포 점성감쇠의 특성치이다. 요소 감쇠영향계수가 결정되고 나면 직접강성법과 같은 중첩절차에 의해서 완전한 구조물의 감쇠행렬을 구할 수 있다. 그러나 감쇠특성치 $c(x)$의 계산은 실제로 불가능하다. 이러한 이유 때문에 일반적으로 감쇠는 정확한 감쇠행렬 $[c]$에 의해서보다는 유사한 구조물에 대한 실험에 의해 확정된 감쇠비로 표현되어진다. 만약 감쇠행렬의 명확한 식이 요구되면, 그것은 일반적으로 3.4절에 설명되는 것처럼 규정된 감쇠비로부터 계산될 수 있을 것이다.

3.2.4 하중과 기하학적 강성행렬

(1) 하중

만약 구조물에 작용하는 **동하중**이 변위좌표에 상응하는 **집중하중**으로 구성된다면, 식 (3.1.2)의 **하중벡터**를 직접 쓸 수 있다. 그러나 일반적으로 하중은 절점뿐만이 아니라 다른 점에도 가해지며 분포하중이 포함될 수도 있다. 이 경우에 식 (3.1.2)의 하중 항은 대응하는 변위성분에 연관된 **일반화된 힘**이다. 이 일반화된 힘을 계산하는데 적용될 수 있는 2가지 절차는 다음과 같다.

1) 정적합력

절점사이에 분포된 하중에 의하여 생기는 효과적인 절점력을 결정하는 가장 직접적인 방법은 간단한 정역학적의 원리를 적용하는 것이다. 다시 말해서, 절점력은 정역학적으로 분포하중에 상응하는 집중하중의 집합으로서 정의되어 진다. 사실, 실제 하중이 절점에서 지지되는 일련의 간단한 보를 통해서 구조물에 적용되는 것처럼 해석되어 진다. 이때 지지점에 생긴 반력은 구조물에 작용하는 집중절점력이 된다. 이런 형태의 해석에 있어서 확실한 것은 단지 해당하는 병진자유도에 대해서만 힘이 생길 것이라는 것이다. 반면에 외부 휨모멘트가 절점에 직접 작용되지 않는다면 회전절점력은 0이 될 것이다.

2) 일관(consistent)절점력

모든 절점 자유도에 해당하는 절점력을 계산하기 위해서 사용될 수 있는 두 번째 절차는 유한요소 개념으로부터 구할 수 있다. 이 절차는 일관(consistent)질량행렬을 계산할 때와 같은 방법으로 가상변위의 원리를 사용하고, 유도된 일반절점하중을 일관절점하중이라 부른다. 일관질량의 평가에서처럼 그림 3.2.7에 보여준 외부에서 작용하는 동하중을 받는 보요소를 고려해 보자. 그림에서와 같이, 가상변위 δu_1이 가해지고 외부와 내부의 일이 같을 때 $u_1(t)$에 해당하는 일반화된 힘(generalized force, 일반하중) $p_1(t)$는 다음과 같이 된다.

$$p_1 = \int_0^L f(x,t)\,\phi_1(x)dx \tag{3.2.32}$$

따라서 요소의 일반화된 힘은 일반적으로 다음과 같이 표현된다.

$$p_i = \int_0^L f(x,t)\,\phi_i(x)dx \tag{3.2.33}$$

일반하중의 양의 부호는 양의 좌표축과 일치한다. 그리고 각 요소에 작용하는 일반하중이 전체 구조물의 절점에 작용하는 전체유효하중은 직접강성법과 같이 중첩절차를 써서 구할 수 있다.

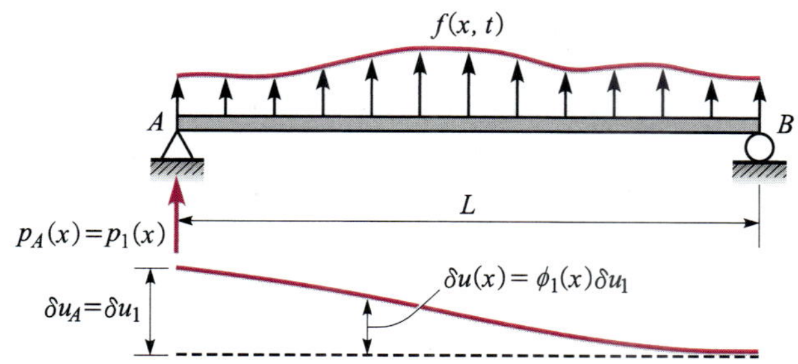

그림 3.2.7 횡하중을 받는 보의 가상 절점병진변위

(2) 기하학적 강성행렬

1) 선형근사

기하학적 강성(geometric stiffness)특성은 축방향하중(축력) 성분에 의해서 구조물에 유발되는 좌굴에 대한 경향을 나타낸다. 따라서 이것은 단지 구조물의 외형뿐만이 아니라 하중조건에도 의존하게 된다.

근사방법이 질량행렬과 하중벡터에 대한 앞의 논의와 다소 비슷하게 기하학적 강성특성치의 계산에 대해서 설정될 수 있다. 가장 간단한 근사는 그림 3.2.8에 나타나 있는 물리적 모델로부터 유도될 수 있으며, 여기서 모든 축력은 힌지로 연결된 강체보 요소로 구성되어 있는 보조시스템 내에서 작용하고 있다고 가정한다. 힌지는 실제보의 횡변위 자유도가 정의된 점에 위치하며, 그리고 힌지는 축력성분이 아닌 횡단력을 전달하는 링크(link)에 의해 보에 부착되어 있다. 보조시스템의 전형적인 요소 i에서 평형을 위해 요구되는 힘은 그림 3.2.9에 나타나 있다.

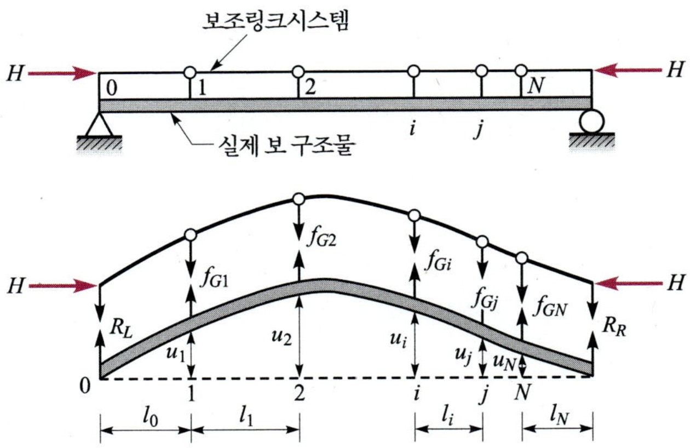

그림 3.2.8 보에서 축력 구조의 이상화

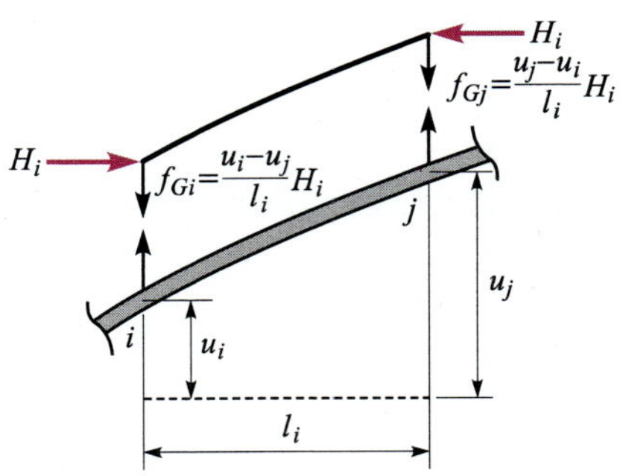

그림 3.2.9 보조링크에서 축력에 의한 힘의 평형

횡력성분 $f_{Gi}(t)$와 $f_{Gj}(t)$는 요소 H_i에 있는 축력성분 값에 의존하며 또한 요소의 기울기에도 의존한다. 횡력성분은 실제보에서 양의 변위방향으로 작용할 때 양의 방향으로 가정한다. 이 힘들은 다음과 같은 행렬 형태로 표현될 수 있다.

$$\begin{Bmatrix} f_{Gi}(t) \\ f_{Gj}(t) \end{Bmatrix} = \frac{H_i}{l_i}\begin{bmatrix} 1 & -1 \\ -1 & 1 \end{bmatrix}\begin{Bmatrix} u_i(t) \\ u_j(t) \end{Bmatrix} \tag{3.2.34}$$

모든 요소에 대한 이런 형태의 식들을 결합해 줌으로서 축력으로 인한 횡력은 다음과 같이 표현될 수 있다.

$$\{f_G(t)\} = [k_G]\{u(t)\} \tag{3.2.35}$$

2) 일관(consistent) 기하학적 강성

다른 구조 특성치에 대해 증명된 것처럼 기하학적 강성의 근사치를 구하기 위해서 유한요소 개념을 사용할 수 있다. 일관질량행렬에서 설명한 가상변위의 원리를 분포 축력 $H(x)$를 받고 있는 보요소에 비슷하게 적용하면, 일반적인 요소의 기하학적 강성영향계수 k_{Gij}는 다음과 같이 구해진다.

$$k_{Gij} = \int_0^L H(x)\phi_i'(x)\phi_j'(x)dx \tag{3.2.36}$$

위 식에서 대칭성 $k_{Gij} = k_{Gji}$가 명백히 성립한다.

만약 식 (3.2.14)의 3차 헤르미션(Herimition) 보간함수가 기하학적 강성계수를 얻는데 사용된다면, 그 결과는 **일관 기하학적 강성계수**라 불린다. 축력이 요소의 길이를 따라 일정한 경우, 일관(consistent) 기하학적 강성계수 포함한 힘과 변위의 관계를 식으로 나타내면 다음과 같이 된다.

$$\begin{Bmatrix} f_{G1} \\ f_{G2} \\ f_{G3} \\ f_{G4} \end{Bmatrix} = \frac{H}{30L}\begin{bmatrix} 36 & -36 & 3L & 3L \\ -36 & 36 & -3L & -3L \\ 3L & -3L & 4L^2 & -L^2 \\ 3L & -3L & -L^2 & 4L^2 \end{bmatrix}\begin{Bmatrix} u_1 \\ u_2 \\ u_3 \\ u_4 \end{Bmatrix} \tag{3.2.37}$$

구조물의 **기하학적 강성행렬**을 구하기 위한 요소의 기하학적 강성계수의 조합은 3.2.1절의 탄성강성행렬의 경우와 똑 같이 수행할 수 있으며, 그 결과는 유사한 형태를 갖게 될 것이다.

|3.2 구조물의 특성치 행렬 평가| 연습문제

3.2.1 식 (3.2.14)의 3차 헤르미션(Herimition) 다항식를 사용해서, $EI(x) = EI_1\left(1+\frac{x}{l}\right)$의 불균일한 휨 강성을 갖는 보에 대한 유한요소 강성계수 k_{23}을 식 (3.2.21)에 의하여 계산하시오. 여기서, l은 요소의 길이이다.

3.2.2 식 (3.2.14)의 형상함수를 사용해서, $m(x) = \overline{m}\left(1+\frac{x}{l}\right)$의 불균일한 질량분포를 갖는 보에 대한 일관질량계수 m_{23}을 식 (3.2.29)에 의하여 계산하시오. 여기서, l은 요소의 길이이다.

3.2.3 어떤 보가 분포하중 $f(x,t) = \overline{f}\left(2+\frac{x}{l}\right)\sin\omega_e t$를 받고 있다. 식 (3.2.14)의 형상함수를 사용해서, 이 보에 작용하는 일반하중 $p_2(t)$를 식 (3.2.33)에 의하여 계산하시오.

3.2.4 어떤 보가 축력 $H(x) = H_1\left(2-\frac{x}{l}\right)$를 받고 있다. 식 (3.2.14)의 형상함수를 사용해서, 이 보에 대한 일반적인 요소의 기하학적 강성영향계수 k_{G24}를 식 (3.2.36)에 의하여 계산하시오. 여기서, l은 요소의 길이이다.

3.2.5 다음 그림의 평면구조물은 균일한 부재로 구성되어 있으며, 보여준 것과 같이 각각의 구조 특성치를 갖는다. 다음 물음에 답하시오.

1) 식 (3.2.22)의 강성계수를 사용하여, 그림에 나타낸 3개의 자유도에 대하여 강성행렬을 구하시오.
2) 식 (3.2.30)의 일관질량계수를 사용하여, 그림에 나타낸 3개의 자유도에 대하여 질량행렬을 구하시오.
3) 식 (3.2.33)의 일반하중을 사용하여, 그림에 나타낸 3개의 자유도에 대하여 하중벡터를 구하시오.

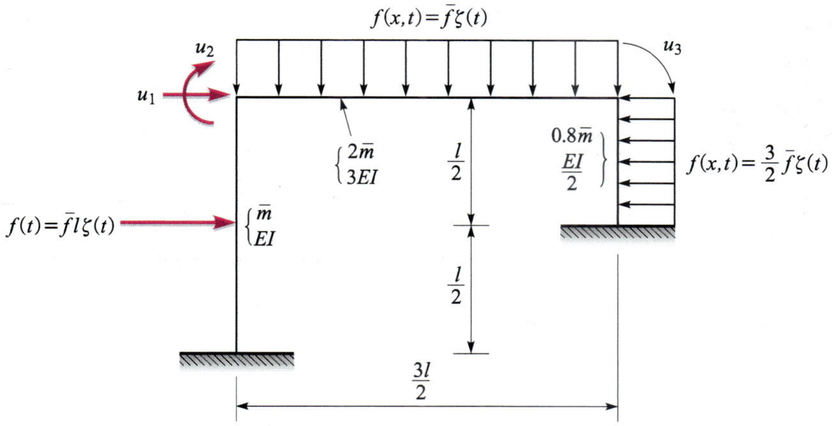

그림 연습문제 3.2.5

3.3 비감쇠 자유진동 해석

3.3.1 비감쇠 자유진동

자유진동을 하는 비감쇠 다자유도계에 대한 운동방정식은 식 (3.1.13)으로부터 감쇠행렬 $[c]$와 작용하중벡터 $\{f(t)\}$를 제외시킴으로서 다음과 같이 구해진다.

$$[m]\{\ddot{u}(t)\}+[k]\{u(t)\}=\{0\} \tag{3.3.1}$$

여기서 $\{0\}$은 영벡터(zero vector)이다. 위 식을 전개하고 각 행(row)을 분리하여 나타내면 다음과 같이 된다.

$$\sum_{j=1}^{n} m_{ij}\ddot{u}_j(t)+\sum_{j=1}^{n} k_{ij}u_j(t)=0 \quad (i=1,2,\cdots,n) \tag{3.3.2}$$

식 (3.3.1), (3.3.2)에서 **변위벡터** $\{u(t)\}$는 위치 x와 시간 t의 함수로서, 정확하게 표현하면 $\{u(x,t)\}$이지만 편의상 $\{u(t)\}$로 표현한 것이다. 이러한 변위벡터 $\{u(t)\}$를 공간적인 **형상함수행렬** $[\phi(x)]$와 시간적인 변화함수벡터 $\{q(t)\}$의 곱으로 나타내면 다음과 같다.

$$\{u(t)\}=[\phi(x)]\{q(t)\} \tag{3.3.3}$$

식 (3.3.3)의 관계를 식 (3.3.2)에 대입하고 정리하면 다음 식이 얻어진다.

$$\sum_{j=1}^{n} m_{ij}\phi_j(x)\ddot{q}(t)+\sum_{j=1}^{n} k_{ij}\phi_j(x)q(t)=0 \quad (i=1,2,\cdots,n) \tag{3.3.4}$$

위 식 양변을 $q(t)\sum_{j=1}^{n} m_{ij}\phi_j(x)$로 나누고 정리하면 다음과 같이 된다.

$$\frac{\ddot{q}(t)}{q(t)}=-\frac{\sum_{j=1}^{n} k_{ij}\phi_j(x)}{\sum_{j=1}^{n} m_{ij}\phi_j(x)}=-\omega^2 \tag{3.3.5}$$

위 식에서 ω^2은 양의 상수이다. 식 (3.3.5)에서 $q(t)$에 관한 항을 다시 쓰면 다음과 같이 된다.

$$\ddot{q}(t)+\omega^2 q(t)=0 \tag{3.3.6}$$

위 식의 **일반해**는 다음과 같이 고유진동수 ω를 가지는 **조화함수**이다[식 (2.2.10) 참조].

$$q(t)=\rho\cos(\omega t-\psi) \tag{3.3.7}$$

여기서 ω는 미지수이다.

또한, 식 (3.3.5)를 $\{\phi(x)\}$에 대한 식으로 전개하여 나타내면 다음과 같이 된다.

$$\sum_{j=1}^{n} k_{ij}\phi_j(x)-\omega^2\sum_{j=1}^{n} m_{ij}\phi_j(x)=0 \quad (i=1,2,\cdots,n) \tag{3.3.8}$$

위 식을 다시 행렬과 벡터 형태로 나타내면 다음과 같이 된다.

$$([k]-\omega^2[m])\{\phi(x)\}=\{0\} \tag{3.3.9}$$

위 식의 해로 구해지는 변위 **형상함수** $\{\phi(x)\}$가 $\{0\}$이 아닌 해 즉, **사소하지 않는 해**(non-trivial solution)가 되기 위해서는 다음과 같이 **행렬식**(determinant)이 0이어야 한다.

$$\det([k]-\omega^2[m])=|[k]-\omega^2[m]|=0 \tag{3.3.10}$$

식 (3.3.10)로부터 n개의 ω^2을 구할 수 있다. 즉, 만약 중근이 없는 경우에 식 (3.3.10)의 고유치 문제(eigenvalue problem)를 풀면 n개의 서로 다른 ω^2을 구할 수 있고, 편의상 ω^2의 크기가 작은 것부터 나열하면 다음과 같이 된다.

$$\omega_1^2<\omega_2^2<\ \cdot\ \cdot\ \cdot<\omega_n^2 \tag{3.3.11}$$

이 때 ω_i $(i=1,2,\cdots,n)$를 고유치(고유값) 또는 **고유진동수**(natural frequency)라고 하며, 그 값 중 가장 작은 ω_1을 구조물의 **기본고유진동수**(fundmental natural frequency)라고 한다. 실제적으로, 기본고유진동수 ω_1은 구조물의 **동특성**(dynamic property)을 파악하는 중요한 척도로 사용된다.

각각의 고유진동수에 대해서 다음 식이 성립한다.

$$\left([k]-\omega_i^2[m]\right)\{\phi^{(i)}(x)\}=\{0\} \tag{3.3.12}$$

위 식에서 $\{\phi^{(i)}(x)\}$는 i번째 고유진동수 ω_i에 대응하는 고유벡터(eigenvector)이며, i번째 **모드형상**(mode shape) 또는 **모드**[mode, free vibration mode(**자유진동모드**)]라고 부른다. 이렇게 구한 n개의 고유벡터 $\{\phi^{(i)}(x)\}$는 서로 독립이며, 이들을 조합하여 행렬 형태로 나타내면 다음과 같이 된다.

$$[\phi(x)]=[\{\phi^{(1)}(x)\}\ \{\phi^{(2)}(x)\}\ \cdot\cdot\cdot\ \{\phi^{(n)}(x)\}] \tag{3.3.13}$$

여기서 $[\phi(x)]$를 **자유진동모드행렬** 혹은 **모드행렬**이라 한다. 이 모드행렬 $[\phi(x)]$ 속의 $\{\phi^{(1)}(x)\}$, $\{\phi^{(2)}(x)\}$, $\cdot\cdot\cdot$, $\{\phi^{(n)}(x)\}$ 벡터는 상대적인 값들의 조합으로 그 형상(shape)만 나타내며, 절대적인 크기를 임의의 값으로 가정한다. 그러나 모드의 진폭을 임의의 값으로 가정하여 사용하는 것은 수치해석 시 불편함을 초래한다. 따라서 어떤 규정된 기준에 의해서 모드형상의 진폭을 정하여 사용하는데, 이와 같이 어떤 규정된 기준에 의해서 모드형상의 진폭을 정하는 것을 모드형상의 정규화라고 한다. 이렇게 **정규화**하여 구한 모드를 **정규모드**(normal mode)라 하고 $[\overline{\phi}(x)]=[\{\overline{\phi}^{(1)}(x)\}\ \{\overline{\phi}^{(2)}(x)\}\ \cdot\cdot\cdot\ \{\overline{\phi}^{(n)}(x)\}]$로 표시한다.

변위벡터 $\{u(t)\}$는 위치를 나타내는 자유진동모드행렬 $[\phi(x)]$와 각각의 모드 $\{\phi^{(i)}(x)\}$에 대응하는 시간변화함수 $q_i(t)$를 이용하여 다음과 같이 나타낼 수 있다.

$$\{u(t)\}=\sum_{i=1}^{n}\{\phi^{(i)}(x)\}q_i(t)=[\phi(x)]\{q(t)\} \tag{3.3.14}$$

또는, 위 식에 식 (3.3.7)을 대입하고 다시 쓰면 다음과 같이 된다.

$$\{u(t)\}=\sum_{i=1}^{n}\{\phi^{(i)}(x)\}\rho_i\cos(\omega_i t-\psi_i) \tag{3.3.15}$$

여기서 진폭 ρ_i와 위상각 ψ_i에 관한 $2n$개의 미지수는 n개의 점에서 주어지는 다음과 같은 변위와 속도의 초기조건으로부터 구할 수 있다.

$$u_j(0),\ \dot{u}_j(0)\quad (j=1,2,\cdots,n) \tag{3.3.16}$$

예제 3.3.1

다음 그림과 같이 질량 m_1과 질량 m_2가 두 개의 스프링(스프링 상수 k_1과 k_2)에 의해 지지되어 있다.

1) 자유진동에 대한 운동방정식을 구하시오. (10점)
2) 고유진동수를 구하기 위한 특성방정식(characteristic equation)을 세우시오. (5점)
3) $m_1 = 100\text{kg}$, $m_2 = 50\text{kg}$, $k_1 = 50\text{kN/m}$, $k_2 = 50\text{kN/m}$일 때, 이 시스템의 고유진동수와 고유모드를 구하시오. (5점)

[총 20점, 행정고등고시(토목건축기술직) 제2차시험]

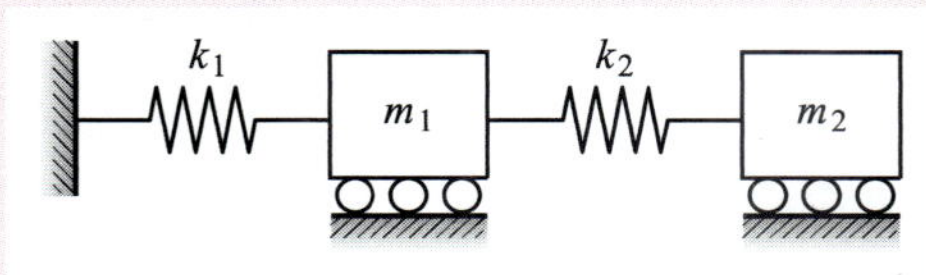

(a)

그림 예제 3.3.1

풀이

1) 자유진동에 대한 운동방정식

i) 강성행렬의 계산 (5점)

- $u_1(t) = 1$ 및 $u_2(t) = 0$[그림 (b)]일 때, 질량 m_1의 힘 f_1 계산

$$f_1 = (k_1 + k_2)u_1(t) = (k_1 + k_2) \cdot 1$$

$$\therefore f_1 = k_1 + k_2 = k_{11}$$

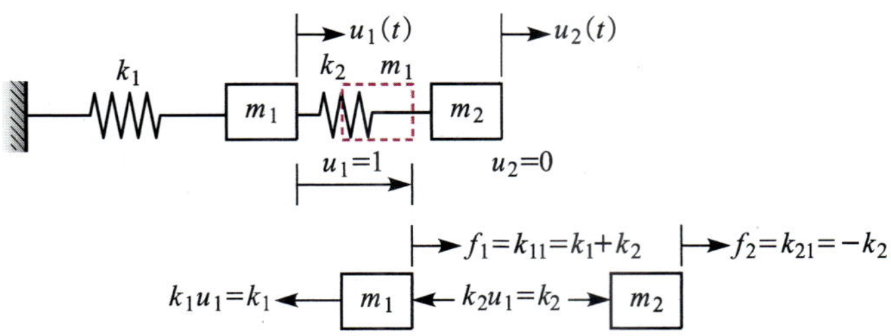

(b) m_1에 단위변위를 작용시키고 m_2가 고정[$u_1(t) = 1$ 및 $u_2(t) = 0$]일 때의 자유물체도

- $u_1(t)=1$ 및 $u_2(t)=0$[그림 (b)]일 때, 질량 m_2의 힘 f_2 계산

  $f_2=-k_2u_1(t)=-k_2 \cdot 1$

  $\therefore f_2=-k_2=k_{21}$

- $u_1(t)=0$ 및 $u_2(t)=1$[그림 (c)]일 때, 질량 m_1의 힘 f_1 계산

  $f_1=-k_2u_2(t)=-k_2 \cdot 1$

  $\therefore f_1=-k_2=k_{12}$

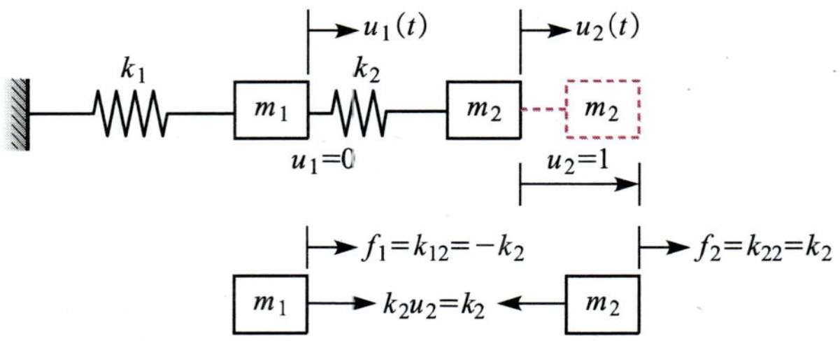

(c) m_2에 단위변위를 작용시키고 m_1이 고정[$u_1(t)=0$ 및 $u_2(t)=1$]일 때의 자유물체도

- $u_1(t)=0$ 및 $u_2(t)=1$[그림 (c)]일 때, 질량 m_2의 힘 f_2

  $f_2=k_2u_2(t)=k_2 \cdot 1$

  $\therefore f_2=k_2=k_{22}$

- 따라서 강성행렬은 다음과 같이 된다. 즉,

  $$[k]=\begin{bmatrix} k_{11} & k_{12} \\ k_{21} & k_{22} \end{bmatrix}=\begin{bmatrix} k_1+k_2 & -k_2 \\ -k_2 & k_2 \end{bmatrix}$$

ii) 운동방정식 유도 (5점)

$$\begin{bmatrix} m_1 & 0 \\ 0 & m_2 \end{bmatrix}\begin{Bmatrix} \ddot{u}_1(t) \\ \ddot{u}_2(t) \end{Bmatrix}+\begin{bmatrix} k_1+k_2 & -k_2 \\ -k_2 & k_2 \end{bmatrix}\begin{Bmatrix} u_1(t) \\ u_2(t) \end{Bmatrix}=\begin{Bmatrix} 0 \\ 0 \end{Bmatrix} \tag{1}$$

2) 고유진동수를 구하기 위한 특성방정식

i) 조화진동가정 (1점)

$$\begin{Bmatrix} u_1(t) \\ u_2(t) \end{Bmatrix}=\begin{Bmatrix} a_1 \\ a_2 \end{Bmatrix}\sin\omega t \tag{2}$$

ii) 위에서 가정한 식 (2)의 조화진동의 변위[$u_1(t), u_2(t)$]와 이들 변위를 2번 미분한 가속도 [$\ddot{u}_1(t), \ddot{u}_2(t)$]를 식 (1)에 대입하고 정리하면, 다음과 같이 운동방정식이 재구성 된다. (1점)

$$\begin{bmatrix} (k_1+k_2)-w^2m_1 & -k_2 \\ -k_2 & k_2-w^2m_2 \end{bmatrix}\begin{Bmatrix} a_1 \\ a_2 \end{Bmatrix}=\begin{Bmatrix} 0 \\ 0 \end{Bmatrix} \tag{3}$$

iii) 사소하지 않는 해(non-trivial solution)를 갖기 위해서는 , 다음과 같이 식 (3)의 행렬식(determinant)=0이 되어야 한다. (2점)

$$\begin{vmatrix} (k_1+k_2)-w^2m_1 & -k_2 \\ -k_2 & k_2-w^2m_2 \end{vmatrix}=0 \tag{4}$$

iv) 식 (4)의 행렬식을 정리하면, 다음과 같은 특성방정식이 얻어진다. (1점)

$$m_1m_2w^4-[(k_1+k_2)m_2+m_1k_2]w^2+k_1k_2=0 \tag{5}$$

3) 고유진동수와 고유모드

- 주어진 시스템의 특성치

  $m_1=100\text{kg},\ m_2=50\text{kg},\ k_1=k_2=50\text{kN/m}=50{,}000\text{N/m}$

- 위의 시스템의 특성치를 식 (5)에 대입하고 풀면, 다음과 같은 특성방정식과 ω^2이 구해진다. (1점)

  $w^4-2{,}000w^2+500{,}000=0$

  $w^2=1{,}000\pm 707$

- 따라서 고유진동수는 다음과 같이 구해진다. (2점)

  $w_1^2=293 \quad \Rightarrow\ w_1=17.1\text{rad/sec}$

  $w_2^2=1{,}707\ \Rightarrow\ w_2=41.3\text{rad/sec}$

- 식 (3)으로부터 다음 식이 얻어진다. (2점)

$$[(k_1+k_2)-w^2m_1]a_1-k_2a_2=0 \tag{6}$$

$$-k_2a_1+(k_2-w^2m_2)a_2=0 \tag{7}$$

- 식 (6)을 a_1에 대하여 정규화(normalization)하면 즉, 식 (6)에 $a_1=1$을 대입하면 다음과 같은 식이 얻어진다. 즉,

  $(k_1+k_2)-w^2m_1-k_2a_2=0$

$$a_2=\frac{1}{k_2}[(k_1+k_2)-w^2m_1] \tag{8}$$

  참고로, 식 (7)에 대하여 정규화(normalization)하면 즉, 식 (7)에 $a_1=1$을 대입하면 다음과 같은 식이 얻어진다. 즉

  $-k_2a_1+(k_2-w^2m_2)a_2=0$

$$a_2=\frac{k_2}{k_2-\omega^2m_2} \tag{9}$$

i) 식 (8)에 $w_1^2=293$을 대입하면(이 때 $a_1=1$임), $a_2=1.414$이 구해진다.

[참고로, 식 (9)에 $w_1^2 = 293$을 대입하여도(이 때 $a_1 = 1$임)

$$a_2 = \frac{50,000}{50,000 - 293 \times 50} = 1.414$$가 구해진다.]

ii) 식 (8)에 $w_2^2 = 1,707$을 대입하면(이 때 $a_1 = 1$임), $a_2 = -1.414$가 구해진다.

따라서 절점 1과 2의 위치에 위의 a_1과 a_2의 값을 각각 넣고 도시(圖示)하면, 그림 (d)와 같은 2개의 고유모드(모드형상)가 얻어진다. (2점)

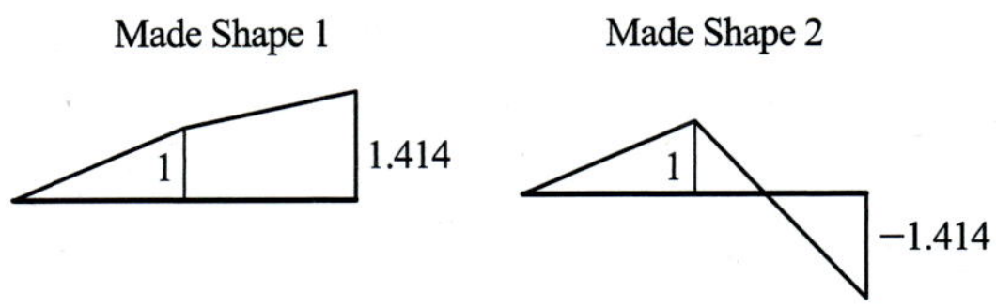

(d) 고유모드[모드형상(mode shape)]

예제 3.3.2

다음 그림 예제 3.3.2 (a)와 같이 2개의 수평변위 자유도 $u_1(t)$, $u_2(t)$를 갖는 2층 골조구조물(frame structure)에서 1) 강성행렬과 질량행렬, 2) 고유진동수, 3) 모드행렬, 4) 자유진동 응답을 구하시오.

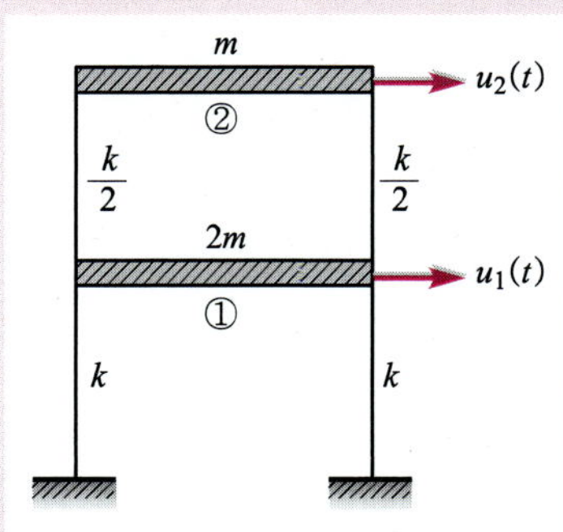

(a)

그림 예제 3.3.2

풀이

1) 강성행렬과 질량행렬

i) 강성행렬 $[k]$ 의 계산

- 그림 예제 3.3.2 (a)에서 $u_1(t)=1$ 및 $u_2(t)=0$일 때, 절점 ①의 힘 f_1 계산

$$f_1=(\frac{k}{2}+\frac{k}{2})u_1(t)+(k+k)u_1(t)=(k)\cdot 1+(2k)\cdot 1$$

$\therefore f_1=3k=k_{11}$

- 그림 예제 3.3.2 (a)에서 $u_1(t)=1$ 및 $u_2(t)=0$일 때, 절점 ②의 힘 f_2 계산

$$f_2=(-\frac{k}{2}-\frac{k}{2})u_1(t)=(-k)\cdot 1$$

$\therefore f_2=-k=k_{21}$

- 그림 예제 3.3.2 (a)에서 $u_1(t)=0$ 및 $u_2(t)=1$일 때, 절점 ①의 힘 f_1 계산

$$f_1=(-\frac{k}{2}-\frac{k}{2})u_2(t)=(-k)\cdot 1$$

$\therefore f_1=-k=k_{12}$

- 그림 예제 3.3.2 (a)에서 $u_1(t)=0$ 및 $u_2(t)=1$일 때, 절점 ②의 힘 f_2

$$f_2=(\frac{k}{2}+\frac{k}{2})u_2(t)=(k)\cdot 1$$

$\therefore f_2=k=k_{22}$

- 따라서 강성행렬은 다음과 같이 된다. 즉,

$$[k]=\begin{bmatrix}k_{11} & k_{12}\\ k_{21} & k_{22}\end{bmatrix}=\begin{bmatrix}3k & -k\\ -k & k\end{bmatrix}$$

ii) 질량행렬 $[m]$

$$[m]=\begin{bmatrix}2m & 0\\ 0 & m\end{bmatrix}$$

2) 고유진동수

식 (3.3.10)으로부터 고유진동수 ω_1과 ω_2를 구하면 다음과 같다. 즉,

$$\det([k]-\omega^2[m])=|[k]-\omega^2[m]|=\begin{vmatrix}3k-2m\omega^2 & -k\\ -k & k-m\omega^2\end{vmatrix}=0$$

$$\Rightarrow \omega^4-\frac{5k}{2m}\omega^2+(\frac{k}{m})^2=0$$

$$\therefore \omega_1^2=\frac{k}{2m},\ \omega_2^2=\frac{2k}{m}$$

따라서 고유진동수 ω_1과 ω_2는 다음과 같다.

$$\omega_1=\sqrt{\frac{k}{2m}},\ \omega_2=\sqrt{\frac{2k}{m}}$$

3) 모드행렬

i) 첫 번째 모드 $\{\phi^{(1)}(x)\}$의 계산

위에서 구한 식 $\omega_1 = \sqrt{\dfrac{k}{2m}}$ 을 식 (3.3.12)에 대입하고 정리하면 다음과 같이 된다.

$$([k]-\omega_1^2[m])\{\phi^{(1)}(x)\}=\begin{bmatrix} 2k & -k \\ -k & 0.5k \end{bmatrix}\{\phi^{(1)}(x)\}=\{0\}$$

$$\Rightarrow \begin{bmatrix} 2k & -k \\ -k & 0.5k \end{bmatrix}\begin{Bmatrix} \phi_1^{(1)}(x) \\ \phi_2^{(1)}(x) \end{Bmatrix}=\begin{Bmatrix} 0 \\ 0 \end{Bmatrix}$$

위 식을 전개하면, 다음과 같은 식이 구해진다.

$$2k\phi_1^{(1)}(x)-k\phi_2^{(1)}(x)=0$$

위 식에 $\phi_1^{(1)}(x)=1$을 대입하면 즉, 정규화(normalization)하면 다음과 같이 $\phi_2^{(1)}(x)$가 구해진다.

$$\phi_2^{(1)}(x)=(\frac{2k}{k})\phi_1^{(1)}(x)=(2)\cdot 1=2$$

따라서, 다음과 같은 첫 번째 모드[그림 (b)]가 구해진다.

$$\{\phi^{(1)}(x)\}=\begin{Bmatrix} \phi_1^{(1)}(x) \\ \phi_2^{(1)}(x) \end{Bmatrix}=\begin{Bmatrix} 1 \\ 2 \end{Bmatrix}$$

ii) 두 번째 모드 $\{\phi^{(2)}(x)\}$의 계산

위에서 구한 식 $\omega_2 = \sqrt{\dfrac{2k}{m}}$ 을 식 (3.3.12)에 대입하고 정리하면, 다음과 같이 된다.

$$([k]-\omega_2^2[m])\{\phi^{(2)}(x)\}=\begin{bmatrix} -k & -k \\ -k & -k \end{bmatrix}\{\phi^{(2)}(x)\}=\{0\}$$

$$\Rightarrow \begin{bmatrix} -k & -k \\ -k & -k \end{bmatrix}\begin{Bmatrix} \phi_1^{(2)}(x) \\ \phi_2^{(2)}(x) \end{Bmatrix}=\begin{Bmatrix} 0 \\ 0 \end{Bmatrix}$$

위 식을 전개하면, 다음과 같은 식이 구해진다.

$$-k\phi_1^{(2)}(x)-k\phi_2^{(2)}(x)=0$$

위 식에 $\phi_1^{(2)}(x)=1$을 대입하면 즉, 정규화(normalization)하면 다음과 같이 $\phi_2^{(2)}(x)$가 구해진다.

$$\phi_2^{(2)}(x)=(-\frac{k}{k})\phi_1^{(2)}(x)=(-1)\cdot 1=-1$$

따라서, 다음과 같은 두 번째 모드[그림 (c)]가 구해진다.

$$\{\phi^{(2)}(x)\}=\begin{Bmatrix} \phi_1^{(2)}(x) \\ \phi_2^{(2)}(x) \end{Bmatrix}=\begin{Bmatrix} 1 \\ -1 \end{Bmatrix}$$

iii) 따라서, 모드행렬 $[\phi(x)]$는 다음과 같이 된다.

$$[\phi(x)]=[\{\phi^{(1)}(x)\}\ \{\phi^{(2)}(x)\}]=\begin{bmatrix}1 & 1\\ 2 & -1\end{bmatrix}$$

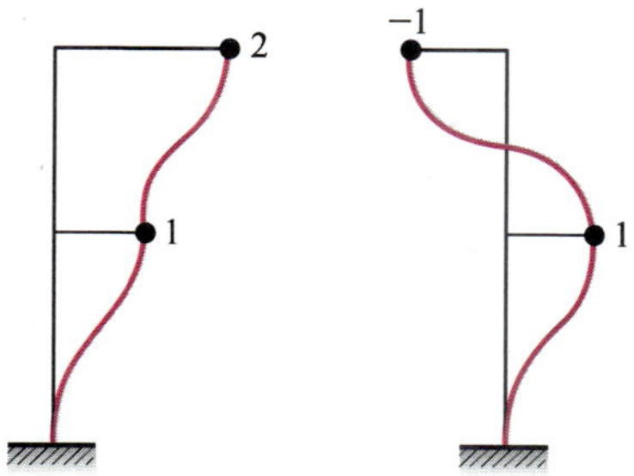

(b) 모드 1　　　(c) 모드 2

4) 자유진동 응답

구조물에 초기변위를 일으킨 후 자유진동을 유발시켰을 때, 구조물의 동적변위는 다음과 같이 나타낼 수 있다.

$$\begin{Bmatrix}u_1(t)\\ u_2(t)\end{Bmatrix}=A_1\begin{Bmatrix}\phi_1^{(1)}(x)\\ a_2^{(1)}(x)\end{Bmatrix}\sin(\omega_1 t-\psi_1)+A_2\begin{Bmatrix}\phi_1^{(2)}(x)\\ \phi_2^{(2)}(x)\end{Bmatrix}\sin(\omega_2 t-\psi_2)$$

위 식을 전개하여 나타내면 다음과 같이 된다.

$$\begin{Bmatrix}u_1(t)\\ u_2(t)\end{Bmatrix}=A_1\begin{Bmatrix}\phi_1^{(1)}(x)\\ a_2^{(1)}(x)\end{Bmatrix}(\sin\omega_1 t\cos\psi_1-\cos\omega_1 t\sin\psi_1)$$
$$+A_2\begin{Bmatrix}\phi_1^{(2)}(x)\\ \phi_2^{(2)}(x)\end{Bmatrix}(\sin\omega_2 t\cos\psi_2-\cos\omega_2 t\sin\psi_2)$$

여기서 A_1, A_2는 진폭에 해당하는 임의의 상수이다.

위 식을 정리하여, 자유진동 변위응답을 다음과 같이 나타낼 수 있다.

$$\begin{Bmatrix}u_1(t)\\ u_2(t)\end{Bmatrix}=C_1\begin{Bmatrix}\phi_1^{(1)}(x)\\ \phi_2^{(1)}(x)\end{Bmatrix}\sin\omega_1 t+D_1\begin{Bmatrix}\phi_1^{(1)}(x)\\ \phi_2^{(1)}(x)\end{Bmatrix}\cos\omega_1 t$$
$$+C_2\begin{Bmatrix}\phi_1^{(2)}(x)\\ \phi_2^{(2)}(x)\end{Bmatrix}\sin\omega_2 t+D_2\begin{Bmatrix}\phi_1^{(2)}(x)\\ \phi_2^{(2)}(x)\end{Bmatrix}\cos\omega_2 t \tag{1}$$

여기서 C_1, C_2, D_1, D_2는 진폭에 해당하는 임의의 상수로, 초기조건에 의하여 결정된다.

i) 첫 번째 모드의 자유진동

첫 번째 모드에 해당하는 자유진동의 변위를 구하기 위해서, 정지상태의 구조물에 초기조건으로 $\{\phi^{(1)}(x)\}$에 비례하는 정적변위를 일으킨 후에 놓았다. 즉, 초기조건은 다음과 같다.

$$\begin{Bmatrix} u_1(0) \\ u_2(0) \end{Bmatrix} = \begin{Bmatrix} 1 \\ 2 \end{Bmatrix}, \quad \begin{Bmatrix} \dot{u}_1(0) \\ \dot{u}_2(0) \end{Bmatrix} = \begin{Bmatrix} 0 \\ 0 \end{Bmatrix}$$

위의 초기조건을 식 (1)과 식 (1)을 한번 미분한 식에 대입하여 미지수를 구하면 다음과같이 된다. 즉,

$$\begin{Bmatrix} u_1(0) \\ u_2(0) \end{Bmatrix} = D_1 \begin{Bmatrix} \phi_1^{(1)}(x) \\ \phi_2^{(1)}(x) \end{Bmatrix} + D_2 \begin{Bmatrix} \phi_1^{(2)}(x) \\ \phi_2^{(2)}(x) \end{Bmatrix} = D_1 \begin{Bmatrix} 1 \\ 2 \end{Bmatrix} + D_2 \begin{Bmatrix} 1 \\ -1 \end{Bmatrix} = \begin{Bmatrix} 1 \\ 2 \end{Bmatrix}$$

$$\Rightarrow D_1 = 1, \ D_2 = 0$$

$$\begin{Bmatrix} \dot{u}_1(0) \\ \dot{u}_2(0) \end{Bmatrix} = C_1\omega_1 \begin{Bmatrix} \phi_1^{(1)}(x) \\ \phi_2^{(1)}(x) \end{Bmatrix} + C_2\omega_2 \begin{Bmatrix} \phi_1^{(2)}(x) \\ \phi_2^{(2)}(x) \end{Bmatrix} = C_1\omega_1 \begin{Bmatrix} 1 \\ 2 \end{Bmatrix} + C_2\omega_2 \begin{Bmatrix} 1 \\ -1 \end{Bmatrix} = \begin{Bmatrix} 0 \\ 0 \end{Bmatrix}$$

$$\Rightarrow C_1 = 0, \ C_2 = 0$$

따라서, 구조물의 동적변위는 다음과 같이 된다.

$$\begin{Bmatrix} u_1(t) \\ u_2(t) \end{Bmatrix} = D_1 \begin{Bmatrix} \phi_1^{(1)}(x) \\ \phi_2^{(1)}(x) \end{Bmatrix} \cos\omega_1 t = \begin{Bmatrix} 1 \\ 2 \end{Bmatrix} \cos\sqrt{\frac{k}{2m}}\, t$$

위 식을 근간으로 시간에 따른 첫 번째 모드의 자유진동을 나타내면 그림 (e), (f)와 같다. 여기서 첫 번째 모드에 따라 자유진동을 할 때 2층에서의 최대변위는 2이고, 이것은 1층에서의 최대변위의 2배이다. 또한 2층과 1층에서 음의 방향의 최대변위는 각각 -2와 -1이고, 각 층에서 변위는 동일한 위상각을 가지면서 $T_1 = \dfrac{2\pi}{\omega_1} = \dfrac{2\pi}{\sqrt{k/2m}} = 2\pi\sqrt{\dfrac{2m}{k}}$ 초의 주기를 가지고 진동한다.

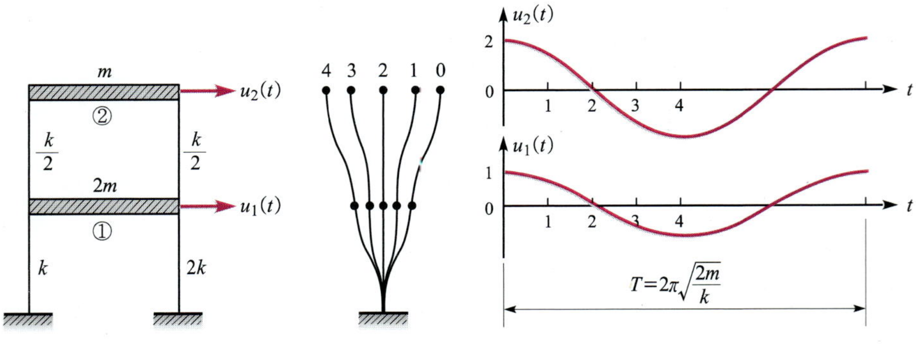

(d) (e) (f)

ii) 두 번째 모드의 자유진동

두 번째 모드에 해당하는 자유진동의 변위를 구하기 위해서, 정지상태의 구조물에 초기조건으로 $\{\phi^{(2)}(x)\}$에 비례하는 정적변위를 일으킨 후에 놓았다. 즉, 초기조건은 다음과 같다.

$$\begin{Bmatrix} u_1(0) \\ u_2(0) \end{Bmatrix} = \begin{Bmatrix} 1 \\ -1 \end{Bmatrix}, \quad \begin{Bmatrix} \dot{u}_1(0) \\ \dot{u}_2(0) \end{Bmatrix} = \begin{Bmatrix} 0 \\ 0 \end{Bmatrix}$$

위의 초기조건을 식 (1)과 식 (1)을 한번 미분한 식에 대입하여 미지수를 구하면 다음과 같이 된다. 즉,

$$\begin{Bmatrix} u_1(0) \\ u_2(0) \end{Bmatrix} = D_1 \begin{Bmatrix} \phi_1^{(1)}(x) \\ \phi_2^{(1)}(x) \end{Bmatrix} + D_2 \begin{Bmatrix} \phi_1^{(2)}(x) \\ \phi_2^{(2)}(x) \end{Bmatrix} = D_1 \begin{Bmatrix} 1 \\ 2 \end{Bmatrix} + D_2 \begin{Bmatrix} 1 \\ -1 \end{Bmatrix} = \begin{Bmatrix} 1 \\ -1 \end{Bmatrix}$$

$$\Rightarrow D_1 = 0,\ D_2 = 1$$

$$\begin{Bmatrix} \dot{u}_1(0) \\ \dot{u}_2(0) \end{Bmatrix} = C_1\omega_1 \begin{Bmatrix} \phi_1^{(1)}(x) \\ \phi_2^{(1)}(x) \end{Bmatrix} + C_2\omega_2 \begin{Bmatrix} \phi_1^{(2)}(x) \\ \phi_2^{(2)}(x) \end{Bmatrix} = C_1\omega_1 \begin{Bmatrix} 1 \\ 2 \end{Bmatrix} + C_2\omega_2 \begin{Bmatrix} 1 \\ -1 \end{Bmatrix} = \begin{Bmatrix} 0 \\ 0 \end{Bmatrix}$$

$$\Rightarrow C_1 = 0,\ C_2 = 0$$

따라서, 구조물의 동적변위는 다음과 같이 된다.

$$\begin{Bmatrix} u_1(t) \\ u_2(t) \end{Bmatrix} = D_2 \begin{Bmatrix} \phi_1^{(2)}(x) \\ \phi_2^{(2)}(x) \end{Bmatrix} \cos\omega_2 t = \begin{Bmatrix} 1 \\ -1 \end{Bmatrix} \cos\sqrt{\frac{2k}{m}}\, t$$

위 식을 근간으로 시간에 따른 두 번째 모드의 자유진동을 나타내면 그림 (h), (i)와 같다. 여기서 두 번째 모드에 따라 자유진동을 할 때 2층에서의 최대변위는 1이고, 이것은 1층에서의 최대변위와 크기는 같으나 방향은 반대이다. 즉, 각 층에서 변위진폭의 크기는 같으나 위상각은 서로 180° 차이가 난다.

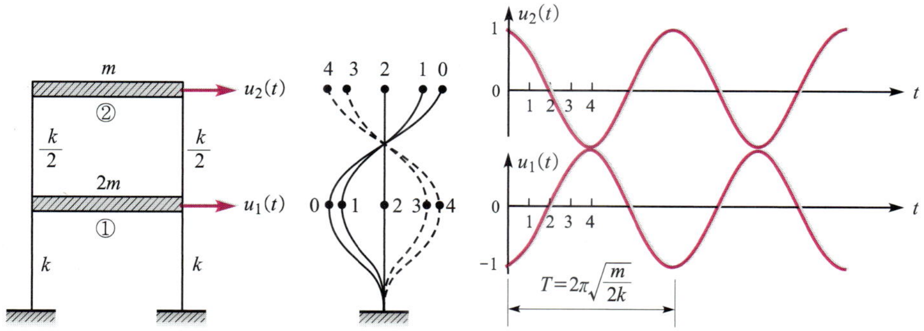

(g) (h) (i)

iii) 임의의 초기조건에 의한 자유진동

첫 번째 모드와 두 번째 모드의 초기조건이 아닌 일반적인 초기조건을 사용하여 자유진동을 살펴보자. 편의상 초기조건이 다음과 같은 경우에 대하여 생각해 보자.

$$\begin{Bmatrix} u_1(0) \\ u_2(0) \end{Bmatrix} = \begin{Bmatrix} 3 \\ 3 \end{Bmatrix},\quad \begin{Bmatrix} \dot{u}_1(0) \\ \dot{u}_2(0) \end{Bmatrix} = \begin{Bmatrix} 0 \\ 0 \end{Bmatrix}$$

위의 초기조건을 식 (1)과 식 (1)을 한번 미분한 식에 대입하여 미지수를 구하면 다음과 같이 된다. 즉,

$$\begin{Bmatrix} u_1(0) \\ u_2(0) \end{Bmatrix} = D_1 \begin{Bmatrix} \phi_1^{(1)}(x) \\ \phi_2^{(1)}(x) \end{Bmatrix} + D_2 \begin{Bmatrix} \phi_1^{(2)}(x) \\ \phi_2^{(2)}(x) \end{Bmatrix} = D_1 \begin{Bmatrix} 1 \\ 2 \end{Bmatrix} + D_2 \begin{Bmatrix} 1 \\ -1 \end{Bmatrix} = \begin{Bmatrix} 3 \\ 3 \end{Bmatrix}$$

$$\Rightarrow D_1 = 2,\ D_2 = 1$$

$$\begin{Bmatrix} \dot{u}_1(0) \\ \dot{u}_2(0) \end{Bmatrix} = C_1\omega_1 \begin{Bmatrix} \phi_1^{(1)}(x) \\ \phi_2^{(1)}(x) \end{Bmatrix} + C_2\omega_2 \begin{Bmatrix} \phi_1^{(2)}(x) \\ \phi_2^{(2)}(x) \end{Bmatrix} = C_1\omega_1 \begin{Bmatrix} 1 \\ 2 \end{Bmatrix} + C_2\omega_2 \begin{Bmatrix} 1 \\ -1 \end{Bmatrix} = \begin{Bmatrix} 0 \\ 0 \end{Bmatrix}$$

$$\Rightarrow C_1 = 0,\ C_2 = 0$$

따라서, 구조물의 동적변위는 다음과 같이 된다.

$$\begin{Bmatrix} u_1(t) \\ u_2(t) \end{Bmatrix} = D_1 \begin{Bmatrix} \phi_1^{(1)}(x) \\ \phi_2^{(1)}(x) \end{Bmatrix} \cos\omega_1 t + D_1 \begin{Bmatrix} \phi_1^{(2)}(x) \\ \phi_2^{(2)}(x) \end{Bmatrix} \cos\omega_2 t$$

$$= \begin{Bmatrix} 2 \\ 4 \end{Bmatrix} \cos\sqrt{\frac{k}{2m}}\,t + \begin{Bmatrix} 1 \\ -1 \end{Bmatrix} \cos\sqrt{\frac{2k}{m}}\,t$$

위 식을 근간으로 시간에 따른 자유진동을 나타내면 그림 (k), (l)와 같다.

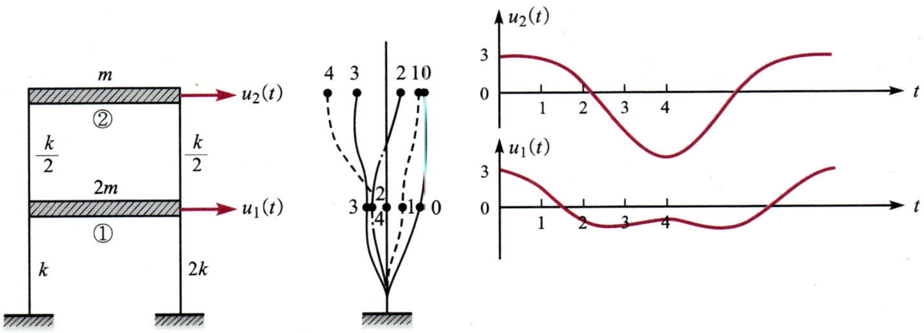

(j) (k) (l)

3.3.2 모드의 직교성과 정규화

모드행렬 $[\phi(x)]$는 **질량행렬** $[m]$과 **강성행렬** $[k]$에 대해서 **직교성**(orthogonality)을 갖는다. 즉, 다음과 같이 직교(orthogonal)한다.

$$\{\phi^{(i)}(x)\}^T [m] \{\phi^{(j)}(x)\} = \mu_{ii}\delta_{ij} \tag{3.3.17}$$

$$\{\phi^{(i)}(x)\}^T [k] \{\phi^{(j)}(x)\} = \kappa_{ii}\delta_{ij} \tag{3.3.18}$$

여기서, μ_{ii}와 κ_{ii}는 각각 i번째 모드에 대응하는 **일반화된 질량**(generalized mass)과 **일**

반화된 강성(generalized stiffness)을 나타낸다. 그리고 δ_{ij}는 식 (2.5.1)에서 정의된 **디렉델타함수**(Dirac delta function)로서 다음과 같다.

$$\delta_{ij} = \begin{cases} 1 & (i = j) \\ 0 & (i \neq j) \end{cases} \tag{3.3.19}$$

위와 같은 모드행렬 $[\phi(x)]$의 직교성을 사용하여 다음과 같은 **대각행렬**(diagonal matrix)인 일반화된 질량행렬 $[{}^{\diagdown}\mu_{\diagdown}]$와 일반화된 강성행렬 $[{}^{\diagdown}\kappa_{\diagdown}]$를 구할 수 있다.

$$[\phi(x)]^T [m] [\phi(x)] = [{}^{\diagdown}\mu_{\diagdown}] \tag{3.3.20}$$

$$[\phi(x)]^T [k] [\phi(x)] = [{}^{\diagdown}\kappa_{\diagdown}] \tag{3.3.21}$$

여기서, $[{}^{\diagdown}\mu_{\diagdown}]$와 $[{}^{\diagdown}\kappa_{\diagdown}]$는 각각 다음과 같은 대각선의 형태의 행렬이다.

$$[{}^{\diagdown}\mu_{\diagdown}] = \begin{bmatrix} \mu_{11} & 0 & 0 & \cdot\cdot & 0 & \cdot\cdot & 0 \\ 0 & \mu_{22} & 0 & \cdot\cdot & 0 & \cdot\cdot & 0 \\ 0 & 0 & \mu_{33} & \cdot\cdot & 0 & \cdot\cdot & 0 \\ \cdot & \cdot & \cdot & \cdot\cdot & \cdot & \cdot\cdot & \cdot \\ 0 & 0 & 0 & \cdot\cdot & \mu_{ii} & \cdot\cdot & 0 \\ \cdot & \cdot & \cdot & \cdot\cdot & \cdot & \cdot\cdot & \cdot \\ 0 & 0 & 0 & \cdot\cdot & 0 & \cdot\cdot & \mu_{nn} \end{bmatrix} \tag{3.3.22}$$

$$[{}^{\diagdown}\kappa_{\diagdown}] = \begin{bmatrix} \kappa_{11} & 0 & 0 & \cdot\cdot & 0 & \cdot\cdot & 0 \\ 0 & \kappa_{22} & 0 & \cdot\cdot & 0 & \cdot\cdot & 0 \\ 0 & 0 & \kappa_{33} & \cdot\cdot & 0 & \cdot\cdot & 0 \\ \cdot & \cdot & \cdot & \cdot\cdot & \cdot & \cdot\cdot & \cdot \\ 0 & 0 & 0 & \cdot\cdot & \kappa_{ii} & \cdot\cdot & 0 \\ \cdot & \cdot & \cdot & \cdot\cdot & \cdot & \cdot\cdot & \cdot \\ 0 & 0 & 0 & \cdot\cdot & 0 & \cdot\cdot & \kappa_{nn} \end{bmatrix} \tag{3.3.23}$$

또한, 일반화된 질량과 일반화된 강성 사이는 다음과 같은 관계식이 성립한다.

$$\omega_i^2 = \frac{\kappa_{ii}}{\mu_{ii}} \tag{3.3.24}$$

식 (3.3.14)의 모드행렬 $[\phi(x)]$속의 $\{\phi^{(1)}(x)\}$, $\{\phi^{(2)}(x)\}$, • • , $\{\phi^{(i)}(x)\}$, • • , $\{\phi^{(n)}(x)\}$ 벡터는 상대적인 값들의 조합으로 그 형상만 나타내며, 절대적인 크기를 임의의 값으로 가정한 것이다. 따라서 **고유치(고유값) 문제**의 해로부터 구한 **모드벡터** $\{\phi^{(i)}(x)\}$는 그 형상만 정해지면, 그 크기는 임의의 값일 수 있다. 이처럼 모드의 진폭으로 임의의 값을 사용하는 것은 불편을 초래하므로 어떤 규정된 기준에 의하여 **모드형상**의 **진폭**을 정하는 것을 **모드형상의 정규화**(normalization)라고 정의하며, 이러한 모드를 **정규 모드**(normal mode) $\{\overline{\phi}^{(i)}(x)\}$라고 말한다. 통상적으로 다음과 같이 일반화된 질량이 1이 되게 하는 정규화 방법을 많이 사용한다.

$$\{\overline{\phi}^{(i)}(x)\}^T[m]\{\overline{\phi}^{(i)}(x)\}=\mu_{ii}=1 \tag{3.3.25}$$

따라서, 정규모드 $\{\overline{\phi}^{(i)}(x)\}$는 자유진동모드 $\{\phi^{(i)}(x)\}$로부터 다음과 같이 구할 수 있다.

$$\{\overline{\phi}^{(i)}(x)\}=\frac{\{\phi^{(i)}(x)\}}{\sqrt{\{\phi^{(i)}(x)\}^T[m]\{\phi^{(i)}(x)\}}} \tag{3.3.26}$$

TIP

- **자유진동모드행렬 $[\phi(x)]$가 질량행렬 $[m]$과 강성행렬 $[k]$에 대해서 직교하는 것을 증명하면 다음과 같다.**

식 (3.3.12)로부터 각각의 고유진동수에 대해서 다음 식이 성립한다.

$([k]-\omega_i^2[m])\{\phi^{(i)}(x)\}=\{0\}$

위 식으로부터 i번째와 j번째 모드는 다음 식을 만족한다.

$$[k]\{\phi^{(i)}(x)\}=\omega_i^2[m]\{\phi^{(i)}(x)\} \tag{1}$$

$$[k]\{\phi^{(j)}(x)\}=\omega_j^2[m]\{\phi^{(j)}(x)\} \tag{2}$$

식 (1)의 양변에 $\{\phi^{(j)}(x)\}^T$를, 식 (2)의 양변에 $\{\phi^{(i)}(x)\}^T$를 선승(pre-multiply)하면 다음과 같이 된다.

$$\{\phi^{(j)}(x)\}^T[k]\{\phi^{(i)}(x)\}=\omega_i^2\{\phi^{(j)}(x)\}^T[m]\{\phi^{(i)}(x)\} \tag{3}$$

$$\{\phi^{(i)}(x)\}^T[k]\{\phi^{(j)}(x)\}=\omega_j^2\{\phi^{(i)}(x)\}^T[m]\{\phi^{(j)}(x)\} \tag{4}$$

식 (4)를 전치(transpose)하고, 질량행렬과 강성행렬의 대칭성을 이용하면 다음과 같이 된다.

$$\{\phi^{(j)}(x)\}^T[k]\{\phi^{(i)}(x)\}=\omega_j^2\{\phi^{(j)}(x)\}^T[m]\{\phi^{(i)}(x)\} \tag{5}$$

식 (3)−식 (5)를 하면 다음과 같이 된다.

$$(\omega_i^2-\omega_j^2)\{\phi^{(j)}(x)\}^T[m]\{\phi^{(i)}(x)\}=0 \tag{6}$$

위 식에서 $\omega_i \neq \omega_j$이면 $\{\phi^{(j)}(x)\}^T[m]\{\phi^{(i)}(x)\}=0$이고, 강성행렬도 동일한 절차를 적용할 경우에 $\omega_i \neq \omega_j$이면 $\{\phi^{(j)}(x)\}^T[k]\{\phi^{(i)}(x)\}=0$이 된다. 따라서 자유진동모드행렬 $[\phi(x)]$는 질량행렬 $[m]$과 강성행렬 $[k]$에 대해서 직교한다.

예제 3.3.3

다음 그림과 같이 2개의 수평변위 자유도 $u_1(t)$, $u_2(t)$를 갖는 2층 골조구조물(frame structure)에서 일반화된 질량행렬 $\lceil \mu \rfloor$가 $\lceil 1 \rfloor$이 되도록 정규화한 자유진동모드행렬(정규모드) $\{\overline{\phi}(x)\}$를 구하시오.

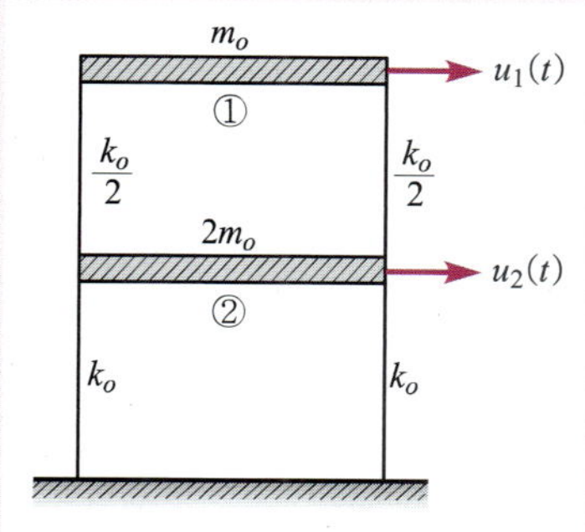

그림 예제 3.3.3

풀이

1) 강성행렬과 질량행렬

i) 강성행렬 $[k]$의 계산

- 그림 예제 3.3.3에서 $u_1(t) = 1$ 및 $u_2(t) = 0$일 때, 절점 ①의 힘 f_1 계산

$$f_1 = (\frac{k_0}{2} + \frac{k_0}{2}) u_1(t) = (k_0) \cdot 1$$

$$\therefore f_1 = k_0 = k_{11}$$

- 그림 예제 3.3.3에서 $u_1(t) = 1$ 및 $u_2(t) = 0$일 때, 절점 ②의 힘 f_2 계산

$$f_2 = (-\frac{k_0}{2} - \frac{k_0}{2}) u_1(t) = (-k_0) \cdot 1$$

$$\therefore f_2 = -k_0 = k_{21}$$

- 그림 예제 3.3.3에서 $u_1(t) = 0$ 및 $u_2(t) = 1$일 때, 절점 ①의 힘 f_1 계산

$$f_1 = (-\frac{k_0}{2} - \frac{k_0}{2}) u_2(t) = (-k_0) \cdot 1$$

$$\therefore f_1 = -k_0 = k_{12}$$

- 그림 예제 3.3.3에서 $u_1(t) = 0$ 및 $u_2(t) = 1$일 때, 절점 ②의 힘 f_2

$$f_2 = (\frac{k_0}{2} + \frac{k_0}{2})u_2(t) + (k_0 + k_0)u_2(y) = (k_0) \cdot 1 + (2k_0) \cdot 1$$

$$\therefore f_2 = 3k_0 = k_{22}$$

• 따라서 강성행렬은 다음과 같이 된다. 즉,

$$[k] = \begin{bmatrix} k_{11} & k_{12} \\ k_{21} & k_{22} \end{bmatrix} = \begin{bmatrix} k_0 & -k_0 \\ -k_0 & 3k_0 \end{bmatrix}$$

ii) 질량행렬 $[m]$

$$[m] = \begin{bmatrix} m_0 & 0 \\ 0 & 2m_0 \end{bmatrix}$$

2) 고유진동수

식 (3.3.10)으로부터 고유진동수 ω_1과 ω_2를 구하면 다음과 같다. 즉,

$$\det([k] - \omega^2[m]) = |[k] - \omega^2[m]| = \begin{vmatrix} k_0 - m_0\omega^2 & -k_0 \\ -k_0 & 3k_0 - 2m_0\omega^2 \end{vmatrix} = 0$$

$$\Rightarrow \omega^4 - \frac{5k_0}{2m_0}\omega^2 + (\frac{k_0}{m_0})^2 = 0$$

$$\therefore \omega_1^2 = \frac{k_0}{2m_0},\ \omega_2^2 = \frac{2k_0}{m_0}$$

따라서 고유진동수 ω_1과 ω_2는 다음과 같다.

$$\omega_1 = \sqrt{\frac{k_0}{2m_0}},\ \omega_2 = \sqrt{\frac{2k_0}{m_0}}$$

3) 자유진동모드행렬

i) 첫 번째 모드 $\{\phi^{(1)}(x)\}$의 계산

위에서 구한 식 $\omega_1 = \sqrt{\frac{k_0}{2m_0}}$ 을 식 (3.3.12)에 대입하고 정리하면 다음과 같이 된다.

$$([k] - \omega_1^2[m])\{\phi^{(1)}(x)\} = \begin{bmatrix} 0.5k_0 & -k_0 \\ -k_0 & 2k_0 \end{bmatrix} \{\phi^{(1)}(x)\} = \{0\}$$

$$\Rightarrow \begin{bmatrix} 0.5k_0 & -k_0 \\ -k_0 & 2k_0 \end{bmatrix} \begin{Bmatrix} \phi_1^{(1)}(x) \\ \phi_2^{(1)}(x) \end{Bmatrix} = \begin{Bmatrix} 0 \\ 0 \end{Bmatrix}$$

위 식을 전개하면, 다음과 같은 식이 구해진다.

$$0.5k_0\phi_1^{(1)}(x) - k_0\phi_2^{(1)}(x) = 0$$

위 식에 $\phi_1^{(1)}(x) = 1$을 대입하면 다음과 같이 $\phi_2^{(1)}(x)$가 구해진다.

$\phi_2^{(1)}(x) = (\frac{0.5k_0}{k_0})\phi_1^{(1)}(x) = (0.5) \cdot 1 = 0.5$

따라서, 다음과 같은 첫 번째 모드가 구해진다.

$$\{\phi^{(1)}(x)\} = \begin{Bmatrix} \phi_1^{(1)}(x) \\ \phi_2^{(1)}(x) \end{Bmatrix} = \begin{Bmatrix} 1 \\ 0.5 \end{Bmatrix}$$

ii) 두 번째 모드 $\{\phi^{(2)}(x)\}$의 계산

위에서 구한 식 $\omega_2 = \sqrt{\frac{2k_0}{m_0}}$ 을 식 (3.3.12)에 대입하고 정리하면, 다음과 같이 된다.

$$([k] - \omega_2^2[m])\{\phi^{(2)}(x)\} = \begin{bmatrix} -k_0 & -k_0 \\ -k_0 & -k_0 \end{bmatrix} \{\phi^{(2)}(x)\} = \{0\}$$

$$\Rightarrow \begin{bmatrix} -k_0 & -k_0 \\ -k_0 & -k_0 \end{bmatrix} \begin{Bmatrix} \phi_1^{(2)}(x) \\ \phi_2^{(2)}(x) \end{Bmatrix} = \begin{Bmatrix} 0 \\ 0 \end{Bmatrix}$$

위 식을 전개하면, 다음과 같은 식이 구해진다.

$-k_0\phi_1^{(2)}(x) - k_0\phi_2^{(2)}(x) = 0$

위 식에 $\phi_1^{(2)}(x) = 1$을 대입하면 다음과 같이 $\phi_2^{(2)}(x)$가 구해진다.

$\phi_2^{(2)}(x) = (-\frac{k_0}{k_0})\phi_1^{(2)}(x) = (-1) \cdot 1 = -1$

따라서, 다음과 같은 두 번째 모드가 구해진다.

$$\{\phi^{(2)}(x)\} = \begin{Bmatrix} \phi_1^{(2)}(x) \\ \phi_2^{(2)}(x) \end{Bmatrix} = \begin{Bmatrix} 1 \\ -1 \end{Bmatrix}$$

iii) 따라서, 모드행렬 $[\phi(x)]$는 다음과 같이 된다.

$$[\phi(x)] = [\{\phi^{(1)}(x)\} \ \{\phi^{(2)}(x)\}] = \begin{bmatrix} 1 & 1 \\ 0.5 & -1 \end{bmatrix}$$

4) 일반화된 질량행렬과 일반화된 강성행렬

i) 일반화된 질량행렬 $\lceil \mu \rfloor$

식 (3.3.20)으로부터 일반화된 질량행렬을 구하면 다음과 같다. 즉,

$$\lceil \mu \rfloor = [\phi(x)]^T[m]\,[\phi(x)] = \begin{bmatrix} 1 & 0.5 \\ 1 & -1 \end{bmatrix} \begin{bmatrix} m_0 & 0 \\ 0 & 2m_0 \end{bmatrix} \begin{bmatrix} 1 & 1 \\ 0.5 & -1 \end{bmatrix}$$

$$= \begin{bmatrix} m_0 & m_0 \\ m_0 & -2m_0 \end{bmatrix} \begin{bmatrix} 1 & 1 \\ 0.5 & -1 \end{bmatrix} = \begin{bmatrix} 1.5m_0 & 0 \\ 0 & 3m_0 \end{bmatrix}$$

ii) 일반화된 강성행렬 $\left[\diagdown\kappa\diagdown\right]$

식 (3.3.21)로부터 일반화된 강성행렬를 구하면 다음과 같다. 즉,

$$\left[\diagdown\kappa\diagdown\right]=[\phi(x)]^T[k]\,[\phi(x)]=\begin{bmatrix}1 & 0.5\\1 & -1\end{bmatrix}\begin{bmatrix}k_0 & -k_0\\-k_0 & 3k_0\end{bmatrix}\begin{bmatrix}1 & 1\\0.5 & -1\end{bmatrix}$$

$$=\begin{bmatrix}0.5k_0 & 0.5k_0\\2k_0 & -4k_0\end{bmatrix}\begin{bmatrix}1 & 1\\0.5 & -1\end{bmatrix}=\begin{bmatrix}0.75k_0 & 0\\0 & 6k_0\end{bmatrix}$$

5) 일반화된 질량행렬과 강성행렬로부터 고유진동수의 계산

식 (3.3.24)로부터 고유진동수 ω_1과 ω_2를 구하면 다음과 같다. 즉,

$$[\Omega^2]=\begin{bmatrix}\omega_1^2 & 0\\0 & \omega_2^2\end{bmatrix}=\begin{bmatrix}\kappa_{11}/\mu_{11} & 0\\0 & \kappa_{22}/\mu_{22}\end{bmatrix}$$

$$=\begin{bmatrix}0.75k_0/(1.5m_0) & 0\\0 & 6k_0/(3m_0)\end{bmatrix}=\frac{k_0}{m_0}\begin{bmatrix}0.5 & 0\\0 & 2\end{bmatrix}$$

따라서 고유진동수 ω_1과 ω_2는 다음과 같다.

$$\omega_1=\sqrt{\frac{k_0}{2m_0}}\,,\ \omega_2=\sqrt{\frac{2k_0}{m_0}}$$

위 값은 2)항에서 구한 고유진동수 ω_1과 ω_2와 같은 값을 보여주고 있다.

6) 일반화된 질량행렬이 단위질량이 되도록 정규화한 모드(정규모드)행렬 $[\overline{\phi}(x)]$

(3.3.26)으로부터 정규모드를 구하면 다음과 같다. 즉,

$$\{\overline{\phi}^{(1)}(x)\}=\frac{\{\phi^{(1)}(x)\}}{\sqrt{\{\phi^{(1)}(x)\}^T[m]\{\phi^{(1)}(x)\}}}=\frac{\{\phi^{(1)}(x)\}}{\sqrt{\mu_{11}}}$$

$$\{\overline{\phi}^{(2)}(x)\}=\frac{\{\phi^{(2)}(x)\}}{\sqrt{\{\phi^{(2)}(x)\}^T[m]\{\phi^{(2)}(x)\}}}=\frac{\{\phi^{(2)}(x)\}}{\sqrt{\mu_{22}}}$$

$$[\overline{\phi}(x)]=\left[\{\overline{\phi^{(1)}}(x)\}\ \{\overline{\phi^{(2)}}(x)\}\right]=\begin{bmatrix}\dfrac{\{\phi^{(1)}(x)\}}{\sqrt{\mu_{11}}} & \dfrac{\{\phi^{(2)}(x)\}}{\sqrt{\mu_{22}}}\end{bmatrix}$$

$$=\frac{1}{\sqrt{m_0}}\begin{bmatrix}0.816 & 0.577\\0.408 & -0.577\end{bmatrix}$$

|3.3 비감쇠 자유진동 해석| 연습문제

3.3.1 다음 그림과 같은 2자유도계에서 $m = 20\text{kg}$, $k = 200$ kN/m일 때의 고유진동수와 고유모드를 구하시오. 또한, 위와 아래 질량의 초기변위가 각각 4mm와 0이고 초기 속도는 모두 0일 때, 이 시스템의 자유진동 응답을 구하시오.

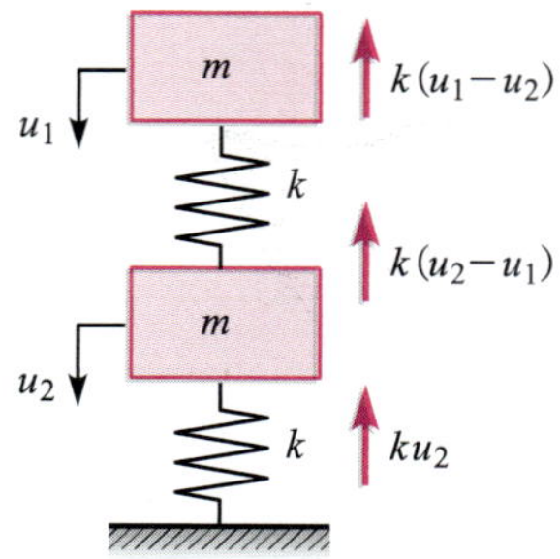

그림 연습문제 3.3.1

3.3.2 다음 그림과 같이, 얇고 균질한 원판의 도르래와 질량 m의 물체 그리고 2개의 스프링으로 구성된 2자유도계가 있다. 도르래의 반지름이 r_0이고 질량이 m일 때, 이 시스템의 고유진동수와 고유모드를 구하시오.

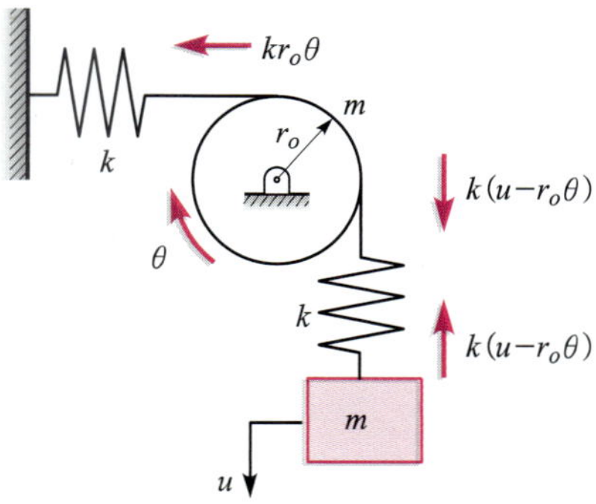

그림 연습문제 3.3.2

3.3.3 전체질량이 강체거더에 집중되어 있다고 가정한 3층짜리 전단빌딩의 특성치가 다음 그림에 나타나 있다.

1) 행렬 방정식을 풀어서, 이 구조물의 비감쇠 진동수를 계산하시오.
2) 계산된 진동수를 기초로 하여, 가장 위층에서 1로 정규화 시킨 진동모드형상을 계산하시오.

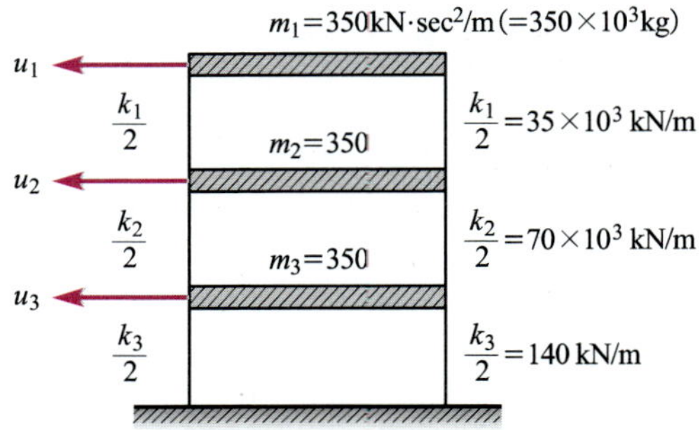

그림 연습문제 3.3.3

3.3.4 다음 그림 (a)와 같이, 강체 직사각형 슬래브가 3개의 기둥에 강하게 부착되어 지지되어 있다.

1) 그림 (a)에 주어진 3개의 변위좌표(u_1, u_2, u_3)에 대하여, 이 시스템의 고유진동수와 모드행렬을 구하시오. 단, 각 좌표에 대응하는 단위변위 또는 단위가속도를 작용시키고 평형상태를 유지키 위해 각 좌표에 가한 힘을 이용하여 강성행렬 또는 질량행렬을 계산한다.
2) 3개의 좌표로서 그림 (b)에 보여준 질량중심의 병진과 회전(u_1, u_2, u_3)을 사용하는 경우, 이 시스템의 강성행렬과 질량행렬을 계산하시오.

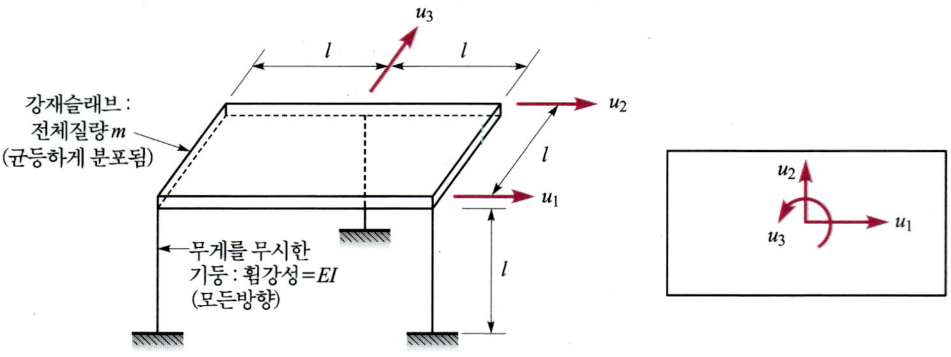

(a) (b)

그림 연습문제 3.3.4

3.4 모드중첩법과 직접적분법

3.4.1 모드중첩법

다자유도 구조물의 동적응답을 구하기 위해서는 식 (3.1.13)에 나타난 운동의 미분방정식을 직접 풀어야 한다. 그러나 식 (3.1.13)의 운동방정식은 질량, 감쇠, 강성에 관한 계수행렬이 대각행렬(diagonal matrix)이 아닌 연립 미분방정식이므로, 이를 직접 푸는 것은 그 과정이 복잡하고 비경계적이다. 따라서 **일반좌표계**(generalized coordinate system)로 나타낸 **모드**(mode)를 이용하여 계수행렬을 대각행렬로 만든 후, 각 모드별로 해석을 실시하여 응답을 더하는 **모드중첩법**(mode superposition method)을 이용하는 것이 효율적이다.

모드중첩법은 n개의 2계 연립 미분방정식을, 모드행렬을 이용하여 물리좌표계(직교좌표계)에서 일반좌표로 좌표변환하고, 각 모드에 관한 독립적인 단자유도계의 운동방정식을 유도하여 해를 구한 후에 이를 조합하는 방법이다. 특히, 모드중첩법은 일반적으로 제한된 수($m \ll n$)의 모드만을 이용하여도 정확한 해를 구할 수 있으므로 효율적이다.

모드중첩법은 크기가 $n \times n$인 $[m]$과 $[k]$에 관하여 직교성을 갖는 m개의 변위 모드형상을 구한 후($m \le n$), 이들 자유도수 m개의 모드들에 관한 각각의 응답을 다음과 같이 **선형조합**하여 변위 $u(t)$를 구하는 방법이다.

$$\{u(t)\} = \sum_{i=1}^{m} \{\phi^{(i)}(x)\} q_i(t) = [\phi(x)]\{q(t)\} \tag{3.4.1}$$

위 식에서 **변위벡터** $\{u(t)\}$는 위치 x와 시간 t의 함수로서, 정확하게 표현하면 $\{u(x,t)\}$이지만 편의상 $\{u(t)\}$로 표현한 것이다. 그리고 $\{\phi^{(i)}(x)\}$는 가정한 i번째 변위 **모드형상**으로 위치 x의 함수이고, $q_i(t)$는 i번째 모드와 관련된 **일반좌표**로서 시간 t의 함수이다.

모드행렬 $[\phi(x)]$의 정의는 $[\phi(x)] = [\{\phi^{(1)}(x)\}\ \{\phi^{(2)}(x)\} \cdots \{\phi^{(m)}(x)\}]$이고 [식 (3.3.13) 참조], $\{q(t)\}$의 정의는 다음과 같다.

$$\{q(t)\} = \begin{Bmatrix} q_1(t) \\ q_2(t) \\ \cdot \\ \cdot \\ \cdot \\ q_m(t) \end{Bmatrix} = \langle q_1(t)\ q_2(t)\ \cdot\ \cdot\ \cdot\ q_m(t) \rangle^T \tag{3.4.2}$$

직교성의 정의는 3.3.2절에서 기술한 것처럼 **질량행렬**은 $\{\phi^{(i)}(x)\}^T[m]\{\phi^{(j)}(x)\}=\mu_{ii}\delta_{ij}$ [식 (3.3.17) 참조] 그리고 **강성행렬**은 $\{\phi^{(i)}(x)\}^T[k]\{\phi^{(j)}(x)\}=\kappa_{ii}\delta_{ij}$[식 (3.3.18) 참조]의 관계식이 성립하는 것을 말한다. 모드를 선택할 때 서로 직교인 형상을 취하는 가장 큰 이유는 다음과 같이 감쇠가 없는 자유도수가 n차인 연계된(coupled) 운동방정식[식 (3.4.3)]을 m개의 **비연계된**(uncoupled) 단자유도 운동방정식[식 (3.4.6)]으로 변환할 수 있기 때문이다. 즉,

$$[m]\{\ddot{u}(t)\}+[k]\{u(t)\}=\{f(t)\} \tag{3.4.3}$$

위 식에 $\{u(t)\}=[\phi(x)]\{q(t)\}$와 $\{\ddot{u}(t)\}=[\phi(x)]\{\ddot{q}(t)\}$를 넣은 후, 위 식의 양변에 $[\phi(x)]^T$를 선승(pre-multiply)하면 다음과 같이 된다.

$$\begin{aligned}&[\phi(x)]^T[m][\phi(x)]\{\ddot{q}(t)\}\\&+[\phi(x)]^T[k][\phi(x)]\{q(t)\}=[\phi(x)]^T\{f(t)\}\end{aligned} \tag{3.4.4}$$

직교성에 의하여 위 식은 다음과 같이 나타낼 수 있다.

$$\left[\diagdown\mu\diagdown\right]\{\ddot{q}(t)\}+\left[\diagdown\kappa\diagdown\right]\{q(t)\}=\{p(t)\} \tag{3.4.5}$$

또는

$$\begin{aligned}&\mu_{11}\ddot{q}_1(t)+\kappa_{11}q_1(t)=p_1(t)\\&\mu_{22}\ddot{q}_2(t)+\kappa_{22}q_2(t)=p_2(t)\\&\qquad\vdots\\&\mu_{mm}\ddot{q}_m(t)+\kappa_{mm}q_m(t)=p_m(t)\end{aligned} \tag{3.4.6}$$

여기서 **일반화된 질량행렬** $\left[\diagdown\mu\diagdown\right]=diag(\mu_{11},\ \mu_{22},\ \cdots,\ \mu_{mm})$이고[식 (3.3.22) 참조], **일반화된 강성행렬** $\left[\diagdown\kappa\diagdown\right]=diag(\kappa_{11},\ \kappa_{22},\ \cdots,\ \kappa_{mm})$이다[식 (3.3.23) 참조]. 그리고 $\{p(t)\}$는 **유효모드하중**(effective modal load) 혹은 **모드참여하중**(modal participation load)이라고 하며, 다음과 같이 정의한다.

$$\{p(t)\}=[\phi(x)]^T\{f(t)\} \tag{3.4.7a}$$

$$\{p(t)\}=\begin{Bmatrix} p_1(t) \\ p_2(t) \\ \cdot \\ \cdot \\ \cdot \\ p_m(t) \end{Bmatrix}=\langle p_1(t)\ p_2(t)\ \cdot\ \cdot\ \cdot\ p_m(t)\rangle^T \tag{3.4.7b}$$

위 식에서 사용하는 모드의 개수는 m개로서, 통상 $m < n$이다.

3.3.2절에서 기술한 것처럼, 질량행렬 $[m]$과 강성행렬 $[k]$로부터 구한 **자유진동모드행렬** $[\phi(x)]$는 질량행렬과 강성행렬에 직교하므로 해석 시 모드로 사용해도 적합하다. 그러나 자유진동모드행렬 $[\phi(x)]$는 구조물에 작용하는 하중의 분포 형태와 무관하므로, 경우에 따라 많은 모드를 사용해야 정확한 해를 구할 수 있다. 따라서 모드행렬 $[\phi(x)]$를 구하기 위해서는 비교적 큰 차수의 **고유치 문제**를 풀어야 하는 부담도 있다.

자유진동모드행렬의 이러한 단점을 극복하기 위해서 **리츠 벡터**(Ritz vector)를 이용하는 방법이 윌슨 등에 의해서 개발되어, 구조해석용 **범용유한요소 패키지프로그램**(package program) 등에서 사용되고 있다. 리츠 벡터의 장점은 고유치(고유값) 문제를 풀 필요가 없고, 자유진동모드행렬 보다 훨씬 빨리 정해에 수렴하므로 효율적으로 구조해석을 할 수 있다는 것이다. 그러나 리츠 벡터를 구할 때에 질량행렬과 강성행렬 이외에 하중 항을 고려해야 하므로, 동일한 구조물일지라도 하중이 많이 바뀌는 문제를 푸는 데는 적합하지 않다는 단점이 있다. 참고로, 지진 응답해석의 경우에는 **유효지진하중**이 구조물의 질량 분포와 밀접한 관계가 있으므로, 이 성질을 고려한 리츠 벡터를 이용하는 것이 매우 효율적이다.

식 (3.4.3)의 다자유도계 운동방정식에서 감쇠가 있는 경우 보통 **일반모드좌표**에서는 직교성이 유지되지 않는다. 즉, $[\phi(x)]^T[c][\phi(x)] \neq diagonal$이다. 그러나 비교적 균질한 재료로 이루어져 구조물 전체 에너지 소산이 비슷한 형태로 발생한 경우에는 해석 시 비례감쇠 즉, $\{\phi^{(i)}(x)\}^T[c]\{\phi^{(j)}(x)\}=c_{ii}\delta_{ij}$인 레일리 감쇠(Rayleigh damping) 등을 이용할 수 있다. 여기서 $c_{ii}\delta_{ij}$는 **일반화된 감쇠행렬** 즉, $c_{ii}\delta_{ij}=diag(c_{11}, c_{22}, \cdots, c_{mm})$으로 식 (3.3.22)과 비슷한 형태의 대각행렬을 나타낸다.

레일리 감쇠행렬 $[c]$는 다음과 같이 구조물의 질량행렬 $[m]$과 강성행렬 $[k]$의 선형 조합으로 이루어 졌다고 가정하였다. 즉,

$$[c]=\alpha[m]+\beta[k] \tag{3.4.8}$$

여기서 α, β는 임의의 비례상수이다. 식 (3.4.8)에서 $[m]$, $[k]$가 직교성을 만족하므로, 자유진동모드행렬이 레일리 감쇠행렬 $[c]$에 대해서도 직교성을 만족한다. 따라서 이 경우, 감쇠가 있는 **일반모드좌표계**에서 운동방정식을 다음과 같이 독립적으로 나타낼 수 있다.

$$\mu_{ii}\ddot{q}_i(t)+c_{ii}\dot{q}_i(t)+\kappa_{ii}q_i(t)=p_i(t) \quad (i=1,2,\cdots,m) \tag{3.4.9}$$

위 식의 양변을 일반화된 질량 μ_{ii}로 나누면 다음과 같은 식이 얻어진다..

$$\ddot{q}_i(t)+\frac{c_{ii}}{\mu_{ii}}\dot{q}_i(t)+\frac{\kappa_{ii}}{\mu_{ii}}q_i(t)=\frac{p_i(t)}{\mu_{ii}} \quad (i=1,2,\cdots,m) \tag{3.4.10}$$

여기서 **일반화된 감쇠** c_{ii}를 i번째 모드의 감쇠비 ξ_i를 도입하여 표현하면 즉, $\frac{c_{ii}}{\mu_{ii}}=\frac{\xi_i\sqrt{4\mu_{ii}\kappa_{ii}}}{\mu_{ii}}=2\xi_i\sqrt{\frac{\kappa_{ii}}{\mu_{ii}}}=2\xi_i\omega_i$이고, $\frac{\kappa_{ii}}{\mu_{ii}}=\omega_i^2$이므로 위 식은 다음과 같이 된다[식 (2.3.16) 참조].

$$\ddot{q}_i(t)+2\xi_i\omega_i\dot{q}_i(t)+\omega_i^2q_i(t)=\frac{p_i(t)}{\mu_{ii}} \quad (i=1,2,\cdots,m) \tag{3.4.11}$$

따라서 위 식의 **일반해**는 다음과 같이 구할 수 있다[식 (2.3.23), 식 (2.6.3) 참조].

$$\begin{aligned} q_i(t) = e^{-\xi_i\omega_i t}&[q_i(0)\cos\omega_{di}t \\ &+\frac{\xi_i\omega_i q_i(0)+\dot{q}_i(0)}{\omega_{di}}\sin\omega_{di}t] \\ &+\frac{1}{\mu_{ii}\omega_{di}}\int_0^t p_i(\tau)e^{-\xi_i\omega_i(t-\tau)}\sin\omega_{di}(t-\tau)d\tau \\ &(i=1,2,\cdots,m)\end{aligned} \tag{3.4.12}$$

여기서 $\omega_{di}=\sqrt{1-\xi_i^2}\,\omega_i$이고, $q_i(0)$과 $\dot{q}_i(0)$은 주어진 **초기조건**으로부터 구할 수 있다.

실제 해석 시에는 일반적으로 하중의 주된 진동수(주파수) 성분이 구조물의 저차 모드의 고유진동수 내에 있고 고차 항에 대한 고유치(고유값) 문제의 수치적 결과가 정확하지 않으므로, 구조물의 자유도수 n보다 작은 수인 저차의 m개 모드만을 보통 사용한다. 그러므로 해석에 포함시켜야 할 적절한 모드의 개수를 정하는 기준이 필요하다. 이를 위해 보통의 경우 4.2절에서 기술할 **유효모드질량**(effective modal mass)의 개념을 사용하여, 유효모드질량의 합이 전체 구조계의 **전체질량**에 90% 이상이 되도록 즉, 질량기여도가 90% 이상이 되도록 모드의 개수를 정한다.

따라서 m개의 **비연계된 단자유도계**의 운동방정식 각각에 대하여 식 (3.4.12)의 일반해 $q_i(t)$를 구한 후, 다음과 같이 모드를 곱하고 **선형조합**하여 다자유도계 응답을 구한다.

$$\{u(t)\} = \sum_{i=1}^{m} \{\phi^{(i)}(x)\}\, q_i(t) \tag{3.4.13a}$$

$$\{\dot{u}(t)\} = \sum_{i=1}^{m} \{\phi^{(i)}(x)\}\, \dot{q}_i(t) \tag{3.4.13b}$$

$$\{\ddot{u}(t)\} = \sum_{i=1}^{m} \{\phi^{(i)}(x)\}\, \ddot{q}_i(t) \tag{3.4.13c}$$

위의 응답을 사용하여 **구조부재**(structural element)에 생기는 **부재력** $\{f^{(e)}(t)\}$를 구하면 다음과 같이 된다.

$$\{f^{(e)}(t)\} = [k^{(e)}]\{u^{(e)}(t)\} \tag{3.4.14}$$

여기서 $[k^{(e)}]$는 부재의 **강성행렬**이고, $\{u^{(e)}(t)\}$는 식 (3.4.13a)에서 구한 부재의 **변위**이다.

이상에서 설명한 **모드중첩법**의 동적해석 절차를 요약하면 표 3.4.1과 같다.

표 3.4.1 모드중첩법의 절차

1. 운동방정식(n개의 2계 연립 미분방정식)을 세운다.

$$\underset{(n\times n)}{[m]}\underset{(n)}{\{\ddot{u}(t)\}} + \underset{(n\times n)}{[c]}\underset{(n)}{\{\dot{u}(t)\}} + \underset{(n\times n)}{[k]}\underset{(n)}{\{u(t)\}} = \underset{(n)}{\{f(t)\}}$$

2. m개(보통 $m \le n$)의 고유진동수와 모드형상(mode shape)을 구한다.

$$([k]-\omega^2[m])\{\phi(x)\} = \{0\}$$

$$\Rightarrow \det([k]-\omega^2[m]) = |[k]-\omega^2[m]| = 0 \;,\quad \{u(t)\} = [\phi(x)]\{q(t)\}$$

$$\Rightarrow \left[\diagdown \Omega^2 \diagdown\right] = diag(\omega_1^2,\, \omega_2^2,\, \cdots,\, \omega_m^2),$$

$$[\phi(x)] = [\{\phi^{(1)}(x)\}\ \{\phi^{(2)}(x)\}\ \cdot\cdot\cdot\ \{\phi^{(m)}(x)\}]$$

3. 일반모드좌표계에서 일반화된 질량, 강성, 하중을 구한다.

$$\left[\diagdown \mu \diagdown\right] = [\phi(x)]^T[m]\,[\phi(x)],\quad \left[\diagdown \kappa \diagdown\right] = [\phi(x)]^T[k]\,[\phi(x)],$$

$$\{p(t)\} = [\phi(x)]^T\{f(t)\}$$

4. 일반모드좌표계에서 단자유도계의 운동방정식을 세운다.

$$\ddot{q}_i(t) + 2\xi_i\omega_i\,\dot{q}_i(t) + \omega_i^2 q_i(t) = \frac{p_i(t)}{\mu_{ii}} \qquad (i = 1, 2, \cdots, m)$$

5. 일반모드좌표계에서 응답을 구한다.

$$q_i(t) = e^{-\xi_i\omega_i t}[q_i(0)\cos\omega_{di}t + \frac{\xi_i\omega_i q_i(0) + \dot{q}_i(0)}{\omega_{di}}\sin\omega_{di}t]$$
$$+ \frac{1}{\mu_{ii}\omega_{di}}\int_0^t p_i(\tau)e^{-\xi_i\omega_i(t-\tau)}\sin\omega_{di}(t-\tau)d\tau \quad (1=1,2,\cdots,m)$$

위 식에서 초기조건은 다음과 같다.

$$\{q(t)\} = \frac{\{u(t)\}}{[\phi(x)]} = \frac{[\phi(x)]^T[m]\{u(t)\}}{[\phi(x)]^T[m][\phi(x)]}$$

$$\Rightarrow \quad q_i(0) = \frac{\{\phi^{(i)}(x)\}^T[m]\{u(0)\}}{\{\phi^{(i)}(x)\}^T[m]\{\phi^{(i)}(x)\}}$$

$$\dot{q}_i(0) = \frac{\{\phi^{(i)}(x)\}^T[m]\{\dot{u}(0)\}}{\{\phi^{(i)}(x)\}^T[m]\{\phi^{(i)}(x)\}}$$

6. 일반모드좌표계에서의 응답 $q_i(t)$를 선형조합하여, 구조물의 응답 $\{u(t)\}$을 구한다.

$$\underset{(n)}{\{u(t)\}} = \underset{(n\times m)}{[\phi(x)]}\underset{(m)}{\{q(t)\}}$$

7. 구조물의 부재력 $\{f^{(e)}(t)\}$를 구한다.

$$\{f^{(e)}(t)\} = [k^{(e)}]\{u^{(e)}(t)\} = [k^{(e)}][\phi(x)]\{q^{(e)}(t)\}$$
$$= [m^{(e)}][\diagdown\Omega^2\diagdown][\phi(x)]\{q^{(e)}(t)\}$$

TIP 1) **비례감쇠(proportional damping)**

구조물에서는 마찰 등과 같은 다양하고 복잡한 에너지 소산을 발생하므로, 단순히 요소의 감쇠행렬을 조합시켜 구조물의 감쇠행렬을 구하는 것은 실제적이지 않다. 따라서 보통 구조물의 감쇠행렬은 실제 자료를 바탕으로 각 모드별 감쇠비를 추정한 후에 이들을 조합하여 결정한다. 모드행렬을 감쇠행렬의 양변에 곱하였을 때 대각성분만 갖는 행렬 즉, $\{\phi^{(i)}(x)\}^T[c]\{\phi^{(j)}(x)\} = c_{ii}\delta_{ij}$인 경우를 비례감쇠라고 한다. 비례감쇠는 비교적 균질한 재료로 이루어져 구조물 전체 에너지 소산이 비슷한 형태로 발생한 경우에 적합하다. 감쇠가 작은 보통 구조물에서 비례감쇠를 사용할 경우, 감쇠 구조물과 비감쇠 구조물은 같은 모드형상을 갖고 있으며 고유진동수도 아주 비슷하다. 따라서 비례감쇠를 이용할 경우, 비감쇠 구조물의 해석을 감쇠 구조물의 해석에 직접 또는 간접적으로 사용할 수 있는 장점이 있다.

- **레일리 감쇠(Rayleigh damping)**

식 (3.4.8)의 레일리 감쇠행렬에서 i, j번째 모드에 대한 감쇠비와 고유진동수의 관계는 각각

$$\xi_i = \frac{1}{2}\left(\frac{\alpha}{\omega_i} + \beta\omega_i\right), \quad \xi_j = \frac{1}{2}\left(\frac{\alpha}{\omega_j} + \beta\omega_j\right)$$

이다(위 식의 유도는 예제 3.4.2의 풀이 마지막 부분에 있음). i, j번째 모드의 감쇠비를 ξ_i, ξ_j라 할 때, α와 β는 예제 3.4.2의 풀이에서처럼 그 값들을 위 식에 대입하여 만든 연립방정식을 풀면 구해진다. 감쇠가 작은 보통 구조물의 경우, α와 β는 0.1보다 작은 값을 보여준다. 보통 i번째 모드와 j번째 모드사이에 모드들의 감쇠비는 ξ보다 약간 작은 가지며, i와 j번째 모드 바깥에 있는 모드들의 감쇠비는 ξ보다 큰 값을 갖는다. 특히, 큰 감쇠로 인해 고차모드의 응답은 전체응답에서 제거될 수 있다. 직교성을 만족하는 비례감쇠인 레일리 감쇠행렬을 일반화된 감쇠(generalized damping) $\left[\diagdown c \diagdown\right]$로 나타내면 다음과 같이 된다.

$$[\phi(x)]^T[c]\,[\phi(x)] = [\phi(x)]^T[\alpha[m] + \beta[k]]\,[\phi(x)] = \left[\diagdown c \diagdown\right]$$

- **코이 감쇠(Caughey damping)**

  3개 이상의 모드 감쇠비를 지정하고자 하는 경우 비례감쇠인 코이 감쇠를 사용하나, 구조해석 시 계산비용과 수치적 안정성을 고려하여 코이 감쇠보다는 레일리 감쇠를 많이 사용한다. 이 밖에도 각 모드별 감쇠비에 진동모드를 곱한 후, 이들을 조합하여 구하는 비례감쇠인 모드중첩 감쇠 등이 있다.

2) 비비례감쇠(non-proportional damping)

비례감쇠는 아주 실용적이나, 보통의 실제 감쇠는 재료의 이력감쇠나 마찰감쇠 등으로 인해 구조물의 강성과 질량에 비례하지 않는다. 이 경우의 감쇠를 비비례감쇠라고 한다. 비비례감쇠에서는 모드의 감쇠행렬에 대한 직교성이 성립되지 않는다. 비비례감쇠로는 구조감쇠(structural damping) 또는 이력감쇠(hysteretic damping) 등이 있다. 구조감쇠는 비비례감쇠를 갖는 다자유도계의 운동방정식에서 복소(complex) 모드형상과 복소 고유진동수의 개념을 사용하여 감쇠손실계수를 계산하고 있다. 여기서 복소 모드형상은 크기와 다양한 위상차(복소수)를 갖고 있는 것이고 일반모드는 크기(실수)만을 갖는 것이나, 자세한 수식 전개는 본 팁의 영역을 넘어서므로 생략한다.

상호작용 시스템(지반-구조물 상호작용 , 유체-구조물 상호작용)과 면진·제진 시스템이 설치된 구조물의 경우, 일반적으로 유사한 재료 및 유사한 구조형식으로 되어 있지 않는 경우에 해당하므로 비례감쇠로 가정하여 해석하는 것은 적합하지 않다. 이 경우에는 상태공간방정식을 사용한 비비례감쇠 구조물로 가정하여 고유치 해석 등을 수행하고 동적 구조해석을 실시하는 것이 적합하다.

예제 3.4.1

다음 그림은 2개의 수평변위 자유도 $u_1(t)$, $u_2(t)$를 갖는 그림 예제 3.3.2 (a)의 2층 골조구조물을 보여주고 있다. 이 구조물에 대한 자유진동 응답을 모드중첩법으로 구하시오. 단, 감쇠는 무시하고, 초기조건은 $\begin{Bmatrix} u_1(0) \\ u_2(0) \end{Bmatrix} = \begin{Bmatrix} 3 \\ 3 \end{Bmatrix}$ 및 $\begin{Bmatrix} \dot{u}_1(0) \\ \dot{u}_2(0) \end{Bmatrix} = \begin{Bmatrix} 0 \\ 0 \end{Bmatrix}$이다.

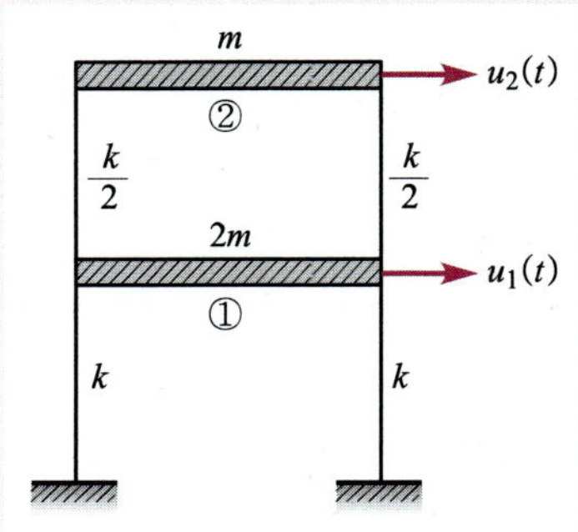

그림 예제 3.4.1

풀이

1) 강성행렬 $[k]$와 질량행렬 $[m]$

예제 3.3.2의 풀이로부터,

$$[k] = \begin{bmatrix} k_{11} & k_{12} \\ k_{21} & k_{22} \end{bmatrix} = \begin{bmatrix} 3k & -k \\ -k & k \end{bmatrix}$$

$$[m] = \begin{bmatrix} 2m & 0 \\ 0 & m \end{bmatrix}$$

2) 고유진동수

예제 3.3.2의 풀이로부터,

$$\left[{}^{\diagdown}\Omega^2{}_{\diagdown} \right] = diag\left(\omega_1^2, \omega_2^2\right) = \begin{bmatrix} \omega_1^2 & 0 \\ 0 & \omega_2^2 \end{bmatrix} = \frac{k}{m} \begin{bmatrix} 0.5 & 0 \\ 0 & 2 \end{bmatrix}$$

$$\omega_1 = \sqrt{\frac{k}{2m}}, \ \omega_2 = \sqrt{\frac{2k}{m}}$$

3) 모드행렬 $[\phi(x)]$

예제 3.3.2의 풀이로부터,

$$[\phi(x)] = \left[\{\phi^{(1)}(x)\} \ \{\phi^{(2)}(x)\} \right] = \begin{bmatrix} 1 & 1 \\ 2 & -1 \end{bmatrix}$$

4) 일반화된 질량행렬과 일반화된 강성행렬

i) 일반화된 질량행렬 $\left[\diagdown\mu\diagdown\right]$

식 (3.3.20)으로부터 일반화된 질량행렬을 구하면 다음과 같다. 즉,

$$\left[\diagdown\mu\diagdown\right]=[\phi(x)]^T[m]\,[\phi(x)]=\begin{bmatrix}1 & 2\\ 1 & -1\end{bmatrix}\begin{bmatrix}2m & 0\\ 0 & m\end{bmatrix}\begin{bmatrix}1 & 1\\ 2 & -1\end{bmatrix}$$

$$=\begin{bmatrix}2m & 2m\\ 2m & -m\end{bmatrix}\begin{bmatrix}1 & 1\\ 2 & -1\end{bmatrix}=\begin{bmatrix}6m & 0\\ 0 & 3m\end{bmatrix}$$

ii) 일반화된 강성행렬 $\left[\diagdown\kappa\diagdown\right]$

식 (3.3.21)로부터 일반화된 강성행렬를 구하면 다음과 같다. 즉,

$$\left[\diagdown\kappa\diagdown\right]=[\phi(x)]^T[k]\,[\phi(x)]=\begin{bmatrix}1 & 2\\ 1 & -1\end{bmatrix}\begin{bmatrix}3k & -k\\ -k & k\end{bmatrix}\begin{bmatrix}1 & 1\\ 2 & -1\end{bmatrix}$$

$$=\begin{bmatrix}k & k\\ 4k & -2k\end{bmatrix}\begin{bmatrix}1 & 1\\ 2 & -1\end{bmatrix}=\begin{bmatrix}3k & 0\\ 0 & 6k\end{bmatrix}$$

5) 일반화된 질량행렬과 강성행렬로부터 고유진동수의 계산

식 (3.3.24)로부터 고유진동수 ω_1과 ω_2를 구하면 다음과 같다. 즉,

$$[\Omega^2]=\begin{bmatrix}\omega_1^2 & 0\\ 0 & \omega_2^2\end{bmatrix}=\begin{bmatrix}\kappa_{11}/\mu_{11} & 0\\ 0 & \kappa_{22}/\mu_{22}\end{bmatrix}$$

$$=\begin{bmatrix}3k/(6m) & 0\\ 0 & 6k/(3m)\end{bmatrix}=\frac{k}{m}\begin{bmatrix}0.5 & 0\\ 0 & 2\end{bmatrix}$$

따라서 고유진동수 ω_1과 ω_2는 다음과 같다.

$$\omega_1=\sqrt{\frac{k}{2m}},\ \omega_2=\sqrt{\frac{2k}{m}}$$

위 값은 2)항에서 구한 고유진동수 ω_1과 ω_2와 같은 값을 보여주고 있다.

6) 일반화된 질량행렬이 단위질량이 되도록 정규화한 모드(정규모드)행렬 $[\overline{\phi}(x)]$

식 (3.3.26)으로부터 정규모드를 구하면 다음과 같다. 즉,

$$\{\overline{\phi}^{(1)}(x)\}=\frac{\{\phi^{(1)}(x)\}}{\sqrt{\{\phi^{(1)}(x)\}^T[m]\{\phi^{(1)}(x)\}}}=\frac{\{\phi^{(1)}(x)\}}{\sqrt{\mu_{11}}}$$

$$\{\overline{\phi}^{(2)}(x)\}=\frac{\{\phi^{(2)}(x)\}}{\sqrt{\{\phi^{(2)}(x)\}^T[m]\{\phi^{(2)}(x)\}}}=\frac{\{\phi^{(2)}(x)\}}{\sqrt{\mu_{22}}}$$

$$[\overline{\phi}(x)]=\left[\{\overline{\phi^{(1)}}(x)\}\ \{\overline{\phi^{(2)}}(x)\}\right]=\left[\frac{\{\phi^{(1)}(x)\}}{\sqrt{\mu_{11}}}\quad\frac{\{\phi^{(2)}(x)\}}{\sqrt{\mu_{22}}}\right]=\frac{1}{\sqrt{m}}\begin{bmatrix}0.408 & 0.577\\ 0.816 & -0.577\end{bmatrix}$$

7) 정규모드행렬 $[\overline{\phi}(x)]$를 사용한 물리좌표계에서 일반모드좌표계로의 변위 변환

$$\{u(t)\}=[\overline{\phi}(x)]\{q(t)\} \Rightarrow \begin{Bmatrix} u_1(t) \\ u_2(t) \end{Bmatrix} = \frac{1}{\sqrt{m}}\begin{bmatrix} 0.408 & 0.577 \\ 0.816 & -0.577 \end{bmatrix}\begin{Bmatrix} q_1(t) \\ q_2(t) \end{Bmatrix}$$

8) 일반모드좌표계에서 비연계된 단자유도 운동방정식

$$\ddot{q}_i(t)+2\xi_i\omega_i\dot{q}_i(t)+\omega_i^2 q_i(t)=\frac{p_i(t)}{\mu_{ii}} \quad (i=1,2)$$

위 식에서 주어진 조건이 비감쇠 자유진동($\xi_i=0$, $p_i(t)=0$)이므로, 위의 운동방정식은 다음과 같이 2개의 식이 된다. 즉,

$$\ddot{q}_1(t)+\omega_1^2 q_1(t)=0, \ \ddot{q}_2(t)+\omega_2^2 q_2(t)=0$$

9) 일반모드좌표계에서 응답

$$q_i(t)=e^{-\xi_i\omega_i t}[q_i(0)\cos\omega_{di}t+\frac{\xi_i\omega_i q_i(0)+\dot{q}_i(0)}{\omega_{di}}\sin\omega_{di}t]$$

$$+\frac{1}{\mu_{ii}\omega_{di}}\int_0^t p_i(\tau)e^{-\xi_i\omega_i(t-\tau)}\sin\omega_{di}(t-\tau)d\tau \quad (1=1,2)$$

위 식에서 주어진 조건이 비감쇠 자유진동[$\xi_i=0$, $p_i(t)=0$, $\omega_{di}=\sqrt{1-\xi_i^2}\,\omega_i=\omega_i$]이므로, 위의 응답은 다음과 같이 2개의 식이 된다. 즉,

$$q_1(t)=q_1(0)\cos\omega_1 t+\frac{\dot{q}_1(0)}{\omega_1}\sin\omega_1 t, \ q_2(t)=q_2(0)\cos\omega_2 t+\frac{\dot{q}_2(0)}{\omega_2}\sin\omega_2 t$$

10) 일반모드좌표계에서 초기조건[$\{\phi^{(i)}(x)\}$ 대신에 정규모드 $\{\overline{\phi}^{(i)}(x)\}$를 사용함]

$$q_i(0)=\frac{\{\phi(x)\}^T[m]\{u(0)\}}{\{\phi(x)\}^T[m]\{\phi(x)\}} \Rightarrow q_i(0)=\{\overline{\phi}^{(i)}(x)\}^T[m]\{u(x)\}$$

$$\Rightarrow \begin{Bmatrix} q_1(0) \\ q_2(0) \end{Bmatrix}=[\overline{\phi}(x)]^T[m]\begin{Bmatrix} u_1(0) \\ u_2(0) \end{Bmatrix}$$

$$\Rightarrow \begin{Bmatrix} q_1(0) \\ q_2(0) \end{Bmatrix} = \frac{1}{\sqrt{m}}\begin{bmatrix} 0.408 & 0.816 \\ 0.577 & -0.577 \end{bmatrix} m\begin{bmatrix} 2 & 0 \\ 0 & 1 \end{bmatrix}\begin{Bmatrix} 3 \\ 3 \end{Bmatrix}=\sqrt{m}\begin{Bmatrix} 4.896 \\ 1.731 \end{Bmatrix}$$

$$\dot{q}_i(0)=\frac{\{\phi(x)\}^T[m]\{\dot{u}(0)\}}{\{\phi(x)\}^T[m]\{\phi(x)\}} \Rightarrow \dot{q}_i(0)=\{\overline{\phi}^{(i)}(x)\}^T[m]\{\dot{u}(x)\}$$

$$\Rightarrow \begin{Bmatrix} \dot{q}_1(0) \\ \dot{q}_2(0) \end{Bmatrix}=[\overline{\phi}(x)]^T[m]\begin{Bmatrix} \dot{u}_1(0) \\ \dot{u}_2(0) \end{Bmatrix}$$

$$\Rightarrow \begin{Bmatrix} \dot{q}_1(0) \\ \dot{q}_2(0) \end{Bmatrix} = \frac{1}{\sqrt{m}}\begin{bmatrix} 0.408 & 0.816 \\ 0.577 & -0.577 \end{bmatrix} m\begin{bmatrix} 2 & 0 \\ 0 & 1 \end{bmatrix}\begin{Bmatrix} 0 \\ 0 \end{Bmatrix}=\begin{Bmatrix} 0 \\ 0 \end{Bmatrix}$$

11) 초기조건을 대입하여 구한 일반모드좌표계에서 응답

$$q_1(t) = q_1(0)\cos\omega_1 t + \frac{\dot{q}_1(0)}{\omega_1}\sin\omega_1 t = 4.896\sqrt{m}\cos\omega_1 t$$

$$q_2(t) = q_2(0)\cos\omega_2 t + \frac{\dot{q}_2(0)}{\omega_2}\sin\omega_2 t = 1.731\sqrt{m}\cos\omega_2 t$$

12) 물리좌표계에서 변위 응답 $\{u(t)\}$

$$\{u(t)\} = [\overline{\phi}(x)]\{q(t)\} \Rightarrow \begin{Bmatrix} u_1(t) \\ u_2(t) \end{Bmatrix} = \frac{1}{\sqrt{m}}\begin{bmatrix} 0.408 & 0.577 \\ 0.816 & -0.577 \end{bmatrix}\begin{Bmatrix} q_1(t) \\ q_2(t) \end{Bmatrix}$$

$$\Rightarrow \begin{Bmatrix} u_1(t) \\ u_2(t) \end{Bmatrix} = \frac{1}{\sqrt{m}}\begin{bmatrix} 0.408 & 0.577 \\ 0.816 & -0.577 \end{bmatrix}\begin{Bmatrix} 4.896\sqrt{m}\cos\omega_1 t \\ 1.731\sqrt{m}\cos\omega_2 t \end{Bmatrix}$$

$$\Rightarrow \begin{Bmatrix} u_1(t) \\ u_2(t) \end{Bmatrix} = \begin{bmatrix} 2 & 1 \\ 4 & -1 \end{bmatrix}\begin{Bmatrix} \cos\omega_1 t \\ \cos\omega_2 t \end{Bmatrix}$$

위의 해는 앞서 구한 예제 3.3.2의 4) 자유진동 응답 iii)에서 구한 결과와 동일하다.

예제 3.4.2

다음 그림 예제 3.4.2와 같이 3개의 수평변위 자유도 $u_1(t)$, $u_2(t)$, $u_3(t)$를 갖는 3층 골조구조물에서 첫 번째와 두 번째 모드의 감쇠비가 각각 $\xi_1 = 0.03$와 $\xi_2 = 0.04$일 때, 감쇠행렬 $[c]$와 세 번째 모드의 감쇠비 ξ_3을 구하시오. 단, 감쇠는 래일리 감쇠의 형태이며, 고유진동수는 $\{\omega\} = \langle \omega_1 \;\; \omega_2 \;\; \omega_3 \rangle^T = \langle 11.62 \;\; 27.50 \;\; 45.90 \rangle^T$rad/sec이다.

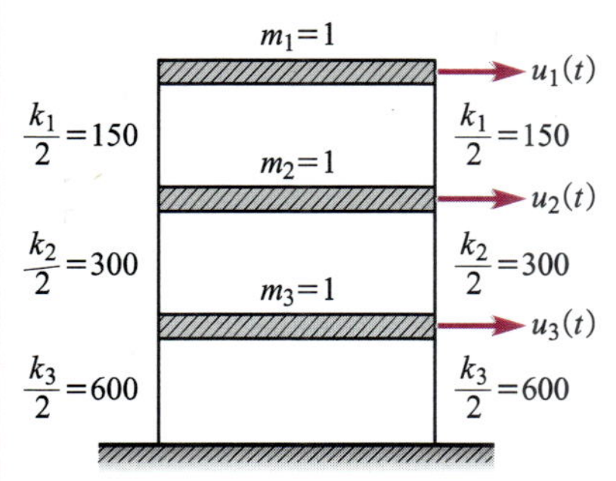

그림 예제 3.4.2

풀이

1) 강성행렬 $[k]$와 질량행렬 $[m]$

예제 3.1.1의 풀이로부터,

$$[k]=\begin{bmatrix} k_1 & -k_1 & 0 \\ -k_1 & k_1+k_2 & -k_2 \\ 0 & -k_2 & k_2+k_3 \end{bmatrix}=\begin{bmatrix} 300 & -300 & 0 \\ -300 & 900 & -600 \\ 0 & -600 & 1{,}800 \end{bmatrix}$$

$$[m]=\begin{bmatrix} m_1 & 0 & 0 \\ 0 & m_2 & 0 \\ 0 & 0 & m_3 \end{bmatrix}=\begin{bmatrix} 1 & 0 & 0 \\ 0 & 1 & 0 \\ 0 & 0 & 1 \end{bmatrix}$$

2) 래일리 감쇠행렬[식 (3.4.8)]

$[c]=\alpha[m]+\beta[k]$

3) α, β의 계산

레일리 감쇠행렬에서 1, 2번째 모드에 대한 감쇠비와 고유진동수의 관계는 각각 다음과 같다.

$$\xi_1=\frac{1}{2}\left(\frac{\alpha}{\omega_1}+\beta\omega_1\right),\quad \xi_2=\frac{1}{2}\left(\frac{\alpha}{\omega_2}+\beta\omega_2\right) \tag{1}$$

위 식을 행렬 형태로 나타낸 후, 주어진 $\xi_1, \xi_2, \omega_1, \omega_2$ 값들을 대입하고 풀면 α, β가 다음과 같이 구해진다. 즉,

$$\begin{Bmatrix} \xi_1 \\ \xi_2 \end{Bmatrix}=\frac{1}{2}\begin{bmatrix} 1/\omega_1 & \omega_1 \\ 1/\omega_2 & \omega_2 \end{bmatrix}\begin{Bmatrix} \alpha \\ \beta \end{Bmatrix} \Rightarrow \begin{Bmatrix} 0.03 \\ 0.04 \end{Bmatrix}=\frac{1}{2}\begin{bmatrix} 1/11.62 & 11.62 \\ 1/27.50 & 27.50 \end{bmatrix}\begin{Bmatrix} \alpha \\ \beta \end{Bmatrix}$$

$$\Rightarrow \begin{Bmatrix} 0.06 \\ 0.08 \end{Bmatrix}=\begin{bmatrix} 0.086 & 11.62 \\ 0.036 & 27.50 \end{bmatrix}\begin{Bmatrix} \alpha \\ \beta \end{Bmatrix}$$

$$\therefore \begin{Bmatrix} \alpha \\ \beta \end{Bmatrix}=\begin{bmatrix} 0.086 & 11.62 \\ 0.036 & 27.50 \end{bmatrix}^{-1}\begin{Bmatrix} 0.06 \\ 0.08 \end{Bmatrix}=\begin{Bmatrix} 0.370 \\ 0.002 \end{Bmatrix}$$

[참고로, 식 (1)을 연립하여 풀면 α, β가 다음과 같이 구해진다.

$$\xi_1=\frac{1}{2}\left(\frac{\alpha}{\omega_1}+\beta\omega_1\right) \Rightarrow 0.03=\frac{1}{2}\left(\frac{\alpha}{11.62}+11.62\beta\right) \Rightarrow$$

$$0.086\alpha+11.62\beta=0.06 \tag{2}$$

$$\xi_2=\frac{1}{2}\left(\frac{\alpha}{\omega_2}+\beta\omega_2\right) \Rightarrow 0.04=\frac{1}{2}\left(\frac{\alpha}{27.50}+27.50\beta\right) \Rightarrow$$

$$0.036\alpha+27.50\beta=0.08 \tag{3}$$

식 (2)와 식 (3)을 연립하여 풀면, $\alpha=0.370$, $\beta=0.002$]

4) 따라서, 래일리 감쇠행렬은 다음과 같이 된다.

$$[c] = \alpha[m]+\beta[k] = 0.370\begin{bmatrix}1&0&0\\0&1&0\\0&0&1\end{bmatrix}+0.002\begin{bmatrix}300&-300&0\\-300&900&-600\\0&-600&1{,}800\end{bmatrix}$$

$$= \begin{bmatrix}0.97&-0.6&0\\-0.6&2.17&-1.2\\0&-1.2&3.97\end{bmatrix}$$

5) 세 번째 모드에 대한 감쇠비 ξ_3

$$\xi_3 = \frac{1}{2}\left(\frac{\alpha}{\omega_3}+\beta\omega_3\right) = \frac{1}{2}\left(\frac{0.370}{45.90}+0.002\times 45.90\right) = 0.05(=5\%)$$

[참고로, $[\phi(x)]^T[c][\phi(x)]$

$$\begin{aligned} &= [\phi(x)]^T[\alpha[m]+\beta[k]][\phi(x)] \\ &= \alpha[\phi(x)]^T[m][\phi(x)]+\beta[\phi(x)]^T[k][\phi(x)] \\ &= \alpha\left[{}^{\diagdown}\mu_{\diagdown}\right]+\beta\left[{}^{\diagdown}\kappa_{\diagdown}\right] = \alpha\left[{}^{\diagdown}\mu_{\diagdown}\right]+\beta\left[{}^{\diagdown}\mu\omega^2_{\diagdown}\right] \\ &= \left[{}^{\diagdown}\mu_{ii}(\alpha+\beta\omega_i^2)_{\diagdown}\right] \end{aligned}$$

$$\therefore\ c_{ii} = 2\mu_{ii}\xi_i\omega_i = \mu_{ii}\left(\alpha+\beta\omega_i^2\right) \Rightarrow \xi_i = \frac{1}{2}\left(\frac{\alpha}{\omega_i}+\beta\omega_i\right)$$

3.4.2 직접적분법

(1) 다자유도계의 선형 · 비선형 동적응답 해석 시 고려사항

다자유도계의 응답에 대한 앞 절의 논의에서는 구조물들이 선형 즉, 그들의 동적저항력이 선형영향계수에 의한 가속도, 속도, 변위벡터에 연관되어 있다는 가정에 근거를 두고 있다. 이러한 물리적 특성의 결과로서, 모드좌표에 대하여 구조물의 모드형상 및 진동수를 계산할 수 있었고 동적응답을 계산할 수 있었다. 이러한 접근방법은 종종 구조물이 수십 또는 수백 계의 자유도를 가지고 있을지라도 단지 몇 개의 진동모드만을 고려하여 적절한 동적응답을 평가할 수 있는 매우 큰 장점을 가지고 있다. 따라서 계산노력을 상당히 감소시킬 수 있다.

그러나 단자유도계의 논의에서 지적했던 것처럼(2.7절 참조) 동적응답 동안에 물리적 특성치가 일정하게 유지된다고 가정할 수 없는 예가 많다. 강성영향계수는 재료의 항복 또는 구조물의 부재에서 축력의 심각한 변화(이것은 기하학적 강성계수의 변화를 유발시킴)에 의해서 변할 수 있다. 또한, 질량 및 감쇠계수도 동적응답 동안에 변할 수도 있다. 이러한 변화는 구조물의 진동특성을 변하게 할 것이고(실제적으로 단순 자유진동개념이 더 이상 비선형계에 적용될 수 없음), 그러므로 운동방정식의 정규좌표 **비연계화**(uncoupled)가 가능하지 않다.

일반적으로 임의의 다자유도계의 비선형계의 해석 시 적용할 수 있는 방법은 운동방정식의 단계적 수치 **직접적분법**(step-by-step numerical direct integration method)이다. 비선형 다자유도계에 대한 이 방법은 2.7절에서 설명한 비선형 단자유도계의 해석과 똑같다. 응답이력은 같은 시간증분으로 짧게 자르고 각 증분동안 간격의 초기에서 결정된 특성치를 갖는 선형계에 대하여 계산된다. 간격의 끝에서 특성치는 그 시간에서 변형과 응력상태를 적합시키기(conform) 위해서 수정된다. 따라서 비선형해석은 일련의 연속적으로 변화하는 **선형계의 해석**으로서 처리된다.

2.7절에 언급된 것처럼, 단계적 직접적분법은 선형계의 해석에도 또한 적용할 수 있다. 이 경우 각 단계에서 구조물의 특성치를 계산할 필요가 없는 경우에는 모드중첩법보다 이러한 직접적분법이 더 유용할 때도 있다. 일반적으로, 단계적 직접적분법은 짧은 지속시간의 충격하중을 받는 크고 복잡한 구조물의 응답을 구하는데 매우 유용하다.

다자유도계의 단계적 응답 직접적분에서 한가지 숨어있는 어려움은 감쇠행렬 $[c]$를 모드감쇠비가 아니라 명백하게 정의해야 하는 것이다. 완전한 감쇠행렬의 감쇠영향계수 크기를 계산하는 것은 매우 어려운 일이다. 일반적으로, 적절한 감쇠계수를 유도하기 위한 가장 효과적인 방법은 중요하다고 생각되는 모든 모드에 대해 적절한 모드감쇠비를 가정하고 3.4.1절에서 설명한 것처럼 이들이 갖는 직교성을 이용하여 **직교감쇠행렬**(orthogonal damping ratio)을 계산하는 것이다.

한편, 감쇠행렬을 모드감쇠비에 의해서가 아니라 명백하게 구할 수 있다면 모드중첩법 보다도 **단계적 직접적분법**이 더 일반적인 방법이라는 점에 있어서 유리할 수 있다. 즉, 비연성 모드응답이 필요하지 않다. 그러므로 감쇠행렬은 모드 **직교조건**을 만족하지 않아도 된다. 따라서 해석 시 어떤 원하는 감쇠행렬계수의 집합을 사용할 수 있고, 감쇠행렬은 구조물의 여러 부분에서 완전히 다른 감쇠값을 나타낼 수도 있다. 예를 들면, 장대교량이나 초고층 빌딩의 지진 응답해석에서 상부구조에 대해서는 낮은 감쇠를 선택하고 기초의 자유도에 대해서는 높은 감쇠를 나타내는 감쇠계수를 사용할 수 있다.

마지막으로, **정규좌표**에 대한 변환이 **비선형계의 해석**에서도 유용할 수 있는 것에 주목할 만한 가치가 있다. 물론 비감쇠 자유진동모드형상은 강성행렬이 진동해석을 한 상태로부터 변하지 않고 남아 있는 한 운동방정식을 **비연계화** 하는데 도움이 된다. 강성이 변하자마자 항복이나 다른 손상으로 인해서 정규좌표변환은 일반강성행렬에 **비대각**(off- diagonal)**항**을 도입하는데, 이 강성행렬은 모드 응답방정식을 연계화(coupling)시킨다. 그러나 비선형 변형 구조가 그것의 변형패턴에서 중요한 변화를 일으키지 않는다면, 동적응답은 원래의 비감쇠 모드형상에 대하여 여전히 효과적으로 표현될 수 있다. 따라서 응답에서 어떤 중요한 비선형성이 생기자마자 방정식이 연계화된다고 할지라도 제한된 정규좌표의 운동방정식을 단계적 직접적분에 의해서 복잡한 구조물의 응답을 평가하는 것이 바람직하다. 정규좌표 방정식이 연계화된 강성을 갖는 구조물의 처리는 감쇠행렬이 정규좌표의 연계화를 도입한 것처럼 앞에서 제시한 구조물의 해석과 동일한 접근방법이다.

(2) 다자유도계에 대한 직접적분법 적용시의 증분 평형방정식

시간증분 Δt 동안에 생긴 힘증분의 평형상태를 표현하는 다자유도계의 운동방정식은 단자유도계에 대해서 유도된 증분 운동방정식[식 (2.7.3)]과 똑같은 식을 행렬로 표시하여 유도할 수 있다. 따라서 시간 t와 시간 $t+\Delta t$에 대해서 정의된 평형관계식 사이의 차이를 생각하면 다음의 **증분방정식**이 주어진다.

$$\{\Delta f_I(t)\}+\{\Delta f_D(t)\}+\{\Delta f_S(t)\}=\{\Delta f(t)\} \tag{3.4.15}$$

위의 방정식에서 **힘증분**은 단자유도 표현식[식 (2.7.4)]에 의해서 다음과 같이 나타낼 수 있다.

$$\begin{aligned}
&\{\Delta f_I(t)\}=\{f_I(t+\Delta t)\}-\{f_I(t)\}=[m]\{\Delta\ddot{u}(t)\}\\
&\{\Delta f_D(t)\}=\{f_D(t+\Delta t)\}-\{f_D(t)\}=[c(t)]\{\Delta\dot{u}(t)\}\\
&\{\Delta f_S(t)\}=\{f_S(t+\Delta t)\}-\{f_S(t)\}=[k(t)]\{\Delta u(t)\}\\
&\{\Delta f(t)\}=\{f(t+\Delta t)\}-\{f(t)\}
\end{aligned} \tag{3.4.16}$$

여기서 질량 $[m]$은 시간에 따라 변하지 않는다고 가정했다. 증분 감쇠행렬 $[c(t)]$와 강성행렬 $[k(t)]$의 요소는 시간증분에 대하여 각각 정의된 영향계수 $c_{ij}(t)$와 $k_{ij}(t)$이다. 이들 계수에 대한 전형적인 표시는 그림 3.4.1과 같다.

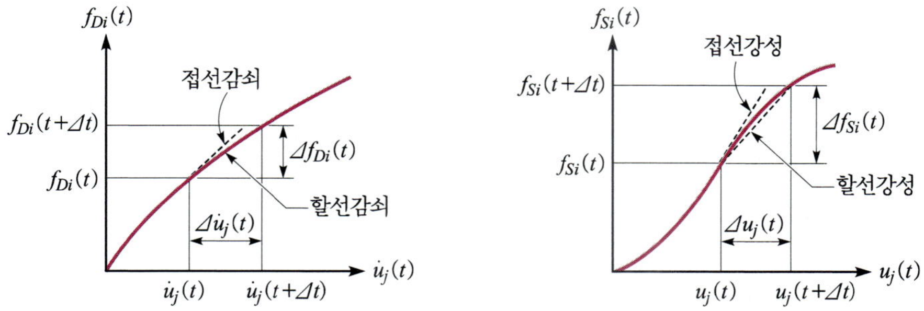

(a) 비선형 점성감쇠영향계수 $c_{ij}(t)$ (b) 비선형 강성영향계수 $k_{ij}(t)$

그림 3.4.1 비선형 영향계수의 정의

감쇠와 강성 특성치를 평가할 때, 단자유도계의 영향계수에 대하여 설명한 것처럼 각 풀이 단계에서 반복계산의 필요성을 피하기 위해서 할선(secant)보다는 초기접선을 사용하는 것이 편리하다. 따라서 영향계수는 다음 식에 의해서 주어진다.

$$c_{ij}(t)=\left(\frac{df_{Di}(t)}{d\dot{u}_j(t)}\right)_t \tag{3.4.17a}$$

$$k_{ij}(t)=\left(\frac{df_{Si}(t)}{du_j(t)}\right)_t \tag{3.4.17b}$$

식 (3.4.16)을 식 (3.4.15)에 대입하면 다음과 같은 **증분 운동방정식**이 유도된다.

$$[m]\{\Delta\ddot{u}(t)\}+[c(t)]\{\Delta\dot{u}(t)\}+[k(t)]\{\Delta u(t)\}=\{\Delta f(t)\} \tag{3.4.18}$$

식 (3.4.18)의 좌변 증분에 대한 힘의 표현식은 $[c(t)]$와 $[k(t)]$에 대하여 초기접선 값을 사용하기 때문에 단지 근사식에 불과하다. 그러나 단자유도계의 경우에 대해 언급했던 것처럼 각 시간증분의 시작에서 가속도가 그 시간에서 힘의 전체평형으로부터 계산된다면, 이런 인자로 인한 **오차**의 누적을 피할 수 없을 것이다.

(3) 시간영역에서 다자유도계의 선형 · 비선형 동적응답 해석법

1) 선형가속도법

식 (3.4.18)의 동시 미분방정식의 단계적(step-by- step) 직접적분에 의한 풀이에서 기본적인 연산은 동시 대수방정식으로 전환시키는 것이다. 이것은 짧은 시간증분에 대해서도 유효하다고 가정되는 변위, 속도, 그리고 가속도 사이에 간단한 관계식을 도입함으로서 수행된다. 이를 기초로 해서 증분에 대한 속도와 변위의 변화는 가속도의 변화로 표현될 수 있고, 또는 속도와 가속도의 변화를 증분의 변위로 나타낼 수 있다. 둘 중의 어느 경우에나 알려지지 않는 유일한 벡터는 증분 평형방정식에 남아있고, 이것은 어떤 운동방정식의 해법절차에 의해서 계산될 수 있다.

2.7절의 단자유도계의 논의서 언급된 것처럼, 변위, 속도, 그리고 가속도 사이에 관계는 시간에 대한 가속도벡터의 변화하는 양식을 가정함으로서 편리하게 설정될 수 있다. 다자유도계의 경우에는 선형가속도 가정을 채택하는 것이 편리하며, 이는 속도벡터의 2차변분과 변위벡터의 3차변분으로 된다. 다자유도계의 해석절차는 다음 식에 의해서 마지막 결과가 유도된다.

$$[\bar{k}(t)]\{\Delta u(t)\}=\{\Delta \bar{f}(t)\} \tag{3.4.19}$$

여기서, 유효 동적강성인 $[\bar{k}(t)]$와 유효 하중증분인 $\{\Delta \bar{f}(t)\}$는 각각 다음과 같다.

$$[\bar{k}(t)]=[k(t)]+\frac{6}{\Delta t^2}[m]+\frac{3}{\Delta t}[c(t)] \tag{3.4.20a}$$

$$\begin{aligned}\{\Delta \bar{f}(t)\}=&\{\Delta f(t)\}+[m]\left[\frac{6}{\Delta t}\{\dot{u}(t)\}+3\{\ddot{u}(t)\}\right]\\&+[c(t)]\left[3\{\dot{u}(t)\}+\frac{\Delta t}{2}\ddot{u}(t)\right]\end{aligned} \tag{3.4.20b}$$

따라서 식 (3.4.19)는 증분 변위벡터 $\{\Delta u(t)\}$에 대하여 표준 정적강성식(standard static-stiffness equation)의 형태를 갖는다.

해석은 초기단계에 존재하는 조건에 대하여 정의된 질량, 감쇠, 강성 특성치로부터 $[\bar{k}(t)]$를 계산하고, 그 단계 동안에 규정된 하중증분뿐만 아니라 단계의 초기의 속도벡터와 가속도 벡터로부터 $\{\Delta \bar{f}(t)\}$를 계산함으로서 수행된다. 이때 변위증분 $\{\Delta u(t)\}$는 표준 정적강성식인 식 (3.4.19)를 해법절차를 사용해서 풀면 구해진다. 가우스(Gauss) 또는 촐레스키(Choleski)분해는 디지털컴퓨터 프로그램에서 이 목적을 위해 자주 사용된다. 여기서 주목해야 할 것은 비선형문제에서 변하는 $[c(t)]$와 $[k(t)]$의 값은 각 시간 단계에 대하여 분해가 수행되어야 하고, 이것은 많은 계산량이 필요하다. 이러한 해석을 간소화하기 위해서 많은 특수한 기법들이 사용되어 왔지만, 그에 대한 설명은 본 절의 영역을 넘어서므로 생략한다.

변위증분 $\{\Delta u(t)\}$가 결정된 후, 속도증분 $\{\Delta \dot{u}(t)\}$은 다음 식으로부터 구해진다.

$$\{\Delta \dot{u}(t)\}=\frac{3}{\Delta t}\{\Delta u(t)\}-3\{\dot{u}(t)\}-\frac{\Delta t}{2}\{\Delta \ddot{u}(t)\} \tag{3.4.21}$$

그리고 증분의 한 끝에서 변위와 속도벡터는 다음 식에 의해서 주어진다.

$$\{u(t+\Delta t)\}=\{u(t)\}+\{\Delta u(t)\} \tag{3.4.22a}$$

$$\{\dot{u}(t+\Delta t)\}=\{\dot{u}(t)\}+\{\Delta \dot{u}(t)\} \tag{3.4.22b}$$

식 (3.4.22)에 주어진 벡터는 해석절차의 다음 단계에 대한 초기조건을 나타낸다. 이 경우, 가속도 벡터가 동시에 필요하다. 이것은 위에서 언급된 것처럼, 시간 $t+\Delta t$에서의 동적평형조건으로부터 이것을 계산해야 한다. 즉, 식으로 나타내면 다음과 같다.

$$\{\ddot{u}(t+\Delta t)\}=[m]^{-1}[\{f(t+\Delta t)\} \\ -\{f_D(t+\Delta t)\}-\{f_S(t+\Delta t)\}] \tag{3.4.23}$$

위 식에서 $\{f_D(t+\Delta t)\}$와 $\{f_S(t+\Delta t)\}$는 각각 시간 $t+\Delta t$에서 속도와 변위조건으로부터 계산된 감쇠력 벡터와 강성력 벡터를 나타낸다. 질량행렬의 역행렬 $[m]^{-1}$는 각 해석단계에서 식 (3.4.23)에 사용된다. 따라서 이것은 컴퓨터 프로그램에 의해서 계산되고 저장되어야 한다.

식 (3.4.20)의 기초가 되는 선형가속도의 가정은 충분히 짧은 시간증분이 사용되는 한 효과적인 단계적 적분절차를 제공한다. 일반적으로, 해석은 적분구간보다 적어도 5 ~ 10배 정도 큰 진동 주기를 갖는 구조물의 운동에 대해서는 상당한 정확성을 제공한다. 많은 경우, 구조물의 유효응답은 긴 주기의 운동성분에 포함된다. 따라서 충분히 정확한 유효응답을 얻기 위해서 필요한 시간증분은 짧아야 한다. 그러나 보통의 선형가속도법은 단순한 조건적 안정법(conditionally stable method)으로, 적분 구간보다 약 1.8배 이상의 진동주기를 갖는 모드 응답성분에 적용할 경우에는 발산된다. 따라서 더 높은 모드가 동적응답에 크게 기여하는가에 관계없이 시간증분은 구조계에 포함된 최저 진동주기에 비해서 상대적으로 작게 해야 한다.

어떤 다자유도 구조물의 경우, 적분단계의 길이에 대한 이러한 제한은 별로 중요하지 않을 수 있다. 이러한 구조물의 지진해석 시 시간간격은 적절한 지반운동을 묘사할 수 있도록 상당히 짧게 정해야 하며, 일반적으로 수학적 모델의 가장 짧은 주기보다 상당히 짧은 시간증분이 사용되어야 한다. 시간증분이 잘 선택되었을 경우, 선형가속도법은 선형 및 비선형 지진 응답해석에 효과적임을 알 수 있다.

2) 윌슨방법

특히 복잡한 기하학적 형상을 포함하는 구조물에 대한 유한요소의 이상화의 경우, 수학적 모델의 가장 짧은 진동주기는 구조물의 최저진동수보다 상당히 작은 크기를 가져야 할 것이다. 이러한 상황에서 보통의 선형가속도법은 불안정성을 피하기 위해서 아주 짧은 시간증분이 필요하기 때문에 잘 사용될 수 없다. 대신에 시간증분에 관계없이 발산하지 않는 무조건적으로(unconditionally) 안정한 방법이 필요하다.

몇 개의 서로 다른 무조건적으로 안정한 단계적 직접적분방법이 이러한 구조물의 동적해석 시 사용되어 왔다. 이들 중 가장 간단하고도 최선의 방법 중의 하나는 위에서 설명한 선형가속도법을 수정한 것으로, 2.7.4절에서 단자유도계에 대하여 이미 기술한 윌슨방법(Wilson

θ method)이다. 이러한 수정은 그림 3.4.2에 보여준 것처럼 가속도가 확장된 구간에 대해서 선형으로 변한다는 가정을 기초로 한다. 즉, 이 가정에 연관된 확장된 시간단계의 변수 τ는 다음과 같은 조건을 만족한다.

$$\tau = \theta \Delta t \quad (\theta > 1.37) \tag{3.4.24}$$

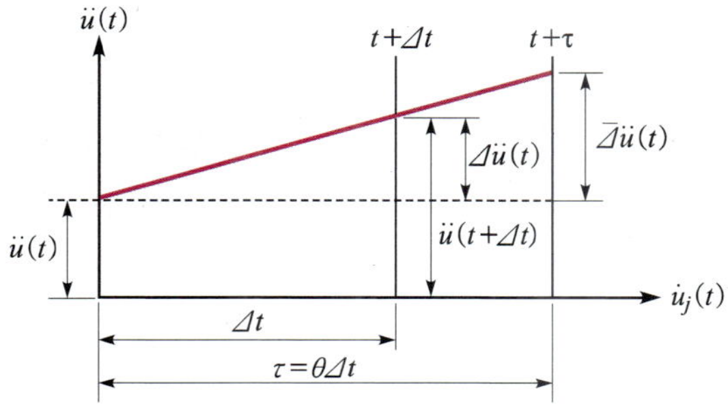

그림 3.4.2 정규 시간단계(Δt) 와 확장된 시간단계($\tau=\theta\Delta t$)

그림 3.4.2에 나타나 있는 가속도 증분 $\overline{\Delta}\ddot{u}(t)$는 확장된 시간단계 τ에 적용되는 표준 선형가속도법에 의해서 계산할 수 있다. 즉, 보간법에 의하여 정규시간 Δt에 대한 가속도증분 $\Delta\ddot{u}(t)$로부터 구해진다. $\theta=1$인 경우, 이 방법은 표준 선형가속도법으로 되돌아가지만, $\theta > 1.37$인 경우에는 무조건적으로 안정하게 된다.

해석절차는 확장된 시간단계 τ에 대하여 **선형가속도법**의 기본식을 다시 씀으로서 다음과 같이 유도될 수 있다. 즉,

$$\{\overline{\Delta}\,\dot{u}(t)\} = \tau\{\ddot{u}(t)\} + \frac{\tau}{2}\{\overline{\Delta}\,\ddot{u}(t)\} \tag{3.4.25a}$$

$$\{\overline{\Delta}\,u(t)\} = \tau\{\dot{u}(t)\} + \frac{\tau^2}{2}\{\ddot{u}(t)\} + \frac{\tau^2}{6}\{\overline{\Delta}\,\ddot{u}(t)\} \tag{3.4.25b}$$

위 식에서 $\bar{\ }$는 확장된 시간단계에 연관된 증분을 뜻한다. $\{\overline{\Delta}\ddot{u}(t)\}$와 $\{\overline{\Delta}\dot{u}(t)\}$를 $\{\overline{\Delta}u(t)\}$로 표현하기 위해서 이것을 풀고 운동방정식에 대입시키면, 식 (3.4.19)와 식 (3.4.20)과 동등한 식이 유도되고 확장된 시간단계에 대해서 다시 쓰면 다음과 같다.

$$[\bar{k}(t)]\{\overline{\Delta}u(t)\} = \{\overline{\Delta}\,\bar{f}(t)\} \tag{3.4.26}$$

여기서, 확장된 시간단계 τ에서 유효 동적강성 $[\bar{k}(t)]$와 유효 하중증분 $\{\overline{\Delta}\,\bar{f}(t)\}$는 각각 다음과 같다.

$$[\bar{k}(t)]= [k(t)]+ \frac{6}{\tau^2}[m]+ \frac{3}{\tau}[c(t)] \tag{3.4.27a}$$

$$\begin{aligned}\{\overline{\Delta}\,\bar{f}(t)\}&=\{\overline{\Delta}f(t)\}+ [m]\left[\frac{6}{\tau}\{\dot{u}(t)\}+ 3\{\ddot{u}(t)\}\right] \\ &+ [c(t)]\left[3\{\dot{u}(t)\}+ \frac{\tau}{2}\ddot{u}(t)\right]\end{aligned} \tag{3.4.27b}$$

마지막으로 준정적관계식 (3.4.26)은 $\{\overline{\Delta}u(t)\}$에 대하여 풀 수 있으며, 이것을 다음 식에 대입시키면 확장된 시간단계 동안에 가속도 증분 $\{\overline{\Delta}\ddot{u}(t)\}$가 구해진다.

$$\{\overline{\Delta}\,\ddot{u}(t)\}= \frac{6}{\tau^2}\{\overline{\Delta}u(t)\}- \frac{6}{\tau}\{\dot{u}(t)\}- 3\{\ddot{u}(t)\} \tag{3.4.28}$$

이것으로부터 정규 시간단계 Δt에 대한 가속도 증분은 선형보간법을 사용하여 구하면 다음과 같이 된다.

$$\{\Delta\ddot{u}(t)\}= \frac{1}{\theta}\{\overline{\Delta}\ddot{u}(t)\} \tag{3.4.29}$$

그리고 대응하는 증분속도와 변위벡터는 식 (3.4.25)와 같은 식에 의해 주어지지만 정규 시간단계 Δt에 대한 것이다. 이러한 결과로부터, 다음 시간단계에 대한 초기조건은 식 (3.4.22)와 식 (3.4.23)에 의해서 구해지며, 전체과정은 요구되는 단계 동안 반복할 수 있다.

윌슨방법 등의 수치적분법에 의해서 나타날 수 있는 오차의 크기는 동하중의 특성과 시간단계의 길이에 의존하므로 충분히 짧은 시간단계 Δt를 선택해야 한다. 그리고 θ값이 작은 경우 더 정확한 값을 보여준다. 또한, 동적해석 시 감쇠효과를 적절하게 평가해서 사용해야 한다.

|3.4 모드중첩법과 직접적분법| 연습문제

3.4.1 다음 그림과 같은 2자유도계에서 아래의 질량에 $F_0 \cos \omega_e t$ 의 조화하중이 작용할 때, u_1과 u_2의 강제진동해(특수해)를 구하시오.

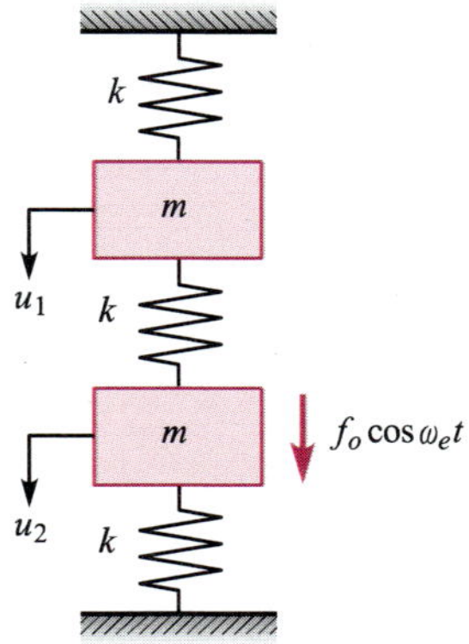

그림 연습문제 3.4.1

3.4.2 다음 그림과 같은 3자유도계가 있다. 다음 물음에 답하시오.

1) 이 시스템의 비감쇠 자유진동 운동방정식을 구하시오.
2) 이 시스템의 고유진동수를 구하시오.
3) 이 시스템의 모드행렬을 구하고, 그림으로 나타내시오.
4) u_1, u_2, u_3의 초기변위가 각각 8, 0, 4이고 초기속도가 모두 0일 때, 이 시스템의 자유진동해(보조해)를 구하시오.
5) 다음 그림과 같이 맨 아래의 질량 m에 $F_0 \cos \omega_e t$의 조화하중이 작용할 때, u_1, u_2, u_3의 강제진동해(특수해)를 구하시오.

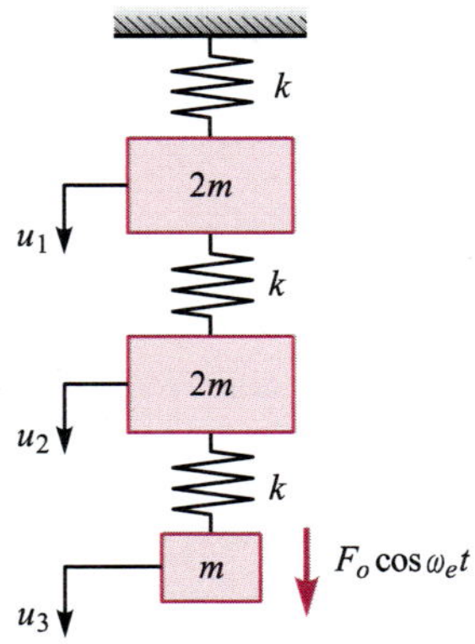

그림 연습문제 3.4.2

3.4.3 다음 그림과 같이, 3개의 동등한 집중질량을 떠받고 있는 캔틸레버보가 있다. 또한, 보의 비감쇠 모드형상 $[\phi]$와 진동수 $\{\omega\}$에 대해서도 기록되어 있다. 3개의 모드를 포함시키고 감쇠를 무시할 때, $f(t)=35$kN의 계단하중이 질량 2에 가해진 후 이 시스템의 질량 3에 대한 동적응답식을 구하시오. 단, 35kN은 그림 2.5.3과 같이 $t=0$에서 순간적으로 가해진 후 그 시스템에 대해서 그대로 지속된다.

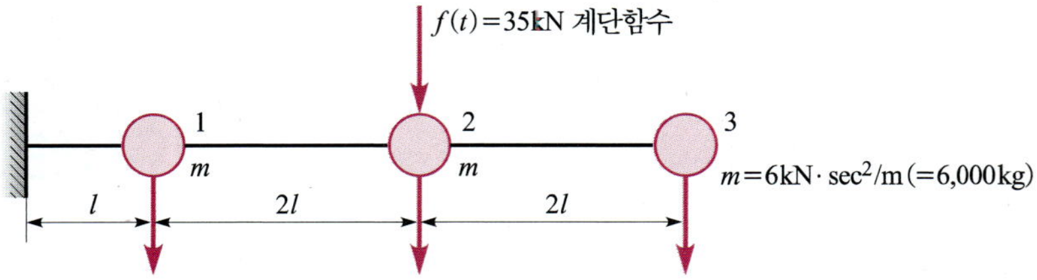

$$[\phi]=\begin{bmatrix} 0.05 & 0.28 & 0.95 \\ 0.40 & 0.87 & -0.28 \\ 0.91 & -0.40 & 0.06 \end{bmatrix} \quad \{\omega\}=\begin{Bmatrix} 3.6 \\ 24.2 \\ 77.7 \end{Bmatrix}\text{rad/sec}$$

그림 연습문제 3.4.3

3.4.4 그림 연습문제 3.4.3에서, $f(t)=10\sin\omega_e t$ (kN)의 조화하중이 질량 2에 작용할 때 다음 물음에 답하시오. 단, $\omega_e=\dfrac{3}{4}\omega_1$이다.

1) 비감쇠인 경우, 이 시스템의 질량 1에 대한 정상상태뿐만이 아니라 천이해를 포함한 동적응답식을 구하시오.
2) 감쇠비가 $\xi=0.05$인 경우, 이 시스템의 질량 1에 대한 정상상태의 동적응답식을 구하시오.

3.4.5 다음 그림과 같이, 질량특성치, 모드형상 $[\phi]$, 진동수 $\{\omega\}$를 갖는 3층 전단빌딩이 있다. 이 구조물은 시간 $t=0$에서 초기변위 $u_1=8\text{mm}$, $u_2=-20\text{mm}$, $u_3=8\text{mm}$로 각층을 변형시킨 후에 갑자기 놓아 자유진동이 시작되었다. 시간 $t=\dfrac{2\pi}{\omega_1}$에서 변위응답을 구하시오.

1) 감쇠가 없다고 할 때
2) 각 모드에서 감쇠비가 5%일 때

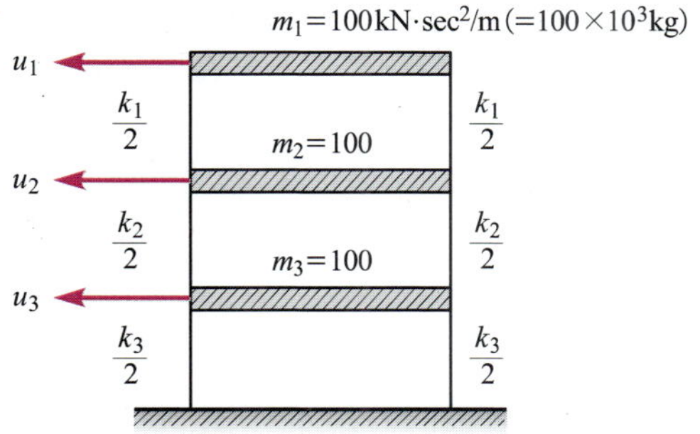

$$[\phi]=\begin{bmatrix}1.00 & 1.00 & 1.00\\ 0.55 & -1.52 & -6.26\\ 0.20 & -0.87 & 12.10\end{bmatrix}\quad \{\omega\}=\begin{Bmatrix}11.6\\27.3\\45.9\end{Bmatrix}\text{rad/sec}$$

그림 연습문제 3.4.5

3.4.6 그림 연습문제 3.4.5에서 $f(t)=20\sin\omega_e t$ (kN)의 조화하중이 빌딩의 3층에 작용할 때, 각층의 정상상태 운동의 진폭 그리고 각층에서 작용하는 하중벡터와 변위응답벡터 사이의 위상각을 구하시오. 단, $\omega_e=1.2\omega_1$이고, 각 모드에서 감쇠비는 5%이다.

3.5 진동시험과 모드계수 추정

3.5.1 진동시험과 랜덤진동

(1) 개요

최근 구조물이 점점 가벼워지고 정적인 응력과 변형률 측정만으로는 충분치 않으므로 구조물에 대한 동적측정이 불가피하여, 진동시험이 널리 사용되고 있다. 또한, 환경시험(environmental test)실에서는 제품의 신뢰도를 보증하기 위한 온도 및 습도 등에 대한 시험과 더불어 제품의 품질보증 프로그램의 일환으로 진동시험이 행해지고 있다.

일반적으로 진동시험은 크게 두 가지 이유 때문에 수행한다. 첫 번째 이유는 대상 구조물의 동특성을 파악하기 위한 것이고, 두 번째는 검증된 해석모델을 얻기 위함이다. 구조물의 동특성을 파악하기 위해서는 실제의 진동값보다는 진동력에 의한 응답이 더 중요하다. 즉, 이러한 개념은 진동을 전달 또는 감쇠시키는 능력을 알아낼 때나, 또는 공진 시에 구조물의 진동모드를 해석하는데 적용된다.

진동시험을 수행하기 전에 먼저 측정장비의 **교정**(calibration)을 반드시 실시해야 한다. 진동 변환기를 교정할 때에는 교정될 변환기와 기준이 되는 변환기를 미리 알고 있는 레벨에 대하여 비교시험을 수행한다. 규정된 진동을 내기 위해서는 **전자 가진기**[electromagnetic vibration exciter(shaker)]가 사용된다. 이것은 어떤 진동레벨이나 진동력을 유지하도록 조절하면서, 전기신호를 물리적인 운동으로 변환시킨다.

(2) 가진기

전자 가진기의 작동원리는 자장(magnetic field)내에 놓여있는 도선에 전류가 흐를 때 운동이 발생되는 것으로, 이는 스피커의 원리와 비슷하다. 운동 부분을 움직이게 하는 힘은 흐르는 전류와 자속(magnetic flux)에 비례한다. 따라서 전류를 조절하면, 가진기의 진동레벨이 조절될 수 있다. 작은 가진기에서는 영구자석에 의하여 자장이 생기는 반면에 비교적 큰 가진기에서는 전자석이 필수적이다. 최대전류와 하중에 따라서 얻어질 수 있는 가속도레벨이 결정된다. 그러나 저(低)진동수(주파수)에서는 이 가속도레벨이 운동 부분의 변위제한에 의해서 감소된다. 운동 부분의 공진에 의해서 상한 진동수가 결정된다.

일정한 전류에 의해서 구동되는 가진기의 진동수 응답을 보면, 서로 다른 특성을 갖는 세 부분으로 나누어진다. 앞의 두 부분은 운동부(moving element)와 현가(suspension)에 의한

스프링-질량계(spring-mass system)에 해당하는데, 이것의 공진점은 일반적으로 20Hz이다. 큰 가진기에서는 보통 5kHz 이상인 세 번째 영역 운동부의 공진이 발생하는데, 여기서 가진기의 상한 작동 진동수가 결정된다.

일정 전압 입력에 대한 가진기의 응답곡선에서도 똑같은 제어 영역들이 존재하게 되나, 저(低)진동수영역의 공진이 상당히 감소되어서 그 레벨을 쉽게 조절할 수 있다. 통상적으로 낮은 **임피던스**(impedance)의 증폭기에 의해서 얻어진 전압제어 방식이 선호된다. 그러나 가진기가 **힘발생기**(force generator)로 사용할 때나 **궤환**(feed back)제어가 필요하지 않는 중간 진동수영역을 사용할 때에는 전류제어가 더 유리한 경우도 있다.

가진기를 사용할 때에는 **진동대**(shaking table)상에서 일정한 진동레벨이 생기는 것을 전제로 한다. 그러나 진동수 응답곡선은 편평하지 않고 공진을 포함하고 있으며, 피시험체가 가진대에 장착되면 다른 공진들도 같이 발생한다. 전(全) 진동수 범위에서 사용될 경우, 증폭기의 이득(gain)은 결과적으로 진동수에 따라 변환시켜야 한다. 제어기는 피시험체로부터 궤환정보를 받아서 그 이득을 조절하고 있으므로, 가진제어기의 주요 요소들은 진동수 발생기, **진동계**(vibration meter), 레벨제어 회로로 구성되어야 한다.

가진장치의 기본적인 장비구성은 그림 3.5.1과 같이 가진기, **전력증폭기**(power amplifier), **가진 제어기**(exciter control), **가속도계**(accelerometer) 또는 **힘 변환기**(force transducer), 조절증폭기(conditioning amplifier) 등으로 구성된다. 가진기는 주로 요구되는 힘이나 가속도계에 따라 선택되나, 측면부하, 횡방향 진폭, 파형의 왜곡 등을 수용하는 능력과 같은 다른 변수들도 중요하게 고려되어야 한다. 가진기는 바닥과 스프링에 의해서 절연하거나 바닥에 직접 고정하는데, 이 경우에는 주위의 진동에 대해서 충분히 보호하도록 한다. 그러나 높은 레벨을 사용하는 경우에는 가진기에 의해서 건물에 진동이 전달되는 것을 저감시키기 위해, 가진기는 탄성재료나 방진블록(seismic block) 위에 설치해야 한다.

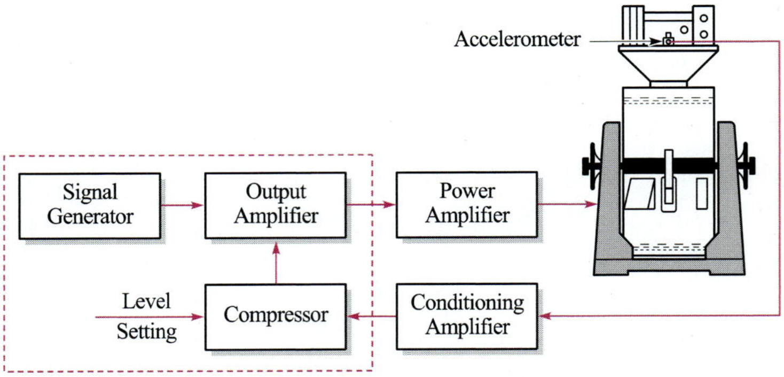

그림 3.5.1 가진장치으 기본적인 장비구성

(3) 가진 방법

1) 충격가진

진동 가진기는 사인파 또는 광대역 신호를 가하여 분석하려는 구조물에 힘을 입력하는 우수한 방법 중의 하나이다. 광대역 신호를 사용하는 경우, 출력뿐만이 아니라 입력도 측정하여 **고속 푸리에 변환기법**(FFT)에 의하여 분석된다. **진동수응답함수**는 힘 변환기로 측정된 **입력스펙트럼**과 통상 가속도계로 측정된 **출력스펙트럼**에 의하여 계산된다.

그림 3.5.2와 같이 가진기를 사용하는 대신에 힘변환기가 부착된 **충격망치**(impact hammer)에 의하여 광대역 가진을 할 수 있다. 이 경우의 충격기법은 매우 빠르고, 충격신호는 모든 진동수에서 에너지를 포함하고 있어서 모든 모드가 동시에 가진된다. 진동시험 준비시간이 매우 짧고 필요한 장비의 수가 적지만, **신호대 잡음의 비**(signal to noise ratio)가 낮아서 높은 감쇠비를 지닌 크고 깨지기 쉬운 구조물의 경우 피시험체에 손상을 입히지 않는 범위 내에서 충분히 큰 응답을 얻을 수 있다. 충격가진은 파형의 선택에 따른 제어가 용이하고 동시에 여러 부위를 가진할 수 있다. **모드형상**을 구하기 위해서는 가진이나 응답측정을 구조물상의 여러 부위에서 실시하여야 한다.

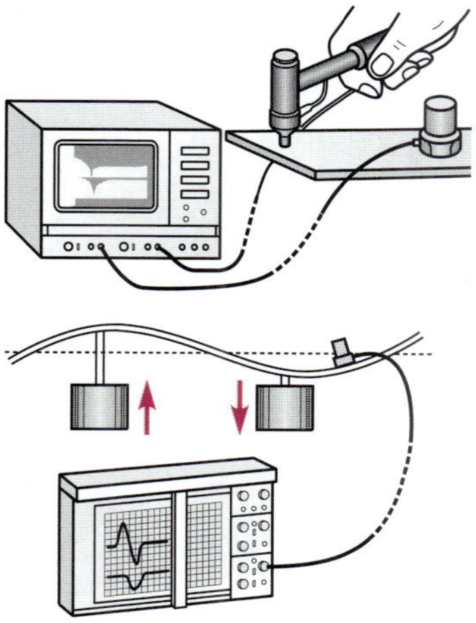

그림 3.5.2 구조물의 동특성 파악을 위한 가진방법과 계측시스템의 계략도

2) 사인파 가진

단일 진동수의 사인파(sine wave) 신호는 가장 널리 쓰이는 가진 입력이다. 그 이유는 제어가 비교적 단순하고 많은 참고 자료가 있으며, 응답신호가 쉽게 측정되기 때문이다. 사인파의 신호가 **소인**(swept)될 때, **제압기**(compressor)라 알려진 궤환제어가 사용된다. 제압기에 요구되는 조건은 그 소인율(swept ratio)이 빠르더라도 감쇠가 작은 공진에 대하여 충분히 빨리 반응하여야 한다는 점이다. 최소한의 80 dB의 동적범위(dynamic range)와 제압율(compressor ratio)이 1,000 dB/sec 정도까지의 특성을 갖고 있는 것이 보통이다. 사인파 신호는 진동수와 진폭으로 표현되는데, 진동시험에서 진폭은 보통 2 Hz에서 10,000 Hz까지의 진동수대역에서 최댓값(peak value, 피크값, u_p)이 주어진다[변위에서는 피크-피크값(peak-peak value, u_{p-p})이 주어짐].

사인파 소인시험의 경우, 가진기에 대한 신호는 적절한 진동수 범위 내에서 전후로 계속 소인된다. 주된 제어변수는 가속도레벨이나 어떤 진동수에서는 일정한 변위를 선택한다. 군용 표준에서는 레벨이나 진동변수가 더 많이 변화하는 것을 요구하기도 하므로, 측정된 가속도레벨로부터 변위와 속도레벨들을 계산해 내기 위한 적분기를 갖춘 두 개 이상의 측정채널을 갖고 있어야 한다.

3) 랜덤가진

진동시험에 사용하는 **랜덤신호**는 그림 3.5.3에 보여준 것과 같은 **가우스 분포**(Gauss distribution)에 따라 변하는 진폭을 가진 연속적인 스펙트럼을 갖는다. 명시된 진동수 범위 내에서는 어떠한 진폭도 있을 수 있어야 하나, 실제로는 신호발생기나 증폭기에 따라 제한된다. 일반적으로 진동시험에서 랜덤신호는 그림 3.5.3에 나타낸 것처럼 RMS값의 3배 정도의 최댓값(peak value, 피크값, u_p)을 가져야 하는 것이 요구된다.

가진기에서 발생하는 힘은 주로 전류(RMS값)의 가열효과에 의해서 제한되는 반면에 파워증폭기의 정격은 최댓값(peak value, 피크값, u_p)의 영향을 받는다. 따라서 랜덤신호를 사용할 경우, 사인파 가진에서와 같은 힘을 내려면 증폭기의 용량이 커야 한다.

랜덤 스펙트럼은 그것의 **파워 스펙트럼밀도**나 **가속도 스펙트럼밀도**[acceleration spectrum density, ASD, $(m/sec^2)^2/Hz$]에 의해서 표시된다. 이것을 제어하기 위한 진동은 협대역 분석기에 의해서 분석하여 각 **대역폭**(bandwidth)에 제압기를 걸어야 한다. 보통 푸리에 변환에 근거한 디지털 기법이 사용되며, 그 제어는 **균등화**(equalization)라고 불리는 과정을 컴퓨터에 의해 수행된다. 가진기의 용량은 국제 표준 ISO 5344에 따라 모양이 정해진 하중에 대한 최대 가속도 스펙트럼밀도에 의해 정의된다.

사인파 **시험**이 상대적으로 값이 싸고 기기 구성이 간단하기 때문에 가장 널리 사용되는 진동시험이기는 하나, **랜덤가진법**이 훨씬 더 실제 환경에 근사하다. 사인파 시험은 한 번에 단지 한 진동수만이 가진되므로 공진간의 상호 영향은 감지되지 못한다. 랜덤신호의 또 다른 장점은 동시에 모든 공진들에 대해서 작용하므로 내구 시험시간이 짧다는 점이다.

단순한 궤환제어와 랜덤시험의 장점 중 많은 것을 결합시킨 방법의 하나가 **협대역 소인**(swept narrow bandwidth)기법이다. 즉, 상당히 좁은 대역폭으로 하면 낮은 감쇠 공진에 대해서도 만족스런 제어가 가능하다.

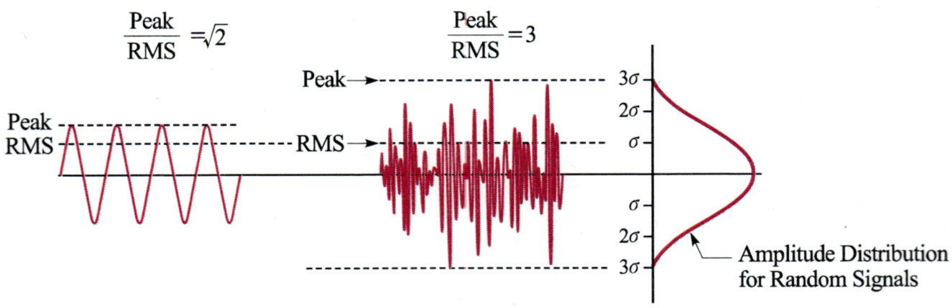

그림 3.5.3 랜덤가진(random excitation) 시의 랜덤신호 진폭의 분포

(4) 랜덤진동(random vibration)

교량 위를 달리는 자동차의 진동처럼 어떤 진동의 시간이력에 대하여 명백한 패턴을 알 수 없을 경우, 이러한 진동을 랜덤진동이라고 한다. 랜덤진동 중인 구조물의 변위는 랜덤진동이므로 어떤 특정 점에서 진동변위를 정확하게 예측할 수 는 없다. 그러므로 이러한 랜덤진동의 경우 진동변위가 어떤 범위에 있을 **확률**(probability)을 찾는 것이 최선의 방법일 것이다. 어떤 동일한 계측을 수차에 걸쳐 실시하였고 그 계측 결과가 항상 같다면, 이러한 프로세스를 **결정론적 프로세스**(deterministic process)라 한다. 그러나 같은 환경에서 같은 계측을 수행하여도 같은 결과를 얻지 못하고 매 계측마다 서로 다른 결과가 얻어지면, 이러한 프로세스를 랜덤 프로세스, 확률론적 프로세스, 혹은 **추계론적**(stochastic) **프로세스**라 정의한다. 이러한 **랜덤 프로세스**의 경우에 한 번의 계측으로 통계적으로 충분히 의미가 있는 변수를 구하기 어려우므로, 보통 계측을 여러 번 실시하여야 한다. 따라서 랜덤 프로세스는 연속된 **랜덤변수**(random variable)의 조합이며, 이 랜덤변수는 랜덤진동에서 발생하는 변수 하나하나를 의미하기도 한다. 즉, 랜덤 프로세스는 비슷한 상황에서 발생되는 한개 또는 여러 개의 독립변수에 연결된 n개의 종속(dependent) 랜덤변수의 집합 또는 **앙상블**(ensemble)이다. 여기서 각각의 시간이력함수를 **샘플함수**(sample function)라 말한다.

이러한 랜덤 프로세스의 무작위 확률론적 특성 때문에 랜덤진동에 의한 구조물의 응답은 항상 확률 통계학적으로 처리된다. 표 3.5.1은 랜덤가진 하중 $f(t)$에 의한 구조물의 응답해석법(랜덤진동해석법)을 결정론적 구조해석인 시간이력해석법과 비교 설명한 것이다. 여기서 $H(\omega_e)$는 다음과 같은 **복소진동수응답함수**이다(2.6.2절 참조).

$$H(\omega_e)=\frac{1}{-\omega_e^2 m+i\omega_e c+k} \tag{3.5.1}$$

랜덤진동의 선형해석 시 진동수영역에서 사용한 푸리에 분해는 유용하게 사용될 수 있다. 랜덤진동은 **정상**(stationary) **프로세스**이며, 일반적으로 주기함수도 아니다. 따라서 푸리에 변환을 직접 적용할 수 없으므로, 랜덤진동의 진동수 특성을 간접적으로 나타내는 **자기상관함수**(autocorrelation function)를 푸리에 변환하여 간접적으로 랜덤진동의 진동수(주파수) 특성을 분석한다. 자기상관함수 $R_{uu}(\tau)$는 어떤 하나의 샘플함수에 대하여 어떤 시간 t_1에서의 신호와 τ만큼 떨어진 다른 시간 t_2에서의 신호와의 상관성을 나타내는 함수로서, 식으로 나타내면 다음과 같다.

$$R_{uu}(\tau) = E[u(t_1)u(t_1+\tau)] = E\left[\left\{\int_{-\infty}^{\infty} f(\tau_1)h(t_1-\tau_1)d\tau_1\right\} \cdot \left\{\int_{-\infty}^{\infty} f(\tau_2)h(t_1+\tau-\tau_2)d\tau_2\right\}\right] \quad (3.5.2)$$

위 식에서 $E[\ ]$는 **정상 랜덤가진**(random excitation) 시 응답의 앙상블평균의 연산자이고, $h(t_1-\tau_1)$과 $h(t_1+\tau_1-\tau_2)$는 충격응답함수(2.6.1절 참조)이다.

표 3.5.1내의 **스펙트럼밀도함수** $S_{uu}(\omega_e)$(spectrum density function) 혹은 **파워 스펙트럼밀도함수**(power spectrum density function, PSD function)는 자기상관함수 $R_{uu}(\tau)$에 대하여 다음과 같이 푸리에 변환형식을 취한 것이다. 즉,

$$S_{uu}(\omega_e) = \frac{1}{2\pi}\int_{-\infty}^{\infty} R_{uu}(\tau)e^{-i\omega_e\tau}d\tau \quad (3.5.3a)$$

$$R_{uu}(\tau) = \int_{-\infty}^{\infty} S_{uu}(\omega_e)e^{i\omega_e\tau}d\omega_e \quad (3.5.3b)$$

표 3.5.1 시간이력해석법의 랜덤진동해석법의 비교

	시간이력해석법	랜덤진동해석법
입력하중	시간이력하중함수 $f(t)$ 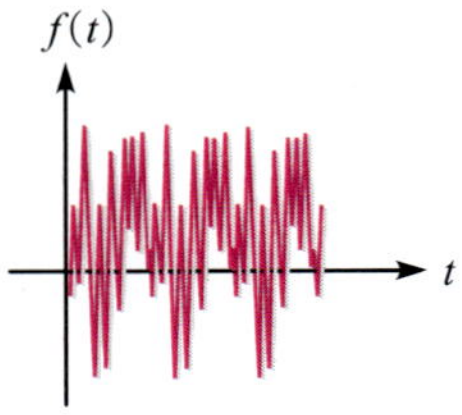	하중 스펙트럼밀도함수 $S_{ff}(\omega_e)$ 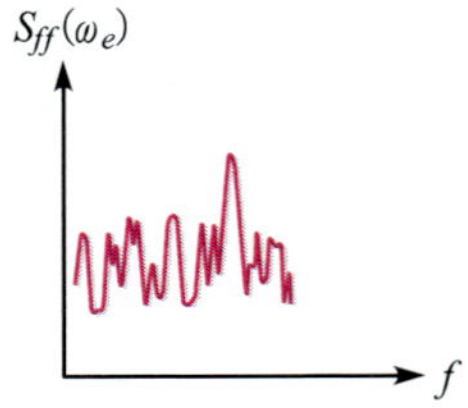
구조물 응답	응답시간이력 $u(t)$ 단자유도 선형구조물의 경우, $u(t) = \int_0^t f(\tau)h(t-\tau)d\tau$	응답 스펙트럼밀도함수 $S_{uu}(\omega_e)$ 단자유도 선형구조물의 경우, $S_{uu}(\omega_e) = \lvert H(\omega_e)\rvert^2 S_{ff}(\omega_e)$
최대응답	응답시간이력에서 절대 최댓값을 산정함 $u_{\max} = \lvert u(t)\rvert_{\max}$	$E[\lvert u(t)\rvert_{\max}] = \gamma_p\sigma_u$ 여기서, γ_p : 피크계수(peak factor) $\sigma_u = \sqrt{E[u^2(t)]} = \sqrt{\int_{-\infty}^{\infty} S_{uu}(\omega_e)d\omega_e}$
비고	선형 및 비선형 응답해석이 가능 확률적 특성의 고려가 어려움	확률적 특성이 고려됨 비정상(nonstationary) 특성의 고려가 어려움

(5) 구조와 모드(mode) 연구

피시험체를 장착한 후의 첫 단계는 진동응답을 조사하는 것으로 그 기능을 점검하고 또 전(全) 진동수범위에서 공진의 영향을 시험하는데 목적이 있다. 모든 진동시험에 있어서 공진점들은 사인파 소인(sine sweep)에 의해서 일어난다. 수동으로 진동수(주파수)를 조정하여 공진진동수를 측정하고 구조물의 움직임을 자세히 관찰한다. 진동시험의 마지막 단계에서는 결과를 비교하기 위해서 같은 조사를 반복한다.

구조물의 거동(behaviour)은 **스트로보스코프 램프**(Stroboscopic lamp)에 의해서 쉽게 볼 수 있는데, 이는 가진 진동수와 일치시키기 위해서 가진기 제어기에 의해 **트리거**(trigger)된다. 그러나 가진 진동수와 약간 다른 트리거 신호를 사용하여, 영상과 같은 느린 동작으로 보는 방법이 더 좋다. 이러한 느린 동작 진동수는 보통 3 ~ 5Hz인데, 스트로보스코프에서 가진 신호에 따라 맞출 수 있다. 한주기 또는 그 이상의 주기 동안을 움직이게 하기 위해서 이중 섬광(dual flash)을 사용하면, 그 거동을 더 잘 관찰할 수 있다. 내구성 검사(endurance conditioning)를 받는 동안 피시험체는 진동수 범위, 진동레벨, 시간 등에 있어서 극심한 진동을 받게 되는데, 실제 환경에 처해서도 견뎌낸다는 보장을 갖기 위한 것이다. 이것에 관계된 진동시험은 사인파 소인, 공진진동수 또는 미리 결정된 진동수에서의 사인파 시험, 랜덤 진동 등으로 수행된다.

아주 명백한 공진을 갖는 피시험체는 이러한 공진점에서 진동시험을 성공적으로 수행할 수 있다. 진동시험 중의 구조물의 변화에 의해서 공진진동수가 변하기 쉬우므로, 가진 진동수를 자동으로 변화시키기 위해서 공진 고정장치(resonance dwell unit)가 사용된다. 이것의 작동은 공진에서 가진 신호와 응답 신호 사이의 위상각이 갑자기 크게 변화하는 사실에 근거한다. 따라서 위상각을 공진의 특성으로 간주하는 것이 가능하므로, 이를 측정하여 가진 진동수를 제어하는 서보 회로(servo loop)의 기준으로서 사용한다.

구조물에 대한 진동의 영향을 연구하는데 있어서 특징은 작용력에 대한 **응답측정**을 포함하는 것이다. 그림 3.5.4는 진동수영역에서의 하중과 응답간의 관계를 보여주고 있다. 여기서 **임피던스**란 힘 $F(\omega)$에 대한 속도 $\dot{u}(\omega)$의 비율만을 의미한다. 힘과 다른 진동변수들 즉, 가속도 및 변위와의 비율의 정의도 그림 3.5.4에 나타내었다. 어떠한 변수에 대한 스펙트럼에서도 같은 정보를 알 수 있지만, 경험적으로 속도의 스펙트럼이 가장 편평한 곡선으로 나타내어 넓은 동적범위를 측정할 수 있기 때문에 일반적으로 진동을 표현하는데 사용되는 변수는 속도이다. 따라서 역학적 임피던스와 **모빌리티**가 다른 변수보다 더 많이 사용된다. 예를 들면, 기계 구조물의 내부에 발생하는 응력에 대한 정보를 얻기 위해 기계의 진동을 측정할 경우에는 모빌리티를 고려해야 한다. 힘은 직접적으로 측정하는 것이 불가능하고, 베어링 등의 진동응답에 의해서만 가능하다. 이 응답은 모빌리티(또는 임피던스)에 따라 변하므로, 수리를 했을 경우에 모빌리티 스펙트럼이 변화하면 측정되는 응답도 변한다. 그림 3.5.4에 보여준 **컴플라이언스**, 모빌리티, 그리고 **엑셀러런스**들은 대수적으로 관련이 되어 있으므로, 이들 중 어느 하나를 측정하면 계산에 의하여 다른 것을 얻어낼 수 있다.

동적질량 (Dynamic mass)	$\frac{F(\omega)}{\ddot{u}(\omega)}$	엑셀러런스 (Accelerance)	$\frac{\ddot{u}(\omega)}{F(\omega)}$
임피던스 (Impedance)	$\frac{F(\omega)}{\dot{u}(\omega)}$	모빌리티 (Mobility)	$\frac{\dot{u}(\omega)}{F(\omega)}$
동적강성 (Dynamic stiffness)	$\frac{F(\omega)}{u(\omega)}$	컴플라이언스 (Compliance)	$\frac{u(\omega)}{F(\omega)}$

그림 3.5.4 진동수영역에서의 하중과 응답간의 관계

진동 가진기를 사용해서 구조물에 일정한 힘으로 **사인파 소인**을 하면, 모빌리티 스펙트럼을 구할 수 있다. 힘은 연결봉을 통해 전달되어지고 환경시험에서와 비슷한 계측장치에 의하여 일정하게 유지되는데, 이 때 레벨은 **힘 변환기**에 의하여 측정된다. **응답**은 가속도계로 측정되고, 진동수 발생기에 동기(trigger)하여 레코더에 저장된다. 비슷한 방법으로 임피던스 스펙트럼이 구해지는데, 이 때 속도를 일정하게 유지시키면서 힘을 측정하면 된다.

대부분의 경우, 공진 시에서의 거동만이 중요한 의미를 갖고 있으므로 내부감쇠만을 보상해줄 수 있는 비교적 작은 가진기로 큰 구조물에도 적용할 수 있다. 가벼운 구조물의 경우, 구조물의 **동적거동**에 미치는 추가 질량의 영향을 줄이기 위해서 가벼운 가속도계를 사용해야 한다. 대체로 임피던스나 모빌리티를 진동수에 대한 함수로 나타내면 충분한 정보를 얻을 수 있지만, 경우에 따라서 동특성치에 대한 완벽한 정보를 알려면 응답을 더 자세히 분석해야 한다.

또한, 구조물이 여러 개의 질량, 스프링, 감쇠로 구성되어 있다고 생각하면 역학적 임피던스를 쉽게 계산할 수 있다. 구조물의 한 요소의 임피던스는 대수-대수 좌표계로 나타낼 때 직선이 되고, 각 요소의 곡선에서 복잡한 시스템의 임피던스(또는 모빌리티)를 구할 수 있다. 이 때 총 임피던스는 병렬계 또는 직렬계 연결 임피던스을 합산하여 구한다. 임피던스와 모빌리티 그림으로부터 공진진동수들에 관한 정보를 얻을 수 있으며, 설계자는 거동(질량성,

스프링성)으로부터 구조변경에 관한 가치있는 정보를 얻을 수 있다.

구조물의 탄성계수(modulus of elasticity) E는 응력 σ와 변형률 ϵ의 비율로 정의된다. 정적 계수를 결정하는데는 내부 감쇠를 고려하지 않는다. 그러나 내부 감쇠에 의해서 진동하는 물체의 응력과 변형률의 위상이 다르게 된다. 따라서 플라스틱, 아스팔트, 콘크리트 등과 같이 내부 감쇠를 고려해야 하는 점탄성 물체 있어서는 그림 3.5.5와 같은 형태의 **복소 탄성계수**(complex modulus of elasticity)를 측정해야 한다. 복소 탄성계수는 그림 3.5.5에 나타낸 것처럼 탄성계수(elastic modulus)와 **복소계수**(complex modulus)와의 벡터합으로 표시된다. 이것은 재료의 손실율(loss factor) η와 관계가 있는데, η는 탄성계수와 감쇠계수간의 위상각 ψ의 탄젠트값이다. 따라서 진동시험(동적실험)은 일정한 힘으로 가진을 하고, 이에 따른 **변위**와 **위상각**의 값을 측정하는 것으로 이루어져 있다.

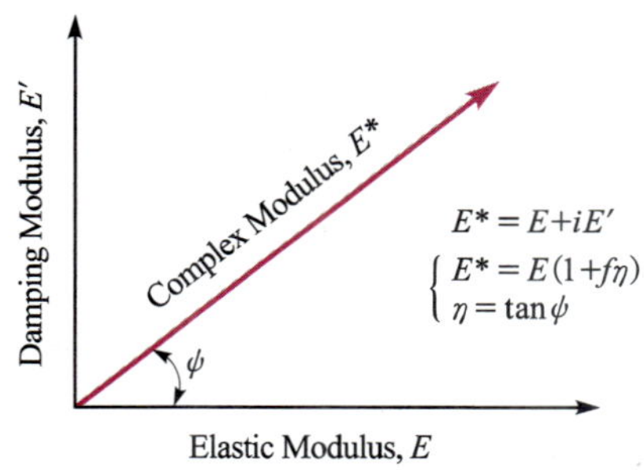

그림 3.5.5 복소 탄성계수

모빌리티나 역학적 임피던스를 측정하면 구조물의 각 지점사이의 진동수응답함수(frequency response function, FRF)를 구할 수 있다. 그러나 진동수응답함수는 구조물의 모든 지점에서 존재하므로 이런 방법으로 구조물을 나타낸다면, 그 결과는 매우 많은 함수들로 이루어질 것이다. 그러므로 데이터의 감소가 필요하며, 이를 위해 사용한 기법은 구조물을 **모드형상**으로 나타낸다. 특정한 진동수들 즉, 고유진동수에서 구조물은 그림 3.5.6과 같은 모드형상이라 일컫는 모양으로 진동하게 된다. 이 진동수들은 구조물의 공진으로 알아볼 수 있고, 역학적 임피던스의 최솟값과 모빌리티의 최댓값을 나타낸다.

공진시의 구조물의 거동의 특징은 진폭이 커지고 힘과 응답간의 위상 변화가 발생한다는 것이다. 감쇠가 클 경우, 최댓값은 낮고 넓은 범위에 걸쳐 있으며, 위상도 넓은 진동수에 걸쳐 변화한다. 감쇠는 응답곡선에서 파워(power)가 반이되는 지점의 대역폭(최댓값에서 3dB 되는 지점)과 관계가 있다(2.3.3절 참조).

벡터도식으로 응답을 나타낼 때, **나이퀴스트 선도**(nyquist diagram)가 가장 편리한 것으로 알려져 있다. 나이퀴스트 선도에서의 양좌표축은 응답의 실수부와 허수부를 나타낸다. 벡터의 절대값은 그 크기이고, 실수축과의 각은 가진과 응답간의 위상각과 같다. 이와 같이 원주상의 각 지점은 특정 진동수와 일치한다. **공진**은 원으로 표시되며, 공진 진동수에서 좌표축과 만나게 된다. 이 좌표축은 가진과 **응답** 사이의 위상관계에 따라 변한다. 원의 크기는 감쇠에 따라 변하며, 감쇠가 클수록 원은 작아진다.

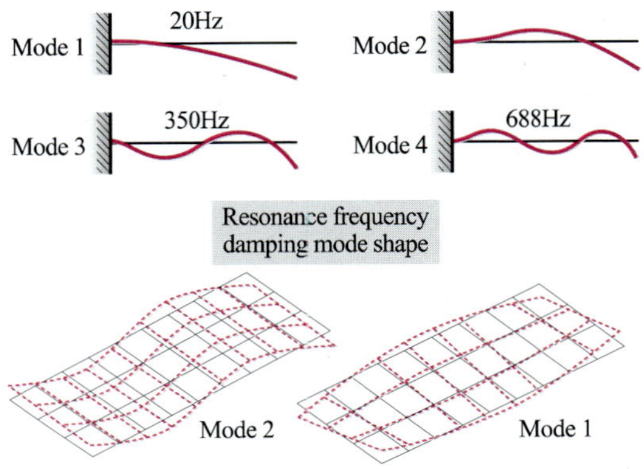

그림 3.5.6 모드형상(mode shape)

진동수 소인을 하게 되면 각 공진에서의 원이 형성되나, 경우에 따라 공진 진동수에 대한 결정이 어려울 때도 있다. 그러므로 나이퀴스트 선도가 하나의 공진을 연구하는데는 이상적이지만, 공진 진동수를 찾는데는 진동수에 대한 복소 부분의 그림이 더 적절하다. 진폭 그림과 비교해볼 때, 최대 부위도 더 뚜렷하고, 최댓값의 방향에 의해서 가진과 응답간의 위상에 대한 정보도 얻을 수 있다. 그림 3.5.7의 곡선에 의하면 측정한 부위가 두 공진 진동수에서 반대되는 위상으로 진동하고 있음을 알 수 있다.

최근의 사인파 가진 제어기는 복소함수를 계산할 수 있는 장치를 갖추고 있어서, 이를 아날로그 신호로 표시할 수 있다. 디지털 분석기를 사용할 경우에는 가진과 응답의 스펙트럼 측정으로부터 얻어진 진폭과 위상에 대한 정보로부터 함수가 계산된다.

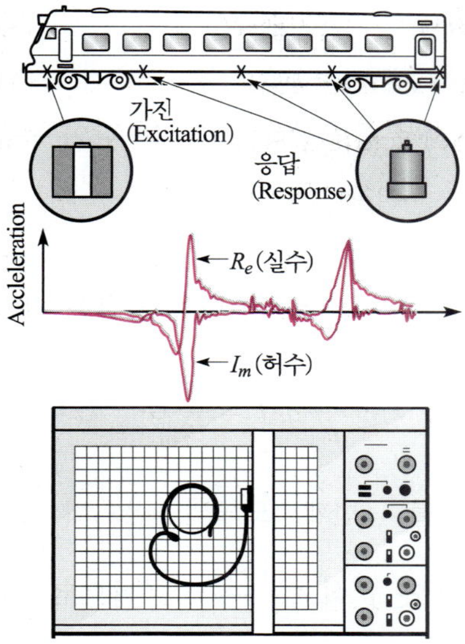

그림 3.5.7 복소 그림의 이용

TIP

- **나이퀴스트 선도(nyquist diagram)**

  나이퀴스트 선도는 진동수응답함수(frequency response function, FRF)를 복소 평면에 도시(圖示)한 그림을 말하며, 고유진동수 근처에서는 원의 형태를 이루는데 이것을 나이퀴스트 원(nyquist circle)이라 한다.

- **모드형상(mode shape)**

  모드형상은 구조물의 고유진동수에서 나타나는 구조물의 고유한 특성으로, 구조물에 작용하는 하중과는 무관하고 구조물의 질량, 감쇠, 강성, 그리고 경계조건에 의해서 결정된다. 고유형상은 고유진동수에서 어떤 지점에 관한 다른 지점의 상대운동이 고유함을 나타낸 것으로 즉, 고유한 크기는 갖고 있지 않으나 형상은 고유하다. 모드형상은 구조물이 선형이며 정상상태 운동에서만 정의된다.

- **운전중 변형형상(operating deflection shape)**

  특정 진동수 혹은 특정 시간에서의 구조물의 강제진동으로, 구조물에 작용하는 하중에 따라 운전중 변형형상은 변한다. 운전중 변형형상은 구조물이 비선형과 비정상상태 운동에서도 정의된다.

- **에일리어싱(aliasing)**

  에일리어싱은 아날로그 신호를 샘플링할 때에 샘플링 진동수를 작게 하면 원래 신호의 고차 진동수 성분이 왜곡되는 현상으로, 예를 들면 영화에서 빠르게 도는 마차바퀴가 반대로 돌아가거나 천천히 돌아가는 현상도 샘플링 진동수가 적절하지 않기 때문에 발생한다. 신호처리(signal processing) 시, 샘플링 진동수를 최대 분석 진동수의 2배 이상으로 하거나 샘플링하기 전에 저역통과필터를 이용하여 최대 분석 진동수 이상의 신호를 제거하면 이런 에일리어싱 현상을 피할 수 있다.

- **누설(leakage)**

  누설은 어떤 진동수 성분의 파워가 그와 인접한 진동수 성분으로 누출되는 현상을 말한다.

- **윈도잉(windowing)**

  윈도잉은 신호의 누설을 최소화하기 위해서 고속 푸이에 변환(FFT) 등의 신호처리를 하기 전에 신호에 적절한 가중치 함수인 윈도 함수를 곱한는 것을 말한다.

- **분해능(resolution)을 향상시키는 방법**

  이산 푸리에 변환(DFT)를 이용할 경우, 분해능을 향상시키는 방법으로는 변환크기의 변경(긴 시간동안 계측된 신호를 입력으로 이용하여 변환하는 것), 영채움(zero padding, 기존 진동수 성분을 보간하기 위해서 입력신호의 뒷 부분에 0을 채우는 것), 확대(zoom, 진동수영역에서 데이터의 개수가 고정될 때에 관심 진동수영역을 선정한 후에 확대하고, 그 구간에서만 데이터 개수를 이용하는 것) 등이 있다.

- **평균화(averaging)**

  평균화는 신호처리의 신뢰성을 높이고 노이즈(noise) 영향을 줄이기 위해서, 동일한 실험으로 구한 몇 개의 시간이력들에 대하여 통계적인 평균을 취하는 것을 말한다.

- **신호분석기**

  신호분석기[진동수응답분석기(frequency response analyzer, FRA), 스펙트럼분석기(spectrum analyzer, SA)]는 계측된 아날로그(analogue)형태의 신호를 신호분석기내의 A/D변환기(analogue/digital converter)를 통하여 디지털 형태로 변환시킨 후에 복잡한 신호처리를 하여 필요한 계측 정보를 뽑아내는 장치로서, 스펙트럼분석기가 많이 선호되고 있다.

- **오실로스코프(oscillospe)**

  시간에 따른 입력전압의 변화를 화면에 출력시키는 장치로서, 계측신호의 시간적 변화를 관찰하기 위하여 사용한다.

3.5.2 가속도계를 사용한 케이블의 장력측정

(1) 분포파라미터계

3.5절까지에서 언급한 분리 좌표계(discrete-coordinate system)는 구조물의 동적해석을 위한 편이함과 실제적인 접근법을 가능하게 했다. 그러나 이러한 좌표에 의하여 얻어진 결과는 그 구조물의 운동이 제한된 개수의 변위좌표에 의하여 표현되기 때문에 단지 실제 거동의 근사치일 뿐이다. 결과의 정확도는 해석에서 고려된 자유도를 증가시킴으로서 만족할 만큼 정확한 값을 얻을 수 있다. 그러나 연속적으로 분포된 특성(distributed property)을 갖는 분포파라미터계의 실제 구조물에 대한 정확한 해석결과를 얻기 위해서는 이론적으로 무한개의 좌표로 나누어야 한다. 따라서 이 방법에 의해 정확한 결과를 얻는 것은 불가능하다.

무수히 연결된 점들의 거동을 나타내는 수학적 절차는 위치좌표가 독립변수로 표현된 미분방정식을 이용하는 것이다. 동적문제에서는 시간도 독립변수이기 때문에 이 방법에 의한 운동은 편미분방정식(partial differential equation)으로 나타난다. 연속 시스템(continuous system)의 다른 분류는 물리적 특성치의 분포를 묘사하기 위하여 필요한 몇 개의 독립변수에 의해 등식화 될 수 있다. 예를 들면, 지진학과 지질학에서 사용되는 파동-전파공식(wave-propagation formula)은 일반적인 3차원 고체(solid)에 대해서 표현된 운동방정식으로부터 유도된다. 또한 얇은 평판 또는 쉘 구조물의 동적거동의 연구에는 특별한 운동방정식이 이들 2차원 시스템에 대해 유도돼야 한다. 그러나 여기서는 1차원 구조물에 대해서만 언급 할 것이다. 예를 들면, 물리적 특성치가 선형축을 따라 1차원으로 표현된다고 가정되는 보와 봉 타입의 구조물들이다. 그러므로 이 편미분방정식은 단지 두 개의 독립변수, 즉 축을 따라 시간과 거리만을 포함한다.

3차원 공간에서 많은 부재가 조합되어 있는 복잡한 1차원 구조물에 대한 운동방정식의 유도도 가능하다. 게다가 각 부재의 축은 3차원 공간에서 임의로 휘어질 수 도 있고 또 물리적 특성치가 축을 따라 복잡한 위치함수로서 변할 수 있다. 그러나 일반적으로 그렇게 복잡한 구조물에 대한 운동방정식은 단지 수학적인 방법에 의하여 얻을 수 있고, 대개의 경우 분리좌표계의 사용이 **연속체방정식**(continuum equation)에 의한 수학적인 방법보다 더 적합하다. 이러한 이유 때문에 지금부터 다루는 것은 직선의 탄성축을 가지는 부재와 그러한 부재의 조합으로 제한한다. 운동방정식의 형식화에서 축을 따라 물리적 특성치의 일반적 변분이 허용되고, 각 부재의 특성치는 일정하다고 가정한다. 이러한 제한 때문에, 이들 표현식은 주로 실제적인 적용보다는 **편미분방정식**의 형식화를 위해 필요한 일반적 개념을 증명하는데 사용된다.

운동의 연속체방정식에서 고려되는 첫 번째 경우는 그림 3.5.8에 보여준 비균질 보에 대한 것이다. 이 보의 중요한 물리적 특성치는 휨강성(flexural stiffness)을 $EI(x)$로, 단위길이 당 질량을 $m(x)$로, 지간 L을 따라 위치 x에 대해서 임으로 변한다고 가정한다. 횡하중 $f(x,t)$는 위치와 시간에 따라 임의로 변한다고 가정하고, 횡변위 응답 $y(x,t)$도 이 변수들의 함수이다. 보에 대한 단부 지지상태는 비록 그림에서 설명을 위해 단순지지로 표현하였더라도 임의로 변할 수 있다.

이 단순 시스템의 운동방정식은 그림 3.5.8 (b)에 보여준 보의 미소요소에 작용하는 힘의 평형을 고려함으로 쉽게 유도할 수 있다.

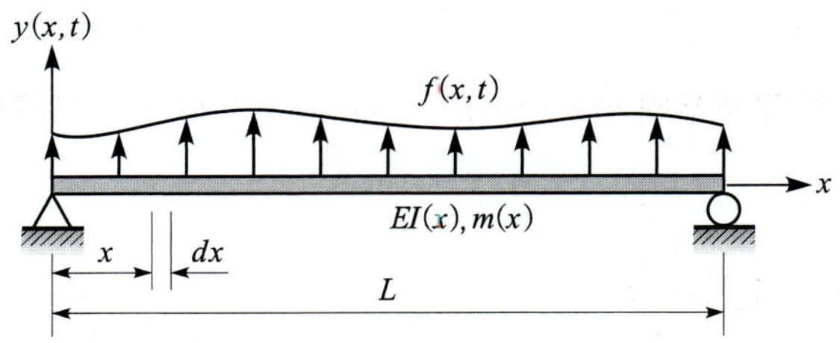

(a) 하중과 좌표

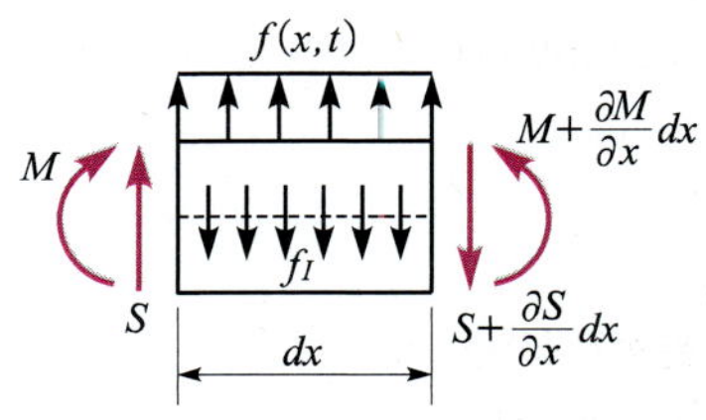

(b) 미소요소에 작용하는 힘의 평형

그림 3.5.8 동하중을 받는 보

이러한 방법은 분리 좌표계에 대하여 개발된 것과 같은 방법이다. 그림 3.5.8 (b)에서 수직으로 작용하는 모든 힘들을 합하면 첫 번째 **동적평형 관계**가 다음과 같이 유도된다.

$$S+f(x,t)\,dx-\left(S+\frac{\partial S}{\partial x}dx\right)-f_I\,dx=0 \tag{3.5.4}$$

여기서 $f_I\,dx$는 분포된 **횡관성력**을 나타내고 미소질량과 국부 가속도의 곱으로 얻어진다. 즉,

$$f_I\,dx=m(x)dx\frac{\partial^2 y(x,t)}{\partial t^2} \tag{3.5.5}$$

식 (3.5.5)를 식 (3.5.4)에 대입하고 간단히 하면 다음식이 얻어진다.

$$\frac{\partial S}{\partial x} = f(x,t) - m(x)\frac{\partial^2 y(x,t)}{\partial t^2} \tag{3.5.6}$$

이 식은 단지 가속되는 보의 관성력을 포함한 횡하중과 전단력 사이의 전형적인 관계로 인식될 수 있다. 두 번째 평형관계식은 요소의 오른쪽 면에서 탄성축에 대해 휨모멘트를 취함으로서 다음과 같이 얻어진다.

$$M + S dx - \left(M + \frac{\partial M}{\partial x} dx\right) = 0 \tag{3.5.7}$$

위 식에서 미소거리 dx 때문에. 분포 횡력은 단지 휨모멘트에 대한 2차 기여(second-order contribution)만을 만든다는 것을 가리킨다. 이것은 전단력과 휨모멘트 사이의 전형적인 정적관계로 단순화 된다. 즉,

$$\frac{\partial M}{\partial x} = S \tag{3.5.8}$$

이 경우 관성력은 휨모멘트 평형에 무관하다. x축에 대해 식 (3.5.8)을 미분하고 식 (3.5.6)에 넣고 정리하면 다음식이 얻어진다.

$$\frac{\partial^2 M}{\partial x^2} + m(x)\frac{\partial^2 y(x,t)}{\partial t^2} = f(x,t) \tag{3.5.9}$$

마지막으로, 보 이론의 기본적인 모멘트-곡률 관계식($\frac{M}{EI(x)} = \frac{\partial y^2(x,t)}{\partial x^2}$)을 도입하면, 보의 휨(beam flexure)의 기본적 경우에 대한 편미분 운동방정식이 다음과 같이 유도된다.

$$\frac{\partial^2}{\partial x^2}\left\{EI(x)\frac{\partial^2 y(x,t)}{\partial x^2}\right\} + m(x)\frac{\partial^2 y(x,t)}{\partial t^2} = f(x,t) \tag{3.5.10}$$

여기서 $EI(x)$와 $m(x)$는 x축에 따라 임의로 변할 수 있다고 가정한다.

(2) 휨강성을 무시한 경우의 케이블 장력측정

케이블의 길이가 길고 큰 장력이 작용되는 경우에 휨 강성의 영향과 처짐 효과를 무시할 수 있다면 케이블의 진동을 양단이 고정된 보의 진동으로 고려할 수 있다. 이를 도식적으로 나타내면 그림 3.5.9와 같다.

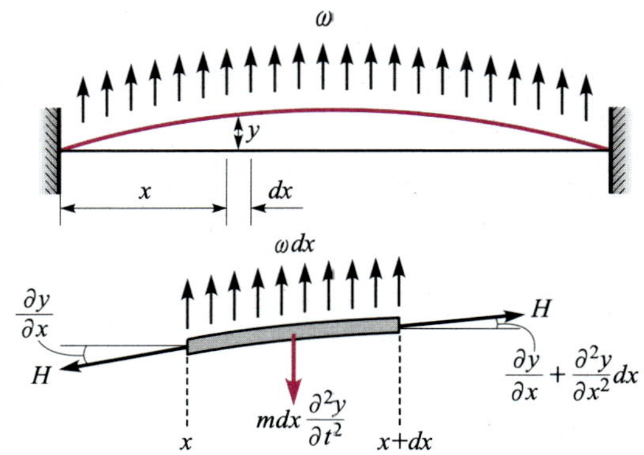

그림 3.5.9 휨강성을 무시한 도델의 미소요소에 작용하는 힘

그림 3.5.9에 있는 휨강성을 무시한 모델의 미소요소에 대한 수직력의 평형방정식은 다음과 같다.

$$-H\frac{\partial y}{\partial x}+H\left(\frac{\partial y}{\partial x}+\frac{\partial^2 y}{\partial x^2}dx\right)-m\,dx\,\frac{\partial^2 y}{\partial t^2}+w\,dx=0 \tag{3.5.11}$$

여기서, y는 진폭, x는 보의 길이방향 좌표, H는 케이블 장력, m은 단위길이당 질량, w는 분포외력이다.

위 식을 외력이 없는 고유치 문제로 정리하면, 다음과 같은 운동방정식이 된다.

$$H\frac{\partial^2 y}{\partial x^2}-m\,\frac{\partial^2 y}{\partial t^2}=0 \tag{3.5.12}$$

$m=\dfrac{s}{g}$를 대입하고 양단 고정의 경계조건을 적용하여 위 식을 풀면, 케이블 장력 H가 다음과 같이 구해진다.

$$H=\frac{4sL^2}{n^2 g}f_n^2 \tag{3.5.13}$$

여기서, s는 케이블의 단위중량, g는 중력가속도, f_n는 n차 모드의 케이블 고유진동수, L은 케이블의 길이를 나타낸다.

(3) 휨강성을 고려한 경우의 케이블 장력측정

케이블의 휨 강성을 고려할 경우, 양단을 고정보로 생각하여 도식적으로 나타내면 그림 3.5.10과 같이 된다.

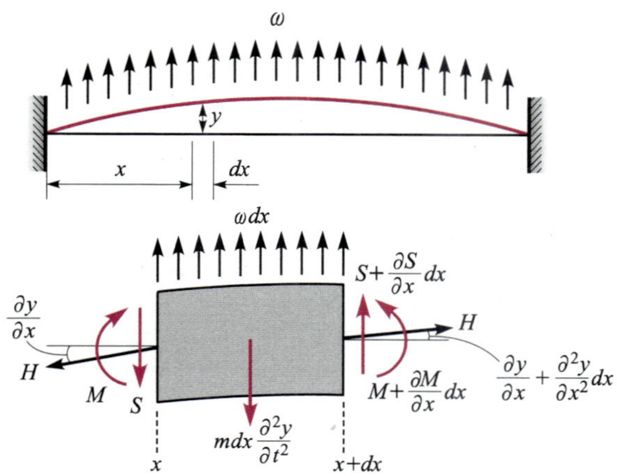

그림 3.5.10 휨강성을 고려한 보의 미소요소에 작용하는 힘

그림 3.5.10의 보의 미소요소에서 수직력에 대한 평형방정식을 세우면 다음과 같다.

$$-S - H\frac{\partial y}{\partial x} + \left(S + \frac{\partial S}{\partial x}dx\right) + H\left(\frac{\partial y}{\partial x} + \frac{\partial^2 y}{\partial x^2}dx\right) + w\,dx - m\,dx\frac{\partial^2 y}{\partial t^2} = 0 \tag{3.5.14}$$

여기서 S는 전단력이다.

위 식을 외력이 없는 고유치 문제로 정리하면, 다음과 같은 운동방정식이 된다.

$$\frac{\partial S}{\partial x} + H\frac{\partial^2 y}{\partial x^2} - m\frac{\partial^2 y}{\partial t^2} = 0 \tag{3.5.15}$$

위 식에 $m = \frac{s}{g}$, $S = \frac{\partial M}{\partial x}$, 그리고 $M = EI\frac{\partial^2 y}{\partial x^2}$를 대입하고 정리하면, 다음과 같은 운동방정식이 얻어진다.

$$EI\frac{\partial^4 y}{\partial x^4} + H\frac{\partial^2 y}{\partial x^2} - \frac{s}{g}\frac{\partial^2 y}{\partial t^2} = 0 \tag{3.5.16}$$

양단 고정의 경계조건을 적용하여 위 식을 풀면, 케이블 장력 H가 다음과 같이 구해진다.

$$H = \frac{4sL_{eff}^2}{g}\left(\frac{f_n}{n}\right)^2 - \frac{EI\pi^2}{L_{eff}^2}n^2 \tag{3.5.17}$$

위 식을 1차 회귀식으로 정리하면 식 (3.5.18)이 된다.

$$\left(\frac{f_n}{n}\right)^2 = H \cdot \frac{g}{4sL_{eff}^2} + \frac{EI\pi^2 g}{4sL_{eff}^4}n^2 = b + a \cdot n^2 \tag{3.5.18}$$

따라서 1축 가속도계에 의해 측정된 케이블의 진동가속도의 FFT(고속 푸리에 변환) 분석 결과를 위의 식과 같이 1차 회귀식으로 나타낸 후 매개변수 a(기울기)와 b(y절편)를 구하면, 다음의 식 (3.5.19)에 의해 케이블의 휨 강성 EI와 장력 H를 산정할 수 있다.

$a = \dfrac{EI\pi^2 g}{4sL_{eff}^4}$ 로부터

$$EI = \frac{4sL_{eff}^4}{\pi^2 g}a \tag{3.5.19a}$$

$b = \dfrac{H \cdot g}{4sL_{eff}^2}$ 로부터,

$$H = \frac{4sL_{eff}^2}{g}b \tag{3.5.19b}$$

여기서 L_{eff}는 케이블의 유효길이이다.

참고로 박연수(2005) 등은 실제 사장교의 케이블에 가속도계를 부착한 후, 힘변환기가 부착된 충격망치(impact hammer)에 의하여 광대역 가진 진동시험을 하여 획득한 가속도계의 계측데이터와 위에서 기술한 장력측정식[식 (3.5.13)과 식 (3.5.19b)]를 이용하여 케이블의 장력을 측정하였다. 그 계측분석 결과로부터 케이블 양단의 Deviator나 댐퍼를 고려한 케이블의 유효길이를 정확하게 산정한다면, 휨강성을 무시한 모델에 대한 이론식만을 이용한 경우에도 비교적 정확한 케이블의 장력을 얻을 수 있음을 보여 주었다.

3.5.3 모드계수 추정

(1) 개요

모드계수(modal parameter)란 각 모드(mode)별 구조물의 동특성치인 고유진동수(modal natural frequency), 감쇠(modal damping), 그리고 **모드형상**(mode shape)을 총칭해서 말한다. 이러한 모드변수인 모드계수는 3.5.1절에서 기술한 진동시험으로부터 구한 계측자료를 **시간영역** 혹은 **진동수영역**에서 분석하여 구할 수도 있고, 유한요소법을 이용한 복소 모드 수치해석으로도 구할 수 있다.

모드해석(modal analysis)이라고도 부르는 모드계수 추정(extraction)은 **진동수응답함수**(frequency response function, FRF)를 사용한 **진동수영역방법**과 **충격응답함수**(impulse response function, IRF)를 사용한 **시간영역방법**으로 구분할 수 있다. 진동수응답함수 즉, FRF 모델이 모드계수 추정 시 가장 일반적으로 사용하고 있으며, 여기서 FRF란 진동수영역에서 가진 하중에 대한 응답의 비를 의미한다.

또한, 모드계수 추정 시 한 번에 하나의 모드에 관한 계수만을 추정하는 단자유도(SDOF : single-degree-of-freedom) 모드분석 방법과 여러 개의 모드들에 관한 계수들을 추정하는 다자유도(MDOF : multi-degree-of-freedom) 모드분석 방법이 있다. 이밖에도 데이터를 측정하는 방법에 따라 모드계수 추정 방법을 구분하기도 한다.

그리고 감쇠효과를 적절히 고려할 수 있느냐 하는 것이 모드계수를 추정하는데 있어서 매우 어려운 문제 중의 하나이다. 실제로 감쇠를 가정하고 반복해서 추정한다 할지라도 가정한 감쇠와 실제 감쇠와는 차이가 있으므로, 모드계수 추정 시 큰 오차를 유발할 수 있다. 따라서 **복소 모드**의 영향을 모드계수 추정에 반영하여야 하고, **모드시험**(modal testing) 환경 등을 고려하여 신뢰할 수 있는 모드인지를 적절하게 판단하여야 한다. 그리고 계측된 신호를 이용하여 많은 수의 모드를 추정할 수 있지만, 이 때 **에일리어싱**(aliasing)과 **누설**(leakage) 등과 같은 계측자료의 **왜곡**(distortion)이 생기지 않도록 **윈도잉**(windowing)과 필터링(filting) 등을 이용한 **신호처리**[signal processing, **이산 푸리에 변환**(DFT) 등을 통해 계측된 신호를 처리하는 것]에 주의해야 한다.

가장 간단하고 정밀한 모드계수 추정 기술은 임의의 기준점에 하나의 가속도계를 부착시키고, 그 다음에 공간적인 해석능력을 좋게 하기 위해서 촘촘한 간격으로 이동용 가속도계를 필요한 다른 점에 다른 방향으로 부착시킨다. 모든 측정점에서 기준 및 이동용 가속도계의 진폭 및 위상차를 일정속도로 가동하는 동안에 측정한다. 측정 및 신호분석 장비로는 두 개의 단일 채널 시스템이나 한 개의 2채널 스펙트럼분석기 등이 사용될 수 있다. 측정결과는 구조물의 각 부분들이 절대적으로 또는 상대적으로 어떻게 움직이는 가를 묘사하기 위해 그려진다. 대부분의 진동문제들은 작동될 때의 힘들이 하나 또는 더 많은 진동모드를 가진시키는 공진현상과 관련이 있다.

(2) 수학적 모델과 모드 데이터(modal data)의 응용

수학적 모델(mathematical model)은 다음과 같이 여러 가지로 필요하다. 즉,

- 동적하중하에서 구조물이 어떻게 거동하는 가를 이해하고 계산하기 위해서,
- 데이터의 감소와 곡선 맞춤(curve fitting) 기법에 사용하기 위해서,
- 가상의 외부 입력에 대한 응답을 재현·예측하기 위해서,
- 물리적 변경에 의한 동특성치의 변화를 시뮬레이션(simulation)하기 위해서다.

수학적 모델은 일반적으로 구조물 자체의 모델은 아니고, 그것은 오히려 일련의 가정과 경계조건(boundary condition)으로 구속되는 구조물의 동적거동에 대한 모델이다.

해석적인(analytical) 수학적 모델은 특정한 일련의 경계조건에서 계산된 질량과 강성 분포에 기초를 두고 있다. 이들 계산은 주로 유한요소법에 의하여 이루어지며, 그 모델은 무수히 많은 일련의 미분방정식을 만들어내어 컴퓨터에 의해서만 풀 수 있다. 한편, 실험적인(experimental) 수학적 모델은 측정된 조건하에서 구조물을 대표하는 측정된 모드 데이터(modal data)로부터 구성된다. 통상 그 모델은 측정에서 한 모드 당 하나씩인 일련의 독립미분방정식들로 구성된다. 이러한 모델을 일반적으로 모드 모델(modal mode)이라고 부른다.

한 예로서 **풍하중**이나 **지진하중**에 견디도록 설계된 고층 골조구조물의 설계과정을 고찰해보자. 우선 그림 3.5.11의 위 부분에 보여준 것처럼 해석적인 수학적 모델을 만들어 설계하중을 가한 후, 그 결과가 만족할 만한 거동을 주는 가를 확인해야 한다. 골조구조물이 완공된 후에는 설계가 잘 되었는지 증명해야만 된다. 수학적 모델은 약간의 이상적인 관성과 강성분포를 포함하고 있으므로 총체적인 시험에 의하여 직접 측정하는 것이 불가능하다. 그러면 어떻게 할 것인가?

구조물과 모델에 대한 모드해석이 해답을 줄 수 있다. 즉, 그림 3.5.11의 아래 부분에 보여준 것처럼 골조구조물의 옥상에 **전자식 가진기**(electrodynamic shaker)를 사용하거나 편심 **질량 가진기**(eccentric mass exciter)를 설치하여 가진시킨다. 그 다음에 관심 있는 진동수 범위 내에서 알고 있는 가진력을 작용시키고, 선택되어진 여러 곳에서 응답을 측정한다. 이 측정으로부터 모드변수들을 구한다.

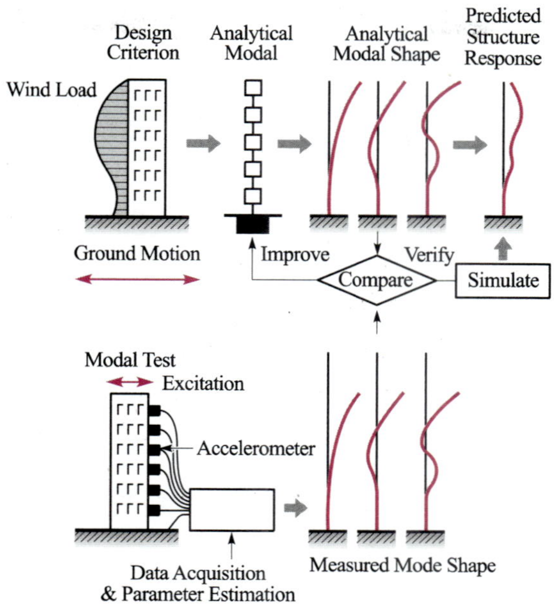

그림 3.5.11 해석적 모델(analytical model)과 모드해석(modal analysis)

해석적 방법과 시험적 방법으로 얻어진 **모드변수**들을 직접 비교할 수 있다. 그 결과가 일치하지 않으면, 충분한 일치가 얻어질 때까지 해석적 모델을 다듬고 조정한다. 마지막으로, 변경된 모델로서 해석적인 계산을 다시 하여, 설계하중에 대한 응답 안전성 검증을 수행한다. 해석적인 동특성이 설계기준을 만족하면, 그 결과가 골조구조물에 대한 안전한 동특성이 증명된 것으로 간주할 수 있다. 또한 모드시험을 통해 개선된 해석적인 모델은 골조구조물내의 사람들에 대한 안락감을 조사하기 위한 수단을 제공한다. 따라서 어떤 제안된 동특성 개선안이라도 가시화되고 다듬어질 수 있다.

시험적인 **모드분석**에 의해서 얻어진 모드 데이터들의 응용에 대해서 살펴보도록 하자. 시험적인 모드분석에서 얻어지는 결과는 다음에 설명되는 것처럼 상당히 복잡한 양상을 갖게 된다. 즉,

- 모드 고유진동수의 값에서 구조물의 동적 상태의 취약함을 보이는 단일 진동수응답 측정(frequency response measurement)으로부터 모드 고유진동수와 그와 관련된 모드 형상을 얻기 위한 일련의 진동수응답함수 FRF들의 측정
- 모드형상 데이터와 그 다음의 모드형상의 애니메니션(animation)으로부터 간결한 수학적인 동적 모드 모델의 창조

모드 데이터에 대한 응용 범위는 광범위하며, 그 응용 사례는 다음과 같다.

- 모드 고유진동수의 점검
- 문제 해결을 위한 구조적인 동적거동을 이해할 목적으로 모드형상의 정성적인 표현을 형성
- 해석적인 모델의 확인 및 개선
- 신제품 개발을 위한 컴퓨터 시뮬레이션(모드 모델을 기본으로 하는 경우)을 만들기 위해서, 또는 아래 항목의 문제 해결에 응용
  - 가상의 가진력에 대한 응답 예측과 동적 성능 점검
  - 유효하중 또는 강성 등과 같은 물리적인 구조 변경에 의한 동특성 변화의 예측
  - 필요한 동특성을 얻기 위해 요구되는 물리적인 구조 변경 예측
  - 2개 또는 그 이상의 구조물이 유니트(unit)로서 함께 결합될 때 복합 거동의 예측

(3) 진동수응답함수(FRF)

선형계에 대한 매우 효과적인 모델 중의 하나가 진동수영역에서의 모델이다. 이 경우, 그림 3.5.12에 보여준 것처럼 출력스펙트럼 $U(\omega_e)$는 입력스펙트럼 $F(\omega_e)$에 시스템연산자를 곱하여 가중시켜 얻을 수 있다. 즉,

$$U(\omega_e) = H(\omega_e)F(\omega_e)$$

여기서 시스템연산자 $H(\omega_e)$를 (복소)진동수응답함수 FRF라고 하며 다음과 같이 정의한다(2.6.2절 참조).

$$H(\omega_e) = \frac{U(\omega_e)}{F(\omega_e)} = \frac{1}{-(\omega_e)^2 m + i\omega_e c + k}$$

이것은 진동수 ω_e의 함수로서 입력과 출력의 복소비를 나타낸다. 즉, 복소수에 의해서 크기 $|H(\omega_e)|$와 위상각 $\angle H(\omega_e)$를 가지고 있음을 의미한다. 만약 FRF에 진동수 ω_e 사인파 힘이 작용한다면, 같은 진동수에서 사인파 출력거동을 발생할 것이다. 이 경우 출력 크기는 $|H(\omega_e)|$가 곱해질 것이며, 출력과 입력 사이의 위상각은 $\angle H(\omega_e)$만큼 이동되어질 것이다.

FRF는 선형계만 취급하는 것으로 제한되어 있기 때문에 입력스펙트럼 및 출력스펙트럼은 사인파의 합으로 생각할 수 있다. FRF는 측정에 사용된 신호 형태와는 무관하게 시스템의 동특성을 설명해 준다. 따라서 FRF는 사인파, 충격신호, 랜덤가진 등의 모든 경우에도 적용될 수 있다. FRF의 정의는 어떤 특정한 함수를 측정하는데 있어서 진동수를 하나씩 순차적으로 혹은 동시에 여러 개의 진동수에서 측정될 수 있다는 것을 의미한다. 가진력으로서 넓

은 진동수 폭을 사용하는 것이 편리한 기법이다. 그러므로 이것은 한 번에 한 진동수씩 측정하는 사인파 가진에 비하여 측정시간을 현저히 단축시킬 수 있다.

구조물을 실제로 가진 시키고 그 응답을 측정하는 경우, 다음과 같은 여러 가지 문제점에 직면하게 된다.

- 비선형 성질을 포함한 구조물에서의 **기계적인 잡음**(noise)
- 측정 장비자체의 **전기적 잡음**
- **분해능**(analysis resolution)의 제한

위의 문제점을 최소화시키기 위해서, 측정으로부터 FRF를 계산할 때에 약간의 통계적 처리방법을 적용하고 있다. 일반적으로 **랜덤잡음**을 포함하고 있는 데이터로부터 계산은 평균화 형식 등을 포함하고 있다.

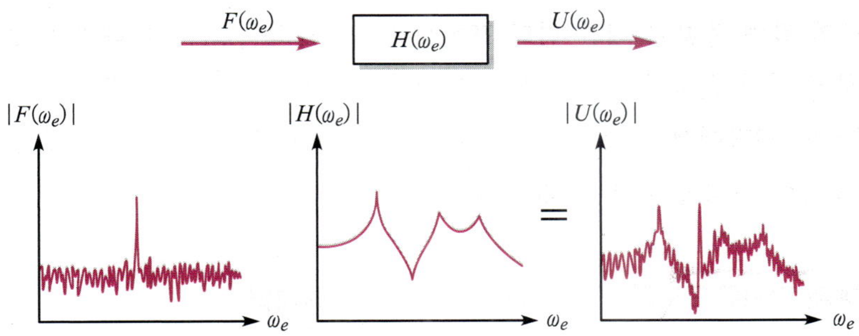

그림 3.5.12 진동수응답함수 FRF$[H(\omega_e)]$

(4) 가진(excitation)

가진 파형을 선택하기 전에 여러 가지 파라미터들 즉, 응용범위, 스펙트럼 제어, 파고율(최댓값/실효값), 선형 · 비선형 구조물, 시험 속도, 유용한 장비 등을 고려해야 한다. 시험 목적이 단지 고유진동수를 측정하는 것이라면 요구되는 정밀도는 수학적 모델의 기초를 구성하기 위한 측정시보다 훨씬 낮다. 부가적인 정밀 측정을 위한 비용은 측정에 소요되는 시간과 장비의 금액에 달려있다.

가진은 여러 가지 종류의 장비들에 의해 발생시킬 수 있다. 광대역 가진는 다음과 같은 부착형과 미부착형 가진 장치의 2가지 형태가 있다. 즉,

- 부착형 가진기의 예 : 전자기 가진기(electromagnetic shaker), 전자 유압식 가진기(electrohydraulic shaker), 편심 회전체(electro rotation mass), 로켓 또는 대포
- 비부착형 가진기의 예 : 해머(hammer), 대형 진자충격장치(pendulum impactor), 케이블을 매어 잡아당겼다가 갑자기 절단함

참고로 모드해석에는 음향가진은 사용할 수 없는데, 이것은 가진점과 방향 제어가 불가능하기 때문이다. 그러나 모드 고유진동수를 확인하거나 절대 크기가 필요 없는 모드형상만을 보기 위해서는 음향가진을 사용할 수 있다.

가진력은 일반적으로 압전 힘변환기를 사용하여 측정하는데, 힘의 일부가 압전소자를 통하여 전달되는 것을 측정한다. 압전 힘변환기는 다음과 같은 장점이 있다.

- 중량, 감쇠, 강성을 부과하지 않는 작은 무게
- 좋은 선형성
- 넓은 동적 범위(120dB)
- 넓은 진동수 범위

가진기에서 발생되는 전체 가진력은 가진기 코일/피스톤 연결부품 그리고 구조물과 같은 모든 구동 부품을 가동시켜야 한다. 힘변환기는 구조물에 직접 또는 가능한 한 구조물에 가까이 설치되어야만 구조물이 가진되는 실제의 힘이 측정될 수 있다. 가진기는 가진력이 원하는 지점과 방향으로 가해질 수 있도록 구조물에 부착되어야만 한다.

모드해석에 주로 사용되는 가진방법은 충격 또는 **해머 가진**이다. 충격에 의하여 발생되는 파형은 짧은 시간의 천이 에너지(transient energy) 전달이다. 그림 3.5.13 (b)에 보여준 것처럼 충격 가진의 스펙트럼은 0Hz에서 최대 진폭을 갖고 진동수가 증가함에 따라 진폭이 감소하는 연속적인 신호이다. 스펙트럼은 n/T 간격의 진동수에서 영힘(zero force)을 갖는 주기적 구조를 갖는다. 여기서 n은 정수이고 T는 천이 신호의 유효기간이다. 이 경우에 유용한 진동수 범위는 0Hz에서 f_1Hz까지 이며, 이 진동수에서 스펙트럼의 크기는 10dB에서 20dB 사이로 감소된다.

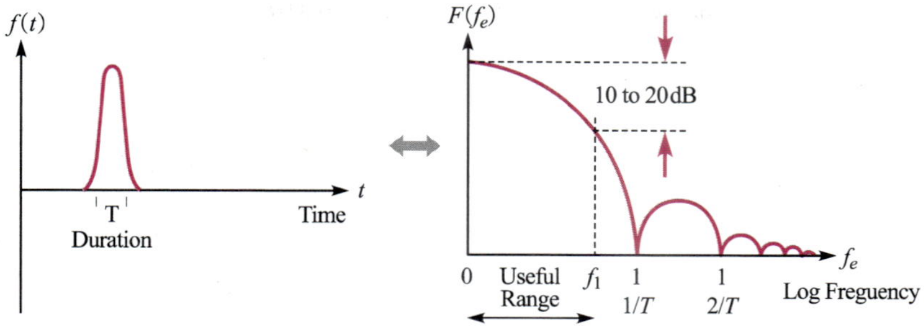

(a) 시간영역 (b) 진동수 영역

그림 3.5.13 충격 가진

신호 기간과 그에 따른 스펙트럼의 형상은 구조물과 충격해머 양자의 중량과 강성에 의해서 결정된다. 단단한 구조물에 상대적으로 작은 해머를 사용하는 경우, 해머의 팁(tip) 강성이 스펙트럼을 결정한다. 이 경우에 해머의 팁은 역학적인 필터 역할을 하며, 팁 강성의 선택으로 차단 진동수 선택을 가능하게 한다. 충격해머(impact hammer)는 해머에 힘변환기(force transducer)를 부착하여 만들며 변환기의 앞부분에 강성을 조절할 수 있는 부품을 연결한다. 일반적으로 측정된 힘은 힘변환기의 압전판 뒤에 있는 충격자(힘변환기와 팁을 포함)의 전체 질량에 가속도를 곱하여 얻어진다.

충격해머는 단지 몇 그램에서부터 수천 톤에 이르기까지 다양하게 만들 수 있으며, 작은 것은 0 ~ 5,000 Hz 까지의 진동수를 가진시킬 수 있고 가장 큰 것은 0 ~ 10 Hz 사이의 진동수를 가진시킬 수 있다. 그리고 충격시험의 장점은 다음과 같다.

- 속도 : 단지 몇 번의 평균이면 충분
- 따로 부착물을 제작할 필요가 없다.
- 구조물에 부가되는 하중이 없어서, 가벼운 구조물을 측정할 때 매우 유리하다. 왜냐하면 측정점이 변함에 따라 하중 효과가 달라져서 각각의 측정에서 서로 다른 모드 고유진동수의 이동을 초래하기 때문이다.
- 휴대할 수 있어서 현장에서 측정이 적당하고, 가격이 비교적 저렴하다.

(5) 윈도함수(window function)의 사용 기술

충격의 지속시간은 항상 레코드 길이보다 훨씬 짧다. 그러므로 윈도(window)함수의 적용에 특별한 주의가 요구된다. 충격 기간 동안에 관심 있는 부분은 힘신호(force signal)이며 나머지는 잡음이다. 이것은 전기적 잡음일 수도 있으며, 충격 후 해머 자체에서 발생되는 진동일 수도 있다. 사용되는 윈도는 **천이 윈도**(transient window)이다. 이것은 접촉 기간 동안에 **가중**(weighting)을 걸지 않으며, 나머지 레코드에서는 0으로 만든다. 윈도는 힘신호가 DC성분을 포함할 때 매끄럽게 하기 위해서 앞부분과 뒤 끝부분을 점차 줄어들게 하는 완만한 트랜전트를 포함한다.

해머가 매우 무거우면, 해머는 구조물에 반동되어 구조물을 다시 가격하게 된다. 이러한 재 충격의 발생 여부는 시험하는 사람의 숙련도에 좌우된다. 재 충격은 스펙트럼이 그림 3.5.14와 같이 n/t_r의 간격으로 0의 성분을 포함하기 때문에 사용되어 질 수 없다. 여기서 n은 정수이고, t_r은 두 개의 충격 신호 사이의 지연 시간이다. 재 충격은 천이 윈도의 사용으로도 보상될 수 없으며, 재 충격으로 측정된 진동수응답함수는 오차가 많이 발생되므로 데이터로부터 배제시켜야 한다.

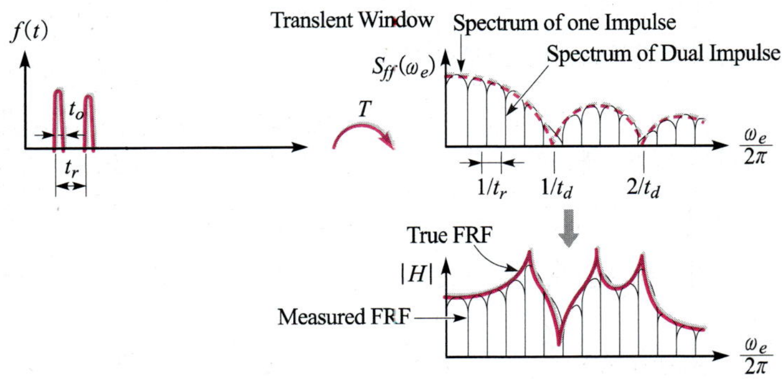

그림 3.5.14 재 충격의 영향(effect of double hit)

(6) 크레인의 진동문제 발생과 해결 사례

• 진동문제 발생

그림 3.5.15 (a)와 같은 문형 크레인 받침대에서 운전 중에 매우 큰 진동이 발생되었다. 조사와 해결을 위해서 작업을 중단시키면 비용이 많이 들 것이고, 반면에 진동문제를 방치하여 크레인이 붕괴되면 큰 산업 재해가 발생할 것 같아 생산 관리부는 큰 곤란에 빠졌다.

• 원인 규명(source identification)

진동은 그림 (b)와 같은 호이스트의 작동 시, 특정 윈치 유니트를 감을 때만 발생하였다. 몇 가지 진동측정으로부터 진동원은 그 유니트의 변속기로 규명되어 졌다. 변속기에 대한 그림 (c)의 스펙트럼 분석에서 나타난 것과 같이 지배적인 진동수는 $f_e = 11\text{Hz}$였다. 다음으로 이 진동수를 추적해본 결과, 이것은 중간에 있는 치차바퀴의 회전 진동수임이 밝혀졌다.

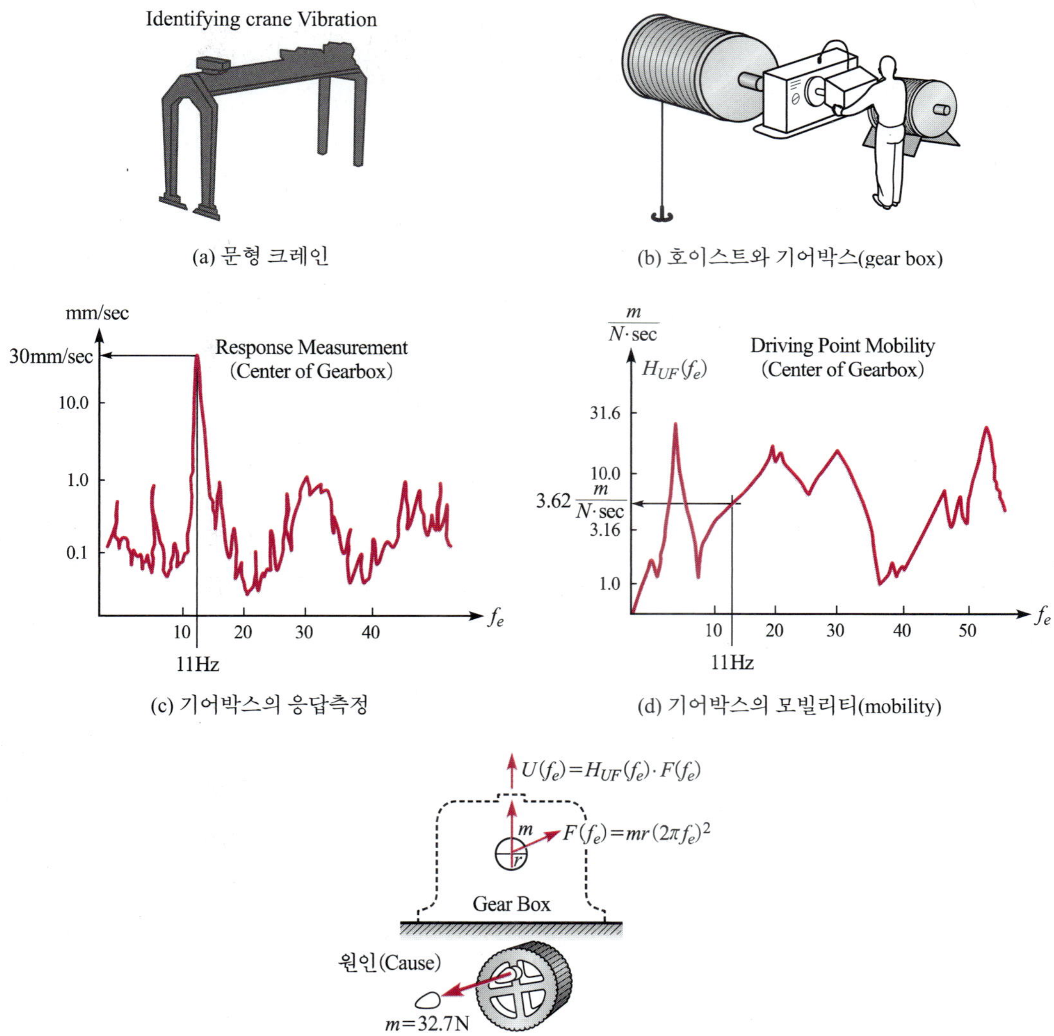

(a) 문형 크레인

(b) 호이스트와 기어박스(gear box)

(c) 기어박스의 응답측정

(d) 기어박스의 모빌리티(mobility)

(e) 진동의 원인 규명과 해결

그림 3.5.15 문형 크레인의 진동문제와 해결방안

• 문제점 규명(problem identification)

문제점은 크게 다음과 같은 두 가지로 나눌 수 있었다. 즉, 변속기에 의해서 발생되는 힘이 너무 큰 것인가? 아니면 구조물의 공진에 의해서 정상적인 힘의 크기가 증폭되었는가?

이 문제에 대한 해답을 찾기 위해서 의문시되었던 치차바퀴의 베어링에서 구동점 모빌리티(그림 3.5.4 참조)를 측정하였다. 가장 빠르고 쉬운 방법인 대형 충격해머로 변속기의 위 부분을 가진 시켰다. 그림 (c)와 같이 FRF은 11Hz의 진동수에서 공진점이 없음을 보이고 있었다. 따라서 진동원은 회전력에 의한 강제진동이라고 판단되었다.

• 불균형력의 결정

불균형력 $F(f_e)$를 계산하기 위한 간단한 방법은 샤프트(shaft) 베어링을 단입력-단출력시스템으로 취급하고 선형모델로 나타내면 다음과 같은 형태의 수식이 된다. 즉,

$$F(\omega_e)=\frac{U(\omega_e)}{H(\omega_e)}$$

위 식과 같은 형태의 선형시스템 관계를 이용하여 $f_e=11\text{Hz}$의 진동수에서 크기를 계산한 결과, 불균형력은 $F(f_e)=\dfrac{U(11Hz)}{H_{UF}(11Hz)}=\dfrac{30}{3.62}=8.29\text{kN}$이었다. 그리고 이것은 관성질량 $mr=\dfrac{F(11Hz)}{(2\pi \cdot 11)^2}=\dfrac{8.29\times10^3}{(22\pi)^2}=1.74\text{kg}\cdot\text{m}$[그림 (e)의 수식 참조]에 해당하는 값이었다.

• 해결 방안(solution)

진동문제를 위한 해결 팀이 긴급히 구성되었고, 생산 작업은 한 번의 교대 시간 동안만 크레인을 사용하지 않도록 계획하였다. 변속기의 덮게를 벗겨 치차바퀴를 수리공장(balancing shop)으로 보내 수정하여 새로 장착하였고, 8시간 내에 문제점이 없는 운용 상태로 준비되었다. 이 진동문제의 경우에 흥미로운 점은 비록 단입력-단출력 모델이 완벽하게 정확하지 않더라도, 불균형력에 대하여 예측된 관성질량은 거의 정확했다는 것이다. 그림 (e)의 아래 부분과 같이 주물의 한 조각이 떨어져 나갔으며, 위에서 구한 관성질량 $mr=\dfrac{F(11Hz)}{(2\pi \cdot 11)^2}=\dfrac{8.29\times10^3}{(22\pi)^2}=1.74\text{kg}\cdot\text{m}$로부터 그 조각의 무게가 32.7N임을 알 수 있었다. 이 때 질량 중심은 샤프트 중심으로부터 0.53m였다.

(7) SDOF 모드분석 방법

이 방법은 한 번에 모든 모드계수들을 추정하는 것이 아니고, 각 모드를 SDOF로 취급하여 서로 영향을 주지 않는다고 가정한 후에 순차적으로(sequentially) 모든 모드계수들을 추정하는 방법이다. 그러므로 SDOF로 분리하기 힘들 정도로 모드가 근접해 있으면 이 방법의 적용이 힘들다. 이 방법은 상대적으로 많은 시간이 소요되나, 개념의 가시성(visibility)과 단순성(simplicity) 때문에 지금도 많이 사용되고 있다. 이 개념을 적용하는 방법으로는 최소자승법(least square method), PP법(peak-picking method), LP법(line-fit법 또는 inverse FRF법), CF법등이 있다.

그림 3.5.16은 전형적인 SDOF(단자유도) 모드분석 방법의 개념을 보여주고 있다. 모드변수 모델은 그림에서 보인 것처럼 FRF $H(\omega_e)$ 측정으로부터 얻을 수 있는 2개의 변수를 사용하여 구해진다. 즉, 그림 3.5.16에서 $H(\omega_e)$는 봉우리(pole, 극) 위치(ω_d 위치) p와 잉여치(residue) R의 항으로 정의된다. 여기서 p^*와 R^*는 각각 p와 R의 공액복소수이다.

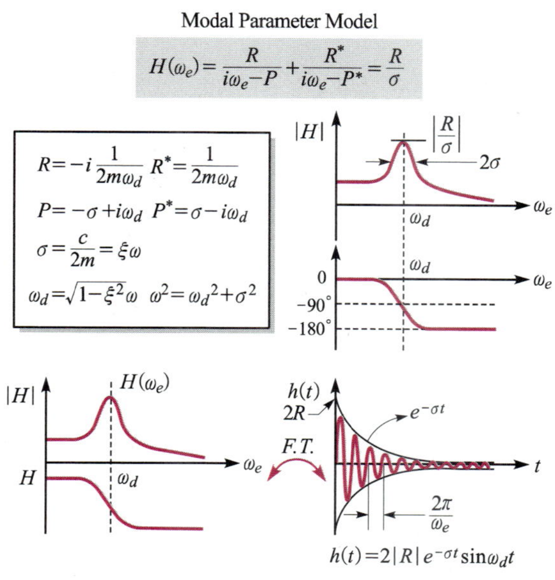

그림 3.5.16 SDOF(단자유도) 모드분석 방법

봉우리(pole) 위치는 **복소수**로서 두 개의 **모드변수**를 포함하고 있다. 즉, 봉우리(pole) 위치의 실수부 σ는 자유진동이 감쇠해 가는(모드 감쇠와 관련이 있는) 비율이며, 허수부는 구조물이 자유 감쇠 진동하는 진동수(모드 감쇠 고유진동수) ω_d이다. 이들 값은 공진에서 중심

진동수와 FRF 최댓값의 대역폭(−3dB)의 절반으로 표현할 수 있다. 봉우리 위치는 FRF의 크기와 위상 곡선의 형상을 표현하고 있으며, 동역학적 성질의 정량적인 척도를 나타낸다. 잉여치 R은 허수값을 갖는 수학적 개념으로서 물리적으로는 적절한 의미를 갖지 않으며 FRF의 절대 크기 즉, 진폭 곡선의 레벨을 나타내고 모드형상과 관계가 있다. 그림 3.5.16에서 보여준 것처럼 봉우리 위치 p와 잉여치 R은 FRF 측정으로부터 얻어질 수 있으며, 모드 변수 모델은 분석 모델과 실험적 측정사이에 밀접한 관계를 준다.

(8) MDOF 모드분석 방법

위의 (7)에서 설명한 모델은 한 방향으로만 움직이는 SDOF 경우로 제한하였으나, 실제 구조물은 독립적으로 움직일 수 있는 많은 점(자유도)을 갖는다. 실제 구조물에서 FRF 측정하기 위해서는 2점 사이의 가진과 응답을 측정해야 한다. 그러나 어떤 점에서는 움직이는 6개의 가능한 방향이 있기 때문에 측정 방향을 규정해야 한다.

그림 3.5.17은 MDOF(다자유도) 모드분석 방법의 개념을 보여주고 있다. 여기서 자유도(DOF)는 구조물상에 정의된 측정점과 방향을 말한다. i는 응답 자유도를 j는 가진 자유도를 나타낸다. 그림 3.5.17에서는 $H_{ij}(\omega_e)$를 2가지 다른 방법으로 표현된 공식으로 나타내었다. 즉, MDOF FRF 모델은 측정 진동수 범위 내에 있는 각 모드의 하나인 SDOF FRF의 합으로서 $H_{ij}(\omega_e)$를 표현할 수 있다. 여기서 r은 모델상의 모드 번호이고, m은 모드의 수이다.

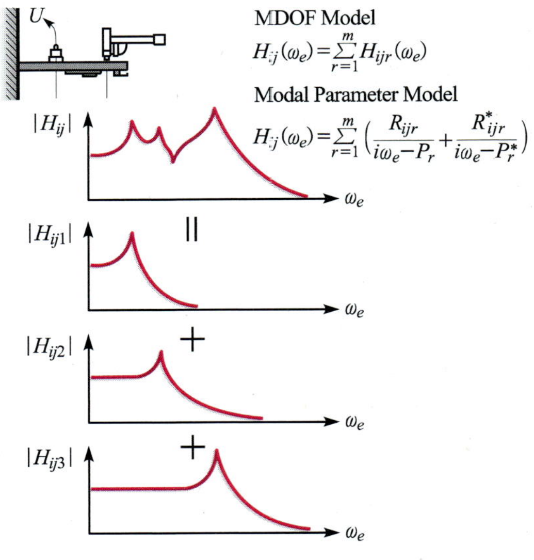

그림 3.5.17 MDOF(다자유도) 모드분석 방법

MDOF 모드변수 모델은 각 모드의 봉우리(pole) 위치 p과 잉여치(residue) R에 의해서 $H_{ij}(\omega_e)$를 정의한다. 이 모델에서 모드변수는 다음과 같은 2가지 특성을 가지고 있다.

- 모드 고유진동수와 감쇠는 전체적인 구조물의 동특성치이다. 봉우리(pole) 위치는 단 하나의 모드 번호(r)를 가지며 측정에 사용된 자유도에 무관하다.
- **잉여치**(residue) R은 국부적인 특성을 갖는다. 첨자 i, j, r은 잉여치를 자유도의 특정 조합과 특정 모드에 관계된다.

(9) 모드형상과 모드 연계화(coupling)

어떤 구조물에서나 측정된 FRF는 그림 3.5.12, 3.5.17에 보여준 것처럼 몇 개의 봉우리(pole)를 갖는 응답특성을 보이게 된다. 개개의 봉우리들은 중심 진동수를 찾을 수 있을 만큼 뾰족하고 1자유도 구조물과 같은 전형적인 반응을 하는 공진을 나타낸다. FRF에서 넓은 봉우리는 진동수 **분해능**을 증가시켜 분석함으로서 통상 두 개 또는 그 이상의 공진이 근접하여 함께 존재하고 있음을 알 수 있다. 이것은 마치 1자유도 구조물이 모여 한 구조물인 것처럼 거동한다는 것을 의미한다. 이것이 **모드분석**의 기본이며, 이를 통해 모든 공진점들 및 모드를 찾아내고 평가한다. 여기서 모드를 찾아낸다는 것은 물리계에서 구조물의 기하학적 복합 변형패턴을 몇 개의 간단한 독립된 변형패턴 또는 **변형형상**(mode shape)을 표현하는 것을 말한다.

시간영역에서는 구조물의 진동응답을 감쇠하는 사인파들로 표현할 수 있는 이간이력곡선을 보여주고 있다. 진동수영역에서는 시간영역의 신호를 분석함으로서 몇 개의 봉우리(pole)를 갖는 스펙트럼을 얻을 수 있으며, SDOF 응답스펙트럼들로 분해되는 것을 보여준다. 모드영역에서는 한 세트(set)의 SDOF 모델들로 구성된 모드 모델로서 구조물의 응답을 보여준다. 모드형상이 모드 진동수에서 구조물상의 모든 점의 움직이는 형상을 보여주고 있으므로, 한 개의 모드 좌표로서 각 모드의 움직임을 완전하게 표현할 수 있다.

모드분석은 관심 진동수 범위 내에서 모든 모드에 대한 구조물의 모드변수(모드 진동수, 모드 감쇠, 모드형상)를 구해 나가는 과정이며, 궁극적인 목표는 응답에 대한 모드 모델을 구성하는데 이들 변수를 사용하는 것이다. 여기서 지적하고 넘어가야 할 중요한 두 가지 사실은 다음과 같다.

- 외력에 의한 구조물의 동역학적 변형은 구조물의 각 모드형상의 가중된 합으로 표현될 수 있다.
- 각 모드는 SDOF 모델로 표현될 수 있다.

모드형상은 위에서 설명한 것처럼 특정 모드 진동수 및 **봉우리**(pole) 위치와 관련된 변형 형태를 말한다. 따라서 이것은 관측하기도 쉽지 않고 만져서 알 수도 없는 추상적인 수학적 변수로서, 구조물의 모든 모드에서 한 모드만을 분리시킬 때의 변형 형태로 정의된다. 즉, 모드형상은 자유진동하는 구조물(외력이 작용하지 않는 경우)의 고유한 동역학적 특성으로 특정 모드에서 구조물의 모든 부분들의 상대적 변위를 나타낸다. 일반적으로 모드형상은 바로 측정되지는 않지만 자유도(DOF)들 사이에서 측정된 FRF로부터 결정된다.

모드분석에서 사용된 자유도(DOF)수에 따른 공간적 분해능으로 샘플된 연속함수인 모드는 다음과 같이 **정규 모드**(normal mode)와 **복합 모드**(complex mode)의 두 종류로 분류할 수 있다.

- **정규 모드** : 이것은 구조물의 모든 부분들이 서로 같은 위상이거나 180° 의 다른 위상으로 움직인다는 사실에 의해서 특정지어진다. 따라서 모드형상 ϕ는 실수이고 +나 − 값을 갖는다. 정규 모드형상은 고정된 모드선(mode line)을 갖는 정제파(standing wave)로 생각할 수 있다.
- **복합 모드** : 이것은 구조물의 서로 다른 점들 사이에 어떤 위상관계를 가지는 것이다. 모드형상 ϕ는 복소수이고 어떤 위상값을 가질 수 있다. 복합 모드형상은 어떤 정지된 모드선을 갖지 않는 진행파(propagating wave)로 생각할 수 있다.

모드가 정규인지 복합인지를 구분하는 것은 구조물의 감쇠 분포에 의해서 판단할 수 있다. 구조물의 감쇠가 전혀 없거나 매우 작은 경우에는 정규 모드가 나타난다. 또한, 감쇠가 관성이나 강성과 같은 형태(비례 감쇠)로 분포된 경우에도 정규 모드를 기대할 수 있다. 그러나 매우 국부적인 부위만 감쇠를 가진 구조물 즉, 스포트 용접과 쇽옵서버를 가진 자동차 차체는 복합 모드를 갖는다. 그리고 잘못된 측정으로부터 얻어진 모드형상은 구조물이 정규 모드를 갖더라도 복합 모드를 나타내는 경우도 있다.

모드 연계화(coupling)은 한 모드 진동수에서의 응답이 다른 모드로부터 얼마나 영향을 받는가를 나타내는데 사용되는 일반적인 용어이다. 이것은 모드 진동수 주위의 FRF로부터 관측할 수 있는데, 다음과 같이 간단한 구조물에서 나타나는 경중첩 모드(lightly coupled mode)와 복합 구조물에서 나타나는 중중첩 모드(heavily coupled mode)로 나눌 수 있다.

- **경중첩 모드** : 경감쇠 구조물에서 모드가 잘 구별되고 뚜렷한 경우에 경중첩됐다고 한다. 모드 진동수 주위의 SDOF 시스템처럼 거동하는 형태의 구조물을 간단한 경중첩 구조물이라 부른다. 이런 종류의 구조물을 모드시험할 때는 간단한 방법으로 상당히 신뢰할만한 결과를 얻을 수 있다. 대부분의 소음·진동과 회로문제는 경감쇠 공진과 연관이 있어서, 문제 해결에서 접하게 되는 것은 거의 간단한 경감쇠 구조물이다.

- **중중첩 모드** : 중감쇠 또는 높은 모드밀도를 갖는 구조물에서는 FRF가 뚜렷한 모드를 표시하지 못한다. 이런 경우에 그 모드는 어떤 진동수에서 중중첩되었다고 말하며, 응답에는 많은 모드가 결합되어 있다. 복합 구조물에서는 복합 모드들을 사용해서 표현할 수 있으나, 모드변수(모드계수)를 찾아내는데 필요한 기법이 훨씬 복잡하다.

(10) 간단한 구조물에서 모드시험(modal testing) 사례

모드계수(모드변수)를 추정하는데 사용된 기법을 그림 3.5.18의 간단한 캔틸레버보에 대한 모드시험을 통하여 살펴보자. 즉, 가장 간단한 장비로는 충격 가진을 위한 해머와 응답 신호 측정을 위한 가속도계로 구성된 2채널 신호분석기가 있다. 처음의 몇 개의 휨 모드만을 조사하기 위해서는 수직 방향으로 4개의 자유도(DOF)를 설정하면 충분하다.

측정 장비를 설치하여 예비 조정하였고, 진동수 범위와 **가중**(weighting) **함수** 그리고 입력 조건들을 최적화하기 위해서 몇 차례 초기 측정을 실시한 후에 본 모드시험이 이루어졌다.

그림 3.5.18의 측정된 FRF로부터 캔틸레버보가 경중첩 모드를 갖는다는 것을 알 수 있다. 따라서 이 구조물은 모든 반응이 특정 모드에 기인한 것으로 가정할 수 있으며, 모드 진동수 주위에서 1자유도 시스템처럼 거동한다. 그리고 측정된 FRF에서 봉우리(pole) 위치를 얻을 수 있으며, 모드 진동수와 모드 감쇠는 다음과 같이 찾아 결정할 수 있다.

- **모드 진동수**(ω_{d1}, ω_{d2}, ω_{d3}, ω_{d4})는 그림 3.5.18과 같이 측정된 FRF에서 최대 크기를 찾아 간단히 결정할 수 있다.

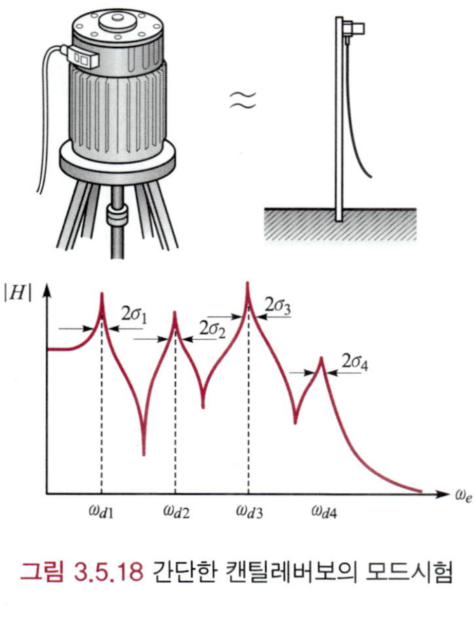

그림 3.5.18 간단한 캔틸레버보의 모드시험

- **모드 감쇠**는 간단하지 않고 상당히 불확실성을 갖는 것으로 다음과 같은 기법으로 측정되는 변수이다. 즉,
  - 한가지 기법은 −3dB 대역폭을 찾아내 감쇠를 측정하는 방법이다. 경감쇠 구조물에서는 공진들이 예민하여 봉우리(pole)가 대역폭을 측정하기에는 너무 좁을 때가 있다. 이러한 문제는 그림 3.5.19와 같이 줌분석(zoom analysis)을 행하여 해결할 수 있다.
  - 또 다른 방법으로는 각 모드를 차례로 분리해 내기 위한 진동수 가중(weighting) 기법을 사용할 수 있다. 푸리에(Fourier) 변환과 **힐버트**(Hilbert) **변환**의 응용으로 **충격응답함수**(impulse response function)인 $h(t)$를 얻을 수 있다. 충격응답함수를 대수적으로 표시하면 그림 3.5.19와 같이 직선으로 나타낼 수 있다. 이것으로부터 크기가 8.7dB 감쇠하는 데까지 걸리는 시간 τ를 찾을 수 있다. 감쇠율 σ는 감쇠시간의 역으로 $\sigma = \dfrac{1}{\tau}$이다.

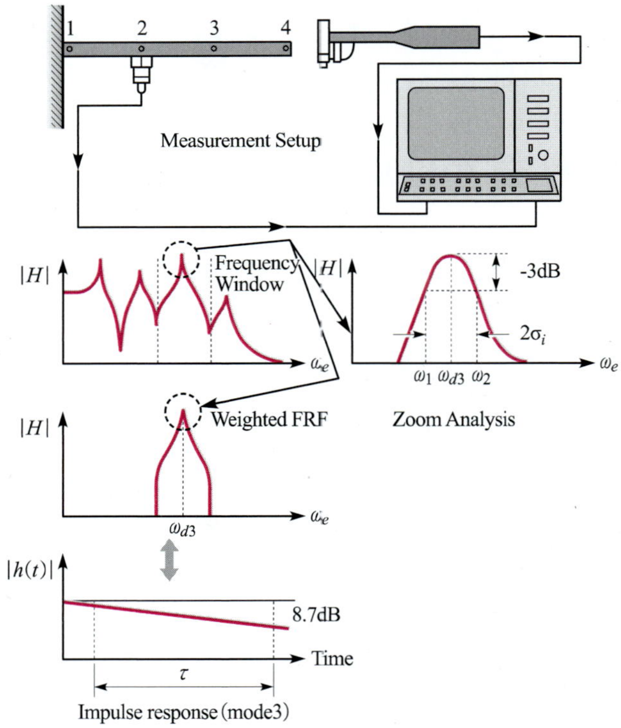

그림 3.5.19 측정과 3번째 모드를 분리해 내기 위한 기법의 적용 사례

이상의 측정으로부터 봉우리의 위치는 찾을 수 있으나, 관계되는 **모드형상**(mode shape)은 그림 3.5.20처럼 **직교**(quadrature) 추출해서 구해야 한다. 즉, 가진 또는 응답 DOF를 기준점으로 고정하고 일련의 측정을 하여 모드형상을 찾을 수 있다. 측정된 FRF의 허수부를 모드 진동수에서 뽑아낼 수 있으며, 이것이 특정 DOF에서 모드 변위를 나타낸다. 그림 3.5.20을 예로 들면, DOF 2가 응답의 기준점으로 사용되고 지정된 4개의 DOF를 차례로 가진하여 일련의 FRF를 측정한다. 각 모드 진동수에서 FRF의 4개의 허수부가 그림 3.5.20과 같은 해당 모드형상을 나타낸다. 교정된 장비로 측정한 경우, 척도화된 모드형상을 얻을 수 있다.

그림 3.5.20에서 Im[A]는 **액셀러런스**(Accelerance)로 모드 진동수에서 허수값임을 주목하라. 물론 FRF도 모드 진동수에서 허수값을 갖는다. 그림 3.5.4에 보여준 것처럼 **컴플라이언스**[$H(\omega_e)$], **모빌리티**, 그리고 액셀러런스들은 대수적으로 관련이 되어 있으므로, 이들 중 어느 하나를 측정하면 계산에 의하여 다른 것을 얻어낼 수 있다.

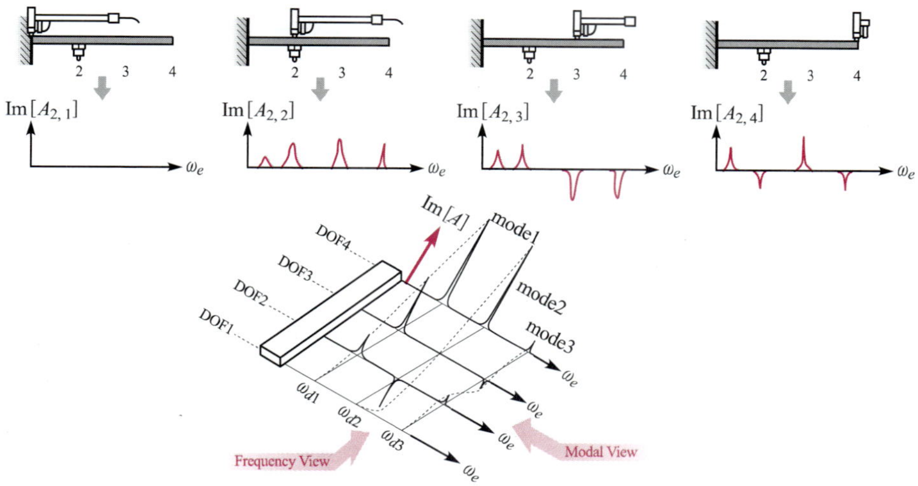

그림 3.5.20 직교 추출에 의한 모드형상

(11) 모드분석을 위한 곡선 맞춤(curve fitting)

위의 (10)의 사례에서 모드가 경중첩되어 있을 때, FRF 측정으로 여러 독립된 값을 추출하여 간단히 모드계수(변수)를 결정할 수 있었다. 측정된 데이터가 중중첩 모드를 나타내거나, 잡음이 많이 섞여 있거나 계수(변수) 산출에 고도의 정밀도가 요구되는 경우에는 컴퓨터를 이용한 모드분석을 하게 된다. 이때 모드계수(변수) 추출을 향상시키기 위해 곡선 맞춤 방법을 사용한다.

많은 정교한 곡선 맞춤 방법이 모드분석에 유용하다. 그러나 어떠한 변수 추출 방법을 사용하든 구조물의 동특성을 충분히 나타낼 수 있는 충분한 데이터에 기초를 두고 있어야 한다.

곡선 맞춤은 수학적 이론과 실제적 측정이 만나는 점이다. 구조물의 이론적 FRF를 위한 수학적 변수 모델을 제공하고, 측정으로 실제 FRF를 얻는다. 곡선 맞춤은 측정 데이터를 수학적 변수에 가능한 가깝게 맞춰나가는 해석적 과정이다. 즉, 곡선 맞춤이란 용어는 변수 추정 후에 해석 곡선(curve)을 만들어 측정된 데이터상에 겹쳐보아 잘 맞는지 평가하는 일반적인 진행 과정이다. **최소자승법**(least square method)은 측정된 데이터와 예측한 값 사이의 편차를 최소화하기 위해서 사용된 신뢰성이 높은 기법이다. 이것은 SDOF와 MDOF 모델을 포함한 어느 수학적 모델에도 사용될 수 있다. 최소자승법을 적용한 경우, 각 모드에서 두 미지의 복소수인인 **봉우리**(pole) 위치와 **잉여치**(residue) R을 추정해야 하므로, 각 FRF 측정에서는 수많은 량의 데이터 처리를 위해서 반드시 컴퓨터를 사용해야 한다.

곡선 맞춤의 목표는 측정으로부터 신뢰할 만한 모드 데이터를 추출하는 것이다. 잘 맞춰진(fitting) 곡선이 필요하게 되고, 곡선 맞춤 자체만으로 충분치 못하므로 사용자가 그 과정에서 유효성을 판단해야 한다.

SDOF 곡선 맞춤기(curve fitter)는 경중첩된 모드를 갖는 시스템에 사용되며, 모드 진동수 근처에서 SDOF 특성으로 가정한다. 사용자는 각 모드 진동수 근처에서 이 가정이 성립될 수 있는 진동수 범위를 결정해야 한다. 그림 3.5.21의 위 부분에서 보여준 것처럼 최소자승법에 의해 이상적인 원을 구하고, 이 원과 관련된 모드 매개변수를 구한다. 좋은 통계적 추정을 위해서는 가능한 많은 데이터 점을 포함하여야 하고, SDOF란 가정을 하기 위해서는 다른 모드가 현저하게 공진점으로부터 멀어지도록 적당히 조절해야 한다.

MDOF 곡선 맞춤기는 충첩된 모드를 사용한다. 사용자는 곡선 맞춤기가 변수를 구해낼 수 있는 진동수 범위를 지정해야 한다(그림 3.5.21의 아래 부분 참조). 어떤 알고리즘은 곡선을 맞추어 충분한 모드를 찾아내지만, 그 중 어떤 것은 간단히 계산된 것으로 버려져야 되는 것도 있다. 대부분 그 결과는 사용자의 기술과 경험에 의해서 모델에 대한 모드의 정확한 수를 결정할 수 있다.

곡선 맞춤기는 FRF 측정 데이터들로부터 모드변수 산출이 어떻게 만들어지는 가에 따라서 다음과 같이 구간 또는 전체 곡선 맞춤기로 구분한다.

• 구간 곡선 맞춤기

대부분의 곡선 맞춤기가 이 범주에 속한다. 이것은 한 개 또는 몇 개의 측정으로부터 봉우리의 (pole) 위치를 맞추고 나서, 전체 데이터를 맞추는 것이다. 잉여치(residue) R은 구간별로 찾아낸 봉우리 (pole) 위치를 사용해서 개개의 FRF 측정에 대하여 맞추어 진다. 구간 곡선 맞춤기의 신뢰도는 구간별로 찾아낸 봉우리(pole) 위치가 전체 데이터 세트에서 유효하다는 가정에 의존하지만, 이 가정이 항상 성립한다는 것은 아니다. 어떤 FRF 측정은 강한 국부적인 모드를 포함하고 있어서 봉우리 위치를 맞추기 어려울 수도 있다. 이러한 경우에 전체 곡선 맞춤기가 사용된다.

• 전체 곡선 맞춤기

이것은 모든 측정 데이터 세트값으로부터 최소자승법을 이용하여 봉우리(pole) 위치값을 계산한다. 이 과정에서 전체 모드를 향상시키고 몇 개의 FRF에서 발전될 수 있는 순수한 국부적인 모드를 감쇠시킨다. 그 다음, 곡선 맞춤기는 전체 봉우리(pole) 위치값을 사용하여 각 측정값의 잉여치(residue) R을 찾는다.

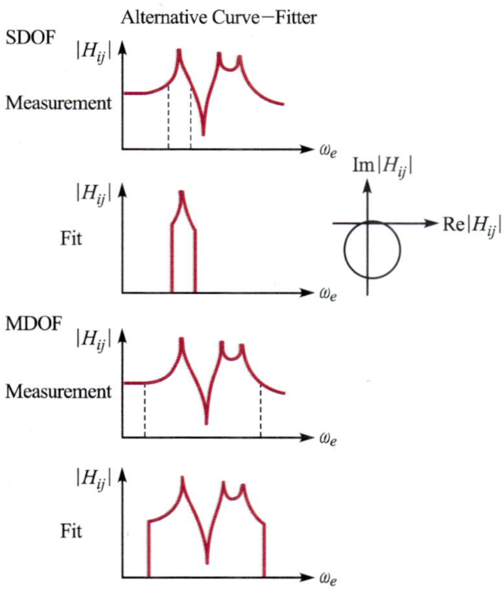

그림 3.5.21 SDOF, MDOF 곡선 맞춤기

(12) 구조변경 시뮬레이션

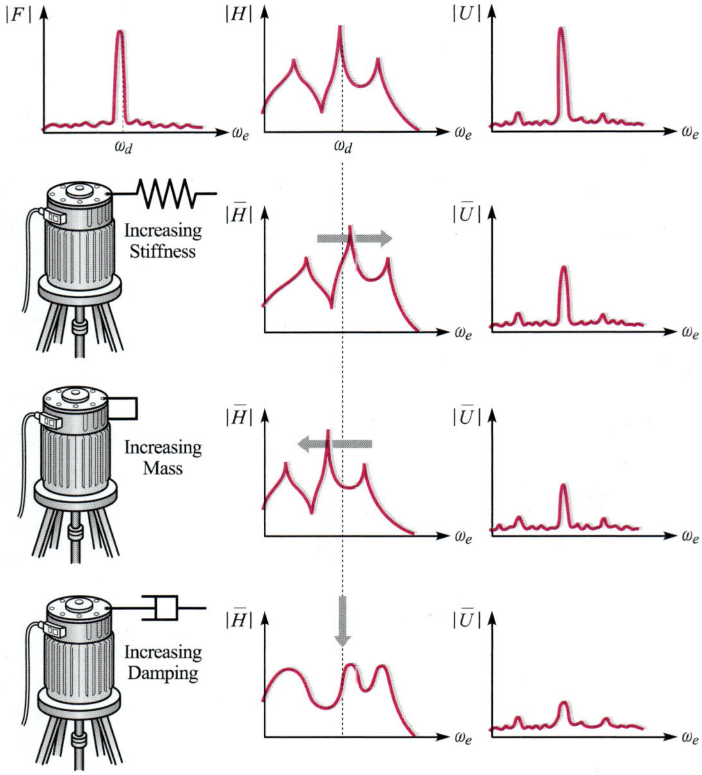

그림 3.5.22 구조변경 시뮬레이션(modification simulation)

• **문제 해결**

구조물의 설계단계나 작동 중에 발생하는 많은 소음·진동문제는 보통 공진에 의한 것이다. 공진은 작용하는 힘에 대하여 진폭을 구조적으로 증폭시킨다. 이러한 문제를 해결하기위해서, 공진을 옮길 때 도움이 되는 것은 강성, 질량, 감쇠의 구조적 변경이다. 이러한 해결방법은 시행착오법으로 시간, 재질의 원가, 양에서 소모가 크다. 유용한 모드 모델에서 컴퓨터를 사용하여 선택적인 변경을 할 수 있다. 이렇게 하면 어떨까 하는 접근으로 구조적인 변경을 하기 전에 여러 번 행할 수 있고, 최종적으로 시험을 실시한다.

• 작동 중 변경

비슷한 진동문제가 구조물의 실제 작동이 동적인 영향을 미칠 때 존재하기도 한다. 이러한 경우, 구조물이 다음과 같을 때 어떻게 되는가를 검토할 필요가 있다.

- 하중이 걸린 때(질량 변경)
- 지표면에 연결되었을 때(강성 변경)
- 다른 구조물에 연결되었을 때(하부 구조물)

모드 모델을 사용하여 위의 이런 일들의 효과를 그림 3.5.22에 보여준 것과 같은 컴퓨터 시뮬레이션에 의하여 예견할 수 있다. 변경된 동특성을 예측하는 과정 중에 새로운 진동응답을 예측하기 위한 도구로서 새로운 모드 모델이 생긴다.

• 구조 변경의 실행

상용화된 구조 변경 소프트웨어 팩키지프로그램은 이용자에게 다양한 방법으로 사용할 수 있는 만능의 도구 즉, 모드 진동수 등을 넣어 컴퓨터에게 필요한 구조 변경을 계산토록 하는 작업 등을 제공한다.

TIP • **39층 ○○○마트 건물의 흔들림 진동원인은 무엇인가?**

2011년 7월 19일, 서울 ○○○마트 고층건물에서 흔들림 진동현상의 원인을 파악하기 위한 공개 시연이 진행되고 있었다. 12층에 있는 피트니스 센터에서 23명이 태보 운동을 시작되자 상층부로 진동이 전달되어 38층에 설치된 진동계측기의 그래프(graph)의 진동 폭이 커지면서 실제 수직 방향의 진동이 느껴졌다. 따라서 39층 높이의 서울 ○○○마트 빌딩 고층부에서 나타난 흔들림 진동현상은 당시 12층의 피트니스 센터 운동시설에서 단체로 했던 '태보' 운동 때문인 것으로 드러났다.

○○○마트 건물주와 관련 학회는 2011년 7월 19일 오후 2시 ○○○마트 사무동에서 진동 원인규명 설명회를 열고 "피트니스 센터에서 평상시와 다른 군무(群舞)를 한게 흔들림 진동의 원인일 가능성이 크다"고 밝혔다. 학회 측은 이날 한국시설안전공단이 5일 발생한 건물 흔들림 진동원인으로 추정한 사무동 12층의 피트니스 센터에서 당시와 비슷한 23명을 동원, 태권도 동작을 응용한 '태보' 운동을 하는 공개 시연을 했다. 그 결과, 38층에 설치된 진동계측기에는 상시진동수(평상시 진동 크기)의 10배 정도 되는 흔들림 진동이 관측됐다. 진단에 참여한 교수는 "군무를 시연해본 결과 평상시보다 매우 큰 흔들림 진동이 고층부에서 관측된 것"이라며 군무가 진동원인이라고 잠정 결론을 내렸다.

그 교수는 "조사해본 결과 평소와 달리 지난 2011년 7월 5일 태보 수업에서 같은 동작을 20분간 반복했다고 한다"며 "건물의 고유진동수와 당시 실시된 태보 운동의 박자와 일치하는 2.7㎐ 박자에 맞춰 바닥을 구르는 운동을 재연한 것"이라고 설명했다. 그는 "이것은 건물 고유의 특성인 진동주기가 하중(외부 흔들림) 진동과 일치하면 에너지가 누적돼 진동이 커지는 '**공진' 현상**"이라며, "1831년 영국 브로스턴 교량을 군대가 발을 맞춰 행진하자 갑자기 무너진 적도 있다"고 덧붙였다. 그러나 "지금처럼 강한 정도의 태보 운동으로 진동이 계속 전달돼도 사람들이 불편하게 느끼는 '사용성'에는 문제가 있을 수는 있겠지만, 건물 '안전성'에 지장을 주는 정도는 아니다"며 건물 붕괴 등 우려에 대해서는 선을 그었다. 그 교수는 "구조적으로 문제가 생겨서 발생한 진동이라면 잠깐 충격적으로 오고 말지만, 이번 진동은 10분간 지속됐기 때문에 내부에서 원인을 찾아야 한다고 판단해 진단을 실시했다"고 설명했다. 그 교수에 따르면 당시 진동의 주기는 대략 0.3~0.4초로 추정됐는데, 각 층의 에어컨, 기계실, 4D 영화관 등의 진동은 40~60Hz로 빨랐기 때문에 피트니스 센터가 원인으로 지목됐다. 또한, 그 교수는 "일부에서 바람때문에 ○○○마트 건물이 흔들렸다는 의견을 제시했지만, **바람의 진동**은 5~7초(sec)로 이번 흔들림 진동과 맞지 않다"고 지적했다.

학회와 건물주 측은 앞으로 상시진동과 태풍이 올 때의 진동 등을 계속 계측하고 정밀진동해석, 정밀안전진단 등을 통해 ○○○마트 고층건물의 사용성과 안전성을 보다 정밀하게 평가하고서 2~3개월 뒤 최종 결론을 내놓을 예정이다.

제4장 지진 응답해석과 내진설계

4.1 단자유도계의 지진 응답해석

4.2 다자유도계의 지진 응답해석

4.3 내진설계

4.4 내진성능평가

제4장 지진 응답해석과 내진설계

4.1 단자유도계의 지진 응답해석

4.1.1 지진하중에 대한 동적 응답해석

지진으로 유발된 지반의 수평운동 $u_g(t)$에 의하여 그림 4.1.1과 같이 한 개의 **집중질량**을 갖는 가상구조물에 운동이 발생할 때, 운동방정식을 지반에 대한 구조물의 **상대수평변위**(relative displacement) $u(t)$의 항으로 나타내면 다음과 같다[2.1.2 (5)절 참조].

$$m[\ddot{u}(t)+\ddot{u}_g(t)]+c\dot{u}(t)+ku(t)=0 \tag{4.1.1}$$

위 식에서 m, c, k는 각각 단자유도계의 **질량**, **감쇠**, **강성**을 나타낸다.

식 (4.1.1)에서 좌변의 첫 번째 항은 지진에 의해서 구조물의 운동이 발생할 때, 집중질량 자신이 가지는 관성력 $f_I(t)$로 이것은 지반운동의 영향을 포함한 집중질량의 **절대가속도**[absolute(total) acceleration] $\ddot{u}^t(t)$에 비례한다. 즉,

$$f_I(t)=m\ddot{u}^t(t)=m[\ddot{u}(t)+m\ddot{u}_g(t)] \tag{4.1.2}$$

그리고 식 (4.1.1)의 두 번째 항은 구조물이 운동을 계속함에 따라 유발되는 마찰 등에 기인한 에너지 소멸효과를 나타낸 감쇠력으로, 이것은 구조물의 지반에 대한 상대속도(relative velocity) $\dot{u}(t)$에 비례한다. 즉,

$$f_D(t)=c\frac{du(t)}{dt}=c\dot{u}(t) \tag{4.1.3}$$

또한, 식 (4.1.1)의 세 번째 항은 구조물이 지반에 대하여 상대적인 변형을 함에 따라 구조물이 스프링 작용을 하여 그 상대변위를 작게 하는 방향으로 작용되는 복원력 $f_S(t)$로, 이것은 다음과 같이 구조물의 **상대변위** $u(t)$에 비례한다.

$$f_S(t)=ku(t) \tag{4.1.4}$$

그림 4.1.1의 집중질량에는 위에서 기술한 3가지 힘만 작용하게 되므로, **운동방정식**을 **관성력**, **감쇠력**, **복원력**의 **평형방정식**으로 나타내면 다음과 같이 된다.

$$f_I(t)+f_D(t)+f_S(t)=0 \tag{4.1.5}$$

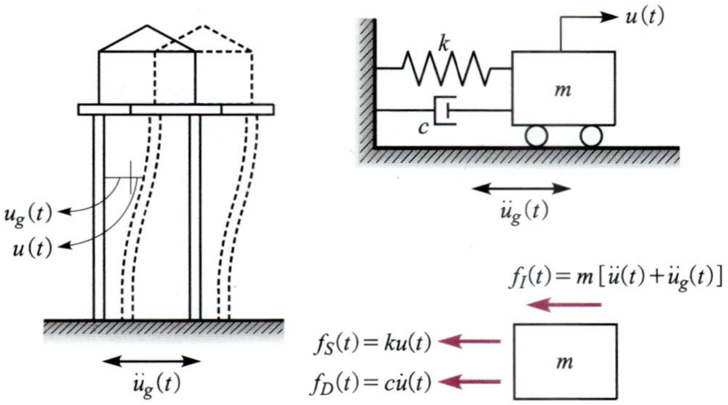

그림 4.1.1 지반운동에 의한 단자유도 구조물의 운동

식 (4.1.5)에서 관성력에 포함되어 있는 **지진지반가속도** $\ddot{u}_g(t)$와 관련된 항을 우변으로 이항하면 다음과 같이 된다.

$$m\ddot{u}(t)+c\dot{u}(t)+ku(t)=-m\ddot{u}_g(t) \tag{4.1.6}$$

위 식은 지진에 의한 구조물의 운동방정식을 지반에 대한 구조물의 **상대변위** $u(t)$로 나타낸 것으로, 지진하중은 크기가 구조물의 **질량**(m)과 **지진가속도**$[\ddot{u}_g(t)]$를 곱한 것과 같고 그 방향은 지진가속도의 반대 방향임을 알 수 있다. 즉, 구조물에 작용하는 지진의 효과는 마치 지반이 움직이지 않고 그 대신에 구조물의 자체 질량과 지진가속도의 곱으로 표현되는 관성력이 지진의 방향과 반대로 작용하는 그림 4.1.2의 경우와 같게 된다.

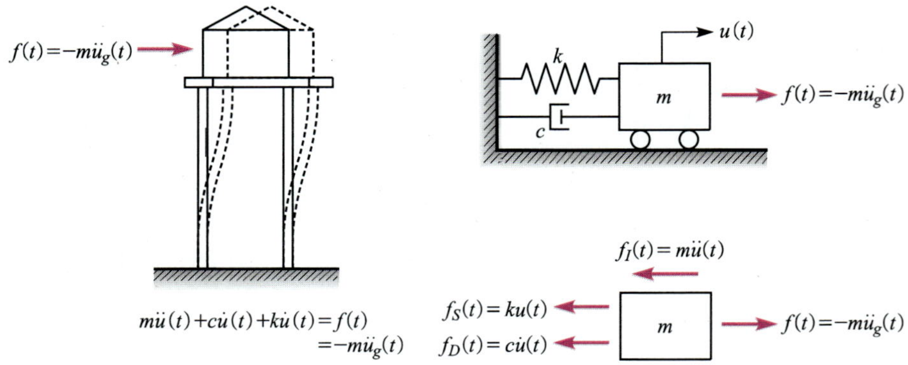

그림 4.1.2 지진하중에 의한 단자유도 구조물의 지반에 대한 상대변위의 운동방정식

구조해석을 하는 주요 목적 중의 하나는 구조물에 작용하는 **부재력**을 산정하는 것이며, 이것은 식 (4.1.4)과 같이 지반에 대한 구조물의 **상대변위** $u(t)$를 사용하여 구할 수 있다. 이러한 관점에서 볼 때, 상대변위로 나타낸 식 (4.1.6)은 매우 유용한 의미를 가지고 있다. 즉, 지진하중에 대한 정역학적인 해석 즉, **유사정적해석**(pseudo-static analysis, 지진하중의 시간에 대한 변화를 고려하지 않고 구조물에 작용하는 최대 관성력을 구조물에 작용하는 추가 정적하중으로 환산하여 해석하는 방법) 또는 **진도법**은 다음과 같이 수행할 수 있다.

$$ku_{\max} = -m\ddot{u}_{g,\max} \tag{4.1.7}$$

위 식에서 $\ddot{u}_{g,\max}$는 **최대지반가속도**(peak ground acceleration, PGA)이며, 이것은 지진하중에 대한 주요한 지표중의 하나이다. 참고로, 우리나라의 **원전**(원자력발전소) 설계 시에 고려되는 지진의 재현주기는 1,000년이고 최대 지반가속도는 $\ddot{u}_{g,\max} = 0.2\mathrm{g}$이다. 여기서 g는 **중력가속도** $9.8\,\mathrm{m/sec^2}$을 나타낸다.

수직방향 지반운동에 의한 운동방정식도 위에서 기술한 수평방향의 경우와 마찬가지 방법으로 지반에 대항 **상대수직변위** $v(t)$의 항으로 다음과 같이 나타낼 수 있다. 즉,

$$m\ddot{v}(t) + c_v\dot{v}(t) + k_v v(t) = -m\ddot{v}_g(t) \tag{4.1.8}$$

위 식에서 $\ddot{v}_g(t)$는 지반의 수직방향 가속도이고, k_v와 c_v는 각각 집중질량의 수직방향운동에 대한 구조물의 강성과 감쇠계수이다.

4.1.2 응답스펙트럼법

(1) 응답스펙트럼의 정의와 사용법

응답스펙트럼(response spectrum)이란 어떤 특정한 지진지반가속도에 대하여 고유진동수와 감쇠비에 대한 단자유도계의 최대응답을 나타낸다. 즉, 특정한 지진에 대한 단자유도 구조물의 **응답**(변위, 속도, 가속도)은 감쇠비가 일정한 경우에 고유진동수에 따라 변하므로, 서로 다른 고유진동수에 대하여 단자유도계의 **최대응답**을 구하여 단자유도계의 고유주기(고유진동수)를 가로축으로 하여 나타낸 그림을 응답스펙트럼이라고 한다(그림 4.1.3 참조). 여기서 최대 변위응답, 최대 속도응답, 그리고 최대 가속도응답을 각각 **스펙트럼 변위**(spectrum displacement, S_d), **스펙트럼 속도**(spectrum velocity, S_v), **스펙트럼 가속도**(spectrum acceleration, S_a)라 부른다. 그러므로 특정한 지진에 대하여 응답스펙트럼을 구하면, 구조물의 응답을 쉽게 예측할 수 있다.

이러한 응답스펙트럼은 1941년에 바이오트(M. A. Biot)와 하우즈너(G. W. Housner)에 의해서 처음 소개되었으며, 수식에 의하여 정량적으로 표현해 보면 다음과 같이 된다. 즉, 그림 4.1.1에 나타낸 단자유도 구조물의 **지반진동**에 대한 **운동방정식**은 다음과 같다.

$$m\ddot{u}(t)+c\dot{u}(t)+ku(t)=-m\ddot{u}_g(t) \tag{4.1.9}$$

구조물이 정지된 상태에서 지진이 발생했다면, 위의 운동방정식의 해는 다음과 같이 된다[유도는 식 (2.6.3)과 2.5절 참조].

$$\begin{aligned} u(t)&=\int_0^t f(\tau)h(t-\tau)d\tau=\int_0^t[-m\ddot{u}_g(\tau)h(t-\tau)]d\tau \\ &=-\frac{1}{\omega_d}\int_0^t \ddot{u}_g(\tau)e^{-\xi\omega(t-\tau)}\sin\omega_d(t-\tau)d\tau \end{aligned} \tag{4.1.10}$$

여기서 ω는 구조물의 고유진동수, ξ는 감쇠비, ω_d는 감쇠 고유진동수이다.

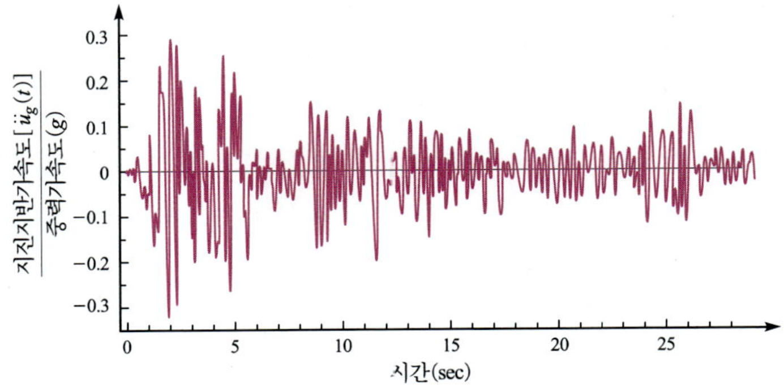

(a) 지진지반가속도[$\ddot{u}_g(t)/g$]의 시간이력곡선(time history)

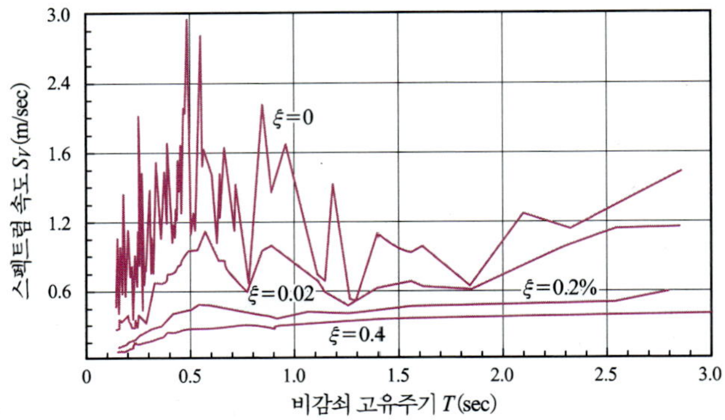

(b) 스펙트럼 속도(S_v)

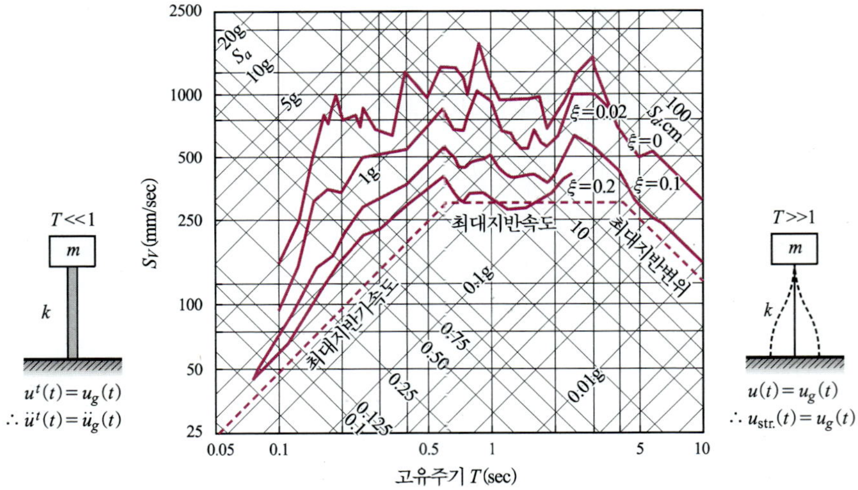

(c) 응답스펙트럼(S_d , S_v , S_a)

그림 4.1.3 엘센트로(El Centro) 지진지반가속도와 응답스펙트럼[남북방향(N-S)성분, 1940년]

특정한 **지진지반가속도**에 대한 구조물의 응답은 구조물의 고유진동수와 감쇠비가 주어지면 식 (4.1.10)으로부터 시간구간별 선형화 방법, 윌슨방법, 뉴마크방법 등의 수치해석법(2.7절 참조)으로 쉽게 구할 수 있고, 이로부터 구조물의 최대응답도 구할 수 있다.

보통의 토목·건축 구조물이나 플랜트 등의 산업설비들은 구조적 감쇠비가 0.2보다 작으므로, $\omega_d = \sqrt{1-\xi^2}\,\omega \approx \omega$이다. 따라서 지진지반가속도에 대한 단자유도계의 **최대변위**는 식 (4.1.10)의 절댓값으로부터 다음과 같이 구할 수 있다.

$$\max|u(t)| = \frac{1}{\omega}\left|\int_0^t \ddot{u}_g(\tau)e^{-\xi\omega(t-\tau)}\sin\omega(t-\tau)d\tau\right| \tag{4.1.11}$$

어떤 특정한 지진지반가속도에 대하여 단자유도 구조물의 고유진동수 ω와 감쇠비 ξ를 바꾸어 가며 구조물의 최대변위를 식 (4.1.11)에서처럼 산정한 후, 이것을 다음과 같이 ω와 ξ의 함수로 나타낸 것을 **스펙트럼 변위**(response spectral displacement) $S_d(\omega,\ \xi)$라 한다.

$$S_d(\omega,\ \xi) = \max|u(t)| \tag{4.1.12}$$

위 식에서 정의한 스펙트럼 변위 $S_d(\omega,\ \xi)$가 그림 4.1.3 (c)와 같이 주어진다면, 같은 지진에 대하여 임의의 ω와 ξ를 가지는 구조물의 지반에 대한 최대 상대변위를 그림으로부터 쉽게 구할 수 있다.

식 (4.1.1)에서 감쇠항의 영향이 다른 2개의 항에 비하여 작으므로 이를 무시하면, 다음과 같은 식을 얻을 수 있다.

$$m\ddot{u}^t(t) + ku(t) = 0 \tag{4.1.13}$$

여기서 $\ddot{u}^t(t)$는 $[\ddot{u}(t) + \ddot{u}_g(t)]$로, 지반운동과 구조물의 상대운동을 합한 구조물의 절대가속도이다. 식 (4.1.13)과 식 (4.1.12)로부터 단자유도 구조물의 절대가속도 최댓값은 다음과 같이 구할 수 있다.

$$\begin{aligned}\max|\ddot{u}^t(t)| &= \frac{k}{m}\max|u(t)| = \omega^2\max|u(t)| \\ &= \omega^2 S_d(\omega,\ \xi)\end{aligned} \tag{4.1.14}$$

따라서 **스펙트럼 가속도**(response spectral accelerationd) $S_a(\omega, \xi)$는 다음과 같이 정의된다.

$$S_a(\omega, \xi) = \max\left|\ddot{u}^t(t)\right| = \omega^2 S_d(\omega, \xi) \tag{4.1.15}$$

위의 스펙트럼 변위 $S_d(\omega, \xi)$와 스펙트럼 가속도 $S_a(\omega, \xi)$에 관련하여 **스펙트럼 속도**(spectral pseudo-velocity, 스펙트럼 유사속도) $S_v(\omega, \xi)$를 다음과 같이 정의하면, 서로의 유용한 관계식을 얻을 수 있다. 즉,

$$S_v(\omega, \xi) = \omega S_d(\omega, \xi) = \frac{1}{\omega} S_a(\omega, \xi) \tag{4.1.16}$$

특정 지진에 대하여 **고유진동수**가 ω이고 **감쇠비**가 ξ인 구조물의 지반에 대한 최대 상대변위는 **스펙트럼 변위** $S_d(\omega, \xi)$로부터 구할 수 있고, 그 결과로부터 식 (4.1.4)을 사용하여 구조물에 발생하는 **최대 부재력**을 구할 수 있다. 그리고 구조물의 최대 절대가속도는 스펙트럼 가속도 $S_a(\omega, \xi)$로부터 구할 수 있으며, 이것과 식 (4.1.2)의 관계식을 사용하면 구조물에 발생하는 **최대 관성력**을 직접 구할 수 있다. 이상에서 설명한 스펙트럼 변위 $S_d(\omega, \xi)$, 스펙트럼 속도 $S_v(\omega, \xi)$, 그리고 스펙트럼 가속도 $S_a(\omega, \xi)$를 응답스펙트럼이라고 한다. 그림 4.1.3에서는 **엘센트로**(ElCentro) **지진지반가속도**와 **응답스펙트럼**[$S_d(\omega, \xi)$, $S_v(\omega, \xi)$, $S_a(\omega, \xi)$]을 **세 방향 대수 스케일**(logarithm scale)로 보여주고 있다. 그림에서 알 수 있듯이 $S_a(\omega, \xi)$는 $\xi = 0.02$인 경우, 고유주기가 $0.2 \sim 1.0$초인 때에 대체로 큰 값을 가진다. 이것은 지진지반가속도가 $0.2 \sim 1.0$초의 고유주기 범위에서 많은 입력에너지가 존재한다는 것을 의미한다. 따라서 응답스펙트럼은 그 지진의 **진동수특성**을 나타내는 것이다.

그림 4.1.3 (c)에 나타난 것처럼, 감쇠비가 작아질수록 구조물의 응답이 커짐을 알 수 있다. 또한, 구조물의 고유주기가 아주 작아지면 스펙트럼 가속도 $S_a(\omega, \xi)$가 최대 지반가속도 값에 가까워지고, 반면에 고유주기가 아주 커지면 **스펙트럼 변위** $S_d(\omega, \xi)$가 최대 지반변위 값에 가까워지는 경향이 있다.

예제 4.1.1

다음 물음에 대하여 답하시오. 단, 구조물의 질량은 m이다.

1) 그림 4.1.3의 엘센트로 지진입력에 대하여, $f=7\text{Hz}$이고 $\xi=0.02$인 단자유도 구조물의 지반에 대한 최대 상대변위를 응답스펙트럼를 사용하여 구하시오.
2) 물음 1)에서 구한 최대 상대변위와 고유진동수를 사용하여 최대 절대가속도를 구하시오
3) 동일한 구조물에 대하여 그림 4.1.3 (c)의 응답스펙트럼를 사용하여 최대 절대가속도를 먼저 구하고, 최대 상대변위를 구하시오.
4) 동일한 구조물에 작용되는 최대 관성력을 구하시오.

풀이

1) 최대 상대변위 S_d를 읽는 과정

고유주기 $T=\dfrac{1}{f}=\dfrac{1}{7}=0.14\text{sec}$ ⇒ 그림 4.1.3 (c)의 응답스펙트럼에서 수평축 $T=0.14$ sec인 점 ⇒ 수직으로 ⇒ $\xi=0.02$인 스펙트럼과 만나는 점 ⇒ 동남방향으로 ⇒ 스펙트럼 변위 S_d를 읽는다. 즉,

$S_d=7.5\text{mm}$

2) 최대 절대가속도 $S_a=\max|\ddot{u}^t(t)|$

$S_a=\max|\ddot{u}^t(t)|=\ \omega^2 S_d=(2\pi\times7)^2(7.5)=14{,}508\text{mm/sec}^2$

3) 최대 절대가속도 S_a를 먼저 구하고, 최대 상대변위 S_d를 구하는 경우

고유주기 $T=\dfrac{1}{f}=\dfrac{1}{7}=0.14\text{sec}$ ⇒ 그림 4.1.3 (c)의 응답스펙트럼에서 수평축 $T=0.14$ sec인 점 ⇒ 수직으로 ⇒ $\xi=0.02$인 스펙트럼과 만나는 점 ⇒ 서북방향으로 ⇒ 스펙트럼 변위 S_a를 읽는다. 즉,

$S_a=1.48\text{g}=(1.48)(9{,}800)=14{,}504\text{mm/sec}^2$

$$\Rightarrow S_d=\max|u(t)|\ =\frac{1}{\omega^2}S_a=\frac{1}{(2\pi\times7)^2}(14{,}504)=7.5\text{mm}$$

4) 최대 관성력

$\max|f_I(t)|=mS_a=m\times\ (14{,}504\text{mm/sec}^2)$

> **TIP** • **PGA(peak ground acceleration, 최대지반가속도)와 EPA(effective peak acceleration, 유효최대가속도)의 관계[또는, PGV(peak ground velocity, 최대지반속도)와 EPV(effective peak velocity, 유효최대속도)의 관계]**
>
> PGA는 지표면에서 계측된 지진가속도의 시간이력에서 절대 최대크기인 절대 최대지반가속도를 의미한다. 따라서 PGA는 구조물이 건설될 위치에서 부지만의 운동이며 구조물의 응답과는 상관이 없다. 응답스펙트럼을 사용하여 PGA를 정의하면, PGA는 고유주기가 0인 즉, 무한강성을 갖는 단자유도계의 지진 시 가속도 응답 중 최댓값이다. 그러므로 PGA는 고유주기가 0이 아닌 실제 구조물의 지진에 의한 손상가능성을 정확하게 나타낸다고 할 수 없다. 따라서 실제 구조물에서 지진에 의한 손상가능성을 나타낼 수 있도록 지진가속도를 정량화한 EPA가 대안으로 내진설계 시 사용된다.
>
> ATC-3(1978)에 의하면, EPA는 가속도 응답스펙트럼 상에서 가장 크기가 큰 영역인 고유주기 0.5 ~ 1sec 구간에서 보통 구조물의 고유주기에 대응하는 지반가속도를 나타내기 위하여 EPA를 도입하였다. 그러므로 EPA는 지진의 크기뿐만이 아니라 진동수 성분 그리고 대상 구조물의 특성이 함께 반영되어 있다. 따라서 EPA는 지진 시 구조물의 피해와 직접적인 연관성을 가질 수 있다.
>
> EPA가 PGA(또는, EPV가 PGV)와 연관이 있지만, 반드시 같거나 비례하지는 않는다. 보통 EPA는 PGA보다 작으나, EPV는 PGV보다 크다. 그러나 지진의 지반운동에 따라 EPA가 PGA(또는, EPV가 PGV)보다 크거나 작을 수도 있다.

(2) 설계응답스펙트럼

위의 (1)항에서 보인 것과 같이 응답스펙트럼은 특정 지진에 대한 구조물의 최대응답을 구하는데 편리하게 사용할 수 있다. 일반적으로 특정한 지진기록에 대하여 응답스펙트럼을 작성하면 그림 4.1.3과 같이 구조물의 고유주기(또는 고유진동수)에 매우 민감하게 변화하는 결과를 얻게 된다. 그러나 어떤 구조물이 설치될 곳에서 발생할 지진의 불확실성을 고려할 때, 그 곳에서의 내진설계규정은 구조물의 고유주기(또는 고유진동수)의 미소한 변화에 지나치게 민감하게 변한다는 것은 합리적이지 못하다. 그러므로 실제 내진설계규정의 작성 시에는 해당 지역에서 발생가능하다고 판단되는 여러 가지의 강진(強震)기록에 대하여 구한 응답스펙트럼을 통계적인 방법으로 처리하여 구조물의 고유주기(또는 고유진동수)에 민감하지 않는 설계응답스펙트럼을 구한다. 그림 4.1.4는 에 보인 응답스펙트럼은 미국 서부지역의 단단한 지반조건에서 발생한 15개의 강진기록을 통계적인 방법으로 처리하여 제안한 설계응답스펙트럼이다.

원전(원자력발전소)의 **내진설계**(耐震設計)를 위하여 미국의 원자력규제처(nuclear regulatory commission, US-NRC)와 한국의 수력원자력에서는 각각 수평 및 수직방향의 설계응답스펙트럼을 제안하고 있다. 그리고 미국건축설계규준(unified building code, UBC)과 한국건축학회에서는 일반 건축구조물을 대상으로 지반조건의 특성에 따라 각각 다른 형태의 지진 설계응답스펙트럼을 제시하고 있다. 그림 4.1.5는 미국석유협회(American Petroleum Institute, API)에서 해양구조물의 내진설계를 위해서 제안한 지반 특성에 따른 설계응답스펙트럼이다.

그림 4.1.6은 국내에서 일반 교량구조물의 내진설계를 위하여 제정한 5% 감쇠비에 대한 설계응답스펙럼이며, 지반조건에 따라 다른 형태를 규정하고 있음을 알 수 있다. 참고로, 그림 4.1.6에서 지진구역 I(지진구역계수 0.11)의 내진1등급교(위험도계수 1.4, 설계지진의 평균재현주기 1,000년)인 경우에 유효지반가속도는 0.154g(= 0.11 × 1.4g)이다. 이 경우는 가속도계수 $A = 0.154$에 해당하고, 유효지반가속도를 최대지반가속도라 부르기도 한다. 필요시, 설계응답스펙트럼은 설계기준에 주어진 표준설계응답스펙트럼을 대신 할 수 있다. 이때 설계응답스펙트럼은 **표준설계응답스펙트럼**보다 안전측이어야 한다.

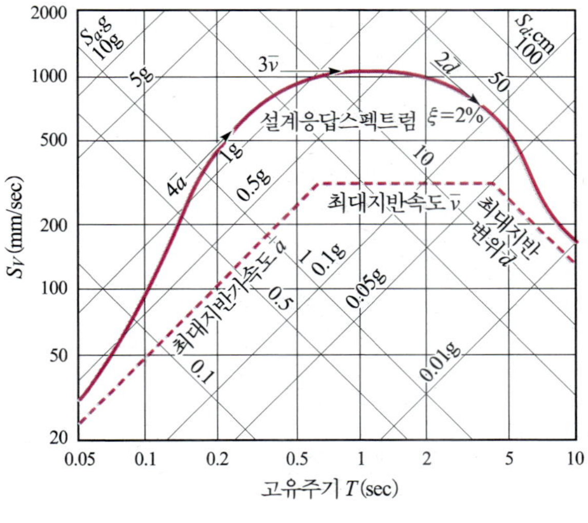

그림 4.1.4 최대 지반운동 특성을 고려하여 작성된 설계응답스펙트럼(Newmark와 Rosenblueth)

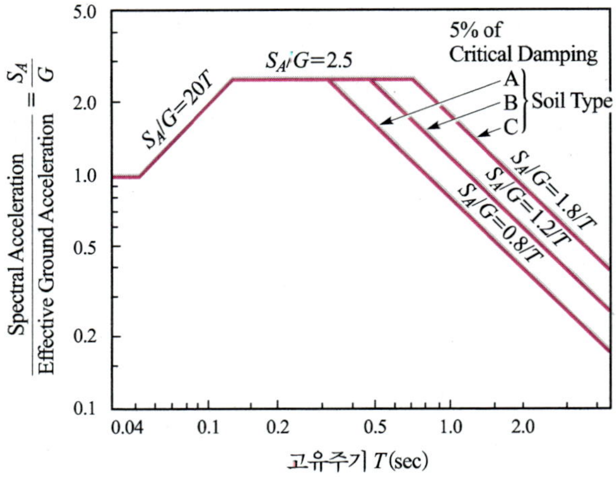

그림 4.1.5 API 설계응답스펙트럼(해양구조물의 지진 응답해석용)

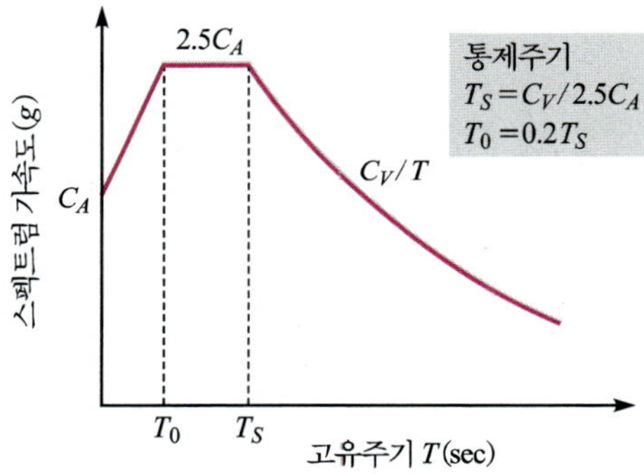

(a)

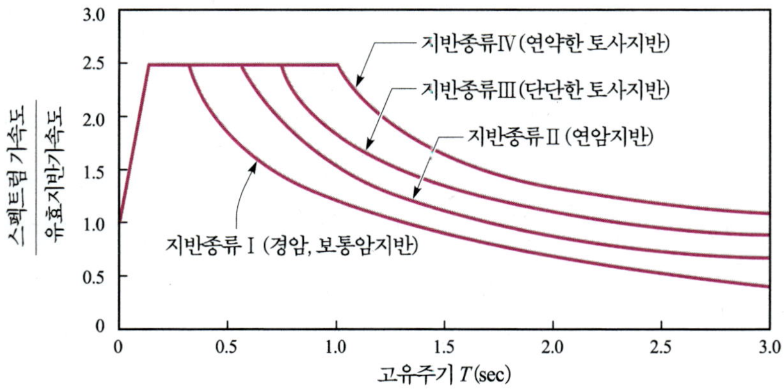

(b)

그림 4.1.6 한국 도로교 설계응답스펙트럼(교량구조물의 지진 응답해석용)

(3) 층응답스펙트럼

원전(원자력발전소)의 격납구조물이나 보조건물에 설치된 원자로, 증기발생기, 터어빈, 파이핑 시스템(piping system) 등의 중요한 시설물은 주구조물 내에서 층고가 각각 다른 위치에 설치된다. 이 설비들의 내진설계는 설계지진에 의한 각 층의 동적응답 특성을 나타내는 그림 4.1.7과 같은 층응답스펙트럼floor response spectrum, FRS)이 구해지면, 이것을 사용하여 설비구조물을 주구조물과 독립시켜서 간편히 해석할 수 있다.

층응답스펙트럼은 통상 설비가 포함되지 않은 주구조물의 지반입력에 대한 지진 응답해석으로부터 각 층의 동적거동(층의 절대가속도 등)을 구한 후에 이것을 바탕으로 작성하며, 설비의 지지점이 위치하는 높이 마다 각기 다른 층응답스펙트럼이 주어진다. 한 예로서, 그림 4.1.7은 원전 보조건물의 층고가 37.5m가 되는 위치의 남북방향 층응답스펙트럼(SSE 조건)을 보여주고 있다. 그림 4.1.7에 의하면 이 층은 고유주기가 0.09 ~ 0.2sec 범위에서 진동을 많이 하여, 설비구조의 고유주기가 그 범위에 놓일 경우에 설비의 거동이 매우 커짐을 알 수 있다.

참고로, SSE(safe shut-down earthquake, **안전정지지진**)는 원전의 내진설계규준에서 가장 큰 설계지반가속도이고, 우리나라의 경우 SSE는 0.2g이다. SSE발생 시, 원전의 가동이 정지된다. 이것보다 작은 규모의 원전 설계 지진입력으로는 OBE(operating basis earthquake, **운전정지지진**)가 있다. OBE발생 시, 원전은 공중의 안전과 건강에 영향이 없이 정상적으로 가동되도록 건설된어야 한다. 그리고 OBE는 최소한 SSE의 0.5배 이상이어야 한다.

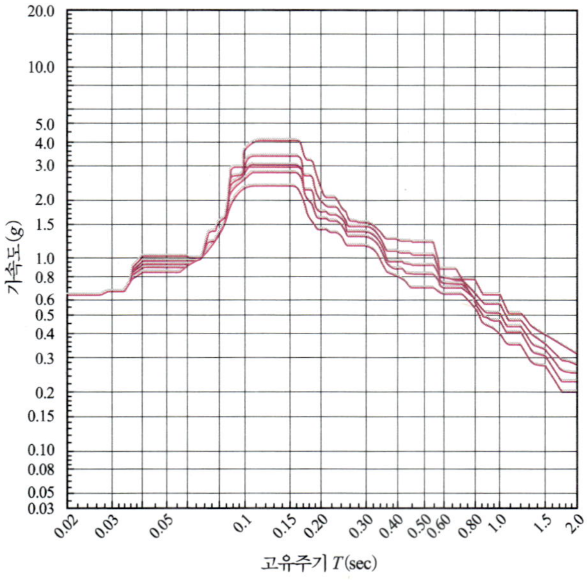

그림 4.1.7 층응답스펙트럼[안전정지지진(SSE) 조건]

(4) 응답스펙트럼을 이용한 지진 응답해석의 사례

동적하중이 작용되는 1층 골조구조물을 단자유도계로 모형화하였을 때, 지진입력에 의한 최대응답을 응답스펙트럼법을 사용하여 구해보자. 이 때 단자유도 구조물의 동특성은 다음과 같고 지진의 **응답스펙트럼법**은 그림 4.1.8에 주어졌다. 즉,

질량 : $m = \dfrac{W}{g} = 162\,\mathrm{kN/(m/sec^2)}\ (= 162 \times 10^3\,\mathrm{kg})$

강성 : $k = 10{,}000\,\mathrm{kN/m}$

감쇠비 : $\xi = 5\% = 0.05$

이 구조물의 고유진동수 ω와 고유주기 T는 다음과 같이 구할 수 있다.

$$\omega = \sqrt{\frac{k}{m}} = \sqrt{\frac{10{,}000}{162}} = 7.86\,\mathrm{rad/sec}$$

$$T = \frac{2\pi}{\omega} = \frac{2\pi}{7.86} = 0.8\,\mathrm{sec}$$

이 구조물의 **고유주기**를 알고 있으므로, 그림 4.1.8에 주어진 스펙트럼 속도 S_v를 사용하여 지진에 의한 구조물의 최대변위를 구할 수 있다. 즉, 그림 4.1.8에서 고유주기 $T = 0.8$초에 대응하는 스펙트럼 속도는 $S_v = 0.15\,\mathrm{m/sec}$이다. 이 때 지진가속도의 크기와 시간이력 등의 지진 특성은 그림 4.1.8의 응답스펙트럼에 모두 포함되어 있다.

마지막으로, 구조물의 최대변위 $\max|u(t)|$ 와 구조물의 **최대 밑면전단력** $V_{\max}$를 구하면 다음과 같다.

$$\max|u(t)| = \frac{S_v}{\omega} = \frac{0.15}{7.86} = 0.0191\,\mathrm{m} = 19.1\,\mathrm{mm}$$

$$V_{\max} = k(\max|u(t)|) = (10{,}000)(0.0191) = 191\,\mathrm{kN}$$

$$[\text{또는, } V_{\max} = mS_a = mwS_v = (162)(7.86)(0.15) = 191\,\mathrm{kN}]$$

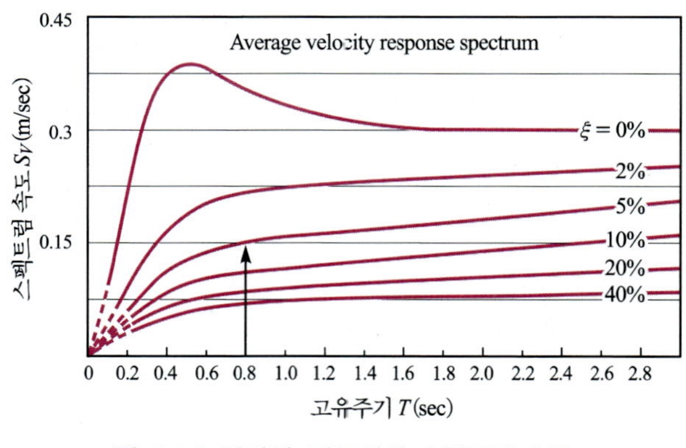

그림 4.1.8 평탄화, 평균화한 스펙트럼 속도 S_v

4.2 다자유도계의 지진 응답해석

4.2.1 시간이력해석법

수평방향의 **지반운동** $u_g(t)$만의 영향을 고려할 때, **다자유도 구조물**의 지반에 대한 **운동방정식**은 다음과 같다[식 (4.1.1), (3.1.13) 참조 요망].

$$[m]\left\{\ddot{u}^t(t)\right\}+[c]\left\{\dot{u}(t)\right\}+[k]\left\{u(t)\right\}=\{0\} \tag{4.2.1}$$

여기서 $\left\{\ddot{u}^t(t)\right\}$는 지반운동의 영향이 포함된 구조물의 **절대가속도**로서, 다음과 같이 나타낼 수 있다.

$$\left\{\ddot{u}^t(t)\right\}=\left\{\ddot{u}(t)\right\}+\{1\}\ddot{u}_g(t) \tag{4.2.2}$$

위 식에서 $\{1\}$은 지진이 가해지는 수평방향의 자유도에 대해서는 1이고, 그 이외에 대해서는 0인 상수벡터(영향계수벡터, 지반의 단위변위 $u_g=1$에 의해 유발되는 변위를 나타내는 정적변위 영향함수)이다. 식 (4.2.1)에서 지진지반가속도에 관련된 항을 우변으로 이항하면, 다음과 같은 식이 얻어진다.

$$[m]\left\{\ddot{u}(t)\right\}+[c]\left\{\dot{u}(t)\right\}+[k]\left\{u(t)\right\}=-[m]\{1\}\ddot{u}_g(t) \tag{4.2.3}$$

위 식은 **다자유도계**의 **동적 지진응답**을 규정하는 n개의 운동방정식을 나타낸다. 따라서 이 운동방정식에 3.4.2절의 직접적분법을 적용하면, **시간영역**에서 구조물의 지진응답을 직접 구할 수 있다.

그러나 다자유도계에 대한 지진입력시의 운동방정식인 위 식의 해를 효율적으로 구하기 위하여 3.4.1절의 **모드중첩법**을 사용하여 보자. 즉, 식 (3.4.1)로부터

$$\{u(t)\}=[\phi(x)]\{q(t)\} \tag{4.2.4}$$

여기서 $[\phi(x)]$는 **자유진동해석**으로부터 구한 **자유진동모드벡터**로 구성된 상수행렬이고, $\{q(t)\}$는 **일반모드좌표계**로서 미지의 함수이다. 식 (4.2.4)를 식 (4.2.3)에 대입한 후에 $[\phi(x)]^T$를 선승하면, **자유진동모드**의 **질량행렬**과 **강성행렬**에 대한 직교성 때문에 다음과 같이 각 **모드좌표계**에 대해서 **비연계된**(uncoupled) 운동방정식을 얻을 수 있다[식 (3.4.9)~(3.4.11) 참조 요망].

$$\mu_{ii}\ddot{q}_i(t)+2\xi_i\omega_i\mu_{ii}\dot{q}_i(t)+\mu_{ii}\omega_i^2q_i(t)=-\lambda_i\ddot{u}_g(t) \tag{4.2.5}$$

여기서,

$$\mu_{ii}=\{\phi^{(i)}(x)\}^T[m]\{\phi^{(i)}(x)\} \tag{4.2.6a}$$

$$2\xi_i\omega_i\mu_{ii}=\{\phi^{(i)}(x)\}^T[c]\{\phi^{(i)}(x)\} \tag{4.2.6b}$$

$$\mu_{ii}\omega_i^2=\{\phi^{(i)}(x)\}^T[k]\{\phi^{(i)}(x)\} \tag{4.2.6c}$$

$$\lambda_i=\{\phi^{(i)}(x)\}^T[m]\{1\} \tag{4.2.6d}$$

위 식에서 $\{\phi^{(i)}(x)\}$는 i번째 **자유진동모드**이고, μ_{ii}, $2\xi_i\omega_i\mu_{ii}$, $\mu_{ii}\omega_i^2$은 각각 i번째 모드에 대한 일반화된 질량, 감쇠, 강성계수이다. 그리고 λ_i는 **모드지진입력계수**(modal earthquake excitation factor) 또는 **모드참여계수**(modal participation factor)라 한다.

식 (4.2.5)의 양변을 **일반화된 질량** μ_{ii}로 나누면 다음과 같은 식이 얻어진다.

$$\ddot{q}_i(t)+2\xi_i\omega_i\dot{q}_i(t)+\omega_i^2q_i(t)=-\frac{\lambda_i}{\mu_{ii}}\ddot{u}_g(t) \tag{4.2.7}$$

식 (4.2.7)은 i번째 **일반모드좌표**에서 $q_i(t)$만에 대한 운동방정식이므로, 2.7절에서 기술한 시간영역의 수치해석법으로 쉽게 해를 구할 수 있다.

3.4.1절에서 언급한 것처럼, 모드중첩법을 사용할 때는 보통 계산의 효율성을 증대시키기 위해서 구조계의 자유도수 n보다 작은 수의 모드만을 사용한다. 따라서 해석에 포함시켜야 할 모드수를 정하는 적절한 기준이 필요하다. 이를 위해, 일반적으로 다음과 같은 **유효모드질량**(effective modal mass) λ_i^* 또는 **모드참여질량**(modal participation mass) λ_i^*을 사용한다.

$$\lambda_i^*=\frac{\lambda_i^2}{\mu_{ii}} \tag{4.2.8}$$

참고로, 구조계의 **전체질량** m^t에 대한 모드참여질량의 비를 질량참여계수(mass participation factor) Γ_i라 한다. 즉,

$$\Gamma_i = \frac{\lambda_i^*}{m^t} = \frac{1}{m^t}\frac{\lambda_i^2}{\mu_{ii}} \tag{4.2.9}$$

식 (4.2.8)의 모드참여질량 λ_i*은 **전체모드**에 대하여 합하면, 다음과 같이 구조계의 전체 질량 m^t가 됨을 알 수 있다.

$$\begin{aligned}\sum_{i=1}^{n}\lambda_i^* &= \sum_{i=1}^{n}\frac{\lambda_i^2}{\mu_{ii}} = \{\lambda\}^T[\mu_{ii}]^{-1}\{\lambda\} = \\ &(\lbrack\phi\rbrack^T[m]\{1\})^T(\lbrack\phi\rbrack^T[m][\phi])^{-1}(\lbrack\phi\rbrack^T[m]\{1\}) \\ &= \{1\}^T[m]\{1\} = \sum_{i=1}^{n}m_i = m^t\end{aligned} \tag{4.2.10}$$

구조해석 시에는 해석에 포함된 모드참여질량의 합이 전체질량의 90% 이상(즉, **질량참여율** 또는 **질량기여도**가 90% 이상)이 되도록 모드 수를 정하는 것이 요망된다. 즉,

$$\sum_{i=1}^{m}\lambda_i^* = \sum_{i=1}^{m}\frac{\lambda_i^2}{\mu_{ii}} > 0.9\,m^t \tag{4.2.11}$$

위 식에서 m은 사용하는 모드의 개수로서, 통상 $m < n$이다.

기존의 많은 구조해석용 **범용유한요소 팩키지프로그램**(MIDAS, SAP, MSC/NASTRAN 등)에서는 $\mu_{ii} = 1$이 되도록 **모드벡터** $\{\phi^{(i)}(x)\}$를 정하고 있으므로, 이러한 경우에 식 (4.2.10)은 다음과 같이 간단히 고쳐 쓸 수 있다.

$$\sum_{i=1}^{n}\lambda_i^* = \sum_{i=1}^{n}\lambda_i^2 = \sum_{i=1}^{n}m_i = m^t \tag{4.2.12}$$

2개의 수평방향과 1개의 **수직방향의 지진운동**을 고려하기 위해서, 구조물을 3차원으로 **모델링** 할 경우에 식 (4.2.3)의 상수벡터 $\{1\}$은 크기가 $n\times 3$인 **계수행렬** $[1]$로 된다. 따라서 식 (4.2.10)을 3방향에 대하여 적용해야 하며, 각 방향별로 모드참여질량의 합이 구조물의 전체질량의 90% 이상이 되도록 해석에 포함될 모드의 개수를 정해야 한다.

예제 4.2.1

다음 그림과 같은 4자유도[$u_1(t)$, $u_2(t)$, $u_3(t)$, $u_4(t)$)] 구조물(m_1, m_2, m_3, m_4는 질량임)에 지진하중이 수평방향으로만 입력되고 있다.

1) 질량행렬 $[m]$을 구하시오.
2) 식 (4.2.2)에서 영향계수벡터 {1}을 구하시오
3) 구조계의 전체질량 m^t를 구하시오.

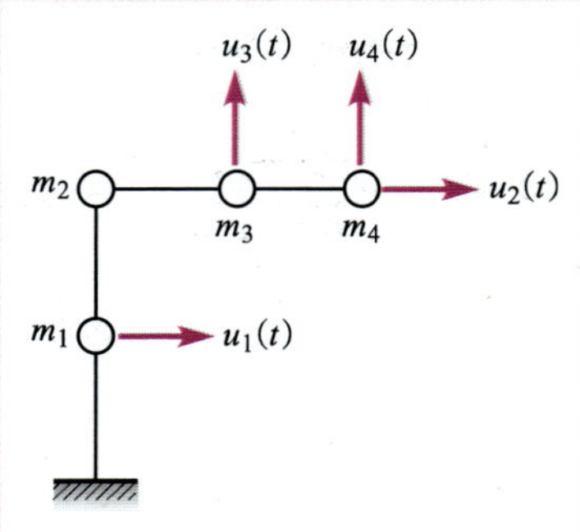

그림 예제 4.2.1

풀이

1) 질량행렬 $[m]$

$$[m]=\begin{bmatrix} m_1 & & & \\ & m_2+m_3+m_3 & & \\ & & m_3 & \\ & & & m_4 \end{bmatrix}$$

2) 영향계수벡터 {1}

$$\{1\}=\begin{Bmatrix} 1 \\ 1 \\ 0 \\ 0 \end{Bmatrix}$$

3) 전체질량 m^t

$$[m]\{1\}=\begin{bmatrix} m_1 & & & \\ & m_2+m_3+m_3 & & \\ & & m_3 & \\ & & & m_4 \end{bmatrix}\begin{Bmatrix} 1 \\ 1 \\ 0 \\ 0 \end{Bmatrix}=\begin{Bmatrix} m_1 \\ m_2+m_3+m_4 \\ 0 \\ 0 \end{Bmatrix}$$

$$\therefore m^t=\sum_{i=1}^{4} m_i = m_1+m_2+m_3+m_4$$

예제 4.2.2

다음 그림 예제 4.2.2 (a)의 3자유도 구조물에 그림 (b)의 지진하중이 입력되었을 경우, 모드중첩법을 사용하여 시간이력해석을 수행하는 과정을 기술하고, 그 결과 얻어진 3층의 변위 $u_3(t)$와 밑면전단력 $V_0(t)$에 대한 고차모드의 영향을 평가하시오.

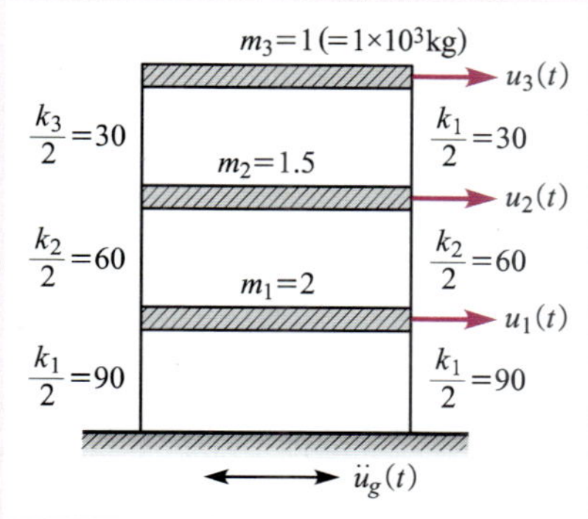

(a) 3층 전단건물 모형

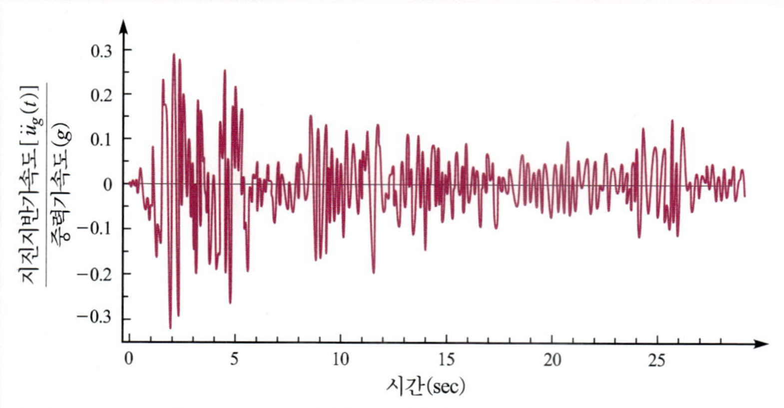

(b) 엘센트로(El Centro)지진(N-S방향, 1940년)

그림 예제 4.2.2 3층 전단건물 모형과 엘센트로지진의 시간이력곡선

풀이

1) 모드중첩법을 사용하여 시간이력해석을 수행하는 과정과 그 결과 얻어진 $u_3(t)$와 $V_0(t)$

그림 예제 4.2.2 (a)에 대한 구조물의 질량행렬 $[m]$, 강성행렬 $[k]$, 고유진동수 ω_i, 자유진동모드행렬 $[\phi(x)]$, 일반화된 질량 μ_{ii}를 예제 3.3.2, 3.3.3과 같은 방법으로 먼저 구한다.

그 다음, 식 (4.2.6d)를 사용하여 모드참여계수 λ_i를 구한다.

마지막으로, 위에서 구한 $[m]$, $[k]$, ω_i, $[\phi(x)]$, μ_{ii}, λ_i, 그리고 $\ddot{u}_g(t)$를 식 (4.2.7)에 대입하여 운동방정식을 구한 후, 2.7절에서 기술한 직접적분법으로 i번째 일반모드좌표에서 응답 $q_i(t)$를 계산하고 식 (3.4.13a)와 같이 모드를 곱하고 선형조합하여 3층 변위응답 $u_3(t)$을 구한다. 한편, 부재력은 $\{f_S(t)\}=[k]\{u(t)\}=[k][\phi(x)]\{q(t)\}$에 의해서 구한다 [식 (3.4.14) 참조]. 그리고 밑면전단력는

$$V_0(t)=\sum_{i=1}^{3} f_{Si}(t)=f_{S1}(t)+f_{S2}(t)+f_{S3}(t)$$

를 사용하여 구한다.

그림 (c), (d)는 위의 계산 결과 얻어진 $u_3(t)$와 $V_0(t)$ 그리고 이것들을 각 모드별로 분리시켜 나온 응답들[$u_3^{(1)}(t)$, $u_3^{(2)}(t)$, $u_3^{(3)}(t)$, $V_0^{(1)}(t)$, $V_0^{(2)}(t)$, $V_0^{(3)}(t)$]을 보여주고 있다.

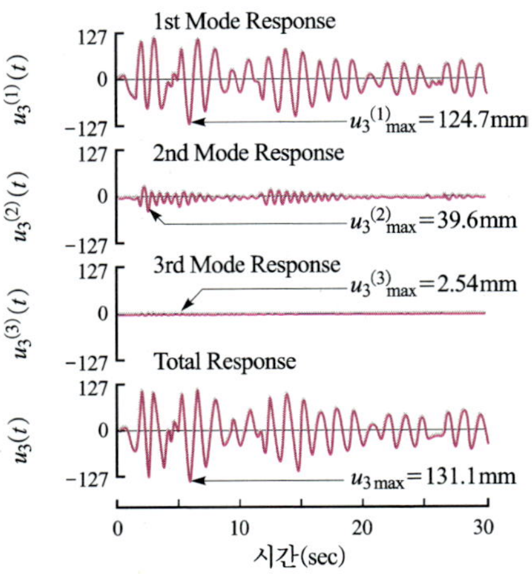

(c) 3층 변위응답의 시간이력곡선 [$u_3(t)$]

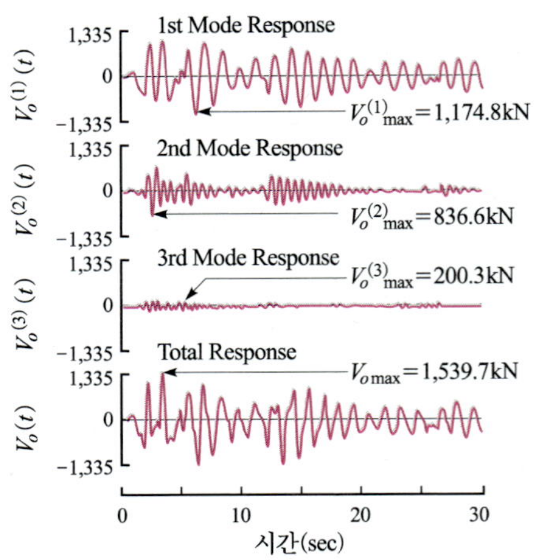

(d) 밑면전단력의 시간이력곡선 [$V_0(t)$]

2) $u_3(t)$와 $V_0(t)$에 대한 고차모드의 영향을 평가

그림 (c), (d)에 보여준 것처럼 예제구조물은 첫 번째 모드의 거동이 지배적이었다. 밑면전단력 $V_0(t)$는 3층의 변위 $u_3(t)$에 비하여 고차모드의 영향이 상대적으로 매우 크다는 것을 알 수 있었다.

4.2.2 응답스펙트럼법

(1) 모드별 구조물의 응답

식 (4.2.7)로 주어진 i번째 모드에 대한 운동방정식과 식 (4.1.10)을 비교하고 식 (4.1.1) 및 식 (4.1.12)를 이용하면, **일반모드좌표**의 최댓값 $q_{i,\max}$는 다음과 같이 구해진다.

$$q_{i,\max} = \max|q_i(t)| = \frac{\lambda_i}{\mu_{ii}} S_d(\omega_i, \xi_i) \tag{4.2.13}$$

여기서 ω_i와 ξ_i는 각각 i번째 모드의 고유진동수와 감쇠비이다. 따라서 i번째 모드에 관련된 구조물의 **최대변위**는 다음과 같이 구할 수 있다.

$$\begin{aligned}\{u^{(i)}(t)\}_{\max} &= \{\phi^{(i)}(x)\} q_{i,\max} \\ &= \{\phi^{(i)}(x)\} \frac{\lambda_i}{\mu_{ii}} S_d(\omega_i, \xi_i)\end{aligned} \tag{4.2.14}$$

그리고 i번째 모드에 관련된 구조물의 **최대 부재력**은 다음과 같이 된다.

$$\begin{aligned}\{f_S^{(i)}(t)\}_{\max} &= [k]\{u^{(i)}(t)\}_{\max} = [k]\{\phi^{(i)}(x)\} q_{i,\max} \\ &= [k]\{\phi^{(i)}(x)\} \frac{\lambda_i}{\mu_{ii}} S_d(\omega_i, \xi_i)\end{aligned} \tag{4.2.15a}$$

또는

$$\begin{aligned}\{f_S^{(i)}(t)\}_{\max} &= [m]\{\phi^{(i)}(x)\} \omega_i^2 \frac{\lambda_i}{\mu_{ii}} S_d(\omega_i, \xi_i) \\ &= [m]\{\phi^{(i)}(x)\} \frac{\lambda_i}{\mu_{ii}} S_a(\omega_i, \xi_i)\end{aligned} \tag{4.2.15b}$$

마지막으로 구조물의 각 자유도별 **최대응답**은 다음의 항에서 기술하는 방법으로 조합하여, 최종적인 구조물의 응답을 구한다.

(2) 모드별 구조응답의 조합

식 (4.2.14)와 식 (4.2.15)로부터 구한 모드별 구조응답의 최댓값은 그림 예제 4.2.2 (c), (d)에서 각각 보여준 것처럼 그 최댓값이 발생하는 시점이 다르다. 그러므로 **모드별 응답**을 조합하여 최종적인 구조물의 응답을 구하기 위해서는 보통 다음과 같은 4가지 근사적인 방법이 사용된다.

1) 절댓값의 합성방법(absolute sum method, ABS방법)

j번째 자유도에 관련된 변위 $u_{j,\max}$와 부재력 $f_{j,\max}$는 각각 다음과 같이 구한다.

$$\begin{aligned} u_{j,\max} &\approx \left|u_{j,\max}^{(1)}\right| + \left|u_{j,\max}^{(2)}\right| + \cdot\cdot\cdot\cdot + \left|u_{j,\max}^{(m)}\right| \\ &= \sum_{i=1}^{m} \left|u_{j,\max}^{(i)}\right| \end{aligned} \tag{4.2.16}$$

$$\begin{aligned} f_{Sj,\max} &\approx \left|f_{Sj,\max}^{(1)}\right| + \left|f_{Sj,\max}^{(2)}\right| + \cdot\cdot\cdot\cdot + \left|f_{Sj,\max}^{(m)}\right| \\ &= \sum_{i=1}^{m} \left|f_{Sj,\max}^{(i)}\right| \end{aligned} \tag{4.2.17}$$

위 식에서 m은 사용하는 모드의 개수로서, 통상 $m < n$이다. 여기서 n은 해석 시에 고려되는 자유도의 총수이다.

2) 제곱의 합의 제곱근 합성방법(square root of sum square method, SRSS방법)

j번째 자유도에 대한 변위 $u_{j,\max}$와 부재력 $f_{j,\max}$는 각각 다음과 같이 구한다.

$$\begin{aligned} u_{j,\max} &\approx \sqrt{[u_{j,\max}^{(1)}]^2 + [u_{j,\max}^{(2)}]^2 + \cdot\cdot\cdot\cdot + [u_{j,\max}^{(m)}]^2} \\ &= \sqrt{\sum_{i=1}^{m} [u_{j,\max}^{(i)}]^2} \end{aligned} \tag{4.2.18}$$

$$\begin{aligned} f_{Sj,\max} &\approx \sqrt{[f_{Sj,\max}^{(1)}]^2 + [f_{Sj,\max}^{(2)}]^2 + \cdot\cdot\cdot\cdot + [f_{Sj,\max}^{(m)}]^2} \\ &= \sqrt{\sum_{i=1}^{m} [f_{Sj,\max}^{(i)}]^2} \end{aligned} \tag{4.2.19}$$

3) 근접모드 영향을 고려한 SRSS방법

인접한 모드의 고유진동수가 비슷한 경우에는 해당되는 모드들에 관련된 구조응답의 성분이 비슷한 시점에서 최댓값을 갖게 된다. 그 결과, SRSS방법은 모드들이 서로 매우 인접한 경우에 과대 또는 과소 값을 나타낼 수 있다. 이러한 문제를 해결하기 위하여 고유진동수가 비슷한 모드들의 영향에 관해서는 절댓값의 합성방법을 사용하고, 그 결과를 나머지 모드들의 영향과 SRSS방법으로 조합한다. 예를 들면, 2번째와 3번째 모드의 진동수 차이가 10%이내인 경우에는 다음과 같은 조합을 사용한다.

$$u_{j,\max} \approx [(u_{j,\max}^{(1)})^2 + (|u_{j,\max}^{(2)}| + |u_{j,\max}^{(3)}|)^2 + (u_{j,\max}^{(4)})^2 + \cdot\cdot\cdot\cdot + (u_{j,\max}^{(m)})^2]^{\frac{1}{2}} \tag{4.2.20}$$

$$S_{Sj,\max} \approx [(f_{Sj,\max}^{(1)})^2 + (|f_{Sj,\max}^{(2)}| + |f_{Sj,\max}^{(3)}|)^2 + (f_{Sj,\max}^{(4)})^2 + \cdot\cdot\cdot\cdot + (u_{j,\max}^{(m)})^2]^{\frac{1}{2}} \tag{4.2.21}$$

4) 모드간의 상관도를 고려한 합성방법(complete quadratic combination, CQC방법)

설계에서는 보통 대부분의 경우에 ABS방법보다 합리적인 결과를 나타내는 SRSS방법을 많이 채택하고 있다. 그러나 위에서 기술한 방법들은 어떤 특정한 경우에만 합리적인 결과를 주고, 일반적인 경우에는 비합리적인 결과를 줄 수도 있다. 그러나 CQC방법은 모드간의 확률적인 상관도를 고려하여 제안된 방법(Kiureghian, 1980)으로, 다음과 같이 j번째 자유도에 대한 변위 $u_{j,\max}$와 부재력 $f_{j,\max}$의 최댓값을 구한다.

$$u_{j,\max} \approx \sqrt{\sum_{p=1}^{m}\sum_{q=1}^{m}[u_{j,\max}^{(p)}]r_{pq}[u_{j,\max}^{(q)}]} \tag{4.2.22}$$

$$f_{Sj,\max} \approx \sqrt{\sum_{p=1}^{m}\sum_{q=1}^{m}[f_{Sj,\max}^{(p)}]r_{pq}[f_{Sj,\max}^{(q)}]} \tag{4.2.23}$$

여기서 r_{pq}는 p번째 모드와 q번째 모드의 확률적인 상관도로서, 프랑스 원전 설계 시에 근사적으로 다음과 같은 식이 많이 사용된다.

$$r_{pq} \approx \frac{8\sqrt{\xi_p\xi_q}(\xi_p + \beta_{pq}\xi_q)\beta_{pq}^{3/2}}{(1-\beta_{pq}^2)^2 + 4\xi_p\xi_q\beta_{pq}(1+\beta_{pq}^2) + 4(4\xi_p^2 + \xi_q^2)\beta_{pq}^2} \tag{4.2.24}$$

위 식에서 $\beta_{pq} = \dfrac{\omega_q}{\omega_p}$ 이고(ω_p와 ω_q는 각각 p번째와 q번째 모드의 고유진동수임), ξ_p와 ξ_q는 각각 p번째와 q번째 모드의 감쇠비이다. 모든 모드에 대하여 동일한 감쇠비를 사용할 경우, 식 (4.2.24)는 다음과 같이 간단하게 된다.

$$r_{pq} \approx \frac{8\xi^2(1+\beta_{pq})\beta_{pq}^{3/2}}{(1-\beta_{pq}^2)^2 + 4\xi^2(1+\beta_{pq}^2)^2\beta_{pq}} \tag{4.2.25}$$

만약 $\xi_p = \xi_q = 0$이고 $p = q$이면, $r_{pq} = 1$이므로 이 CQC방법은 SRSS방법과 동일하다.

위의 방법들 중에서 ABS방법이 가장 큰 결과를 주며, CQC방법이 가장 합리적이라 할 수 있다. 참고로, 우리나라의 도로교설계기준 한계상태설계법(2015) 8.7.4.5절에서는 "진동모드가 잘 분산된 시스템의 경우에 SRSS방법으로 산정할 수 있으나, 모드간의 간격이 좁은 경우에 CQC방법을 사용하도록 규정"하고 있다.

(3) 3방향 지진에 대한 구조응답의 조합

지반운동의 2개의 수평성분과 1개의 수직성분에 대한 구조물의 응답은 각 방향에 대하여 앞 절에서 기술한 방법들을 사용하여 독립적으로 구한 후, 그 결과를 SRSS방법, CQC방법, ABS방법으로 조합하여 자유도에 대한 응답의 최댓값을 구할 수 있다. 이 경우에 일반적으로 SRSS방법을 많이 사용한다. 참고로, 국내의 도로교설계기준 내진설계편에 의하면 교량의 종방향(교축방향, X방향)과 황방향(교축직각방향, z방향)에 대하여 독립적으로 지진 응답해석을 수행하여 각각의 최대응답 절댓값 $|u_{x,\max}|$ 와 $|u_{z,\max}|$ 를 구한 후, 다음과 같이 각 방향별로 100% 및 30%의 **조합방법**에 따라 **지진응답**을 조합한다(자세한 내용은 4.3절의 내진설계 참조 요망).

$$1.0|u_{x,\max}| + 0.3|u_{z,\max}| \text{ 또는 } 0.3|u_{x,\max}| + 1.0|u_{z,\max}| \tag{4.2.26}$$

예제 4.2.3

다음 그림 예제 4.2.3 (a)의 3자유도 구조물에 그림 예제 4.2.2 (b)의 지진하중이 입력되었을 경우, 시간영역에서 모드중첩법과 응답스펙트럼법을 사용하여 최대 층변위와 층력 그리고 최대 밑면전단력을 구하시오. 단 감쇠비는 $\xi = 5\%$이고, 그림 예제 4.2.3의 (b)는 그림 예제 4.2.2 (b)의 지진하중으로부터 구한 응답스펙트럼을 평탄화 및 평균화한 스펙트럼 속도 S_v이다.

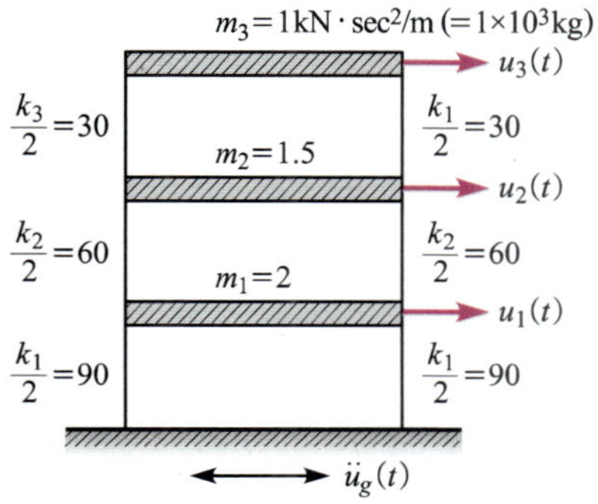

(a) 3층 전단건물 모형

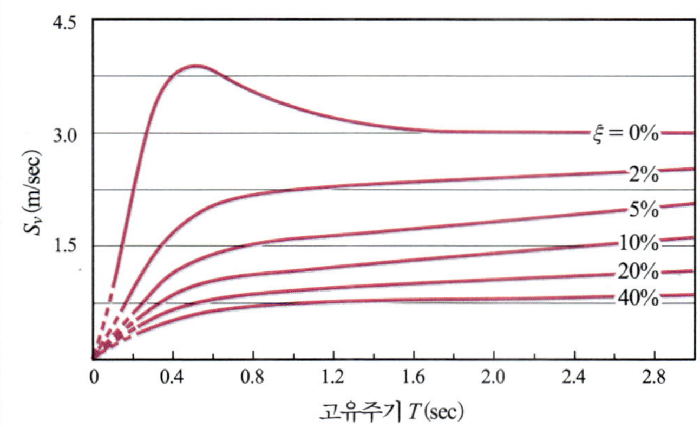

(b) 평탄화, 평균화한 스펙트럼 속도

그림 예제 4.2.3 3층 전단건물 모형과 스펙트럼 속도

풀이

1) 예제구조물의 고유진동수, 모드형상행렬, 계수행렬

그림 예제 4.2.3 (a)와 같은 3층 전단건물 모형을 예로 하여 다자유도계의 지진해석 과정

을 보여주고자 한다. 이 다자유도 구조물에 대한 자유진동해석을 예제 3.1.1, 3.3.2, 3.3.3과 같은 방법으로 실시하면, 다음과 같은 고유진동수, 모드형상행렬, 그리고 계수행렬들이 얻어진다.

$$[m]=\begin{bmatrix} m_1 & 0 & 0 \\ 0 & m_2 & 0 \\ 0 & 0 & m_3 \end{bmatrix}=\begin{bmatrix} 1 & 0 & 0 \\ 0 & 1.5 & 0 \\ 0 & 0 & 2 \end{bmatrix}\text{kN}\cdot\text{sec}^2/\text{m}$$

$$[k]=\begin{bmatrix} k_1 & -k_1 & 0 \\ -k_1 & k_1+k_2 & -k_2 \\ 0 & -k_2 & k_2+k_3 \end{bmatrix}=\begin{bmatrix} 600 & -600 & 0 \\ -600 & 1{,}800 & -1{,}200 \\ 0 & -1{,}200 & 3{,}000 \end{bmatrix}\text{kN/m}$$

$$\{\omega\}=\begin{Bmatrix} 4.58 \\ 9.82 \\ 15.59 \end{Bmatrix}\text{rad/sec},\ \{T\}=\begin{Bmatrix} 1.37 \\ 0.64 \\ 0.43 \end{Bmatrix}\text{sec}$$

$$[\phi(x)]=\begin{bmatrix} 1 & 1 & 1 \\ 0.64 & -0.6 & -2.57 \\ 0.3 & -0.68 & 2.47 \end{bmatrix}$$

위의 결과로부터 다음과 같은 계수행렬들이 구해진다[식 4.2.6, 4.2.8참조].

$$\left[\diagdown\mu\diagdown\right]=[\phi(x)]^T[m]\ [\phi(x)]=diag(1.78,\ 2.46,\ 23.1)\ \rightarrow\ \{\mu_{ii}\}=\begin{Bmatrix} 1.78 \\ 2.46 \\ 23.1 \end{Bmatrix}$$

$$\{\lambda_i\}=\begin{Bmatrix} 2.56 \\ -1.26 \\ 2.09 \end{Bmatrix}$$

$$\{\lambda_i^*\}=\begin{Bmatrix} \dfrac{\lambda_i^2}{\mu_{ii}} \end{Bmatrix}=\begin{Bmatrix} 3.66 \\ 0.66 \\ 0.19 \end{Bmatrix}=\frac{1}{4.5}\begin{Bmatrix} 81.3\% \\ 14.7\% \\ 4\% \end{Bmatrix}$$

여기서, 모드참여계수는 $\lambda_i=\{\phi^{(i)}(x)\}^T[m]\{1\}$이다. 위의 결과로부터 두 번째 모드까지 사용할 경우, 전체질량($m^t=1+1.5+2=4.5\text{kN}\cdot\text{sec}^2/\text{m}$)의 96%(%=81.3+14.7)의 유효질량(질량기여도, 질량참여율)이 됨을 알 수 있다.

2) 시간영역에서 모드중첩법

1)에서 구한 동적계수들을 사용하여, 그림 예제 4.2.2 (b)의 엘 센트로지진에 의한 첫 번째 일반모드좌표계의 응답을 2.7절에서 기술한 직접적분법으로 구하였다. 해석결과, 시간 $t_1=3.08\text{sec}$일 때에 구한 변위응답이 최대가 되었다. 그 다음에, 같은 방법을 사용하여 시간 $t_1=3.08\text{sec}$에서 두 번째와 세 번째 일반모드좌표계에서 변위응답을 구하였다. 이렇게 하여 얻은 일반모드좌표계에서 시간 $t_1=3.08\text{sec}$일 때의 변위응답은 다음과 같이 되었다.

$$\{q(t_1)\}=\begin{Bmatrix} 0.54 \\ 0.06 \\ 0.01 \end{Bmatrix}\text{m}$$

따라서 실제 최대 층변위는 다음과 같이 구할 수 있다.

$$\{u(t_1)\} = [\phi(x)]\{q(t_1)\} = \begin{bmatrix} 1 & 1 & 1 \\ 0.64 & -0.6 & -2.57 \\ 0.3 & -0.68 & 2.47 \end{bmatrix} \begin{Bmatrix} 0.54 \\ 0.06 \\ 0.01 \end{Bmatrix} = \begin{Bmatrix} 0.61 \\ 0.28 \\ 0.15 \end{Bmatrix} \text{m}$$

그리고 건물의 최대 층력은 다음과 같이 구할 수 있다.

$$\{f_S(t_1)\} = [k]\{u(t_1)\} = \begin{Bmatrix} 18.49 \\ 1.52 \\ 3.51 \end{Bmatrix} \text{kN}$$

최대 밑면전단력 $V_{\max}$은 최대 층력을 모두 합하여 다음과 같이 구한다.

$$\begin{aligned} V_{\max} &= \sum_{i=1}^{3} f_{Si}(t_1) = f_{S1}(t_1) + f_{S2}(t_1) + f_{S3}(t_1) \\ &= 18.49 + 1.52 + 3.51 = 23.51 \text{ kN} \end{aligned}$$

위의 해석결과로부터 변위의 경우는 저차모드인 첫 번째 모드의 영향이 매우 크지만, 부재력인 전단력은 고차모드의 영향도 상당히 큼을 알 수 있다. 고차모드는 모드의 형태가 굴곡이 심해져서 지진에 의한 모드참여계수가 저차모드에 비해서 적은 값이 되므로 변위응답의 크기도 매우 작게 된다. 그러나 고차모드의 형상이 심하게 변형된 형태는 강성이 매우 크다고 할 수 있으므로, 강성과 변위를 곱한 형태인 부재력(전단력)은 변위응답에 비해 전체 거동에 큰 영향을 미친다.

3) 응답스펙트럼법

일반모드좌표계에서 주어진 고유주기 T_1, T_2, T_3[즉, $\{T\} = \begin{Bmatrix} T_1 \\ T_2 \\ T_3 \end{Bmatrix} = \begin{Bmatrix} 1.37 \\ 0.64 \\ 0.43 \end{Bmatrix}$sec]에 해당하는 속도의 최대응답은 그림 (c)에 보여준 것처럼 스펙트럼속도 S_v를 읽어 다음과 같이 구한다. 즉,

$$\{S_v\} = \begin{Bmatrix} 1.74 \\ 1.41 \\ 1.2 \end{Bmatrix} \text{m/sec}$$

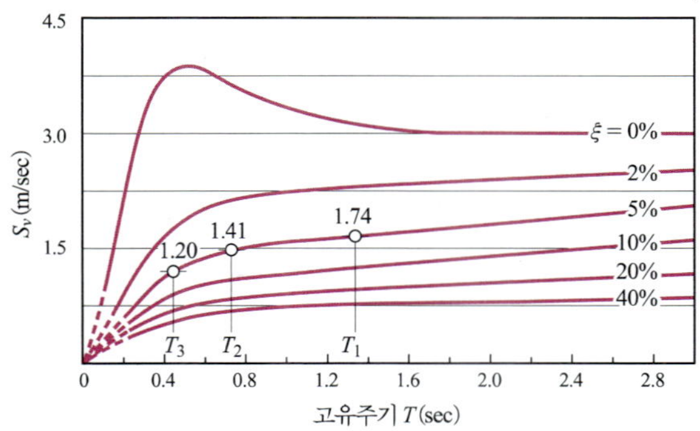

(c) 감쇠비 $\xi = 5\%$인 응답스펙트럼곡선에서 고유주기 T_1, T_2, T_3에 해당하는 S_v값을 읽음

위의 S_v값으로부터 모드별 최대층변위는 다음 식을 사용하여 구한다[식 4.2.14 참조].

$$\{u^{(i)}(t)\}_{\max} = \{\phi^{(i)}(x)\}\frac{\lambda_i}{\mu_{ii}}S_d(\omega_i, \xi_i) = \{\phi^{(i)}(x)\}\frac{\lambda_i}{\mu_{ii}\omega_i}S_v(\omega_i, \xi_i)$$

따라서 $\{u^{(i)}(t)\}_{\max}$는 다음과 같이 된다.

$$\{u^{(1)}(t)\}_{\max} = \begin{Bmatrix} 0.55 \\ 0.35 \\ 0.16 \end{Bmatrix}\text{m}$$

$$\{u^{(2)}(t)\}_{\max} = \begin{Bmatrix} -0.07 \\ 0.04 \\ 0.05 \end{Bmatrix}\text{m}$$

$$\{u^{(3)}(t)\}_{\max} = \begin{Bmatrix} 0.01 \\ -0.02 \\ 0.02 \end{Bmatrix}\text{m}$$

마찬가지로 위의 S_v값으로부터 모드별 최대층력은 다음 식을 사용하여 구한다[식 4.2.15b 참조].

$$\{f_S^{(i)}(t)\}_{\max} = [m]\{\phi^{(i)}(x)\}\omega_i^2\frac{\lambda_i}{\mu_{ii}}S_d(\omega_i, \xi_i) = [m]\{\phi^{(i)}(x)\}\frac{\lambda_i}{\mu_{ii}}\omega_i S_v(\omega_i, \xi_i)$$

따라서 $\{f_S^{(i)}(t)\}_{\max}$는 다음과 같이 된다.

$$\{f_S^{(1)}(t)\}_{\max} = \begin{Bmatrix} 11.46 \\ 10.95 \\ 6.8 \end{Bmatrix}\text{kN}$$

$$\{f_S^{(2)}(t)\}_{\max} = \begin{Bmatrix} -7.09 \\ 6.4 \\ 9.58 \end{Bmatrix}\text{kN}$$

$$\{f_S^{(3)}(t)\}_{\max} = \begin{Bmatrix} 1.57 \\ -6.08 \\ 7.79 \end{Bmatrix}\text{kN}$$

위의 일반모드좌표계로 구한 최대층변위와 최대층별수평력은 모드마다 최댓값이 다르므로 이들을 적절하게 조합하여 실제 최대층변위와 최대층별수평력를 계산하여야 한다. 조합방법으로 많이 사용하는 ABS방법, SRSS방법, CQC방법을 이용하여 각각의 최댓값을 구하고, 2) 시간영역에서 모드중첩법의 해석결과와 비교해 보면 다음과 같다.

i) ABS방법

절댓값의 합성방법인 ABS방법에 의한 최대층변위와 최대층력을 구하면 다음과 같이 된다.

$$\{u_{\max}\} = \begin{Bmatrix} 0.55 \\ 0.35 \\ 0.16 \end{Bmatrix} + \begin{Bmatrix} 0.07 \\ 0.04 \\ 0.05 \end{Bmatrix} + \begin{Bmatrix} 0.01 \\ 0.02 \\ 0.02 \end{Bmatrix} = \begin{Bmatrix} 0.63 \\ 0.41 \\ 0.23 \end{Bmatrix}\text{m}$$

$$\{f_{S,\max}\} = \begin{Bmatrix} 11.46 \\ 10.95 \\ 6.8 \end{Bmatrix} + \begin{Bmatrix} 7.09 \\ 6.4 \\ 9.58 \end{Bmatrix} + \begin{Bmatrix} 1.57 \\ 6.08 \\ 7.79 \end{Bmatrix} = \begin{Bmatrix} 20.12 \\ 23.43 \\ 24.17 \end{Bmatrix}\text{kN}$$

최대밑면전단력 V_{max} 는 각 모드별로 최대밑면전단력 $V_{max}^{(i)}$ 를 구해야 하며, 이것은 다음과 같이 된다.

$$V_{max}^{(i)} = \frac{\lambda_i^2}{\mu_{ii}}\omega_i S_v^{(i)}(\omega_i, \xi_i) = \begin{Bmatrix} 29.17 \\ 8.87 \\ 3.28 \end{Bmatrix} \text{kN}$$

최대밑면전단력 V_{max} 는 다음과 같이 각 모드별 최대밑면전단력 $V_{max}^{(i)}$ 를 ABS하여 구한다.

$$V_{max} = |29.17| + |8.87| + |3.28| = 41.32\,\text{kN}$$

ii) SRSS방법

제곱의 합의 제곱근 합성방법인 SRSS방법에 의한 최대층변위와 최대층력을 구하면 다음과 같이 된다.

$$\{u_{max}\} = \begin{Bmatrix} \sqrt{0.55^2 + 0.07^2 + 0.01^2} \\ \sqrt{0.35^2 + 0.04^2 + 0.02^2} \\ \sqrt{0.16^2 + 0.05^2 + 0.02^2} \end{Bmatrix} = \begin{Bmatrix} 0.55 \\ 0.35 \\ 0.17 \end{Bmatrix} \text{m}$$

$$\{f_{S,\,max}\} = \begin{Bmatrix} \sqrt{11.46^2 + 7.08^2 + 1.57^2} \\ \sqrt{10.95^2 + 6.39^2 + 6.08^2} \\ \sqrt{6.8^2 + 9.58^2 + 7.79^2} \end{Bmatrix} = \begin{Bmatrix} 13.56 \\ 14.06 \\ 14.09 \end{Bmatrix} \text{kN}$$

최대밑면전단력 V_{max} 는 각 모드별로 최대밑면전단력 $V_{max}^{(i)}$ 를 구해야 하며, 이것은 다음과 같이 된다.

$$V_{max}^{(i)} = \frac{\lambda_i^2}{\mu_{ii}}\omega_i S_v^{(i)}(\omega_i, \xi_i) = \begin{Bmatrix} 29.17 \\ 8.87 \\ 3.28 \end{Bmatrix} \text{kN}$$

최대밑면전단력 V_{max} 는 다음과 같이 각 모드별 최대밑면전단력 $V_{max}^{(i)}$ 를 SRSS하여 구한다.

$$V_{max} = \sqrt{29.17^2 + (8.87)^2 + 3.28^2} = 30.66\,\text{kN}$$

iii) CQC방법

상관도 계수행렬을 구하면 다음과 같이 된다.

$$[\beta_{pq}] = \left[\frac{\omega_q}{\omega_p}\right] = \begin{bmatrix} 1 & 2.14 & 2.19 \\ 0.47 & 1 & 1.49 \\ 0.31 & 0.67 & 1 \end{bmatrix}$$

$$[r_{pq}] == \begin{bmatrix} 1 & -0.03 & -0.02 \\ 0.47 & 1 & -0.05 \\ 0.01 & 0.05 & 1 \end{bmatrix}$$

모드간의 상관도를 고려한 합성방법인 CQC방법에 의한 최대층변위를 구하면 다음과 같다.

$$u_{1,\,max} = \sqrt{\begin{Bmatrix} 0.55 \\ 0.07 \\ 0.01 \end{Bmatrix}^T [r_{pq}] \begin{Bmatrix} 0.55 \\ 0.07 \\ 0.01 \end{Bmatrix}} = 0.55\ \text{m}$$

$$u_{2,\max} = \sqrt{\begin{Bmatrix} 0.35 \\ 0.04 \\ 0.02 \end{Bmatrix}^T [r_{pq}] \begin{Bmatrix} 0.35 \\ 0.04 \\ 0.02 \end{Bmatrix}} = 0.35 \text{ m}$$

$$u_{3,\max} = \sqrt{\begin{Bmatrix} 0.16 \\ 0.05 \\ 0.02 \end{Bmatrix}^T [r_{pq}] \begin{Bmatrix} 0.16 \\ 0.05 \\ 0.02 \end{Bmatrix}} = 0.18 \text{ m}$$

마찬가지로 CQC방법에 의한 최대층력을 구하면 다음과 같다.

$$f_{S1,\max} = \sqrt{\begin{Bmatrix} 11.46 \\ 7.09 \\ 1.57 \end{Bmatrix}^T [r_{pq}] \begin{Bmatrix} 11.46 \\ 7.09 \\ 1.57 \end{Bmatrix}} = 13.47 \text{ kN}$$

$$f_{S2,\max} = \sqrt{\begin{Bmatrix} 10.95 \\ 6.4 \\ 6.08 \end{Bmatrix}^T [r_{pq}] \begin{Bmatrix} 10.95 \\ 6.4 \\ 6.08 \end{Bmatrix}} = 14.06 \text{ kN}$$

$$f_{S3,\max} = \sqrt{\begin{Bmatrix} 6.8 \\ 9.58 \\ 7.79 \end{Bmatrix}^T [r_{pq}] \begin{Bmatrix} 6.8 \\ 9.58 \\ 7.79 \end{Bmatrix}} = 14.09 \text{ kN}$$

최대밑면전단력 $V_{\max}$ 는 각 모드별로 최대밑면전단력 $V_{\max}^{(i)}$ 를 구해야 하며, 이것은 다음과 같이 된다.

$$V_{\max}^{(i)} = \frac{\lambda_i^2}{\mu_{ii}} \omega_i S_v^{(i)}(\omega_i, \xi_i) = \begin{Bmatrix} 29.17 \\ 8.87 \\ 3.28 \end{Bmatrix} \text{kN}$$

최대밑면전단력 $V_{\max}$ 는 다음과 같이 각 모드별 최대밑면전단력 $V_{\max}^{(i)}$ 를 CQC하여 구한다.

$$V_{\max} = \sqrt{\begin{Bmatrix} 29.17 \\ 8.87 \\ 3.28 \end{Bmatrix}^T [r_{pq}] \begin{Bmatrix} 29.17 \\ 8.87 \\ 3.28 \end{Bmatrix}} = 30.63 \text{ kN}$$

위의 세 가지 다른 합성방법에 의한 최댓값을 비교해보면, 절댓값의 합성방법인 ABS방법에 의한 값이 가장 크고, 제곱의 합의 제곱근 합성방법인 SRSS방법과 모드간의 상관도를 고려한 합성방법인 CQC방법에 의한 결과는 거의 같은 값을 보여주고 있다. 위의 예제구조물의 경우, 모드의 고유진동수가 서로 충분히 분산되어 있어서 상관도 계수행렬 $[r_{pq}]$ 가 단위행렬 $[I]$ 에 가깝다. 그러나 모드의 고유진동수가 서로 비슷하거나 약간 떨어져 있는 경우에는 SRSS방법과 CQC방법에 의한 결과는 차이가 있을 수 있으며, 결과 값에 있어서도 SRSS방법과 CQC방법 중에 어느 방법이 더 큰 값을 준다고 단정하기는 어렵다.

4.2.3 다지지점의 가진

(1) 개요

구조물이 한 점 이상에서 지지되어 있고 각각 지지점들에 서로 다른 지반운동[즉, 다지지점(多支持點) 가진, multiple support excitation]을 받고 있을 때, 구조물의 응답은 각각 독립된 지지점 입력에 기인한 응답을 중첩함으로서 구할 수 있다. 장대교량이나 원전의 파이핑계(piping system) 등과 같이 여러 점에서 지지되어 있는 구조물 즉, 다지지(다중지지) 구조물의 내진설계 시 각 지지점간의 상대적 거동의 영향을 고려한 지진 응답해석이 필요하다.

다지지 구조계의 내진설계 시에 그 구조설비 및 이를 수용하고 있는 구조물을 포함한 전체 구조물에 대하여 구조물의 기초에 지진하중을 입력하여 지진해석을 할 경우 정확한 결과를 얻을 수 있겠지만, 전체구조물에 대한 구조모델의 자유도수가 너무 커져서 방대한 계산시간이 요구되는 문제가 발생된다. 따라서 다지지 구조설비의 지진해석은 일반적으로 전체구조물에서 구조설비만을 분리시켜서 지진 응답해석을 하는 것이 효과적이다.

다지지 구조계의 지진 응답해석에 대한 과거의 연구 상황을 살펴보면, 1973년에 처음으로 카스와라(R. P. Kasswara)와 펙(D. A. Peck)에 의해서 시간영역해석이 수행되었고, 1983년에 펜지엔(J. Penzien) 등에 의해서 추계론적(stochastic) 해석이 실시되었다. 박연수(1986)는 **다지지 구조계**의 여러 지진해석 방법 중에 다중(multiple) 응답스펙트럼 해석법에 대하여 중점적으로 연구하였으며, 이 결과를 단일(single) 응답스펙트럼 해석법과 비교 연구하였다. 아울러 구조물의 동적특성 변화와 지지점의 구속조건 변화 및 파이프내의 유체의 영향에 대하여 연구하였다.

(2) 지진 시 다지지 구조계의 운동방정식

다지지 구조계가 서로 다른 크기의 지진하중을 받을 때, 이의 운동방정식을 구속되지 않는 자유도 $\{U_a(t)\}$와 구속된 자유도 $\{\overline{U_b}(t)\}$로 나누어 나타내면 다음과 같다.

$$\begin{bmatrix} M_a & 0 \\ 0 & M_b \end{bmatrix} \begin{Bmatrix} \ddot{U}_a(t) \\ \ddot{\overline{U_b}}(t) \end{Bmatrix} + \begin{bmatrix} C_{aa} & C_{ab} \\ C_{ab}^T & C_{bb} \end{bmatrix} \begin{Bmatrix} \dot{U}_a(t) \\ \dot{\overline{U_b}}(t) \end{Bmatrix} + \begin{bmatrix} K_{aa} & K_{ab} \\ K_{ab}^T & K_{bb} \end{bmatrix} \begin{Bmatrix} U_a(t) \\ \overline{U_b}(t) \end{Bmatrix} = \begin{Bmatrix} 0 \\ F_b(t) \end{Bmatrix} \quad (4.2.27)$$

여기서, $\{\ddot{U}_a(t)\}$, $\{\dot{U}_a(t)\}$, $\{U_a(t)\}$: 구속되지 않는 자유도의 절대가속도, 속도, 변위벡터

$\{\ddot{\overline{U_b}}(t)\}$, $\{\dot{\overline{U_b}}(t)\}$, $\{\overline{U_b}(t)\}$: 지지점에서 구속된 자유도의 입력가속도, 속도, 변위벡터

$\{F_b(t)\}$: 지지점의 반력벡터

$[M_a]$, $[C_{aa}]$, $[K_{aa}]$: 구속안된 $\{U_a(t)\}$에 대한 질량, 감쇠, 강성행렬

$[M_b]$, $[C_{bb}]$, $[K_{bb}]$: $\{\overline{U_b}(t)\}$에 대한 질량, 감쇠, 강성행렬

$[C_{ab}]$, $[K_{ab}]$: $\{U_a(t)\}$와 $\{\overline{U_b}(t)\}$의 상관관계를 나타내는 감쇠 및 강성행렬

식 (4.2.27)의 첫째부분은 다음과 같이 쓸 수 있다.

$$\begin{aligned}&[M_a]\{\ddot{U}_a(t)\}+[C_{aa}]\{\dot{U}_a(t)\}\\&+[K_{aa}]\{U_a(t)\}=-[C_{ab}]\{\dot{\overline{U_b}}(t)\}-[K_{ab}]\{\overline{U_b}(t)\}\end{aligned} \tag{4.2.28}$$

그리고 식 (4.2.27)의 둘째부분은 다음과 같이 쓸 수 있다.

$$\begin{aligned}&[M_b]\{\ddot{\overline{U_b}}(t)\}+[C_{bb}]\{\dot{\overline{U_b}}(t)\}+[K_{bb}]\{\overline{U_b}(t)\}\\&+[C_{ab}^T]\{\dot{U}_b(t)\}+[K_{ab}^T]\{U_b(t)\}=\{F_b(t)\}\end{aligned} \tag{4.2.29}$$

식 (4.2.28)에서 $\{U_a(t)\}$를 지지점의 변위 $\{\overline{U_b}(t)\}$에 의한 **유사정적변위**(pseudo-static displacement) $\{U_a^s(t)\}$와 지지점의 **동적거동** $\{\dot{\overline{U_b}}(t)\}$와 $\{\ddot{\overline{U_b}}(t)\}$에 의한 **동적변위** $\{U_a^d(t)\}$로 나누어 다음과 같이 생각할 때

$$\{U_a(t)\}=\{U_a^s(t)\}+\{U_a^d(t)\} \tag{4.2.30}$$

유사정적변위 $\{U_a^s(t)\}$는 다음과 같이 유도될 수 있다.

$$[K_{aa}]\{U_a^s(t)\}=-[K_{ab}]\{\overline{U_b}(t)\} \tag{4.2.31}$$

또는

$$\{U_a^s(t)\}=[H_{ab}]\{\overline{U_b}(t)\} \tag{4.2.32}$$

여기서,

$$[H_{ab}]=-[K_{aa}]^{-1}[K_{ab}] \tag{4.2.33}$$

식 (4.2.30)과 식 (4.2.32)를 식 (4.2.28)에 대입하면, 동적변위 $\left\{U_a^d(t)\right\}$는 다음과 같이 구할 수 있다.

$$\begin{aligned}&[M_a\ ]\left\{\ddot{U}_a^d(t)\right\}+[C_{aa}]\left\{\dot{U}_a^d(t)\right\}+[K_{aa}]\left\{U_a^d(t)\right\}=\\&-[M_a][H_{ab}]\left\{\ddot{\overline{U}}_b\{t\}\right\}-([C_{ab}]+[C_{aa}])[H_{ab}]\left\{\dot{\overline{U}}_b(t)\right\}\end{aligned} \tag{4.2.34}$$

식 (4.2.34)에서 **강성행렬**과 **감쇠행렬**이 다음과 같이 비례적인 관계가 있다고 가정하면

$$[C_{aa}]=\gamma[K_{aa}],\ [C_{ab}]=\gamma[K_{ab}] \tag{4.2.35}$$

위 식의 가정은 감쇠행렬의 정확한 산출이 실제적으로 불가능하여 래일리 감쇠(Rayleigh damping)와 같이 질량이나 강성행렬에 비례하는 형태가 많이 사용된다는 점을 감안할 때, 비례상수 γ를 적절히 산정한다면 매우 타당한 가정이라 하겠다.

식 (4.2.34)의 우변의 두 번째 항이 0(zero)이 되어, 다음과 같이$\left\{U_a^d(t)\right\}$가 지지점의 지진 가속도 $\left\{\ddot{\overline{U}}_b(t)\right\}$로만 나타내지는 간단한 운동방정식을 얻게 된다.

$$\begin{aligned}&[M_a\ ]\left\{\ddot{U}_a^d(t)\right\}+[C_{aa}]\left\{\dot{U}_a^d(t)\right\}+[K_{aa}]\left\{U_a^d(t)\right\}\\&=-[M_a][H_{ab}]\left\{\ddot{\overline{U}}_b\{t\}\right\}\end{aligned} \tag{4.2.36}$$

다지지점을 가진 구조계와 일반적인 단일지지점을 가진 구조계의 지진 응답해석 시 다른 점은, 식 (4.2.36)의 지진하중항인 우변의 영향계수행렬 $[H_{ab}]$와 입력지진의 벡터 $\left\{\ddot{\overline{U}}_b(t)\right\}$가 단일지지점을 가진 구조계에서는 식 (4.2.3)의 우변 항처럼 각각 영향계수벡터 $\{1\}$과 입력지진이 하나인 $\ddot{\overline{U}}_b(t)$로 바뀐다는 것이다. 따라서 (4.2.36)의 다지지계의 운동방정식을 앞의 4.2.1절과 4.2.2절에서 이미 설명한 **시간이력해석법** 또는 **응답스펙트럼법**과 비슷한 방법으로 풀면, 다지지 구조물에 대한 지진 시의 변위응답과 부재력이 구해진다. 여기서 유사정적변위 $\left\{U_a^s(t)\right\}$와 관련된 부재응력은 식 (4.2.32)처럼 지지점의 **정적변위**와 관련되어 있어 그 크기가 제한되는 특성을 가지고 있으므로, 실제 구조물의 설계 시에는 이를 2차응력이라고 하여 **동적변위** $\left\{U_a^d(t)\right\}$에 의한 부재응력과 분리하여 해석한다.

|4.2 다자유도계의 지진 응답해석| 연습문제

4.2.1 그림 4.1.1의 구조물이 $m=560\text{kN}\cdot\sec^2/\text{m}$, $k=8{,}000\text{kN/m}$, $c=200\text{kN}\cdot\sec/\text{m}$의 특성치를 갖을 때, 그림 4.1.8의 응답스펙트럼을 갖는 지진에 의하여 발생되는 구조물의 최대변위 $\max|u(t)|$ 와 최대 밑면전단력 $V_{\max}$를 구하시오.

4.2.2 다음 그림과 같은 균질한 켄틸레버기둥이 $\overline{m}=0.8\text{kN}\cdot\sec^2/\text{m}^2$, $EI=4\times10^5\text{kNm}^2$, $L=20\text{m}$를 갖고, 그리고 형상함수가 $\phi(x)=1-\cos\left(\dfrac{\pi x}{2L}\right)$라고 할 때, 만약 그림 4.1.8의 응답스펙트럼($\xi=0.02$)을 갖는 지반운동을 받는다면

1) 꼭대기층의 최대변위, 최대 밑면모멘트, 최대 밑면전단력을 구하시오.
2) 중간층에서 최대변위, 모멘트, 전단력을 구하시오.

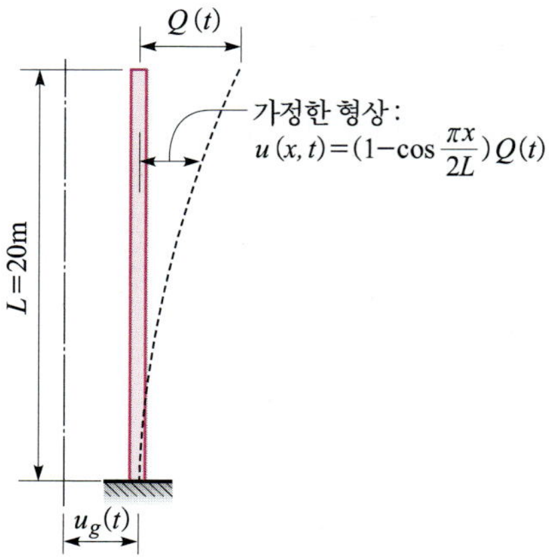

그림 연습문제 4.2.2

4.2.3 그림 예제 4.2.2 (a)와 비슷한 3층 전단빌딩이 $[m]=\begin{bmatrix}30&0&0\\0&30&0\\0&0&30\end{bmatrix}\text{kN}\cdot\sec^2/\text{m}$, $[\phi]=\begin{bmatrix}1.00&1.00&1.00\\0.55&-1.52&-6.26\\0.20&-0.87&12.10\end{bmatrix}$, $\{\omega\}=\begin{Bmatrix}3.9\\9.2\\15.3\end{Bmatrix}\text{rad/sec}$의 동적특성치를 갖을 때, 3개 모드에 대한 지진 속도응답적분 $\{v(t_1)\}$이 다음과 같을 경우 시간 t_1에서 각층의 변위, 전복모멘트, 전단력을 구하시오. 단, 각층의 높이는 3.5m이다.

$$\{v(t_1)\}=\begin{Bmatrix}0.41\\-0.15\\0.23\end{Bmatrix}\text{m/sec}$$

4.2.4 연습문제 4.2.3의 구조물과 동적특성치에 대하여, 3개 모드에 대한 지진 가속도응답스펙트럼 $\{S_a\}$가 다음과 같다.

$$\{S_a\} = \begin{Bmatrix} 2.90 \\ 1.55 \\ 3.86 \end{Bmatrix} \mathrm{m/sec^2}$$

1) 각각의 진동모드에 대하여, 각층의 최대변위, 전복모멘트, 전단력을 구하시오.
2) 제곱의 합의 제곱근 합성방법(square root of sum square method, SRSS방법)을 사용하여 1)의 각 모드의 응답에 대해 전체 최댓값(각층의 최대층변위, 최대층전복모멘트, 최대층전단력)을 근사적으로 구하시오.

4.2.5 아래 그림과 같이 구조물을 2자유도계로 이상화하고, 구조물의 진동 모드행렬 $[\phi]$와 진동수 $\{\omega\}$도 아래에 보여준 것과 같다. 2개 모드에 대한 지진 속도응답스펙트럼은 $\{S_v\} = \begin{Bmatrix} 0.4 \\ 0.6 \end{Bmatrix} \mathrm{m/sec}$ 라고 가정한다. 다음의 각항의 방향으로 지진하중이 입력될 때, 기둥의 기초부에서 발생되는 최대 밑면모멘트를 제곱의 합의 제곱근 합성방법(SRSS방법)을 사용하여 구하시오.

1) 수평방향
2) 수직방향
3) 경사축 $z-z$방향

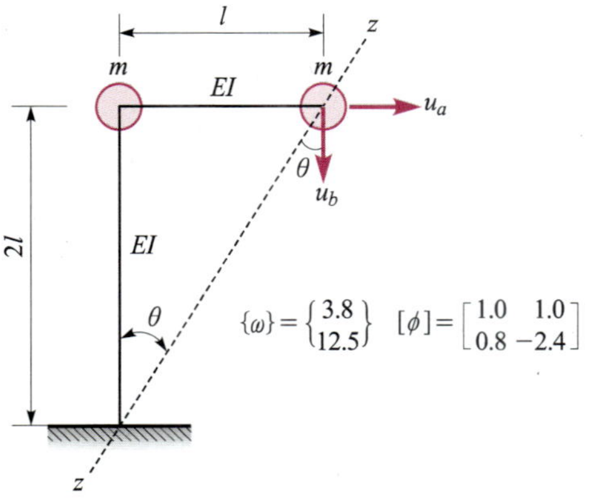

그림 연습문제 4.2.5

4.2.6 다음 그림과 같이, 150mm의 콘크리트 강체슬래브가 4개의 H형강 기둥에 의하여 정해진 위치와 방향으로 지지되어 있다. 또한, 이 구조물의 질량행렬과 진동특성치는 그림과 같다. 질량행렬과 모드행렬은 그림에 표시된 것처럼 슬래브의 도심좌표에 대하여 표현된 것이다. 그림 4.1.8의 응답 스펙트럼 속도 S_v를 갖는 지진이 u_1방향으로 작용할 때, 진동의 첫 번째 모드에서 각 기둥 꼭대기의 최대 동적변위를 구하시오. 단, 기둥의 무게는 무시한다.

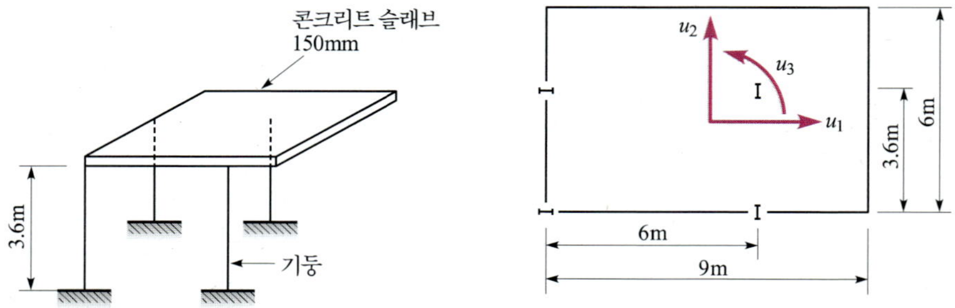

(a) (b) 평면도

$$\{\omega\}=\begin{Bmatrix}17\\20\\25\end{Bmatrix}\qquad [\phi]=\begin{bmatrix}2.5 & -0.02 & 2.5\\ 0.03 & 2.5 & -0.03\\ -0.64 & 0.006 & 1.01\end{bmatrix}\begin{matrix}\text{(m)}\\ \text{(m)}\\ \text{(rad)}\end{matrix}$$

$$[m]=\begin{bmatrix}20\times10^3\text{kN}\cdot\text{sec}^2/\text{m} & 0 & 0\\ 0 & 20\times10^3\text{kN}\cdot\text{sec}^2/\text{m} & 0\\ 0 & 0 & 20\times10^4\text{kN}\cdot\text{sec}^2/\text{m}\end{bmatrix}$$

그림 연습문제 4.2.6

4.2.7 다음 그림과 같이, 우주로켓의 발사 플랫폼을 집중질량 타워로서 이상화하였다. 진동의 첫 두 번째 모드형상 $[\phi]$와 진동수 $\{\omega\}$가 아래에 보여준 것과 같을 때, 조화 수평 지반가속도 $\ddot{u}_g = A_1 \sin\omega_e t$(여기서, $A_1 = 2\text{m/sec}^2$, $\omega_e = 8\text{rad/sec}$)로 인하여 이 타워의 기초부분에서 발생되는 최대모멘트를 결정하시오. 단, 감쇠를 무시하고 단순히 정상상태 응답만을 고려한다.

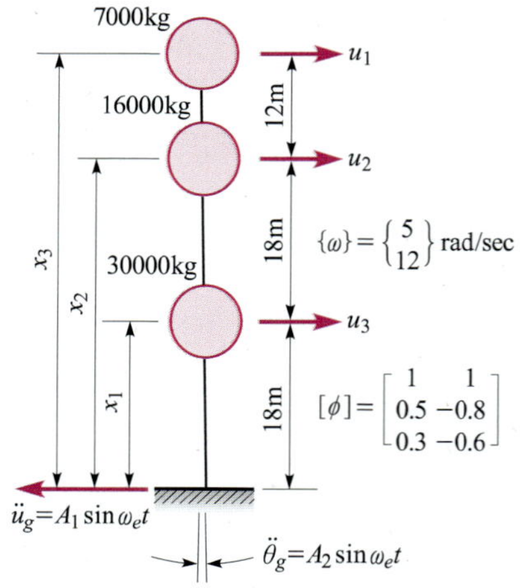

그림 연습문제 4.2.7

4.2.8 입력지진으로 조화 수평 지반가속도 대신에 조화 회전 지반가속도 $\ddot{\theta}_g = A_2 \sin\omega_e t$(여기서, $A_2 = 0.05\text{rad/sec}^2$, $\omega_e = 8\text{rad/sec}$)로 가정하고, 연습문제 4.2.7를 다시 계산하시오.

4.3 내진설계

4.3.1 지진학의 배경

(1) 지진의 원인

지구는 크게 **지각**(crust), **맨틀**(mantle), **외핵**(outer core), **내핵**(inner core)의 4개 층으로 구성되어 있다(그림 4.3.1참조). 지각은 지구의 맨 바깥쪽 부분으로 흙과 가볍고 단단한 암석으로 되어 있으며, 대륙지각의 평균 두께는 35km 정도이고 해양지각의 평균 두께는 5km 정도이다. 지구 내부 부피의 약 80%를 차지하는 맨틀은 지각 하부로부터 약 2,900km까지를 말하며 지각보다 무거운 고체 상태의 물질로 구성되어 있다[그림 4.3.1에서 암석권의 두께는 100km 정도(암석권=지각+가장 상부의 맨틀), 연약권은 맨틀이 약간 녹거나 무르게 된 현상 곳으로 연약권의 두께는 100 ~ 250km 정도임]. 지하 2,900km에서 5,140km까지는 액체로 추정되는 물질로 구성되어 있는 외핵이 있다. 그리고 지하 5,140km에서 지구중심까지는 큰 압력을 받아 고체상태가 된 것으로 추정되는 내핵이 있다. 일반적으로, 지구는 내부로 들어갈수록 온도와 압력이 커진다.

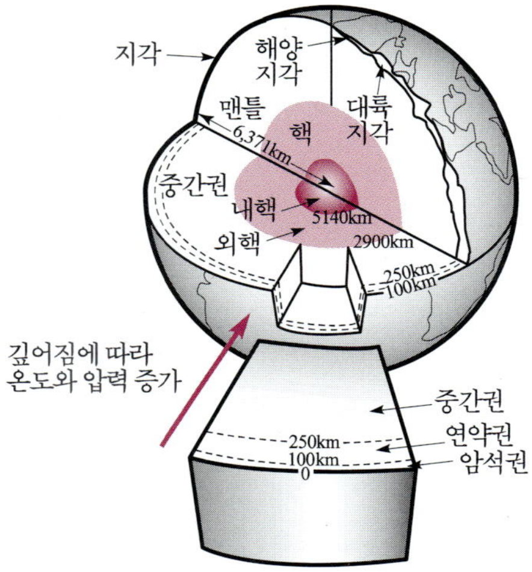

그림 4.3.1 지구의 내부구조

2011년 3월 11일에 발생한 규모 **동일본대지진**(규모 9.0)은 지구를 구성하는 지각의 일부인 태평양판의 암반이 유라시아판과의 사이에 끼어 있는 북아메리카판(북미판)의 암반 밑으로 파고들면서 태평양판과 북아메리카판(북미판)의 경계지점에서 발생한 **역단층형 지진**이다(그림 4.3.2, 4.3.3 참조). 그리고 네팔, 인도, 파키스탄에서의 대부분의 지진은 인도양판과 유라시아판이 충돌하면서 일어난다. 이러한 지진의 원인인 그림 4.3.3과 같은 **단층**(fault)의 활동에 의해 암석의 파괴가 일어난 지점을 **진원**(hypocenter)이라 한다. 실제로 진원은 깊이의 개념이 포함되어 있고 암석 파괴가 발생한 범위는 수 십 km에서 수 백 km에 이르므로 지진파의 전부가 한 점에서 일어난 것이라고 할 수 없으며, 지진은 일정한 넓이를 가진 영역에서 일어나 것으로 생각하여 그것이 일어난 영역을 진원역이라 한다. 진원은 진원역 중에서 최초로 지진파가 일어난 점 즉, 지진이 최초로 시작된 점을 말한다. 한편, 진원의 바로 위 지표면의 지점을 **진앙**(epicenter)이라 한다. 진앙은 위도와 경도로 나타내고, 진원은 진앙의 위도와 경도 그리고 **진원깊이**(focal depth, hypocentral depth, 진원과 진앙 사이의 거리)로 나타낸다. 참고로, **진원거리**(focal distance, hypocentral distance)는 진원과 관측점 사이의 거리를 말하고, 진앙거리(epicentral distance)는 진앙과 관측점 사이의 거리를 말한다.

이러한 지진들은 최초로 일어난 지점 즉, 진원의 깊이에 따라 그림 4.3.2 (b)처럼 **천발지진**, **중발지진**, **심발지진**으로 구분하기도 한다. 지표로부터 깊이 70km이내에서 발생한 지진을 천발지진, 300 ~ 700km에서 발생한 지진을 심발지진 그리고 그 중간 깊이에서 발생한 지진을 중발지진이라 한다. 지진에 의해서 발생하는 총 에너지의 약 75%는 천발지진에 의해서 방출되고, 3% 정도만이 심발지진에 의해서 방출되는 것으로 알려져 있으며, 인간에게 피해를 주는 지진들은 대부분 깊이 40km 이하인 천발지진이다. 참고로, 우리나라와 같이 유라시아판 내륙에서 발생하는 지진은 대부분이 천발지진이다.

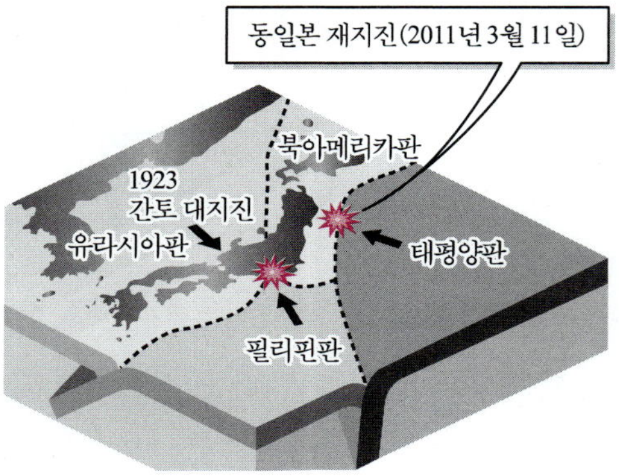

(a) 지각판 구조

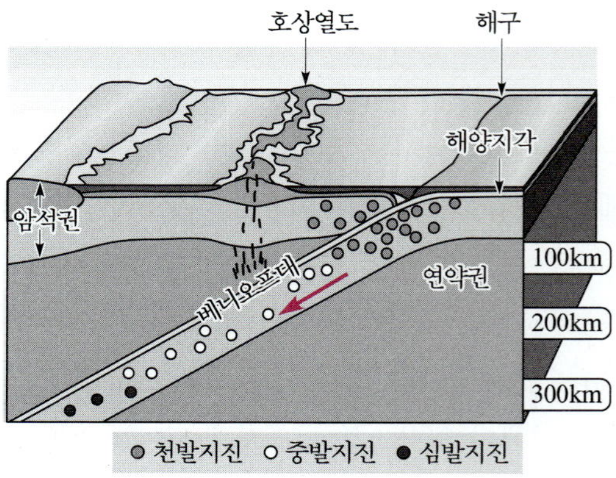

(b) 천발지진, 중발지진, 심발지진

그림 4.3.2 지진과 판(plate)운동

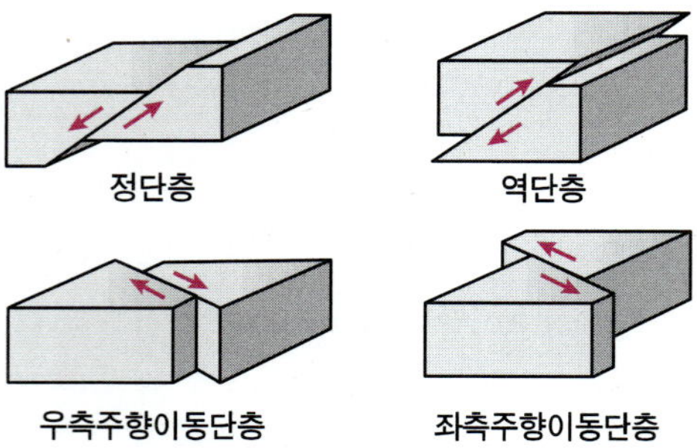

(a) 단층의 파괴 형식

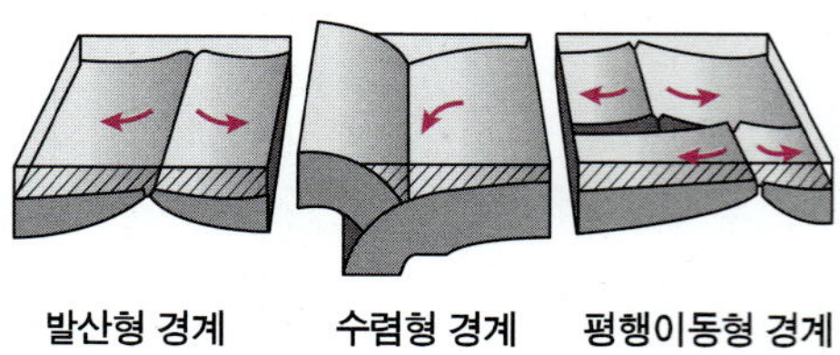

(b) 판 경계와 단층의 파괴 형식

그림 4.3.3 지진의 원인인 단층의 파괴 형식

지진이 어떻게 발생하는지를 설명하는 이론은 여러 가지 있으나, 그 가운데 대표적인 것이 미국의 리드가 발표한 **탄성반발이론**(elastic rebound theory)이다. 이 이론에 의하면, 지진은 부서지기 쉬운 성질을 갖고 있는 지각 안의 어느 곳에 변형에너지가 서서히 축척되다가 암석의 파괴강도를 넘게 되면, 그림 4.3.3과 같은 단층작용에 의해서 급격히 파괴되면서 에너지를 방출한다는 것이다. 그러나 그림 4.3.2 (b)에 보여준 **와타니-배니오프대**(Watani-Benioff zone)를 따라 서서히 침강하는 부서지기 쉬운 성질의 지각판이 고온·고압 하의 맨틀에서는 부드러운 연성으로 바뀌기 때문에, 이 이론으로는 심발지진의 원인까지 설명하기가 어렵다. 지금까지 관측된 지진 가운데 가장 깊은 곳에서 발생한 것은 약 720km 깊이에서 발생한 것으로 알려져 있다.

1912년 독일의 지질학자 알프레드 베게네(Alfred Wegener)는 지진의 발생 원인으로 **판구조론**(plate tectonics)를 제시하였다. 판구조론에 의하면, 지각은 여러 개의 판[6개의 큰 판(유라시아판, 태평양판, 아메리카판, 인도판, 아프리카판, 남극판)과 몇 개의 작은 판(필리핀판, 카리브판, 코코스판, 나스카판 등)]으로 구성되어 지구의 표면을 덮고 있고, 이들 판이 움직이면서 충돌・섭입을 하여 지진이 발생한다는 것이다. 즉, 지구 내부에서 작용하는 힘에 의해서 연간 수십 mm정도의 속도로 판들이 서로 움직이고, 그 결과 지진현상, 화산작용, 마그마(magma)의 형성, 습곡산맥 형성 등의 각종 지각변동을 일으킨다는 학설이 판구조론이다. 한편, 20세기 후반에 캐나다의 지질학자 윌슨은 맨틀의 순환과 판의 이동을 그림으로 설명하였다(그림 4.3.4 참조).

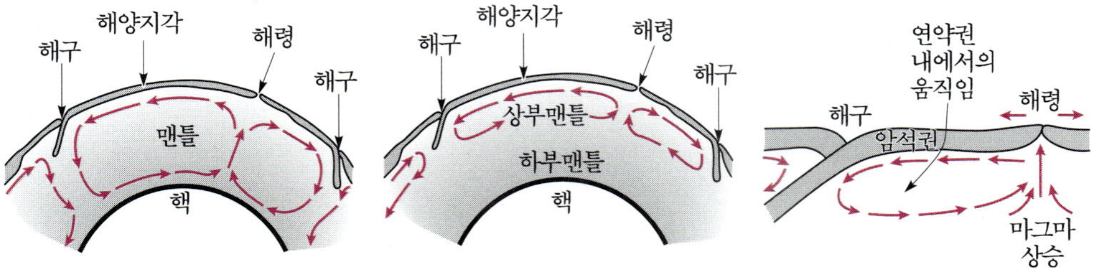

(a) 한 층 모델 (b) 두 층 모델 (c) 맨틀의 순환과 판의 이동

그림 4.3.4 윌슨에 의한 맨틀의 대류 현상

우리나라 주변에서 발생하는 지진들은 대부분이 깊이 10 ~ 15km에서 발생하는 천발지진인데, 지진피해가 적은 것은 규모가 5이하로 작았기 때문이다. 그러나 2016년 9월 12일에 발생한 경주지진은 규모가 5.8로 전국적으로 공포감을 확산시키기도 했다. 또한, 동해북부 청진 앞바다에서는 가끔 깊이 500km 이하에서 규모 6이상의 심발지진이 일어나기도 한다.

미국지질조사국(USGS)이 10년 동안(1900 ~ 2000년) 우리나라와 일본 주변에서 발생한 주요 지진들을 깊이에 따라 조사를 실시했다. 태평양과 유라시아판이 직접 충돌하는 경계선에서는 천발지진이 많지만, 동해 쪽으로 가면서 심발지진이 일어났다. 해마다 약 80mm의 속도로 북서진하는 태평양판의 일부는 일본열도 밑으로 침강하면서 극심한 지진을 발생시키다가 결국 동해의 깊은 곳에서 생을 마감하는 셈이다.

유라시아판 위에 있는 우리나라는 유라시아판 · 태평양판 · 필리핀판이 만나는 환태평양 지진대에서 벗어나 있어 대규모 지진으로부터는 비교적 안전한 것으로 알려져 있다. 그러나 한국지질자원연구원에서는 1995년 말 서해안 굴업도 주변에서 우리나라 최초의 **활성단층**(active fault)이 확인되는 등 한반도에 다양한 형태의 단층이 수없이 존재하고 있다며 지진 발생 가능성을 예고했다. 참고로, 우리나라에서는 규모 3이상의 지진이 연평균 10회 정도 발생하고 있는 실정이다. 특히, 2016년 9월의 **경주지진**의 **본진**(main shock)은 규모 5.8 지진으로, **여진**(after shock)이 무려 640회가 넘게 관측되어 지진에 대한 경각심을 고조시켰다.

(2) 지진파와 지진동

지진파는 지구의 내부를 통과하여 전파하는 **실체파**(body wave)와 매질의 자유표면인 지표면과의 상호작용으로 인하여 생성된 **표면파**(surface wave)로 구성되어 있다. 실체파에는 부피의 변화를 일으키는 **P파**(primary wave)와 형태의 변화를 일으키는 **S파**(secondary wave)가 있으며, P파와 S파는 전파속도가 차이가 난다. 즉, 지진이 발생하면 맨 먼저 P파가 계측되고, 그 다음에 S파가 계측된다. 이러한 P파와 S파의 계측시간의 차이를 PS시라 하며, S파가 계측된 이후의 진동을 **주진동**(main vibration)이라 한다. PS시는 관측지점이 진원지로부터 멀어질수록 커지는 경향이 있으므로, 이러한 특성을 이용하면 진앙의 위치 등을 근사적으로 추정할 수 있다. 표면파는 파동속도가 가장 느린 **레일리파**(Rayleigh wave, R파)와 **러브파**(Love wave, L파)로 구성되어 있다. 러브파의 속도는 위층 S파 속도와 아래층 S파 속도의 중간 정도이고 위층의 두께와 파장과의 비로 정해지므로 지각두께의 연구에 사용된다.

이러한 파동의 종류의 특성을 요약하면 다음과 같다.

1) P파(x방향)

- 지진 에너지 중 수평력 성분이 전달되는 실체파로 지반의 매질이 압축과 이완의 반복작용으로[그림 4.3.5 (a) 참조] 에너지가 전달되며 지진파중 제일 먼저 도달한다.
- 파의 진행방향과 진동의 방향이 같다.

2) S파(z방향)

- 지진 에너지중 수직력 성분이 전달되는 실체파로 지반의 매질이 상하의 반복작용으로 [그림 4.3.5 (b) 참조] 에너지가 전달된다.
- 하늘과 땅의 방향으로 진동한다.

3) L파(y방향)

- 지진 에너지가 지표면에 전달되는 표면파로 수직 움직임이 없고 표면에서 S자 모양의 수평 움직임만 전달된다.
- 파의 진행방향과 직각으로 진동한다.

4) R파(타원운동)

- 지진 에너지가 지표면에 전달되는 표면파로 바다의 파도와 같은 파이고, L파와 달리 z방향과 x방향으로 에너지가 전달되어 입자는 타원운동을 한다.

5) 특징

- 실체파인 P파와 S파는 지구내부를 통과한다. 단 S파는 액체인 외핵을 통과하지 못한다.
- 표면파인 L파와 R파는 지구내부를 통과하지 못한다.

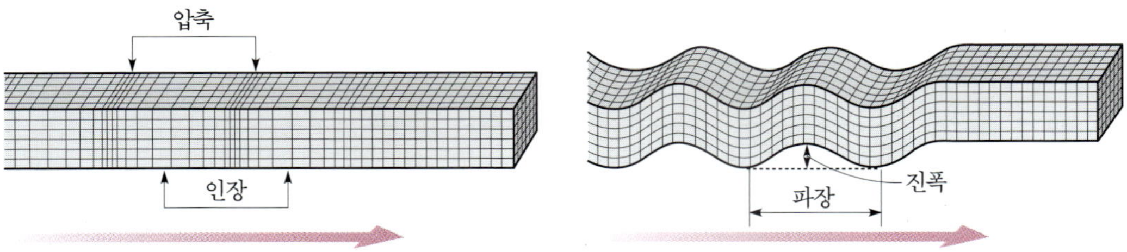

(a) P파　　(b) S파

그림 4.3.5 파동의 종류

지진파의 지면의 진동 즉, **지진동**은 그림 4.3.6과 같이 변위, 속도, 가속도 등으로 표현할 수가 있다. 여기서 속도는 변위의 시간 변화율로 표시되고, 가속도는 속도의 시간 변화율로 표시된다. 그림 4.3.6은 1978년에 관측된 일본 미야기현오키(宮城縣沖)지진에 의한 지진동의 남북(N-S)방향 성분이다. 여기서, 가속도 1gal은 1cm/sec^{2}을 나타낸다. 강진기록은 보통 지반가속도로 계측되고 수평동 2개(N-S, E-W) 성분과 상하동 1개 성분의 총 3성분이 동시에 기록되며, 기록은 0.01초 정도의 짧은 시간간격으로 계측·저장된다. 그림 4.3.6에서 보정된(corrected) 가속도 파형은 원기록(original) 가속도 파형보다 단주기 성분이 강조된 것으로, 구조물의 동적해석용으로 보통 보정된 가속도 파형이 사용된다. 일반적으로 지진동의 자세한 성질을 파악하기 위해서는 가속도가 좋고, 큰 관점에서 지진동의 성질을 파악하는 데는 변위가 좋다.

지진동의 성질을 설명하는 방법에는 두 가지 방법이 있다. 하나는 시간과 함께 진폭이 어느 정도로 변화하는가를 즉, **시계열**(time history)을 보는 방법과 또 다른 하나는 지진동의 전체가 어느 정도의 진동수의 성분을 가지고 있는 가를 스펙트럼을 보는 방법이다. 특히, 구조물들은 흔들림(진동)이 많이 발생하는 각기 다른 고유진동수를 가지고 있으므로, 스펙트럼에 의한 지진동과 구조물의 상관 특성을 파악하는 것이 중요하다.

그림 4.3.7 (a), (b)는 각각 일본 구시로오키(釧路沖)지진(1993)과 고베(神戶)대지진(阪神대지진, 1995)의 시계열 가속도 파형을 보여주고 있다. 그리고 그림 4.3.7 (c)에서는 2개 지진의 응답스펙트럼을 비교하였다. 이들 그림으로부터, 구시로지진파은 단주기의 진동 성분이 길게 계속되고 있는 것을 알 수 있고, **고베대지진파**는 큰 진동이 생기고 나서 5초 이내에 진폭이 작게 되는 충격파와 같은 특성을 보여주고 있다. 이러한 지진동의 시간적 변화 특성은 지진 시 구조물의 피해와 직접적으로 관계가 있으므로, 시간에 따른 진폭의 변화를 파악하는 것도 매우 중요하다.

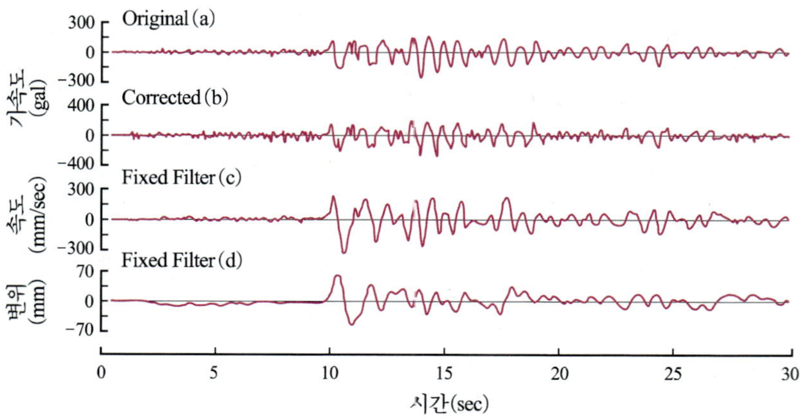

그림 4.3.6 1978년 일본 미야기현에서 관측된 강진기록

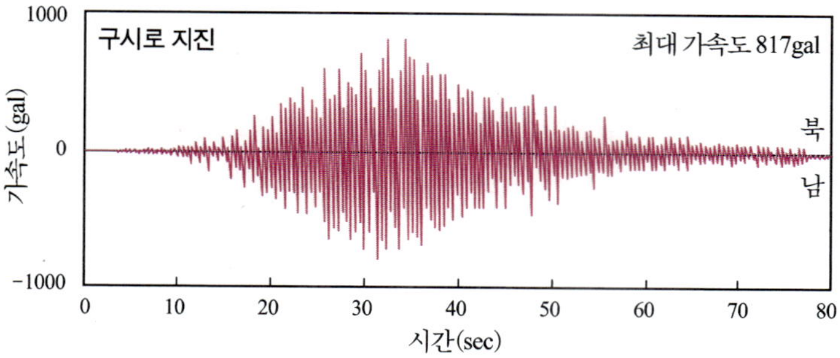

(a) 일본 구시로지진의 가속도 시간이력파형

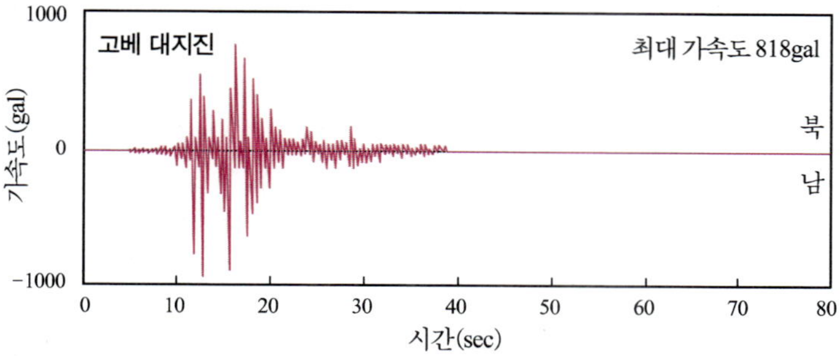

(b) 일본 고베대지진의 가속도 시간이력파형

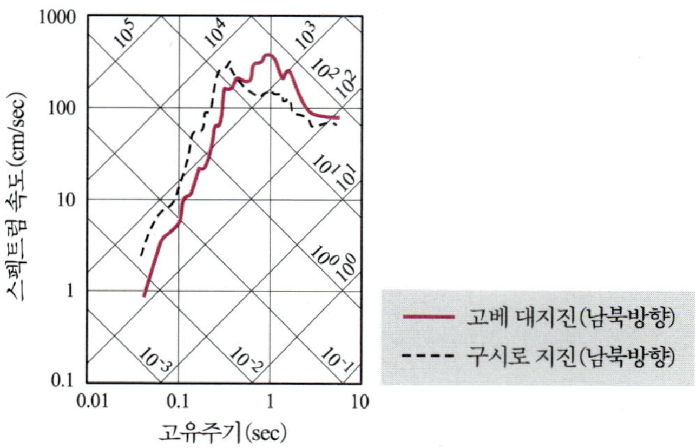

(c) 구시로지진과 고베대지진의 응답스펙트럼

그림 4.3.7 관측된 지진의 가속도 시간이력파형과 응답스펙트럼

(3) 지진의 규모와 진도

2016년 9월 12일 8시 32분에 진원깊이 10km에서 발생한 경주지진은 규모(magnitude, 매그니튜드) 5.8의 지진으로, 진도 3[일본에서 사용 중인 진도 계급(Japan Meteorological scale, JMA scale), **수정 머칼리 진도 계급**[Modified Mercalli(Intensity) scale, MMI scale, MM scale)의 경우는 진도 3~4정도]에 해당한다. JMA 진도 3은 "약진으로 가옥이 흔들리고, 물건이 떨어지고, 그릇에 담긴 물이 진동함"의 수준이다.

규모는 **지진 에너지**의 크기를 숫자로 나타낸 것으로 약자는 M으로 사용한다. M이 1증가하면 에너지는 30배가 되고, M이 2증가하면 에너지는 30×30배가 된다. 예를 들어 M8.5 정도가 되면 지구상에서 일어나는 최대급의 지진중의 하나라고 할 수 있는데, 이 에너지는 10만kw발전소가 약 100년 걸려서 발전하는 전력에 상당한다. M6정도는 1945년 8월 일본 히로시마에 투하된 원자폭탄과 같은 에너지이다. 참고로, M1은 TNT 60톤 정도의 에너지에 상당한다.

한편, **진도**(seismic intensity)는 I~XII까지 12단계로 나누어 발표하지만, 진도를 정할 장소에서 계기를 사용해 측정하는 것이 아니고 몸으로 느낀 동요의 강도, 물체의 흔들림 정도, 피해 상황에 따라 판단하는 것이다. 사람이 지진이라고 느낄 수 있는 것은 진도 2이상이고, 진도 3~4가 되면 대부분의 사람이 놀라게 된다. 진도 6이상이면 가옥이 피해를 입거나 큰 재해가 발생한다. 이러한 진도의 대소는 보통 지진의 규모, 일어난 **진원**으로부터 지표면까지의 거리에 따라 달라지지만 지반의 성질이나 지하의 구조에 따라 크게 좌우된다. 일본 주변에서 일어나는 지진은 지구상에서 일어나는 지진의 약 10%로, 통계적으로 보면 M8 이상은 10년에 1회 정도, M7 정도는 년 1회, M6의 지진은 년 10회, M5가 되면 연 100회 정도 발생하고 있다.

이러한 지진의 규모와 진도의 특성을 요약하면 다음과 같다.

1) 지진의 규모(절대값)

- 지진에 의해서 방출되는 총 에너지의 크기를 기준으로 지진의 크기를 정량적으로 표현한다.
- 진도와는 달리 계측기를 통해서 측정되는 객관적인 물리량이며, 진앙지의 거리와 무관한 절대적 개념의 단위이다.
- 지진의 규모는 일반적으로 모멘트 규모를 많이 사용하고, 지진파의 에너지 E와 규모 M의 관계는 다음과 같은 실험식으로 나타내는 것이 보통이다. 단 E는 erg($=10^{-7}$N·m) 단위를 갖는다.

$$\log E = 1.5M + 11.8 \quad (4.3.1)$$

2) 지진의 진도

- 지반진동의 세기를 사람이 느끼거나 구조물의 피해정도를 기준으로 등급화한 것으로, 주관적인 요소가 포함되며 해당지역의 사회적 여건이나 건설·환경에도 영향을 받는다.
- 지반의 흔들림(진동)은 진앙지에서 멀어질수록 약해지므로 진도도 작아진다.
- 종류는 일본의 JMA 진도 계급과 미국의 MMI 진도 계급 등이 있다.

3) 특징

- 미국의 지질학자 **리히터(C. F. Richter)**는 미국 남부 캘리포니아지역에서 발생한 **국지지진**(local earthquake)의 크기를 정량화하면서 처음으로 규모의 개념을 도입하였으며, 그 이후로 국지지진의 규모를 리히터 규모(Mag)라고 한다.
- 규모는 진앙거리 100km인 장소에서 기록된 지진파의 최대진폭의 크기를 이용하여 계산한다.
- 지진의 수정 머칼리 진도(MMI), 최대지반가속도[A(cm/sec^2)], 리히터 규모(Mag)의 전형적인 관계는 다음과 같으나, 지진파가 전파되는 매질의 특성과 지진이 발생한 지역에 따라 이들 관계식의 값이 달라질 수 있다.

$$\log A = 0.3MMI + 0.014 \quad (4.3.2)$$

$$Mag = \frac{1}{2}MMI + 1.75 \quad \text{(미국 동부지역 경험식)} \quad (4.3.3)$$

$$Mag = \frac{2}{3}MMI + 1 \quad \text{(미국 서부지역 경험식)} \quad (4.3.4)$$

- 표 4.3.1은 규모(M), 진도(MMI), 최대가속도의 전형적인 관계를 보여주고 있다.

현재 우리나라에서 사용 중인 진도 측정 방식은 "**수정 머칼리 진도 계급**"인데, 표 4.3.2와 같이 12단계로 표현하고 있다.

표 4.3.1 규모, 진도, 최대가속도의 관계

규모	진도	평균최대가속도(g) [평균속도(cm/sec(=kine))]
1~3	I instrumental	0.015~0.02g [1~2cm/sec]
3~3.9	II weak	
	III slight	
4~4.9	IV moderate	
	V rather strong	0.03~0.04g [2~5cm/sec]
5~5.9	VI strong	0.06~0.07g [5~8cm/sec]
	VII very strong	0.1~0.15g [8~12cm/sec]
6~6.9	VIII destructive	0.25~0.3g [20~30cm/sec]
	IX violent	0.5~0.55g [45~55cm/sec]
7이상	X intense	0.6g이상 [60cm/sec이상]
	XI extreme	
	XII catastrophic	

표 4.3.2 수정 머칼리 진도 계급(MMI scale)

진도	설명
I	미세한 진동, 특수한 조건에서 극히 소수 느낌
II	실내에서 극히 소수 느낌
III	실내에서 소수 느낌, 매달린 물체가 약하게 움직임
IV	실내에서 다수 느낌, 실외에서는 감지하지 못함
V	건물 전체가 흔들림, 물체의 파손, 뒤집힘, 추락, 가벼운 물체의 위치 이동
VI	똑바로 걷기 어려움, 약한 건물의 회벽이 떨어지거나 금이 감, 무거운 물체의 이동 또는 뒤집힘
VII	서 있기 곤란함, 운전 중에도 지진을 느낌, 회벽이 무너지고 느슨한 적재물과 담장이 무너짐
VIII	차량운전 곤란, 일부 건물 붕괴, 사면이나 지표의 균열, 탑 · 굴뚝 등의 구조물 붕괴
IX	견고한 건물의 피해가 심하거나 붕괴, 지표의 균열이 발생하고 지하 파이프관 등의 지하 시설물 파손
X	대다수 견고한 건물과 구조물 파괴, 지표균열, 대규모 사태, 아스팔트 균열
XI	철로가 심하게 휨, 구조물 거의 파괴, 지하 파이프관 작동 불가능
XII	지면이 파도 형태로 움직임, 물체가 공중으로 튀어 오름

2016년 양산단층에서 발생한 **경주지진**의 규모는 5.8이었다. 만약 **진도**가 5.8이었다면 참혹한 결과였을 것이라고 말하는 사람도 있다. 따라서 앞으로 지진을 표현할 때 "지진의 규모가 5.8이었으며 진도는 3이었다고 나타내야지 "지진의 진도가 5.8이라고 표현하면 큰 오류를 범하게 된다.

2016년 9월 12일 경북 경주에서 규모 5.8의 지진이 발생한 후, **여진**이 무려 640회에 달했다. 한국기상청에 따르면, 경주 여진은 2016년 9월 20일 오전 10시까지 401회로 집계됐다. 규모별로 보면 1.5~3.0이 385회로 가장 많고, 3.0~4.0이 14회, 그리고 4.0~5.0이 2회 등이다. 이 같은 경주 여진의 발생횟수는 2004년부터 2010년까지 7년 동안 일어난 지진(396회)을 뛰어넘은 것이다. 그만큼 여진의 빈도가 잦아졌다는 이야기다. 특히, 2016년 9월 12일 경주의 본진 이후 여진 강도가 약해졌다가 일주일 후인 2016년 9월 19일 밤 경북 경주시 남남서쪽 11km지역에서 갑자기 상대적으로 강도가 큰 규모 4.5의 지진이 발생해 전국적으로 공포감을 확산시키기도 했다. 또한, 여진도 1년 이상 계속 이어졌다.

한편, 2017년 11월 15일 오후 2시 29분경 경북 포항시에서 규모 5.4의 지진이 발생하였으며 남한 전 지역에서 흔들림이 감지되었다. 이 포항의 본진에 앞서 같은 날 오후 2시 22분 32초와 44초에 각각 규모 2.2 및 2.6의 전진이 발생하였다. 양산단층의 지류인 무명의 단층에서 발생한 것으로 추정되는 포항지진은 진원 깊이가 6.9km로 경주지진의 진원 깊이 15km보다 더 얕아서 경주지진에 비해 체감 위력이 더 컸으며 진양지 주변에서 액상화 현상이 발견되었고, 포항지진의 피해가 심각하여 본진 다음날로 예정된 수능이 일주일 연기되었다.

4.3.2 주요지진과 입력지진

(1) 주요지진

그림 4.3.8은 이미 발생한 세계 강진의 분포도를, 그리고 그림 4.3.9는 불의 고리인 환태평양 지각판의 이동과 이로 인해 발생한 최근 발생한 세계 주요지진의 현황을 보여주고 있다. 불의 고리로 불리우는 **환태평양 화산대**에 위치한 일본은 태평양판, 유라시아판, 필리핀판, 북아메리카판(북미판)이 교차하는 가장 불안한 지각 위에 있다. 참고로, 불의 고리인 환태평양 화산대에선 전(全)세계 지진의 90% 그리고 대지진의 80%가 발생한다.

표 4.3.3은 국내·외에서 발생한 주요지진의 일지를 보여주고 있다. 그 중에 2011년 3월 11일에 발생한 **동일본대지진**은 도쿄에서 동북쪽으로 343km 떨어진 센다이 앞바다에서 발생한 규모 9.0의 초대형 강진으로, 1960년 5월 22일 발생한 역대 세계 최고 강력한 지진인 규모

9.5의 칠레대지진(사망자 1,655명)에 비교되는 초대형 강진이다. 참고로, 일본 역사상 가장 많은 희생자를 낸 지진은 14만명이 숨진 1923년 9월의 간토(關東)대지진이다. 이 지진의 규모는 7.9의 강진이고, 인구가 밀집한 도쿄지역을 강타한데다 지진이후 대형화재가 발생하여 피해가 컸다. 일본 고베시에서 1995년 1월 17일 발생한 고베대지진(阪神대지진)은 규모 7.2로 사망자가 6,434명 그리고 경제적인 재산 피해가 약 1,400억 달러에 이르렀다. 동일본대지진의 사망자는 18,000명을 넘어섰다.

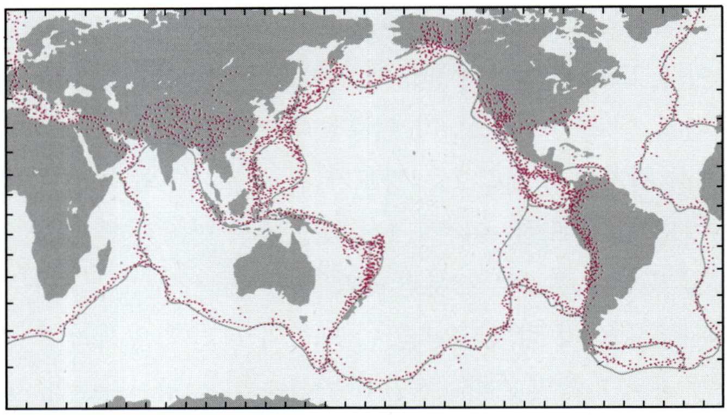

그림 4.3.8 세계 강진의 분포도

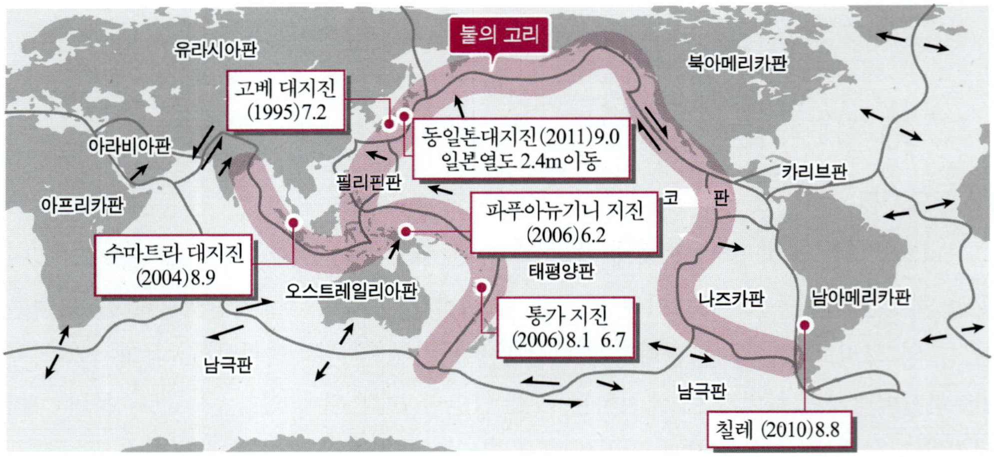

그림 4.3.9 불의 고리인 환태평양 지각판의 이동과 최근 발생한 세계 주요지진

표 4.3.3 국내 · 외 주요지진

국내			국외		
발생 년 월	지진명	규모 M	발생 년 월	지진명	규모 M
1936년 7월	지리산 쌍계사	5.1	1940년 5월	엘센트로지진(El Centro earthquake, 미국)	6.9
1978년 9월	충북 보은	5.2	1952년 7월	태프트지진(Taft earthquake, 미국)	7.3
1978년10월	충남 홍성	5.0	1960년 5월	칠레대지진(발디비아)	9.5
1978년11월	황해 재령	4.6	1964년 3월	알래스카대지진(Alaskan earthquake, 미국)	9.2
1980년 1월	평북 의주	5.3	1964년 6월	니가타지진(Nigata earthquake, 일본)	7.5
1981년 4월	경북 포항	4.8	1968년 5월	하치노헤지진(Haxhinohe earthquake, 일본)	7.9
1982년 2월	황해 사리원	4.5	1976년 7월	당산대지진(Tangshan earthquake, 중국)	7.5
1982년 3월	경북 울진	4.7	1978년 6월	오푸나토지진(Ofunato earthquake, 일본)	7.4
1985년 6월	경기 영흥도	4.0	1985년 9월	멕시코지진(Mexico earthquake)	8.3
1987년 3월	평남 남포	4.0	1994년 1월	노스리지지진(Northridge earthquake, 미국)	6.7
1994년 4월	경남 울산	4.5	1995년 1월	고베대지진(Great Hansin earthquake, 일본)	7.2
1994년 7월	전남 홍도	4.9	2004년 12월	수마트라대지진(인도네시아)	8.9
1995년 7월	경기도 백령도	4.2	2005년 3월	후쿠오카지진(일본)	6.6
1996년 1월	강원 양양	4.2	2008년 5월	쓰촨대지진(Great Sichuan earthquake, 중국)	8.0
2005년 5월	경북 울진	5.2	2010년 2월	칠레지진(마울레)	8.8
2016년 9월	경북 경주	5.8	2011년 2월	크라이스트처치지진(뉴질랜드)	6.3
2017년11월	경북 포함	5.4	2011년 3월	동일본대지진(일본)	9.0

일반적으로 지진은 진원이 이 얕고 그 위를 덮는 해수가 적당할 경우 더욱 강력한 **지진해일**(tsunami, **쓰나미**)을 생성한다. 동일본대지진은 해수면 기준으로 24.4km 그리고 해저 기준으로 13.5km에 불과해서 파고 10m 이상의 강력한 지진해일이 만들어졌다. 이러한 지진해일은 후쿠시마 원전 설계 시에 고려한 지진지반가속도 0.4g에 의한 지진력 보다 무려 5배가 넘는 지진력을 가력시켰으며 설계높이의 3배 정도에 달했다. 즉, 일본 동북부지방에서 간토(關東)연안에 걸쳐 수백 km에 이르는 단층이 파괴되면서 그 충격파가 고스란히 지진해일의 충격파로 전환된 것이다.

미국의 지구물리학자 케네스 허드넛은 동일본대지진으로 인해 위성항법시스템의 하나가 2.4m 움직였으며 즉, 일본열도가 2.4m이동했다고 하였다. 또한 이탈리아 국립지구물리학·화산학연구소의 안토니오 피에르산티 소장은 동일본대지진으로 지구의 자전축이 100mm이동했다고 하였다. 참고로, 1960년 칠레대지진의 영향으로 자전축이 80mm이동하였다.

동일본대지진으로 인하여 발생한 지진해일이 후쿠시마 원전을 덮쳐 원전에 전원공급이 중단되고 원자로 냉각시스템의 가동이 중단된 결과, 노심의 연료봉이 녹고 수소폭발과 화재 등으로 지붕이 날아가 버린 원자로에서 방사능 물질이 유출되었다. 이러한 방사능은 주변의 토지, 동·식물, 구조물, 대기, 그리고 원전 앞바다를 방사능으로 오염시켰고, 약 216조원(16조 엔)의 엄청난 경제적 피해와 함께 원전 근처의 주민들을 대피하게 만들었다.

TIP • **지진해일**

i) 정의

쓰나미(tsunami)라고 하며, 지진에 의해 해저가 융기하거나 침강하여 해수면에 힘을 전달하며 발생한 파를 말한다.

ii) 지진해일의 성질

지진해일은 주기 T가 수분에서 12시간에 걸친 매우 긴 장주기파로서, 전파의 속도 V와 파장 L은 수심 H에 따라 다음과 같이 결정된다.

$V=\sqrt{gH}$, $L=VT=T\sqrt{gH}$

여기서, g는 중력가속도(9.8m/sec^2)이다. 예를 들어 수심이 $H=3{,}000\text{m}$이면, 지진해일의 파속은 $V=\sqrt{gH}=\sqrt{9.8\times3{,}000}=171\text{m/sec}=617\text{km/h}$로 거의 제트기(jet plane)의 스피드(speed)에 가깝다. 일반적으로 지진해일은 규모 6.4이상, 진원의 깊이 80km 이하의 얕은 곳에서 수직단층운동에 의해 발생할 가능성이 크다.

지진해일의 규모(m)	지진해일의 높이(h)	피해정도
−1	0.5m	없음
0	1m	매우 적은 피해
1	2m	해안 및 선박의 피해
2	4~6m	약간의 내륙까지의 피해 및 인적손실
3	10~20m	400km이상의 해안선에 현저한 피해
4	30m	500km이상의 해안선에 현저한 피해

일본의 이다(飯田, 1970)는 위 표의 지진해일 규모(m)와 지진의 규모(M)와의 사이를 통계적으로 처리하여 다음과 같은 관계식을 유도하였다.

$\text{m}=2.61\text{M}-18.44$

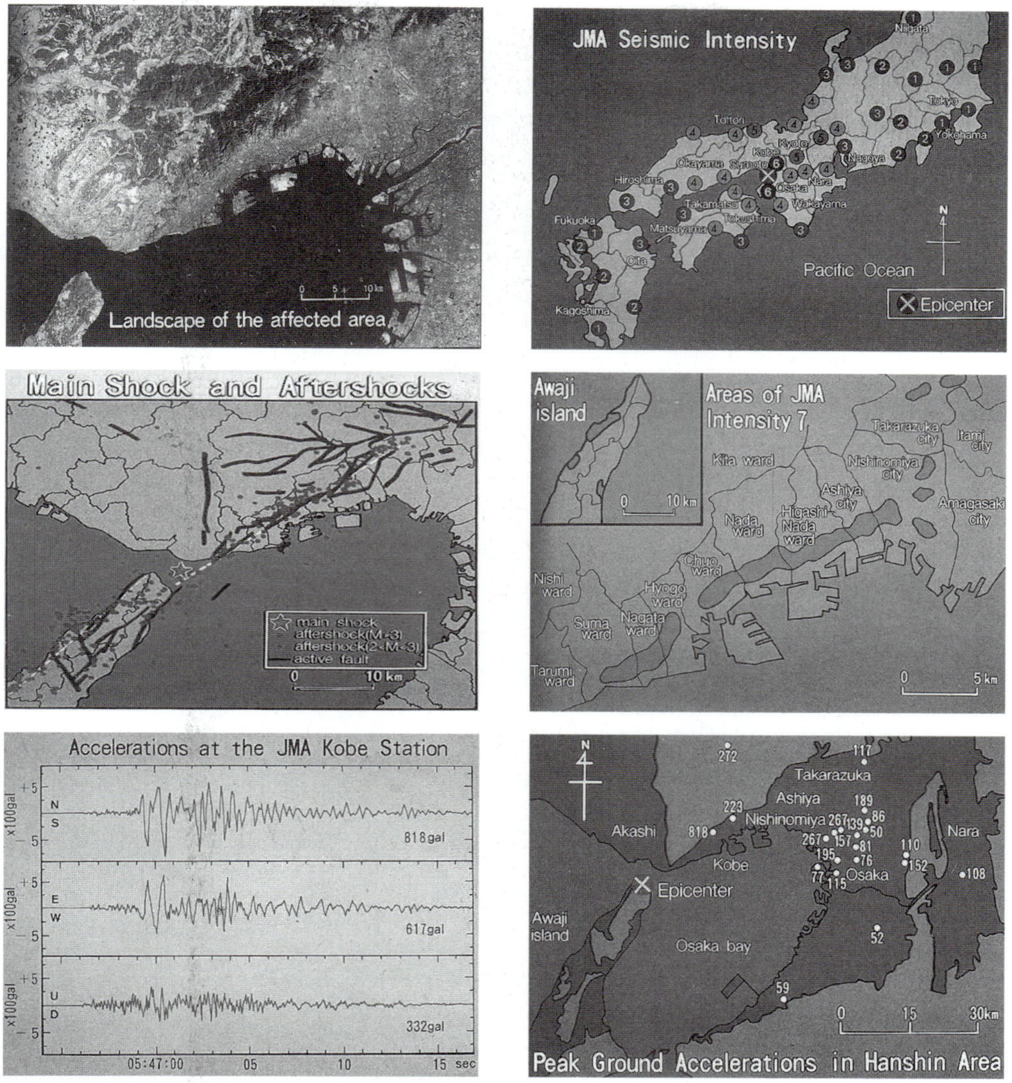

그림 4.3.10 고베대지진의 진앙, 진도(JMA scale), 최대지반가속도(PGA), 지진파

그림 4.3.11 고베시 근처의 활성단층, 지진에 의한 지표면의 분리, 지질구조

(2) 입력지진

1) 자유장 해석(free field analysis)

- 자유장 해석은 **부지 응답해석**(site response analysis)이라고도 칭하며, 일반적으로 구조물이 건설될 위치가 정해진 경우에 구조물이 건설되기 전의 굴착하지 않은 지반상태에서 주어진 지진 입력에 의한 지반내의 응답을 구하는 방법과 과정을 말한다. 이 경우에 지진 입력은 보통 지표면의 어떤 위치에서 계측되거나 혹은 규정된 가속도이다(그림 4.3.12의 **지표면 운동** : 자유장 운동 참조). 여기서 지진 입력의 기준이 되는 점을 **통제점**(control point)라고 하며, 지진 입력을 통제 운동이라고 한다.
- 통제점은 지진을 계측하기 쉬운 지표면상의 위치를 많이 사용하며, 경우에 따라 기반암(bed rock) 상의 점을 사용하기도 한다. 그림 4.3.12에 보여준 것처럼 기반암 상의 지진 가속도를 **노두운동**이라 한다. 한편, 우리나라의 설계지진운동을 규정하고 있는 **내진설계기준연구**(II)(국토교통부, 1997)에서는 부지 정지작업이 완료된 지표면에서의 자유장 운동을 **설계지진운동**으로 정의하고 있다.
- 자유장 해석은 토층의 저면에 입사하는 지진하중이 지표면으로 진행할 때 토층의 동적 거동해석으로, 이러한 지진파의 전파 및 증폭 특성은 지진의 1차원 전파이론 등을 이용하여 만든 상용 프로그램(SHAKE, FLUSH 등)을 사용하면 구해질 수 있다.
- 자유장 해석의 목적은 **설계응답스펙트럼**의 작성, **액상화**[4.3.3 (3)절 참조] 피해예측을 위한 동적 응력・변형률 관계의 정립, 지진 시 지반구조물에 작용하는 지중하중을 결정한다.
- 고려사항
  ① **진원의 매카니즘**(mechanism), 진원으로부터 부지 기반암까지의 지진파 전파, 기반암위의 지반층에 의한 지표면 거동의 영향을 포괄적으로 수행한다.
  ② **기반암 운동** 특성을 예측하기 위해 지진재해 해석과 연계하여 사용한다.
  ③ 기반암 운동에 따른 지표면 운동을 예측하는 것이 주문제가 된다.
  ④ 국지적 지반효과는 내진설계에 있어서 매우 중요한 요소이며 지역적 특성을 고려하여 부지 고유의 지반증폭을 고려한다.
  ④ 지진에 따른 지반운동의 흔들림(진동)은 세기, 진동수, 지속시간을 고려한다.
  ⑤ 변위계는 장주기파의 지진과 자유장 운동계측(지반운동 특성연구)등에 사용한다.
  ⑥ 가속도계는 주로 단주기파의 지진, 자유장 운동계측, 조기경보망, 원전지진감지, 부지특성연구망, 구조물 응답계측 등에 사용한다.

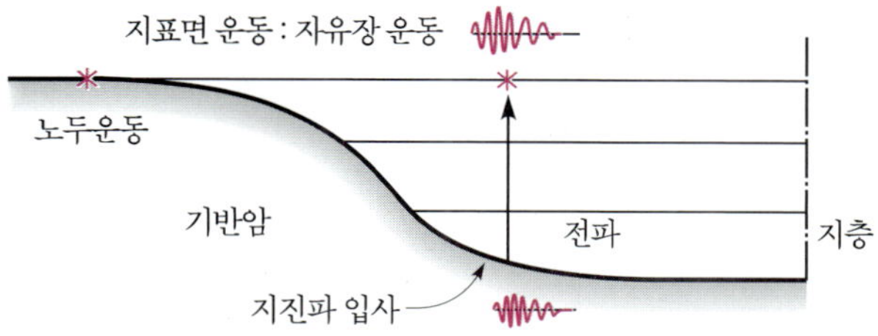

그림 4.3.12 지표면 운동과 노두운동

2) 인공지진파 작성 및 실측지진파

i) 인공지진파의 연구동향

구조물의 내진설계를 위한 목적으로 주어진 설계응답스펙트럼에 상응하는 지반가속도의 **시간이력**(time history)을 정하는 문제는 다양한 방법으로 연구되어 왔다. 이들 방법은 크게 2가지로 구분된다. 첫 번째는 실측 지진기록의 크기를 조정하여 목표응답스펙트럼을 만족할 수 있도록 하는 방법이고, 두 번째는 목표응답스펙트럼을 만족하는 인공지진파를 작성하는 방법이다.

인공지진파를 작성하는 이론은 비정상 **랜덤 프로세스**(non-stationary random process)를 모사하는 방법이라고 할 수 있으며, 이 분야의 대표적인 연구는 다음과 같다.

- 스펙트럼 정식화에 의한 다변수 프로세스 모사[Shinozuka and Jan(1972)]
- 다변수 ARMA 모델[Gersh and Yonemoto(1977)]
- 다변수 랜덤 프로세스의 AR로부터 ARMA 절차에서 안정성[Mignolet and Spanos (1987)]
- FFT기반 비정상 벡터 프로세스의 모사[Li & Ksreem(1991)]
- **에르고딕**(ergodic) 특성을 가지는 다변수 랜덤 프로세스 모사[Deodatis(1996)]
- 잔물결(wavelet) 변환에 의한 다변수 비정상 프로세스 모사[Gurley and Kareem(1995), Spanos and Zeldin(1995)]

목표응답스펙트럼을 만족하는 **인공지진파**를 작성하는 방법은 크게 ① **시간영역기법**과, ② **진동수영역기법**으로 구분할 수 있다.

인공지진파 작성방법에 대한 국내연구는 다수에 의해 부분적으로 이루어 졌으나, 우리나라에서 계측된 지진은 내진설계기준에 명시된 설계응답스펙트럼을 만족할 수 있을 정도로 큰 지진기록은 없었으며, 계측지진의 강진지속시간과 진동수성분도 설계에 사용하기에는 부적합하였다. 따라서 현재 내진설계를 위한 시간이력해석은 대부분 목표응답스펙트럼을 만족하는 인공지진파를 작성하여 수행되어 왔다.

ii) 인공지진파의 작성 기준

구조물의 시간이력해석을 위한 인공지진파 사용기준은 미국토목학회(ASCE)와 미국도로교통국(AASHTO)의 관련내용을 참조할 수 있다. 그리고 우리나라의 인공지진파 사용기준은 도로교설계기준 한계상태설계법(2015)에 규정되어 있다. 이들에 대한 내용을 정리하면 다음과 같다.

- **미국토목학회**[ASCE standard (1999), seismic analysis of safety-related nuclear structures and commentary, ASCE 4-98]

① 시간이력해석에 사용될 지진파는 해당 지반조건에 합당한 지반운동을 나타낼 수 있어야 한다.

② 특별한 규정이 없으면, 표 4.3.4의 지반운동 계수를 사용할 수 있다.

표 4.3.4 사다리꼴 포락함수를 가진 인공지진파의 계수(ASCE Standard, 1999)

지진의 규모(M)	상승시간(초) (t_1)	강진지속시간(초) (t_2-t_1)	감쇠시간(초) (t_3-t_2)
7.0~7.5	2	13	9
6.5~7.0	1.5	10	7
6.0~6.5	1	7	5
5.5~6.0	1	6	4
5.0~5.5	1	5	4

③ 각 방향의 시간이력은 다음의 특성을 만족해야 한다.

ⓐ 각각의 시간이력으로부터 계산된 영주기(zero-period)가속도(ZPA) 값의 평균은 설계지반가속도 값 이상이어야 한다.

ⓑ 대상구조물에 관련된 설계 진동수영역에서, 각각의 시간이력으로부터 계산한 평균응답스펙트럼은 설계응답스펙트럼 이상의 값을 각 진동수 성분에서 얻어야 한다.

ⓒ 시간이력으로부터 얻어진 평균응답스펙트럼은 설계응답스펙트럼보다 낮은 정도에서 10% 이내여야 한다.

④ 정확한 응답스펙트럼을 구하기 위하여 표 4.3.5와 같은 진동수 증감량를 제안한다. 단, 이전진동수의 10% 이내에서의 진동수 증감을 허용할 수 있다.

표 4.3.5 응답스펙트럼의 계산을 위해 제안된 진동수

주파수 범위(Hz)	증감량(Hz)
0.5~3.0	0.10
3.0~3.6	0.15
3.6~5.0	0.20
5.0~8.0	0.25
8.0~15.0	0.50
15.0~18.0	1.0
18.0~22.0	2.0
22.0~34.0	3.0

⑤ 두 방향 이상의 시간이력을 동시에 고려할 경우, 각 직교방향의 시간이력은 통계학적으로 독립되어야 한다. 여기서, 두 시간이력 사이의 시작시간 차이를 고려하여 계산된 상관계수함수의 최대절댓값이 0.3을 넘지 않는다면 두 시간이력은 통계학적으로 독립이라고 간주할 수 있다.

⑥ 장주기를 갖는 지진격리구조물에 대해서는, 각각의 시간이력으로부터 얻어진 응답스펙트럼이 0.2~1.0Hz의 진동수범위에서 설계응답스펙트럼 이상의 값을 가져야 한다.

• **미국도로교통국[AASHTO(1999), guide specifications for seismic isolation design**

지진격리시스템에 대한 시간이력해석을 위해서는 다음의 요구조건을 따라야 한다.

① 지진격리시스템의 시간이력해석을 위해서는 실험에 의해서 결정된 지진격리장치의 비선형거동특성을 고려해야 한다.

② 수평지반운동 성분의 각 시간이력조합은 적어도 3개 이상의 생성 지진파로부터 얻어져야 한다.

③ 각 시간이력조합에 대하여 5% 감쇠비를 갖는 응답스펙트럼을 생성하여야 한다. 또한 수평 2방향 직교성분 응답스펙트럼 각각에 대한 SRSS를 취한 SRSS스펙트럼을 구하여 평균한 앙상블스펙트럼(ensemble spectrum)을 구하여야 한다.

④ 위의 앙상블스펙트럼은 지진격리시스템의 유효주기(T_{eff})의 $0.5T_{eff} \sim 1.5T_{eff}$ 범위에서 5% 감쇠비를 갖는 설계응답스펙트럼의 1.3배 이상이 되도록 조정하여야 한다.

⑤ 시간이력해석을 위한 수평성분의 지진파는 적어도 3개 조합 이상이 사용되어야 한다.

⑥ 수평 2방향 성분의 시간이력이 동시에 작용되어야 한다. 지진격리시스템의 최대 응답변위는 각 시간단계에서 각 방향의 변위에 대한 벡터의 합으로 계산되어야 한다.

⑦ 3회의 시간이력해석에서는 응답의 최댓값이 설계에 고려되어야 하고, 7회 이상의 시

간이력해석에서는 응답의 평균값이 설계에 사용될 수 있다.

- **국내 설계기준[도로교설계기준 한계상태설계법(2015) 8.11.7.5]**

① **시간이력해석**을 위한 지진입력의 시간이력은 감쇠율 5%에 대한 설계지반응답스펙트럼에 부합되도록 실제 기록된 지진운동을 수정하거나 인공적으로 합성된 최소한 4쌍의 지진운동을 작성하여 사용해야 한다.

② 작성된 시간이력이 설계지반의 응답스펙트럼에 부합하기 위해서는 작성된 시간이력의 평균 응답스펙트럼이 다음 요건을 만족해야 한다.

ⓐ 시간이력의 응답스펙트럼의 값이 설계지반응답스펙트럼의 값보다 낮은 주기의 수는 5쌍 이하이고 낮은 정도는 10%이내이어야 한다.

ⓑ 시간이력 응답스펙트럼을 계산하는 주기의 간격은, 주기의 간격을 축소할 경우에 계산된 스펙트럼 값의 변화가 10%이하가 되도록 충분히 작아야 한다.

③ 시간이력의 **지속시간**은 10~25초이어야 하고 강진구간의 지속시간은 6~10초가 되도록 하여야 한다.

④ 두 방향 이상의 시간이력을 동시에 고려할 경우, 각 직교방향의 시간이력은 통계학적으로 서로 독립이 되어야 한다. 여기서 두 시간이력 사이의 시작시간 차이를 고려해서 계산된 상관계수함수의 최대절댓값이 0.3을 넘지 않는다면 두 시간이력은 통계학적으로 독립이라고 간주할 수 있다.

⑤ 7쌍 미만의 지반운동시간이력에 의한 해석결과로부터 얻어진 응답치의 최댓값 또는 7상 이상의 해석결과로부터 얻어진 평균값을 설계값으로 한다.

⑥ 지진격리받침의 비선형 특성을 고려해야 한다.

iii) 인공지진파의 작성 방법

본 교재에서는 인공지진파 생성의 기준으로 위에서 기술한 국내 설계기준[도로교설계기준 한계상태설계법(2015) 8.11.7.5]의 요구조건을 기본으로 하였고, 포락함수는 그림 4.3.13과 같은 사다리꼴 형태의 함수를 사용하였다. 이때 포락함수의 특성을 나타내는 계수 값을 결정하기 위하여 원전구조물에 적용되고 있는 미국토목학회(ASCE)에 제시된 표 4.3.4와 같은 지침을 참조하였으며, 국내 도로교 설계기준의 지진가속도가 0.154g에 해당하는 규모 6~7인 점을 감안하여, 강진지속시간=10초, 총 지속시간=24초로 결정하였다. 이에 따라 t_1=2초, t_2=12초, t_3=24초인 인공지진파를 진동수영역기법(Shinozuka 기법)을 사용하여 작성하였다.

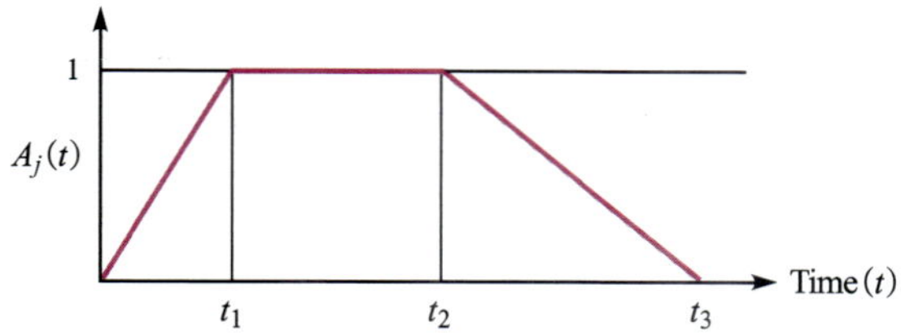

그림 4.3.13 인공지진파 작성에 사용된 사다리꼴 포락함수

iv) 인공지진파 작성

본 교재에서는 널리 사용되고 있는 SIMQKE 프로그램을 사용하여 그림 4.3.14와 같은 인공지진파를 생성하였다. 인공지진파 생성의 기준으로 제시한 요구조건에 만족하는 단주기와 중간주기로 구분되는 2개의 지진파를 작성하였다. 최소주기와 최대주기 범위는 단주기에서는 0.035sec ~ 0.5sec, 중간주기에서는 0.5sec ~ 3sec로 하였다. 응답스펙트럼에서 0.098g의 가속도를 얻기 위해 C_a=0.16 그리고 C_v=0.23을 선택하였고, 가장 큰 가속도값을 나타내는 C_a=0.22 그리고 C_v=0.37을 선택하여 인공지진파를 작성하였다. 인공지진파 데이터 생성을 위한 시간간격은 0.01sec이다.

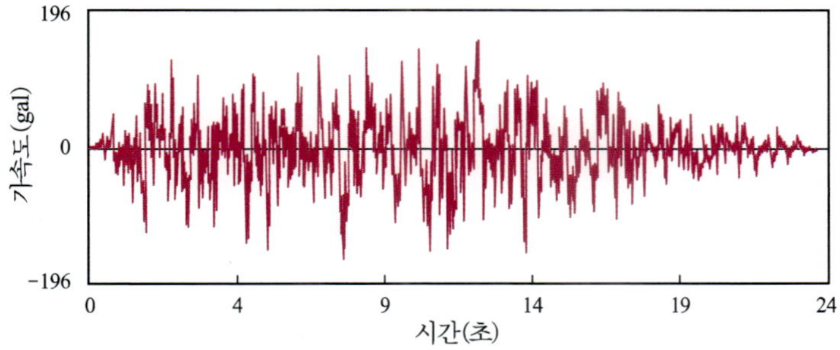

(a) 가속도의 시간이력

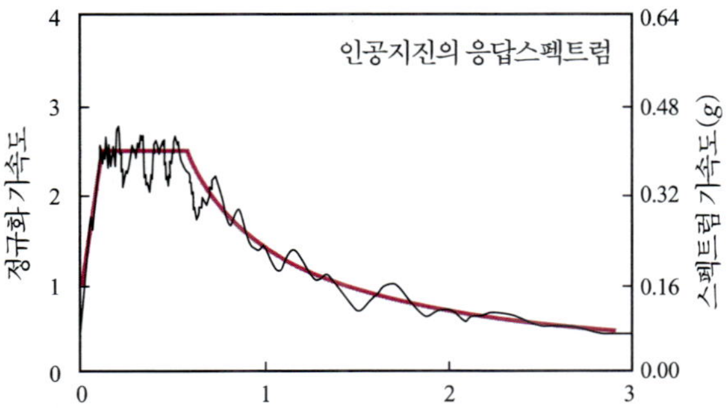

(b) 응답스펙트럼

그림 4.3.14 인공지진파

v) 실측지진파

• **하치노헤(Hachinohe)**

이 지진은 1968년 5월16일 00시 48분 일본 열도의 하치노헤(十勝沖) 부근에서 발생한 리히터 규모 7.9의 지진이다(그림 4.3.15 참조). 지진으로 인해 도로파괴는 420개소 사면붕괴는 51개소에서 발생하였으며, 철근 콘크리트 구조물의 피해가 많이 발생 하였다. 지진파의 특징으로는 단주기의 파동이 지속되고 반복되는 형태이다. 따라서 저층 콘크리트 구조물의 고유주기가 짧은 건물에 영향이 컸다. 콘크리트 구조물의 접합부 혹은 이어치기한 부분에서 파괴가 발생하였다. 콘크리트의 강도 부족에 의한 피해가 발생 하였다. 또한 철근의 가공, 조립 등의 불량에 의한 피해가 발생하였다.

하치노헤(Hachinohe)지진이 발생한 이후 철근 콘크리트 건축물의 내진 설계 기준 강화 및 내진 기술의 향상되었다. 이때부터 철근 콘크리트 구조물의 소성영역에 대한 관심이 시작되었다. 이후로 1971년 일본에서는 건축 기준법을 개정하고 전단 파괴 방지를 위해 전단 보강철근을 강화하였고 띠철근 간격에 대해 규준강화 하였다. 철근 콘크리트 건축물의 내진성 확보 방법은 부재의 강도 및 강성확보에서 구조물의 인성 확보로 변화하였다. 그리고 철근 콘크리트 건축물의 소성 거동에 대한 연구가 활발히 진행되었다.

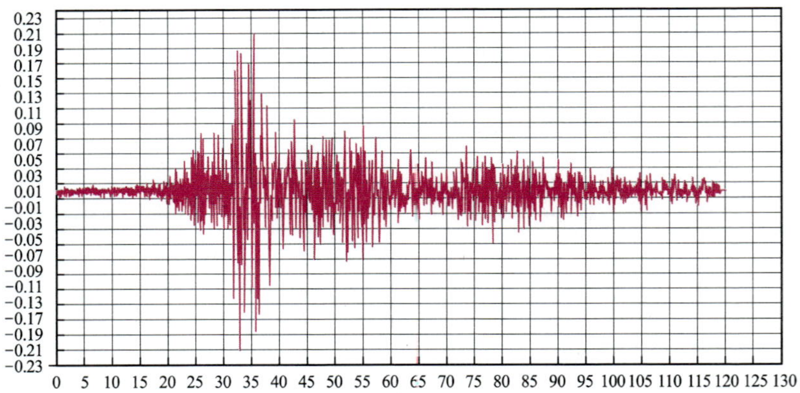

그림 4.3.15 하치노헤 지진지반가속도(g)의 시간(sec)이력

• **오푸나토(Ofunato)**

오푸나토지진은 1978년 6월 12일 일본 미야기(Miyagi)현의 앞바다에서 발생하였으며 리히터 규모 7.4의 지진이다(그림 4.3.16 참조). 일본의 설계기준에서 사용하는 지진이며, 국내 '항만 및 어항시설의 내진설계 표준서'에서도 단주기특성을 나타내는 파에 대해 오

푸나토(Ofunato)지진을 이용할 것을 권장하고 있다. 최대지반가속도가 0.22g이며 지속시간 45sec이다.

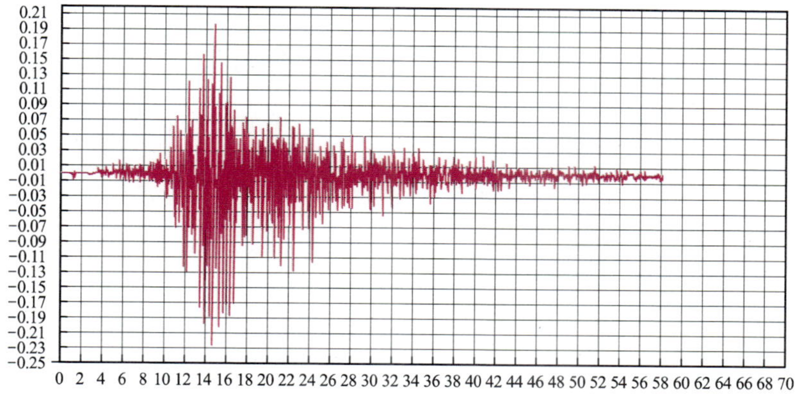

그림 4.3.16 오푸나토 지진지반가속도(g)의 시간(sec)이력

• **엘센트로(El Centro)지진**

인류가 처음으로 기진파형을 기록한 강진인 엘센트로지진은 리히터 규모 6.9로 1940년 5월18일에 미국 캘리포니아 남단 엘센트로(El Centro)지방에서 발생하였다(그림 4.3.17 참조). 이 지진파는 0.02sec 간격으로 측정되었고 최대가속도, 최대속도, 최대변위는 각각 2.12sec에서 3,416.95mm/sec^2, 2.18sec에서 334.49mm/sec, 8.58sec에서 108.66mm이다. 초기속도 및 초기변위는 46.64mm/sec와 21.58mm이다.

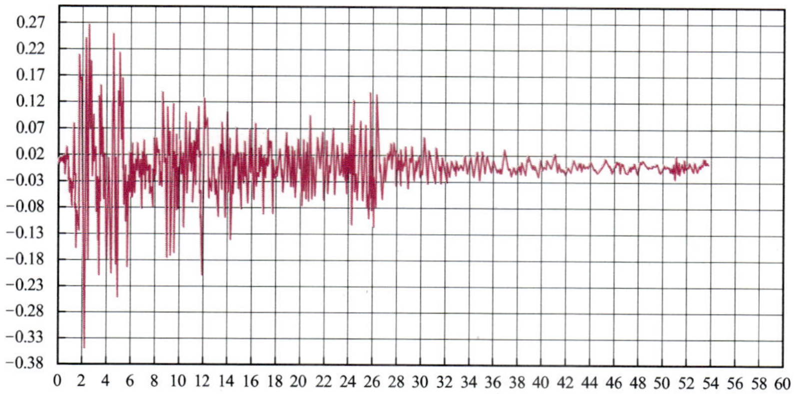

그림 4.3.17 엘센트로 지진지반가속도(g)의 시간(sec)이력

- **고베(Kobe)대지진**

고베대지진은 리히터 규모 7.2로 1995년 1월 17일 새벽 5시 46분(지역시간) 일본 효고현 담로도(아와지섬) 북동 3km지점에서 발생하였으며(그림 4.3.18 참조), 사망자수는 무려 6000여명, 약 200조원의 피해가 발생하였다. 고베대지진으로 인하여 건물의 최하층부 필로티형식 부분의 붕괴가 많았고 편심에 의한 비틀림 붕괴가 발생 하였다. 울타리벽에 붙은 기둥 및 단주의 전단 파괴 현상이 주로 발견되었다. 특히, 보-기둥 접합부의 파괴가 많았다(그림 4.3.19~4.3.21 참조).

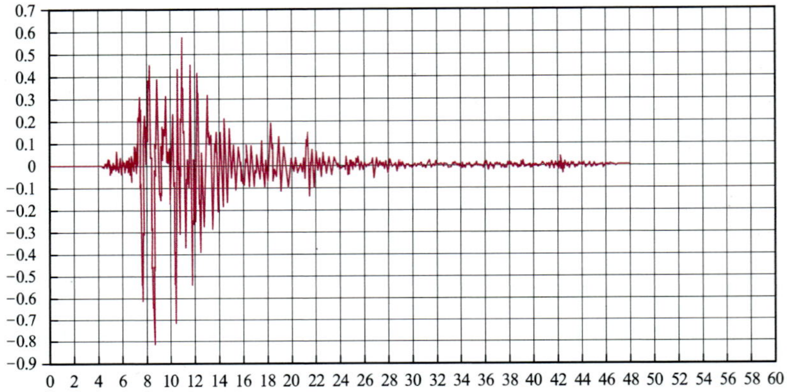

(a) S-N방향 지진지반가속도(g)의 시간(sec)이력

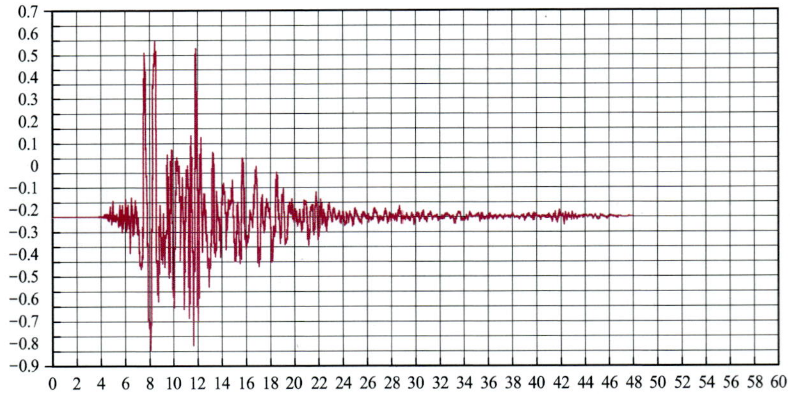

(b) E-W방향 지진지반가속도(g)의 시간(sec)이력

그림 4.3.18 고베대지진

4.3.3 지진에 의한 주요 피해 원인과 지진동의 제어방법

(1) 교량구조물

지진 발생 시 교량의 주요 피해와 원인을 정리하면 표 4.3.6과 같다. 그리고 그림 4.3.19는 고베대지진에 의한 교량구조물의 실제 피해 사례를 보여주고 있다.

표 4.3.6 지진 발생 시 교량의 주요 피해와 원인

교량부위	주요 피해	피해 원인
상부구조	낙교	강성 중심과 무게 중심 불일치 받침파손 및 지지길이 부족
교량받침	받침 본체의 파손 받침과 상하부 구조 연결부 파손 이동제한 장치의 손상 낙교방지 장치의 피해	
교각	휨파괴 휨전단파괴 기타	연성부족, 주철근의 매입길이 부족 소성힌지부 전단강도 부족 유효길이 부족
교대	본체 및 지반이동의 피해	지반의 액상화
기초	말뚝 기초 및 지반이동의 피해	지반의 액상화에 따른 횡지지력의 부족 및 잔류 수평변위의 발생으로 인한 말뚝 본체 및 후팅(footing)의 파손
지반	침하, 이동	액상화
기타	교각 두부 이음부 파손 강교의 변형 신축이음 장치의 파손 강교각의 변형	

(a) Collapse of piers of upper story of a two-story frame bridge

(b) Collapse of piers of lower story of a two-story frame bridge

(c) Damage to JR Sanyo Shinkansen in Nishinomiya

(d) Damaged RC frame bridge of JR Sanyo Shinkansen

(e) Collapse of a 635-m section of single- pier bridges

(f) Demolition of collapsed bridges

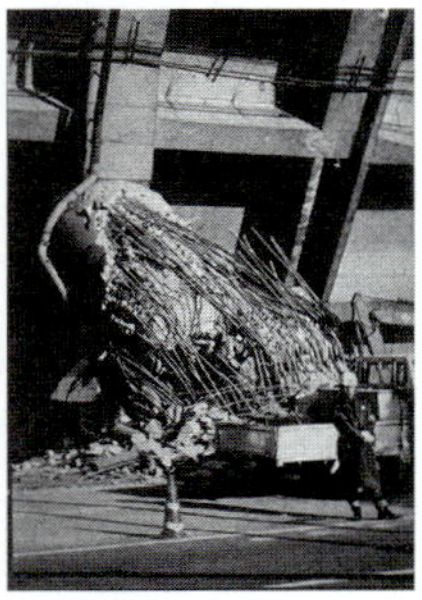

(g) Close- up the column of pilz-type bridges (1)

(h) Close- up the column of pilz-type bridges (2)

그림 4.3.19 고베대지진에 의한 교량구조물의 피해

(i) Dump truck crushed by the collapsed bridge

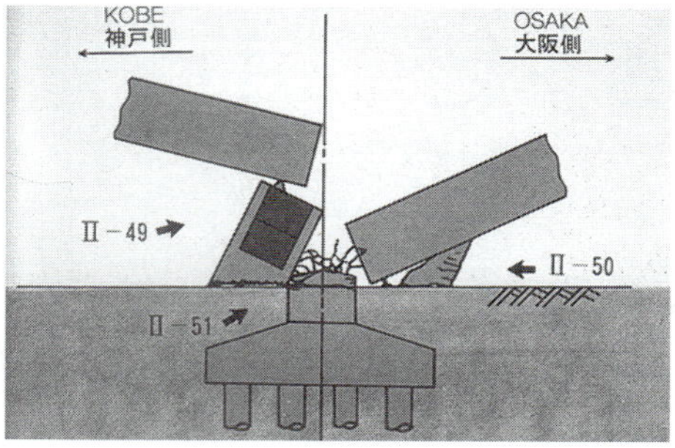

(j) Collapsed bridge due to damaged circular RC pier

(k) A view from the Kobe side

(l) A view from the Osaka side

(m) Heavily damaged RC columns

(n) Trace left by a fallen girder

(o) Collapsed bridge and fallen dump truck

(p) Damaged pier causing the collapse of the bridge in the previous photo

그림 4.3.19 고베대지진에 의한 교량구조물의 피해(계속)

(q) Failure modes at Hanshin expressway

(r) Damage to steel pier due to buckling

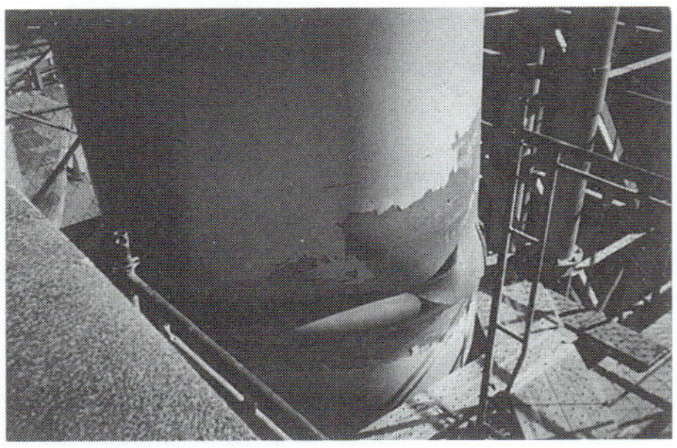

(s) Local buckling of a single-column steel pier

(t) An RC column failed by strong shear force

(u) Collapse of an RC wall type pier

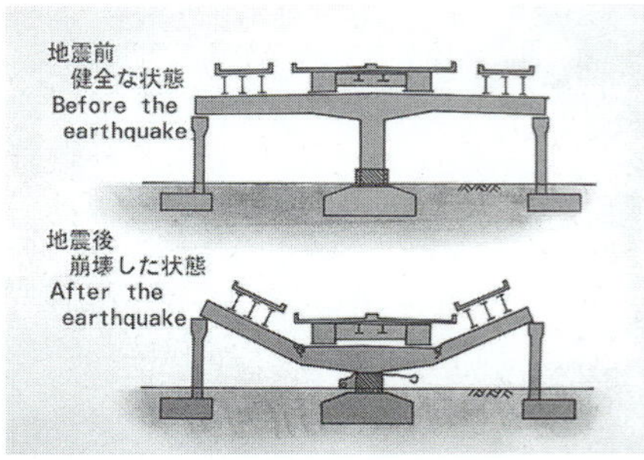

(v) Failure mechanism of a complex pier

(w) A view from the left side

(x) Compression failure of steel pier

그림 4.3.19 고베대지진에 의한 교량구조물의 피해(계속)

(2) 수로, 제방, 도로, 사면붕괴, 철도, 건축구조물

(a) Buckled concrete slab of the waterway

(b) Levee damage

(c) Nigawa landslide killed 34 people

(d) Evacuation saved lives

(e) Embankment failed and road subsided

(f) Damaged weir

(g) Trains were derailed but no passengers were killed

(h) A toppled RC viaduct east of Shukugawa Station

그림 4.3.20 고베대지진에 의한 수로, 제방, 도로, 사면붕괴, 철도, 건축구조물의 피해

(i) Collapse of a JR embankment structure

(j) Compression failure of RC columns of a railway bridge

(k) A large hole appeared on the road

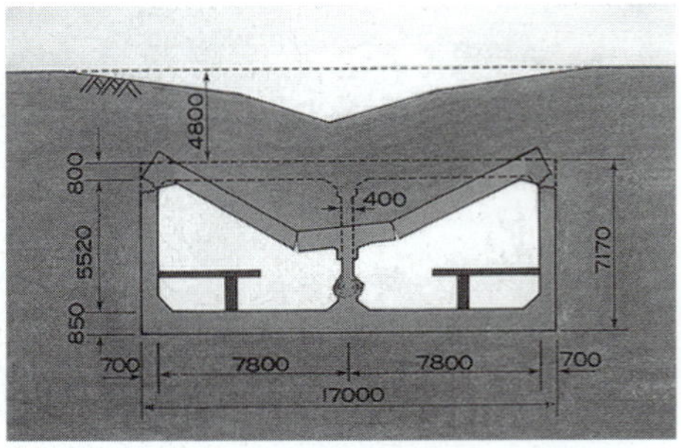

(l) Cross-section of the sunk road

(m) Damaged columns of a subway station

(n) Damaged RC Columns

(o) An underground parking lot filled with soil

(p) Electric poles toppled

그림 4.3.20 고베대지진에 의한 수로, 제방, 도로, 사면붕괴, 철도, 건축구조물의 피해(계속)

(q) Repairs begin

(r) Drop wires cut by ground deformation

(s) Shear cracks in beams and columns

(t) Collapse of 4-story addition

(u) Flexural failure at the tops of first-story columns

(v) A steel frame with large horizontal residual deformation

(w) Buckling of lattice members in a steel tower

(x) 8-story building with a collapsed sixth story

그림 4.3.20 고베대지진에 의한 수로, 제방, 도로, 사면붕괴, 철도, 건축구조물의 피해(계속)

(3) 액상화[도로교설계기준 한계상태설계법(2015) 8.6.9 참조 요망]

1) 정의

- 액상화는 지반에 가해진 진동하중으로 간극수압은 상승하고 지반의 유효응력은 감소하여, 포화 사질토가 외력에 의해 전단저항을 잃는 현상을 말한다.

2) 액상화 평가

- 대상 현장에서 액상화 전단응력비와 지진에 의해 발생되는 진동 전단응력비로서 정의되는 안전율을 사용하여 평가한다.
- 액상화 간편예측법을 사용하여 안전율을 만족하지 않으면, 액상화 상세예측법으로 평가한다.

3) 액상화 평가액상화 검토에 필요한 자료

- 지질, 지형에 대한 자료
- 입도분포, 밀도, 지하수위
- 각 지층의 전단탄성계수와 감쇠비
- 자료현장시험(표준 관입시험)이나 실내시험(진동전단시험) 자료
- 설계지진규모(최대 지반가속도, 지속시간)

TIP • **도로교 설계지반운동의 일반사항[도로교설계기준 한계상태설계법(2015) 8.5.1.1]**

i) 작성된 설계지반운동은 부지정지 작업이 완료된 지표면에서 자유장 운동으로 정의한다.
ii) 국지적인 토질조건, 지질조건, 지표 및 지하지형이 지반운동에 미치는 영향을 고려한다.
iii) 기본적인 지진재해도는 보통암 지반을 기준으로 평가한다.
iv) 설계지반운동은 흔들림의 세기, 진동수의 내용, 지속시간의 세 가지 측면에서 그 특성을 정의한다.
v) 설계지반운동은 수평 2축 방향과 수직방향 성분으로 정의한다.
vi) 설계지반운동의 수평 2축 성분은 세기와 특성은 동일하다고 가정한다.
vii) 설계지반운동의 수직방향 성분은 세기에서 수평방향 성분의 2/3로 가정 할 수 있고, 진동수와 지속시간은 수평방향 성분과 동일하다고 가정한다.
viii) 모든 점에서 똑같이 가진하는 것이 합리적일 수 없는 특징을 갖는 교량 건설부지에 대해서는 지반운동의 공간적 변화모델을 사용한다.

(a) Lateral spreading due to liquefaction

(b) Sinking of backfill of caisson wharf

(c) Higashi-Kobe Harbor after the earthquake

(d) Tank inclined due to liquefaction

(e) Liquefaction at an amusement park

(f) Large gap appeared due to sinking of liquefied soil

(g) Craters of boiling sand

(h) Boiled stones from the manhole

그림 4.3.21 고베대지진에 의한 액상화의 피해

(4) 지진하중에 대한 대처 방법(지진동의 제어방법)

1) 내진구조

- 구조물 내에 보조재를 설치하여 지진에 견딜 수 있게 하는 구조물 또는 지진하중과 같은 하중에 견딜 수 있도록 설계된 구조물이다.
- 구조의 예로 전단벽, 경사브레이싱, 받침, 충격전달장치, 전단키 등이 있다.

2) 능동제진구조(active control)

- 구조물 자체에서 지진동과 반대되는 방향으로 인위적 힘을 가하여 진동을 능동적으로 제어하는 구조이다.
- 외부에서 오는 진동과 구조물의 진동을 감시하는 기능을 갖추고, 구조물에 입력되는 지반진동과 구조물의 응답을 계산하여 이와 반대 방향으로 구조물에 힘을 가하여 진동자체를 저감하는 방식이다.
- 구조물의 강성이나 감쇠 등을 입력진동 특성에 대응해서 순간적으로 변화시켜 구조물을 제어하는 방법이다.

3) 수동형 제진구조(passive control)

- 구조물의 내부나 외부에서 강제적인 힘을 가력하지는 않으나, 구조물의 질량 및 강성 등의 특성을 입력진동의 특성에 대응하도록 하여 구조물의 지진동을 제어하는 방법이다.
- 구조물에 질량, 스프링, 그리고 감쇠기로 구성된 보조시스템을 부착함으로서, 구조물의 주된 진동을 수동적으로 흡수하여 제어하는 동조질량감쇠기가 있다.
- 선박 등에서 많이 사용되는 **동조액체감쇠기**는 최근에 고층구조물 등의 진동을 제어 하는데 도입되었으며, 기본 원리는 **동조질량감쇠기**와 동일하다. 동조액체감쇠기는 건축구조물의 옥상에 설치되어 있는 물탱크에 간단한 부가조치를 취함으로서, 지진과 바람 등에 의한 구조물의 진동을 30% 이상 줄일 수 있음이 확인되었다.

4) 면진구조

- 지진파의 성질은 단주기 성분은 강하고 장주기 성분은 약한 특성이 있으므로, 이를 이용하여 구조물의 고유주기를 인위적으로 길게 하여 지진력을 줄이는 방법이다.
- 고층 건물은 고유주기가 길어 그 자체가 면진구조의 역할을 하게 되나, 저층 건물은 구조형식상 고유주기를 늘릴 수 없으므로 지반과 건물의 연결부분에 적층고무를 삽입하여 건물의 고유주기를 늘리는 방법이다.
- 종류는 크게 기초 분리장치(적층고무, 납함유 적층고무)와 감쇠장치(탄성, 점성체, 오일, 마찰받침, LRB)가 있다.

4.3.4 내진구조의 기본개획

(1) 내진구조 기본계획의 필요성

- 내진시스템을 갖추는 데는 어느 정도의 비용이 소요하지만, 지진 시 구조물의 거동을 이해하고 적절한 장치를 갖추면 비용의 증가를 최소로 하면서 지진에 효율적으로 거동하도록 내진시스템을 갖출 수 있다.
- 교량 구조물에 있어서 효율적으로 지진의 피해을 최소화하기 위해서는 연성거동에 의한 연성파괴메커니즘을 유도·확보하는 등의 내진효율성이 뛰어난 시스템을 계획하는 것이 매우 중요하다.

1) 지진 시 교량의 피해원인

① 구조부재의 강성의 부족

- 기둥의 취성파괴
- 구조물의 비대칭성
- 짧은 기둥
- 인접강성의 급격한 변화
- 좌굴
- 부족한 설계하중
- P-△ 하중
- 연약한 하부구조

② 구조물간 접촉 및 부속장치의 손상

- 구조물간의 충돌
- 교좌장치의 파손
- 상판의 낙교방지구조의 파손

③ 지반의 이동

- 부등침하
- 지반의 액상화 현상

④ 기타

- 앞선 지진과 여진에 의한 피해
- 부실한 시공

2) 주요 관련시설의 기준

① 지진 시의 신축이음장치

- 신축이음장치의 규격을 결정할 때는, 지진 시 가능한 한 기본기능을 발휘할 수 있게 한다.

② 지진 시의 유간의 확보

- 붕괴방지 수준으로 설계하여, 인명피해를 최소화한다.

③ 지진 시의 교량받침

- 붕괴방지수준의 지진을 설계지진으로 설계한다.

- 붕괴방지수준으로 설계된 고정받침이나 탄성받침에는 낙교방지장치가 별도로 필요 없다.

④ 전단키
- 붕괴방지수준의 설계지진력을 고려한다.

⑤ 낙교방지 장치의 정의
- 이동단의 받침에서 최소받침지지 길이가 확보되지 않은 경우에 설치하는 것이 원칙이다.
- 낙교방지 장치가 설치되더라도 접촉면이 설계지진이나 온도에 의해 발생하는 변위보다 이격되어야 한다.

⑥ 최소받침지지 길이
- 지진 시 교량 부재들의 부분적인 피해는 허용하나 전체적인 붕괴는 방지한다.

(2) 내진구조 계획의 기본원칙

- 구조물의 내진성능은 구조물의 형태, 기하학적 형상, 그리고 부재간의 연결 상태 등의 함수로 결정한다.

1) 단순성

① 지진하중을 가장 짧은 직접적인 경로로 지반에 전달하는 구조가 내진 효율성이 좋은 구조형태이다.

② 단순한 형태의 구조물은 가장 짧은 직접적인 하중 전달 경로를 가지고 있으므로 내진 저항성이 좋고, 파괴를 원하는 방향으르 유도할 수 있다.

③ 단자유도 모델을 취할 수 있으므로, 더욱더 정확한 거동 예측 가능하다.

2) 대칭성

① 상부구조의 과잉회전은 교대에 충격을 주어 파괴를 유발할 수 있으며, 교각에는 비틀림을 일으켜 전단력으로 인해 손상을 일으킬 수 있다.

② 이러한 회전에 의한 영향을 최소화하기 위해서 기하학적 대칭뿐만 아니라 강성의 대칭도 고려하여야 한다.

3) 완전성

① 교량의 여러 부재가 지진 시, 서로의 강성을 상대방에게 전달시킬 수 있도록 유지하고 있어야 한다.

② 부재간의 연결부는 서로의 강성을 전달시켜 지진력이 하부구조에 전달되어 지반, 교각의 소성변형을 통해서 소산시킬 수 있도록 충분한 강성을 가지고 있어야 한다.

③ 낙교 방지를 위해서 충분한 연단거리 확보해야 한다.

④ 면내력을 교각이나 교대에 전달하기 위해서 상부구조가 연속적(교량구조물의 경우 일반적으로 접촉 길이가 종방향으로 분포되어 강성중심과 질량중심이 산재되어 있으므로, 교량은 강성과 질량의 분포가 교량의 길이 방향에 대해 연속성을 갖도록 설계되어야 함)이어야 한다.

⑤ 교각이나 교대에서 급격한 강성의 변화를 피해야 한다.

(3) 구조물 계획 시 지진 피해의 최소화 방법

1) 지진위험도

- 대상 지역에서 발생할 것으로 예상되는 지진의 크기와 발생빈도를 합리적으로 설정하고, 설계에 사용할 지진의 영향을 고려한다.
- 예상되는 지진의 크기와 발생빈도 등은 많은 지진데이터를 근거로 예상할 수 있다.
- 일반적으로 국토를 여러 개의 구역으로 나누고, 각 구역마다 지진위험도를 나타낼 수 있는 지진구역계수를 설정하는 방법을 사용하고 있다.
- 재현주기에 따른 위험도계수 즉, 평균재현주기별 최대유효지반가속도의 비를 의미하는 위험도계수를 고려한다.

2) 구조물의 주기

- 지진의 영향은 구조물의 진동주기에 따라 달라지게 되므로 이를 적절히 고려한다.
- 일반적으로 주기가 긴 구조물이 지진의 영향을 적게 받게 된다.

3) 지반의 특성

- 지진이 발생하여 인근지역으로 전파되는 지진파의 특성은 해당 지역의 지반조건에 따라서 크게 다르며, 연약지반에서는 장주기 성분이 많아지고 암반에서는 단주기 성분이 많아지는 것이 특징이다.

4) 구조물의 연성

- 강한 지진에 대하여 구조물이 저항을 할 수 있는 능력을 확보하기 위해서 구조물에 충분한 연성을 부여하여야 한다.
- 일반적으로, 지진파형을 분석한 결과와 실험을 통한 연구 결과를 토대로 각각의 구조에

연성능력을 평가하고 적절한 응답수정계수를 사용한다.

5) 구조물의 중요도

- 지진에 의해 파괴되면 막대한 피해를 초래를 하게 되는 원전, LNG 저장탱크, 지진피해의 복구를 위해서 중요한 병원, 경찰서, 소방서, 방송국 등의 구조물은 지진이 발생하더라도 정상적으로 기능을 발휘할 수 있어야 한다.

6) 교량계획 시 고려사항

- 일반적으로 연속경간의 수를 콘크리트 교량은 3경간, 강교는 5경간으로 한다.
- 고정단의 위치는 활동량이 작게 배치한다.
- 5경간을 초과하는 경우, 고정단을 2개소 이상 설치한다.
- 상하행선 분리 시, 양측 교량을 2m 이상 이격시킨다.
- 교각의 내진성은 T형 교각 보다 π형 교각이 유리하다.
- 질량이 작은 강교를 선택한다.
- 선형 계획 시 단층대와의 이격을 확보한다.
- 지진수평력에 의하여 발생하는 부과하중의 배제 방안을 검토한다.
- 교량 배치 시 상부구조 질량 중심선과 하부구조의 질량 중심을 일치시켜서 하부구조에 전단력과 비틀림을 최소화한다.
- 지진수평력 분산장치를 설치한다.
- 평상 시에는 원래의 가동단으로 작동하고, 지진 시 급격한 하중이 작용될 때는 고정단과 같은 역할을 하는 댐퍼, 전단키 등을 설치한다.
- 면진장치(탄성받침, LRB, sliding bearing, steel hysteretic shoe 등)를 설치한다.
- 수평력의 저항성을 향상시킨 교량받침(Spherical Pot)을 설치한다.

4.3.5 내진해석과 내진설계법

(1) 내진설계기준의 기본개념[도로교설계기준 한계상태설계법(2015) 8.4.2]

- 인명 피해를 최소화한다.
- 지진 시 교량 부재들의 부분적인 피해는 허용하나 전체적인 붕괴는 방지한다
- 지진 시 가능한 교량의 기본 기능은 발휘할 수 있게 한다.
- 교량의 정상 수명 내에 설계지진력이 발생할 가능성은 희박하다.

- 설계기준은 남한 전 지역에 적용한다.
- 설계기준의 규정을 따르지 않더라도 창의력을 발휘하여 보다 발전된 설계를 할 경우 이를 인정하고, 이러한 기본개념을 구현하기 위해 가능하면 교각의 연성거동을 유도하여야 하며 필요시 지진 격리시스템을 설치할 수 있다.
- 2000년 도로교설계기준 이후부터는 국토교통부 연구과제 "내진설계기준연구(II)" (1997.12.)에서 제시된 교량의 내진성능목표 개념을 반영하고, 기존의 내진설계 기준 및 체계에 맞도록 간편화 시켜 그 실용성을 최대한 증대시킨다.
- 교량의 경우, 위의 기본 개념을 구현하기 위해서 낙교방지가 발생하지 않아야 하며, 낙교방지가 가능하면 연성거동에 의한 연성파괴메카니즘을 유도하여 확보하여야 한다. 이를 위해 도로교설계기준 한계상태설계법(2015) 8.10.6에서는 연성도 내진설계법을 규정하고 있다. 또한, 낙교방지를 위해서 필요 시 지진격리시스템을 설치할 수 있으며, 도로교설계기준 한계상태설계법(2015) 8.11절에서 수동형 지진격리교량의 설계법의 기본개념과 해석방법을 제시하고 있다.
- 용어 정의 : 연성도 내진설계-철근콘크리트 기둥의 소요연성도에 따라 횡방향 심부구속철근을 설계하는 설계방법, 소요연성도-기둥의 소성힌지구역의 소요 심부구속철근량을 산정하기 위한 소요 곡률연성도와 변위연성도, 통재주기-탄성응답계수가 최대 제한 값과 같은 최대주기, 소요 응답수정계수-기둥의 탄성지진응답모멘트와 설계휨강도의 비율로서 소요연성도를 산정하기 위한 계수, 변위연성도-단면의 항복변위에 대한 극한변위의 비율, 곡률연성도-단면의 항복곡률에 대한 극한곡률의 비율.

(2) 내진설계 시 검토할 사항

내진해석을 실시해서 최종적으로 얻고자 하는 것은 설계를 위한 구조물의 변위와 전단력 등인데, 두 요소들은 보통 서로 상반되는 관계에 있다. 즉 변위를 제한하면 전단력이 증가하게 되고, 전단력을 제한하면 변위가 증가하게 된다. 또한 이 값들은 구조물의 주기와 밀접한 관계가 있어서 구조물의 주기에 따라 그 값이 결정된다.

구조물의 내진설계는 두 가지 개념으로 볼 수 있다. 첫째는 구조물의 주기를 아주 작게 하여 지진하중이 지반을 통하여 전달될 때 지반과 일체로 거동, 즉 강체거동을 하게 하여 상대변위를 최소화시켜 주는 것이다. 또 다른 하나는 구조물의 주기를 크게 하여 지진하중의 영향을 적게 받게 하는 것이다. 전자의 경우 구조물의 강성을 매우 크게 함으로서 가능한데 교량의 설계에는 비경제적이라고 할 수 있고, 보통 원전 구조물의 설계에 주로 쓰이는 개념이다. 교량의 경우 후자의 방법을 주로 취하는데, 이 경우에는 구조물의 변위를 제한하는데 문제를 초래할 수 있다. 즉, 구조물의 변위를 크게 하면 교각이나 교대 등 하부구조에 작용하는 전단력은 감소하지만 상부구조에 발생하는 변위는 증가한다. 이 경우 상부구조의 낙교 등의 문제점이 발생될 수 있는데 이를 방지하기 위해 전단키 등과 같은 낙교방지장치를 사용한다.

그러나 상부구조의 중량이 너무 커서 이 방법으로 제한이 불가능할 경우, 댐퍼 등과 같이 지진력을 저감시킬 수 있는 장치를 사용하거나 면진받침을 이용한 기초분리방법을 사용한다. 만일 이와 같은 방법으로도 제어가 불가능할 경우에는 지진하중이 작용할 때 기계적인 장치를 이용하여 지진하중과 반대의 방향으로 힘을 가해 주는 능동제어의 방법을 사용하게 된다. 내진구조계획의 최종 목적은 구조물의 주기를 결정하고 이에 따라 변위와 전단력 등을 허용한계 내에 들어오게 하는 가장 경제적인 한계를 설정해주는 것이다. 그리고 내진구조물의 효율성을 높이기 위하여 구조계획의 기본조건에 대해서 크게 단순성, 대칭성, 완전성을 중심으로 검토한다.

(3) 내진설계 · 해석법의 종류와 대상구조물

1) 진도법

진도법은 설계지진력=(구조물의 중량)×(설계진도)의 관계를 이용하여 구조물에 작용하는 지진력을 계산하고, 그 지진력에 대하여 구조물이 견디도록 설계하는 방법이다. 즉, 복잡한 지진 작용력을 간단한 정적인 하중으로 치환하는 방법이다. 설계진도는 구조물의 종류별로 기준치가 마련되어 있다.

2) 수정진도법

구조물의 동적인 동향(지진응답) 등을 고려하여 진도법을 수정한 방법으로, 높은 교각을 갖는 교량 혹은 장대 경간 프리스트레스트 콘크리트교 등과 같이 구조물의 고유진동주기가 긴 유연한(flexible)한 구조물에서는 탄성변형에 의해 지반과 구조물과의 사이에 상대적인 변위를 만들고 진동변위는 가속도에 비례하므로, 높은 교각 등에서는 지반 등의 특성에 의해 구조물에 작용 가속도를 증가시킬 필요가 있다. 즉, 수정진도법은 구조물의 고유주기와 지반특성 등에 따라 설계진도를 증감시키는 방법이다.

3) 지진 응답해석

구조물의 지진 시의 동적 거동을 컴퓨터 등의 전자계산기로 해석하고, 그 결과를 기반으로 내진설계를 진행한다. 아치교, 거더교, 사장교, 현수교 등 지간이 200m가 넘는 장대교, 교각 높이가 40m가 넘는 교량, 부정정 차수가 높은 복잡한 교량, 연약지반 등에 설치되어 있어서 지진 시에 변형이 크다고 예상되는 교량 등은 반드시 지진응답해석이 필요하다.

4) 내진해석 방법 (교량구조물의 경우)

표 4.3.7 교량구조물의 내진해석 방법

해석방법	주 요 특 징
단일모드 스펙트럼 해석법	– 구조물의 형상이 단순하여 기본모드가 구조물의 동적거동을 대표할 수 있는 경우에 사용함 – 교량의 기본주기로부터 탄성지진력 및 변위를 예측함 – 동역학에 대한 깊은 지식이 없어도 쉽게 적용 가능한 간략한 해석법이며 수계산이 가능함 – 형상이 단순한 단순교나 연속교에 적용 가능함 – 일반적으로 다른 해석법에 비해 응답값이 크게 산정됨 – 구조물의 형상이 복잡하여 기본모드 이외의 모드들에 의한 영향이 큰 경우에는 적용이 어려움
다중모드 스펙트럼 해석법	– 기본모드 이외의 모드들이 구조물의 동적응답에 대한 기여도가 큰 경우에 사용함 – 여러 개의 진동모드가 구조물 전체의 거동에 기여함 – 선형해석 프로그램을 이용하여 해석함 – 일반적으로 중간정도 지간의 연속교에 적용하며, 해석모델을 잘 선택할 경우 장대교와 특수교량에도 적용가능함 – 시간이력해석법에 비하여 시간과 노력을 적게 들이고도 정밀한 해석 결과를 얻을 수 있음 – 기하학적인 형상이 복잡하여 직교좌표축으로 모드를 분리하기 힘든 교량에 대해서는 적절한 응답 값을 기대하기 어려움
시간이력 해석법	– 보통 하중의 지속기간이 짧을 경우에 사용함 – 모드간의 구분이 명확하지 않아 연계된(coupling) 모드가 나타나기 쉬운 경우에 사용함 – 높은 안전성이 요구되어 비선형 해석을 필요로 하는 경우에 사용함 – 입력으로서 실측된 지진파형이나 인공지진파형이 필요함 – 선형 혹은 비선형 해석 컴퓨터프로그램을 이용하여 해석함 – 응답해석에 필요한 모드의 개수가 많을 경우 효과적임(모드중첩법) – 동적 비선형 해석이 가능함(직접적분법) – 해석 및 결과분석에 많은 시간과 노력이 필요함

5) 대상구조물

교량구조물, 핵폐기물 지하저장고, 원유저장시설, 건축구조물, 철도・지하철구조물, 항만구조물, 원자력발전소, 플랜트구조물 등

(4) 응답수정계수와 설계지진력

1) 응답수정계수

① 응답수정계수 R의 산정개념

- 정의 : 응답수정계수는 탄성해석으로부터 얻은 탄성부재의 탄성부재력을 하부구조와 연결부위에 따라 다르게 적용하기 위해 수정하는 계수이다.
- 응답수정계수의 산정개념 : R=Rs×Ru×Rd×Rr
- **강도계수** Rs : 일반적으로 구조물이 보유한 수평강도는 설계수평 강도를 초과하도록 설계한다. 강도계수는 보유강도를 설계전단력으로 나누어 즉, Rs=Vmax/Vdesign로 구한다.
- **연성계수** Ru : 시스템 전체의 비선형 응답을 판정하는 척도로 고려되는 계수로 구조시스템의 연성, 부재연성, 재료연성으로 결정한다. 구조물에 요구되는 연성이나 응답수정계수를 확보하기 위해서는 구조물 전체의 연성보다 각 부재의 회전연성과 곡률연성, 재료연성이 커야 한다.
- **감쇠계수** Rd : 감쇠계수는 구조물의 에너지 소산능력을 나타내는 계수로 하중과 변위응답에 대한 부가적인 감쇠장치의 효과를 고려하기 위한 것이다.
- **잉여도계수** Rr : 하나의 기둥이 파괴되어도 붕괴되지 않을 가능성에 대한 계수이다.

② 응답수정계수를 모멘트에만 적용하는 이유

- 모멘트에 의한 파괴와는 달리 전단에 의한 파괴는 파괴의 형상이 사전에 위험성을 알려주는 경고의 기회를 주지 않는 급격한 취성파괴를 가져오기 때문에 안전을 고려하여 응답수정계수를 적용하지 않는다.
- 상부구조와 하부구조를 연결하는 받침부에서는 1.0보다 작은 0.8을 적용하며, 이것은 받침부의 형상이 하중 작용방향으로 폭이 좁고 깊이가 길기 때문에 파손이 발생하더라도 전단파괴의 형상을 갖으며 상부구조가 하부구조로부터 이탈하여 낙교라는 치명적인 경우를 초래할 수 있는 가능성이 있기 때문이다.
- 철근콘크리트 교각에서 소성힌지가 발생하여 충분한 변위가 발생한 후에 파괴되는 소성거동을 보일 때까지 전단파괴가 발생하지 않도록 하기 위함이다.

2) 우리나라 도로교 설계기준의 내진설계편에서 채용하고 있는 응답수정계수

① 이론적 배경

- 탄성해석에서 나온 탄성부재력 값을 R로 나눠서 **설계지진력**을 산정하기 위한 수정계수이다.

- **탄성지진력**으로부터 비탄성 설계지진력을 구하기 위해 응답수정계수를 사용하고 있으며, 연성부재와 연결부재에 대해 다른 응답수정계수를 사용하고 있다.
- 이것는 연성부재에서는 소성힌지의 발생을 유도하고 연결부재에서는 비탄성거동을 배제하기 위함이다. 즉 지진에 의해 기둥은 항복을 허용하지만, 연결 부위 및 기초 부위는 극히 작은 손상만을 허용한다.

② 적용방법(표 4.3.8 참조)

- 하부구조의 응답수정계수 $>$ 1.0
- 연결부위의 응답수정계수 $\leq$ 1.0
- 연결부분은 부재간의 압축력과 전단력을 전달하는 기구를 의미하며, 교량받침과 전단키 등이 이것에 포함된다. 이 경우, 응답수정계수는 구속된 방향으로 작용하는 탄성지진력에 대해서만 적용시킨다.

표 4.3.8 교량구조물의 응답수정계수(R)[도로교설계기준 한계상태설계법(2015) 8.5.4]

<table>
<tr><th>하부구조</th><th>R</th><th>연결부위</th><th>R</th></tr>
<tr><td>벽식교각</td><td>2</td><td>상부구조와 교대</td><td>0.8</td></tr>
<tr><td>철근콘크리트 말뚝가구(bent)
1) 수직 말뚝만 사용한 경우
2) 한 개 이상의 경사말뚝을 사용한 경우</td><td>
3
2</td><td>상부구조와 한 지간 내의 신축이음</td><td>0.8</td></tr>
<tr><td>단일기둥</td><td>3</td><td rowspan="2">기둥, 교각 또는 말뚝가구와 캡빔 또는 상부구조</td><td rowspan="2">1.0</td></tr>
<tr><td>강재 또는 합성강재와 콘크리트 말뚝가구
1) 수직 말뚝만 사용한 경우
2) 한 개 이상의 경사말뚝을 사용한 경우</td><td>
5
3</td></tr>
<tr><td>다주가구</td><td>5</td><td>기둥 또는 교각과 기초</td><td>1.0</td></tr>
</table>

③ 적용 시 유의사항

- 교량의 각 부재와 연결부재에 대한 설계지진력은 탄성지진력을 응답수정계수로 나눈 값으로 한다. 단, 하부구조의 경우 축방향력과 전단력은 응답수정계수로 나누지 않는다.
- 내진설계를 위해 추가로 규정한 설계요건을 만족하지 못한 경우, 하부구조와 연결부분의 응답수정계수는 각각 1.0과 0.8을 넘지 못한다.
- 응답수정계수 R은 하부구조의 양 직교축방향에 모두 적용한다.
- 벽식교각의 약축방향은 기둥의 규정을 적용하여 설계할 수 있다. 이 때 응답수정계수 R은 단일기둥의 값을 적용할 수 있다.

3) 지진격리교량의 응답수정계수

- 내진설계를 위해 추가로 규정된 설계요건을 만족하는 경우, 지진격리 교량의 각 부재와 연결부분에 대한 설계지진력은 등가지진력을 지진격리교량의 응답수정계수로 나눈 값으로 한다.
- 다만, 하부구조의 경우 축방향력, 전단력을 응답수정계수로 나누지 않는다.
- 내진설계를 위해 추가로 규정한 설계요건을 만족하지 않는 경우, 하부구조와 연결부재에 대한 응답수정계수를 각각 1.0과 0.8을 넘지 못한다. 이때, 지진 응답해석을 통하여 설계지진 시에 하부구조가 탄성범위 내에서 거동함을 확인하고 철근콘크리트 기둥의 철근상세를 만족해야 한다.
- 지진격리교량의 응답수정계수 R_i[도로교설계기준 한계상태설계법(2015) 8.11.6]는 표 4.3.9와 같다.

표 4.3.9 지진격리교량의 응답수정계수(R_i)

<table>
<tr><th>하부구조</th><th>R_i</th><th>연결부위</th><th>R_i</th></tr>
<tr><td>벽식교각</td><td>1.5</td><td>상부구조와 교대</td><td>0.8</td></tr>
<tr><td>철근콘크리트 말뚝가구(bent)
1) 수직 말뚝만 사용한 경우
2) 한 개 이상의 경사말뚝을 사용한 경우</td><td>
1.5
1.5</td><td>상부구조와 한 지간내의 신축이음부</td><td>0.8</td></tr>
<tr><td>단일기둥</td><td>1.5</td><td rowspan="2">기둥, 교각 또는 말뚝가구와 캡빔 또는 상부구조</td><td rowspan="2">1.0</td></tr>
<tr><td>강재 또는 합성강재와 콘크리트 말뚝가구
1) 수직말뚝만사용한 경우
2) 한 개 이상의 경사말뚝을 사용한 경우</td><td>
2.5
1.5</td></tr>
<tr><td>다주가구</td><td>2.5</td><td>기둥 또는 교각과 기초</td><td>1.0</td></tr>
</table>

4) 설계지진력

① 구조부재, 연결부의 설계지진력

교량의 구조부재 및 연결부위 설계지진력은 다음과 같이 구할 수 있도록 하였다.

ⓐ 여기서 구하는 설계지진력은 다음의 각 경우에 대하여 적용한다.

- 상부구조, 상부구조의 신축이음 및 상부구조와 하부구조 상단 사이의 연결부
- 하부구조 상단으로부터 기둥이나 교각의 하단까지[단, 후팅(footing), 말뚝머리 및 말뚝을 포함하지 않음]
- 상부구조와 교대의 연결요소

ⓑ ⓐ항의 설계지진력은 직교지진력 조합의 하중 경우 1과 하중 경우 2로부터 구한 탄성지진력을 응답수정계수 R로 나눈 값으로 한다.

ⓒ ⓑ항의 설계지진력은 다른 설계력과 함께 독립적으로 전체하중 조합식에 조합하여야 하며 각 요소에 대한 지진 시 최대하중은 극단상황한계상태의 하중조합과 하중계수를 적용하여 구한다.

- 응답수정계수가 적용되지 않을 경우, 교각과 상부구조 또는 하부구조의 연결부의 설계지진력은 응답수정계수를 적용하지 않은 탄성지진력과 교각의 최대소성힌지력 중 작은 값으로 한다.
- 구조물의 각 요소는 도로교설계기준 한계상태설계법(2015)의 각 하중조합에 의한 설계력에 대하여 안전하여야 하며 도로교설계기준 한계상태설계법(2015)의 하중조합 및 하중계수 규정과 함께 사용하여야 한다.

5) 설계지진력에 영향을 미치는 요소

① 해석방법

- 단일모드스펙트럼해석법은 해석결과가 다른 방법보다 크게 나오는데, 그 이유는 교축방향 모드나 교축직각모드를 기본 모드로 고려하여 전체질량의 100%를 반영하기 때문이다. 그러나 실제로, 100%의 질량이 교축방향 모드나 교축직각방향 모드로 참여하지 않는다.

② 교량의 동적 특성

- 단일모드스펙트럼 해석에서는 고유진동수가 증가할수록 지진력은 커진다.

③ 상부구조의 질량

- 질량이 클수록 수평변위량이 크므로 가능한 질량이 작은 강교로 선정하는 것이 바람직하다.

④ 연속경간의 수

- 연속경간이 많을수록 교각이 부담하는 하중이 크게 되며 고정단의 교각이 대규모가 된다. 따라서 콘크리트 교는 3경간 이하, 강교는 5경간 이하로 계획한다.

⑤ 하부구조의 형식과 강성

- 교각의 강성이 크면 고유진동수가 증가하여 설계 지진력이 증가한다.

(5) 교량구조물의 내진설계 과정과 여유간격

1) 다음 그림 4.3.22와 같은 교량구조물의 교축방향의 내진설계과정을 기술하시오.

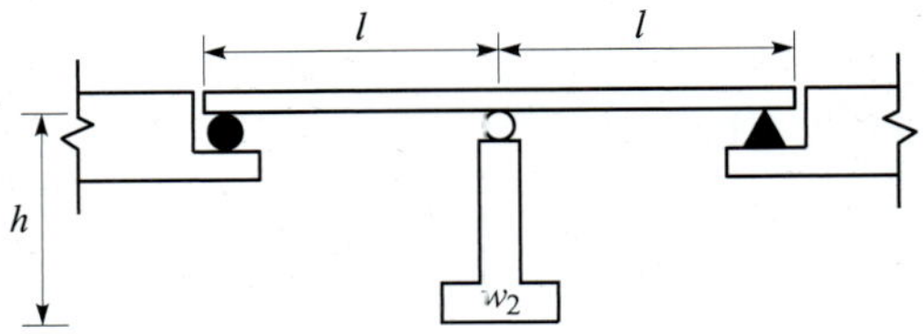

그림 4.3.22

- 도로교설계기준 내진설계 편에서 제시하고 있는 내진설계 과정을 흐름도로 나타내면 그림 4.3.23과 같고, 내진설계과정을 구체적으로 기술하면 다음의 ① ~ ⑨항과 같다.

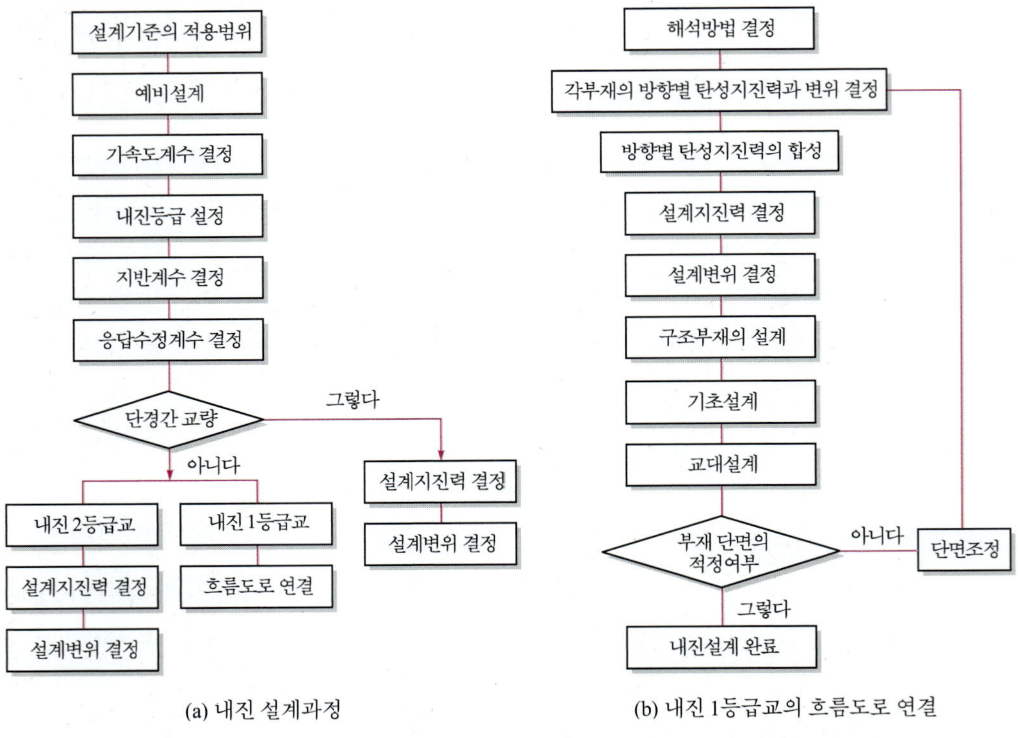

그림 4.3.23 도로교설계기준에 따른 교량구조물의 내진설계과정 흐름도

① **가속도 계수**(A = 지진구역계수 × 위험도계수) 및 내진등급(중요도) 산정

- **지진구역계수** : 구역계수 II에 해당하는 지역은 강원도 북부, 전남 남서부, 제주도이다. 그 외의 남한지역은 구역계수 I에 해당한다.

표 4.3.10 지진구역계수(설계지진의 평균재현주기 500년에 해당)

지진구역	I	II
구역계수	0.11	0.07

- **위험도계수** : 표 4.3.11에서 기준은 평균재현주기 500년 지진이다.

표 4.3.11 재현주기에 따른 위험도계수

재현주기(년)	500	1000
위험도계수	1	1.4

- 도로교의 **내진등급**과 **설계지진수준** : 우리나라의 경우 지진의 발생확률이 낮고 가속도계수가 작은 것을 감안하여 내진등급을 교량의 중요도만을 고려해서 표 4.3.12처럼 2개의 등급으로만 나누었다.

표 4.3.12 도로교의 내진등급과 설계지진의 평균재현주기

내진등급	교 량	평균재현주기
내진I등급교	• 고속도로, 자동차전용도로, 특별시도 및 광역시도 교량, 일반국도상 교량 • 지방도와 시도 및 군도 중 방재계획상 필요한 교량, 해당도로의 일일계획교통량을 기준으로 판단했을 때 중요한 교량 • 내진I등급교가 건설되는 도로 위를 넘어가는 교량	1000년
내진II등급교	내진I등급교에 속하지 않는 교량	500년

② **지반계수**(S) 산정

표 4.3.13 지반계수

지반계수	지반종류			
	I	II	III	IV
S	1.0	1.2	1.5	2.0

- 지반종류는 다음의 3가지로 구분한다(지표면 아래 30m 토층에 대한 평균 값)

ⓐ 지반종류 I : 경암지반, 보통암지반,
전단파속도 760m/sec 이상

ⓑ 지반종류 Ⅱ : 매우 조밀한 토사지반 또는 연암지반, N값 > 50,
　　　　　　　전단파속도는 360m/sec에서 760m/sec 미만

ⓒ 지반종류 Ⅲ : 단단한 토사지반, 15 ≧ N값 ≧ 50,
　　　　　　　전단파속도는 180m/sec에서 360m/sec 미만

ⓓ 지반종류 Ⅳ : 연약한 토사지반, N값 < 15,
　　　　　　　전단파속도는 180m/sec 미만

ⓔ 지반종류Ⅴ : 부지 고유의 특성평가가 요구되는 지반 즉, 지반특성의 분류가 곤란한 특수 형태 및 특성을 갖는 지반으로서, 전문가가 작성한 부지종속 설계응답스펙트럼을 사용하여야 한다.

[주] 여기서 N값은 비점착성 토층만을 고려한 평균 N값

③ **설계 진동단위** 결정

– 설계 진동단위는 지진 시 동일한 진동을 한다고 볼 수 있는 구조계 의미하고, 문제의 구조물은 다음 표 4.3.14에서 제시하는 설계 진동단위 중 교축방향 연속형교 일점고정에 해당한다.

표 4.3.14 설계 진동단위

교량형식		교축방향		교축직각방향	설계진동단위
단순 거더교		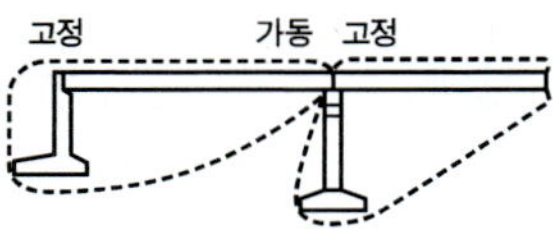		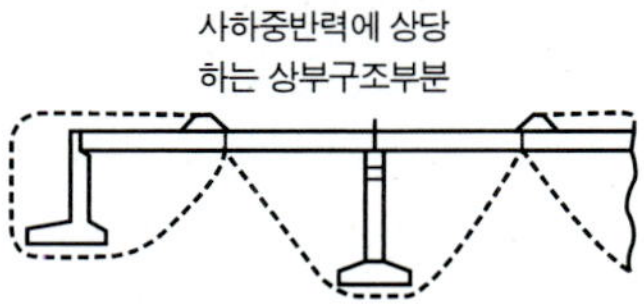	내진설계상 1기의 하부구조와 그것이 지지하고 있는 상부구조로 되어 있다고 볼 수 있는 경우
연속거더교	교축방향의 받침조건: 일점고정	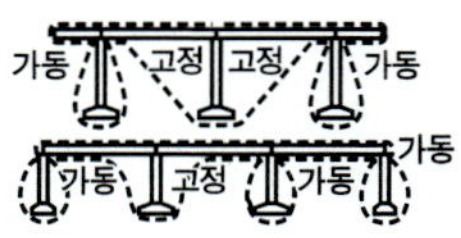	교각간의 고유주기 특성: 큰차이없음		
연속거더교	교축방향의 받침조건: 다점고정	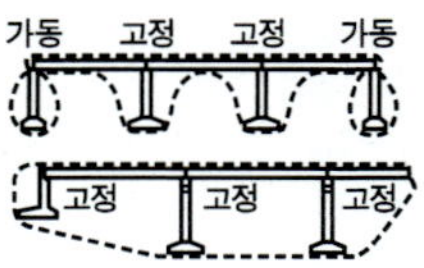	교각간의 고유주기 특성: 큰차이있음	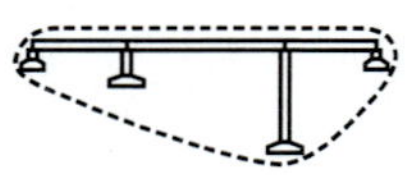	내진설계상 복수의 하부구조와 그것이 지지하고 있는 상부구조로 되어있다고 볼 수 있는 경우
아치교 라멘교 기타		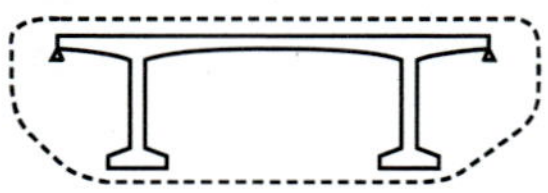		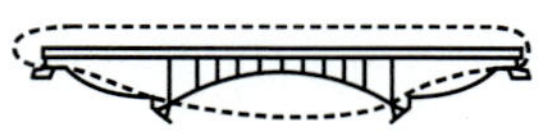	

④ **탄성지진응답계수** C_s 결정[도로교설계기준 한계상태설계법(2015) 8.7]

- **단일모드스펙트럼해석** 시, 설계력의 결정에 쓰이는 탄성지진응답계수 C_s는 다음과 같은 무차원의 식으로부터 구한다.

$$C_s = \frac{1.2A\,S}{T^{2/3}} \tag{4.3.5}$$

여기서, A : 가속도 계수

S : 지반특성에 따른 무차원의 지반계수

T : 교량의 주기

다만, C_s값은 $2.5A$보다 크게 취할 필요는 없다.

- **다중모드스펙트럼해석** 시, m번째 진동모드에 대한 탄성지진응답계수 C_{sm}은 다음 공식에 따라 구한다.

$$C_{sm} = \frac{1.2AS}{T_m^{2/3}} \tag{4.3.6}$$

- T_m 값이 4.0초를 넘는 구조물에 대하여 m번째 진동모드에 대한 C_{sm} 값은 다음 식에 따라 결정할 수 있다.

$$C_{sm} = \frac{3AS}{T_m^{4/3}} \tag{4.3.7}$$

⑤ **등가정적 지진하중** $p_e(x)$ 결정

- 종방향 및 횡방향 지진에 의한 부재의 단면력과 처짐을 계산하는 등가정적 지진하중은 다음 식으로 산정할 수 있다.

$$p_e(x) = \frac{\beta C_s w(x) v_s(x)}{\Upsilon} \tag{4.3.8}$$

여기서 교량의 주기는 다음과 같다.

$$T = 2\pi\sqrt{\frac{\Upsilon}{p_0\,g\,\alpha}} \tag{4.3.9}$$

여기서, g : 중력가속도

$w(x)$: 교량 상부구조와 이의 동적거동에 영향을 주는 하부구조의 단위길이 당 사하중

$v_s(x)$: 균일한 등분포하중 p_0에 의한 정적 처짐

$$\alpha = \int v_s(x)dx$$

$$\beta = \int w(x)v_s(x)dx$$

$$\Upsilon = \int w(x)v_s(x)^2 dx$$

⑥ **응답수정계수** R 계산(표 4.3.7 사용) 및 설계지진하중 결정

- 설계지진하중 = $p_e(x)/R$

⑦ 2개의 직교하는 수평방향 각각의 설계 지진하중에 대한 단면력, 탄성 구조해석 수행에 의한 부재력(전단력 V, 모멘트 M, 축력 P) 계산

⑧ 각각의 부재력에 대하여 다음과 같이 조합하여 절대최대(worst)단면력을 단면 설계시 사용

하중경우 1(case 1)	하중경우 2(case 2)
$V_z^D = 1.0\,\lvert V_z^L\rvert + 0.3\,\lvert V_z^T\rvert$	$V_z^D = 0.3\,\lvert V_z^L\rvert + 1.0\,\lvert V_z^T\rvert$
$V_y^D = 1.0\,\lvert V_y^L\rvert + 0.3\,\lvert V_y^T\rvert$	$V_y^D = 0.3\,\lvert V_y^L\rvert + 1.0\,\lvert V_y^T\rvert$
$M_z^D = 1.0\,\lvert M_z^L\rvert + 0.3\,\lvert M_z^T\rvert$	$M_z^D = 0.3\,\lvert M_z^L\rvert + 1.0\,\lvert M_z^T\rvert$
$M_y^D = 1.0\,\lvert M_y^L\rvert + 0.3\,\lvert M_y^T\rvert$	$M_y^D = 0.3\,\lvert M_y^L\rvert + 1.0\,\lvert M_y^T\rvert$
$P^D = 1.0\,\lvert P^L\rvert + 0.3\,\lvert P^T\rvert$	$P^D = 0.3\,\lvert P^L\rvert + 1.0\,\lvert P^T\rvert$

여기서, z축 및 y축은 기둥, 교대, 교각 등을 두 방향(일반적으로는 종방향 및 횡방향)의 직교하는 수평축으로 정의 하였을 때 각각의 축이다.

⑨ **설계변위** 계산[도로교설계기준 한계상태설계법(2015) 8.6.8]

- 변위량을 계산하기 위해서 도로교설계기준은 교대, 교각 및 받침에 필요한 최소의 지지길이를 규정하고 있다.

  규정된 **최소 지지길이**는 신축이음 사이의 상판길이 및 기둥높이의 함수로 표현된다. 단경간교와 지진구역 Ⅱ에 위치한 내진 Ⅱ등급교의 최소 받침지지길이(N)는 다음 식에 규정한 값보다 작아서는 안된다.

$$N=(200+1.67L+6.66H)(1+0.000125\theta^2)\ (\text{mm}) \tag{4.3.10}$$

여기서, L : 인접 신축이음부까지 또는 교량단부까지의 거리(m)
단, 지간 내에 힌지가 있는 경우의 L은 힌지 좌·우측 방향의 거리인 L_1과 L_2의 합으로 한다(그림 4.3.24 참조).

H: 다음 각 경우에 대한 평균 높이(m)
교대 : 인접 신축이음부의 교량상부를 지지하는 기둥의 평균높이.
단경간교의 평균높이는 0으로 한다.
기둥 또는 교각 : 기둥 또는 교각의 평균높이
지간 내의 힌지 : 인접하는 양측 기둥 또는 교각의 평균높이

θ : 받침선과 교축직각방향의 사이 각(°)

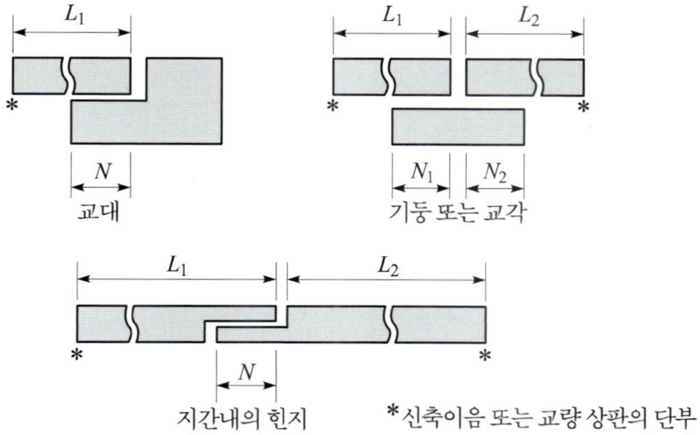

그림 4.3.24 최소 받침지지길이(N 또는 N_1+N_2)의 규정에 관한 치수

2) 도로교 설계기준에서 지진 시 교량의 여유간격을 두는 이유와 여유간격을 구하는 방법

① 설치사유

- 설계 지진 시 예상되는 응답변위로 인하여 교량의 주요부재간 충돌과 손상을 방지하기 위함이다.

② 교량의 여유간격 산정방법

- 지진 시 예상되는 응답변위로 인하여 교량의 주요부재간 충돌과 손상을 방지하기 위함이다. 지진 시, 교대 또는 인접 교량간의 충돌에 의한 주요 구조부재의 손상을 방지하기 위해서 교량의 단부에 다음 식보다 큰 여유간격 Δl_i(mm)를 두어야 한다.

$$\Delta l_i = d + \Delta l_{sh} + \Delta l_{cr} + \Delta l_t \text{ (mm)} \quad (4.3.11)$$

여기서, d : 지반에 대한 상부구조의 총변위(mm)

Δl_{sh} : 콘크리트의 건조수축에 의한 이동량(mm)

Δl_{cr} : 콘크리트의 크리프에 의한 이동량(mm)

Δl_t : 온도변화로 인한 이동량(mm)

③ 여유간격 설치위치

- 설계지진 시, 교량간의 충돌에 의한 주요 구조부재의 손상을 막고 내진성능이 충분히 발휘될 수 있도록 그림 4.3.25와 같이 교량 단부에 여유간격 Δl을 설치한다.

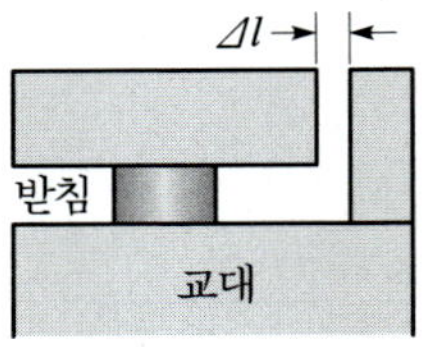

그림 4.3.25

④ 상부구조 여유간격의 영향

- 이동 허용량이 증가하여 교각 단면의 요구량을 증가 시킨다.
- 충격력이 감소하여 교대의 수동변위를 감소시킨다.
- 상부구조에 구속이 없으므로 낙교의 위험성이 증가 한다.

3) 지진변위의 검토

① 받침연단길이의 검토(그림 4.3.26 참조)

- 거더의 경간 길이 100m 이하 : S = 200 + 5L (mm)
- 거더의 경간 길이 100m 이상 : S = 300 + 4L (mm)

여기서 L : 경간 길이(m)

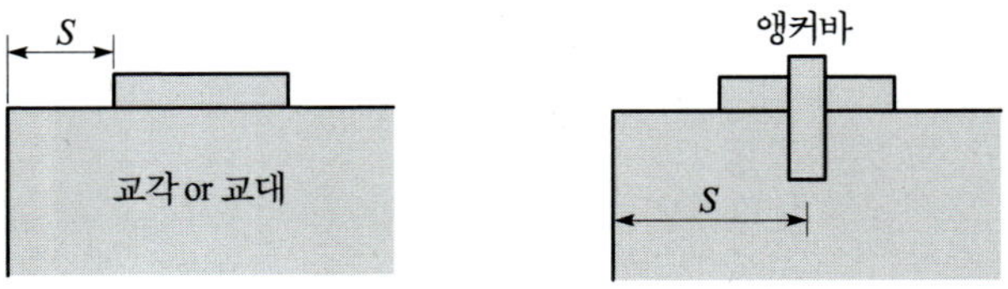

(a) 강재받침의 연단거리(S) (b)고무받침의 연단거리(S)

그림 4.3.26

② **최대 탄성지진변위** 검토

- 교대 측면에서 일어나는 탄성변위를 구하여 받침의 최소 지지길이와 비교 검토한다.

③ **최소 받침지지길이**

- 교대, 기둥, 받침에 부여된 지지길이는 교량구조물의 전체적인 비탄성거동, 하부구조의 서로 다른 부분들의 발생 가능한 독립적인 이동, 그리고 표면파의 운동으로 인한 기둥과 교대의 비대칭 회전변위 등으로 인한 상대변위량을 수용할 수 있어야 한다.

ⓐ 단경간교와 지진구역 Ⅱ에 위치한 내진 Ⅱ등급교

단경간교와 지진구역 Ⅱ에 위치한 내진 Ⅱ등급교의 최소 받침지지길이(N)는 식 (4.3.10)에 규정한 값보다 작어서는 안된다.

ⓑ 단경간교와 지진구역 Ⅱ에 위치하는 내진 Ⅱ등급교를 제외한 모든 교량

단경간교와 지진구역 Ⅱ에 위치하는 내진 Ⅱ등급교를 제외한 모든 교량의 설계변위는 탄성해석으로부터 구한 최대변위 값과 식 (4.3.10)에 규정한 최소 받침지지길이 중 큰 값을 취하도록 하였다. 여기서 정한 최소 받침지지길이는 모든 거더의 단부에서 확보하여야 하며, 최소 받침지지길이의 확보가 어렵거나 낙교방지를 보장하기 위해서는 변위구속장치를 설치해야 한다.

④ 신축이음부 유간 검토

- 상시의 신축이동량을 고려하여 유간을 검토한다.
- 지진 시는 최대 탄성변위 또는 독립식 교대의 예상변위 이상으로 설계한다.
- 이탈 장치는 신축이음 또는 교량 상판의 단부에 설치한다.

⑤ 교좌장치의 형하공간

- 인체의 일부분(머리, 어깨)이 들어가 작업 및 관찰이 용이하도록 확보한다.
- 유지보수 시 잭업(jack up)을 설치할 수 있도록 400mm 이상 공간을 확보한다.

TIP • **50m 경간의 6경간 연속 강교(강관말뚝의 사용)의 내진설계 해석과정과 고려사항**

i) 해석방법의 선정

- 교량에 따라 단일모드스펙트럼 해석법, 다중모드스펙트럼 해석법, 비선형 시간이력 해석법 등에서 선택한다.

ii) 탄성지진력 산정

- 해석 교량의 모형화 및 교각 강성에 의해 교축방향 및 교축직각방향의 지진력과 변위를 결정한다.
- 단일모드에서는 지진구역, 지반특성, 내진등급에 따라 지진하중을 결정한다. 지진하중은 교축방향과 교축직각방향으로 재하하여 구조해석한다.
- 비지진력(사하중, 부력, 유체압, 횡토압)과 지진력 결정에 의하여 축방향별 탄성지진력 결정한다.

iii) 설계지진력 결정

- 구조해석에서 구한 부재력을 직교 지진력 조합에 의해 조합하여 설계지진력에 의한 단면력을 결정한다.

iv) 설계지진변위 검토

- 최소 받침지지길이, 탄성해석에 의한 최대변위, 신축이음의 유간을 검토한다.

v) 부재의 설계

- 교각의 설계 : 교축방향 또는 교축직각 방향의 설계지진단면력에 대하여 부재단면을 설계하며 응답수정계수 R=3.0(단일기둥)을 사용한다.
- 횡방향 보재 : 교각의 소성힌지부에 심부구속 횡방향 철근을 배근한다.
- 교각 기초의 강관말뚝의 설계 : 설계지진력을 결정할 때 응답수정계수를 고려한다. 수직말뚝만 사용할 경우 R=5.0, 한 개 이상의 경사 말뚝을 사용할 경우 R=3.0이다[도로교설계기준 한계상태설계법(2015) 8.8.2.3 참조 요망].
- 기초의 안정성 검토 : 전도에 대한 안정성, 활동에 대한 안정성, 지반의 허용지지력을 검토한다. 연결부위에 대해서 응답수정계수 R=1.0 이하의 값을 사용한다[도로교설계기준 한계상태설계법(2015) 8.8 참조 요망].

(6) 지진 응답해석법[도로교설계기준 한계상태설계법(2015) 8.6 참조 요망]

1) 내진해석법의 특징

① 단일모드스펙트럼해석법

- 주위의 지반보다 구조물의 질량이 매우 큰 경우에 적용한다.
- 손쉽게 적용 가능한 해석법이며, 수계산이 가능하다.
- 단순교와 형상이 단순한 연속교에 적용할 수 있다.
- 보통 다른 해석법에 비해 응답 값이 크게 산정된다.
- 구조물의 형상이 복잡하여 기본모드 이외의 모드에 대한 영향이 큰 경우에는 적용하는데 어려움이 있다.
- 구조물의 동적특성을 제대로 고려하지 못한다.
- 지반과 구조물의 상호작용을 고려하기 어렵다.

② 다중모드스펙트럼해석법

- 기본모드 이외의 모드들이 구조물의 동적응답에 대한 기여도가 큰 경우에 사용한다.
- 여러 개의 진동모드가 구조물의 전체 거동에 기여한다.
- 일반적으로 중간정도 지간의 연속보에 적용하며, 해석모델을 잘 선택할 경우 장대교와 특수교량에도 적용이 가능하다.
- 시간이력해석법에 비하여 시간과 노력을 적게 들이고도 정밀한 해석 결과를 얻을 수 있다.
- 기하학적 형상이 복잡하여 직교 좌표축으로 모드를 분리하기 힘든 교량에 대해서는 적절한 응답을 기대하기가 어렵다.
- 각 모드의 복합연계효과 및 최종응답의 기여도를 결정하기 위하여 공간뼈대요소의 선형 동적해석능력을 갖는 컴퓨터 프로그램을 이용하여야 한다. 교량은 각 연결부와 절점이 6개의 자유도(3개의 이동자유도와 3개의 회전자유도)를 가진 3차원 공간뼈대조물로 모형화 해야 하고, 지진 시에도 큰 활하중이 재하되어 있을 가능성이 큰 경우에는 그 활하중의 관성효과도 고려해야 한다. 응답해석 시 고려되는 모드 수는 지간 수의 3배 이상이어야 하고, 잔여모드를 모두 포함하여 해석하더라도 응답이 10% 이상 증가하지 않도록 충분한 개수의 모드를 고려해야 한다. 부재의 단면력과 변위는 개별모드로부터 각각의 응답을 CQC방법(complete quadratic combination)으로 조합하여 구한다.

③ 시간이력해석법

- 하중의 지속시간이 짧을 경우에 사용한다.

- 모드간의 구분이 명확하지 않아 연계된(coupling) 모드가 나타나기 쉬운 경우에 사용한다.
- 응답해석에 필요한 모드의 개수가 많을 경우 효과적(모드중첩법)이다.
- 높은 안전성이 요구되며 비선형 해석을 필요로 하는 경우에 사용한다.
- 입력으로 실측된 지진파형이나 인공파형이 필요하다.
- 동적비선형해석(직접적분법)이 가능하다.
- 해석과 결과분석에 많은 시간과 노력이 필요하다.

④ 해석방법의 선택

- 대상교량 : 단경간, 단순한 기하학적 형상의 교량→점진적 이전→장대교, 복잡한 기하학적 형상의 교량 순으로 선택한다.
- 적용해석방법 : 단일모드스펙트럼해석법→다중모드스펙트럼해석법→모드중첩법을 이용한 시간이력해석법→직접적분법을 이용한 시간이력해석법 순으로 선택한다.

2) 구조물의 내진해석 방법

① 등가정적해석법

- 등가정적해석법은 구조물에 가해지는 동적지진력을 정적지진력 즉, 등가지진력으로 환산하여 간단한 선형정적해석으로 하여 지진을 해석하는 방법이다.
- 등가지진력 F_e는 교량 상부구조물의 중량과 지진거동에 영향을 주는 하부구조물의 중량을 합친 중량 W에 무차원식인 탄성지진응답계수 C_s를 곱하여 구한다. 즉, $F_e = C_s W$이다.
- C_s의 계산은 도로교설계기준 한계상태설계법(2015) 8.11.7.2를 참조할 수 있으나, C_s값은 $2.5A$보다 크게 취할 필요는 없다.
- 구조물 자중의 일부분을 수평 또는 수직력으로 재하하여 정적해석을 수행하는 방법으로, 설계지진계수인 탄성지진응답계수의 산정이 주요한 역할을 하게 된다.

② 응답스펙트럼해석법

- 각각의 하중에 대한 구조물의 최대변위, 최대속도, 최대가속도의 응답스펙트럼을 이용하여 구하는 방법이다.
- 시간이력해석법보다 다소 오차가 발생하지만, 대형구조물이나 정밀한 결과를 원하지 않을 경우 간편하게 구조물의 동특성을 파악할 수 있다.
- 모드별 응답의 중첩은 SRSS, ABS, CQC 방법을 사용한다.

③ 시간이력해석법

일반적으로 구조물이 탄성거동을 하는 경우에는 모드중첩법이 사용되며, 구조물이 비선형 거동을 하는 경우에는 직접적분법을 사용한다.

ⓐ 모드중첩법

- 입력지진파에 대한 개별 모드의 시간이력응답을 구하여 중첩하는 방법이다.
- 진동모드가 많은 경우에도 고유진동수가 낮은 몇 개의 진동모드의 응답을 중첩하여 비교적 좋은 근사 해를 구할 수 있다.

ⓑ 직접적분법

- 다자유도계의 운동방정식을 변화시키지 않고 점진적으로 계산하는 방법에 의해서 수치적으로 적분한다.
- 한 시점 t에서 거동이 구해져 있을 때, 이것을 이용하여 t+△t에서 거동을 구하는 작업을 반복하여 전체시간에 걸친 거동을 구한다.
- 시간간격 △t를 취하는 방법에 따라 단자유도 선형 시스템에서는 선형가속도법(linear acceleration method), 평균가속도법(average acceleration method), 윌슨방법(Willson θ method), 뉴마크방법(Newmark β method)으로 해석하고 다자유도 선형 시스템에서는 중첩법, 시간증분법, 중심차분법으로 해석하며, 비선형 시스템에서는 뉴마크방법(Newmark β method)과 중심차분법 등을 사용한다.

④ 비탄성해석법

대규모의 지진은 구조물과 각 부재에 비탄성 거동을 유발할 수 있으므로 정확한 구조물의 응답을 구하기 위해서는 비탄성해석이 필수적이다.

ⓐ 동적비선형해석

- 각 부재의 비선형 거동을 반영하면서 실제 지진이력에 대하여 시간대별로 구조물의 동적이력을 구하는 방법이다.
- 모드의 분리와 중첩의 원리가 허용되지 않으므로 직접적분법을 사용한다.
- 시간이력 해석에서 요구하는 자료 외에 각 부재의 비선형거동의 자료가 필요하다.
- 시간이력은 3개 이상의 자료 중에서 적합한 수평지반운동 자료 2개 이상을 사용한다.
- 3개의 자료를 사용하는 경우에는 가장 큰 값이다.
- 7개 이상의 자료를 사용하는 경우에는 평균값을 설계에 사용한다.
- 지진파의 시간이력은 국내의 기준에 맞게 최대가속도를 축소(scale down)해서 사용한다.

(7) 지진격리설계

1) 정의

- 수평지진력에 의한 교량의 응답을 줄일 목적으로 주로 상부구조와 하부구조사이에 **지진격리받침**을 사용하여 설계기준[도로교설계기준 한계상태설계법(2015) 8.11]에서 요구하는 내진성을 확보하는 방법이다.

2) 역할

- 교량의 주기를 길게 함으로서 작용하는 지진력을 줄여주고 지진에너지 흡수 능력 향상을 통해서 응답을 감소시키는 역할을 한다.

3) 적용 시 검토사항

- 지진격리설계의 적용은 교량의 장주기화와 지진에너지 흡수능력 향상효과를 상시와 지진시의 양 측면에서 검토 후에 판단한다.
- 교량의 장주기화로 인하여 지진시 상부구조의 변위가 교량의 기능에 악영향을 주지 않도록 한다.
- 지진격리받침은 역학적 거동이 명확한 범위에서 사용하고 지진시의 반복적인 횡변위와 상하진동에 대해서 안정적으로 거동하여야 한다.
- 지진격리받침 이외 안정성이 확인된 각종 감쇠기, 낙교방지장치, 지진보호장치에 의하여 발전된 설계를 할 경우 이를 인정한다.

  다음과 같은 조건에서는 적용해서는 안된다.

  ① 하부구조가 유연하고 고유주기가 긴 교량 : 기초주변의 지반이 연약하고 지진격리설계의 적용에 따른 교량 주기의 증가로 지반과 교량의 공진가능성이 있는 경우에 적용할 수 없다.

  ② 받침에 부반력이 발생하는 경우

4) 지진 격리 받침의 종류

- 마찰형 포트받침
- 적층고무받침
- 고감쇠 적층고무받침
- 구면 미끄럼받침
- 점성 유체감쇠기
- 납고무받침

(8) 성능기반 내진설계법

1) 성능기반설계(performance-based design)의 기본개념과 장점

① 기본개념

- 설계를 설계기준, 시방서, 코드(cord)에 의존하지 않는 기법이다.
- 자동차, 항공, 원자력 산업분야에 널리 사용하고 있다.
- 실제로 발생할 수 있는 설계 조건하에서 구조물이 만족되어야하는 성능수준만 규정한다.
- 규정한 요구성능이 만족됨을 입증할 수 있으면, 원칙적으로 어떤 설계방안이든 선택 가능하다.

② 장점

- 양질의 구조물을 좀 더 신속하고 비용측면에서 효과적으로 구축할 수 있는 기회를 제공할 수 있다
- 사회와 고객에게 다양한 옵션(option)의 목표성능을 합리적으로 선택 할 수 있는 기회를 제공한다.
- 설계자는 선택된 목표성능을 만족시켜야하기 때문에, 설계자에게 큰 부담과 창의성을 요구한다.
- 새로운 대안이나 혁신적인 기술을 설계과정에서 적극 활용할 수 있는 기회가 된다.

2) 내진성능의 확보방안

구조물에 작용하는 지진력에 저항할 수 있도록 구속을 주거나 강성을 증가시킨다.

① 구조물의 고유주기를 길게 하는 방안

- 응답변위가 증가하는 반면에, 응답가속도를 현저히 감소시켜 지진력의 크기를 줄이는 방법이다.
- 과도한 변위에 대한 사용성 확보 및 낙교나 이탈방지를 위한 대비책 강구한다.

② 인위적인 감쇠장치를 사용하는 방법

- 구조물의 감쇠를 증가시켜서 응답변위와 응답가속도를 동시에 감소시켜 지진력의 크기를 줄이는 방법이다.
- 구조해석에 의해 감쇠장치의 효과가 확실히 검증되는 경우에 적용하고, 사용성·내구성의 검토가 필요하다.

③ 일반적인 내진성능의 확보방안

ⓐ 1점 고정단 사용법

- 지진에 의한 수평력이 고정단 교각 한 곳에 집중되므로 교각과 기초가 비대해져

공사비의 증가하나 교량의 연장을 작게 할 수 있다.

ⓑ 다점 고정단 사용

- 상대적으로 유연한 교각 강성을 갖는 장대교량에 적용 가능하다.

ⓒ 평상 시는 1점 고정단, 지진 시는 다점고정단 사용(댐퍼, 스토퍼 방식)

- 지진 시는 고정지점 개수가 많아져 주기가 짧아지므로 1점 지지보다 전체 지진력은 커진다. 따라서 지진력 분산의 효율성을 검토한다.
- 지진 시 빠른 거더의 움직임에 대해서는 고정지점으로 작용하여 관성력을 하부구조에 전달한다.
- 온도변화와 크리프에 의한 거더의 신축과 같은 완만한 움직임에 대해서는 저항을 하지 않는다.

ⓓ 상부와 교각을 일체로 계획

- 높이가 높은 장대 교각에 적용가능하다.

ⓔ 탄성받침방식(면진구조)

- 각 지점에 탄성받침을 설치하여 지진 시 관성력을 복수의 교각에 분산함과 동시에 온도변화나 크리프에 의한 거더의 신축에는 받침의 탄성변형을 이용해 그 영향을 완화시키는 방법이다.

④ 방진과 제진

- 지진하중에 대하여 미리 예방하고 대비하는 모든 수단과 방법을 말하며, 정부차원의 통제시스템도 포함한다.
- 지진이 발생하였을 경우에 대비한 시뮬레이션 훈련 등을 포함하는 아주 포괄적인 의미도 있다.
- 제진장치나 제진시스템이라고 하는 지진하중을 저감시킬 수 있는 특수한 제어장치와 제어시스템을 포함한다.

⑤ 기초의 설계지진력

- 확대기초, 말뚝머리, 말뚝을 포함하는 기초의 설계지진력은 탄성지진력을 하부구조에 대한 R/2로 나눈 값으로 한다. 여기서, R : 하부구조의 응답수정계수

3) 성능설계의 설명 및 도로교 설계기준의 성능설계

① 정의

- 지진 발생 시 구조물의 기능과 성능을 정상적으로 수행(기능수행수준)하거나 구조물의 붕괴를 방지(붕괴방지수준)하기 위해 규정한 설계를 성능설계라 한다.

② 설계규정

ⓐ 도로교 내진설계 성능기준의 목적 및 목표

- 교량의 내진성 확보에 필요한 최소한의 설계요건을 규정하기 위함이 목적이며, 이를 실현하기 위해 교량은 **기능수행수준**과 **붕괴방지수준**의 성능수준을 만족하도록 설계목표를 두고 있다.

ⓑ 기능수행수준

- 지반운동의 세기가 낮으나 발생빈도가 높은 지진에 대해서 교량은 경미한 피해를 입을 수 있으나 정상기능을 수행할 수 있는 수준 즉, 설계지진 발생 후에도 차량의 통행이 가능한 상태로 기능을 유지하도록 설계하는 수준이다.

ⓒ 붕괴방지수준

- 지반운동의 세기는 높으나 발생빈도가 낮은 지진발생 시에는 정상기능을 수행할 수 없더라도 교량의 전부 또는 일부가 붕괴되지 않아야 하는 수준 즉, 설계지진 발생 후 교량의 기능은 상실되나 교량의 전체 또는 일부가 붕괴되지 않는 상태를 유지하도록 설계하는 수준이다.

③ 설계기준의 목적

내진설계란 지진 시나 지진이 발생한 후에도 구조물이 안정성을 유지하고 그 기능을 발휘할 수 있도록 설계 시에 지진하중을 추가로 고려하여 설계를 수행하는 것이다. 기존의 내진설계기준은 단일 수준의 설계 지진만이 사용되어 이에 의한 지진하중 작용 하에서 다음과 같은 구조물의 거동을 보장하는데 목적을 두었다.

ⓐ 중・소규모 지진의 발생 시에는 구조물과 부재들이 탄성영역 내에서 저항하여 심하게 손상을 받지 않아야 한다.

ⓑ 비교적 큰 규모의 지진에 의한 지반진동에 의해서도 교량의 일부 또는 전부가 붕괴되어서는 안되며, 가능하면 지진에 의한 피해의 예측이 가능하고 피해조사와 보수를 위하여 현장접근이 가능하도록 설계・시공이 되어야 한다.

새로운 내진설계 기준 개념은 지진 발생 시 구조물의 성능을 명확히 보장하는 방향으로서, 여러 단계 지반운동에 대하여 일련의 성능목표를 달성하도록 설계하는 이른바 내진성능수준 기준의 설계법을 채택하고 있다. 성능에 의한 설계법은 앞의 다단계 성능목표 각각에 대한 설계지진을 정의하였으며, 성능목표를 설정함에 있어 확률의 개념을 도입하였다. 여기서는 내진역량(seismic capacity)을 연성이나 에너지 흡수능력으로 평가하고자 하므로 종래에 사용되어 오던 강도(strength)보다는 연성이나 에너지 흡수능력을 잘 표현할 수 있는 변형/변위 접근법의 사용이 적극 고려되고 있다.

일반적으로 구조물의 설계 시에 영구 하중이나 일반적인 활하중에 대해서는 구조물이 설계수명 동안 그 기능을 충분히 발휘하게 하기 위하여 완전탄성거동을 하도록 설계를 하지만, 지진하중과 같이 하중의 크기에 비하여 발생빈도가 낮은 하중에 대해서 완전탄성거동을 하도록 설계하게 되면 비경제적일 수가 있다. 국토교통부에서 성능기준의 내진설계 기준연구(Ⅱ)를 수행할 때, 역점을 두었던 설계 방향은 경제성을 최우선적으로 고려한다는 것이었다. 따라서 구조물 설계 시 요구되는 성능 수준을 기능수행수준과 붕괴방지수준으로 나누었다.

④ 성능에 기초한 내진설계 기준 요약

각 내진성능수준의 구체적인 정의는 표 4.3.15, 4.3.16에 나타나 있다.

표 4.3.15 구조물별 성능수준의 정의

구조물의 종류	기능수행수준	붕괴방지수준
주거 · 문화시설	문화재, 유물, 예술품의 파손이 발생되지 않는 한도 내에서 부분적인 피해는 허용한다.	인명피해가 발생되지 않는 정도의 피해는 허용한다.
교통시설	교통 수송기능을 유지하는 한도에서 부분적인 피해는 허용한다.	전체적인 붕괴가 발생하지 않는 한도에서 쉽게 보수 할 수 있도록 한다.
라이프라인시설	중요 간선의 경우 가스 · 석유, 상수도, 전력 · 통신 등의 수송 기능을 유지하는 한도 내에서 부분적인 파괴도 허용하지 않도록 한다.	기능을 상실하더라도 신속하고, 경제적인 보수가 가능 하도록 한다.
산업시설	시설물의 손상으로 인해 발생되는 인명, 재산피해 가능성이 높으므로 부분적인 파괴도 허용하지 않도록 한다.	기능을 상실하더라도 신속 하고, 경제적인 보수가 가능하도록 한다.

표 4.3.16 설계거동한계(공통사항)

구조형식	피해세부사항	
	기능수행수준	붕괴방지수준
허용되는 피해	• 시설물의 미세한 균열 • 미세한 지반침하 • 구조물의 미세한 변형	• 시설물의 미세한 균열 • 미세한 지반침하 • 구조물의 미세한 변형 • 전체 구조물의 안전에 관계없는 2차 부재의 파괴
허용되지 않는 피해	• 천정의 붕락 • 벽이나 기둥의 전단파괴 • 바닥이나 기초의 파괴 • 과잉간극 수압에 의한 액상화 • 편토압에 의한 시설물의 절대 위치 변화 • 지반침하에 의한 주변 시설물의 붕괴나 과도한 침하	• 바닥이나 기초의 파괴 • 과잉간극 수압에 의한 액상화 • 지반침하에 의한 주변 시설물의 붕괴나 과도한 침하

> **TIP** • **교대의 내진설계 시 모노노베-오카베(Mononobe-Okabe) 토압공식을 적용하기 위한 3가지 조건[도로교설계기준 한계상태설계법(2015) 8.8.3]**
> i) 뒤채움 흙은 점착성이 없고 마찰각을 갖는다.
> ii) 뒤채움 흙은 포화되어 있지 않아 액상화 문제가 없다.
> iii) 교대는 흙의 강도 또는 주동토압 상태가 발휘될 수 있는 정도로 충분한 변위가 발생한다.

4.3.6 지진응답에서 지반의 영향과 지중구조물의 내진설계

(1) 분리 지반모델에 의한 지반-구조물 동적 상호작용의 운동방정식

지표에서 관측된 자유표면 운동의 특성을 갖고 있는 지반층의 영향과 더불어 지반에 지지된 빌딩과 교량 또는 다른 구조물이 지반과 상호작용하여 구조물 응답에 중요한 변화를 야기한다. 지반-구조물 동적 상호작용의 해석을 위한 운동방정식은 그림 4.3.27를 참조하여 유도될 수 있다. 지반과 구조물 모두는 $\{U_a(t)\}$로 표시된 지반질량의 자유도, $\{U_g(t)\}$에 의해 구조물과 연관된 접촉자유도, $\{U^t(t)\}$에 의한 구조물만이 있는 경우의 자유도, $\{U_b(t)\}$로 나타낸 기반암(기초부 암반) 변위 등 그림 4.3.27에 나타낸 것과 같이 분리 모델로 표시된다고 가정하자. 현재의 논의에서는 지반 또는 부가된 구조물의 각 절점과 관련한 자유도의 수에는 제한이 없다. 즉, 이것은 높은 차수의 변형자유도 뿐만 아니라 3개 성분의 병진과 회전을 포함한다.

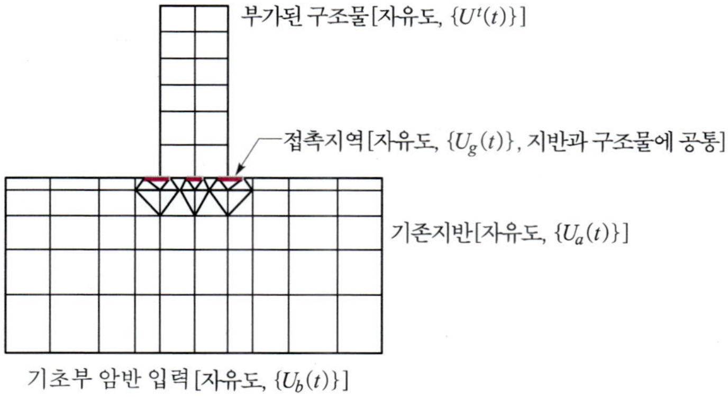

그림 4.3.27 전형적인 지반-구조물 시스템의 자유도에 대한 정의

그림 4.3.27에 나타낸 구조계의 형상에서 보면 복합구조계에 대한 운동방정식은 식 (4.2.28)의 형태로 직접 쓰일 수 있다는 것이 분명하다. 사실 이것은 기반암(기초부 암반) 운동이 알려져 유효하중항이 직접 계산될 수 있도록 한다면 가장 효과적인 방법이 될 것이다. 그러나 대개의 경우 단지 지진에 의한 자유표면 운동만이 주어지고 그들의 항으로 유효지진력을 표시하는 것이 좋다. 이 목적을 위하여 지반층(자유표면)의 운동방정식이 다음과 같이 식 (4.2.28)과 같은 형태의 방정식에 의해 표시된다.

$$\begin{aligned}&[\overline{M_c}]\{\ddot{\overline{U_c}}(t)\}+[\overline{C_c}]\{\dot{\overline{U_c}}(t)\}+[\overline{K_c}]\{\overline{U_c}(t)\}\\&=-[\overline{M_b}]\{\ddot{U}_b(t)\}-[\overline{C_b}]\{\dot{U}_b(t)\}-[\overline{K_b}]\{U_b(t)\}\end{aligned} \tag{4.3.12}$$

여기서 $[\overline{M_c}]$, $[\overline{C_c}]$, $[\overline{K_c}]$는 구성된 지반재료의 특성치를 나타내고, $\{\overline{U_c}(t)\}$는 이 구조계의 자유표면 운동을, $\{U_b(t)\}$는 기반암(기초부 암반)의 입력운동을 나타낸다. 또한 $[\overline{M_b}]$, $[\overline{C_b}]$, $[\overline{K_b}]$는 기반암(기초부 암반)의 운동에 의한 지반재료에서의 힘들을 나타내는 상관특성을 갖는 항이다.

구조물이 지반위에 부가될 때, 응답의 운동방정식은 단지 식 (4.3.12)의 좌변에 적절한 항을 더하여 다음과 같이 표현될 수 있다.

$$\begin{aligned}&[\overline{M_c}+M_c]\{\ddot{\overline{U_c}}(t)+\ddot{U}_c{}^t(t)\}\\&+[\overline{C_c}+C_c]\{\dot{\overline{U_c}}(t)+\dot{U}_c{}^t(t)\}\\&+[\overline{K_c}+K_c]\{\overline{U_c}(t)+U_c{}^t(t)\}\\&=-[\overline{M_b}]\{\ddot{U}_b(t)\}-[\overline{C_b}]\{\dot{U}_b(t)\}-[\overline{K_b}]\{U_b(t)\}\end{aligned} \tag{4.3.13}$$

여기서 $[M_c]$, $[C_c]$, $[K_c]$는 부가된 구조물의 특성치이며, $\{U_c{}^t(t)\}$는 구조물이 이 지역에 놓이므로 발생되는 부가된 응답이다. 비록 이것이 완전한 지반-구조물의 동적 상호작용을 나타내지만, 이러한 형태의 응답방정식은 유효입력이 기반암(기초부 암반) 운동의 항으로 표시되기 때문에 자주 쓰이지 않는다. 대신에 식 (4.3.12)의 좌변에 있는 등가 자유표면력을 사용하여 다음과 같이 기반암(기초부 암반) 운동 대체시킬 수 있다.

$$\begin{aligned}&[\overline{M_c}+M_c]\{\ddot{\overline{U_c}}(t)+\ddot{U}_c{}^t(t)\}\\&+[\overline{C_c}+C_c]\{\dot{\overline{U_c}}(t)+\dot{U}_c{}^t(t)\}\\&+[\overline{K_c}+K_c]\{\overline{U_c}(t)+U_c{}^t(t)\}\\&=[\overline{M_c}]\{\ddot{\overline{U_c}}(t)\}+[\overline{C_c}]\{\dot{\overline{U_c}}(t)\}+[\overline{K_c}]\{\overline{U_c}(t)\}\end{aligned} \tag{4.3.14}$$

위 식은 자유표면 운동에 의하여 주어진 유효력 벡터를 사용하는 복합된 지반-구조물 시스템의 전체운동을 나타낸다. 이것은 동역학적 응답해석에 대한 한 가지 방법으로 사용될 수 있지만, 대개의 경우 단지 부가 응답 $\left\{U_c^{\,t}(t)\right\}$의 항으로 운동방정식을 쓰는 것이 훨씬 편리하다. 이러한 수정은 자유표면 운동에 연관된 식 (4.3.14)의 좌변항을 우변으로 이항함으로서 다음과 같은 식을 유도할 수 있다. 즉,

$$\begin{aligned} &\left[\overline{M_c}+M_c\right]\left\{\ddot{U}_c^{\,t}(t)\right\} \\ &+\left[\overline{C_c}+C_c\right]\left\{\dot{U}_c^{\,t}(t)\right\} \\ &+\left[\overline{K_c}+K_c\right]\left\{U_c^{\,t}(t)\right\} \\ &=-\left[M_c\right]\left\{\ddot{\overline{U_c}}(t)\right\}-\left[C_c\right]\left\{\dot{\overline{U_c}}(t)\right\}-\left[K_c\right]\left\{\overline{U_c}(t)\right\} \end{aligned} \tag{4.3.15}$$

여기서 복합 지반-구조물 시스템의 부가 운동(added motion)은 자유표면 운동에 의하여 작용하는 부가 구조물에서 발생되는 유효력에 의해서 주어진다.

이제 이러한 유효력식은 자유표면 운동에 의하여 작용되는 부가 구조물만을 포함한다는 사실을 이용하여 간단히 할 수 있다. 이를 위하여, 부가적인 자유표면의 변위벡타는 다음과 같이 분리시킬 수 있다.

$$\left\{U_c^{\,t}(t)\right\}=\begin{bmatrix}U^{\,t}\\U_g^{\,t}\\U_a^{\,t}\end{bmatrix}\quad\left\{\overline{U}_c(t)\right\}=\begin{bmatrix}0\\\overline{U_g}(t)\\\overline{U_a}(t)\end{bmatrix} \tag{4.3.16}$$

여기서 3개 분리항은 각각 그림 4.3.27에 나타낸 것과 같이 상부구조에서의 자유도, 구조물과 기초재료에 대한 공통적인 자유도, 그리고 기초재료에서의 비접촉 자유도를 나타낸다. 물론 자유표면의 운동은 상부구조물에 대하여 정의되지 않는다. 따라서 모든 물리적 특성치 행렬은 각각 분리하여 다음과 같이 나타낼 수 있다. 즉, 질량행렬은

$$\left[M_c\right]=\begin{bmatrix}M & M_g & 0\\M_g^T & M_{gg} & 0\\0 & 0 & 0\end{bmatrix}\quad\left[\overline{M_c}\right]=\begin{bmatrix}0 & 0 & 0\\0 & \overline{M_{gg}} & \overline{M_{ga}}\\0 & \overline{M_{ag}} & \overline{M_{aa}}\end{bmatrix} \tag{4.3.17}$$

가 되고, 위와 비슷한 식이 감쇠행렬과 강성행렬에 대하여 쓰일 수 있다. 따라서 식 (4.3.15)의 유효력들은 접촉자유도만의 자유표면 운동으로 작용되는 부가구조물에 대하여 분리된 물리적 특성치 행렬의 중앙열(central column)로 주어진다. 따라서 식 (4.3.15)는 다음과 같이 쓰일 수 있다.

$$\begin{aligned}&\left[\overline{M_c}+M_c\right]\left\{\ddot{U}_c^{\,t}(t)\right\}\\&+\left[\overline{C_c}+C_c\right]\left\{\dot{U}_c^{\,t}(t)\right\}\\&+\left[\overline{K_c}+K_c\right]\left\{U_c^{\,t}(t)\right\}\\&=-\begin{bmatrix}M_g\\M_{gg}\\0\end{bmatrix}\left\{\ddot{\overline{U_g}}(t)\right\}-\begin{bmatrix}C_g\\C_{gg}\\0\end{bmatrix}\left\{\dot{\overline{U_g}}(t)\right\}-\begin{bmatrix}K_g\\K_{gg}\\0\end{bmatrix}\left\{\overline{U_g}(t)\right\}\end{aligned} \tag{4.3.18}$$

위의 운동방정식은 지반 상호작용이 없는 구조계에 대하여 전술한 일반적인 방법처럼 동적성분 $\{U_c(t)\}$와 유사정적성분 $\{U_c^{\,s}(t)\}$의 합으로 응답 $\{U_c^{\,t}(t)\}$를 나타냄으로서 매우 간편한 형태로 표시될 수 있다. 앞에서와 같이 유사정적변위는 운동방정식에서 동적 항이 제거될 때 남아있는 정적 평형관계로부터 유도될 수 있다. 따라서 식 (4.3.18)에서 유도된 정적식은 다음과 같이 된다.

$$\left[\overline{K_c}+K_c\right]\left\{U_c^{\,s}(t)\right\}=-\begin{bmatrix}K_g\\K_{gg}\\0\end{bmatrix}\left\{\overline{U_g}(t)\right\} \tag{4.3.19}$$

위 식으로부터 유사정적변위는 다음과 같이 된다.

$$\left\{U_c^{\,s}(t)\right\}=\left[H_c\right]\left\{\overline{U_g}(t)\right\} \tag{4.3.20}$$

여기서

$$\left[H_c\right]=-\left[\overline{K_c}+K_c\right]^{-1}\begin{bmatrix}K_g\\K_{gg}\\0\end{bmatrix} \tag{4.3.21}$$

식 (4.3.21)은 접촉자유도에 단위 정적 자유표면 변위를 적용함으로써 발생되는 유사정적 변위들을 나타내는 영향계수행렬이다. 이 행렬의 물리적 중요성은 $[H_c]$의 각 벡터를 접촉질점에 작용하는 정적 유효력 벡터에 기인한 복합 지반-구조물 시스템에 발생되는 변위로 나타내어 설명할 수 있다. 각 정적 유효력 벡터가 선정되어 만약 기초에만 작용한다면, 이는 특정 접촉절점에 단위변위를 발생시키며 나머지 접촉절점은 변위에 대하여 구속시킨다. 원하는 변위양상을 발생하는 힘벡터는 정적 구조물 해석의 이론을 적용하며 쉽게 유도할 수 있다. 그러나 이것은 동적 응답해석 시 실제로 필요하지 않다. 필요한 영향행렬은 식 (4.3.21)로 완전히 정의된다. 응답자유도가 다음과 같이 표시될 때

$$\left\{U_c^{\,t}(t)\right\}=\left\{U_c(t)\right\}+\left[H_c\right]\left\{\overline{U_g}(t)\right\} \tag{4.3.22}$$

식 (4.3.18)은 다음과 같이 간략히 된다.

$$\begin{aligned}&\left[\overline{M_c}+M_c\right]\left\{\ddot{U}_c(t)\right\}\\&+\left[\overline{C_c}+C_c\right]\left\{\dot{U}_c(t)\right\}\\&+\left[\overline{K_c}+K_c\right]\left\{U_c(t)\right\}\\&=-\left\{\left[\overline{M_c}+M_c\right]\left[H_c\right]+\begin{bmatrix}M_g\\M_{gg}\\0\end{bmatrix}\right\}\left\{\ddot{\overline{U}}_g(t)\right\}\end{aligned} \tag{4.3.23}$$

위 식은 최종적인 지반-구조물 동적 상호작용의 운동방정식으로 고려될 수 있다. 강성 종속 항이 위 식의 우변에 있는 유효력 벡터에서 제거되는데, 이것은 다음과 같은 관계식이 성립하기 때문이다[식 (4.3.21) 참조].

$$\left[\overline{K_c}+K_c\right]\left[H_c\right]+\begin{bmatrix}K_g\\K_{gg}\\0\end{bmatrix}=\{0\} \tag{4.3.24}$$

감쇠행렬이 식 (4.3.24)의 강성조건과 같은 감쇠조건을 주는 강성행렬에 비례하거나 감쇠계수 자체가 무시될 수 있기 때문에 이 힘을 무시한다고 가정하면, 감쇠 종속항은 식 (4.3.23)에서 역시 제거된다.

지반-구조물 동적 상호작용의 식 (4.3.23)은 특정한 지지점 운동을 받는 구조계에 대하여 앞에서 유도한 운동방정식으로 바로 간략하게 될 수 있다는 것에 주목하라. 부가 구조물의 접촉점과 관련된 물리적 특성치는 상응하는 기초 시스템의 특성치에 비해 매우 작아야 한다는 것이 필요하다. 즉,

$$\left[M_{gg}\right]\ll\left[\overline{M_{gg}}\right]\quad\left[C_{gg}\right]\ll\left[\overline{C_{gg}}\right]\quad\left[K_{gg}\right]\ll\left[\overline{K_{gg}}\right] \tag{4.3.25}$$

이 경우, 식 (4.3.18)에서 기초 자유도와 관련된 방정식은 이 자유도의 부가운동이 0이며(즉 상호작용이 없으며) 반면에 상부구조물과 관련된 방정식은 식 (4.2.28)의 형태로 간략하게 된다.

(2) 탄성 반 무한체 모델링

앞의 논의에서 고려한 기초 매체의 분리 모델에 대한 중요한 제한은 이러한 모델들이 필연적으로 유한경계를 갖는다는 것이다. 따라서 모델링 작업 시에 고려해야 할 매우 중요한 문제는 포함해야할 기초 지역의 범위이다. 부드러운 지표 지반층 밑에 있는 경암과 같이 자연적인 물리적 경계가 존재하는 곳에서는 모델의 범위가 명백해지므로 그 경계 거동은 적절하

게 실제 구조계를 반영할 수 있다.

그러나 만약 구조물이 넓고 깊은 균일한 지반 질량위에 기초가 있다면, 수학적 모델의 경계는 가상모델경계에서의 반사가 구조물 내에 추가 응답을 발생시키지 않는다면 구조물에서 제거되어야 한다. 사실 모델의 경계가 매우 먼 거리에 있지 않다면 구조물에서의 방사 에너지손실을 제한할 것이다. 이 경우 매우 많은 수의 자유도가 지반 시스템의 거동을 적절히 묘사하기 위하여 요구될 것이다. 가끔 기초에서의 자유도 수는 실제 조사대상인 구조물의 자유도 수를 훨씬 상회할 수 있다. 따라서 이런 종류의 모델은 전체적인 효율 면에서 매우 비합리적이다.

기초매체가 넓고 깊은 지역에 대하여 구조물과 지반층 사이의 접촉면을 강체판으로 고려하고 지반을 탄성 반무한체(elastic half-space)로 취급함으로서 분리 모델의 이러한 제한을 피할 수 있다. 기초매체의 함수는 구조물의 기초부에 의해 가해지는 힘을 저항한다. 지진이 작용하는 동안 강체 기초부 슬래브는 6개의 자유도로 변위를 받게 되며, 지반의 저항은 그림 4.3.28에 나타낸 것과 같이 6개의 상응하는 합성력 성분으로 표시된다. 따라서 탄성 반무한체의 구조적 거동은 이들 자유도에 대하여 정의된 힘-변위 관계식의 집합으로서 완전히 표시된다.

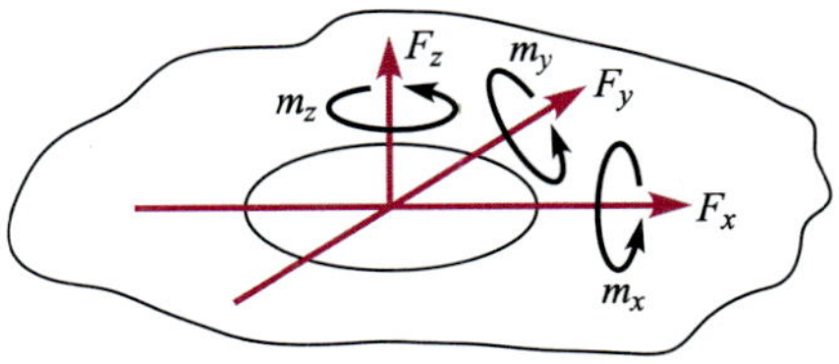

그림 4.3.28 탄성 반무한 기초매체에 작용하는 힘

지반-구조물 시스템의 정적거동을 묘사하기 위하여 기초매체는 강체 기초부의 자유도에 작용하는 6개의 선형 스프링으로 모델링된다는 것이 명백하다. 적절한 정적 탄성계수는 연속체 역학 방법으로 탄성 반무한체에 대하여 계산될 수 있다. 그러나 지진력이 작용하는 동안에 모아진 지반의 동역학적 저항성은 정적 스프링강성과 함께 관성 및 감쇠효과를 포함하고 있다. 강체 빌딩 기초에 대하여 조화가진을 받는 탄성 반무한체의 적절한 동역학적 힘-변위 관계식은 연속체 역학의 방법으로 역시 계산될 수 있으며, 그 결과 상대 응답진폭과 저항력의 상태가 작용된 변위에 대한 진동수의 함수임을 나타낸다. 따라서 반무한체의 동적거동은 진동수종속 특성을 갖는 스프링-감쇠계에 의하여 각 자유도로 이상화되어야 한다.

실제로 이러한 진동수종속 기초모델은 지반-구조물 상호작용 문제의 해석에 대한 진동수 영역 해석에서 직접 사용될 수 있다. 그러나 많은 수의 자유도를 포함하는 복잡한 지반-구조물 이상화에 대한 해석은 만약 모델의 기초 성분이 진동수독립이라고 가정되면 매우 간단히

될 수 있다. 더구나 해석이 비선형영역에까지 확대된다면 진동수영역 방법은 적용할 수 없다. 이러한 이유 때문에 탄성 반무한 기초매체를 가능한 실제의 진동수종속 거동을 재발생시키도록 선정된 특성을 갖는 진동수독립 성분으로 나타내는 것이 유리하다.

기초슬래브가 상대적으로 높은 진동수로 작용하는 기계 구조물을 지지하는 경우, 지반의 관성 저항은 적고 반무한체는 각 자유도에서 간단한 스프링-감쇠기에 의하여 모델링될 수 있다. 스프링 상수는 정확한 정적변위를 주도록 정해져야 한다. 이때 감쇠계수는 이론적인 합성 기초부-힘 진동수와 위상과 가장 일치하도록 정해진다. 그러나 가장 높고 중요한 응답 진동수들이 더 이상 근본적인 지반-구조물 진동수와 크게 다르지 않은 지진 응답해석을 위한 기초 시스템의 모델링에서는 지반의 가상질량을 추가 모델변수로 도입함으로써 좋은 결과를 얻을 수 있다. 각 자유도에 대한 모델은 질량이 없는 모델에서 요구되는 것보다 약간 감소된 감쇠계수를 갖는 적절한 가상질량을 정적 하중변위에 합하여 정의된 스프링계수로 구성되어 있다(수직운동에 대한 집중변수모델은 그림 4.3.29에 나타나 있음). 이러한 동역학적 특성치의 적절한 선정으로 집중변수 기초모델에 대한 응답은 고려하는 진동수영역을 넘어선 이론적인 반무한체 거동의 몇 퍼센트 내에서 조절될 수 있다.

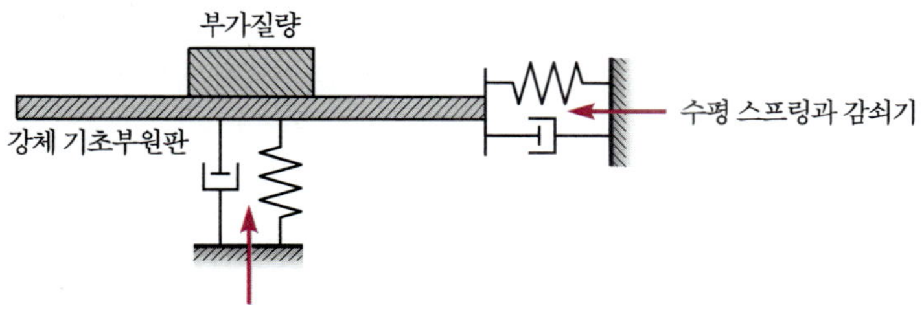

그림 4.3.29 탄성 반무한 기초매체에 대한 집중 파라미터 모델(평면에서 병진운동)

강체 슬래브와 탄성 반무한체 기초매체의 표면 사이에 작용하는 진동수종속 힘들에 대한 연속체 역학에 의한 해석이 원형과 직사각형 슬래브 모양에 대하여 수행되었으며, 이때 설정된 가정은 슬래브에 작용하는 동역학적 응력분포가 정하중 시 발생된 것과 같다는 것이다. 지진 응답해석의 이론적 결과로부터 근사적으로 추천되는 진동수독립 상수들의 값이 표 4.3.17에 수록되어 있다. 이 값들은 식 (4.3.23)의 형태로 지반-구조물 시스템의 운동방정식을 설정할 때 사용된다. 따라서 기초매체는 표 4.3.17에서 대각요소가 집중변수계인 표면 자유도 $\{\overline{U_g}(t)\}$에 대하여 정의된 대각행렬 $[\overline{M_c}]$, $[\overline{C_c}]$, $[\overline{K_c}]$에 의하여 표현된다. 물론 지반모델($[\overline{M_c}]$에 포함된)의 가상 질량계수가 식 (4.3.23)의 좌변에 있는 관성력 저항뿐만 아니라 우변에 있는 유효 지진력에도 영향을 미친다. 이런 종류의 지반모델에 대한 모든 자유도는 접촉면에 존재하며 내부 지반자유도 $\{U_a(t)\}$는 없다는 것을 유념해야 한다.

표 4.3.17 탄성 반무한체에 대한 등가 분리특성(표면에서 강체 원형판을 지지하는 경우)

자유도	스프링상수	점성 감쇠기	부가질량
수직	$K=\dfrac{GR}{1-\nu}$	$1.79\sqrt{K\rho R^3}$	$1.5\rho R^3$
수평	$18.2GR\dfrac{(1-\nu^2)}{(2-\nu)^2}$	$1.08\sqrt{K\rho R^3}$	$0.28\rho R^3$
비틀림	$5.3GR^3$	$1.11\sqrt{K\rho R^3}$	$0.7\rho R^3$
록킹	$2.7GR^3$	$0.47\sqrt{K\rho R^3}$	$0.49\rho R^3$

위 표에서, G : 전단탄성계수, R : 평판반경, ν : 포아송비, ρ : 단위질량

TIP

- **탄성 기초상의 보(지반상에 지지된 균일단면보 기초)에 대한 탄성이론**
  - 지반과 구조물의 상호작용에 대한 일반적인 정적 해석방법은 탄성기초상의 보개념으로서 기초지반의 강성도에 상응하는 탄성스프링으로 환산하여 경계조건으로 활용하는 윈클러 모델(Winkler model)에 대하여 구조해석을 수행한다.
  - 탄성스프링 계수는 평판재하시험과 공내재하시험 등에 의해 지반의 탄성계수를 측정하여 환산한다.
  - 지반계수 적용 시에 주의할 점은 실제 구조물의 크기 효과이며 이에 대한 적정계수 선택에 주의를 요한다.
  - 지진하중의 크기가 작아 지반의 변위가 탄성범위 내에 있을 때는 지반 감쇠영향을 무시하고 지반반력계수에 의한 탄성스프링만을 사용하여 상호해석을 할 수 있으며, 그 결과는 대체로 보수적이다.
  - 이렇게 구한 탄성스프링의 반력은 지반과 상대변위에 의해 발생한 토압의 변화로 간주되며, 전체토압은 정적토압과 합산하여 계산한다.
  - 실제 과업에서는 토압의 변화 및 상대변위 정도를 분석하고 기타 방법과도 비교하여 종합적인 평가를 하여야 한다.

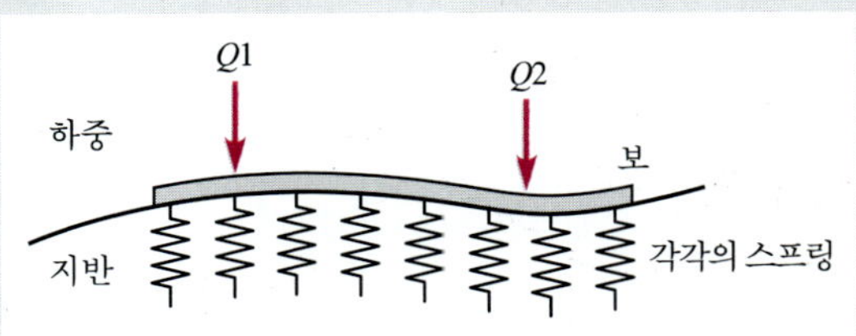

〈Winkler model〉

(3) 지반-구조물 동적 상호작용의 응답해석

임의의 지반-구조물 시스템의 지진응답은 식 (4.3.23)의 일반 운동방정식을 직접 수치적분하여 구할 수 있다. 그러나 보통 이러한 구조계의 수학적 모델은 많은 수의 자유도를 포함하며, 만약 이 좌표계에서 직접 수행하면 해석은 매우 지루하고 비용도 많이 들게 된다. 전술한 바와 같이 지진은 상대적으로 몇 개의 모우만을 가진하기 때문에 지진 응답해석을 수행하기 전에 정규(자유진동 모드) 좌표계에 대하여 운동방정식을 변환하는 것이 바람직하다. 정규좌표계를 사용할 때는 가정이 없다는 것을 유의해야 한다. 즉 만약 N개의 좌표계가 해석 시 포함된다면, 계산된 응답은 정규좌표계에서나 분리계의 고유절점좌표계에서 계산되었거나에 상관없이 같을 것이다. 그러나 정규좌표계는 구조물의 변형된 형상을 나타내는데 훨씬 효과적이다. 그리고 보통 응답에 대한 양호한 근사치는 처음 몇 개의 모드 항에 의하여 얻어진다. 이 경우, 결과는 중요한 운동이 제한된 모드 성분 내에 포함될 정도로 개략적인 것이다.

분리계의 좌표계 $\{U_c(t)\}$와 **모드좌표계** $\{Q(t)\}$ 사이의 관계식은 다음과 같다.

$$\{U_c(t)\}=[\Phi(x)]\{Q(t)\} \tag{4.3.26}$$

여기서 $[\Phi(x)]$는 복합 지반-구조물 시스템의 비감쇠 자유진동 모드형상을 나타낸다. 일반적으로 매우 제한된 모드 p만이 지진응답에 영향을 미친다. 즉 $p \ll N$이고, 따라서 $[\Phi(x)]$는 행보다 적은 열을 갖는 행렬이다. 만약 식 (4.3.26)을 식 (4.3.23)에 대입하고 양변에 $[\Phi(x)]^T$로 전승한다면, 그 결과는 다음과 같은 p정규좌표계 운동방정식의 한 집합이 된다.

$$\{\ddot{Q}(t)\}+[C]\{\dot{Q}(t)\}+[\Omega^2]\{Q(t)\}=\Gamma\{\ddot{U}_g\} \tag{4.3.27}$$

여기서 Γ는 다음과 같은 자유표면 가진 $\left\{\ddot{U}_g(t)\right\}$의 각성분과 각 진동 모드에 대하여 정의된 지진 가진인자이다. 즉,

$$\Gamma=-[\Phi(x)]^T\left\{\left[\overline{M}_c+M_c\right][H_c]+\begin{bmatrix} M_g \\ M_{gg} \\ 0 \end{bmatrix}\right\} \tag{4.3.28}$$

식 (4.3.27)에서 모드형상은 정규화되어 각 모드에 대한 일반질량이 1이 된다. 즉 $[\Phi_n(x)]^T\left[\overline{M_c}+M_c\right][\Phi_n(x)]=\{1\}$이라고 편의상 가정한다. 따라서 각 모드에 대한 일반강성은 정방형 모드 진동수가 되며, 이런 정방형 진동수의 대각배열은 다음과 같다.

$$[\Omega^2]=\begin{bmatrix}\omega_1^2 & & & 0\\ & \omega_2^2 & & \\ & & \ddots & \\ 0 & & & \omega_p^2\end{bmatrix} \tag{4.3.29}$$

식 (4.3.27)에서 일반감쇠행렬은 다음과 같이 정의된다.

$$[C]=[\Phi(x)]^T\,\left[\overline{C_c}+C_c\right][\Phi(x)] \tag{4.3.30}$$

만약 복합 지반-구조물 시스템의 감쇠행렬이 모드형상에 대하여 직교한다면, 식 (4.3.30)은 다음과 같은 형태를 갖는다.

$$[C]=\begin{bmatrix}2\xi\omega_1 & & & 0\\ & 2\xi\omega_2 & & \\ & & \ddots & \\ 0 & & & 2\xi\omega_p\end{bmatrix} \tag{4.3.31}$$

이 경우, 식 (4.3.27)은 각각 풀 수 있는 한 집합의 독립 모드 응답방정식으로 된다. 즉 응답은 모드중첩법으로 결정될 수 있다. 변위의 시간이력, 또는 이러한 특별한 부류의 구조물 내에 발생된 힘이 지반 상호작용이 없는 구조물에 대하여 전술한 같은 방법[식 (4.2.14)와 식 (4.2.15)]으로 계산될 수 있다. 또한 모드의 상관관계가 없는 이러한 지반-구조물 시스템의 최대응답은 응답스펙트럼 기법[식 (4.2.18)과 식 (4.2.19)]으로 근사적으로 구한다. 그러나 대부분의 지반-구조물 상호작용 문제의 경우, 감쇠행렬이 모드의 직교조건을 만족하는 것으로 가정하는 것은 불합리하다. 일반적으로 기초매체의 감쇠는 구조물의 것과 비교하여 상대적으로 크며, 감쇠력은 비감쇠 자유진동 모드 사이의 상관관계를 야기시키는 경향이 있다. 연계된(coupled) 감쇠는 특히 방사에너지 손실을 묘사하기 위하여 요구되는 매우 큰 점성감쇠계이기 때문에 탄성 반무한체 모델로 기초매체가 표현되는 구조계에서는 특히 중요하다. 이러한 구조계에서는 식 (4.3.30)의 일반감쇠행렬이 대각이 아니며, 대신에 모드 좌표계 사이의 상관관계를 발생시키는 대각외 항들을 갖게 되어 모드중첩법이 적용될 수 없다. 그럼에도 불구하고 정규좌표계에 대한 변환은 연계된(coupled) 감쇠를 가진 구조계의 기본적 동적거동이 제한된 수의 비감쇠 모드형상의 형으로 표시될 수 있기 때문에 응답해석 시 매우 절약을 초래한다.

전술한 바와 같이 정규좌표계의 사용 시, 포함된 근사치는 단지 높은 모드의 제거로 발생되며 이 높은 모드는 독립된 경우에서보다 연계된 감쇠를 가진 구조계에서 더 이상 중요하지 않다. 확실한 감쇠행렬은 식 (4.3.27)의 일반 시스템 연계된 감쇠행렬이 계산되기 전에 기초매체 $\left[\overline{C_c}\right]$와 구조물 $[C_c]$에 대하여 정의되어야 한다. 대개의 경우 이들은 구조물과 기초매체에 대하여 각각 모드감쇠비를 가정함으로써 간편하게 구해진다. 이때 확실한 감쇠행렬은 3.4.1절에서 제시한 방법에 의해 이 부구조계의 각각에 대하여 유도될 수 있다. 가끔 간단히 질량 또는 강성에 비례하는 감쇠행렬이 구조물에 대하여 가정되고, 기초매체는 확실한 감쇠계수가 표 4.3.17에서 취해지는 탄성 반무한체로 가정된다.

일반 시스템의 연계된 감쇠행렬이 식 (4.3.30)으로 설정될 때, 임의의 주어진 지진입력에 대한 정규 좌표계응답 $\{Q(t)\}$는 연계된(coupled) 운동방정식 (4.3.27)를 직접 단계적 적분하여 계산하면 구해진다. 이때 원좌표계 내에 표시된 변위와 힘은 각각 다음과 같은 식으로 주어진다.

$$\{U_c(t)\} = [\Phi(x)]\{Q(t)\} \tag{4.3.32}$$

$$\{F_s(t)\} = [M][\Phi(x)][\Omega^2]\{Q(t)\} \tag{4.3.33}$$

위 식은 지반-구조물 시스템의 기본응답을 나타낸다. 해석 시 제한된 수의 비감쇠 모드 좌표계만을 사용함으로써 발생하는 오차는 다른 좌표계를 사용하여 얻어진 두 가지 해석 결과를 비교함으로써 조사될 수 있다. 응답스펙트럼이 독립 모드응답에서 유도되며 모드 좌표계 사이의 상호작용을 설명할 수 없기 때문에 연계된(coupled) 감쇠를 가진 구조계에 대하여 응답스펙트럼 기법이 적용될 수 없다는 것이 명백하다.

(4) 지중구조물의 지진해석과 내진설계

1) 지중구조물의 내진설계법

① 응답변위법

ⓐ 정의

- 지진 발생 시 생기는 지반변위에 의한 지진토압과 지중구조물과 주변 지반관계에서의 경계조건을 적절히 모델링하여 정적으로 계산하는 방법이다.

ⓑ 지진 시 지중구조물의 거동

- 보통 지중구조물의 겉보기 중량은 주변의 지반과 비교하여 가볍거나 같은 정도이다.
- 주위가 지반으로 둘러싸여 있으므로, 발산감쇠가 크고 자기 진동이 곧 진정되는 특성이 있다.
- 관성력에 의해서 지중구조물이 지반 속에서 자유롭게 진동하는 일은 없고 지반의 진동에 따라 움직인다.
- 지중구조물에 발생하는 응력은 관성력에 의한 영향보다도 주변 지반의 상대변위에 의해 발생한다.

ⓒ 지진해석 순서

- 구조물의 모델링 ⇒ 지반반력계수의 산정 ⇒ 구조물에 작용하는 지진하중 산정 및 재하 ⇒ 구조물의 부재력 산정

ⓓ 모노노베-오카베(Mononobe-Okabe)에 의한 유사정적해석법

- 지반의 자중효과와 유사한 방법으로 설계지반가속도에 대하여 유사정적해석을 수행하는 방법이다.

ⓔ **등가정적해석방법**

- 구조물의 중량에 설계 진도를 곱한 관성력을 구조물에 작용시켜 지진에 의한 구조물의 응력을 구하는 방법이다.

표 4.3.18 지중구조물의 내진등급

구조물 종류	내진 1등급	내진 2등급
주거 · 문화시설	지하박물관, 지하음악당, 지하도서관, 지하상가, 지하위락시설	지하사무실, 지하스포츠센터
교통시설	지하철, 철도 · 도로터널	지하주차장, 지하보도
라이프라인 시설	가스 · 석유 수송시설, 상수드, 전력 · 통신관로	하수도, 도수터널
산업시설	지하식수 · 정수처리장, 지하발전시설, 핵폐기물 처리시설	폐 · 하수처리장, 지하산업폐기물처리장
에너지 저장시설	지하전력시설, 지하전기공급시설, 지하저장 · 지역냉난방공급시설, 지하원유 · LNG · LPG비축시설	지하곡물 · 식품저온 저장소, 지하수산물 냉장 · 냉동 저장소, 지하압축공기저장시설
방어시설	지하대피소, 지하지휘 · 통신시설, 지하군사기지, 지하해안방어기지	

2) 지하구조물(관체, 지하철)의 내진설계법 중 자유장 지반의 변위를 이용하는 응답변위법

① 적용상 유의점

- 응답변위법으로 구한 응력으로 관체의 안전성을 조사해야 한다.
- 축방향 신축량과 굴곡각도를 고려해야 한다.
- 구조물의 축방향 및 축직각방향에 하중이 작용할 경우로 나누어 설계한다.
- 지반의 균열이나 측방유동 등의 지반변동이 큰 경우에는 신축가요성이 있는 관로가 지반의 움직임에 따라갈 수 있는가 검토한다.
- 설계 시 매설노선의 지반조건을 충분히 고려한다.

- 파이프라인의 경우, 지진 시에도 피해지역이 가능한 국한되도록 하고 지진에 의해 2차적인 피해가 발생하지 않도록 한다.

② 구조물의 내진성능 향상방법
- 라이닝으로 보강한다.
- 개착식 박스 단면으로 보강한다.
- 구조물이 연성을 가지도록 하여 갑작스러운 파괴가 일어나지 않도록 한다.
- 압축파괴, 전단파괴보다 휨인장파괴가 먼저 일어나도록 지하철 기둥단면을 보강한다.
- 단면을 확대하는 방법과 보강재료를 사용하는 방법 등이 있다.
- 지하철 입구 표토의 활동붕괴에 대하여 보강한다.
- 입구부위 표토의 활동붕괴를 방지하기 위해 절취면에 적절한 기울기를 확보하고 토류공을 설치한다.
- 지하철 구조물에 강성이 작은 이음을 설치할 경우 지진 시 지반의 변형에 따르도록 하여 구조물에 작용하는 지진력을 감소시킬 수 있다.

TIP **• 지하 박스구조물의 구속조건**

i) 이론적 해석

흙과 접하는 부재의 일정 간격에 스프링을 달 때, 이 스프링은 흙의 지반반력계수로서 다음과 같이 표현할 수 있다.

$$K=\frac{q}{\Delta}$$

여기서, q : 지반의 압력강도$[=P/(BL)]$

Δ : 평판의 침하량 $(=\Delta q L/E_s)$

E_s : 흙의 응력변형계수,

Δq : 어떤 깊이에서의 흙의 평균응력

위 식에서 중요한 것은 지반침하량을 구하는 것이며, 더욱 중요한 것은 K가 비선형 값을 갖는다는 것이다. $\Delta_{\max}$에서는 흙의 소성변위가 생기므로 일정한 q값을 갖게 된다. 그러므로 지반반력계수를 사용할 때는 q 및 Δ가 정확한 값으로 해석되어야 하는 단점이 있다.

ii) 지반조건에 따른 근사해석
- 위와 같이 이론적 해석을 수행하는 데는 흙의 비탄성 거동에 따른 어려움 때문에 지하박스 구조물 해석은 지반조건에 따라 다음과 같이 근사적 해석으로 경제적인 설계가 되도록 한다.
- 토사는 스프링으로 해석한다.
- 암반(연암 이상)은 양단 끝단을 힌지로 가정하여 계산한다.

4.4 내진성능평가

4.4.1 역량스펙트럼법

(1) 기존 교량의 내진성능 평가방법

① 개요

- 내진성능의 정밀 평가가 요구되는 교량을 대상으로 교량의 사용성과 붕괴와 관련된 위험도를 산출하는 것을 목적으로 한다.
- 평가된 위험도를 근거로 내진성능 보강 및 교체 여부를 결정한다.

② 정량적인 내진성능 평가방법

ⓐ 보유내하력과 소요내하력비를 이용하는 방법

- 역량(capacity)/소요(demand) 방법 : C/D 방법
- 교량의 각 부재에 대한 탄성 스펙트럼해석 결과로부터 하중과 변위에 대한 소요내하력을 구하고, 이것을 해당부재의 내진 보유내하력과 비교하고 그 결과로부터 내진성 향상을 위한 보강 필요성을 검토한다.
- 보유내하력과 소요내하력의 비(C/D Ratio) 〈 1.0 : 설계 지진 시 구조 요소 파괴 발생 가능하므로 내진성능 향상을 위한 보강 필요하다.

ⓑ pushover해석(비선형 정적해석)을 이용하는 방법

- 탄성이론에 의한 평가기법을 보강하기 위하여 교량 전체 또는 일정구간을 하나의 시스템으로 간주하여 횡강도를 구하고 점증적 붕괴해석을 통해 교량이 붕괴될 때까지 하중-변형 특성을 조사하는 방법이다.
- pushover해석에서 도출된 구조물의 전체적인 하중·변위와 설계지진에 대한 응답스펙트럼을 동일한 그래프위에 변환시켜 나타내어 비교하여 내진성능을 평가한다.
- 하중 · 변위곡선으로부터 얻어지는 항복점과 극한점이 소요스펙트럼(demand spectrum)을 상회하면 대상 구조물이 내진성능을 확보하고 있는 것으로 간주한다.

ⓒ 비선형 시간이력 해석법

- 가장 진보된 방법이지만, 내진성능 향상을 위한 정량적인 평가기법으로 사용하기에는 적지 않은 문제점이 있다.

- 입력지진 운동은 구조물의 동특성이나 동적상호작용과 같은 불확실성을 포함하고 있기 때문에 내진성능 평가의 마지막 단계에서 이용하는 것이 바람직하다.

(2) 역량스펙트럼법의 요약

① 개요

- 그림 4.4.1과 같이 구조물의 하중-변위곡선($V-\Delta$곡선)과 설계지진에 대한 응답스펙트럼을 동일한 그래프상에 중첩시켜 비교함으로서 내진성능을 평가한다.

② **하중·변위곡선**(capacity curve, 역량곡선, 공급역량곡선, 공급역량스펙트럼곡선)

- 비선형 정적해석인 **pushover해석**으로부터 얻을 수 있다. 단자유도 구조물의 경우,

$$S_a = V/m \tag{4.4.1}$$

$$S_d = \Delta \tag{4.4.2}$$

여기서, V : 밑면 전단력(기초의 전단력)

Δ : 관성력이 작용하는 위치의 구조물의 상대변위

S_a : 스펙트럼 가속도(spectral acceleration)

S_d : 스펙트럼 변위(spectral displacement)

m : 유효질량

③ **소요곡선**(demand curve, 소요곡선, 소요역량곡선, 소요스펙트럼, 소요응답스펙트럼)

- 지진 지반운동에 대한 구조물의 응답스펙트럼을 표현한 것으로, 5% 감쇠비를 사용하며 감쇠비가 증가하는 경우 응답스펙트럼을 감쇠비만큼 감소시켜 사용한다.

④ 평가

- **붕괴방지수준**에서 **극한점**이 소요스펙트럼의 외부에 놓이게 되면 내진성능을 확보하고 있는 것으로 평가한다. **기능수행수준**에서는 **항복점**이 기능수행수준의 외부에 놓이게 되면 내진성능이 확보된 것으로 평가한다.

⑤ 장점

- 대상 구조물의 내진성능 확보여부의 검토가 가능하다.
- 지진하중에 의해 구조물에 기대되는 응답변위 크기를 예측할 수 있다.

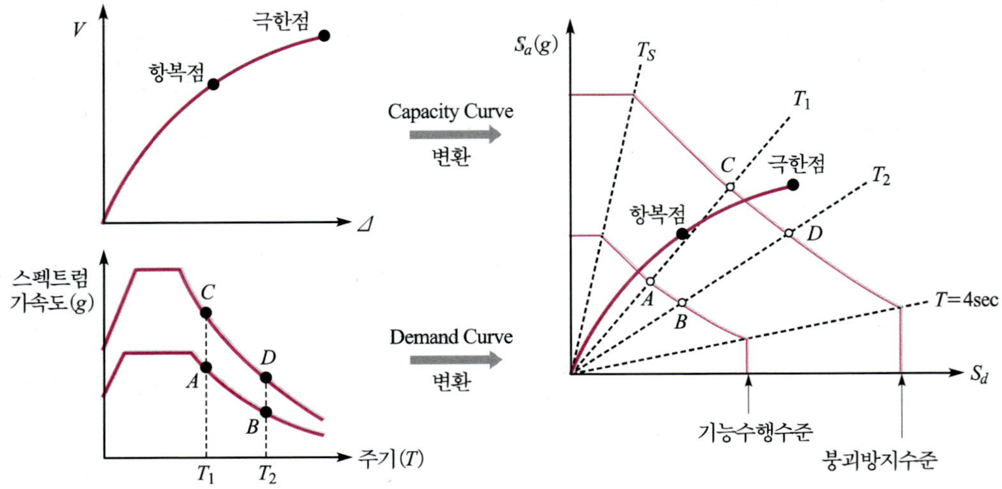

그림 4.4.1 역량스펙트럼법의 요약

(3) 역량스펙트럼법에 의한 내진성능평가

1) 내진성능평가 기본개념

ⓐ 역량스펙트럼법의 개요

원래 역량스펙트럼법은 미국해군의 지진의험도 평가프로젝트(a pilot seismic risk project of the Puget Sound Naval Shipyard)를 위한 간편한 해석법의 하나로 개발되었다(Freeman et al. 1975). 이것은 구조물의 보유역량과 소요역량을 동일한 좌표계로 변환하여 평가하는 방법이다. 이러한 좌표계의 특징은 스펙트럼 가속도와 스펙트럼 변위를 직교축으로 하고, 방사축을 주기로 갖는 형식이다. 이러한 특징 때문에 역량스펙트럼법을 **가속도-변위 응답스펙트럼**(accelration-displacement response spectrum, ADRS)이라고 부른다. 역량스펙트럼법은 지진발생에 따른 기존구조물의 내진성능평가, 신설구조물의 설계가 내진성능 목표를 만족하는지의 여부검사 그리고 지진 시 관측된 구조물의 피해를 기록된 지반운동과 연관하여 검토에 매우 유용한 수단이 된다.

역량스펙트럼 방법은 지진 시 구조물에 가해지는 수평 지진력에 저항하는 구조물의 보유역량과 입력지진의 응답스펙트럼으로 나타나는 소요역량을 평가하는 방법이다. 즉, 구조물에 지반운동이 입력되었을 때에 구조물이 어떻게 거동할 것인지를 예측할 수 있는 방법이다. 역량스펙트럼법은 비교적 이해하기 쉽고 구조물의 탄소성거동을 고려하는 다른 설계 및 평가기법들과의 호환성도 우수하다. 즉, 탄소성해석으로 얻을 수 있는 대상구조물 전체의 보유역량곡선과 구조물의 설계지진수준에 대한 응답스펙트럼을 동일한 좌표계 위에 도식적으로 비교함으로써 지진지반운동에 대하여 구조물이 어떻게 거동하는지 간단명료하게 나타낼 수 있어, 기존구조물의 내진성능평가 시 매우 합리적이고 유용한 방법이라 할 수 있다. 여기서, 구조물의 내진성능은 보유역량곡선이 소요역량곡선보다 상회할 경우에 내진성능은 확보되는 것으로 간주할 수 있다.

구조물의 응답거동이 탄성상태 이내로 제한되는 경우를 기능수행수준으로 정의하고, 구조물의 최대응답변위가 극한변위 또는 허용변위 이내로 제한되는 경우를 붕괴방지수준으로 정의한다면, 그림 4.4.1에서와 같이 항복점은 기능수행수준 외부에, 극한점은 붕괴방지수준 외부에 놓이게 되면, 두 가지 목표성능을 모두 만족하는 것이 된다. 만약 항복점은 기능수행수준 외부에 있고 극한점이 붕괴방지수준 내부에 있게 된다면, 기능수행수준은 만족하지만 붕괴방지수준은 만족하지 못하는 경우가 된다. 이러한 경우에는 소성변위를 충분히 발휘할 수 있도록 연성보강에 관한 내진성능 향상방안을 적용해야 할 것이다. 반면에 항복점은 기능수행수준 내부에, 그리고 극한점은 붕괴방지수준 외부에 있는 경우에는 붕괴방지수준은 만족하나, 기능수행수준은 만족하지 못하는 경우가 된다. 이러한 경우에는 부재의 강성보강이나 지진격리에 관한 내진성능 향상방안을 적용해야 할 것이다. ADRS(accelration-displacement response spectrum, 가속도-변위 응답스펙트럼)형식으로 변환된 역량스펙트럼은 항복점과 극한점에 관한 구조물의 내진성능 확보여부의 검토뿐만이 아니라, 주어진 설계지진에 대하여 기대되는 응답변위 즉, 성능점도 예측할 수 있다. 성능점을 예측할 수 있는 방법으로 크게 두 가지를 언급할 수 있다. 하나는 소성변형의 증가에 더불어 증가하는 감쇠를 등가에너지 개념으로 접근하여 성능점을 얻어내는 방법이고, 또 다른 하나는 소성변형의 증가에 더불어 증가하는 연성을 등가변위 개념으로 접근하여 성능점을 얻어내는 방법이다.

구조물의 응답변위를 특정한 값 이하로 제한할 필요가 있는 경우, 성능점으로부터 매우 유용한 정보를 얻을 수 있다. 그러나 이러한 성능점을 찾아내는 것은 한 번의 계산으로 가능하지 않고 여러 차례의 반복과정을 통하여 얻을 수 있다. 본 절에서는 이러한 과정으로 역량스펙트럼법의 기존과정인 보유역량곡선과 소요역량곡선의 ADRS로의 변환과정, 합리적인 성능점을 얻기 위한 설계 응답스펙트럼 제작과정 그리고 연성스펙트럼을 기본원리와 이를 이용한 성능점 산정에 대하여 서술하였고 비탄성 시간이력해석과 비교·검토하였다. 즉, 역량스펙트럼을 이용하여 기존구조물의 내진성능평가를 수행하기 위한 주요단계를 설명하고 이론적인 근거를 제시할 것이다.

ⓑ 역량스펙트럼 방법의 장단점

역량스펙트럼에 의한 내진성능 평가기법에는 다음과 같이 몇 가지 주목할 만한 특징이 있다. 다양한 구조물에 대하여 간편하고 신속하게 내진성능평가를 수행할 수 있고, 탄소성응답을 발생시키는 다양한 지반운동수준에 대하여 구조물에 발생하는 탄소성 변위를 평가할 수 있기 때문에 기존구조물의 내진성능평가, 신설구조물의 성능목표에 대한 설계 검증 그리고 지진기록과 관찰된 구조물의 손상을 비교하여 이들 간의 상호연관성을 검증하는데 활용하는데 있어서 적용성이 높다. 또한 복잡한 탄소성 시스템의 시간이력해석을 피할 수 있으며, 탄성스펙트럼에 비교하여 구조물의 탄소성응답을 보다 실제와 근접하게 평가한다. 아울러 신설구조물과 기존구조물에 대한 정밀해석에도 적용될 수 있고, 보유내진역량과 소요내진역량을 시각화하여 타당한 보강방안을 고안하는데 중요한 자료가 된다.

충분한 타당성과 합리적인 결과를 제공하나, 이론적인 기반이 아직 정확하게 정립되지 않은 임시규정이다. 해석의 단순성과 정확성을 충분히 지니고 있는 방법이기는 하지만, 다음과 같은 사항들이 개선해야 할 과제로 남아 있고 지속적으로 개선해가는 중이다. 개선해야 할 과제로는 연성스펙트럼을 이용하여 성능점을 얻는 방법은 탄소성(설계) 응답스펙트럼이므로 상당히 개선된 성능점을 제공하지만, 반복적인 지진하중에 의한 성능저하(cyclic degradation)는 고려하지 못한다. 그리고 탄성해석에서 얻은 모드벡터는 항복 이후에 더 이상 타당한 결과를 주지 못한다. 즉, 항복 이후의 고차 모드에 관한 효과의 고려가 명확하지 않다는 것을 개선해야 한다.

2) 공급역량곡선 작성

ⓐ 공급역량스펙트럼해석을 위한 **pushover해석** 조건

내진성능평가 대상 사장교 구조물의 공급역량곡선 즉, $V-\Delta$곡선(여기서, V : 밑면 전단력, Δ : 관성력이 작용하는 위치의 구조물의 상대변위)을 구하기 위하여 비선형 정적해석인 pushover해석에서 하중은 그림 4.4.2의 △△ 사장교 구조물에 작용하는 자중과 사장교 구조물 전체 높이에 작용하는 횡하중으로 구성된다. 구조물에 횡하중을 작용하는 방법으로는 각 층의 질량에 비례하는 등분포 하중형태를 적용하는 방법, 고유모드의 형 형상에 비례하는 하중형태를 적용하는 방법, 등가정적하중[$F_x = \dfrac{w_x h_x}{\sum_{i=1}^{n} w_i h_i} V$, 여기서, F_x : x층에 작용하는 횡하중(횡력), w_x : x층의 무게, w_i : i층의 무게, h_x : x층의 높

이, h_i : i층의 높이, n : 구조물의 층 수, V : 밑면 전단력]에 의한 방법, 그리고 앞의 세 가지 방법의 조합에 의한 방법이 있다. 여기서는 사장교 구조물의 고유모드 형상에 비례하는 횡하중을 교축방향과 교축직각방향에 적용하였다.

그림 4.4.2 내진성능평가 대상 △△ 사장교의 전경

고유모드의 형상에 비례하는 횡하중을 적용시킬 때는 교축방향에 대하여는 1차모드, 교축직각방향에 대하여는 2차모드에 비례하는 횡하중을 적용하였다. 다음 표 4.4.1은 사장교 주탑의 pushover해석 케이스(case)를 나타내고 있다.

표 4.4.1 pushover해석 케이스(case)

case	initial load	횡하중 작용방향	load type	비고
pushover 1	자중(self weight)	교축방향	mode 1	1차모드 고려
pushover 2			mode 2	2차모드 고려

ⓑ **공급역량곡선**을 **공급역량스펙트럼**으로의 변환

역량스펙트럼을 사용하기 위해서는 공급역량곡선(capacity curve)을 공급역량스펙트럼으로 변환시켜야 한다. 공급역량곡선은 사장교 주탑의 수평변위에 대한 지점의 전단력을 도시하는 반면, 공급역량스펙트럼은 이 공급역량곡선을 역량스펙트럼형식으로 나타낸 것이다. 즉, $V-\Delta$곡선을 구하기 위하여 사장교 주탑에 대한 정적 비선형해석을 실시한 후에 $S_a = V/m$ [식 (4.4.1)]와 $S_d = \Delta$ [식 (4.4.2)]를 이용한다. 이와 같은 방법으로 철근 콘크리트 사장교 주탑에 대한 pushover해석을 범용유한요소 구조해석용 전산 소프트웨어를 사용하여 수행하고 케이스(case) pushover 2의 공급역량곡선을 공급역량스펙트럼으로 변환하면 다음 그림 4.4.3과 같이 된다.

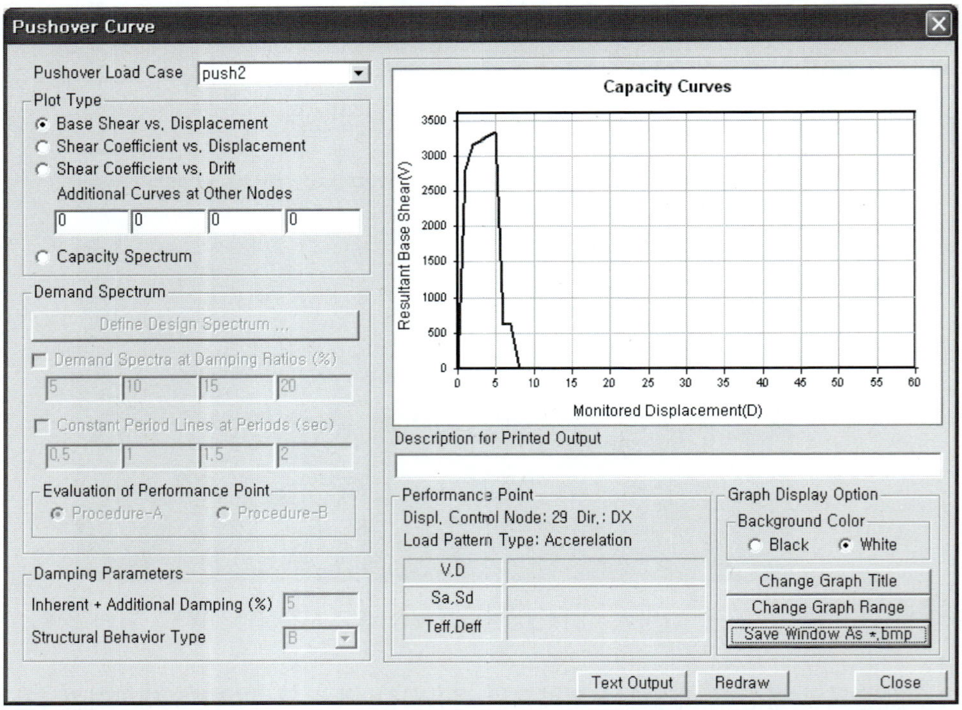

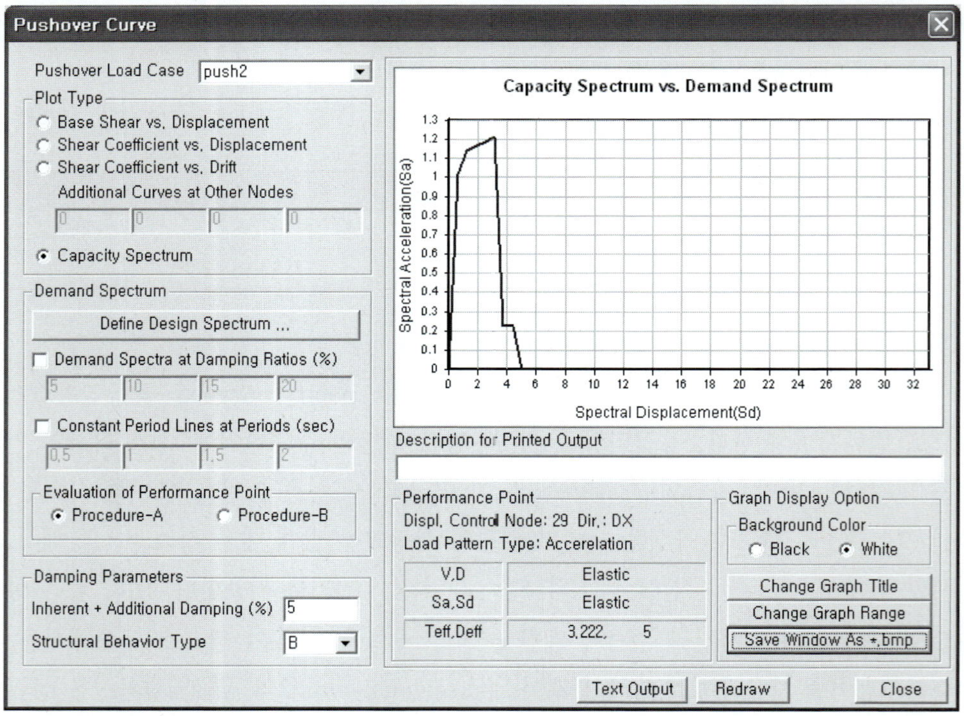

그림 4.4.3 pushover 2(load type : mode 2) case에 대한 공급역량곡선 및 공급역량스펙트럼

ⓒ 공급역량스펙트럼의 **이중선형**(bilinear) **형태의 이상화**

유효감쇠비를 도입하여 소요스펙트럼을 감소시키기 위해서는 공급역량스펙트럼을 이중선형(bilinear) 모델로 이상화할 필요가 있다. 이상화를 위해서는 먼저 그림 4.4.4와 같이 a_y와 d_y를 정의할 필요가 있다.

그림 4.4.4는 공급역량스펙트럼을 이상화한 예를 보여주고 있다. 먼저 원점을 통과하면서 구조물의 초기강성과 동일한 직선을 긋는다. a_y, d_y에서 첫 번째 직선과 교차하도록 두 번째 직선을 긋는다. 이때 교차점을 a_y, d_y로 한다. 이 때 면적 A_1과 A_2는 개략적으로 동일하다. 따라서 최초의 공급역량스펙트럼의 에너지와 이중선형(bilinear)로 이상화된 공급역량스펙트럼의 에너지는 동일하게 된다.

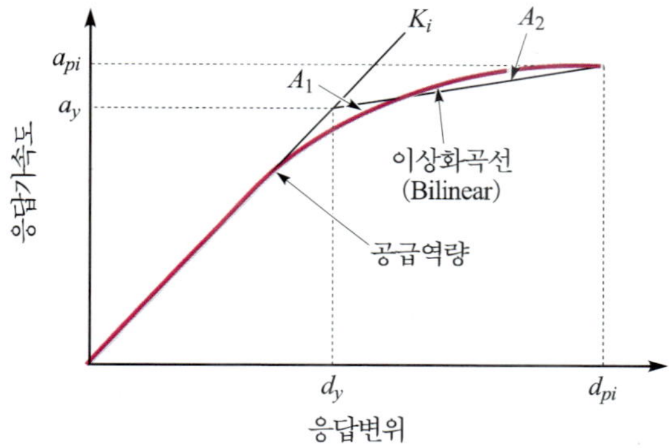

그림 4.4.4 공급역량스펙트럼을 이중선형(bilinear) 형태로 이상화하는 방법

ⓓ 감쇠의 평가

지진 지반운동에 의하여 구조물이 비선형 거동을 보이게 되면 감쇠가 발생한다. 이 때 감쇠는 구조물이 처음부터 보유하고 있는 점성감쇠(viscous damping)와 이력감쇠(hysteric)의 합으로 나타낼 수 있다. 이력감쇠는 기초전단력과 변위의 관계식으로 표현되는 구조물의 이력곡선 루프(loop)의 내부면적과 밀접한 관계가 있으며 등가점성감쇠로 나타낼 수 있다. 등가점성감쇠비 β_{eq}는 최대변위와 연관이 있으며 식 (4.4.3)과 같이 나타낼 수 있다.

$$\beta_{eq} = \beta_0 + 0.05 \tag{4.4.3}$$

여기서 β_0은 등가점성감쇠비로 표현되는 이력감쇠이고, 0.05는 구조물에 본래부터 존재하는 5%의 점성감쇠비이다. β_0은 다음 식과 같이 계산할 수 있다.

$$\beta_0 = \frac{1}{4\pi}\frac{E_D}{E_{SO}} \tag{4.4.4}$$

여기서 E_D는 감쇠에 의한 소산되는 에너지이고 E_{SO}는 최대변형에너지로, 이들의 물리적 의미는 그림 4.4.5와 같다. 그림 4.4.5와 같이 공급역량스펙트럼을 이중선형(bilinear)로 이상화한 경우, β_0은 다음과 같이 표현할 수 있다.

$$\beta_0(\%) = K + 5 = \frac{63.7(a_y d_{pi} - d_y a_{pi})}{a_{pi} d_{pi}} + 5 \tag{4.4.5}$$

위 식에서 감쇠수정계수 K는 구조물의 거동에 의존하며, 거동은 구조시스템의 질과 지반의 흔들림 시간에 의존한다. 구조물의 거동에 따른 구조물을 간략하게 type Ⅰ, Ⅱ, Ⅲ의 3가지 형태로 분류할 수 있고, 이에 대응하는 K는 그림 4.4.6과 같다. type Ⅰ는 안정적이고 그림 4.4.5와 유사한 거의 완전한 이력곡선 거동을 나타낸다. type Ⅱ는 이력곡선의 면적의 저하율이 중간정도이고, type Ⅲ는 이력곡선 면적 저하율이 매우 큰 이력곡선 거동특성을 나타낸다.

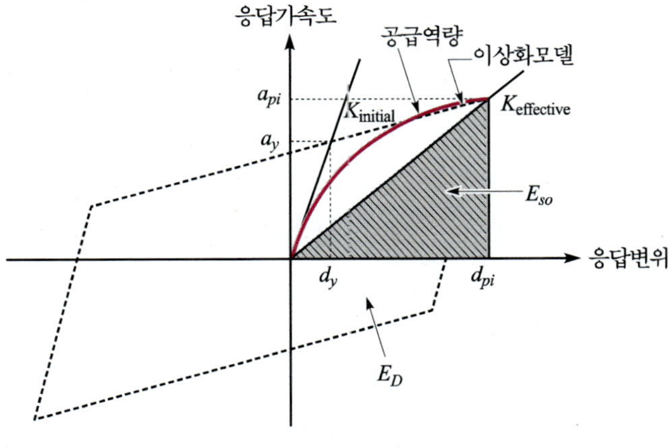

E_D : 감쇠에 의한 에너지 소산(= 이력곡선으로 둘러싸인 면적 = 평행사변형 면적)

E_{SO} : 최대변형에너지(= 삼각형면적 = $\frac{a_{pi} d_{pi}}{2}$)

그림 4.4.5 공급역량스펙트럼

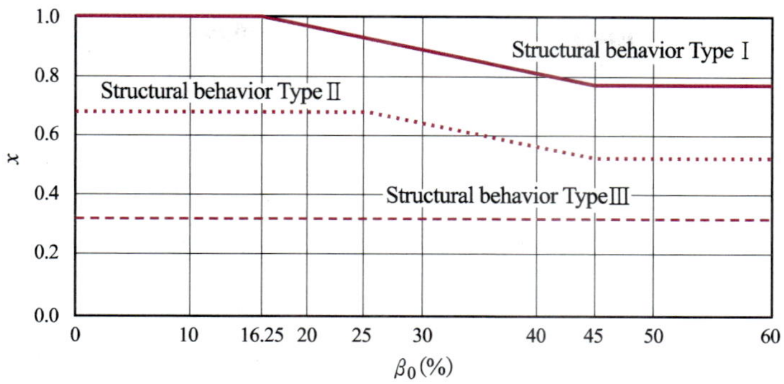

그림 4.4.6 감쇠수정계수 K

위의 유효감쇠비의 산정은 대상으로하는 응답변위까지의 공급역량곡선을 에너지 등가법에 의하여 비선형 모델로 치환하여 구하고, 이를 구조물의 상태에 따라 감쇠수정계수를 도입하여 보정함으로서 이력곡선의 차이에 의한 감쇠계수의 차이를 고려하고 있다. 그림 4.4.7은 탄성응답스펙트럼에 유효감쇠비를 도입하여 만든 감소된 소요응답스펙트럼을 보여주고 있다. 그림 4.4.7에서 스펙트럼 감소계수 SR_A와 SR_V는 다음 식과 같이 나타낼 수 있다.

$$SR_A \approx \frac{3.21 - 0.68\ln\left[\dfrac{63.7x(a_y d_{pi} - d_y a_{pi})}{a_{pi}} d_{pi} + 0.05\right]}{2.12} \geq \text{표 4.4.2의 } SR_A \text{ 값} \quad (4.4.6)$$

$$SR_V \approx \frac{2.31 - 0.41\ln\left[\dfrac{63.7x(a_y d_{pi} - d_y a_{pi})}{a_{pi}} d_{pi} + 0.05\right]}{1.65} \geq \text{표 4.4.2의 } SR_V \text{ 값} \quad (4.4.7)$$

표 4.4.2 SR_A와 SR_V의 최소허용치

structural behavior type	SR_A	SR_V
type Ⅰ	0.33	0.50
type Ⅱ	0.44	0.56
type Ⅲ	0.56	0.67

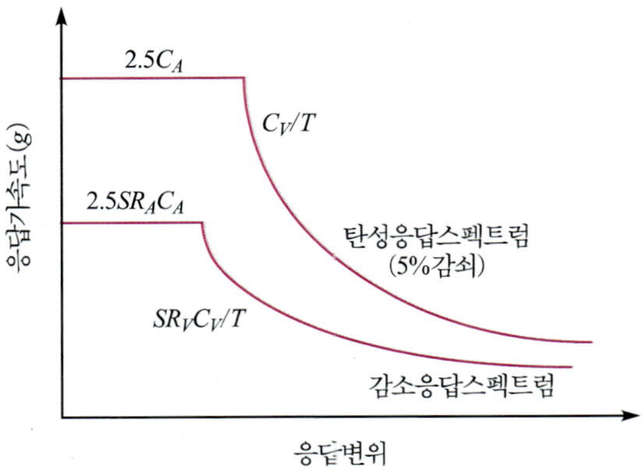

그림 4.4.7 감소된 소요응답스펙트럼

3) 소요역량곡선 작성

ⓐ 설계응답스펙트럼의 작성

소요역량은 입력지진 지반운동에 대한 사장교 주탑구조물의 응답스펙트럼으로 표현한다. 도로교설계기준에서는 사장교 주탑구조물에 대하여 붕괴방지수준의 내진성능이 확보되었다면 기능수행수준에 대한 내진성능은 확보되었다고 간주하므로, 여기서도 내진1등급 붕괴방지수준에 대한 설계응답스펙트럼만을 산정하여 공급역량스펙트럼과 비교하였다.

표 4.4.3과 표 4.4.4는 도로교설계기준에 제시하고 있는 지진구역 및 지반종류에 따른 지진계수 C_A와 C_V값을 보여주고 있다. 내진성능평가 대상인 사장교 주탑구조물(그림 4.4.2)은 지진구역 I에 위치하고 지반은 연암 지반으로 지반종류가 S_B에 해당되므로 지진계수는 각각 $C_A = 0.11$, $C_V = 0.11$이며 설계응답스펙트럼은 다음 그림 4.4.8과 같다.

표 4.4.3 지진계수 C_A

지반종류	지진구역	
	I	II
S_A	0.09	0.05
S_B	0.11	0.07
S_C	0.13	0.08
S_D	0.16	0.11
S_E	0.22	0.17

표 4.4.4 지진계수 C_V

지반종류	지진구역	
	I	II
S_A	0.09	0.05
S_B	0.11	0.07
S_C	0.18	0.11
S_D	0.23	0.16
S_E	0.37	0.23

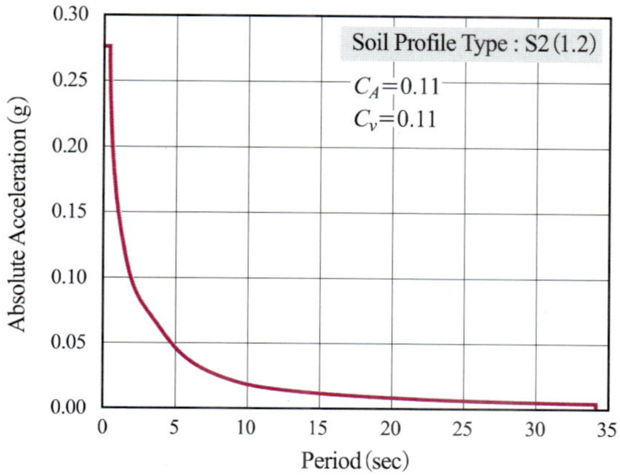

그림 4.4.8 지진구역 I의 설계응답스펙트럼

ⓑ 설계응답스펙트럼을 소요응답스펙트럼으로 변환

그림 4.4.8의 설계응답스펙트럼은 입력지진에 대한 응답 가속도-주기의 관계식으로 주어지지만, 역량스펙트럼에서는 이를 스펙트럼 가속도(S_a)-변위(S_d)의 관계식으로 변환하여 표현해야 한다. 스펙트럼 변위는 $S_d = \dfrac{T^2}{4\pi^2} S_a$의 관계식으로부터 계산할 수 있으며, 주기는 원점을 통과하는 방사형 직선으로 표현된다. 그림 4.4.8의 설계응답스펙트럼을 입력지진의 스펙트럼 가속도(S_a)-변위(S_d)의 관계식의 소요역량스펙트럼으로 표현하면 다음 그림 4.4.9와 같이 된다.

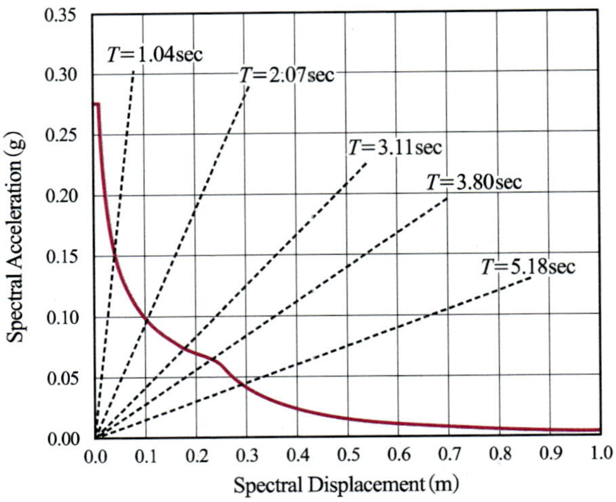

그림 4.4.9 가속도 - 변위 관계의 소요역량스펙트럼

ⓒ ADRS(가속도-변위 응답스펙트럼)로의 변환

역량스펙트럼법을 이용하기 위해서는 구조물의 공급역량과 소요역량을 동일한 스펙트럼 상으로 변환해야 한다. 즉, 밑면전단력과 상대변위의 관계식으로 주어지는 공급역량곡선을 응답스펙트럼의 진동수 영역의 동적특성을 이용하여 응답가속도와 응답변위의 관계식으로 변환해야 한다.

일반적인 다자유도계를 역량스펙트럼으로 변환하기 위해서 요구되는 동적특성 관계식은 다음 식과 같다. 이 식들은 보유역량스펙트럼의 경우에 첫 번째 모드(탁월모드)에 근접한 거동을 한다는 가정에 근거한 접근이다.

$$S_a = \frac{V}{\lambda_1^*} \tag{4.4.8}$$

$$S_d = \frac{\Delta_{roof}}{L_1 \phi_{roof}^{(1)}} \tag{4.4.9}$$

여기서, S_a : 스펙트럼 가속도

S_d : 스펙트럼 변위

Δ_{roof} : 최상단 변위(역량스펙트럼을 구하고자 하는 절점의 변위)

$\lambda_1{}^* = \dfrac{\lambda_1^2}{\mu_{11}} = \lambda_1$: 첫 번째 모드(탁월모드)의 모드참여질량[식 (4.2.8) 참조]

$L_1 = \dfrac{\lambda_1}{\mu_{11}}$

λ_1 : 첫 번째 모드(탁월모드)의 모드참여계수 [식 (4.2.6d) 참조]

$\phi_{roof}^{(1)}$: 최상단부(역량스펙트럼을 구하고자 하는 절점)에서의 첫 번째 모드(탁월모드) 형상값

반면에 교각과 같은 단자유도계를 역량스펙트럼으로 변환하기 위하여 요구되는 동적 특성 관계식은 다음과 같이 간략히 표현된다.

$$S_a = \frac{V}{m} \tag{4.4.10}$$

$$S_d = \Delta \tag{4.4.11}$$

여기서, V : 밑면전단력

m : 유효질량(상부구조 및 교각 1/2의 질량을 포함)

Δ : 관성력이 작용하는 위치의 구조물 상대변위

일반적인 구조물의 응답스펙트럼은 응답 가속도와 주기의 관계식으로 주어지지만, 역량스펙트럼법에 의한 해석을 위해서는 ADRS(accelration-displacement response spectrum, 가속도-변위 응답스펙트럼)형식으로 좌표를 변환해야 한다. 즉, 스펙트럼 가속도와 상대변위 관계식으로 변환하여 표현해야 한다.

그림 4.4.10은 일반적인 다자유도계의 소요역량곡선을 하나의 ADRS형식으로 표현하는 과정을 단순화하여 보이고 있다. 이 때 $S_d = \dfrac{T^2}{4\pi^2} S_a$ 그리고 주기 T는 $T = 2\pi\sqrt{\dfrac{S_d}{S_a}}$ 의 관계식으로 나타낼 수 있다.

그림 4.4.11은 그림 4.4.10의 소요스펙트럼 상에 동일한 공급스펙트럼을 얹은 그림이다. 점 A까지의 주기는 T_1로 일정하며 점 B 이르게 되면 주기는 T_2가 된다. 즉, 비선형 거동이 진행되면서 주기가 길어지는 것을 확연히 알 수 있다.

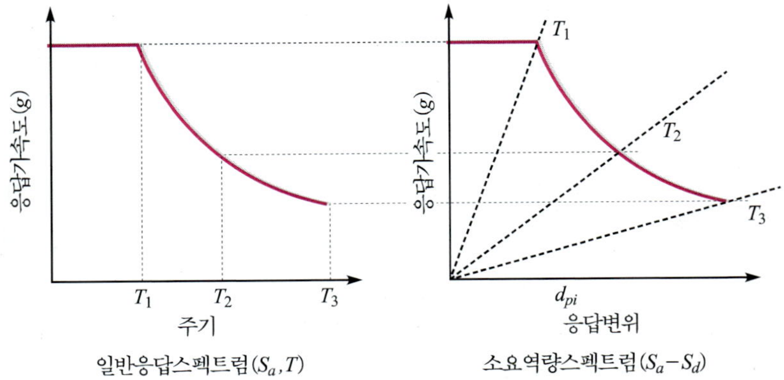

그림 4.4.10 구조물에서의 일반적인 응답스펙트럼과 소요역량스펙트럼

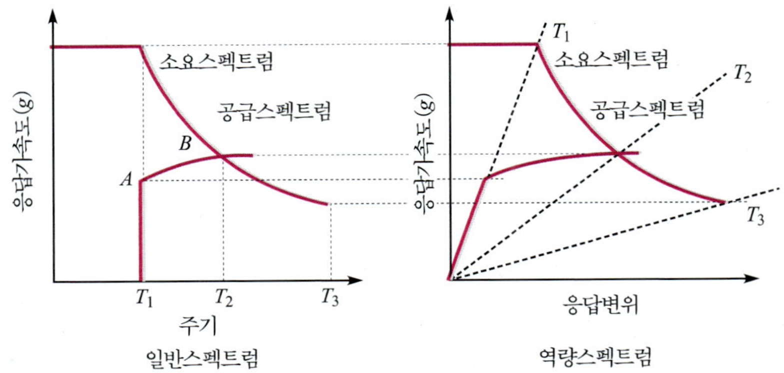

그림 4.4.11 응답스펙트럼 상에 공급스펙트럼을 중첩한 그림

4) 성능점의 결정

성능점은 다음과 같은 2가지 점을 만족하여야 한다. 즉, 첫째는 주어진 변위에서 구조물의 역량을 나타내기 위하여 반드시 구조물의 공급역량스펙트럼 상에 위치하여야 하며, 둘째는 소요스펙트럼 곡선 위에도 존재하여야 한다. 이 때 스펙트럼 곡선은 구조물의 비선형 거동에 따른 감쇠효과를 고려해야 한다. 이러한 감소에 따른 응답의 감소는 유효감쇠(effective damping)를 도입하여 수행할 수 있으며, 유효감쇠는 역량곡선의 형태에 따라 개략적으로 산출할 수 있다.

일반적으로 위의 조건을 만족하는 성능점의 결정은 시행착오법(trial and error method)으로 결정할 수 있으며, 여기서는 이를 결정하는 한 가지 방법에 대하여 단계별 계산순서에 따라 소개한다. 즉,

1단계 : 현장조건 등을 고려하여 그림 4.4.12와 같이 감소된 소요응답스펙트럼을 작성한다.

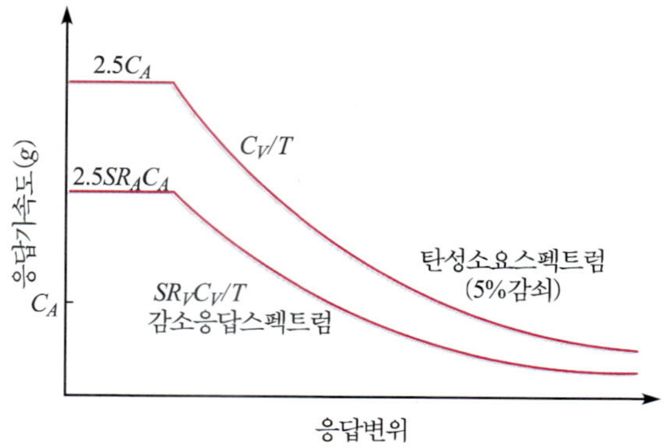

그림 4.4.12 1단계에서의 감소된 소요역량스펙트럼

2단계 : 공급역량곡선을 공급역량스펙트럼으로 변환한다. 그리고 그림 4.4.13과 같이 동일한 그래프 위에 감소된 소요응답스펙트럼을 함께 도시한다.

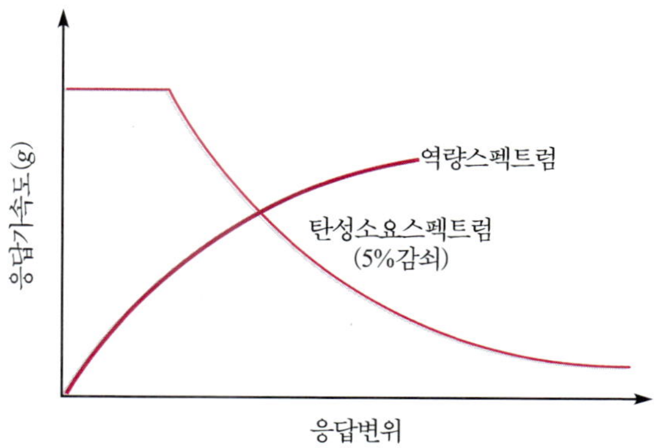

그림 4.4.13 2단계에서의 역량스펙트럼

3단계 : 그림 4.4.14와 같이 초기 성능 점 a_{pi}, d_{pi}를 선정한다.

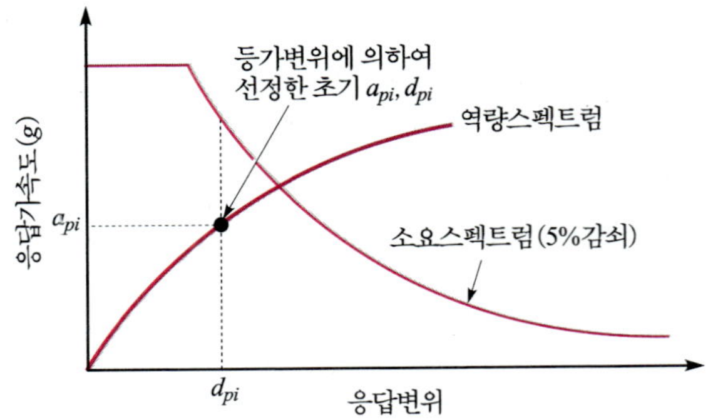

그림 4.4.14 3단계에서의 역량스펙트럼

4단계 : 이중선형(bilinear) 이상화 방법으로 역량스펙트럼을 그림 4.4.15와 같이 이상화한다.

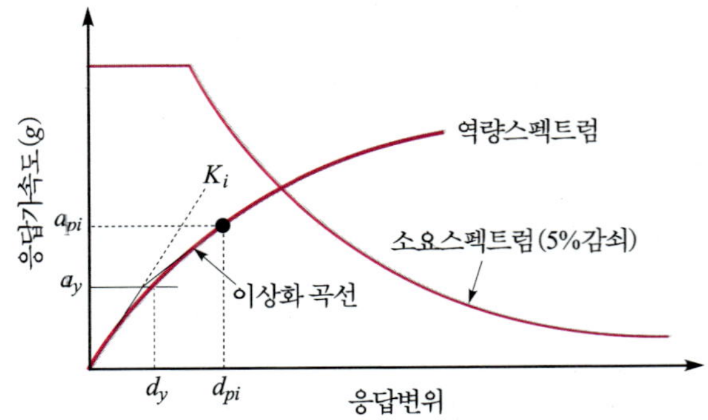

그림 4.4.15 4단계에서의 역량스펙트럼

5단계 : 식 (4.4.6), (4.4.7)를 이용하여 응답스펙트럼 감소계수를 계산한다. 그림 4.4.16의 방법으로 소요스펙트럼을 작성한다. 그림 4.4.16과 같이 공급 역량스펙트럼을 동일한 그래프 위에 작성한다.

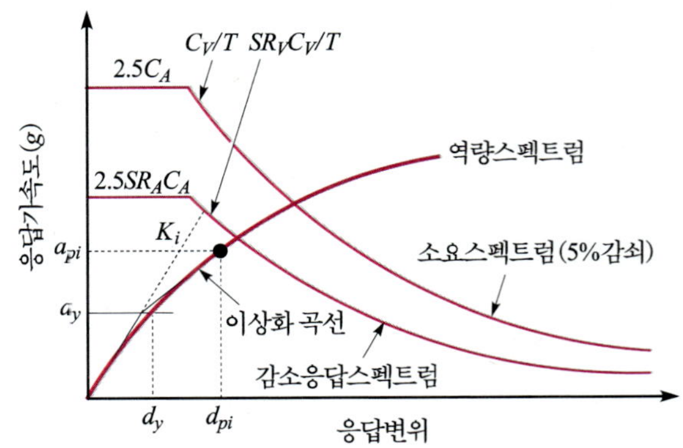

그림 4.4.16 5단계에서의 역량스펙트럼

6단계 : 그림 4.4.17과 같이 소요스펙트럼과 공급역량스펙트럼의 교차점이 처음에 가정한 초기 성능점(a_{pi}, d_{pi})과 허용치 이내로 접근하는지를 확인한다. 교차점의 응답변위를 d_{pi}로 하면 수렴 허용범위는 다음과 같다.

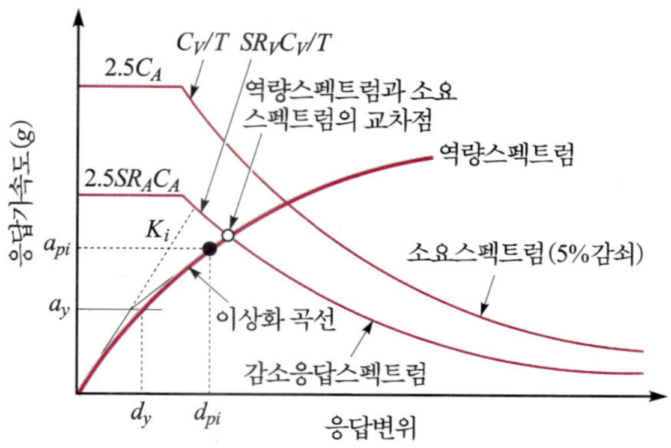

그림 4.4.17 6단계에서의 역량스펙트럼

$$0.95\,d_{pi} \le d_i \le 1.05\,d_{pi} \tag{4.4.12}$$

7단계 : 만약 위의 교차점이 수렴 허용치 내에 들어오지 않은 경우, 새로운 a_{pi}, d_{pi}를 선정하고 4단계에서 반복한다.

8단계 : 만약 소요스펙트럼과 공급역량스펙트럼의 교차점이 수렴 허용치 내에 들면 임시로 선정한 임시 성능점은 성능점 a_{pi}, d_{pi}가 되고, 이 때 변위 d_{pi}는 대상 지진수준에 대한 구조물의 최대 응답변위를 나타내게 된다.

5) 내진성능평가

소요역량스펙트럼과 공급역량스펙트럼을 동일 좌표위에 도시하여 공급역량스펙트럼의 극한점이 소요역량스펙트럼 외부에 놓이게 된다면 목표내진성능을 확보하고 있는 것이 된다.

감쇠의 영향을 고려한 스펙트럼 감소계수(SR_{A}, SR_V)에 의하여 소요역량스펙트럼을 감소시키고 공급역량과 함께 도시하여 교차한 점이 사장교 주탑의 비탄성 응답변위 즉, 성능점이 된다. 공급역량곡선의 임의의 점을 초기 성능점으로 결정하고 초기 성능점에서 구한 스펙트럼 감소계수를 사용하여 감소된 스펙트럼을 작성한 후에 감소된 스펙트럼과 공급역량곡선과 교차하는 점이 사장교 주탑의 초기 성능점과 5%이내에 접근하지 않으면 다시 초기 성능점을 다시 선정하여 위 과정을 반복한다. 5% 이내로 접근하면 임시로 선정한 초기 성능점이 성능점 a_{pi}, d_{pi}가 되고, 이 때 변위 d_{pi}는 대상지진레벨에 대한 사장교 철근콘크리트 주탑구조물의 최대응답변위를 나타내게 된다.

ⓐ 횡하중 형태를 load type 1로 작용시키는 경우

그림 4.4.18은 횡하중 형태를 1차 고유모드에 비례하여 교축방향으로 작용시킬 경우 감소된 소요역량스펙트럼 그리고 공급역량스펙트럼을 도시한 것이다. 이 때의 성능점의 $S_a = 0.265\,\mathrm{g}$이고 $S_d = 0.11\,\mathrm{m}$이며, 사장교 주탑의 기초 전단력(base shear)는 7,420 kN이다.

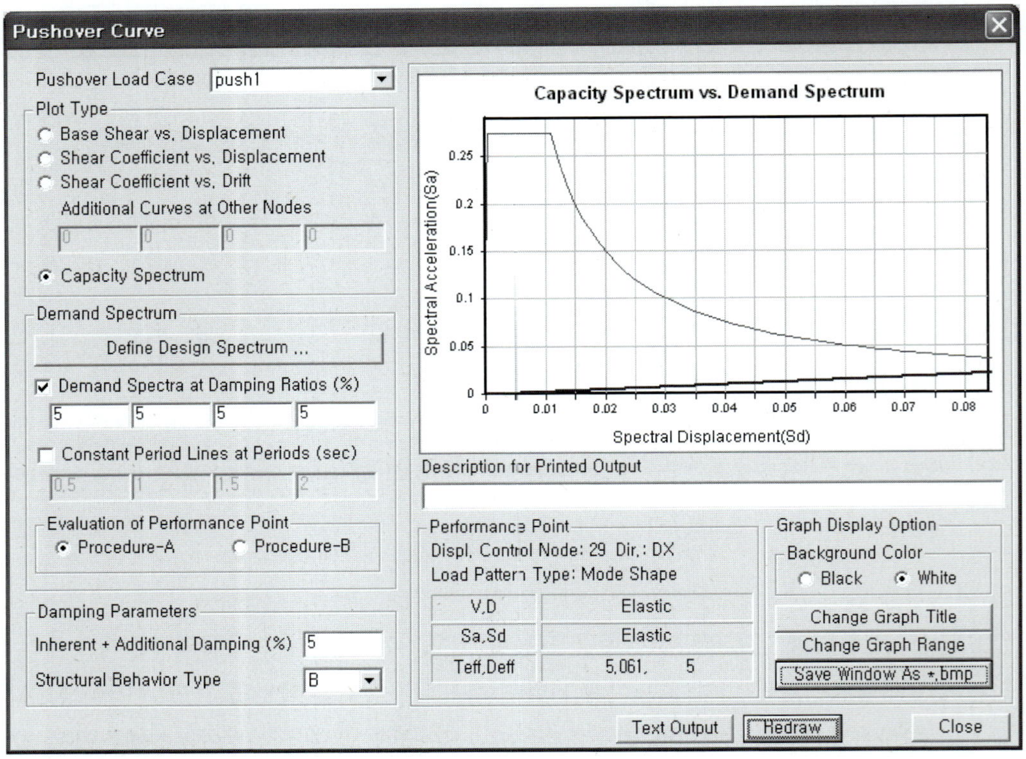

그림 4.4.18 load type1(mode 1)의 역량스펙트럼

ⓑ 횡하중 형태를 load type 2로 작용시키는 경우

그림 4.4.19는 횡하중 형태를 load type 2로 작용시킬 경우 감소된 스펙트럼 그리고 공급역량스펙트럼을 도시한 것이다. 이 때의 성능점의 $S_a = 0.0688\,\mathrm{g}$이고 $S_d = 0.05\,\mathrm{m}$이며, 사장교 주탑의 기초 전단력(base shear)는 3,130 kN이다.

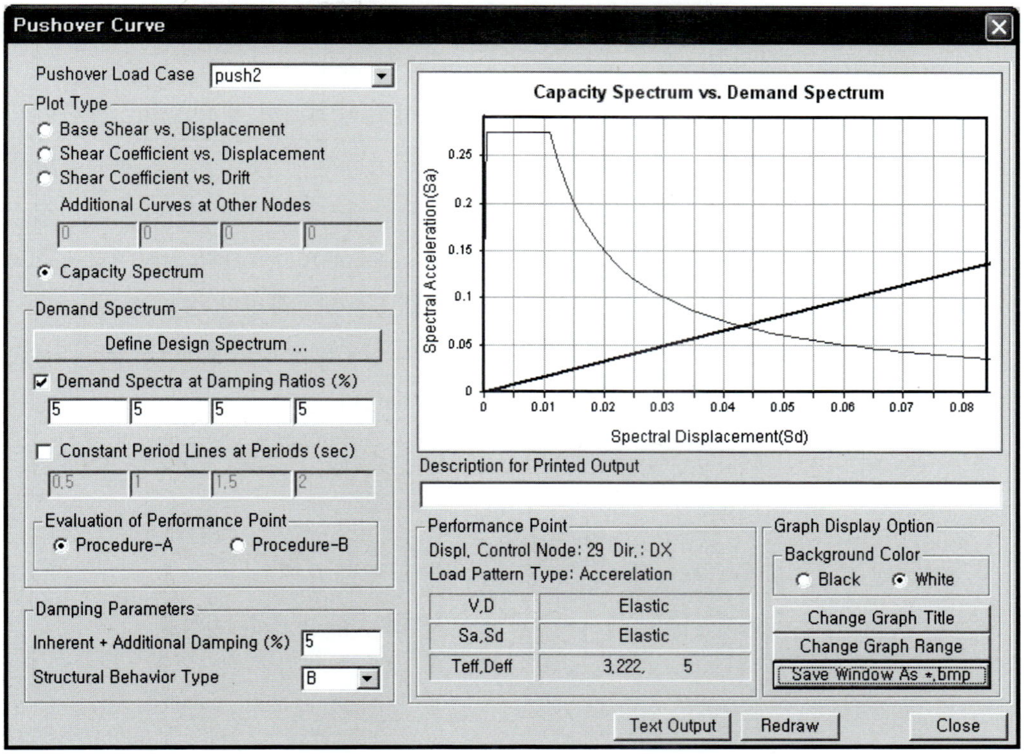

그림 4.4.19 load type 2(mode 2)의 역량스펙트럼

이상의 결과에서 각각의 해석 케이스(case)에 대한 공급역량스펙트럼의 극한점이 붕괴방지수준의 소요역량스펙트럼에 외부에 위치하므로, 내진성능평가 대상인 사장교 주탑(그림 4.4.2)은 교축방향 및 교축직각방향에 대하여 붕괴방지수준의 지진에 대하여 안전할 것으로 판단되며 또한 도로교설계기준에 따라 기능수준의 지진에 대해서도 내진성능이 확보되어 있다고 판단된다.

4.4.2 비선형 시간이력해석과 내진손상도 평가모델

(1) 제안된 내진 손상도 평가모델

구조부재의 실제거동과 유사한 변형이력을 사용하여 지진하중에 의한 응답을 예측하는 연구가 진행되어왔다. 일반적으로 해석적인 모델은 실험의 결과로부터 구해졌으며, 이러한 실험들은 구조부재의 비선형 거동에 대한 축방향력에 대한 영향, 하중재하조건의 영향, 전단력에 대한 영향 및 반복하중에 대한 절점 또는 접합부 보강의 타당성을 위한 연구 등과 같이 다른 목적을 위하여 실시되어졌다.

이러한 실험들을 통하여 손상도 평가모델에 의한 손상도 평가식이 해석적으로 공식화되어졌다. 기존의 연구결과로부터 제안된 손상도 평가지수를 선별하여 체계적으로 분석・평가하면 다음과 같다.

Yao & Munse(1962)는 지진하중 발생 시 강구조물(steel structure)의 저사이클피로(low cycle fatigue) 파괴는 소성변형의 누적 효과와 관련된 식을 제안하였다. 한계변형단면의 소성변형에 대한 시간이력을 알 수 있는 경우(그림 4.4.20 참조), 소성변형의 i 번째 사이클(반복재하)에서 발생하는 손상지수 D_i를 다음과 같이 제안하였다.

$$D_i = \left(\frac{\Delta_i}{\Delta_{ui}}\right)^{\alpha i} \qquad (4.4.13)$$

여기서, Δ_i : i 번째 사이클에서의 증가된 정(+) 소성 모멘트

Δ_{ui} : i 번째 사이클에서의 파괴를 일으키는 인장 소성 변형율

αi : $1 - 0.86\left(\frac{\Delta_i'}{\Delta_i}\right)$

$\frac{\Delta_i'}{\Delta_i}$: 상대적인 소성 변형비

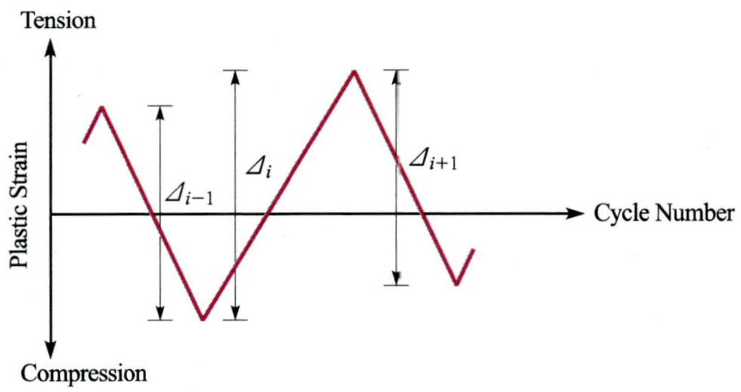

그림 4.4.20 일반적인 강부재(steel member)에 대한 사이클수(cycle number)와 소성변형률(plastic strain)의 관계

n사이클에서의 변형으로 인한 부재의 손상은 모든 n하중 사이클의 손상을 합산하여 다음과 같이 구할 수 있다.

$$D_e = \sum_{i=1}^{n} \left(\frac{\Delta_i}{\Delta_{ui}}\right)^{\alpha i} \tag{4.4.14}$$

Yao & Munse(1962)의 손상도 평가모델은 Kasiraj & Yao에 의하여 1940년에 발생된 엘센트로(El centro)지진에 의한 강구조물의 잠재적인 손상을 평가하기 위해 적용되었으며, 또한 Tang & Yao에 의해 인공지진하중에 대하여 적용되기도 하였다. Stephens와 Yao는 이 모델을 철근콘크리트(RC) 구조물에 적용하기 위하여 일부 수정하여 제시하였는데, 이 모델은 철근콘크리트 구조물의 손상에 큰 영향을 미치는 변수인 하중 이력을 고려하지 않고 있으며, 철근콘크리트 구조물과 같은 복합재료인 경우 인장 소성변형도 Δ_{ui}와 피로계수 αi의 결정에는 커다란 어려움이 따랐다. 이러한 손상평가모델은 누적된 손상효과를 고려하여 만들어져 하중재하순서에 의한 효과와 반복된 하중에 의한 부재의 소성지역의 국부적인 불안정성이 고려되지 않았다.

일방향 하중을 받는 경우에 대한 손상지수를 Oliveira는 다음과 같이 제안하였다.

$$D_e = \left(\frac{\Delta}{\Delta_u}\right)^{\alpha} \tag{4.4.15}$$

여기서, Δ : 하중으로 인한 최대 소성 변형 (요구)

Δ_u : 부재의 극한 소성 변형 (성능)

α : 재료에 따른 매개 변수 (양의 값)

Oliveira의 손상도 평가모델은 에너지 소산이나 하중 이력과 같은 중요한 인자를 고려치 못하고 있으므로, 철근콘크리트 구조물에 직접 적용하는 것은 불가능한 것으로 보인다.

Krawinkler & Zohrei(1983)는 강진(strong earthquake)을 받는 구조물의 신뢰성을 평가하기 위하여 실험 데이터를 근거로 강구조물에 대한 손상도 모형을 다음과 같이 제안하였다.

$$D_e = C_i \sum_{i=1}^{n} (\Delta\delta_{\pi})^{\alpha i} \tag{4.4.16}$$

여기서, D_e : 부재의 손상도지수

C_i, α_i : 매개변수

n : 하중 사이클 수(하중 반복재하 수)

$\Delta\delta_{\pi}$: i번째 사이클 동안의 소성 변형량

Krawinkler & Zohrei의 손상도 평가모델은 하중 이력의 영향을 반영하는 손상 가속도 계수가 포함되었을 때에 철근콘크리트 부재에 직접 적용 가능할 것으로 보이지만, 이 식은 재료의 비탄성 거동이 압축과 인장에 대해서 거의 유사한 경우에 유효할 것으로 보인다. 따라서 철근콘크리트 부재에 적용하기 위해서는 압축과 인장이 상이하게 거동하는 경우에 대하여 적절한 수정이 필요할 것이다.

Lybas & Sozen(1977), Roufaiel & Meyer(1987)는 단순한 강성비로써 손상상태를 표현할 수 있는 강도감소와 관계된 손상도지수를 제안하였다. 이와 같은 손상도지수는 누적소성변위량이 고려되지 않아 비탄성 주기 하중하에서의 정확한 손상유무를 예견하는데 사용할 수 없을 것이다.

Gosain et al.(1977)은 반복하중을 받는 철근콘크리트 부재의 에너지 흡수능력과 소산량을 정규화 시킨 일지수(work index) I_w를 제안하였다. 하중은 항복하중의 75%에서 125%범위로 변화시켰으며 I_w는 다음과 같다.

$$I_w = \sum_{i=1}^{n} \frac{p_i \Delta_i}{p_y \Delta_y} \tag{4.4.17}$$

여기서, n : 항복하중의 75% 이상인 하중 사이클 수

p_i, Δ_i : i번째 사이클의 하중과 변위

p_y, Δ_y : 항복하중과 항복변위

부재가 순수 휨을 받는 경우, 위의 식은 소산된 에너지를 잘 반영하지만 전단력이 크게 작용하는 경우 소산된 에너지는 상당히 줄어들게 된다. 이와는 달리 축력이 작게 작용하는 경우 하중-변형 곡선은 보다 안정적이며, 부재의 에너지 흡수능력은 증가하게 된다. 이러한 요소를 반영하기 위하여 Gosain et al.은 일지수(work index)를 다음과 같이 수정하였다.

$$\overline{I_w} = I_w \left(1 - \frac{a}{d_c}\right)\left(1 + \frac{0.0005N}{A_{core}}\right) \tag{4.4.18}$$

여기서, $\frac{a}{d_c}$: 전단지간비

N : 축력

A_{core} : 단면 핵의 면적

Gosain et al.의 수정 일지수(work index) $\overline{I_w}$는 에너지 소산에 영향을 미치는 다른 변수인 하중이력, 콘크리트의 강도, 철근비 등이 고려되지 않았으며, 전단 지간비와 축력의 선형

조합은 실험데이터의 분산정도를 잘 반영하지 못하는 단점을 가지고 있다.

Hwang et al.(1984)의 일지수(work index)를 참고하여 Hwang은 다음과 같이 정규화시킨 에너지지수(energy index)를 제안하였다.

$$I_E = \sum_{i}^{n} E_i \cdot \frac{k_i}{k_e} \cdot \left(\frac{\Delta_i}{\Delta_y}\right) \tag{4.4.19}$$

여기서, E_i : i번째 사이클에서 소산된 에너지

k_e, Δ_y : 탄성 강성과 항복 변형(그림 4.4.21참조)

k_i, Δ_i : i번째 사이클에서의 휨강성과 최대 변형(그림 4.4.21참조)

n : 항복하중의 75% 이상인 하중 사이클의 수

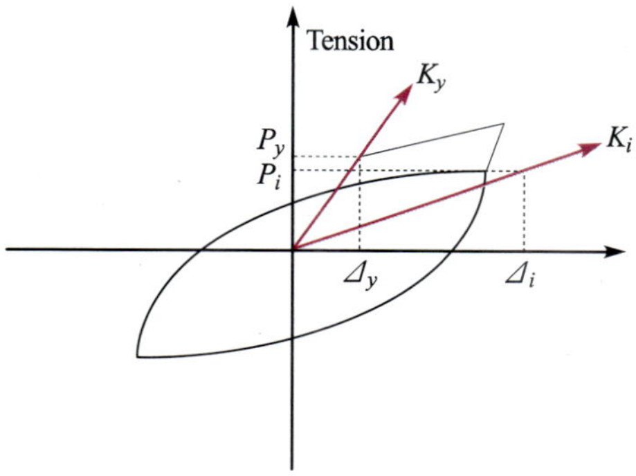

그림 4.4.21 k_e, k_i, Δ_y, Δ_i에 관한 정의

Hwang & Scribner(1984)은 여러 실험 결과를 토대로 $v_m / \sqrt{f_{ck}}$(여기서, v_m은 최대 전단응력)와 에너지지수 사이의 관계를 선형 회귀분석하였다. 철근콘크리트 부재의 실험결과와 그들의 에너지지수 사이에는 분산정도가 컸으며, 전단응력과 에너지지수 사이에는 큰 상관관계가 없음을 알 수 있었다.

Darwin et al.(1986)은 전체 소산에너지를 탄성 변형에너지로 나누어서 에너지지수를 정의하여 다음과 같은 소산 에너지지수(dissipated energy index)를 제안하였다.

$$E_i = \frac{E}{0.5 p_y \Delta_y \left(1 + \left(\frac{A_s'}{A_s}\right)\right)} \tag{4.4.20}$$

여기서, E_i : 정규화시킨 에너지 소산지수

E : 전체 에너지의 소산량

A_s', A_s : 압축철근량 및 인장철근량

Drawin et al.(1987)에 의한 에너지지수는 에너지 소산 능력이 지진하중과 같은 반복하중이 작용하는 동안에 철근콘크리트 부재들의 손상에 관한 잠재적으로 중요한 영향을 가진다는 것을 보여준다. 즉, 이 같은 개념들은 철근콘크리트 부재에 대하여 신뢰할 수 있는 손상도 모델을 유도하는데 있어서 매우 유용한 것처럼 보인다. 그러나 파괴 사이클의 수와 전체 에너지 소산능력에 관한 관계가 일치하지 않기 때문에 손상정도와 에너지 소산사이의 관계를 표현하는 데는 무리가 따른다.

Park et al.(1987), Mizuhata & Nishigaki(1987)는 연성률과 에너지 소산을 포함한 철근콘크리트 부재에 대하여 지진하중이 작용하였을 경우의 손상도 평가모델을 제안하였다. 손상지수에 관한 다양한 수치적인 함수와 방대한 실험데이터와의 관계를 얻었음에도 불구하고 지진하중이 작용하는 동안의 최대변위와 에너지 소산 이력의 선형적인 조합을 표현하는 데에 그쳤다. 이 선형적인 합은 최대변위와 에너지 소산 이력이 상호 독립적이기 때문에 모순된 결과를 초래할 수 있다.

Lybas & Sozen은 손상비D_r을 다음과 같이 제안하였다.

$$D_r = \frac{k_0}{k_r} \tag{4.4.21}$$

여기서, k_0 : 초기 접선 강성(tangent stiffness, 그림 4.4.22참조)

k_r : 최대 변위에서 감소된 할선 강성(secant stiffness, 그림 4.4.22참조)

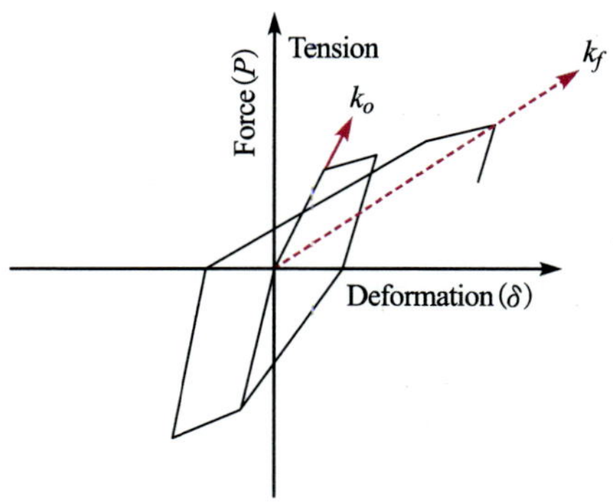

그림 4.4.22 k_0, k_r에 대한 정의

Lybas & Sozen(1977)의 손상도 평가모델은 큰 전단력으로 인한 핀칭현상(pinching)이나 하중 이력의 영향을 반영하지 못하고 있다. 그러므로 구조물의 손상과 관련된 잔류강도나 에너지 흡수 능력을 쉽게 예측하지 못하는 것으로 나타났다.

Bertero & Bresler(1984)는 국부 손상(local damage D_e), 전체 손상(global damage D_g) 및 누적 손상(cumulative damage D_t) 사이의 관계식을 제시하였다. 여기서, 국부 손상은 구조물을 구성하는 요소의 누적 변형 능력에 대한 최대응답의 비율로서 요소의 손상정도를 의미한다. 즉, i번째 요소의 손상도지수 $D_i = \dfrac{d_i}{c_i}$로 표현되며, d_i는 하중에 대한 응답(요구)이며, c_i는 저항(성능)을 의미한다. 전체 손상은 중요도에 따라 가중치를 적용한 국부 손상의 선형조합으로 이루어진 건물 전체의 손상으로 정의된다. 누적 손상은 다음과 같이 정의된다.

$$D_i = \frac{1}{\Sigma w_i}\left(\sum_{i=1}^{m} \frac{w_i \gamma_i d_i}{x_i c_i}\right) \tag{4.4.22}$$

여기서, D_t : 누적 손상도지수

w_i : i번째 요소에 대한 가중치 계수

x_i : 요구(demand)에 대한 사용(service) 이력 영향계수

γ_i : 성능(capacity)에 대한 사용(service) 이력 영향계수

Bertero & Bresler(1984)의 손상도 평가모델은 전단지간비와 철근비 등의 영향을 반영하지 못하고 있으며, 하중이력에 대해서도 적절하게 고려되지 못하였다.

Banon et al.(1981) 등은 구조 요소에 대한 손상비를 정의하였으며 확률적인 개념을 사용하여 전체 손상도지수를 제안하였다. 구조 요소에 대하여 폭 넓게 사용되는 손상도지수는 연성비(ductility ratio)의 형태로 다음과 같다.

$u_\theta = \dfrac{\theta_{max}}{\theta_y}$: 회전연성(rotational ductility)

여기서, θ_{max}는 최대 회전각이고, θ_y는 항복상태에서의 회전각이다.

$u_\phi = \dfrac{\phi_{max}}{\phi_y}$: 곡률연성(curvature ductility)

여기서, ϕ_{max}는 최대 회전각이고, ϕ_y는 항복상태에서의 회전각이다.

$$FDR = \frac{k_f}{k_r} \text{ : 휨손상비(flexural damage ratio)}$$

여기서, k_f는 균열이 발생한 부재의 초기 휨 강성이고, k_r는 최대 변위에서의 감소 할선 강성이다. 이 휨 손상비는 감소 할선 강성이 부재의 강도와 강성의 감소현상을 반영하고 있으므로 전자의 두 방법보다 손상도를 잘 반영하는 것으로 알려져 있다.

그러나 위의 3가지 방법 모두가 에너지의 소산 동안에 발생한 누적 손상을 반영하지 못하고 있다. 따라서 Banon et al.은 다음과 같은 누적손상 변수 NCR과 $E_n(t)$를 제안하였다.

$$NCR = \frac{\Sigma|\theta_p|}{\theta_y} \tag{4.4.23}$$

위 식은 정규화 시킨 것이 누적 회전각으로서 항복 회전각에 대한 모든 소성 회전각의 합의 절대값 비를 의미한다.

$$E_n(t) = \frac{\int_0^t M(\tau)\theta d\tau}{M_y \frac{\theta_y}{2}} \tag{4.4.24}$$

위 식은 정규화 시킨 소산 에너지로서, 시간에 대한 함수이며 시간 t 까지의 소산된 에너지를 탄성적으로 축적된 최대 에너지로 나눈 것으로 정의된다.

Banon et al.의 모형은 인장 또는 압축과 같은 서로 다른 응답을 고려하기 위해서 도입되는 가중치 계수를 적은 실험데이터로부터 산출하였다. 따라서 이 손상도지수는 손상도의 예측에 있어서 많은 편차를 나타내고 있는 단점이 있어 신뢰성에 문제가 있다.

Roufaiel & Meyer(1987)는 할선 강성을 포함한 파괴하중 단계(M_m, ϕ_m), 항복하중 단계(M_y, ϕ_y), 임의의 하중 단계(M_x, ϕ_x)를 고려한 다음과 같은 수정 휨 손상비를 제안하였다(그림 4.4.23참조).

$$MFDR = \max(MFDR^+,\ MFDR^-) \tag{4.4.25}$$

$$MRFDR^+ = \frac{\frac{\phi_x^+}{M_x^+} - \frac{\phi_y^+}{M_y^+}}{\frac{\phi_m^+}{M_m^+} - \frac{\phi_y^+}{M_y^+}} \quad MRFDR^- = \frac{\frac{\phi_x^-}{M_x^-} - \frac{\phi_y^-}{M_y^-}}{\frac{\phi_m^-}{M_m^-} - \frac{\phi_y^-}{M_y^-}} \tag{4.4.26}$$

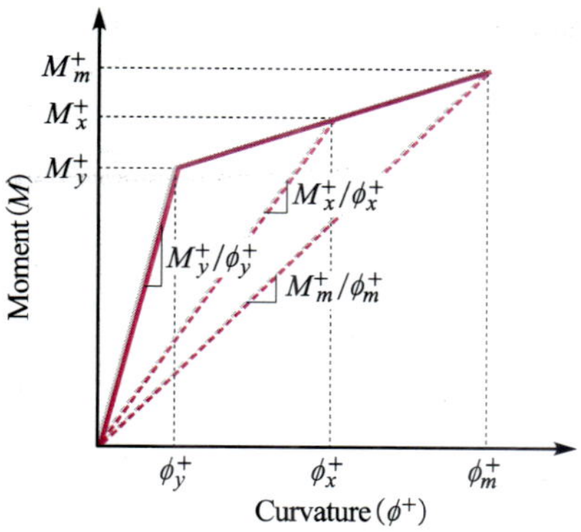

그림 4.4.23 제안된 손상율에 대한 정의

또한 Roufaiel & Meyer(1986)은 전체 손상변수(global damage parameter) GDP를 다음과 같이 제안하였다.

$$GDP = \frac{d_r - d_y}{d_f - d_y} \tag{4.4.27}$$

여기서, d_r : 최대 최상층(roof)의 변위

d_y : 첫 번째 부재의 항복시의 최상층(roof) 변위

d_f : 구조물의 파괴시 최상층(roof) 변위

부재의 항복 시 최상층 변위 d_f는 골조 변형의 첫 번째 모드에 지배를 받으며, 구조물의 파괴 시 변위는 여러 실험 결과로부터 $d_f = 0.06H(H=$건물높이$)$로 제안하였다.

Roufaiel & Meyer(1986)의 손상도 평가모델은 누적 손상을 고려하지 않고 있으며, 철근콘크리트 부재에 대해서도 믿을 만한 손상유무를 예측하지 못하는 것으로 인식되고 있다. 그러나 철근콘크리트 부재의 정(+), 부(-)의 휨 모멘트를 고려했다는 점에서 의의를 가질 수 있다.

Park et al.은 전체 손상은 최대 변형으로 인한 손상과 에너지 소산으로 인한 손상의 선형조합으로 가정하여 다음과 같은 손상도 모형을 제시하였다.

$$D_e = \frac{\delta_{\max}}{\delta_u} + \frac{\beta}{Q_y \delta_u} \int dE \tag{4.4.28}$$

여기서, δ_{max} : 작용하중 하에서 최대 변형

δ_u : 일방향 하중에 대한 최대 변형

Q_y : 항복 강도

dE : 소산에너지의 증가분

그리고 β는 강도 감소 현상을 나타내는 계수로 다음과 같은 실험식이 제안되어있다.

$$\beta = (-0.447 + 0.73\frac{l}{d} + 0.24n_0 + 0.31p_t)0.7\rho^w \tag{4.4.29}$$

여기서, $\frac{l}{d}$: 전단지간비

n_0 : 정규화시킨 축방향력

ρ_w : 배력근의 철근비

ρ_t : 주철근의 철근비

구조물 전체의 손상도지수는 에너지의 소산량에 가중치를 적용하여 개별 부재의 손상도지수를 선형 조립하는 방법으로 다음과 같이 제시하였다.

$$D_g = \frac{\sum_i D_e^i \cdot E_i}{\sum_i E_i} \tag{4.4.30}$$

여기서, D_g : 전체 손상도지수

E_i : i번째 부재의 전체 소산 에너지

D_e^i : i번째 부재의 국부 손상도지수

Park et al.(1987)의 손상도 평가모델에 의하여 손상도 지수를 산정하는 경우, 실험 변수 β가 크게 영향을 미치고 있으며 이 실험 변수는 서로 다른 4개의 변수에 의해 결정된다. 이러한 서로 다른 변수를 선형 조합하였다는 점은 적절성에서 의문점을 가지고 있다. 또한 변형으로 인한 손상과 에너지 소산에 의한 손상을 선형 조합으로 구하였다는 것도 부적절하게 보일 수 있다. 하지만 구조물의 변형으로 인한 손상과 에너지 소산에 의한 변형을 모두 고려하였다는 점에서 의의가 있다.

Park et al.(1987)의 모형과 유사한 방법으로 Mizuhata & Nishigaki 는 최대 변위에 의한 손상과 반복 하중에 의해 축적된 손상의 합으로 철근콘크리트(RC) 부재의 국부 손상을 다음과 같이 제안하였다.

$$D_e = \frac{|\delta_{\max}|}{\delta_f} + \sum_{i=1}^{k}(\frac{n_i}{Nf_i})^{0.715} \cdot 0.609 \cdot (1 - \frac{\delta_i}{\delta_F})$$
$$\text{for } 0.078 \geq \frac{n_i}{Nf_i} > 0 \tag{4.4.31}$$

$$D_e = \frac{|\delta_{\max}|}{\delta_f} + \sum_{i=1}^{k}(\frac{n_i}{Nf_i})^{0.91} \cdot (1 - \frac{\delta_i}{\delta_F})$$
$$\text{for } 1.0 \geq \frac{n_i}{Nf_i} > 0.078 \tag{4.4.32}$$

여기서, δ_i : 규정 변위 레벨, k : 변위 레벨의 수

n_i : 변위 레벨 δ_i에서의 사이클 수

Nf_i : 변위 레벨 δ_i에서의 파괴 사이클 수

$\delta_{\max}$: 최대 변위

δ_F : 일방향 하중에 대한 파괴 변위

Mizuhata & Nishigaki(1987)의 손상도 평가모델은 구조물의 변형으로 인한 손상과 에너지 소산으로 인한 손상을 합하여 만들었다. 저사이클(low cycle fatigue) 하중으로 인한 손상을 계산하는 데 있어서, Mizuhata & Nishigaki(1987)의 모형은 계수 $1-\frac{\delta_i}{\delta_f}$를 도입하여 수정 Miner 법칙을 적용한데 비하여, Park et al.(1987)의 손상평가모델은 실험 변수 β를 적용하고 있는 점에서 차이가 있다. 그리고 Mizuhata & Nishigaki(1987)의 손상평가모델은 파괴 변위 δ_F를 일방향 실험으로부터 구한 것에 비하여, Park et al.(1987)의 손상도 평가모델은 수치적으로 단순한 식 $\delta_F = u_u f_y$를 적용하여 구하였다.

(2) 새로운 내진손상도 평가모델(박연수)

1) 누적소성변형율에 의한 손상도 평가

국부좌굴 파괴가 발생한 강부재의 역학적 특성은 이미 여러 사람들에 의해서 규명된 바가 있다. 지진하중과 같은 반복하중에 의하여 강부재의 소성변형이 누적되면 부재의 기능이 상실되면서 부재에 손상이 발생한다. 누적되는 소성변형은 부재의 국부좌굴을 발생시키는 주요 요인으로 작용한다. 따라서 누적소성변형율을 이용하여 부재의 국부요소가 파괴에 이르는 손상정도를 정량적으로 표현할 수 있을 것이다.

지진하중과 같은 반복하중하에서 강부재에 대한 손상도 평가방법을 다음과 같이 제시할 수 있다. 먼저 각 사이클당 누적소성변형율을 계산한 후, 이것을 단순 인장재료시험의 파단부에 있어서 국소변형율의 한계치와 비교한다. 즉, 파괴상태는 응력집중이 가장 심한 단면에서 누적소성변형율이 한계변형율의 90%에 도달했을 때를 의미한다.

따라서 지진과 같은 강한 반복하중하에서 손상도지수는 다음과 같은 식으로 나타낼 수 있다.

$$\text{파괴 상태} \;:\; \sum_{i=1}^{N}\varepsilon_i \geq \varepsilon_{\mathrm{lim}} \tag{4.4.33}$$

$$\text{파괴되지 않은 상태} \;:\; \sum_{i=1}^{N}\varepsilon_i < \varepsilon_{\mathrm{lim}} \tag{4.4.34}$$

여기서, N : 반복하중에 의한 인장응력이 작용하는 구간에 대한 하중단계

ε_i : 응력집중요소의 국부변형율

$\varepsilon_{\mathrm{lim}}$: 한계국부변형율

일반적으로 국부변형율이력의 정확한 예측은 재료 및 기하학적 비선형성이 고려된 유한요소해석에 의해 가능할 것이다. 극저사이클 재하하에서 보통 연강의 경우 $\varepsilon_{\mathrm{lim}}$값은 90%일 것이다. 따라서 N사이클까지의 강부재요소의 손상도 지수 D_L은 다음과 같이 일반화할 수 있다.

$$D_L = \sum_{i=1}^{N}\frac{\varepsilon_i}{\varepsilon_{\mathrm{lim}}} \tag{4.4.35}$$

위 식에서 $D_L \geq 1$이면 대응되는 하중단계에서 파괴상태를 나타내고, $D_L < 1$은 파괴에 이르지 않았지만 어느 정도 손상을 입었는지에 대한 값을 수치적으로 보여줄 수 있을 것이다.

2) 회전각에 의한 손상도 평가

지진하중과 같은 반복하중에 의하여 강부재는 회전 곡률 변형이 한계치에 이르면 부재는 파괴된다. 이와같은 최대 휨변형은 부재의 전체손상을 발생시키는 주요 요인으로 작용한다. 그러므로 회전각을 이용하여 부재가 파괴에 이르는 손상정도를 정량적으로 표현할 수 있을 것이다.

따라서 지진하중과 같은 반복하중하에서 강부재에 대한 손상도 평가방법을 다음과 같이 제시할 수 있다. 먼저 각 하중 재하단계에서 최대회전각을 계산한 후, 이것을 극한한계상태의 허용회전각와 비교한다. 즉, 파괴상태는 휨모멘트가 가장 심한 단면에서 최대회전각이 극한한계상태의 허용회전각에 도달했을 때를 의미한다.

따라서 강한 지진하중과 같은 반복하중하에서 손상도지수는 다음과 같은 식으로 나타낼 수 있다.

$$\text{파괴 상태} \ : \ \theta_{\max} \geq \theta_{\lim} \tag{4.4.36}$$

$$\text{파괴되지 않은 상태} \ : \ \theta_{\max} < \theta_{\lim} \tag{4.4.37}$$

여기서, $\theta_{\max}$: 반복하중하중이 작용하는 동안 최대 회전각

$\theta_{\lim}$: 극한 한계상태의 허용 회전각

일반적으로 최대회전각의 정확한 예측은 재료 및 기하학적 비선형성이 고려된 유한요소해석에 의해 가능할 것이다. 극한상태의 허용회전각은 실험데이터를 기초로 해서 작성해야 한다. 붕괴방지수준 범위의 지진동에 대한 극한 한계상태의 허용 회전각을 일본의 도로교시방서를 참고로 하면 $5\theta_y$로 설정되어 있다. 따라서 각 하중단계의 강부재의 손상도지수 D_G는 다음과 같이 일반화할 수 있다.

$$D_G = \frac{\theta_{\max}}{\theta_{\lim}} \tag{4.4.38}$$

위 식에서 $D_G \geq 1$이면 대응되는 하중단계에서 파괴상태를 나타내고, $D_G < 1$은 파괴에 이르지 않았지만 어느 정도 손상을 입었는지에 대한 값을 수치적으로 보여줄 수 있을 것이다.

3) 누적소성변형율과 회전각을 고려한 손상도 평가

지진하중과 같은 반복하중에 의하여 강부재는 휨변형이 발생되거나 국부좌굴이 발생되어 손상된다. 강부재 요소의 국부 손상정도는 누적소성변형율에 의하여 정량적으로 표현할 수 있고, 강부재의 전체 손상정도는 최대 회전각에 의하여 정량적으로 표현할 수 있다. 이는 작용하는 하중특성하에서 손상정도가 각각의 손상인자에 따라 다르게 표현되어질 수 있다. 즉, 파괴에 이르는 과정이 국부손상에 의할 수도 있으며, 전체손상일 수도 있다. 그러므로 이에 대하여 정량적으로 손상을 평가하기 위해서는 국부손상 및 전체손상에 대한 각각의 파괴에 이르는 과정을 고려한 새로운 손상도 평가식이 필요하다.

따라서 강한 지진하중과 같은 반복하중하에서의 손상도지수는 다음과 같은 식으로 나타낼 수 있다.

$$D = \max(D_L,\ D_G) \tag{4.4.39}$$

$$D = \max\left(\sum_{i=1}^{N} \frac{\varepsilon_i}{\varepsilon_{\lim}},\ \frac{\theta_{\max}}{\theta_{\lim}}\right) \tag{4.4.40}$$

TIP

- **일반적인 교량의 내진보강 범위와 보강방안**

  i) 기초의 내진보강

  – 일반적인 직접기초보다는 말뚝기초로 하는 것이 지진에 유리하다.

  ii) 내진장치에 의한 보강

  – 지진격리받침의 사용 및 제진구조를 설치한다.

  iii) 교각의 내진보강

  – 교각의 연성거동을 유도하기 위해서 강판자켓이나 탄소섬유 보강을 하여 전단파괴를 방지한다.

- **강판자켓 내진보강 방법**

  i) 보강효과

  – 지진 시에 결함이 예상되는 소성힌지부나 겹침이음부에 구속효과를 주고 취성 전단파괴의 위험이 있는 교각의 전단보강에 사용한다.

  – 기존 교각에 강판을 씌우고 강판과 교각사이에 무수축 모르타르 혹은 에폭시를 충전하여 콘크리트에 구속효과를 증대시키며 전단에 대한 보강을 함으로서 소정의 변위연성도를 확보한다.

ii) 설계 · 시공 시 유의사항

- 원형 단면 교각의 경우, 강판을 교각의 반경보다 12.5-25mm 큰 반원의 2개를 제작하여 종방향으로 약간의 간격을 유지하면서 배치한다.
- 강판의 종방향 이음은 용접으로 연결하고, 강판과 교각의 간격은 물로 잘 씻어 낸 후 그 사이에 무수축 모르타르 혹은 에폭시를 주입한다.
- 강판과 거더 사이에는 50mm의 간격을 둔다. 이것은 거더에 큰 회전인 발생할 경우 서로 접촉함으로써 강판에 압축력이 작용하여 기초나 거더의 휨모멘트와 전단력이 증가하는 것을 방지하기 위함이다.
- 강판의 형상은 콘크리트 구속에 효율적인 원형이나 타원형으로 한다.

• 탄소섬유 내진보강 공법

i) 보강효과

- 파단이 일어날 때까지 완전탄성거동을 한다. 응력-·변형률 관계가 탄성이며, 손상이 누적되지 않아 구속효과가 유지되므로 강판에 비해 구속효과 크다.
- 콘크리트 교각의 전단내하력 향상과 전단파괴 방지에 효과적이다.
- 보강두께가 얇아서 건축한계 등에 미치는 영향이 작다.
- 강판 보강재와 병용을 하면 보강효과를 높일 수 있다.

ii) 설계·시공 시 주의할 점

- 직사각형 단면을 타원형으로 변환시켜 사용하면 구속효과가 크게 되어 원형단면에 버금가는 구속효과를 얻을 수 있다.
- 탄소섬유는 탄성계수가 작아 횡구속력이 강판에 비해서 작다. 따라서 상당량의 구속재가 필요하다.
- 이것을 보완하기 위해서 구속재에 프리스트레스를 도입하는 방법과 구속재와 교각 사이에 팽창성 그라우트를 주입하여 구속력을 주는 방법이 있다.

부 록

○○대교의 내진성능평가 사례

연습문제 해답

찾아보기

부 록　OO대교의 내진성능평가 사례

○○대교의 내진성능평가 사례

1. 검토조건

1.1 구조물 현황

1) 교량형식

• 상부구조 : 1련 강상판 접속교 + 중로형 강재 판형 아치교 + 1련 강상판 접속교

• 하부구조 : 교 대 : 본 체 : 라멘교대
　　　　　　　　기 초 : 직접기초
　　　　교 각 : 본 체 : 1주식 변단면 충실 콘크리트 교각
　　　　　　　　기 초 : 우물통기초

2) 교량연장

L = 3 @ 75.00 + 75.00 + 160.00 + 75.00 + 3 @ 75.000 = 760.000 m

3) 교량폭원 : B = 13.500 m

1.2 내진설계 상수

1) 내진등급	: 내진　1 등급교	(도.설. 6.3.2)
2) 지진구역계수	: 0.11	
3) 위험도 계수	: I = 1.4	(도.설. 6.3.1)
4) 가속도 계수	: A = 0.154	(도.설. 6.3.1)
5) 지반계수	: S = 1.2 (지반종류 II) (원설계 적용사항을 준용하였음.)	(도.설. 6.3.3)
6) 고유치 해석방법	: Eigen Value Analysis	
7) Mode 조합방법	: CQC 방법	(도.설. 6.5.4)
8) 받침형식	: 강상판 접속교 : POT받침　400 Ton,　900 Ton 중로 아치교　: 스페리칼받침　450 Ton,　2500 Ton	

1.3 단면재료상수

1) 콘크리트

- 설계강도
  - 교 각 : fck = 30.0 MPa 강도시험결과 = 32.6 MPa
  - 우물통 : fck = 30.0 MPa
- 탄성계수
  - 교 각 : Ec = 8500 x $(fcu)^{1/3}$ = 28221 MPa
  - 우물통 : Ec = 8500 x $(fcu)^{1/3}$ = 27537 MPa

2) 강재

- 설계강도
  - Main Member : SM 520 (신규격은 SM 420)
  - Sub Member : SM 490 (신규격은 SM 355)
- 탄성계수 : 강재 Es = 210000 MPa

  철근 Er = 200000 MPa

1.4 재료의 감쇠비 (케이블 강교량 설계지침 2006, 대한토목학회)

1) 콘크리트 = 0.05

2) 강재 = 0.05

1.5 사용 프로그램 및 해석 모델

구분		적용내용	비고
기둥단면 강도산정	해석방법	모멘트-곡률 곡선법	교량 내진성능 평가지침
	콘크리트 모델	MANDER 모델	교량 내진성능 평가지침
	철근 모델	PARK 모델	교량 내진성능 평가지침
	모멘트-곡률산정 프로그램	midas GSD	–
탄성 지진력 산정	모델	격자 해석 모델	내진설계편람
	상부와 하부의 연결부 상세	탄성 스프링 모델	내진설계편람
	기초와 지반의 연결부 상세	스프링 강성 모델	교량 내진성능 평가지침
	질량산정	상,하부 고정하중을 분포질량으로 입력	내진설계편람
	탄성지진력 산정 프로그램	midas Civil	–
별도의 내진성능 평가방법		Pushover 해석	교량 내진성능 평가지침

1.6 내진성능 평가 방법 및 항목

1) 내진성능 상세평가 방법

내진성능 상세 평가는 다음에 기술된 항목에 대해 수행하며, 내진성능 상세 평가 기준은 상부 구조물의 낙교뿐만 아니라 교각을 비롯한 교량의 구성요소(받침 등)의 내진성능을 평가하여야 한다. 내진성능 상세평가는 도로교 설계기준및 교량내진성능평가지침에 준하여 교량 구성부재를 평가하는 방법을 채택하였다.

2) 내진성능 평가 항목

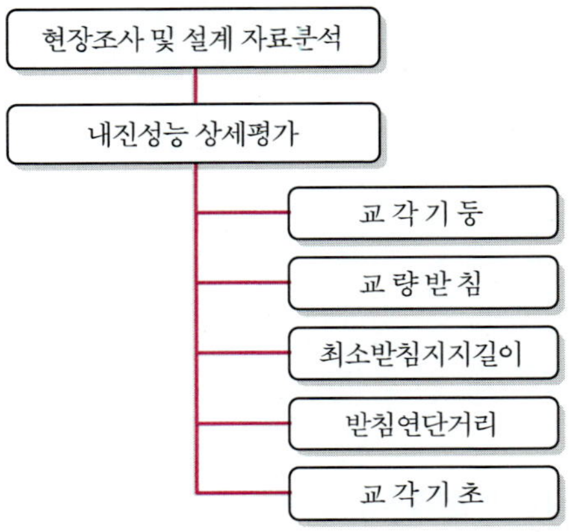

1.7 참 고 문 헌

1) 도로교 설계기준 : 한국도로교통협회 (2010)

2) 콘크리트 구조설계 기준 : 한국콘크리트학회 (2012)

3) 도로교 표준 시방서 : 국토해양부 (2013)

4) 콘크리트교 표준 시방서 : 국토해양부 (2009)

5) 교량 내진성능평가 기준(안) : 한국도로공사 도로교통연구원 (2012)

6) 기존 시설물(교량) 내진성능 평가요령. 해설 및 예제집 : 국토교통부 (2015)

7) 기존시설물의 기초 및 지반 내진성능 평가 및 향상요령 보완 : 국토해양부 (2011)

8) Seismic Design Criteria : CALTRANS (2013)

9) 케이블 강교량 설계지침 : 대한토목학회(2006)

2. 교량현황

2.1 종평면도 1

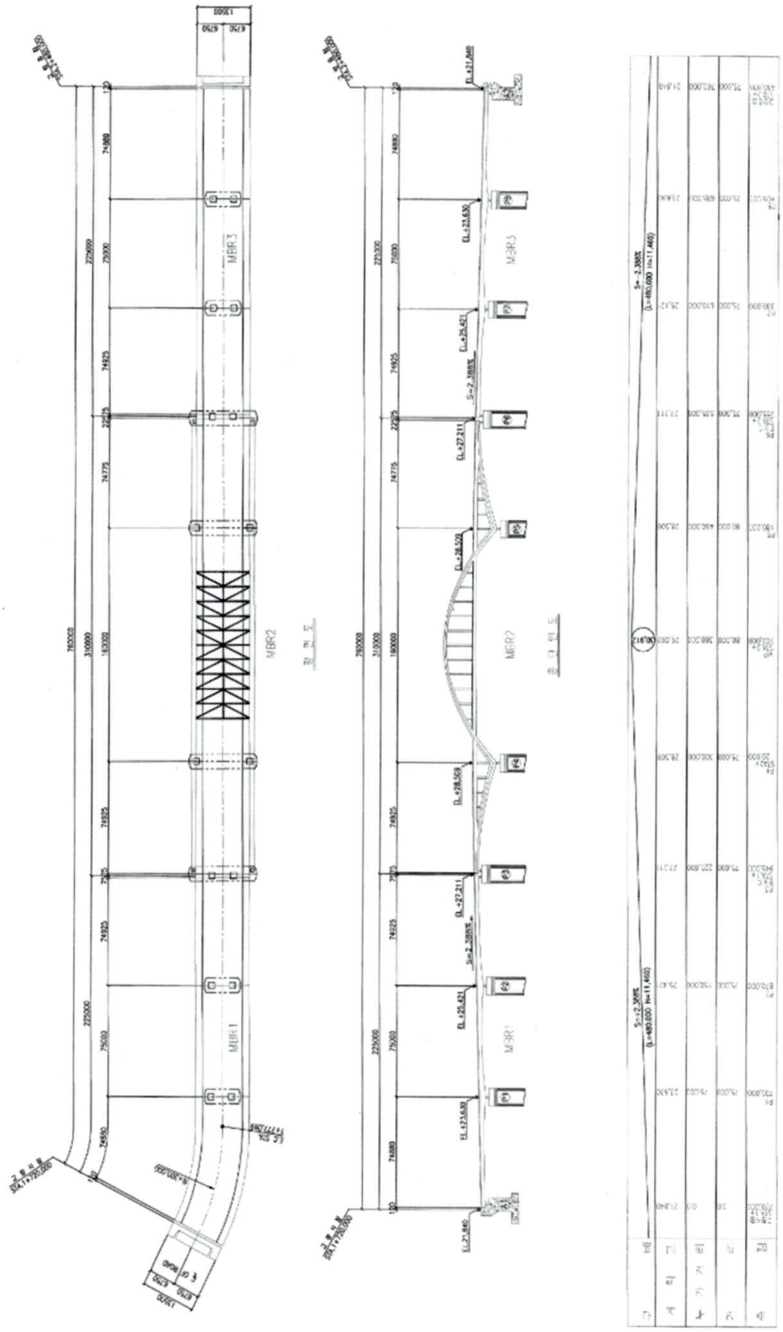

2.2 종평면도 2

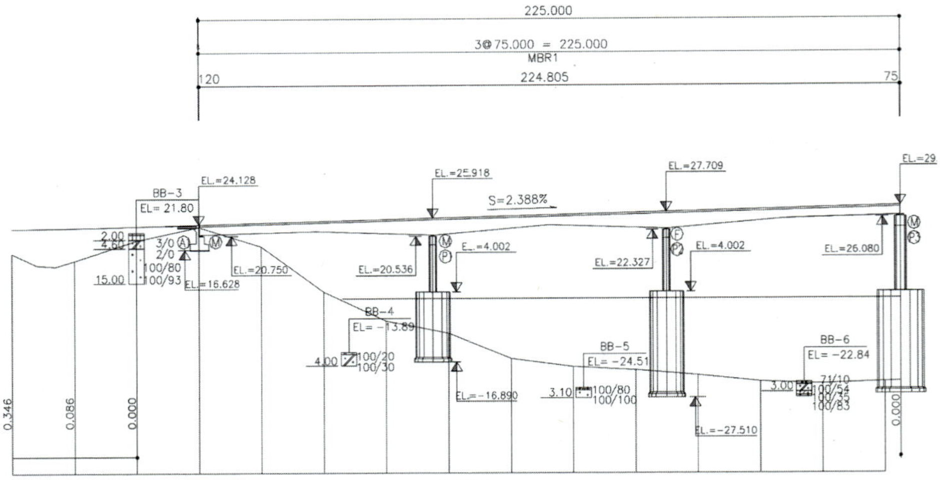

<MBR1>

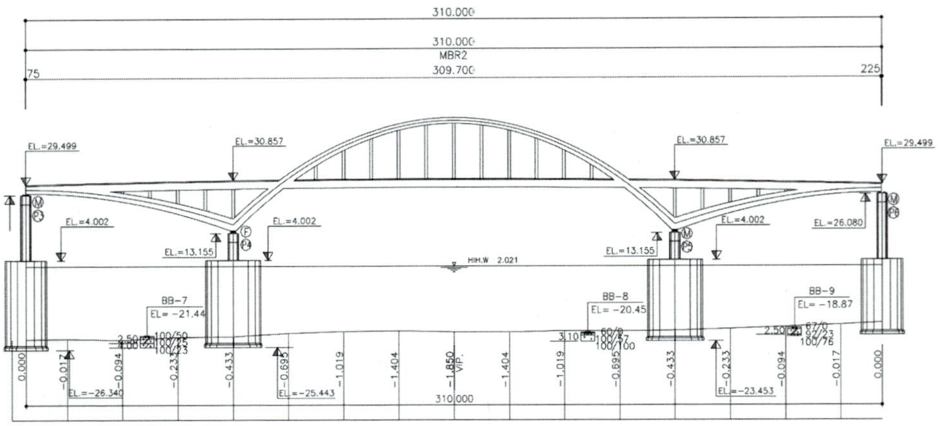

<MBR2>

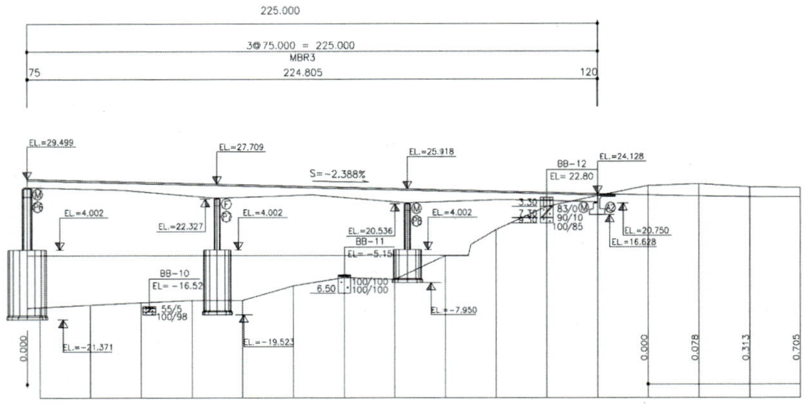

<MBR3>

2.3 MBR1 표준 횡단면도

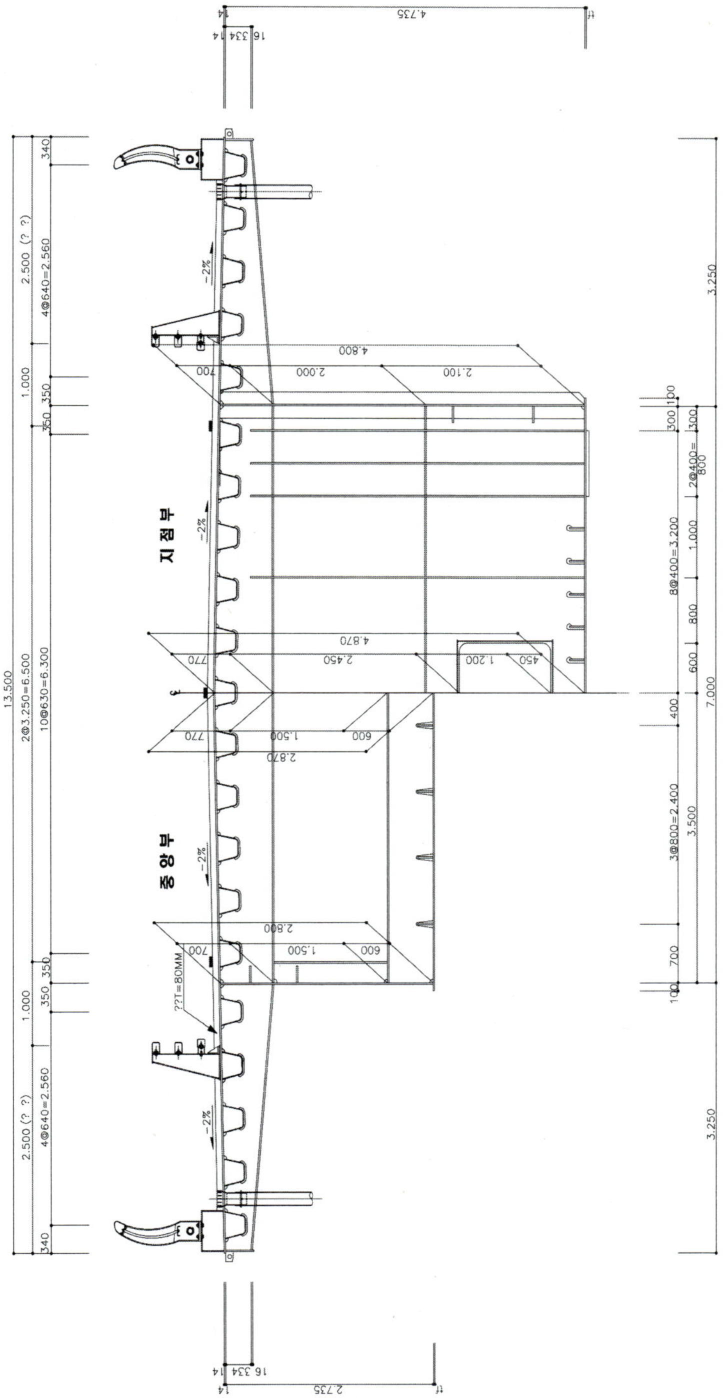

2.4 MBR2 표준 횡단면도

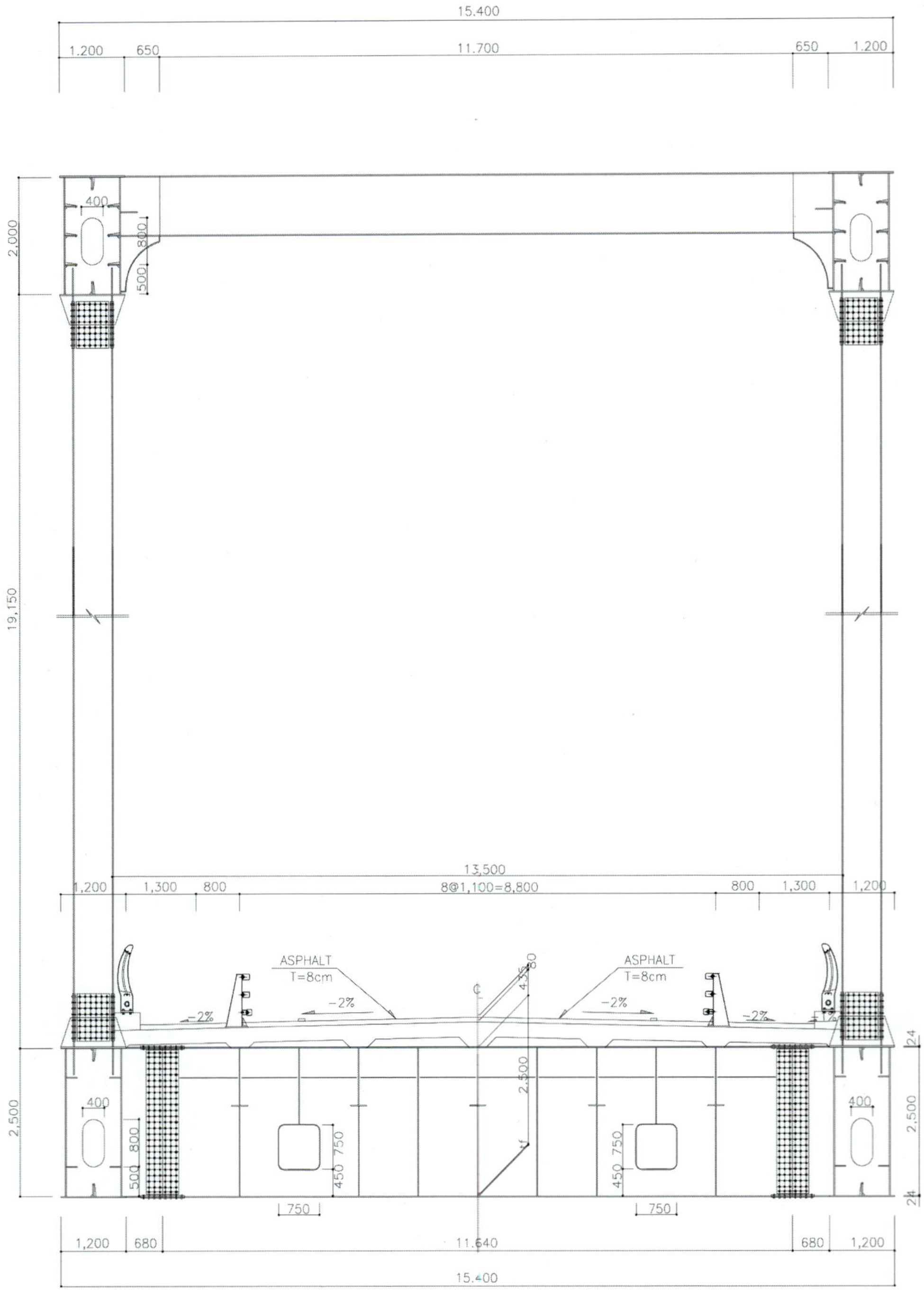

2.5 MBR3 표준 횡단면도

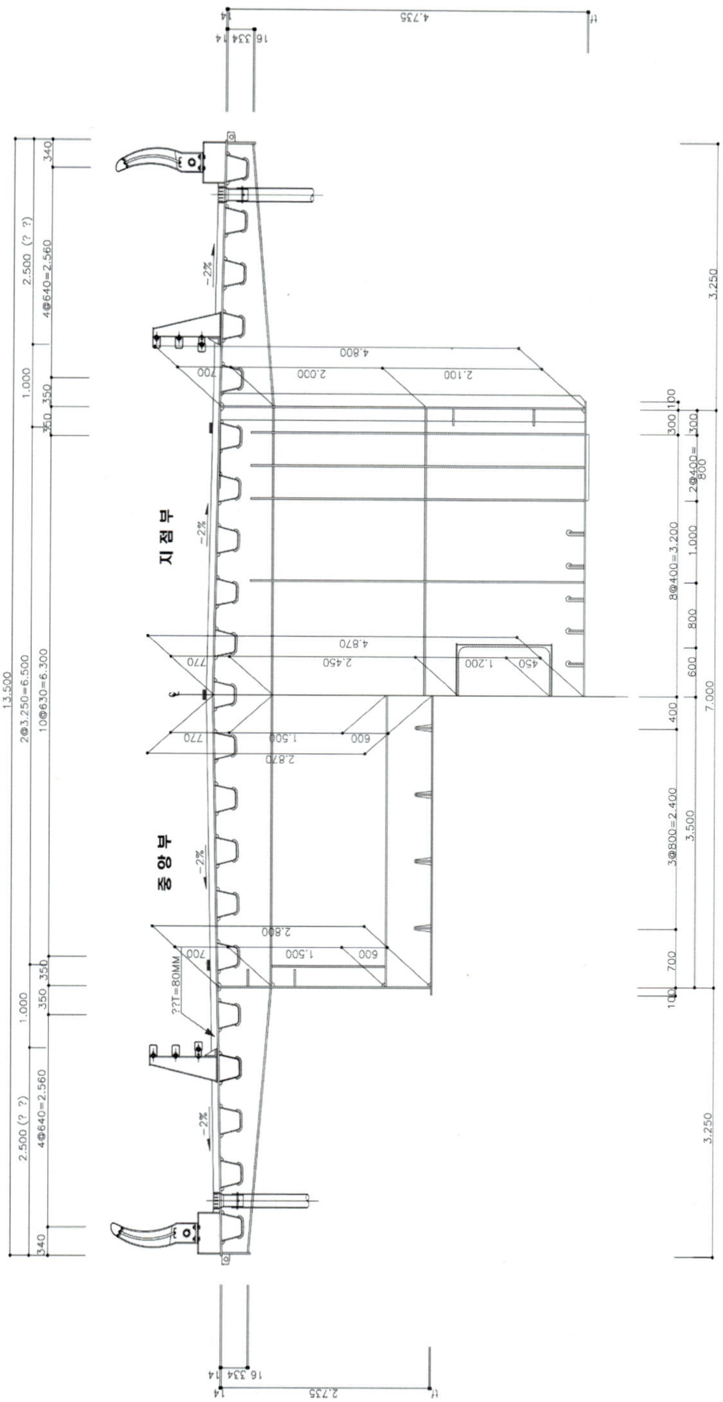

3. 받침배치도

3.1 MBR 1 받침배치도

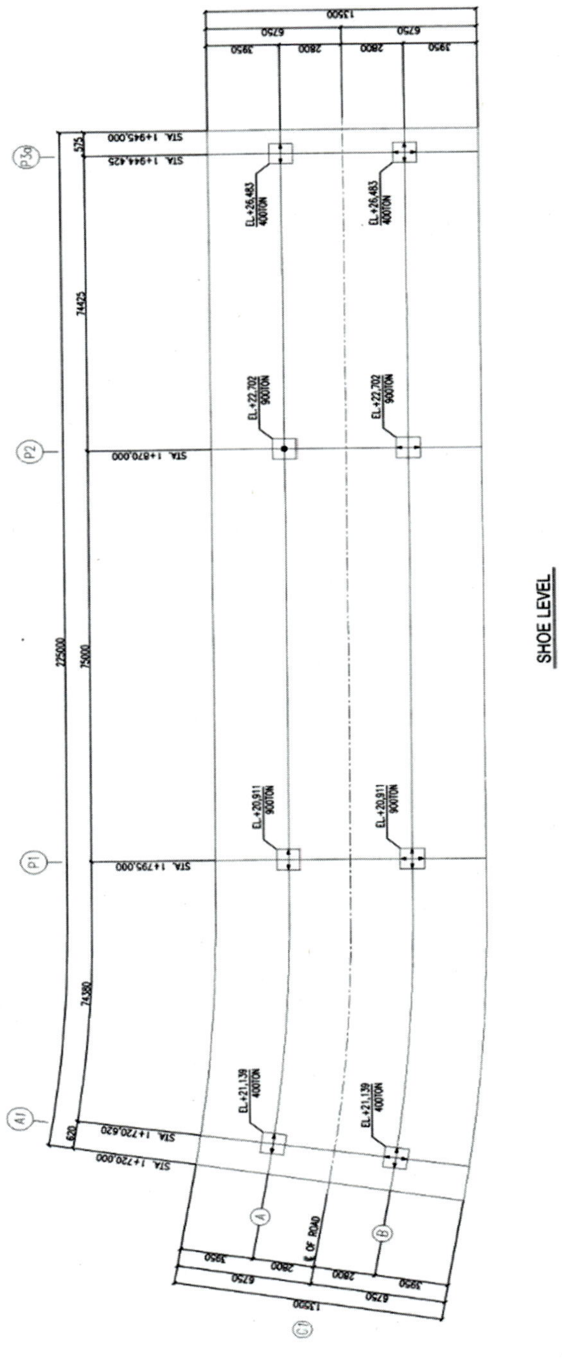

4. 주경간 교량(MBR2) 모델링

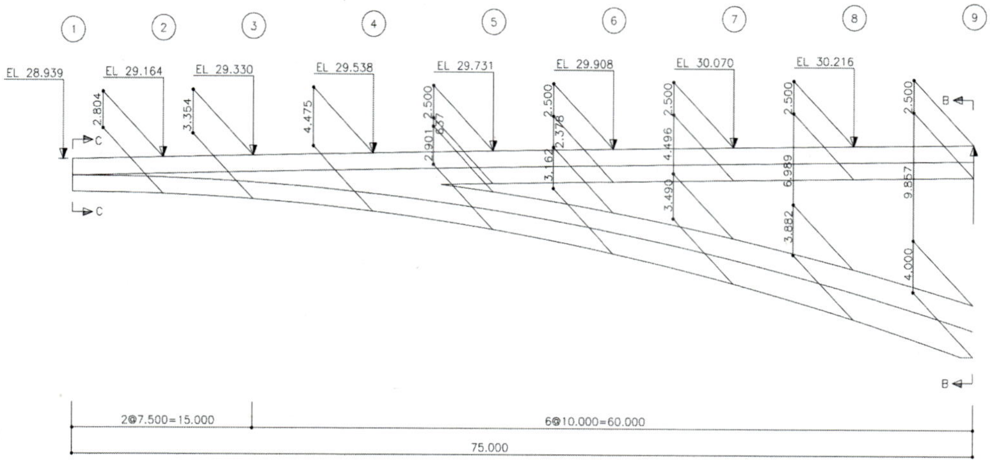

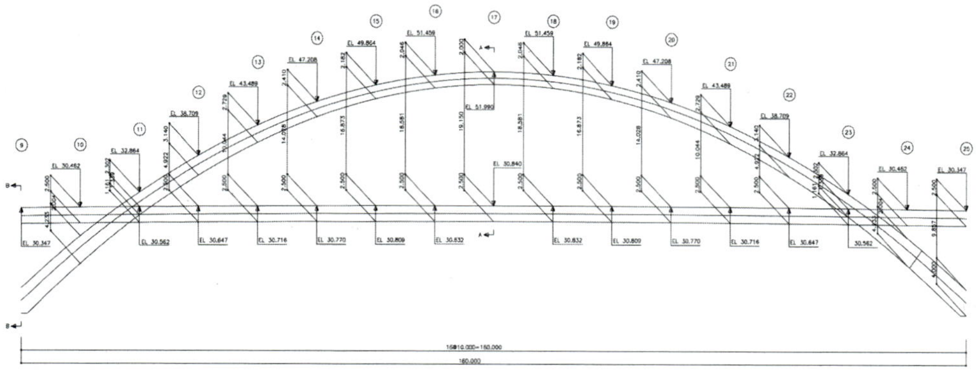

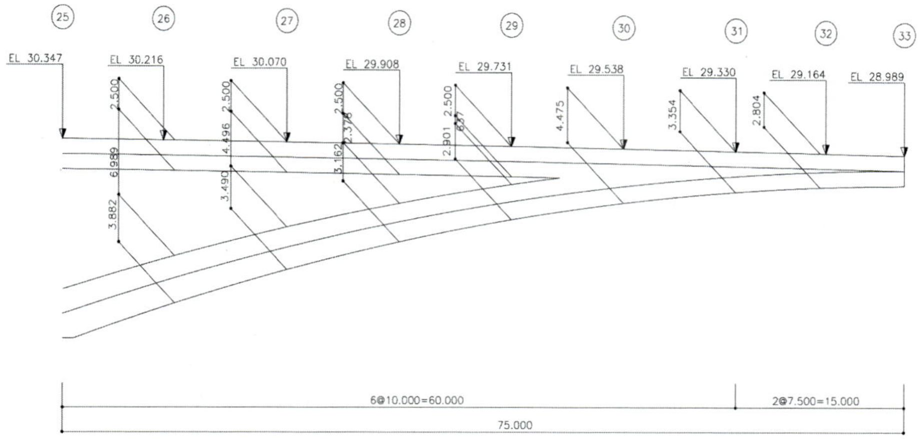

4.1 주경간(MBR2) 단면특성

4.1.1 보강형

(1) 단면 1 (0.00 m , 310.00 m)

사용강종	
S M	520

단면제원(mm)	
Bu	1200.0
Bl	1200.0
Tu	24.0
Tw	18.0
Tl	24.0
Hw	2500.0
H	2548.0

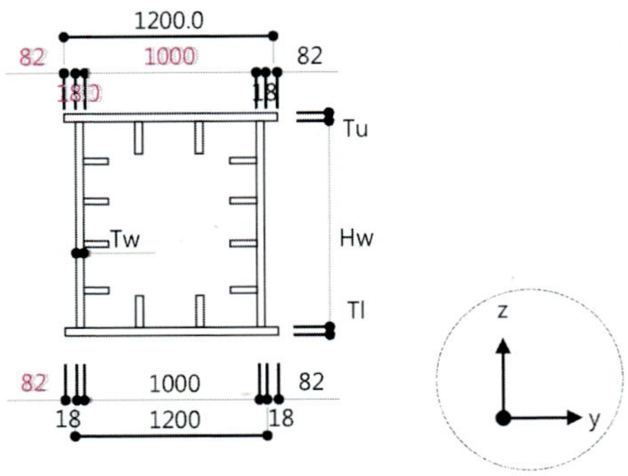

단 면				As(mm²)	Y(mm)	AsY(mm³)	AsY²(mm⁴)	Ig(mm⁴)
1	U.Flg	1200.0	x 24.0	28800	1262	36345600	45868147200	1382400
1	U-Rib	200.0	x 20.0	4000	1150	4600000	5290000000	13333333
0	S-Rib	200.0	x 20.0	0	0	0	0	0
2	Web	2500.0	x 18.0	90000	0	0	0	4687500000
1	L-Rib	200.0	x 20.0	4000	-1150	-4600000	5290000000	13333333
1	L.Flg	1200.0	x 24.0	28800	-1262	-36345600	45868147200	1382400
합 계				155600		0	102316294400	46904431467

Is′	= 102316294400 + 46904431466.7	=	149,220,725,867 mm⁴
δs	= Σ(As*Y)/As	=	0 mm
I33	= Is′− As*δs²	=	149,220,725,867 mm⁴
Ysu	= Hw/2−δs+Tu	=	1,274 mm
Ysl	= Hw/2−10+δs+Tl	=	-1,274 mm
J	= $(4\cdot b^2\cdot h^2)/(2\cdot h/t_w+b/t_u+b/t_l)$	=	70,927,117,871 mm⁴

단 면				As(mm²)	Y(mm)	AsY(mm³)	AsY²(mm⁴)	Ig(mm⁴)
1	U.Flg	1200.0	x 24.0	28800	0	0	0	3456000000
1	U-Rib	200.0	x 20.0	4000	0	0	0	13333
0	S-Rib	200.0	x 20.0	0	0	0	0	0
1	Web	2500.0	x 18.0	45000	509	22905000	11658645000	1215000
1	Web	2500.0	x 18.0	45000	-509	-22905000	11658645000	1215000
1	L-Rib	200.0	x 20.0	4000	0	0	0	133333
1	L.Flg	1200.0	x 24.0	28800	0	0	0	3456000000
합 계				155600		0	2331729000	6914696667

Is′	= 23317290000 + 6914696666.7	=	30,231,986,667 mm⁴
δs	= Σ(As*X)/As	=	0 mm
I22	= Is′− As*δs²	=	30,231,986,667 mm⁴
Xsu,sl	= Bb/2 + Tw	=	600 mm⁴

4.2 주경간 교량(MBR2) 3D 모델링 형상

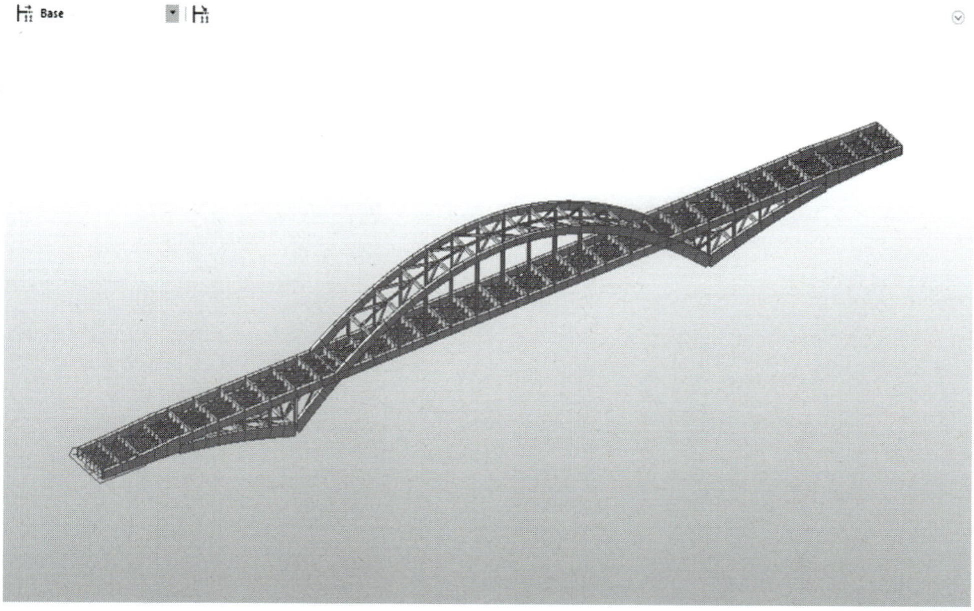

〈3D Modeling View〉

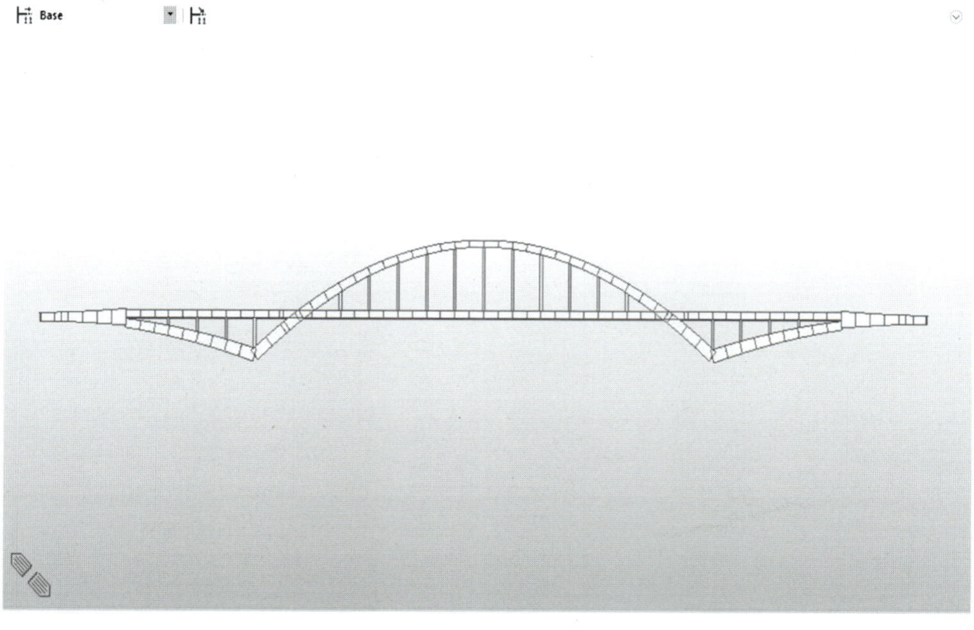

〈종단 View〉

5. 접속교량(MBR1, MBR3) 모델링

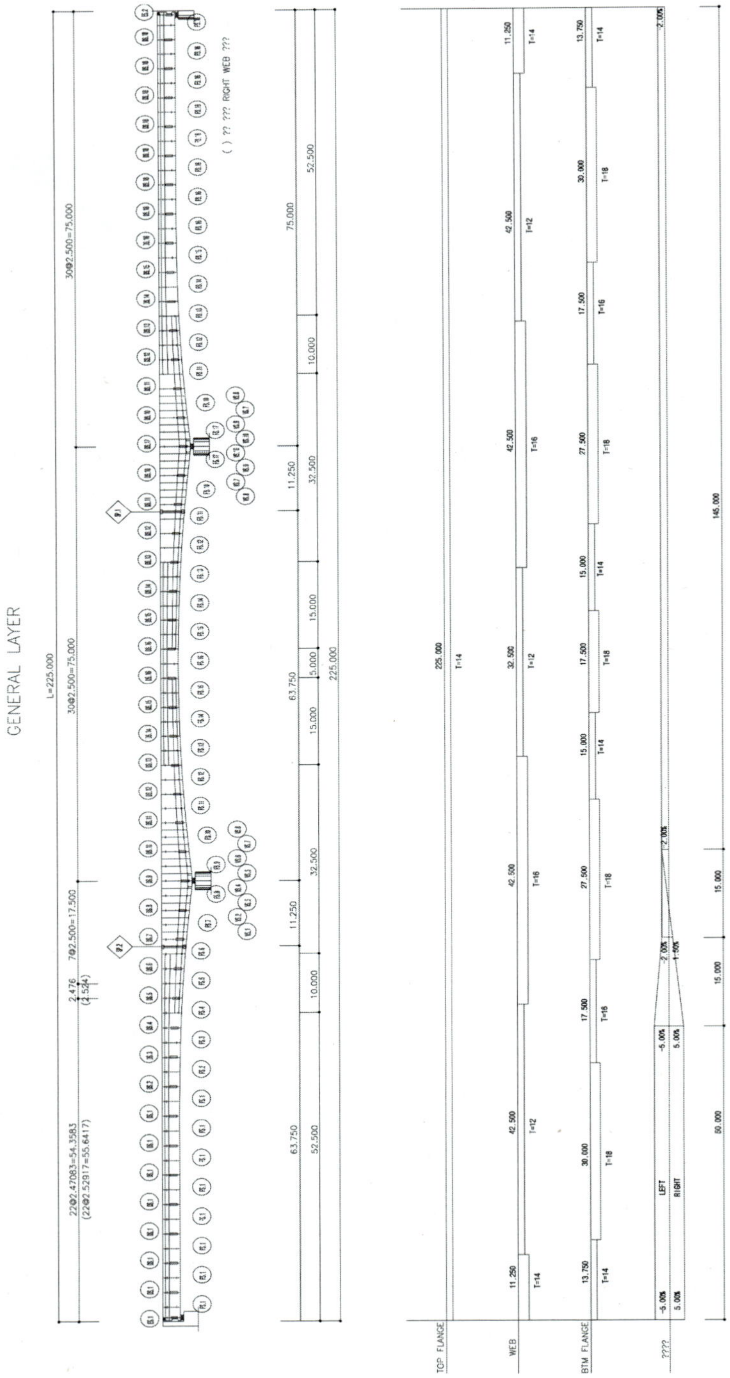

6. 지반의 스프링계수 산정(지반구조물의 내진설계 - 2010, 지반공학회)

P1

E : 우물통 재료의 탄성계수 = 27536700 kPa

I_p : 우물통의 단면2차 모멘트 (D =m) = 1017.876 m^4

Φ : 내부마찰각 = 35.0 °

Es : 지반반력계수 (토질조사보고서) BB5 = 638863636 kN/m^2

λ : 기초지반 시스템의 특성길이

$$\lambda = 4\sqrt{\frac{E I_p}{Es}} = 4\sqrt{\frac{27536700 \times 1017.876}{638863636.36}} = 2.574$$

K : 우물통 기초 두부에서의 강성 행렬

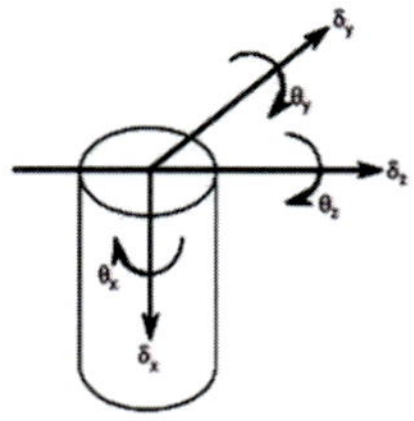

$$K = \begin{bmatrix} K_{y'} & K_{y'\theta z'} \\ K_{y'\theta k'} & K_{\theta z'} \end{bmatrix} = EI_p \begin{bmatrix} \frac{1.06}{\lambda^3} & \frac{0.98}{\lambda^2} \\ \frac{0.98}{\lambda^2} & \frac{1.48}{\lambda} \end{bmatrix}$$

$$\therefore K = 28028946910 \begin{bmatrix} 0.062181 & 0.147954 \\ 0.0147954 & 0.575059 \end{bmatrix}$$

$$= \begin{bmatrix} 1742864754 & 4146995372 \\ 4146995372 & 16118285475 \end{bmatrix}$$

$K_{y'}$ = 1,742,864,754 kN/m

$K_{\theta z'}$ = 16,118,285,475 kN/rad/m

$K_{y'\theta z'}$ = 4,146,995,372 kN/rad

교각 3D 모델링 형상

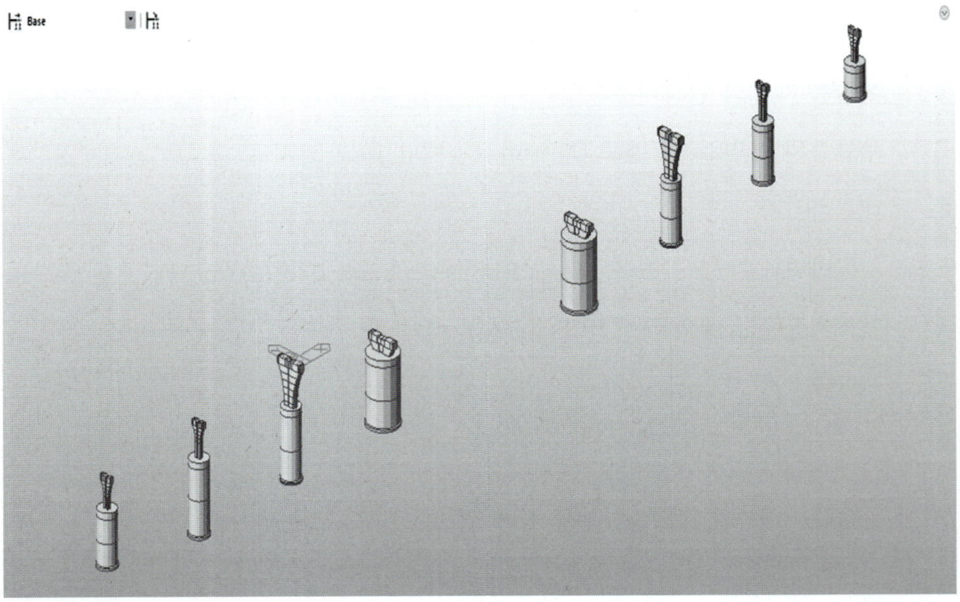

〈3D Modeling View〉

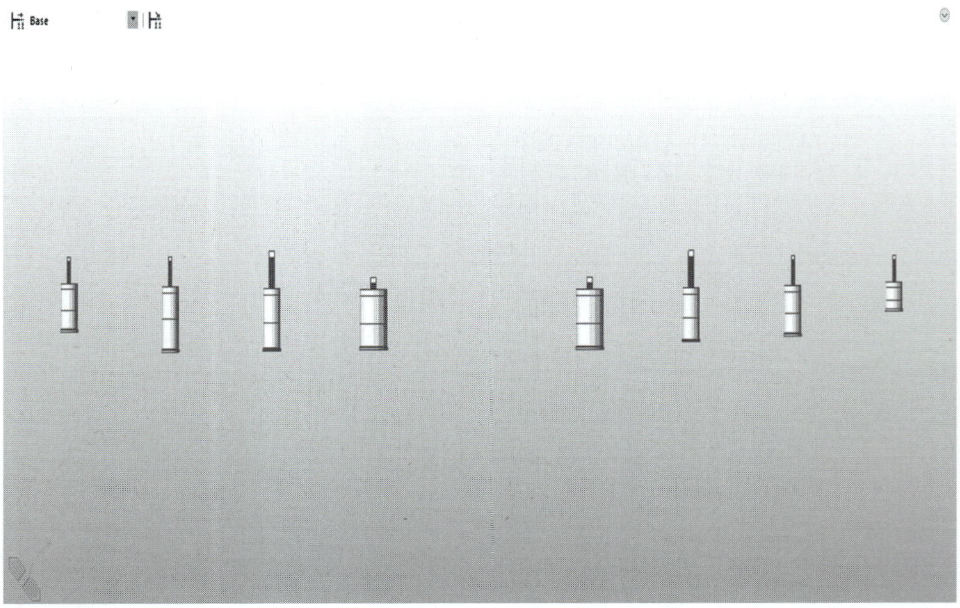

〈종단 View〉

7. 적용 하중계산

7.1 강재 자중

강재 자중은 모델링 상의 자중과 실제 교량의 자중을 비교하여 각교량의 단위중량에 할증하여 적용함으로서 정확한 질량을 고려함.

(1) MBR1

할증율 = 실제 교량 중량 / 모델링상 중량

1509.81 ton / (9836.02 kN /9.807) = 1.505

- 적용 weight density = 76.98 kN/m^3 × 1.51 = 115.882 kN/m^3
- 적용 mass density = 7.85 kN/m^3/g× 1.505 = 11.817 kN/m^3/g

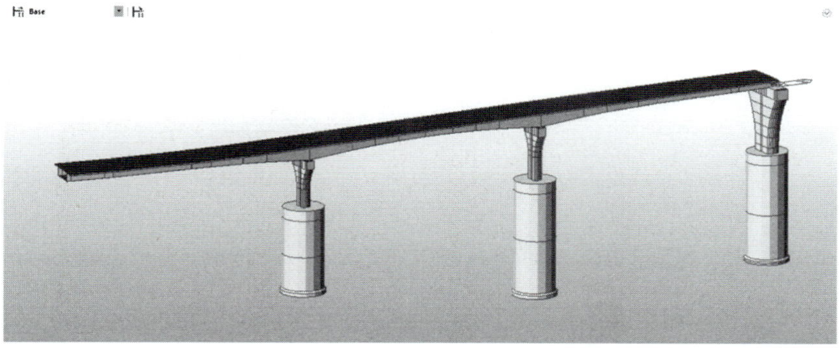

(2) MBR2

할증율 = 실제 교량 중량 / 모델링상 중량

3929.32 ton / (30999.29 kN /9.807) = 1.505

- 적용 weight density = 76.98 kN/m^3 × 1.51 = 115.882 kN/m^3
- 적용 mass density = 7.85 kN/m^3/g× 1.505 = 11.817 kN/m^3/g

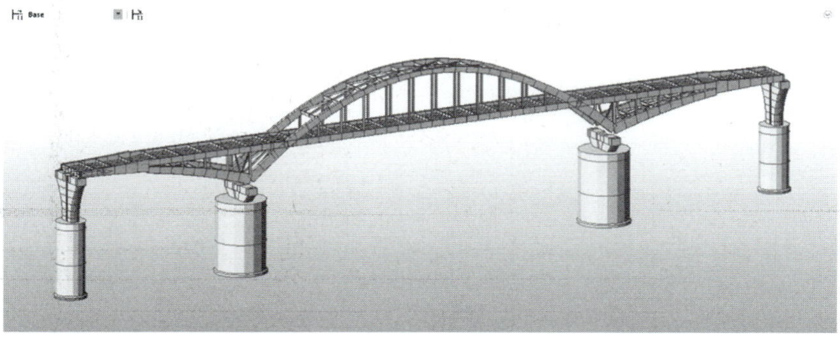

8. 전경간 모델링 완료 형상 및 Verification and Validation

8.1 전경간 모델링 완료 형상

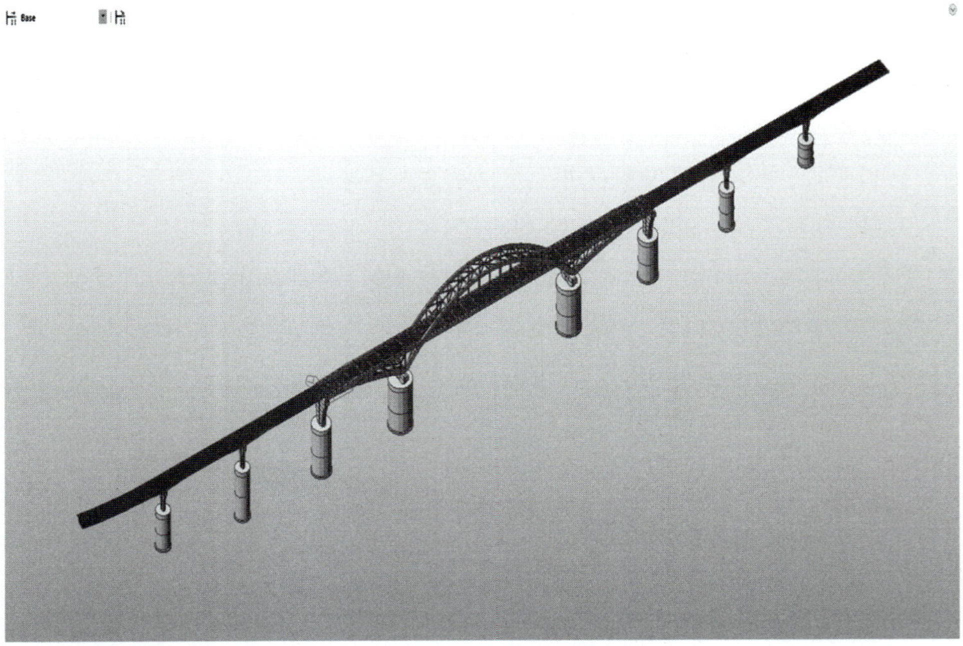

〈3D Modeling View〉

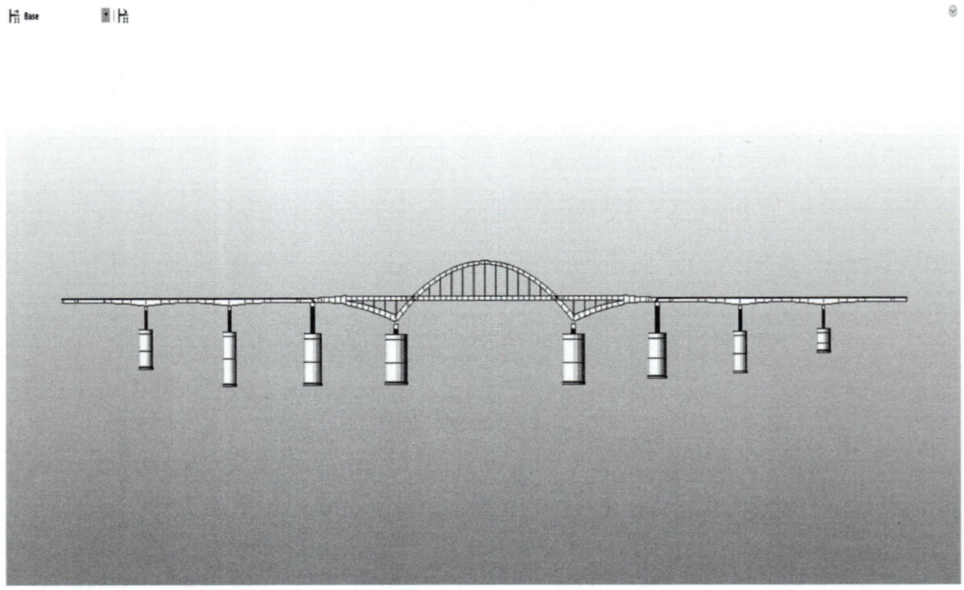

〈종단 View〉

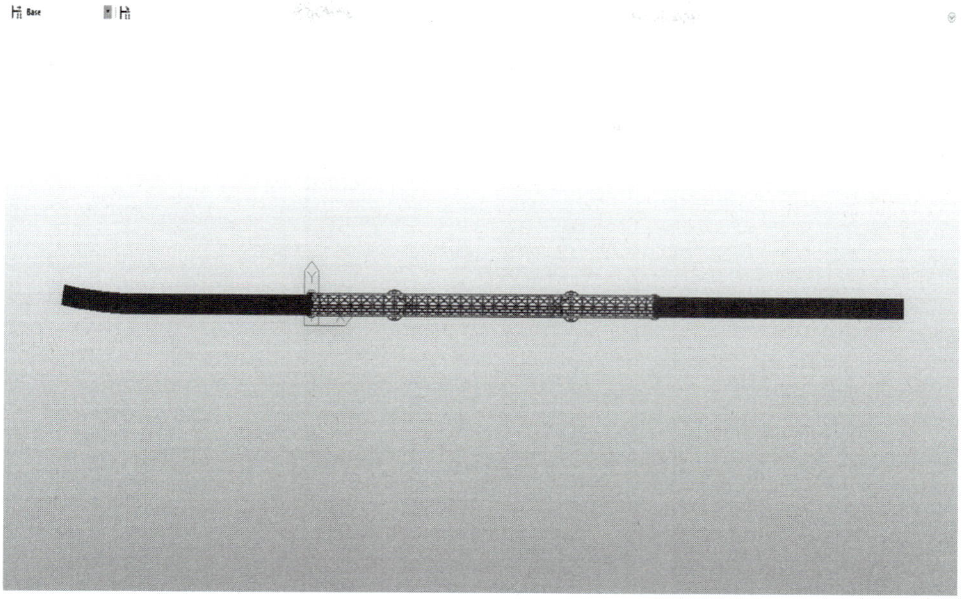

〈평면 View〉

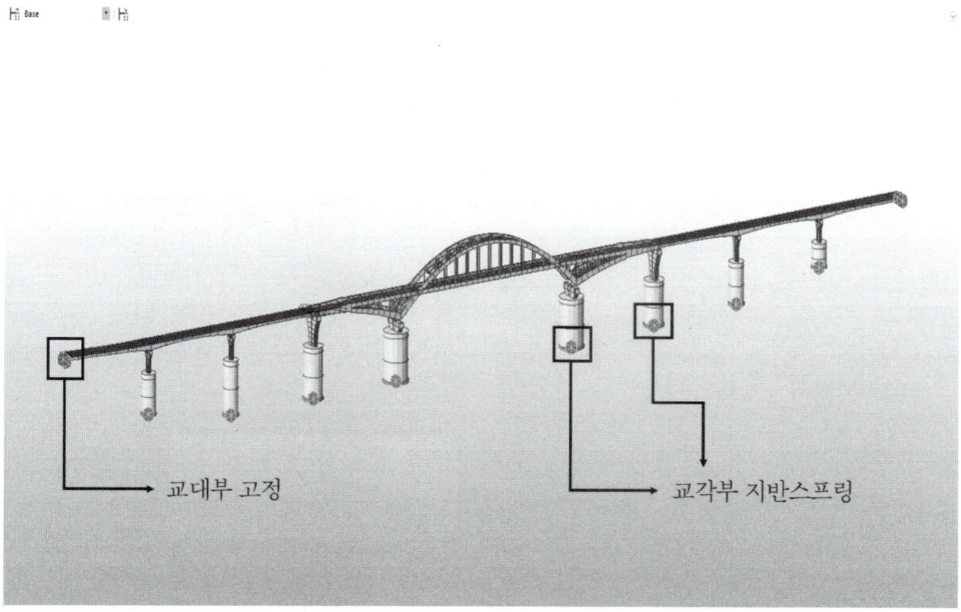

〈Boundary Condition〉

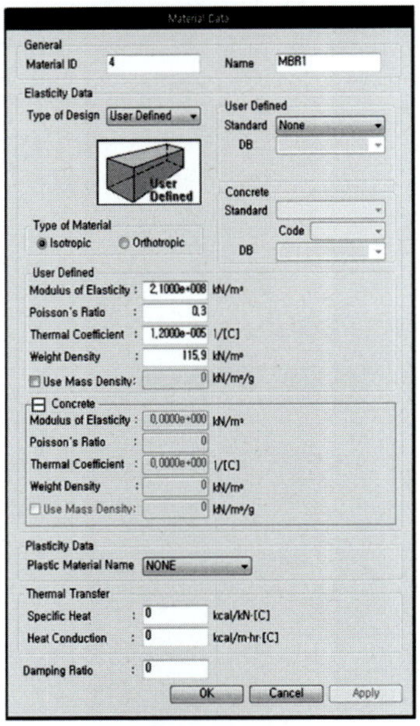

〈MBR1〉

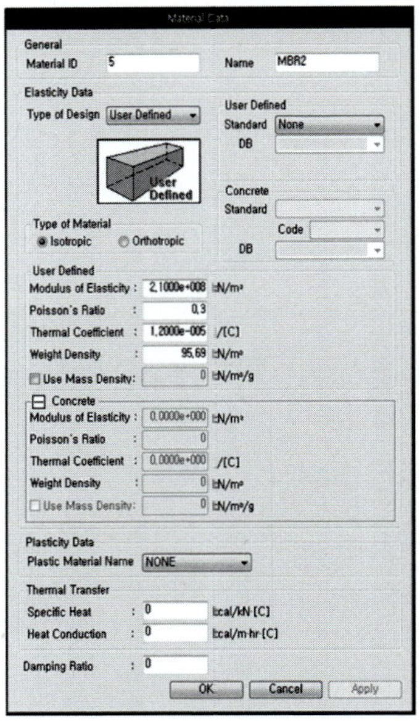

〈MBR2〉

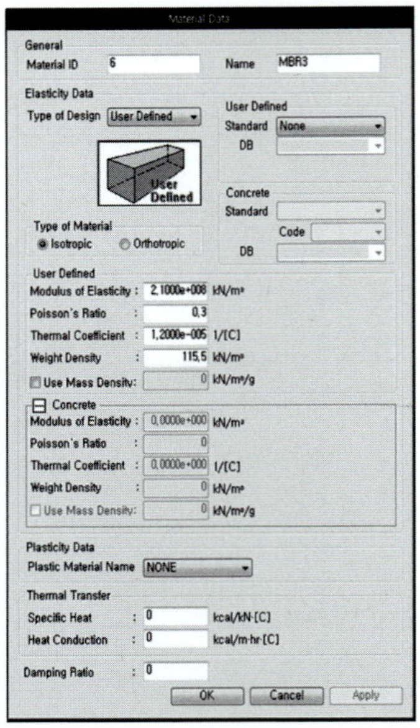

〈MBR3〉

〈자중 입력 데이터〉

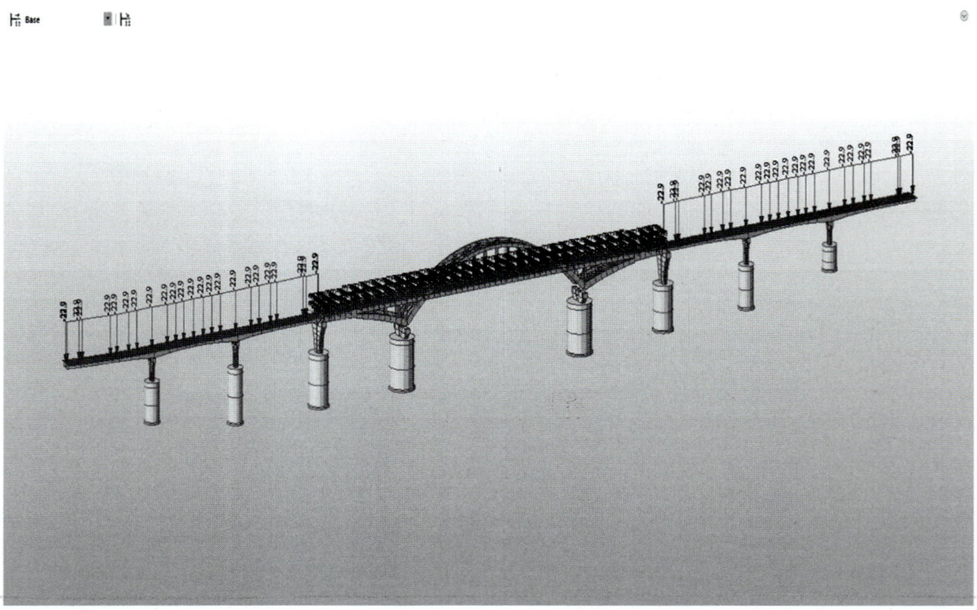

〈포장하중〉

8.2 Verification and Validation

- 원 설계시 지진해석 자료와 비교를 통해 본 내진 성능평가 모델링의 타당성을 검증함.
- 원 설계시 주교량만 별도로 해석함. 주교량만 비교함.
- 기본 고유주기와 고유모드 형상을 비교 검토함.

(1) 모델링 형상 비교

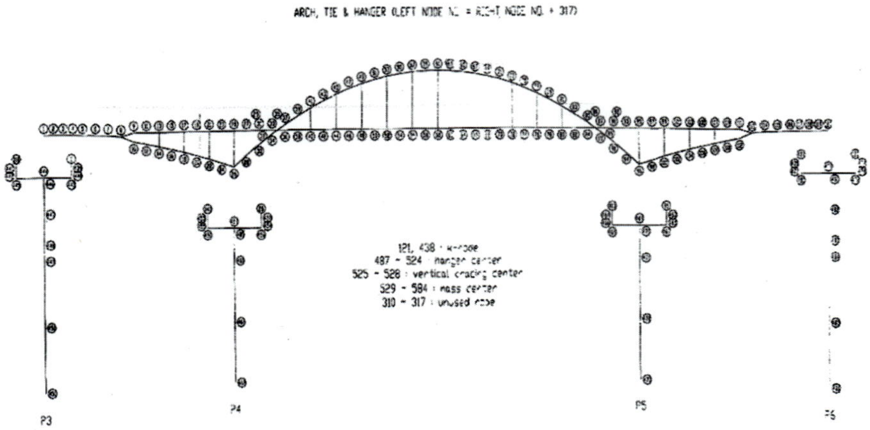

〈원설계 모델링〉

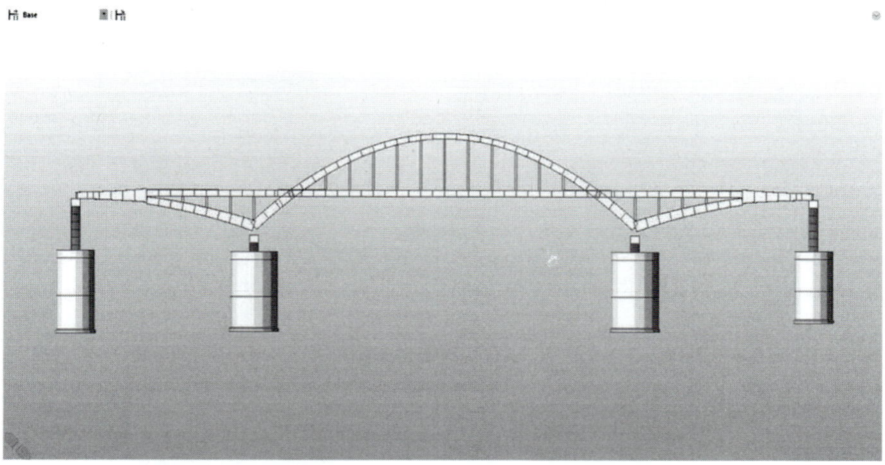

〈성능평가 모델링〉

(2) 고유진동 모드 비교

mode 1

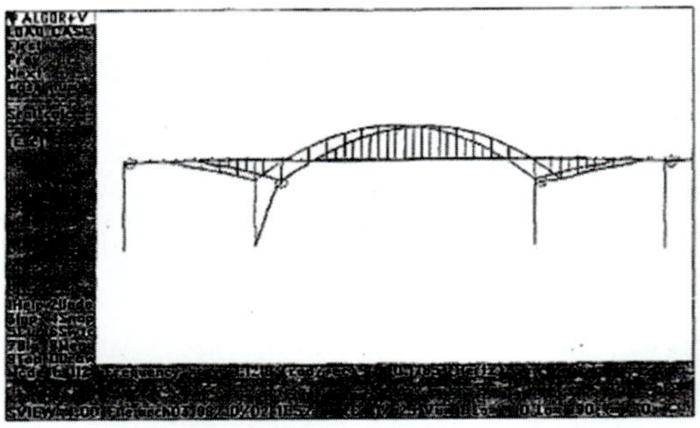

mode 2

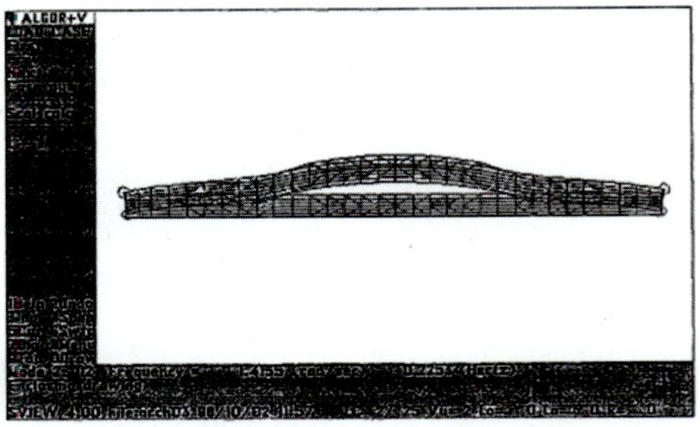

〈원설계 모델링〉

mode 1

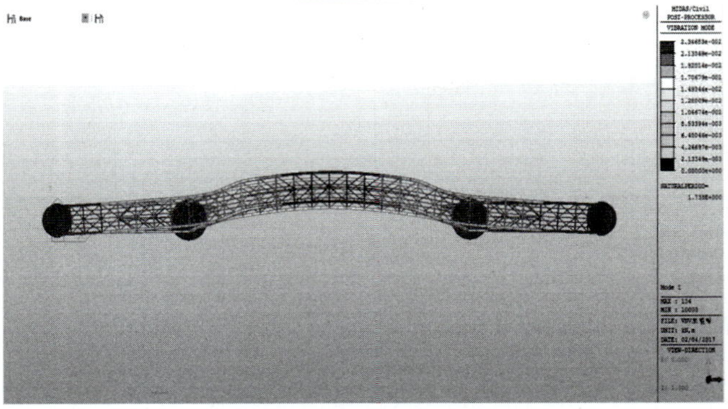

mode 2

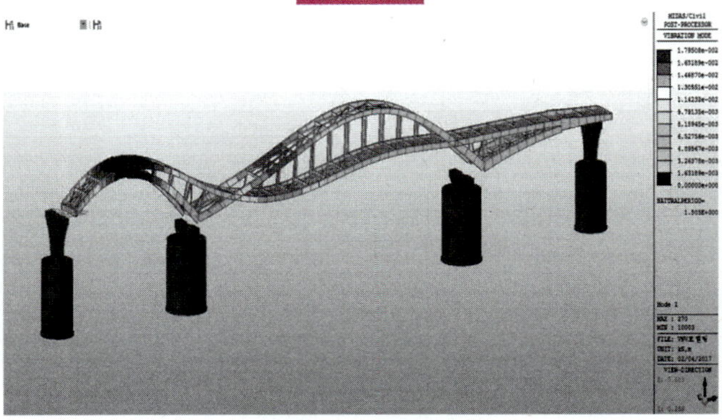

〈성능평가 모델링〉

9. 교각의 유효강성 산정

9.1 기둥 전강성 사용 지진 해석 결과

(1) 축력

구분	교각상단(상부+코핑) (kN)	교각하단 (kN)	비고
P1	10,754	11,852	가동
P2	10,600	12,072	고정
P3	23,471	24,703	가동
P4	37,551	42,207	고정
P5	37,014	41,670	가동
P6	25,133	26,365	가동
P7	10,661	12,133	고정
P8	10,861	11,958	가동

(2) 모멘트(교각하단)

구분	교축방향 (kN.m)	교축직각방향 (kN.m)	비고
P1	24,449	62,977	가동
P2	81,153	84,720	고정
P3	150,669	126,239	가동
P4	82,209	108,892	고정
P5	17,194	107,555	가동
P6	124,806	121,028	가동
P7	77,523	73,386	고정
P8	14,405	54,715	가동

9.2 교각 단면해석

(1) 개요

① 교각의 단면강도, 수평변위 및 유효강성을 산정하기 위하여 단면해석프로그램을 사용하여 고정하중에 의한 축력을 고려, 모멘트-곡률(M-Φ) 관계곡선을 산정한다.

② 교각 기둥의 소성힌지 구역에 대한 철근의 겹이음에 대한 판정은 아래 경우로부터 선정

→ 대표교량에 대한 현장에서의 철근탐사조사 결과

→ 도면이 불확실한 경우, 주철근이 최소길이 8.0m를 가지고 시공되었다고 예상하여 산출되는 겹이음의 위

→ 두 경우를 종합적으로 판단하여 적용

③ 단면해석에 적용한 콘크리트 모델은 Mander Concrete Model을 적용하며 철근은 교량내진성능 평가지침의 철근모델을 적용.

④ 교각의 M-Φ 곡선을 바탕으로 2선형 직선으로 이상화된 M-Φ 곡선을 산정하여 초기 항복시 곡률은 인장철근이 항복하는 점에서, 항복시 곡률은 이상화된 M-Φ 곡선의 변곡점에서 극한시 곡률은 콘크리트 압축연단의 변형률이 콘크리트의 극한변형률에 도달할때의 곡률로 산정한다.
단면강도를 평가하기 위해 이상화된 M-Φ 곡선의 항복 및 극한시 곡률에 해당하는 모멘트를 산정한다.

(2) 교각단면특성

1) P1, P2, P7, P8

구분	특 성			
기둥형상/교축/교직	벽식~사각형 천이	2.400 × 4.000		m
B/H	1.667			
기둥단면적			8.539	m^2
기둥Ig 교축			3.573	m^4
기둥Ig 교축직각			10.504	m^4
콘크리트 설계강도			32.6	MPa
주철근 항복응력			400	MPa
기둥당 주철근	H 32	1단	144	ea
기둥당 띠철근/간격	H 16		75	mm
콘크리트 덮개			135	mm
콘크리트 탄성계수			28221	MPa
철근의 탄성계수			200000	MPa

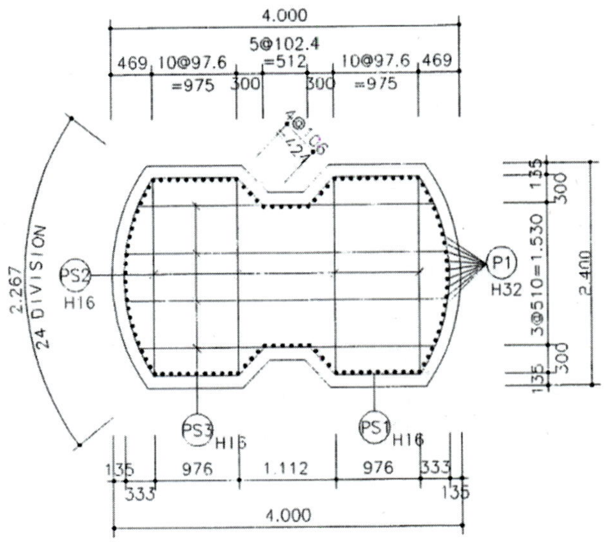

▸ 교각의 겹침이음 판단- 콘크리트 극한변형률 적용시 필요

-교축방향

Lp	①	0.08 He + 0.022 f_y d_bl	=	1.565	주철근으로 산정
	②	0.044 f_y d_bl	=	0.563	
	③	D	=	2.100	기둥 직경으로 산정
	④	H / 6	=	2.673	기둥 높이로 산정
	⑤	450mm	=	0.450	
	소성힌지길이 산정		=	2.673	

-교축직각방향

Lp	①	0.08 He + 0.022 f_y d_bl	=	1.565	주철근으로 산정
	②	0.044 f_y d_bl	=	0.563	
	③	D	=	4.000	기둥 직경으로 산정
	④	H / 6	=	2.673	기둥 높이로 산정
	⑤	450mm	=	0.450	
	소성힌지길이 산정		=	4.000	

기둥높이 : 16.037 m
기둥직경 : 2.400 m
기둥직경 : 4.000 m

여기서
He = 16.037 m
f_{y} = 400 MPa
d_{bl} = H32

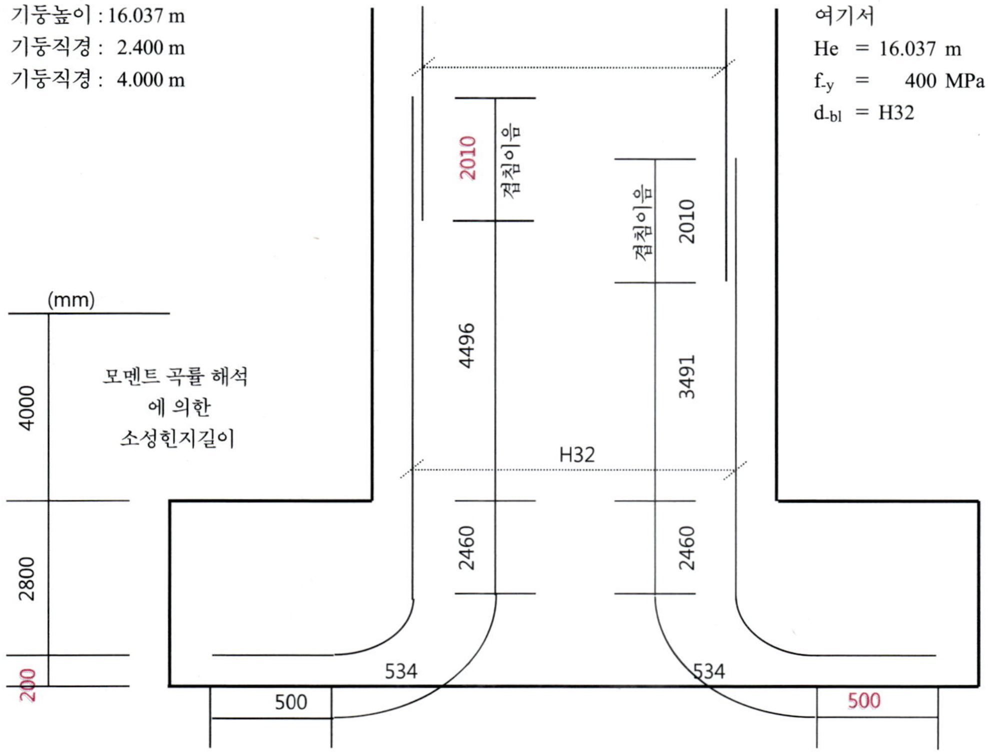

∴ 교각 기둥의 소성구역내 겹침이음이 50%

(3) 콘크리트 모델 및 철근 모델

1) P1, P2, P7, P8

▸ 콘크리트 모델(Mander Concrete Model) : 교축방향

설계기준강도 (fck)		항 목		적 용	비고
32.6	MPa	ϵ_{co}	콘크리트 최대변형률	0.0020	
		ϵ_{cu}	콘크리트 극한변형률	0.0030	겹침이음 50%
		$f_{c'} = f_{cc'}$	콘크리트 압축강도	32.6	횡구속 효과 있음

• 조건 : 겹침이음 50%, 1단, • B/H = 1.6667 벽식~사각형 천이

⇒ 겹침이음 50% 조건을 적용하여 사각형 단면의 극한변형률과 최대 공급 변위 연성도를 사용

• ϵ_{cu} = 0.0030

• μ_{max} = 최대공급연성도 제한없음 (10.00)

▸ 콘크리트 모델(Mander Concrete Model) : 교직방향

설계기준강도 (fck)		항 목		적 용	비고
32.6	MPa	ϵ_{co}	콘크리트 최대변형률	0.0020	
		ϵ_{cu}	콘크리트 극한변형률	0.0030	겹침이음 50%
		$f_{c'} = f_{cc'}$	콘크리트 압축강도	32.6	횡구속 효과 있음

• 조건 : 겹침이음 50%, 1단

⇒ 겹침이음 50% 조건을 적용하여 사각형 단면의 극한변형률과 최대 공급 변위 연성도를 사용

• ϵ_{cu} = 0.0030

• μ_{max} = 최대공급연성도 제한없음 (10.00)

▸ 철근 모델(Park Model) : 교직방향

설계기준강도 (fck)		항 목		적 용	비고
400	MPa	ϵ_y	철근의 항복변형률	0.002	fy/Es
		ϵ_{sh}	철근의 경화시 변형률	0.0115	시설공단기준
		ϵ_{su}	철근의 극한시 변형률	0.12	
		f_y	철근의 항복강도	400	SD400
		f_u	철근의 극한강도	560	SD400

(4) 모멘트-곡률 해석

1) 기둥단면 해석결과(교축 및 교직방향)

▸ P1, P2, P7, P8

– P1, P2, P7, P8 교축

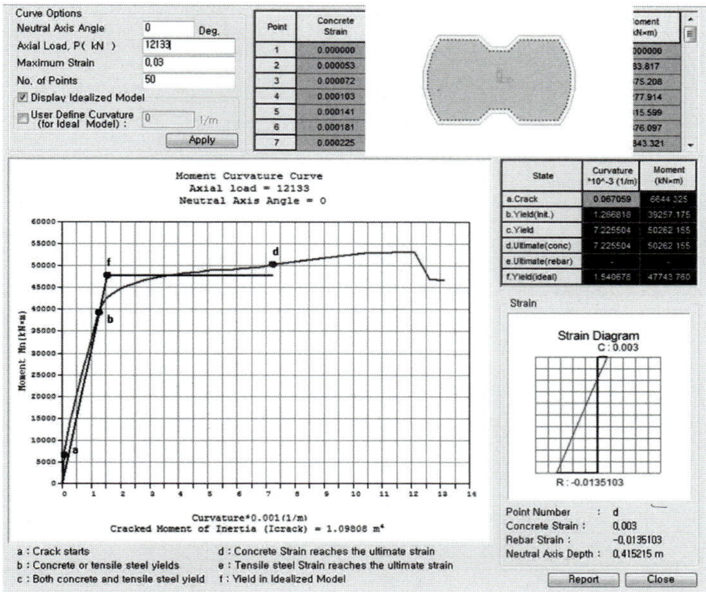

– P1, P2, P7, P8 교축직각

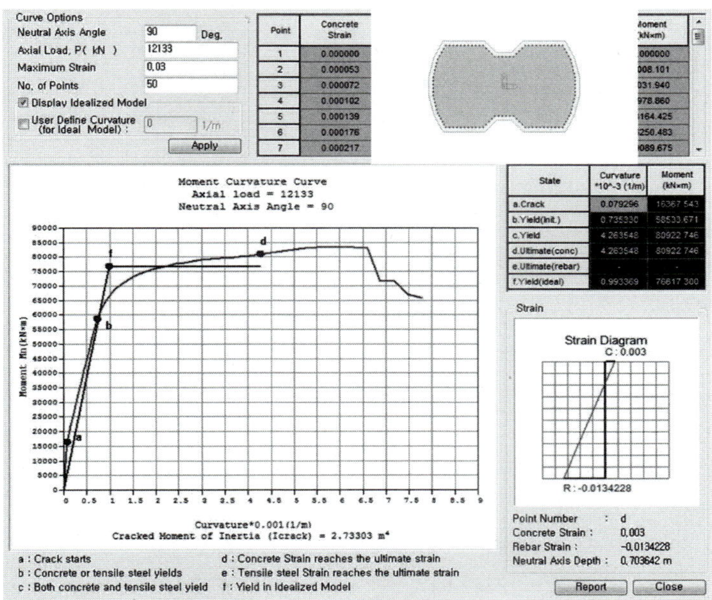

2) 해석 결과 정리

▸ P1, P2, P7, P8

–교축방향

구분	모멘트 (kN-m)	곡률 (m-1)	비고
초기항복시	39,257	0.001267	M_{yi}, Φ_{yi}
항복시	47,744	0.001541	M_y. Φ_y
극한시	47,744	0.007226	M_u . Φ_u

–교축직각방향

구분	모멘트 (kN-m)	곡률 (m-1)	비고
초기항복시	58,534	0.000735	M_{yi}, Φ_{yi}
항복시	76,617	0.000993	M_y, Φ_y
극한시	67,617	0.004264	M_u , Φ_u

▸ P3, P6

–교축방향

구분	모멘트 (kN-m)	곡률 (m-1)	비고
초기항복시	204,741	0.000757	M_{yi}, Φ_{yi}
항복시	251,730	0.000931	M_y, Φ_y
극한시	251,730	0.005832	M_u , Φ_u

–교축직각방향

구분	모멘트 (kN-m)	곡률 (m-1)	비고
초기항복시	359,155	0.000355	M_{yi}, Φ_{yi}
항복시	490,735	0.000503	M_y, Φ_y
극한시	490,735	0.002217	M_u , Φ_u

▸ P4, P5

–교축방향

구분	모멘트 (kN-m)	곡률 (m-1)	비고
초기항복시	328,882	0.000751	M_{yi}, Φ_{yi}
항복시	392,334	0.000896	M_y. Φ_y
극한시	392,334	0.006279	M_u , Φ_u

–교축직각방향

구분	모멘트 (kN-m)	곡률 (m-1)	비고
초기항복시	892,834	0.000212	M_{yi}, Φ_{yi}
항복시	1,246,515	0.000297	M_y, Φ_y
극한시	1,246,515	0.001471	M_u , Φ_u

(5) 교각(고정단)의 **유효강성** 및 유효단면 2차 모멘트 산정

① M−Φ 해석에 의해 구한 항복모멘트(M_y)와 항복곡률(Φ_y)을 이용하여 유효강성(E_cI_{eff})을 산정하고 이를 통해 유효단면 2차 모멘트 (I_{eff})와 강성비(k)를 산정한다.

② 기둥의 유효단면 2차 모멘트는 붕괴방지수준에 대한 탄성지지력 산정시 적용

③ 지진 발생시 교각 단면에 균열유무를 판단하여 균열이 발생할 경우에 대해서만 유효강성을 적용한다.

− 교축방향

$E_cI_{eff} = M_y/\Phi_y$	=	39,257	/	0.001267	=	30,988,804 kN/m^2
E_cI_g	=	28,221,448	×	3.573	=	100,833,539 kN/m^2
$k = E_cI_{eff} / E_cI_g$	=	30,988,804	/	100,833,539	=	0.307
∴ I_{eff}					=	1.098 m^4

→ 유효강성 사용 유무 판단 : 지진시 교각의 최외측이 인장균열이 발생하는 경우만 유효강성 사용함.

최외측응력 $= P / A - M_y / I$

$= 12132840 / 8538580 - 14404770000 \times 1200 / 3.57294E + 12$

$= 1.421 - 4.838 = -3.417$ MPa

∴ 균열발생하므로 교각의 유효강성 사용

− 교축직각방향

$E_cI_{eff} = M_y/\Phi_y$	=	58,534	/	0.000735	=	79,601,908 kN/m^2
E_cI_g	=	28,221,448	×	10.504	=	296,426,797 kN/m^2
$k = E_cI_{eff} / E_cI_g$	=	79,601,908	/	296,426,797	=	0.269
∴ I_{eff}					=	2.821 m^4

→ 유효강성 사용 유무 판단 : 지진시 교각의 최외측이 인장균열이 발생하는 경우만 유효강성 사용함.

최외측응력 $= P / A - M_y / I$

$= 12132840 / 8538580 - 5471485000 \times 2000 / 1.05036E + 13$

$= 1.421 - 10.418 = -8.997$ MPa

∴ 균열발생하므로 교각의 유효강성 사용

10. 응답스펙트럼 해석

10.1 응답 스펙트럼

$Sa = Cs \times g$

$Cs = 1.2 \times A \times S \,/\, T^{2/3} \leq 2.5A$ (T≤4.0인경우)

$Cs = 3.0 \times A \times S \,/\, T^{4/3} \leq 2.5A$ (T>4.0인경우)

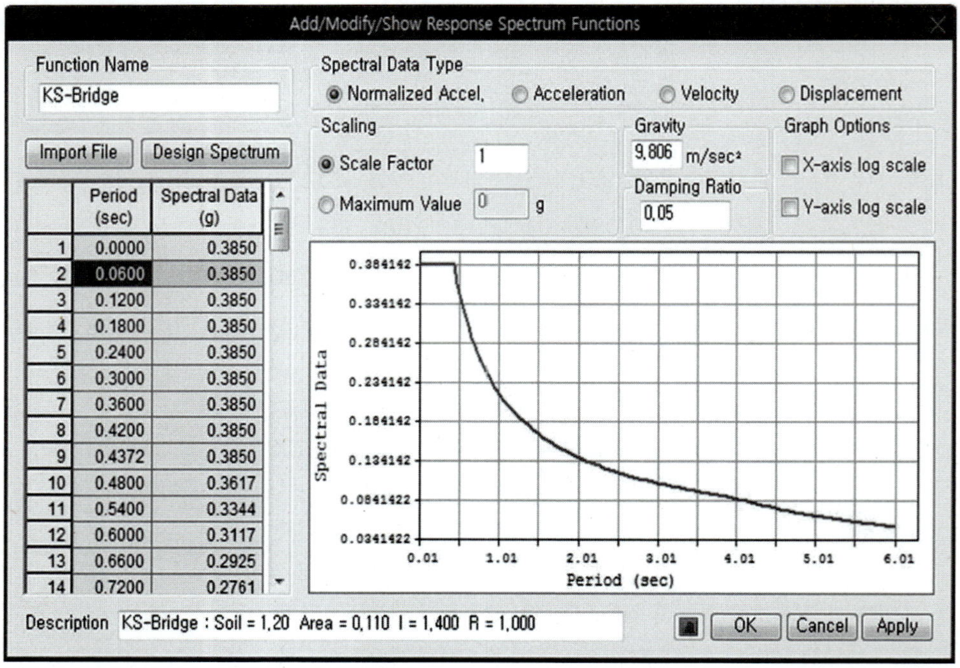

Cs : 탄성지진응답 계수(무차원)

g : 중력가속도 (9.806 m/sec²)

A : 지진가속도 계수 (0.154)

S : 지반특성에 따른 무차원의 지반계수 (1.2)

T : 진동모드의 주기

10.2 지진해석 결과

(1) 고유치 해석결과

mode	주기	Individal Mode(%)			Cumulative Sum(%)		
	sec	UX	UY	UZ	UX	UY	UZ
1	1.97243	2.140	0.000	0.000	2.140	0.000	0.000
2	1.95846	2.070	0.000	0.000	4.210	0.000	0.000
3	1.69695	0.000	3.710	0.000	4.210	3.710	0.000
4	1.47236	3.440	0.000	0.000	7.650	3.710	0.010
5	1.06693	0.010	0.000	0.060	7.660	3.710	0.070
6	0.85155	0.000	0.130	0.000	7.660	3.840	0.070
7	0.84353	0.000	2.630	0.000	7.660	6.470	0.070
8	0.83016	0.000	1.930	0.000	7.660	8.400	0.070
9	0.81672	0.000	0.000	0.000	7.660	8.400	0.070
10	0.81154	0.01	0	0.14	7.67	8.4	0.21
11	0.8094	0.01	0.11	0.13	7.67	8.51	0.34
12	0.74611	0.1	0	0.04	7.77	8.51	0.39
13	0.71376	0	2.22	0	7.77	10.73	0.39
14	0.63822	0.35	0	3.6	8.12	10.73	3.98
15	0.60828	0	0.11	0	8.12	10.84	3.98
16	0.59436	0	0	0	8.12	10.84	3.98
17	0.59279	0	0	0	8.12	10.84	3.98
18	0.53443	0	0	0	8.12	10.84	3.98
19	0.52906	0	0	0	8.12	10.84	3.98
20	0.49935	0	0	0	8.12	10.84	3.98
21	0.4838	1.44	0	0.02	9.56	10.84	4
22	0.43132	1.52	0	1.27	11.09	10.84	5.27
23	0.41673	0	0.07	0	11.09	10.92	5.27
24	0.40214	0	0.97	0	11.09	11.89	5.27
25	0.39321	0	0	1.14	11.09	11.89	6.41
26	0.3928	0.02	0	1.15	11.1	11.89	7.56
27	0.39122	0	0.42	0	11.1	12.31	7.56
28	0.38525	2.69	0	0.01	13.79	12.31	7.57
29	0.37308	2.31	0	0	16.1	12.31	7.57
30	0.37278	0.22	0	0	16.32	12.31	7.57
31	0.36975	0	0.06	0	16.32	12.37	7.57
32	0.36624	0.25	0	0	16.57	12.37	7.57
33	0.34576	0	0.03	0	16.57	12.4	7.57
34	0.32519	0	1.86	0	16.57	14.26	7.57
35	0.31595	0	0	0	16.57	14.26	7.57
36	0.31338	0	0	0	16.57	14.27	7.57
37	0.30855	0.14	0	0.05	16.72	14.27	7.62

(2) 모드별 질량 참여율 그래프

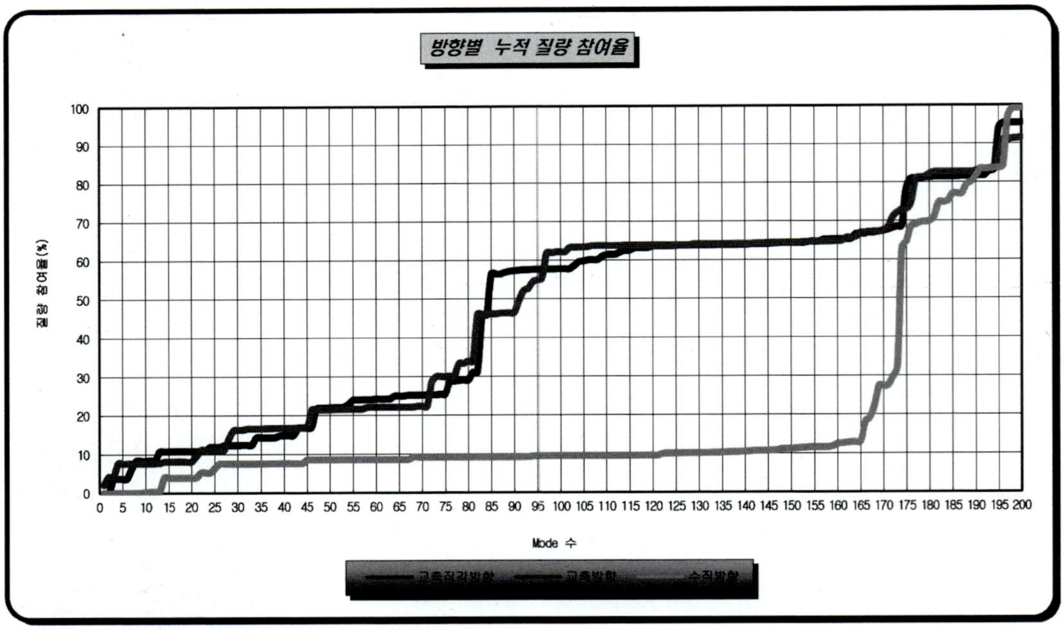

(3) 주요 모드형상(MODE SHAPE)

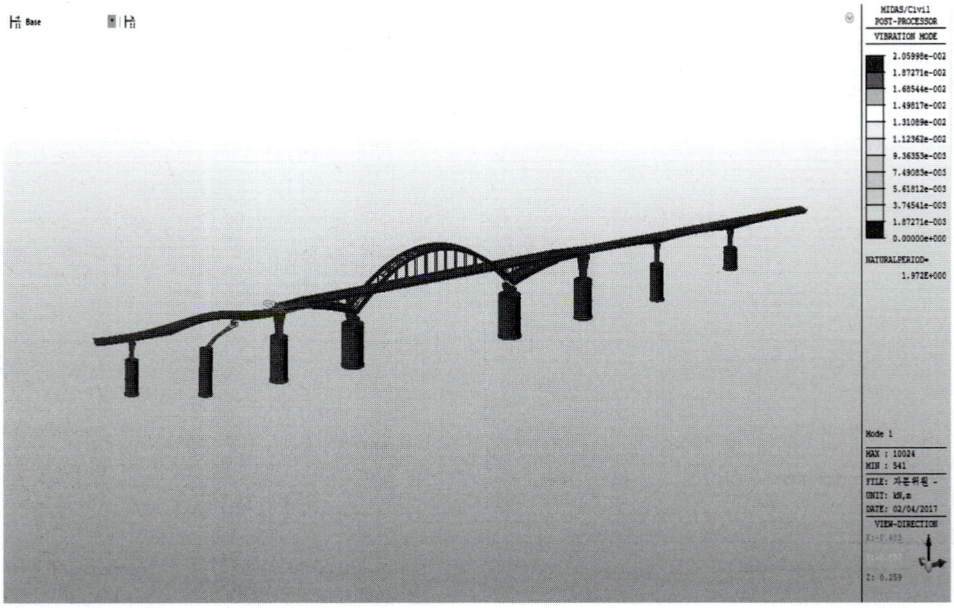

〈mode1〉

(4) 응답스펙트럼 해석결과

▸ 하중 조합

Comb.1 = 1.0 × X-dir + 0.3 × Y-dir + 고정하중

Comb.2 = 0.3 × X-dir + 1.0 × Y-dir + 고정하중

▸ Envelope 값

구분		교축방향	교축직각방향	비고
P1	상단축력	10172.340		kN
	하단축력	11269.770		kN
	기둥상단변위	26.022	34.943	mm
	상부 전단력	1570.030	2955.250	kN
	하부 전단력	1570.030	2955.250	kN
	기둥상부 모멘트	7991.280	33150.050	kN-m
	기둥하부 모멘트	15880.030	47876.350	kN-m
P2	상단축력	10648.790		kN
	하단축력	12120.900		kN
	기둥상단변위	114.506	48.412	mm
	상부 전단력	3698.850	2904.050	kN
	하부 전단력	3698.850	2904.050	kN
	기둥상부 모멘트	31888.970	28481.290	kN-m
	기둥하부 모멘트	57372.310	47474.910	kN-m
P3	상단축력	24670.770		kN
	하단축력	25903.270		kN
	기둥상단변위	29.107	10.367	mm
	상부 전단력	9060.480	4358.110	kN
	하부 전단력	9060.480	4358.110	kN
	기둥상부 모멘트	113381.650	108814.740	kN-m
	기둥하부 모멘트	129015.920	121330.230	kN-m
P4	상단축력	37613.810		kN
	하단축력	42269.600		kN
	기둥상단변위	7.612	9.102	mm
	상부 전단력	13041.230	6369.530	kN
	하부 전단력	13041.230	6369.530	kN
	기둥상부 모멘트	38736.100	93380.590	kN-m
	기둥하부 모멘트	82038.190	108399.470	kN-m

(5) 받침부 부재력 집계

구분		교축방향	교축직각방향	비고
A1	좌측	0.000	1097.230	교축가동 (400 ton)
	우측	0.000	0.000	양방향가동 (400 ton)
P1	좌측	0.000	2539.330	교축가동 (900 ton)
	우측	0.000	0.000	양방향가동 (900 ton)
P2	좌측	1909.210	2499.800	고정 (900 ton)
	우측	1868.690	0.000	교칙가동 (900 ton)
P3-전열	좌측	0.000	1487.280	교축가동 (400 ton)
	우측	0.000	0.000	양방향가동 (400 ton)
P3-후열	좌측	0.000	2384.530	교축가동 (450 ton)
	우측	0.000	0.000	양방향가동 (450 ton)
P4	좌측	7154.430	3451.470	고정 (2500 ton)
	우측	7163.300	1215.560	고정 (2500 ton)
P5	좌측	0.000	3452.320	교축가동 (2500 ton)
	우측	0.000	1217.350	교축가동 (2500 ton)
P6-전열	좌측	0.000	2515.620	교축가동 (450 ton)
	우측	0.000	0.000	양방향가동 (450 ton)
P6-후열	좌측	0.000	1352.430	교축가동 (400 ton)
	우측	0.000	0.000	양방향가동 (400 ton)
P7	좌측	1853.380	2276.730	고정 (900 ton)
	우측	1849.810	0.000	고정 (900 ton)
P8	좌측	0.000	2368.680	교축가동 (900 ton)
	우측	0.000	0.000	양방향가동 (900 ton)
A2	좌측	0.000	1133.710	교축가동 (400 ton)
	우측	0.000	0.000	양방향가동 (400 ton)

11. 교대 저항 여부 판정

11.1 교각 상단변위(교축방향)로 인한 교대저촉 판정

(1) 교각 상단 탄성 변위(교축방향)

직교조합력 산정결과 (2. 탄성지지력 산정 (2.3.2 지진해석결과 참조)

구분	상단탄성변위 (m)	교각상단 축력 (kN)	교각하단 탄성모멘트 (kN-m)
P2	0.115	10648.790	57372.310
P7	0.110	10399.510	56375.370

(2) P−Δ 효과를 고려한 교각의 변위

1) P2

$$\Delta_{epd} = (1 + (1.5\ P\ \Delta_{el}\ /\ M_{el}\ )\ \Delta_{el}$$

$$= (1 + (1.5 \times 10648.790 \times 0.115\ /\ 57372.310)) \times 0.115$$

$$= 0.118\ \mathrm{m}$$

2) P2

$$\Delta_{epd} = (1 + (1.5 \times 10400 \times 0.110\ /\ 56375.37)) \times 0.110$$

$$= 0.114\ \mathrm{m}$$

(3) 주기를 고려한 비탄성 변위 산정(단면강도비 Rs가 1보다 클 경우 고려)

1) P2

$$\Delta_{dem} = \lambda_{DR}\ \Delta_{epd} = 1 \times 0.118 = 0.118\ \mathrm{mm}$$

2) P7

$$\Delta_{dem} = \lambda_{DR}\ \Delta_{epd} = 1 \times 0.114 = 0.114\ \mathrm{mm}$$

(4) 교대의 교축방향 지진 저항여부 판정

구분		A1(m)	A2(m)
교축 방향	비탄성범위	0.118	0.118
	슬래브 유간	0.120	0.120
	판정	비저촉	비저촉

- 슬래브 유간은 준공도 설계유간 적용
- 검토 결과 슬래브 유간내에 있으므로 비저촉으로 해석을 수행함.

12. 교각부 내진성능평가

12.1 교각 P1(가동)

12.1.1 교각의 특성값

구분	교축방향	교축직각방향	비고
거동형태	켄틸레버식	켄틸레버식	
교각높이 H(m)	11.746	11.746	교각 순 높이
교각유효높이 He(m)	14.246	17.046	하중작용점 높이
진동주기	1.958	1.972	
겹이음 판단	겹침이음 50%	겹침이음 50%	9장 참조

12.1.2 교각 휨단면강도 산정

(1) 교축방향

－교각하단

- $F_{Ly} = M_{Ly} / H_e = 47743.760 / 14.246 = 3351.380$ kN
- $F_{Lf} = M_{Lu} / H_e = 47743.760 / 14.246 = 3351.380$ kN

(2) 교축직각방향

－교각하단

- $F_{Ty} = M_{Ty} / H_e = 76617.300 / 17.046 = 4494.738$ kN
- $F_{Tf} = M_{Tu} / H_e = 76617.300 / 17.046 = 4494.738$ kN

여기서

F_{Lyi} , F_{Tyi} : 교각의 초기항복시 교축 및 교축직각방향 휨단면강도(kN)

F_{Ly} , F_{Ty} : 교각의 항복시 교축 및 교축직각방향 휨단면강도(kN)

F_{Lf} , F_{Tf} : 교각의 극한상태시 교축 및 교축직각방향 휨단면강도(kN)

M_{Lyi}, M_{Tyi} : 교각의 초기항복시 항복휨모멘트(kNm)

M_{Ly} , M_{Ty} : 교각의 항복시 항복휨모멘트(kNm)

M_{Lf} , M_{Tf} : 교각의 극한상태시 공칭휨모멘트(kNm)

He : 교각의 하중작용점 높이 (m)

12.1.3 교각 공급연성도 산정

(1) 교축방향

① 공급연성도 (μ_Δ)

$$\mu_\Delta = 0.35 + 0.375 \frac{D}{L} + 0.2\,(1.1 + \frac{D}{L})\ \mu_\phi$$

$$\mu_\Delta = 0.35 + 0.375 \frac{2.400}{14.246} + 0.2\,(1.1 + \frac{2.400}{14.246})\ 4.690 = 1.603$$

$$\mu_\phi = \frac{\phi_u}{\phi_y} = \frac{0.0072}{0.0015} = 4.690$$

$\mu_{\Delta max}$ = 최대공급연성도 제한없음 (10.00)

$\mu_\Delta = \min[\mu_\Delta,\ \mu_{\Delta max}] = 1.603$

② 항복변위(Δ_y)

$$\Delta_y = \frac{\phi_y\, He^2}{3} = \frac{0.313}{3} = 0.104\ m$$

③ 극한변위(Δ_u)

$$\Delta_u = \Delta_y \times \mu_\Delta = 0.104 \times 1.603 = 0.167\ m$$

(2) 교축직각방향

- 교각 하단

① 공급연성도 (μ_Δ)

$$\mu_\Delta = 0.35 + 0.375 \frac{D}{L} + 0.2\,(1.1 + \frac{D}{L})\ \mu_\phi$$

$$\mu_\Delta = 0.35 + 0.375 \frac{4.000}{17.046} + 0.2\,(1.1 + \frac{4.000}{17.046})\ 4.292 = 1.584$$

$$\mu_\phi = \frac{\phi_u}{\phi_y} = \frac{0.0043}{0.0010} = 4.292$$

$\mu_{\Delta max}$ = 최대공급연성도 제한없음 (10.00)

$\mu_\Delta = \min[\mu_\Delta,\ \mu_{\Delta max}] = 1.584$

② 항복변위(Δ_y)

$$\Delta_y = \frac{\phi_y\, He^2}{3} = \frac{0.289}{3} = 0.096\ m$$

③ 극한변위(Δ_u)

$$\Delta_u = \Delta_y \times \mu_\Delta = 0.096 \times 1.584 = 0.152 \text{ m}$$

12.1.4 교각 전단강도 산정

① 종횡비가 4.0 미만인 사각형단면을 갖는 교각에 대해서는 일반 교각의 전단강도 산정식을 적용하고, 종횡비가 4.0이상인 사각형 단면을 갖는 교각에 대해서는 벽식 교각의 전단강도 산정식을 적용하는 것을 기본으로 한다.

* 종횡비 = < 이므로 일반 교각의 전단강도 산정식 사용함

(1) 교축방향

① 콘크리트가 부담하는 전단강도 (Vc)

Vc = k√(fck) Ae = 0.300 × √(33) × 6.831 = 11701 kN

k = 0.300 (k=0.3−0.1(μΔ−2), 단 μΔ≤2.0 이면 k=0.3, μΔ≥5.0 이면 k=0)

Ae = 0.8 × A_{gross} = 0.8 × 8.539 = 6831 m^2

② 전단철근이 부담하는 전단강도(Vs)

$$Vs = \frac{\pi Asp\,fyh\,D'}{2s} = \frac{\pi \times 198.6 \times 400 \times 2177.7}{2 \times 75} = 3623 \text{ kN}$$

· Asp = 198.6 mm^2 띠철근 1개의 단면적

⇒ (H16 − 1단)

· s = 75.0 mm

· psh = 0.3906 %

· D = D(기둥폭) − 2c(피복) + 축방향 철근직경 + 횡방향철근직경

(횡철근 중심간의 거리)

= 2400 − 2 × 135 + 31.8 + 15.9

= 2177.7

③ 축력에 의한 전단강도(Vp)

$$Vp = \frac{0.15 \cdot P \cdot h}{Ls} = \frac{0.15 \times 11269.770 \times 2.400}{14.246} = 285 \text{ kN}$$

p = 11,270 kN (구조해석에서 산정된 교각 축력)

h = 2.400 m (=D)

Ls = 14.246 m (=He)

④ 교각의 전단강도(Vn)

$Vn = Vc + Vs + Vp$

$= 11707 + 3623 + 285 =$ 15609 kN

(2) 교축직각방향

① 콘크리트가 부담하는 전단강도 (Vc)

$Vc = k\sqrt{(fck)}\ Ae = 0.300 \times \sqrt{(33)} \times 6.831$ = 11701 kN

$k = 0.300$ ($k=0.3-0.1(\mu\Delta-2)$, 단 $\mu\Delta \leq 2.0$ 이면 $k=0.3$, $\mu\Delta \geq 5.0$ 이면 $k=0$)

$Ae = 0.8 \times A_{gross} = 0.8 \times 8.539$ = 6831 m^2

② 전단철근이 부담하는 전단강도(Vs)

$$Vs = \frac{\pi Asp\,fyh\,D'}{2s} = \frac{\pi \times 198.6 \times 400 \times 3777.7}{2 \times 75} = 6285\ kN$$

· Asp = 198.6 mm^2 띠철근 1개의 단면적

⇒ (H16 – 1단)

· s = 75.0 mm

· psh = 0.3906 %

· D = D(기둥폭) – 2c(피복) + 축방향 철근직경 + 횡방향철근직경

(횡철근 중심간의 거리)

$= 4000 - 2 \times 135 + 31.8 + 15.9$

$= 3777.7$

③ 축력에 의한 전단강도(Vp)

$$Vp = \frac{0.15 \cdot P \cdot h}{Ls} = \frac{0.15 \times 11269.770 \times 40000}{17.046} = 397\ kN$$

p = 11,270 kN (구조해석에서 산정된 교각 축력)

h = 4000 m (=D)

Ls = 17.046 m (=He)

④ 교각의 전단강도(Vn)

$Vn = Vc + Vs + Vp$

$= 11707 + 6285 + 397 = 18383$ kN

12.1.5 파괴모드 결정

(1) 교각의 보유성능(단면강도 및 변위연성도)

구분	교축방향	교축직각방향	비고	단위
휨강도 F_n	3,351	4,495		kN
전단강도 V_n	15,609	18,383		kN
모멘트강도 M_n	47,744	76,617		kN-m
항복변위 Δ_y	0.104	0.096		m
극한변위 Δ_u	0.167	0.152		m
공급연성도 $\mu\Delta$	1.603	1.584		

(2) 교축파괴모드 : 휨파괴 모드

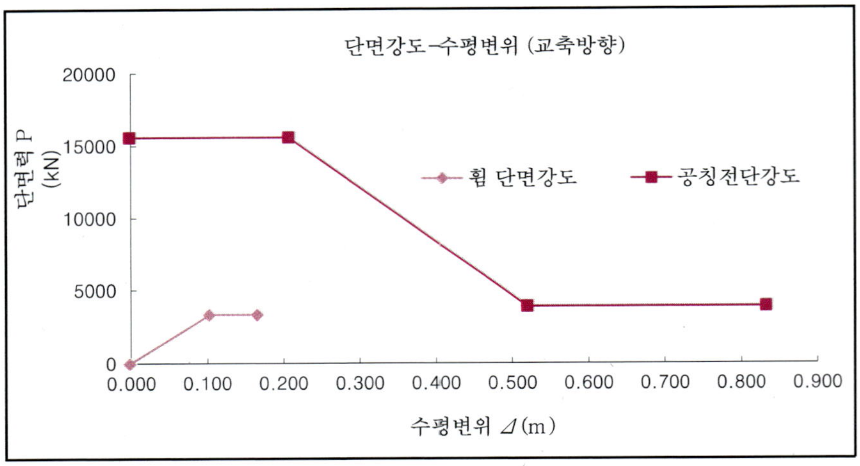

(3) 교직방향파괴모드-기둥하단 : 휨파괴 모드

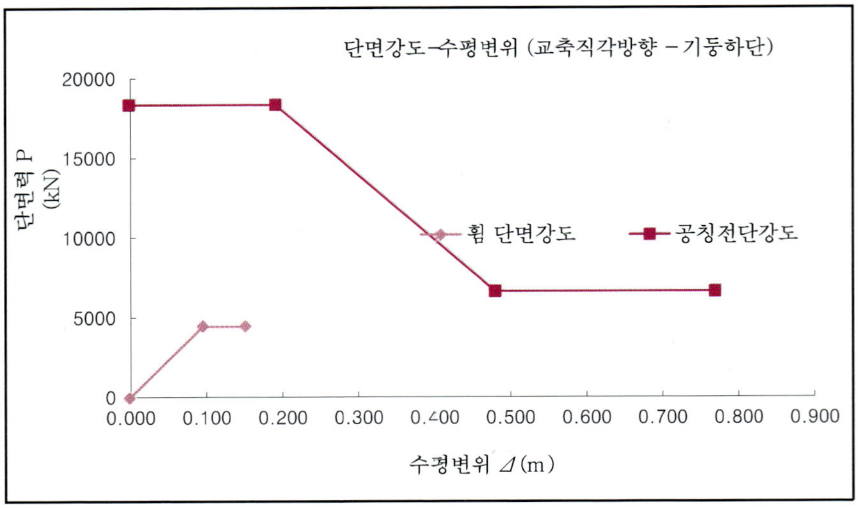

12.1.6 요구성능 산정

(1) 요구성능-변위

1) 탄성지진력

구분	교축방향	교축직각방향	비고
상단축력	10172.3	10172.3	kN
상부변위	26.022	34.943	mm
기둥하부전단력	1570	2955.3	kN
기둥상부모멘트	7991.3	33150.1	kN.m
기둥하부모멘트	15880	47876.4	kN.m

2) 교축방향

① P-Δ 효과를 고려한 교각의 변위

$$\Delta_{epd} = (1 + (1.5\ P\ \Delta_{el}\ /\ M_{el})\ \Delta_{el}$$

$$= (1 + (1.5 \times 10172.3 \times 0.026\ /\ 15880.03)) \times 0.026 = 0.027\ m$$

② 주기를 고려한 비탄성 변위 산정 (단면강도비 Rs가 1보다 클 경우 고려)

$$\Delta_{dem} = \lambda_{DR}\,\Delta_{epd} = 1.0 \times 0.027 = 0.027\ m$$

2) 교축방향

① P-Δ 효과를 고려한 교각의 변위

$$\Delta_{epd} = (1 + (1.5\ P\ \Delta_{el}\ /\ M_{el})\ \Delta_{el}$$

$$= (1 + (1.5 \times 10172.3 \times 0.035\ /\ 47876.33)) \times 0.035 = 0.035\ m$$

② 주기를 고려한 비탄성 변위 산정 (단면강도비 Rs가 1보다 클 경우 고려)

$$\Delta_{dem} = \lambda_{DR}\,\Delta_{epd} = 1.0 \times 0.035 = 0.035\ m$$

(2) 요구성능-변위연성도

1) 교축방향

① P-Δ 효과를 고려한 탄성지진모멘트 $M_{el,pd}$

$$M_{el,pd} = M_{el}\ P \cdot \Delta_{el}$$

$$= 15880 + 10172 \times 0.0260 = 16144.735\ kN\text{-}m$$

② 단면강도비 RS

$$R_s = \frac{M_{el,pd}}{M_n} = \frac{16145}{47744} = 1.000\ (\geq 1) \qquad \therefore \text{ 탄성영역에서 거동}$$

③ 소요변위연성도-단면강도비 상관계수 λ_{DR}

$T \geq 1.25\ Ts$ 일 때, $\lambda_{DR} = 1$

$T < 1.25\ Ts$ 일 때, $\lambda_{DR} = (1-(1/RS)*1.25Ts/T+1/Rs$

지반종류는 II 이고 주기(T)는 1.958 초이므로

$T > 1.25\ Ts\ (0.550)\ \therefore \lambda_{DR} = 1.000$

※ 설계응답스펙트럼의 통제주기

구분	지반 종류			
	I	II	III	IV
Ts	0.33	0.44	0.61	0.94
1.25 Ts	0.4125	0.55	0.7625	1.175

④ 소요변위연성도 $\mu_{\Delta d}$

$\mu_{\Delta d} = \lambda_{DR} \times R_s = 1.000 \times 1.000 = 1.000$

2) 교축직각방향

- 교각하단

① P-Δ 효과를 고려한 탄성지진모멘트 $M_{el,pd}$

$$M_{el,pd} = M_{el}\ P{\cdot}\Delta_{el}$$

$$= 47876 + 10172 \times 0.0349 = 48231.802\ kN\text{-}m$$

② 단면강도비 R_S

$$R_s = \frac{M_{el,pd}}{M_n} = \frac{48232}{76617} = 1\ (\geq 1)\ \therefore \text{ 탄성영역에서 거동}$$

③ 소요변위연성도-단면강도비 상관계수 λ_{DR}

지반종류는 II 이고 주기(T)는 1.972 초 이므로

$T > 1.25\ Ts\ (0.550)\ \therefore \lambda_{DR} = 1.000$

④ 소요변위연성도 $\mu_{\Delta d}$

$\mu_{\Delta d} = \lambda_{DR} \times R_s = 1.000 \times 1.000 = 1.000$

(3) 교각의 요구성능

구분	소요변위 Δdem	소요연성도 μΔ	발생모멘트 Md (kN-m)	발생전단력 Vd (kN)
교축방향	0.027	1	16,145	1,570
교직방향-교각하단	0.035	1	48,232	2,955

12.1.7 교각의 내진성능 평가

(1) 변위 연성도 평가

교축방향(변위) $\frac{\Delta_u}{\Delta_{dem}} = \frac{0.167}{0.027} = 6.264 > 1.0$ OK

교직방향(변위) $\frac{\Delta_u}{\Delta_{dem}} = \frac{0.152}{0.035} = 4.313 > 1.0$ OK

(2) 전단 강도평가

교축방향(전단력) $\frac{V_n}{V_d} = \frac{15,609}{1,570} = 9.942 > 1.0$ OK

교직방향하단(전단력) $\frac{V_n}{V_d} = \frac{18,383}{2,955} = 6.220 > 1.0$ OK

(2) 모멘트 강도평가

교축방향(모멘트) $\frac{M_n}{M_d/\mu_\Delta} = \frac{47,744}{16,145} \times 1.603$

$= 4.740 > 1.0$ OK

교직방향하단(모멘트) $\frac{M_n}{M_d/\mu_\Delta} = \frac{76,617}{48,232} \times 1.584$

$= 1.589 > 1.0$ OK

– 교축방향

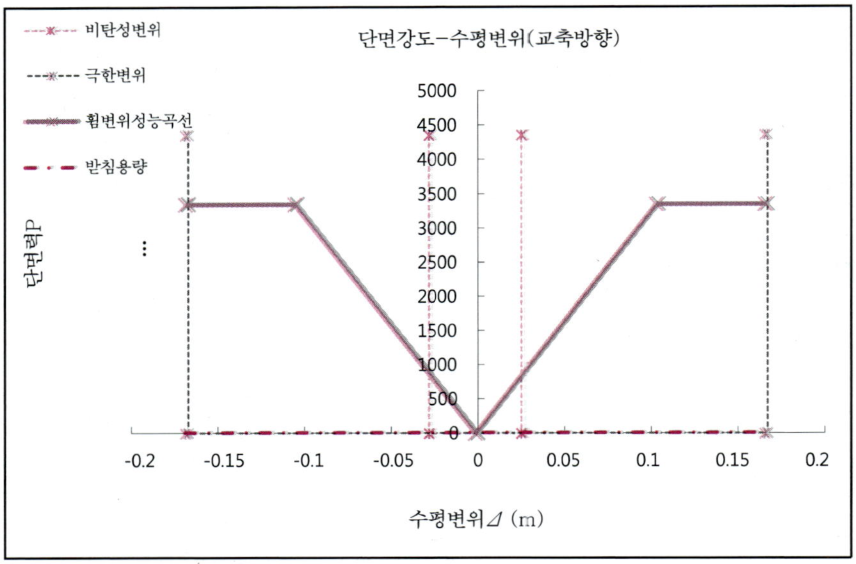

비탄성변위
0.02667
극한변위
0.16707
항복변위
0.10423

판정
OK

– 교축직각방향

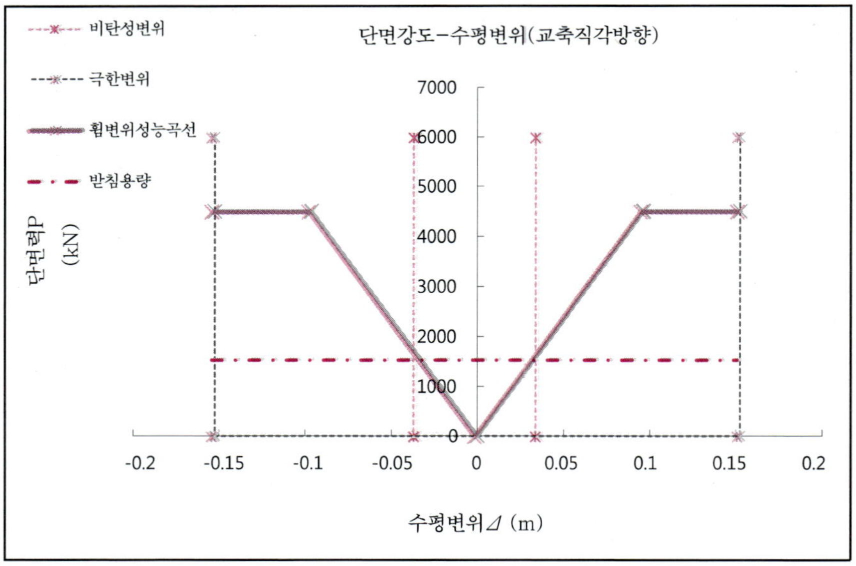

비탄성변위
0.03533
극한변위
0.15237
항복변위
0.09621

판정
OK

13. 받침지지길이 평가

13.1 교대 A1

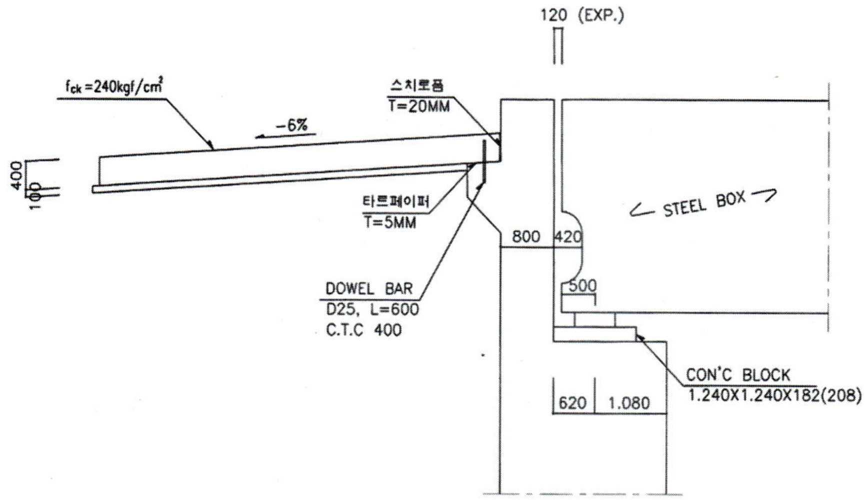

(1) 보유성능: 교각의 받침지지길이

- NC = 960 mm

(2) 요구성능 ND

- ND = MAX[응답변위, Nmin] = MAX [118.156 , 557.306]
  = 557.306 mm
- Nmin = $(200+1.67L+6.66H)*(1+0.000125\Theta^2)$ = 557.306 mm
  - H = 16.037 m 교각의 높이(다점고정인 경우는 평균, 일점고정인 경우는 고정단)
  - L = 150 m (연속경간장)
  - θ = 0 ° (사각)

(3) 평가

- $\dfrac{NC}{ND} = \dfrac{960.0}{557.3} = 1.723 > 1.0$ OK

14. 교량받침부 내진성능평가

14.1 교각 P1(가동)

14.1.1 받침본체 검토

교각 받침부 평가시 지진하중은 교각의 단면강도와 받침부 발생지진력 중 작은 값으로 한다.

(1) 받침 1기당 횡방향 저항용량(f_B)

- 교직방향

f_B = 1540 kN (포트받침 900ton)

(2) 보유성능 : 횡방향 저항용량 F_{BC}

- 교직방향

F_{BC} = 1540 × 1 = 1540 kN

(3) 요구성능 : 받침부 평가지진력 F_{BD}

- 교직방향

F_{BD} = MIN[Fn, [V]comb, Top] 단 교각이 탄성거동시 [V]comb, Top 적용

= MIN [4,495 , 2,539] = 2,539 kN

(4) 받침본체 내진성능평가

- 교직직각방향

$$\frac{F_{BC}}{F_{BC}} = \frac{1540}{2539} = 0.606 < 1.0 \qquad \text{NG}$$

14.1.2 받침본체 앵커

(1) 받침제원

본체규격

C	=	950 mm	받침 교축방향 길이 (하판)
B	=	830 mm	받침 교직방향 길이 (하판)
d_a	=	42 mm	받침부 앵커 직경
h_{ef}	=	360 mm	받침부 앵커 근입 깊이
S_L	=	840 mm	받침 교축방향 앵커 간격

S_T = 480 mm 받침 교축직각방향 앵커 간격

n $= n^L * n^T = 2 \times 2$

받침부 콘크리트 강도 f_{ck} = 30 MPa

앵커의 유효단면적 A_{se} = 1385 mm^2

앵커의 인장강도 f_{uta} = 447 MPa

앵커의 유효 묻힘길이 h_{ef} = 360 mm

코핑부 깊이 h_a = 2500 mm

(2) 강재파괴

1) 보유성능 : 강재강도 V_{sa} (받침1기 당)

V_{sa} = n 0.6 A_{se} f_{uta} n : 앵커갯수

교직방향 : V_{saT} $= 4 \times 0.6 \times 1385.4 \times 446.5 =$ 1,484.6 kN

2) 요구성능 : 받침1기당 편가지진력 F_{ASD}

교직방향 : F_{ASDT} = F_{BDT} / nT = 2,539 / 1 = 2,539.3 kN

3) 평가

교직방향

$$\frac{V_{saT}}{F_{ASDT}} = \frac{1485}{2539} = 0.585 < 1.0$$ NG

(3) 콘크리트 파괴

1) 보유성능 : 콘크리트 파괴강도 V_{cbg}

V_{cbg} $= A_{vc}/A_{vco} * \Phi_{ed,v} * V_b$

A_{vc} : 단일 앵커 또는 앵커그룹의 전단력 방향 자유 단면에 형성되는 전단파괴면 투영면적(mm^2)

A_{vco} : 연단거리, 간격 또는 부재두께에 제한을 받지 않는 단일앵커의 전단력방향 자유단면에 형성되는 전단파괴면 투영면적(mm^2) $A_{vco} = 4.5C_{a1}^2$

$\Phi_{ed,v}$: 연단거리 영향에 대한 전단강도 수정계수

$C_{a2} \geq 1.5C_{a1}$ $\Phi_{ed,v} = 1.0$

$C_{a2} < 1.5C_{a1}$ $\Phi_{ed,v} = 0.7 + 0.3 * C_{a2}/1.5C_{a1}$

V_b : 전단력을 받는 단일 앵커의 기본콘크리트 파괴강도(kN)

$V_b = 0.6(le/d0)^{0.2} \sqrt{d_0} \sqrt{f_{ck}} C_{a1}^{1.5}$

C_{a1} : 앵커볼트 중심에서 하중작용 방향으로 콘크리트 표면까지의 수직거리(mm)

C_{a2} : 앵커볼트 중심에서 하중작용 방향직각방향으로 콘크리르 표면까지의 수직거리(mm)

h_a : 앵커가 정착되는 콘크리트 두께(mm)

① 교직방향

C_{a1} = 1220 mm　　$C_{a1'}$ = 1220 mm

C_{a2} = 780 mm　　$C_{a2'}$ = 780 mm

S_L = 840 mm　　$1.5C_{a1'}$ = 1830 mm

S_T = 480 mm　　$S_{ay'}$ = 0 mm

h_{cop} = 2500 mm　　$h_{a'}$ = min[$h_{cop,}$ $1.5C_{a1}$]

B = 2400 mm　　= 1830 mm

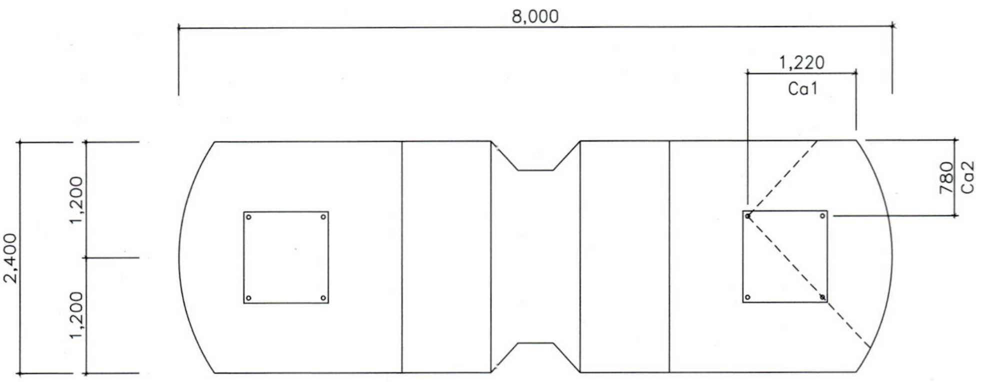

– 콘크리트파괴 저항면적 산정 시 3면 이상이 가장자리의 영향을 받는지 여부 검토

1면 C_{a1} = 1220 mm　　$1.5C_{a1}$ = 1830 mm

2면 $C_{a2'}$ = 780 mm　　$1.5C_{a1}$ = 1830 mm

3면 h_{cop} = 2500 mm　　$1.5C_{a1}$ = 1830 mm

– 연단거리 재산정 불필요

A_{vc} = B × $1.5C_{a1'}$ = 2400 × 1830 = 4392000 mm^2

A_{vco} = $4.5C_{a1'}$ = 4.5 × 1220^2 = 6697800 mm^2

A_{vc} = nA_{vco}　　4392,000 < 4 × 6697800 = 26791200 mm^2

$V_b = 0.6(l_e/d_a)^{0.2} \sqrt{d_a} \sqrt{f_{ck}} C_{a1}^{1.5}$

$= 0.6 \dfrac{336^{0.2}}{42} \times \sqrt{42} \times \sqrt{30} \times 1220^{1.5} \quad = \quad 1375.607 \text{ kN}$

$\Phi_{ed,v} = 0.828$

le $=$ MIN[hef, 8da] $=$

$V_{cbg} = A_{vc}/A_{vco} * \Phi_{ed,v} * V_b$

$= \dfrac{4392000}{6697800} \times 0.828 \times 1375.607 \quad = \quad 746.768 \text{ kN}$

2) 소요용량 : 받침당 평가지진력 F_{ASD}

교직방향 : $F_{AC,DT} = 2539.3 \text{ kN} \times 1 = 2539.3 \text{ kN}$

3) 평가

교직방향 : $\dfrac{V_{cbgt}}{F_{AC,DT}} = \dfrac{746.8}{2539.3} = 0.294 < 1.0$ NG

(4) 콘크리트 프라이아웃 파괴

1) 공급용량 : 콘크리트 파괴강도 V_{cpg}

$V_{cpg} = k_{cp} * N_{cbg}$

여기서 k_{cp} : 콘크리트 프라이아웃 강도계수

$h_{ef} <$ 65mm 인 경우 $k_{cp} = 1$

$h_{ef} \geq$ 65mm 인 경우 $k_{cp} = 2$

N_{cbg} : 인장을 받는 앵커 그룹의 콘크리트 파괴강도

$N_{cbg} = A_{nc} / A_{nco} * \varphi_{ed,N} * N_b$

A_{nc} : 인장강도 산정을 위한 단일 앵커 또는 앵커 그룹의 콘크리트 파괴면 투영면적 mm^2

A_{nco} : 연단거리 또는 간격에 제한을 받지 않는 경우에 인장강도산정을 위한 단일 앵커의 콘크리트 파괴면 투영면적 mm^2

$A_{nco} = 9h_{ef}^2$

$\varphi_{ed,N}$: 연단거리 영향에 의한 인장강도 수정계수

$C_{a,min} \geq 1.5h_{ef}$ $\quad \varphi_{ed,N} = 1$

$C_{a,min} < 1.5h_{ef}$ $\quad \varphi_{ed,N} = 0.7+0.3(C_{a,min}/1.5h_{ef})$

N_b : 인장력을 받는 단일 앵커의 기본 콘크리트 강도 N

$N_b = 3.9\sqrt{f_{ck}}\ h_{ef}^{\ 5/3}$ ($280 < h_{ef} < 635$)

$N_b = 10\sqrt{f_{ck}}\ h_{ef}^{\ 1.5}$

A-A 단면도 평면도 정면도

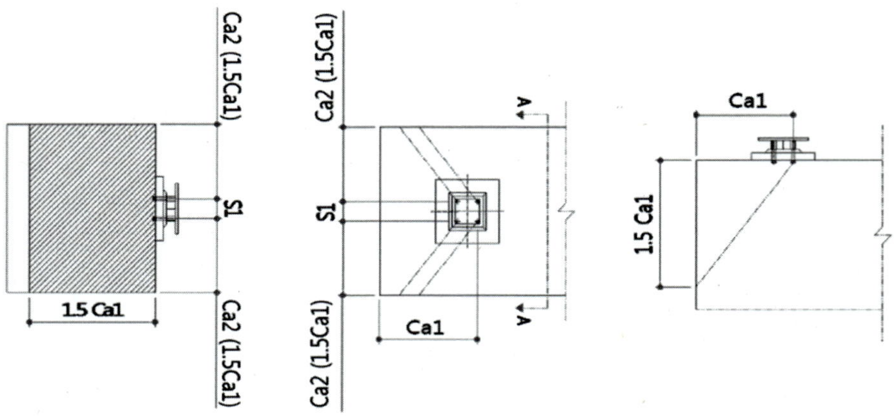

① 교직방향

C_{a1}	=	1220 mm	$S_{\lrcorner}$	=	840 mm
$C_{a1'}$	=	1220 mm	$S_{T'}$	=	480 mm
C_{a2}	=	780 mm	$S_{ax'}$	=	0 mm
$C_{a2'}$	=	780 mm	S_{ay}	=	0 mm
h_{ef}	=	360 mm	$h_{ef'}$	=	360 mm
$1.5h_{ef}$	=	540 mm	$1.5h_{ef'}$	=	540 mm
$2\times1.5h_{ef}$	=	1080 mm	$2\times1.5h_{ef'}$	=	1080 mm

– 프라이아웃 저항면적 산정시 4면 이상이 가장자리의 영향을 받는지 여부 검토

1면	C_{a1}	=	1220 mm	>	$1.5h_{ef}$	=	540mm
2면	C_{a2}	=	780 mm	>	$1.5h_{ef}$	=	540 mm
3면	$C_{a2'}$	=	780 mm	>	$1.5h_{efef'}$	=	540 mm
4면	S_T+S_{ax}	=	480 mm	<	$2\times1.5h_{ef}$	=	1080 mm
	S_{ay}	=	0 mm	<	$2\times1.5h_{ef'}$	=	1080 mm

- 앵커의 유효묻힘깊이 hef 재산정 불필요

A_{nc} = (2 × 1.5 × h_{ef} + S_T) × (2 × 1.5 × $h_{ef'}$ + S_L)

= (1080 + 480) × (1080 + 840) = 2995200 mm^2

A_{nco} = $9h_{ef}^2$ = 1166400 mm^2

A_{nc} ≤ nA_{nco}2995200 ≤ 4 × 1166400 = 4665600 mm^2

$\varphi_{ed,N}$ = 1.000

N_b = $10\sqrt{f_{ck}}\ h_{ef}^{\ 1.5}$ = 374.123 mm^2

N_{cbg} = Anc/Anco*φed,N*Nb

$= \dfrac{2995200}{1166400} \times 1.000 \times 374.123$ = 960.711 kN

k_{cp} = 2

V_{cpg} = k_{cp}*N_{cbg} = 2 × 960.711 = 1921.422 kN

- 받침 1기당 공급용량

V_{cpg} / N (받침개수) = 1921.422 / 1 = 1921.422 kN

2) 소요용량 : 받침 1기당 평가지진력 F_{ASD}

교직방향 : F_{ASD} = 2,539.330 kN

14.2 교각 P2–(고정)

14.2.2 받침본체 앵커

(1) 받침제원

본체규격

C	=	790 mm	받침 교축방향 길이 (하판)
B	=	790 mm	받침 교직방향 길이 (하판)
d_a	=	42 mm	받침부 앵커 직경
h_{ef}	=	360 mm	받침부 앵커 근입 깊이
S_L	=	630 mm	받침 교축방향 앵커 간격
S_T	=	630 mm	받침 교축직각방향 앵커 간격
n	=	$n^L * n^T$ = 2 × 2	

받침부 콘크리트 강도 f_{ck} = 30 MPa

앵커의 유효단면적 A_{se} = 1385 mm^2

앵커의 인장강도 f_{uta} = 447 MPa

앵커의 유효 묻힘길이 h_{ef} = 360 mm

코핑부 깊이 h_a = 3000 mm

(2) 강재파괴

1) 보유성능 : 강재강도 V_{sa} (받침1기 당)

V_{sa} = n 0.6 A_{se} f_{uta} n : 앵커갯수

교직방향 : V_{saT} = 4 × 0.6 × 1385.4 × 446.5 = 1,484.6 kN

2) 요구성능 : 받침1기당 편가지진력 F_{ASD}

교직방향 : F_{ASDT} = F_{BDT} / nT = 2,500 / 1 = 2,499.8 kN

3) 평가

교직방향

$$\frac{V_{saT}}{F_{ASDT}} = \frac{1485}{2500} = 0.594 < 1.0 \quad \text{NG}$$

15. 수평저항 베어링 검토(낙교방지공)

▸ 기 설계된 ○○대교의 내진설계 개념

- 접속교(강상판교) : 별도 장치(수평저항 베어링)으로 저항
- 주경간교(아치교) : 받침으로 저항

정면도

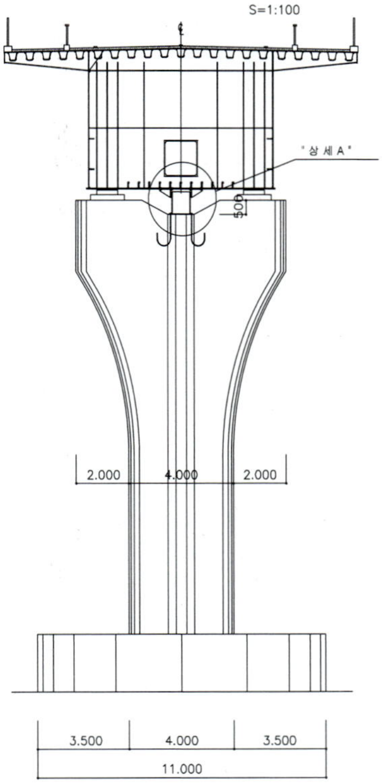

측면도

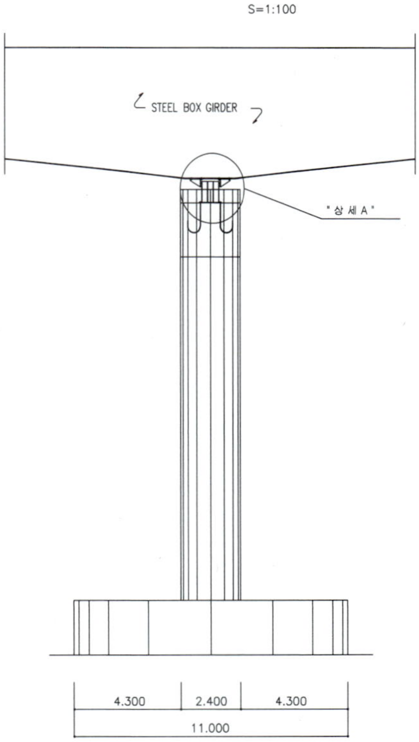

낙교방지공입체도

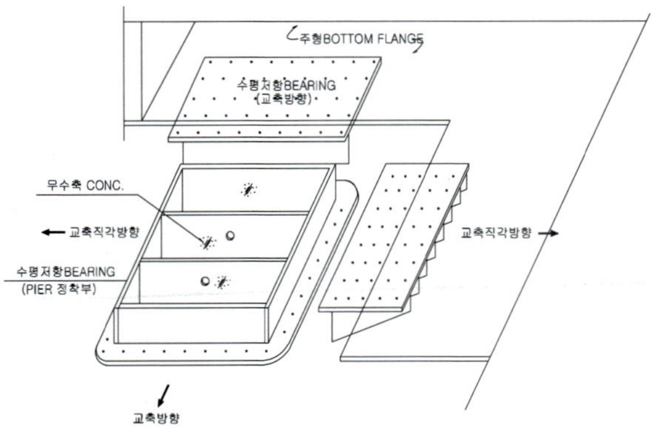

15.1 교축방향 검토 – 스토퍼의 저항강도는 기존 설계의 값을 준용함.

(1) 교축방향 발생 지진력

- MBR1

탄성지진력 중 A1~P3 사이에 작용하는 모든 교축방향 반력의 합 = 3777.9 kN

- MBR2

탄성지진력 중 P6~A2 사이에 작용하는 모든 교축방향 반력의 합 = 3703.19 kN

- 각 교각당 분담 지진하중 = 3777.9 / 2 = 1888.95 kN

(2) 지지판의 저항강도 검토

- 용접저항강도 = 1400.07 kN
- 볼트저항강도 = 3240.00 kN
- 지지판 전체 저항강도 = 1400.07 + 3240.00 = 4640.07 kN
- $\dfrac{\text{공급용량}}{\text{소요용량}} = \dfrac{4640.1}{1889.0} = 2.456 > 1.0$ OK

(3) 주력판의 저항강도 검토

- 주력판의 저항강도 = 7347.57 kN
- $\dfrac{\text{공급용량}}{\text{소요용량}} = \dfrac{7347.6}{1889.0} = 3.890 > 1.0$ OK

(4) 바닥 앵커볼트의 저항강도 검토

- 앵커볼트의 저항강도 = 4222.30 kN
- $\dfrac{\text{공급용량}}{\text{소요용량}} = \dfrac{4222.3}{1889.0} = 2.235 > 1.0$ OK

(5) 연결볼트의 저항강도 검토

- 연결볼트의 저항강도 = 2160.00 kN

  M22(F10T) – 45ea

  48 kN × 45 ea × 1.5 = 2160.00 kN

- $\dfrac{\text{공급용량}}{\text{소요용량}} = \dfrac{2160.0}{1889.0} = 1.143 > 1.0$ OK

15.1 교축직각방향 검토 – 스토퍼의 저항강도는 기존 설계의 값을 준용함.

(1) 교축방향 발생 지진력

- MBR1

탄성지진력 중 A1~P3 사이에 작용하는 모든 교축방향 반력의 합 = 7623.64 kN

- MBR2

탄성지진력 중 P6~A2 사이에 작용하는 모든 교축방향 반력의 합 = 3811.82 kN

- 각 교각당 분담 지진하중 = 7623.64 / 2 = 3811.82 kN

(2) 지지판의 저항강도 검토

- 용접저항강도 = 1400.07 kN
- 볼트저항강도 = 3240.00 kN
- 지지판 전체 저항강도 = 1400.07 + 3240.00 = 4640.07 kN
- $\frac{\text{공급용량}}{\text{소요용량}} = \frac{4640.1}{3811.8} = 1.217 > 1.0$ OK

(3) 주력판의 저항강도 검토

- 주력판의 저항강도 = 3920.20 kN
- $\frac{\text{공급용량}}{\text{소요용량}} = \frac{3920.2}{3811.8} = 1.028 > 1.0$ OK

(4) 바닥 앵커볼트의 저항강도 검토

- 앵커볼트의 저항강도 = 4222.30 kN
- $\frac{\text{공급용량}}{\text{소요용량}} = \frac{4222.3}{3811.8} = 1.108 > 1.0$ O.K

(5) 연결볼트의 저항강도 검토

- 연결볼트의 저항강도 = 2160.00 kN

  M22(F10T) – 45ea

  48 kN × 45 ea × 1.5 = 2160.00 kN

- $\frac{\text{공급용량}}{\text{소요용량}} = \frac{2160.0}{3811.8} = 0.567 < 1.0$ N.G

16. 기초지지력 검토

16.1 발생 지지력의 계산

– 발생지지력 q = P / A + My / I – 부력

구분	기초형식	지지층	방향	D(m)	A(m^2)	I(m^2)	지진시 반력		발생지지력
							축력(kN)	모멘트(kN.m)	(kN/m^2)
P1	우물통	기반암	교축	13	132.732	1401.98	89419	302356	1823.2
			교직	13	132.732	1401.98	89419	307249	1845.9
P2	우물통	기반암	교축	13	132.732	1401.98	112405	593834	3259.8
			교직	13	132.732	1401.98	112405	593843	3259.9
P3	우물통	기반암	교축	17	226.98	4099.83	193716	913041	2421.9
			교직	17	226.98	4099.83	193716	609895	1793.4
P4	우물통	기반암	교축	21	346.361	9546.56	292467	1132695	1819
			교직	21	346.361	9546.56	292467	1394357	2106.8
P5	우물통	기반암	교축	21	346.361	9546.56	293662	1430589	2155.2
			교직	21	346.361	9546.56	293662	1380785	2100.5
P6	우물통	기반암	교축	17	226.98	4099.83	174715	719424	1980.9
			교직	17	226.98	4099.83	174715	491753	1508.9
P7	우물통	기반암	교축	13	132.732	1401.98	90771	369961	2136.8
			교직	13	132.732	1401.98	90771	347481	2032.6
P8	우물통	기반암	교축	13	132.732	1401.98	60206	94546	769
			교직	13	132.732	1401.98	60206	119288	883.7

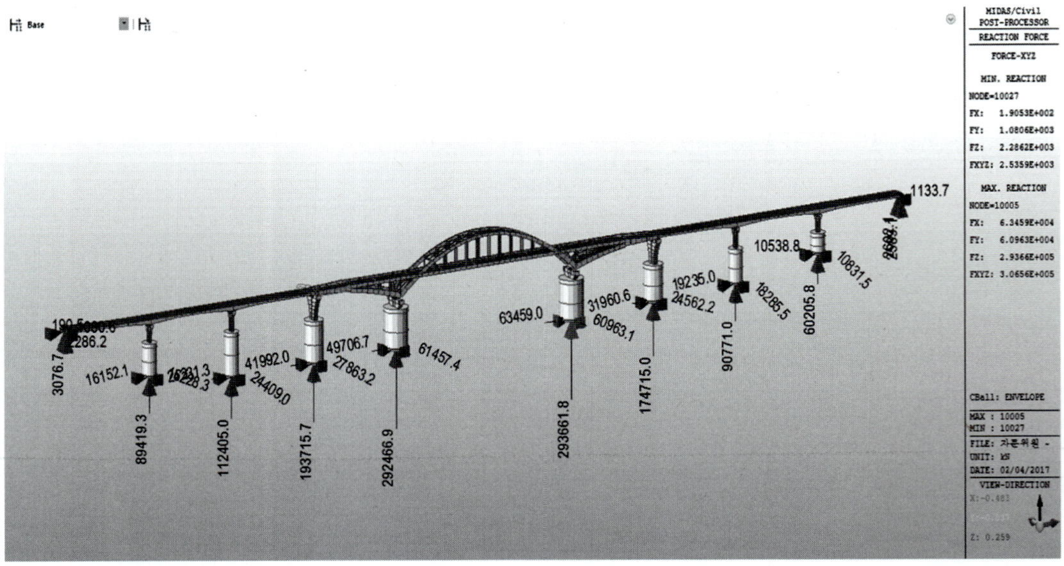

16.2 허용지지력 검토

구분	기초형식	지지층	방향	발생지지력 (kN/m²)	허용지지력 (kN/m²)	범위	판정
P1	우물통	기반암	교축	1823.2	5400.0	33.8%	OK
			교직	1845.9	5400.0	34.2%	OK
P2	우물통	기반암	교축	3259.8	5400.0	60.4%	OK
			교직	3259.9	5400.0	60.4%	OK
P3	우물통	기반암	교축	2421.9	5835.0	41.5%	OK
			교직	1793.4	5835.0	30.7%	OK
P4	우물통	기반암	교축	1819.0	10770.0	16.9%	OK
			교직	2106.8	10770.0	19.6%	OK
P5	우물통	기반암	교축	2155.2	10695.0	20.2%	OK
			교직	2100.5	10695.0	19.6%	OK
P6	우물통	기반암	교축	1980.9	9315.0	21.3%	OK
			교직	1508.9	9315.0	16.2%	OK
P7	우물통	기반암	교축	2136.8	14700.0	14.5%	OK
			교직	2032.6	14700.0	13.8%	OK
P8	우물통	기반암	교축	769.0	15900.0	4.8%	OK
			교직	883.7	15900.0	5.6%	OK

※ 허용지지력은 기존도서의 토질조사보고서 참조

17. 상부구조물 검토

17.1 접속교 구간 MBR1

(1) 작용 부재력

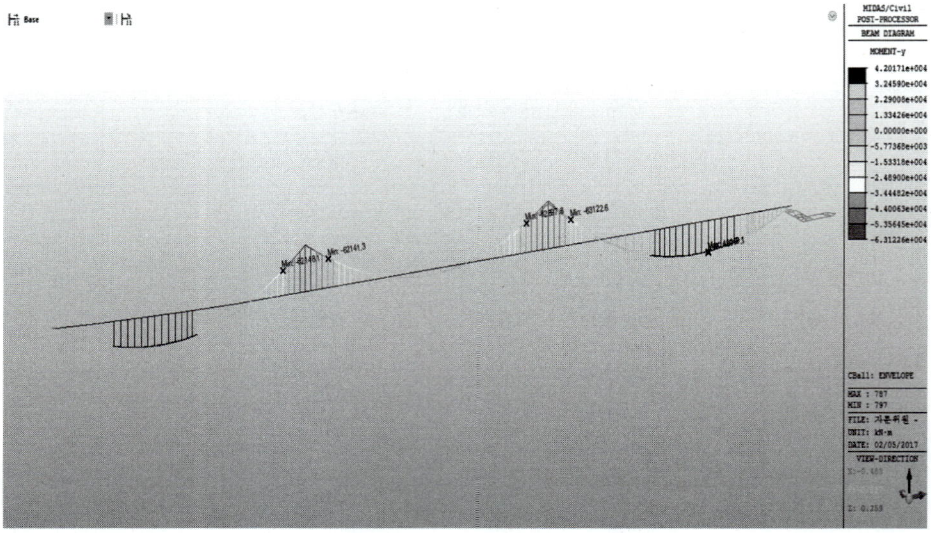

- Mmax = 42017.100 kN.m (P2~P3 지간 중앙)
- Mmin = −63122.600 kN.m (P2,P3 지점부)

〈Bending Moment Diagram〉

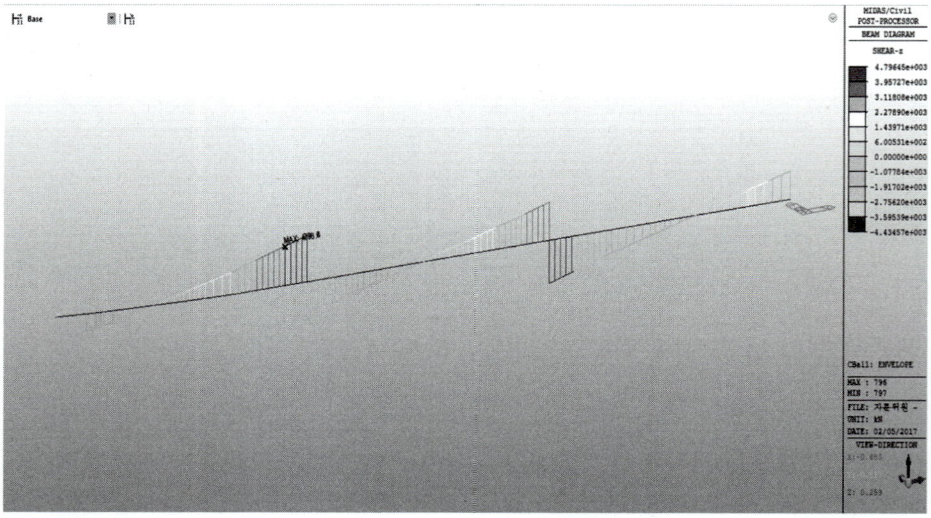

- Vmax = 4796.400 kN (P2,P3 지점부)

〈Shear Force Diagram〉

(2) 응력 검토

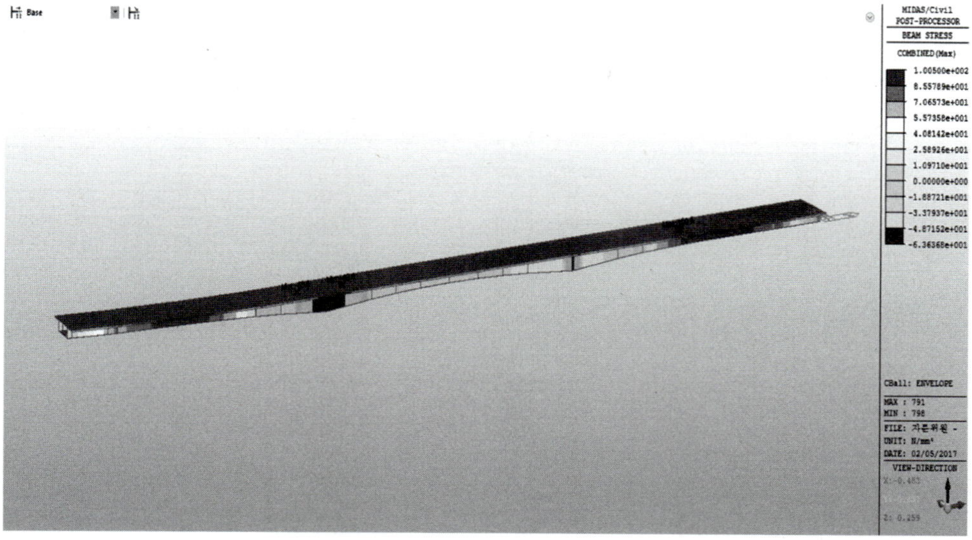

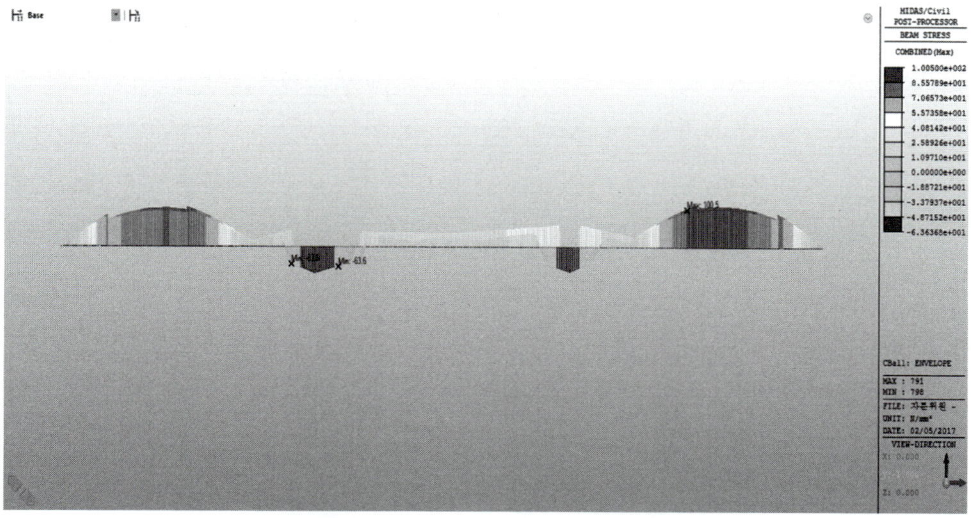

〈Beam Stress Diagram – Combined Stress〉

- 인장응력최대 = 100.500 MPa < 285 MPa (SWS490 허용응력) OK
- 압축응력최대 = 63.600 MPa < 285 MPa (SWS490 허용응력) OK

※ 허용응력은 원설계 계산서를 참조함. 지진시 허용응력 할증계수 1.5 적용

〈 부재 응력 검토 〉

– Archi Rib 응력 검토

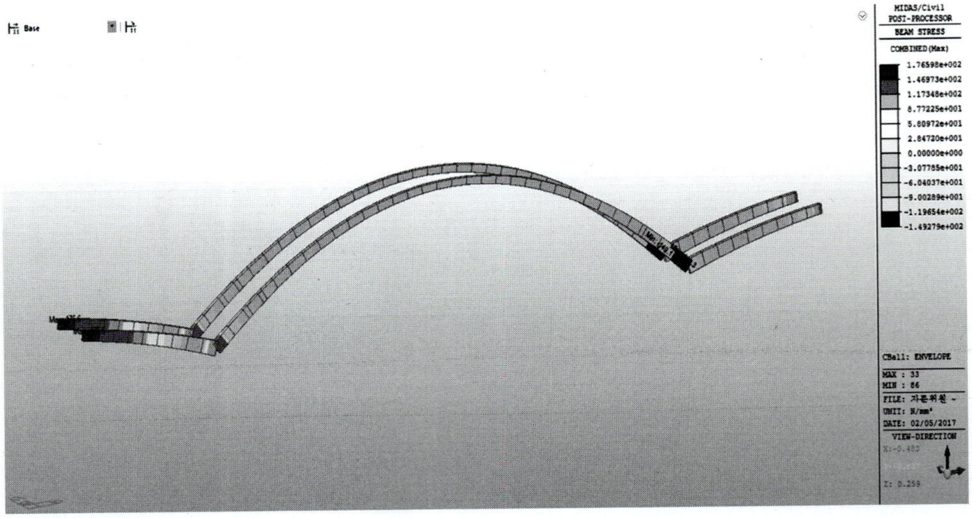

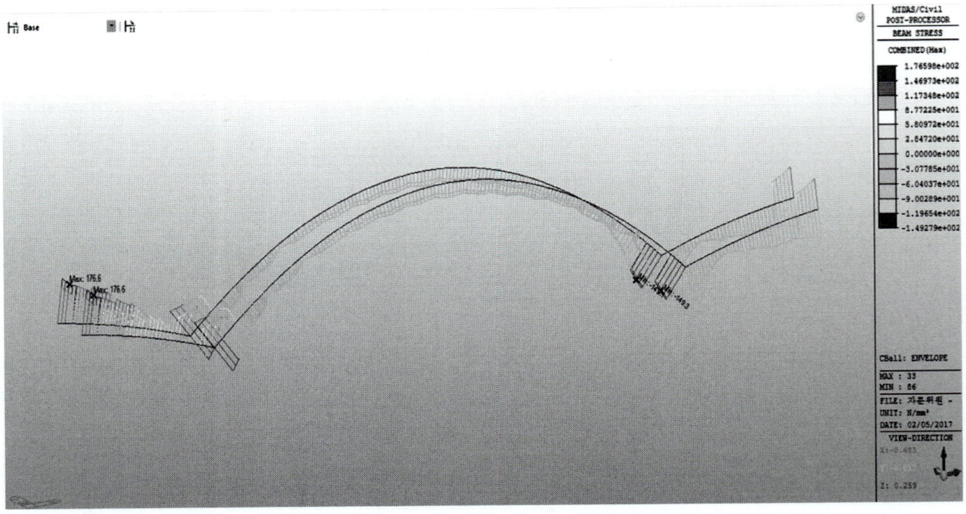

〈Beam Stress Diagram – Combined Stress〉

- 인장응력최대 = 176.598 MPa < 315.0 MPa (SWS490 허용응력) OK
- 압축응력최대 = 149.279 MPa < 234.6 MPa (SWS490 허용응력) OK

※ 허용응력은 원설계 계산서를 참조함. 지진시 허용응력 할증계수 1.5 적용

〈 부재 응력 검토 〉

연습문제 해답

2.2 자유진동

2.2.1 1) $k=8{,}221\text{kN/m}$ 2) $\xi=7.48\%$ 3) $c=137\text{kN}\cdot\text{sec/m}$

2.2.2 1) 감쇠가 $c=0$일 때, 시간 $t=1.2\text{sec}$에서의 변위와 속도

$u(1.2)=-28.3\text{mm}$, $\dot{u}(1.2)=124.6\text{mm/sec}$

2) 감쇠가 $c=500\text{kN}\cdot\text{sec/m}$일 때, 시간 $t=1.2\text{sec}$에서의 변위와 속도

$u(1.2)=-15.8\text{mm}$, $\dot{u}(1.2)=66.3\text{m/sec}$

2.2.3 1) $t=2\text{sec}$에서 변위 : $u(2)=-67.75\text{mm}$

2) 자유진동의 진폭 : $\rho=69.39\text{mm}$

2.2.4 4.98Hz

2.2.5 $\rho=2.06\text{mm}$, $\dot{\rho}=51.75\text{mm/sec}$, $\ddot{\rho}=1{,}299.89\text{mm}^2\text{/sec}$, $\psi=13.4^\circ$

2.2.6 운동방정식 : $ml_2^2\,\ddot{\theta}+(2kl_1^2+mgl_2)\theta=0$, 고유진동수 : $f=\dfrac{1}{2\pi}\sqrt{\dfrac{2kl_1^2+mgl_2}{ml_2^2}}$

2.2.7 $f=\dfrac{1}{2\pi}\sqrt{\dfrac{k_1(k_2l_1^2+k_3l_2^2)}{m(k_1L^2+k_2l_1^2+k_3l_2^2)}}$

2.2.8 $T=2\pi\sqrt{\dfrac{m_1l^2/3+m\left[(l+r_0)^2+2r_0^2/5\right]}{\left[m_1l/2+m(l+r_0)\right]g}}$

2.2.9 1) $\omega=\sqrt{\dfrac{kl_2^2}{I}}$ 2) $\xi=\dfrac{cl_1^2}{2\sqrt{Ikl_2^2}}$ 3) $\omega_d=\sqrt{\left(1-\dfrac{c^2l_1^4}{4Ikl_2^2}\right)\dfrac{kl_2^2}{I}}$

2.2.10 1) $\omega=\sqrt{\dfrac{2kl_1^2+mgl}{ml^2}}$ 2) $\xi=\dfrac{cl_2^2}{2\sqrt{ml^2(2kl_1^2+mgl)}}$

3) $\omega_d = \sqrt{\left(1-\frac{c^2 l_2^4}{4ml^2(2kl_1^2+mgl)}\right)\frac{2kl_1^2+mgl}{ml^2}}$

2.2.11 운동방정식 : $I_1 I_2 \ddot{\theta}+(I_1+I_2)k_\theta \theta=0$, 고유진동수 : $f=\frac{1}{2\pi}\sqrt{\frac{(I_1+I_2)k_\theta}{I_1 I_2}}$

2.2.12 $f=\frac{1}{2\pi}\sqrt{\frac{k_1 k_2}{m(k_1+4k_2)}}$

2.2.13 1) $c=12$: $\ddot{u}+12\dot{u}+100u=0$인 경우

일반해는

$u=e^{-6t}(A_1\cos 8t+A_2\sin 8t)$

가 된다. 여기서, A_1, A_2는 임의의 상수이다. 위 식을 그림으로 나타내면, 다음과 같은 형태가 된다.

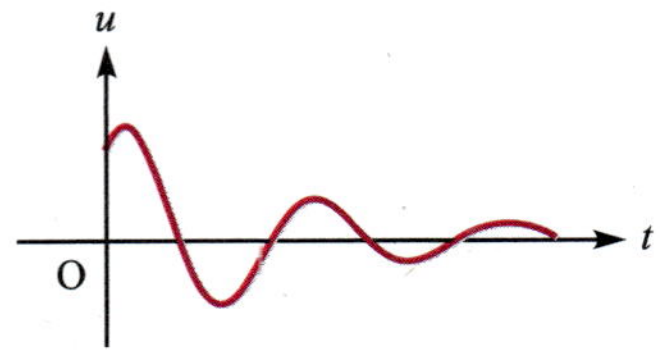

위 그림에서 보여준 것처럼, 감쇠상수 $c=12$을 갖는 이 스프링 시스템은 진동(oscillation)하면서 원래의 길이로 돌아간다. 이러한 운동을 감쇠진동(damped oscillation)이라 부른다.

2) $c=20$: $\ddot{u}+20\dot{u}+100u=0$인 경우

일반해는

$u=(B_1+B_2 t)e^{-10t}$

가 된다. 여기서, B_1, B_2는 임의의 상수이다. 위 식을 그림으로 나타내면, 다음과 같은 형태가 된다.

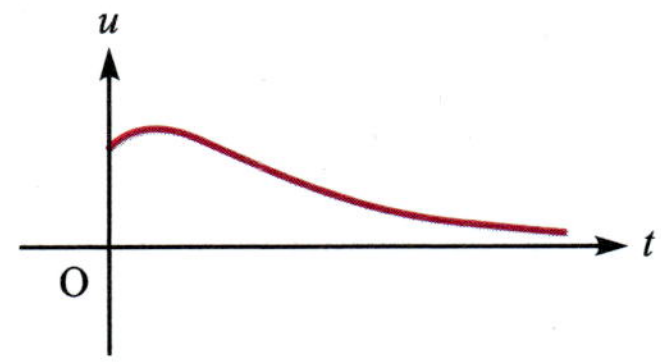

위 그림에서 보여준 것처럼, 감쇠상수 $c=20$을 갖는 이 스프링 시스템은 진동(oscillation)하지 않고 원래의 길이로 돌아간다.

3) $c=29$: $\ddot{u}+29\dot{u}+100u=0$인 경우

일반해는

$u=B_1 e^{-4t}+B_2 e^{-25t}$

가 된다. 여기서, B_1, B_2는 임의의 상수이다. 위 식을 그림으로 나타내면, 다음과 같은 형태가 된다.

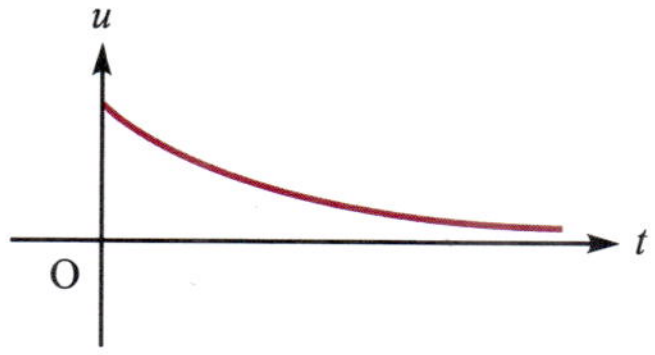

위 그림에서 보여준 것처럼, 감쇠상수 $c=29$을 갖는 이 스프링 시스템은 진동(oscillation)하지 않고 원래의 길이로 돌아간다.

2.3 조화진동

2.3.1 1) $\ddot{u}+9u=28\cos 4t$인 경우

일반해는 다음과 같이 구해진다.

$u=A_1\cos 3t+A_2\sin 3t-4\cos 4t$

여기서, A_1, A_2는 임의의 상수이다. 위 식을 그림으로 나타내면, 다음과 같은 형태가 된다.

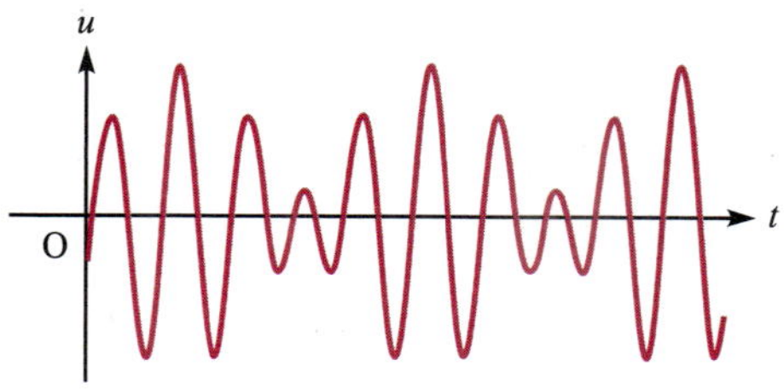

위의 그림과 같이 외력의 가진진동수(가진주파수)와 시스템의 고유진동수(고유주파수)가 근접해 있을 때, 위의 그림과 같이 진동의 진폭이 크게 되었다가 작게 되었다가를 반복하는데 이러한 현상을 맥놀이라고 부른다.

2) $\ddot{u}+9u=24\cos 3t$인 경우

일반해는 다음과 같이 구해진다.

$u=A_1\cos 3t+A_2\sin 3t+4t\sin 3t$

위 식을 그림으로 나타내면, 다음과 같은 형태가 된다.

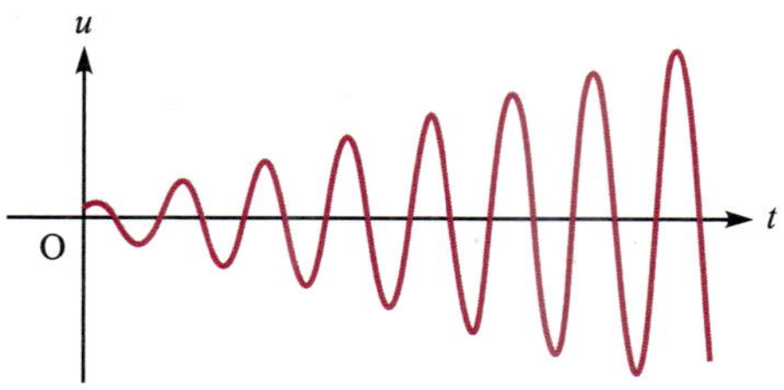

여기서, A_1, A_2는 임의의 상수이다. 위의 그림과 같이 외력의 가진진동수(가진주파수)와 시스템의 고유진동수(고유주파수)가 일치할 때, 위의 그림과 같이 진동의 진폭이 매우 크게 되며 이러한 현상을 공진(resonance)이라고 부른다.

2.3.2 1) $u_{st}=2\text{mm}$, $f=11.25\text{Hz}$ 2) $u_p(t)=-0.12\sin 300t(\text{mm})$

3) $\rho=0.12\text{mm}$ 4) $k\le 17{,}143\text{N/m}$

2.3.3 1) θ에 관한 운동방정식 : $mL^2\ddot{\theta}+2kL^2\theta=f_0L\cos\omega_e t$

u에 관한 운동방정식 : $m\ddot{u}+2ku=f_0\cos\omega_e t$

2) $u_p=\dfrac{f_0}{2k-m\omega_e^2}\cos\omega_e t$

2.3.4 정상상태에서 변위진폭의 최댓값 : 0.179m

외력의 가진진동수 : 2.24Hz

변위진폭이 정적변위의 $\frac{1}{10}$ 이하가 되려면, 외력의 가진진동수가 7.47Hz이상이 되어야 한다.

2.3.5 1) $c=0$일 때, 5사이클($\omega_e t=10\pi$)후 동적응답비의 값 : $DR(t)=-5\pi$

2) $c=2.4\text{N}\cdot\text{sec/m}$일 때, 5사이클($\omega_e t=10\pi$)후 동적응답비 : $DR(t)=-10.2$

2.3.6 1) 공진이 되기 위해 필요한 자동차의 속도 : 27.2km/hr

2) 공진에서 수직운동의 진폭 : $u_{max}^t=59.8\text{mm}$

3) 60km/hrc로 주행할 때의 진폭 : $u_{max}^t=20.4\text{mm}$

2.3.7 $k=581{,}512\text{N/m}$

2.3.8 18,956kN/m

2.3.9 운동방정식 : $m\ddot{u}+\dfrac{k_1(k_1+2k_2)}{k_1+k_2}u=0$, 고유진동수 : $f=\dfrac{1}{2\pi}\sqrt{\dfrac{k_1(k_1+2k_2)}{m(k_1+k_2)}}$

2.3.10 운동방정식 : $m\ddot{u}+3k_1u=0$, 고유진동수 : $f=\dfrac{1}{2\pi}\sqrt{\dfrac{3k_1}{m}}$

2.3.11 운동방정식 : $m\ddot{u}+\dfrac{k_1(k_1L^3+192EI)}{2k_1L^3+192EI}u=0$

고유진동수 : $f=\dfrac{\omega}{2\pi}=\dfrac{1}{2\pi}\sqrt{\dfrac{k_1(k_1L^3+192EI)}{m(2k_1L^3+192EI)}}$

2.3.12 운동방정식 : $I\ddot{\theta}+\dfrac{k_{\theta_1}k_{\theta_1}}{k_{\theta_1}+k_{\theta_2}}\theta=0$, 고유진동수 : $f=\dfrac{1}{2\pi}\sqrt{\dfrac{k_{\theta_1}k_{\theta_2}}{I(k_{\theta_1}+k_{\theta_2})}}$

2.3.13 $y=(-1+3x)e^x+\cos x$

2.4 주기하중에 의한 동적거동

2.4.1 $f(t)=\dfrac{kt_\omega}{T}+\sum_{n=1}^{\infty}\left\{\dfrac{k}{n\pi}\sin\dfrac{2n\pi}{T}t_\omega\cos\dfrac{2n\pi}{T}t+\dfrac{k}{n\pi}\left(1-\cos\dfrac{2n\pi}{T}t_\omega\right)\sin\dfrac{2n\pi}{T}t\right\}$

2.4.2 $f(x)=\dfrac{1}{\pi}+\dfrac{1}{2}\sin\dfrac{2\pi}{T}x-\dfrac{2}{\pi}\sum_{m=1}^{\infty}\dfrac{1}{4m^2-1}\cos\dfrac{4m\pi}{T}x\quad\left(-\dfrac{T}{2}<x\le\dfrac{T}{2}\right)$

2.4.3 $f(x)=\dfrac{1}{2}-\dfrac{4}{\pi^2}\left(\cos n\pi t+\dfrac{1}{3^2}\cos 3\pi t+\cdots\right)\quad(-1<t\le 1)$

2.4.4 $f(x)=\sum_{n=-\infty}^{\infty}\dfrac{\sin\pi(\omega-n)}{\pi(\omega-n)}e^{inx}\quad(-\pi\le x<\pi)$

2.4.5 $f(t)=\dfrac{1}{\pi}+\dfrac{1}{i4}e^{it}-\dfrac{1}{i4}e^{-it}-\sum_{n=2}^{\infty}\dfrac{1+(-1)^n}{2\pi(n^2-1)}(e^{int}+e^{-int})$

$=\dfrac{1}{\pi}+\dfrac{1}{2}\sin t-\sum_{n=2}^{\infty}\dfrac{1+(-1)^n}{\pi(n^2-1)}\cos nt\quad(-\pi<t\le\pi)$

2.4.6 1) $\xi=0$일 때, 정상상태의 전체응답

$$u(t)=\frac{1}{k\pi}\left\{1+\frac{8\pi}{7}\sin t+\frac{8}{15}\cos 2t+\frac{1}{60}\cos 4t+\cdots\right\}$$

2) $\xi=0.1$일 때, 정상상태의 전체응답

$$u(t)=\frac{1}{k\pi}\left[1+3.21\sin t-1.1\cos t+2\sum_{n=1}^{\infty}\frac{1}{(1-4n^2)\left\{\left(1-\frac{9}{4}n^2\right)^2+(0.3n)^2\right\}}\times 0.3n\sin 2nt+\left(1-\frac{9}{4}n^2\right)\cos 2nt\right]$$

2.4.7 비감쇠($\xi=0$) 단자유도 구조물의 정상상태 응답은 다음과 같이 된다.

$$u(\omega_{e,1}t)=\frac{2f_0}{k\pi}\left(\frac{16}{7}\sin\omega_{e,1}t+\frac{2}{5}\sin2\omega_{e,1}t-\frac{16}{195}\sin3\omega_{e,1}t+\frac{1}{32}\sin4\omega_{e,1}t+\cdots\right)$$

위 응답시리즈의 처음 4개항을 그림으로 나타내면, 다음과 같이 된다.

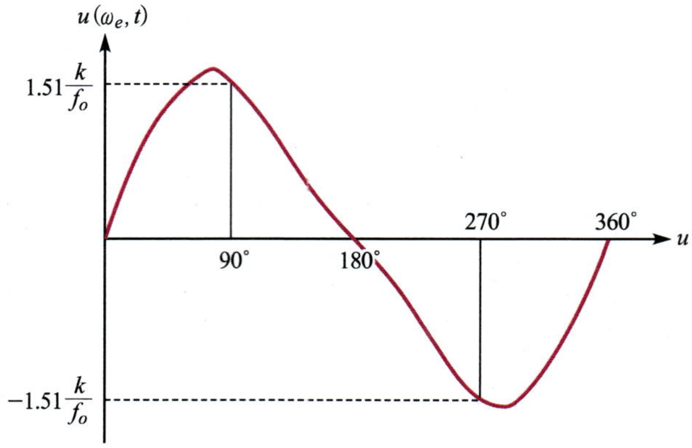

2.5 충격하중에 의한 동적거동

2.5.1 $u(t)=u_0\cos\omega t+\frac{\dot{u}_0}{\omega}\sin\omega t t=18\text{s}\quad\left(\omega=\sqrt{\frac{k}{m}}\right)$

2.5.2 $u(t)=\frac{f_0}{m(\omega^2-\omega_e^2)}(\cos\omega_e t-\cos\omega t)\quad\left(\omega=\sqrt{\frac{k}{m}}\right)$

2.5.3 $G(s)=\frac{1}{m(s^2+\omega^2)}$, $U(s)=\frac{1}{m(s^2+\omega^2)}$, $u(t)=\frac{1}{m\omega}\sin\omega t$

여기서, $\omega=\sqrt{\frac{k}{m}}$ 이다.

2.5.4 1) 최대응답이 발생하는 시간 : 0.14sec,

2) 식 (2.5.14)에 의한 최대 탄성력 : 3,638N

그림 2.5.8을 사용하여 구한 최대 탄성력 : 3,740N

2.5.5 1) • 단계 I ($0<t<t_1$인 경우)

구조물의 응답 : $u(t)=\frac{f_0}{k}\left(\frac{t}{t_1}-\frac{1}{\omega t_1}\sin\omega t\right)\left(\omega=\sqrt{\frac{k}{m}}\right)$

- 단계 II ($\bar{t}=t-t_1 \geq 0$인 경우)

  구조물의 응답 : $u(\bar{t})=u(t_1)\cos\omega\bar{t}+\dfrac{\dot{u}(t_1)}{\omega}\sin\omega\bar{t}$

  여기서,

  $$u(t_1)=\frac{f_0}{k}\left(1-\frac{1}{\omega t_1}\sin\omega t_1\right),\quad \dot{u}(t_1)=\frac{f_0}{kt_1}(1-\cos\omega t_1)=\frac{2f_0}{kt_1}\sin^2\frac{wt_1}{2}$$

2) $DR_{\max}=\dfrac{2}{3}$

2.5.6 1) • 단계 I ($0<t<t_1=\dfrac{\pi}{2\omega_e}$ 인 경우)

  구조물의 응답 : $u(t)=\dfrac{f_0}{k}\dfrac{1}{1-\beta^2}(\cos\omega_e t-\cos\omega t)$

  여기서, $\omega=\sqrt{\dfrac{k}{m}}$, $\beta=\dfrac{\omega_e}{\omega}$ 이다.

- 단계 II ($\bar{t}=t-t_1 \geq 0$인 경우)

  구조물의 응답 : $u(\bar{t})=u(t_1)\cos\omega\bar{t}+\dfrac{\dot{u}(t_1)}{\omega}\sin\omega\bar{t}$

  여기서,

  $$u(t_1)=\frac{f_0}{k}\frac{-1}{1-\beta^2}\cos\frac{\pi}{2\beta},\quad \dot{u}(t_1)=\frac{f_0}{k}\frac{\omega}{1-\beta^2}\left(-\beta+\sin\frac{\pi}{2\beta}\right)$$

2) $DR_{\max}=0.931$

2.5.7 33 kN

2.6 일반 동하중에 의한 응답

2.6.1 $u(t)=\dfrac{f_0}{k}\dfrac{1}{1-\beta^2}(\cos\omega_e t-\cos\omega t)$

여기서, $\omega=\sqrt{\dfrac{k}{m}}$, $\beta=\dfrac{\omega_e}{\omega}$ 이다.

2.6.2 $u(t)=\dfrac{f_0}{k}(1-\cos\omega t)\quad\left(\omega=\sqrt{\dfrac{k}{m}}\right)$

2.6.3 • 단계 I ($0<t<t_1$인 경우)

$$u(t)=\frac{f_0}{k}\,(1-\cos\omega t)\quad\left(\omega=\sqrt{\frac{k}{m}}\right)$$

- 단계 II ($\bar{t}=t-t_1\geq 0$인 경우)

$$u(t)=\frac{f_0}{k}\,[(\cos\omega t_1-1)\cos\omega t+\sin\omega t_1\sin\omega t]$$

2.6.4

t(sec)	0	0.24	0.48	0.72
u(mm)	0	1.96	24.64	38.86

2.7 시간영역에서 선형 및 비선형 구조물의 응답해석

2.7.1

t(sec)	0	0.12	0.24	0.36	0.48	0.6	0.72
u(mm)	0	0.25	2.32	9.35	22.85	35.95	38.29

2.7.2

t(sec)	0	0.12	0.24	0.36	0.48	0.6	0.72
u(mm)	0	0.25	2.32	9.35	22.85	35.95	40.19

3.1 운동방정식의 형식화

3.1.1 $m_1\ddot{u}_1+k_1u_1+k_2(u_1-u_2)=f_1\cos\omega_e t$

$m_2\ddot{u}_2-k_2(u_1-u_2)+k_3u_2=f_2\cos\omega_e t$

3.1.2 $(m+m_1)\ddot{u}+ku-m_1L\ddot{\theta}\sin\theta-m_1L\dot{\theta}^2\cos\theta=0$

$L\ddot{\theta}-\ddot{u}\sin\theta+g\sin\theta=0$

3.1.3 큰 변위를 허용할 때의 운동방정식 :

$(m+m_1)\ddot{z}_1+m_2[\{(l+z_2)\ddot{z}_3+2\dot{z}_2\dot{z}_3\}\cos z_3+\{\ddot{z}_2-(l+z_2)\dot{z}_3^2\}\sin z_3]+k_1(z_1-l_1)=f(t)$

$m_2\ddot{z}_2-m_2\{(l+z_2)\dot{z}_3^2+\ddot{z}_1\sin z_3\}+k_2z_2-m_2g\sin z_3=0$

$m_2(l+z_2)^2\ddot{z}_3+m_2(l+z_2)(2\dot{z}_2\dot{z}_3+\ddot{z}_1\cos z_3)+m_2g(l+z_2)\sin z_3=0$

미소진폭진동시의 선형운동방정식 : $(m+m_1)\ddot{z}_1+m_2l\ddot{z}_3+k_1(z_1-l_1)=f(t)$

$m_2\ddot{z}_2+m_2g+k_2z_2=0$

$l\ddot{z}_3+\ddot{z}_1+gz_3=0$

3.1.4 큰 변위를 허용할 때의 운동방정식

$$\left(\frac{1}{3}m_1 l^2 + m_2 z_2^2\right)\ddot{z}_1 + 2m_2 z_2 \dot{z}_2 \dot{z}_1 + \left(\frac{1}{2}m_1 l + z_2 m_2\right)\mathrm{g}\sin z_1 = 0$$

$$m_2 \ddot{z}_2 - m_2 z_2 \dot{z}_1^2 - m_2 \mathrm{g}\cos z_1 + k z_2 = 0$$

미소진폭진동시의 선형운동방정식

$$\frac{l}{3}\ddot{z}_1 + \frac{1}{2}z_1 = 0$$

$$m_2 \ddot{z}_2 - m_2 \mathrm{g} + k z_2 = 0$$

3.1.5 $\frac{5}{4}m_1 \ddot{z}_1 + \frac{3}{2}c\dot{z}_1 + \frac{3}{2}k z_1 = \bar{f}(t) l$

3.1.6 $\frac{1}{3}m_1 \ddot{z}_1 + c\dot{z}_1 + \frac{1}{5}k z_1 = -\frac{2}{5}f(t)$

3.1.7 $m^* = \frac{33}{140}\overline{m}\, l, \quad k^* = \frac{3EI}{l^3}, \quad f^*(t) = \frac{3l}{8}\bar{f}(t)$

운동방정식 : $\frac{33}{140}\overline{m}\, l\, \ddot{Q}(t) + \frac{3EI}{l^3}Q(t) = \frac{3l}{8}\bar{f}(t)$

3.2 구조물의 특성치 행렬 평가

3.2.1 $k_{23} = -\frac{8EI_1}{l^2}$

3.2.2 $m_{23} = \frac{\overline{m}\, l^2}{21}$

3.2.3 $p_2(t) = \frac{27}{20}\bar{f}\, l \sin\omega_e t$

3.2.4 $k_{G24} = -\frac{H_1}{5}$

3.2.5 1) $[k] = \frac{EI}{l^3}\begin{bmatrix} 60 & -6l & -12l \\ -6l & 12l^2 & 4l^2 \\ -12l & 4l^2 & 12l^2 \end{bmatrix}$

2) $[m]=\frac{\overline{m}l}{420}\begin{bmatrix}1478.4 & -22l & -4.4l \\ -22l & 31l^2 & -20.25l^2 \\ -4.4l & -20.25l^2 & 27.4l^2\end{bmatrix}$

3) $\{p(t)\}=\frac{1}{32}\overline{f}l(t)\begin{Bmatrix}4 \\ 2l \\ -5l\end{Bmatrix}$

3.3 비감쇠 자유진동 해석

3.3.1 고유진동수 : $w_1=61.8\text{rad/sec},\ w_2=161.8\text{rad/sec}$

고유모드 : $[\phi]=[\{\phi^{(1)}\}\ \{\phi^{(2)}\}]=\begin{bmatrix}1 & 1 \\ 0.62 & -1.62\end{bmatrix}$

자유진동 응답 : $u_1=2.89\cos 61.8t+1.11\cos 161.8t$,

$u_2=1.79\cos 61.8t-1.8\cos 161.8t$

3.3.2 고유진동수 : $w_1=0.66\sqrt{\frac{k}{m}}$, $w_2=2.14\sqrt{\frac{k}{m}}$

고유모드 : $[\phi]=[\{\phi^{(1)}\}\ \{\phi^{(2)}\}]=\begin{bmatrix}1 & 1 \\ 1.79 & -0.28\end{bmatrix}$

3.3.3 비감쇠 진동수 : $\omega_1=9.1\text{rad/sec},\ \omega_2=21.4\text{rad/sec},\ \omega_3=35.5\text{rad/sec}$

진동모드형상 : $[\phi]=[\{\phi^{(1)}\}\ \{\phi^{(2)}\}\{\phi^{(3)}\}]=\begin{bmatrix}1 & 1 & 1 \\ 0.58 & -1.29 & -5.29 \\ 0.25 & -0.96 & 8.2\end{bmatrix}$

3.3.4 1) 고유진동수 : $\omega_1=5.88\sqrt{\frac{EI}{m_0l^3}}$, $\omega_2=6\sqrt{\frac{EI}{m_0l^3}}$, $\omega_3=9.02\sqrt{\frac{EI}{m_0l^3}}$

모드행렬 : $[\phi]=[\{\phi^{(1)}\}\ \{\phi^{(2)}\}\{\phi^{(3)}\}]=\begin{bmatrix}1 & 0 & 1 \\ 1.4 & 0 & -0.6 \\ 0 & 1 & 0\end{bmatrix}$

2) 강성질량 : $[k]=\frac{3EI}{l^3}\begin{bmatrix}12 & 0 & 2l \\ 0 & 12 & 0 \\ 2l & 0 & 9l^2\end{bmatrix}$, 질량행렬 : $[m]=m_0\begin{bmatrix}1 & 0 & 0 \\ 0 & 1 & 0 \\ 0 & 0 & 5l^2/(12)\end{bmatrix}$

3.4 모드중첩법과 직접적분법

3.4.1 $u_1 = \dfrac{kF_0}{(k-m\omega_e^2)(3k-m\omega_e^2)}\cos\omega_e t,\quad u_2 = \dfrac{(2k-m\omega_e^2)F_0}{(k-m\omega_e^2)(3k-m\omega_e^2)}\cos\omega_e t$

3.4.2 1) 비감쇠 자유진동 운동방정식 :

$$\begin{bmatrix} 2m & 0 & 0 \\ 0 & 2m & 0 \\ 0 & 0 & m \end{bmatrix}\begin{Bmatrix} \ddot{u}_1 \\ \ddot{u}_2 \\ \ddot{u}_3 \end{Bmatrix} + \begin{bmatrix} 2k & -k & 0 \\ -k & 2k & -k \\ 0 & -k & k \end{bmatrix}\begin{Bmatrix} u_1 \\ u_2 \\ u_3 \end{Bmatrix} = \begin{Bmatrix} 0 \\ 0 \\ 0 \end{Bmatrix}$$

2) 고유진동수 : $\omega_1 = 0.366\sqrt{\dfrac{k}{m}},\ \omega_2 = \sqrt{\dfrac{k}{m}},\ \omega_3 = 1.366\sqrt{\dfrac{k}{m}}$

3) 모드행렬 : $[\phi] = [\{\phi^{(1)}\}\ \{\phi^{(2)}\}\ \{\phi^{(3)}\}] = \begin{bmatrix} 1 & 1 & 1 \\ 1.732 & 0 & -1.732 \\ 2 & -1 & 2 \end{bmatrix}$

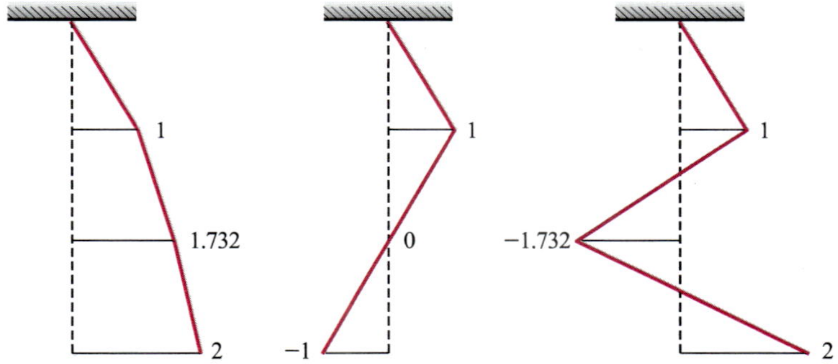

(a) 1차 모드 (b) 2차 모드 (c) 3차 모드

4) 자유진동해(보조해) :

$u_1 = 2\cos\omega_1 t + 4\cos\omega_2 t + 2\cos\omega_3 t$

$u_2 = 3.464\cos\omega_1 t - 3.464\cos\omega_3 t$

$u_3 = 4\cos\omega_1 t - 4\cos\omega_2 t + 4\cos\omega_3 t$

5) 강제진동해(특수해) :

$$u_1 = \frac{F_0}{6m(\omega_1^2-\omega_e^2)}\cos\omega_e t - \frac{F_0}{3m(\omega_2^2-\omega_e^2)}\cos\omega_e t + \frac{F_0}{6m(\omega_3^2-\omega_e^2)}\cos\omega_e t$$

$$u_2 = \frac{1.732F_0}{6m(\omega_1^2-\omega_e^2)}\cos\omega_e t - \frac{1.732F_0}{6m(\omega_3^2-\omega_e^2)}\cos\omega_e t$$

$$u_3 = \frac{F_0}{3m(\omega_1^2-\omega_e^2)}\cos\omega_e t + \frac{F_0}{3m(\omega_2^2-\omega_e^2)}\cos\omega_e t + \frac{F_0}{3m(\omega_3^2-\omega_e^2)}\cos\omega_e t$$

3.4.3 $u_3(t) = 0.3276\sin^2(1.8t) - 6.932\times10^{-3}\sin^2(12.1t) + 3.289\times10^{-5}\sin^2(38.85t)$ (m)

3.4.4 1) $u_1(t) = 6.5085\times10^{-3}\sin2.7t - 4.41\times10^{-5}\sin3.6t$

$-7.8341\times10^{-5}\sin24.1t - 2.5549\times10^{-6}\sin77.7t$ (m)

2) $u_1(t) = 5.79\times10^{-3}\sin(2.7t - 9.73°) + 7.0196\times10^{-4}\sin(2.7t - 0.65°)$

$+7.352\times10^{-5}\sin(2.7t - 0.2°)$ (m)

3.4.5 1) $\left\{u\left(t = \frac{2\pi}{\omega_1}\right)\right\} = \begin{Bmatrix} -4.2005 \\ -1.1070 \\ 17.6631 \end{Bmatrix}$ mm

2) $\left\{u\left(t = \frac{2\pi}{\omega_1}\right)\right\} = \begin{Bmatrix} -2.5822 \\ 0.9277 \\ 5.7103 \end{Bmatrix}$ mm

3.4.6 진폭 : $\{\rho\} = \begin{Bmatrix} 2.46 \\ 1.26 \\ 0.45 \end{Bmatrix}$ mm, 위상각 : $\{\psi\} = \begin{Bmatrix} -14.90° \\ -16.04° \\ -17.19° \end{Bmatrix}$

4.2 다자유도계의 지진 응답해석

4.2.1 $\max|u(t)| = 50$mm, $V_{max} = 400$kN

4.2.2 1) 꼭대기층의 최대변위 : $u_{max}(x = L) = 54.3$ mm,

최대 밑면전단력 : $V_{max} = 13.26$kN, 최대 밑면모멘트 : $M_{s,max} = 196.66$kNm

2) 중간층에서 최대변위, 모멘트, 전단력 :

$u_{max}\left(x = \frac{L}{2}\right) = 15.9$mm, $M_{L/2,max} = 183.03$kNm, $V_{L/2,max} = 11.48$kN

4.2.3 각층의 변위 : $\{u(t_1)\} = \begin{Bmatrix} 146.1 \\ 65.1 \\ 29.8 \end{Bmatrix}$ mm

각층의 전복모멘트 : $\{M(t_1)\} = \begin{Bmatrix} 280.35 \\ 526.93 \\ 925.72 \end{Bmatrix}$ kNm

각층의 전단력 : $\{V(t_1)\} = \begin{Bmatrix} 80.1 \\ 70.45 \\ 114.23 \end{Bmatrix}$ kN

4.2.4 1) 각각의 진동모드에 대하여, 각층의 최대변위 :

$$\{u_{\max}^{(1)}\}=\begin{Bmatrix}0.2485\\0.1367\\0.0497\end{Bmatrix}\text{m},\quad \{u_{\max}^{(2)}\}=\begin{Bmatrix}-6.3\times10^{-3}\\9.5\times10^{-3}\\5.4\times10^{-3}\end{Bmatrix}\text{m},\quad \{u_{\max}^{(3)}\}=\begin{Bmatrix}0.6\times10^{-4}\\-3.8\times10^{-3}\\7.3\times10^{-3}\end{Bmatrix}\text{m}$$

각각의 진동모드에 대하여, 각층의 전단력 :

$$\{V_{\max}^{(1)}\}=\begin{Bmatrix}113.39\\175.76\\198.44\end{Bmatrix}\text{kN},\quad \{V_{\max}^{(2)}\}=\begin{Bmatrix}-15.89\\8.26\\22.09\end{Bmatrix}\text{kN},\quad \{V_{\max}^{(3)}\}=\begin{Bmatrix}4.24\\-22.33\\29.03\end{Bmatrix}\text{kN}$$

각각의 진동모드에 대하여, 각층의 전복모멘트 :

$$\{M_{\max}^{(1)}\}=\begin{Bmatrix}396.87\\1{,}012.03\\1{,}706.57\end{Bmatrix}\text{kNm},\quad \{M_{\max}^{(2)}\}=\begin{Bmatrix}-55.62\\-26.71\\50.61\end{Bmatrix}\text{kNm},\quad \{M_{\max}^{(3)}\}=\begin{Bmatrix}14.84\\-63.32\\38.29\end{Bmatrix}\text{kNm}$$

2) 최대층변위 : $\{u_{\max}\}=\begin{Bmatrix}0.2486\\0.1371\\0.0505\end{Bmatrix}\text{m}$, 최대층전단력 : $\{V_{\max}\}=\begin{Bmatrix}114.58\\177.37\\201.77\end{Bmatrix}\text{kN}$,

최대층전복모멘트 : $\{M_{\max}\}=\begin{Bmatrix}401.02\\1{,}014.36\\1{,}707.75\end{Bmatrix}\text{kNm}$

4.2.5 1) 최대밑면모멘트 : $M_{\max}=6.13ml$

2) 최대밑면모멘트 : $M_{\max}=4.41ml$

3) 최대밑면모멘트 : $M_{\max}=4.71ml$

4.2.6 $\{u_{a,\max}\}=\begin{Bmatrix}7.4\\-2.3\end{Bmatrix}$, $\{u_{b,\max}\}=\begin{Bmatrix}7.4\\7.3\end{Bmatrix}\text{mm}$, $\{u_{c,\max}\}=\begin{Bmatrix}1.6\\7.3\end{Bmatrix}\text{mm}$, $\{u_{d,\max}\}=\begin{Bmatrix}1.6\\-2.3\end{Bmatrix}\text{mm}$

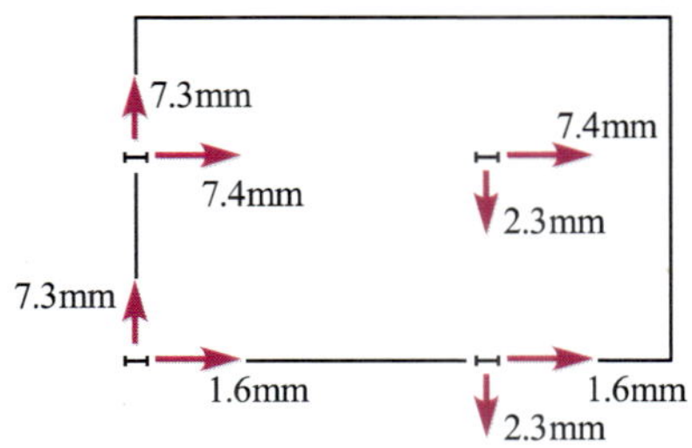

4.2.7 타워의 기초부분에서 발생되는 최대모멘트 : $M_{0,\max}=393{,}931.49\,\text{Nm}$

4.2.8 타워의 기초부분에서 발생되는 최대모멘트 : $M_{0,\max}=798{,}837.21\,\text{Nm}$

찾아보기

ㄱ

ㄴ

ㄷ

ㄹ

ㅁ

ㅂ

ㅅ

ㅇ

ㅈ

ㅊ

ㅋ

ㅌ

▌저자 소개

박 연 수

Imperial College, London, Visiting Prof.
Univ. of California, Irvine, Visiting Prof.
NTU, Singapore, Visiting Prof.

제2판 구조동역학 정가 27,000원

저자 : 박연수

발행인 : 임해진
발행처 : 도서출판 구미서관

발행 : 2018년 2월 26일 초판
2022년 7월 21일 개정판

등록 : 1979년 6월 29일 No.9-6호
주소 : 서울시 마포구 신촌로 2길 5-15 구미빌딩
전화 : 02-333-1101
팩스 : 02-335-2201

ISBN 979-11-6257-217-7 (93530)